Calciumcarbonat

Von der Kreidezeit ins 21. Jahrhundert

Herausgegeben von F. Wolfgang Tegethoff
unter Mitarbeit von Johannes Rohleder und Evelyn Kroker

Birkhäuser Verlag
Basel · Boston · Berlin

Titelbild: Rasterelektronenmikroskopische Aufnahme eines Kokkolithen

Die Deutsche Bibliothek – CIP-Einheitsaufnahme

Calciumcarbonat : von der Kreidezeit ins 21. Jahrhundert / hrsg. von F. Wolfgang Tegethoff.
Unter Mitarb. von Johannes Rohleder und Evelyn Kroker.-
Basel ; Boston ; Berlin : Birkhäuser, 2001
ISBN 3-7643-6424-6

ISBN 3-7643-6424-6 Birkhäuser Verlag, Basel – Boston – Berlin

© 2001 der deutschsprachigen Ausgabe: Birkhäuser Verlag, Postfach 133, CH-4010 Basel, Schweiz
Der Birkhäuser Verlag ist ein Unternehmen der Fachverlagsgruppe BertelsmannSpringer
Gedruckt auf Biberist Furiso, mit Calciumcarbonat matt gestrichenes Papier (115 g/m^2)
Layout/Satz: Karina Schwunk, Essen
Printed in Germany
ISBN 3-7643-6424-6

987654321

Inhalt

VORWORT   VIII

I. GEOLOGIE DES CALCIUMCARBONATS   1
von Jacques Geyssant

1. Merkmale und Eigenschaften des Calciumcarbonats   2
  1.1 Calciumcarbonat – eine besondere Verbindung   2
  1.2 Kristallformen des Calciumcarbonats – Mineralogie   9

2. Die Kalkgesteine – Entstehung und Klassifikation   16
  2.1 Sedimentation   17
  2.2 Diagenese – Vom Sediment zum Gestein   22
  2.3 Einteilung der Kalkgesteine   24
  2.4 Metamorphose – Vom Kalkstein zum Marmor   26
  2.5 Carbonatite – Außergewöhnliche Kalkgesteine   29

3. Die Kalkgestein-Lagerstätten   31
  3.1 Erkennung von Kalkgesteinen   31
  3.2 Verteilung auf der Erdoberfläche   33
  3.3 Kalkablagerungen in den geologischen Zeitaltern   37
  3.4 Der $CaCO_3$-Kreislauf   42
  3.5 Industriell nutzbare $CaCO_3$-Lagerstätten   43

II. KULTURGESCHICHTE DER KALKGESTEINE   53
von Johannes Rohleder

1. Geschichte der Kreide   55

2. Marmor und Kalkstein   69
  2.1 Die Steingewinnung   70
  2.2 Transport, Organisation und Handel   80
  2.3 Die Verwendung   98

III. CALCIUMCARBONAT – EIN MODERNER ROHSTOFF   137

1. Die Anfänge: Calciumcarbonat in Glaserkitt und Kautschuk   138
von Johannes Rohleder
  1.1 Eine Kreide-Industrie entsteht   138
  1.2 Glaserkitt und Kautschuk   142
  1.3 Von der Kreide zum Calciumcarbonat   156

2. Calciumcarbonat – Pigment und Füllstoff   160
von Eberhard Huwald
  2.1 Eigenschaften und Wirkungen eines Füllstoffes   164
  2.2 Kreide, Kalkstein, Marmor, PCC – Gemeinsamkeiten und Unterschiede   167
    2.2.1 Kreide   167
    2.2.2 Kalkstein und Marmor   167
    2.2.3 PCC   168
    2.2.4 Einsatzbereiche   169

3. Vom Gestein zum Füllstoff   171
von Eberhard Huwald

3.1 Prospektion   171
3.2 Abbau   172
   3.2.1 Kreide   172
   3.2.2 Kalkstein und Marmor   174
3.3 Aufbereitung   178
   3.3.1 Herstellung des Vormahlproduktes   180
   3.3.2 Herstellung der Füllstoffe   185
   3.3.3 Sonstige Verfahren   191
   3.3.4 Die Produktion von PCC   191
   3.3.5 Lagern und Verpacken   192
3.4 Logistik – Der Weg zum Kunden   193

IV. CALCIUMCARBONAT UND SEINE INDUSTRIELLE ANWENDUNG   197

1. Papier   198
von Christian Naydowski

1.1 Calciumcarbonat als Füllstoff   199
   1.1.1 Die Papierherstellung   200
   1.1.2 Die Rolle der Füllstoffe im Papier   201
   1.1.3 Gefüllte Naturpapiere   204
   1.1.4 Die neutrale Papierherstellung mit Calciumcarbonat 207
1.2 Calciumcarbonat als Streichpigment   215
   1.2.1 Veredeln von Papier und Karton   215
   1.2.2 Gestrichene Papiersorten   218
   1.2.3 Pigment-Eigenschaften für den Papierstrich   221
1.3 Industrielle Nutzung von Calciumcarbonat in der Papier-Industrie 236

2. Kunststoffe   238
von Peter Heß

2.1 Der Kunststoffmarkt   240
2.2 Füllstoffe und Verstärkungsmittel   242
2.3 Calciumcarbonate als Füllstoffe in Kunststoffen   249
   2.3.1 Calciumcarbonat in Thermoplasten   251
   2.3.2 Calciumcarbonat in Duroplasten   256
   2.3.3 Calciumcarbonat in Elastomeren   258
   2.3.4 Calciumcarbonat in Kleb- und Dichtstoffen   259
2.4 Neue Entwicklungen   260

3. Farben und Lacke   262
von Dieter Strauch

3.1 Bausteine von Farben und Lacken   264
3.2 Füllstoffe in Farben und Lacken - Aufgaben und Eigenschaften   265
3.3 Der Einsatz von Calciumcarbonaten in ausgewählten Anstrichsystemen 270
3.4 Trends   275

4. Calciumcarbonat – ein vielseitiges Mineral   276
von Ralph Kuhlmann

4.1 Calcium- und Magnesiumcarbonat in der Landwirtschaft   276
   4.1.1 Einfluss der Kalkung auf den Boden   280
   4.1.2 Einfluss der Kalkung auf die Pflanze   286
   4.1.3 Kalkdünger und ihre Umsetzung   290

4.2 Calcium- und Magnesiumcarbonat in der Forstwirtschaft 292

4.3 Kalkdünger und ihr Einsatz in Europa 295

4.4 Calciumcarbonat in der Tierernährung 296

4.5 Calciumcarbonat im Umweltschutz 297

4.5.1 Rauchgasreinigung 297

4.5.2 Trinkwasseraufbereitung 298

4.5.3 Neutralisation übersauerter Gewässer 301

4.6 Calciumcarbonat – Produkte des alltäglichen Bedarfs 302
von Johannes Rohleder

ANHANG 313

Bibliographie 314

Definitionen und Messmethoden 319

Kennzeichnung des Aufbereitungserfolges 319

Messmethoden 321

Glossar 325

Auswahl wichtiger Normen 329

Register 330

Geographie 330

Personen und Unternehmen 330

Sachbegriffe 331

Verzeichnis wichtiger Adressen und Institutionen 336

Abbildungsnachweis 341

Vorwort

Wer sich die Mühe macht, in einer Universitätsbibliothek alle Einträge unter dem Schlagwort „Calciumcarbonat" herauszusuchen, wird überrascht (oder überwältigt) sein von der Fülle an Literatur, die sich in irgendeiner Weise mit Calciumcarbonat beschäftigt. Die meisten Bücher und Zeitschriften sind sicherlich der Chemie zuzuordnen, aber auch technische, geologische und mineralogische Literatur ist darunter. Und wer lange genug sucht, stößt irgendwann auch auf Werke aus der Kunst- oder Architekturgeschichte, denn die Gesteine aus Calciumcarbonat – die Kreide, der Kalkstein und der Marmor – haben einige Kapitel in der Geschichte unserer Kultur mitgeschrieben. Angefangen bei den ersten Höhlenmalereien mit einfachen Kreidefarben über die aus gewaltigen Kalksteinblöcken erbauten Pyramiden bis hin zu den Marmorstatuen eines Michelangelo oder Bernini.

Verständlich, dass diese ungeheure Vielfalt einer auf den ersten Blick so einfachen chemischen Verbindung es nicht leicht macht, einem Nicht-Fachmann wie dem eigenen Nachbarn zu erklären, was unser Unternehmen produziert und wie es sich definiert. Wer Autos oder Möbel herstellt, hat es in dieser Hinsicht einfacher. Unter Calciumcarbonat aber können sich gewöhnlich nur Fachleute verschiedener Provenienz etwas vorstellen. Der Geologe und Mineraloge denkt an Kalkstein und Kreide oder an die Metamorphosen des Marmors. Der Ingenieur, der sich mit Aufbereitung und Anwendungstechnik befasst, kennt die oftmals komplizierten kristallinen Eigenschaften des Minerals und der Künstler oder Kunsthistoriker schließlich hat den makellosen „Statuario" der Carrara-Marmorbrüche vor Augen, deren Produkte unsere Welt verschönern.

So viel „Ästhetisches" oder bloß „Nützliches" sich aus $CaCO_3$ – so die chemische Formel – gewinnen lässt, so viele verschiedene Begriffe und Definitionen existieren auch. Dass diese Vielfalt oder Zersplitterung meist mehr Verwirrung stiftet als erklärt, ist da nahezu zwangsläufig.

Unser Buch tritt dem entgegen. Es will die Zusammenhänge wieder herstellen, will die Welt des Calciumcarbonats zwischen seinen Umschlagseiten versammeln: Seine Geologie und Kulturgeschichte, seine Gewinnung und Aufbereitung und selbstverständlich seine Nutzung in den modernen Industrien. Und so erfährt der Geologe, wie aus Marmor eine hochweiße Calciumcarbonat-Slurry für die Papierherstellung gewonnen wird, während der Papiermacher sich in seiner Erfahrung und seinem Wissen wiederfindet, wenn er liest, welchen Unterschied es macht, ob ein Calciumcarbonat-Streichpigment aus Kreide oder aus Marmor gewonnen wird.

Da sich unser Buch also nicht an eine bestimmte Berufsgruppe mit klar definiertem Vorwissen und eng umrissenem Interesse richtet, sondern ebenso an Geologen, Aufbereitungstechniker, Papiermacher und Agrarwissenschaftler wie an ein allgemein aufgeschlossenes Publikum, muss es so geschrieben sein, dass der Fachmann aus der Praxis es ebenso mit Gewinn lesen kann wie der interessierte Laie, der über sein eigenes Gebiet hinausschauen möchte. Dabei wäre dann zum Beispiel zu erfahren, wie aus den in Jahrmillionen zu Riesengebirgen gewachsenen Kalktierchen (Coccolithen) ein wichtiger Füllstoff für die modernen Industrien werden konnte, der in vielen Dingen des täglichen Lebens nicht zu ersetzen ist: Sei es in Farben, Lacken, Kunststoffen oder im hochwertigen Feinpapier. Dem Anspruch, dies alles zu verdeutlichen, stellt sich dieses Buch. Zugegeben ein hoher Anspruch, der ebenso hohe Anforderungen an die Autoren wie an die redaktionelle Bearbeitung dieser Veröffentlichung stellt.

Wissenschaft, Technik und Geschichte populär zu vermitteln ist die originäre Aufgabe von Technischen Museen und da Calciumcarbonat bergmännisch gewonnen wird, lag es nahe, dem Deutschen Bergbau-Museum in Bochum die Verantwortung für die Realisierung dieses Buchprojektes zu übertragen. In Dr. Evelyn Kroker und Johannes Rohleder habe ich dort zwei kompetente und engagierte Partner gefunden, die entscheidenden Anteil daran haben, dass aus einer ersten Idee nach drei arbeitsreichen, aber reizvollen Jahren ein vorzeigbares Produkt gewachsen ist.

Genauso möchte ich den Herren Professor Jacques Geyssant (Paris), Dr. Peter Heß (Köln), Dr. Eberhard Huwald (Gummern), Dr. Ralph Kuhlmann (Wuppertal), Dr. Christian Naydowski (Oftringen) und Dieter Strauch (Oftringen) an dieser Stelle danken. Dass sie ausgewiesene Fachleute auf dem Gebiet des „Calciumcarbonats" sind, wusste ich vorher. Dass sie als Autoren auch den schwierigen Spagat zwischen wissenschaftlicher Korrektheit und allgemein verständlicher Darstellung meistern können, haben sie mit ihren Beiträgen in dem vorliegenden Buch eindrucksvoll bewiesen.

Es gibt noch einen weiteren, für unser Unternehmen sehr direkten Grund, dieses Buch in der Regie und wissenschaftlichen Begleitung des Deutschen Bergbau-Museums herauszubringen: Unser Unternehmen begreift sich selbst als ein Bergbau-Unternehmen modernen Typs. Es gewinnt den Rohstoff Calciumcarbonat als Marmor, Kalkstein und Kreide im Tage- oder Halb-Tagebau aus großen, eigenen Vorkommen in Europa, Amerika und Australien. Und es veredelt ihn in einer selbst entwickelten, immer weiter verfeinerten technologischen Aufbereitung zu hochwertigen Füllstoffen für die Industrieproduktion. Diese Veredelung und Verfeinerung finden zum Teil in enger anwendungstechnischer Zusammenarbeit mit den Abnehmern unserer Produkte statt: Eine sicherlich nicht selbstverständliche, aber für alle Seiten sehr nutzbringende Partnerschaft.

Drei Jahre harter Arbeit für ein Buch, das sich ausschließlich um das Thema Calciumcarbonat dreht, ist dieser Aufwand wirklich angemessen? Meine Antwort auf diese Frage ist eindeutig: Ja, denn Calciumcarbonat hat nicht nur eine lange Geschichte, die weit vor der Kreidezeit begann, es hat auch eine große Zukunft vor sich, die weit über das 21. Jahrhundert hinausweist. Und beides miteinander zu verbinden, Vergangenheit und Zukunft, das ist das Ziel dieses Buches. „Calciumcarbonat – Von der Kreidezeit ins 21. Jahrhundert" sammelt das Wissen von heute, damit es uns auch morgen noch zur Verfügung steht.

Wem das nicht reicht, den möchte ich auf den französischen Philosophen Denis Diderot verweisen, der auf die Frage nach dem Sinn seiner „Encyclopédie ou Dictionnaire raisonné des sciences, des arts et des métiers" eine einfache Antwort parat hatte: „Käme eine Sintflut und es würde nichts gerettet als ein Exemplar der ,Encyclopédie', so wäre nicht alles verloren."

Ich hoffe, Denis Diderot hätte nichts dagegen, wenn ich als Mensch unserer Zeit hinzufüge: Dies gilt auch für den Fall, dass die „Encyclopédie" als CD-ROM von den Wassern der Sintflut auf irgendein Stück Land getrieben würde. Denn bestimmt würde sich jemand finden, der das in Bits und Bytes gespeicherte Wissen wieder auf besonders schönem Kunstdruck in alter, bibliophiler Form zu neuem Leben erweckt, damit es die Menschen und ihren Wissensdurst erfreut.

F. Wolfgang Tegethoff

I.

GEOLOGIE DES CALCIUMCARBONATS

VOM MINERAL ZUM GESTEIN – DIE LAGERSTÄTTEN

VON JACQUES GEYSSANT
ÜBERSETZUNG: DIPL.ING.ETH ROLF KERN

„Calx" war für die Römer ein weiter Begriff. So bezeichneten sie sowohl das Gestein als auch das Produkt, das sie durch Brennen daraus gewannen. Folgerichtig hieß im Mittelalter der Prozess des Kalkbrennens „Calcination" und mit der gleichen Selbstverständlichkeit nannte auch Humphry Davy im Jahr 1808 das Metall, das er durch Elektrolyse von Calciumchlorid neben Chlorgas gewann, Calcium.

Diese Unschärfe, die fehlende Genauigkeit bei der Bezeichnung von Kalkgesteinen mitsamt allen Produkten wirkt bis heute nach. So ist für die meisten immer noch alles Kalk, obwohl längst wissenschaftlich exakte Bezeichnungen eingeführt sind. Gebrannter Kalk ist Calciumoxid (CaO) und wird er gelöscht, so erhält man Calciumhydroxid [$Ca(OH)_2$]. Die Kalkgesteine hingegen bestehen aus Calciumcarbonat ($CaCO_3$).

1. Merkmale und Eigenschaften des Calciumcarbonats

Calciumcarbonat ist aus drei Elementen aufgebaut, die für die gesamte organische und anorganische Materie auf unserem Planeten von besonderer Bedeutung sind: Kohlenstoff, Sauerstoff und Calcium.

Ihren Ursprung haben die Elemente Kohlenstoff, Sauerstoff und Calcium im Innern so genannter Riesensterne. Ihre Synthese begann, als bereits der gesamte ursprünglich vorhandene Wasserstoff verbraucht und in das nächsthöhere Element Helium umgewandelt worden war (siehe Abbildung).

Drei Helium-Atome mit je 2 Protonen und 2 Neutronen fusionierten nun bei einer Temperatur von 100 Millionen Grad Celsius zu einem Kohlenstoff-Atom mit 6 Protonen und 6 Neutronen. Für den Sauerstoff gab es zwei unterschiedliche Synthesewege: Einmal konnten vier einzelne Helium-Atome zu einem Sauerstoff-Atom fusionieren oder es entstand zunächst ein Kohlenstoff-Atom, das sich dann mit einem weiteren Helium-Atom zum Sauerstoff vereinigte. Das Calcium bildete sich erst, als die Temperatur schon 500 Millionen Grad erreicht hatte. Jetzt verschmolzen zwei Kohlenstoff-Atome und ein Sauerstoff-Atom zu einem neuen Kern aus 20 Protonen und 20 Neutronen, zum Calcium (siehe Kasten).

Als schließlich diese Riesensterne in einer Supernova explodierten, wurden die Elemente Kohlenstoff, Sauerstoff und Calcium im Raum verstreut, um sich Millionen Jahre später als Teil des interstellaren Staubs um einen Stern von bescheidener Größe anzusammeln. Dieser Stern ist heute unsere Sonne und in deren Gravitationsfeld ballte sich der Staub zusammen, die Planeten entstanden.

1.1 Calciumcarbonat – eine besondere Verbindung

Calciumcarbonat gibt es nur auf der Erde und vielleicht auf dem Mars. Im indischen Shergotty fiel ein Meteorit vom Himmel, von dem man annimmt, dass er beim Einschlag eines riesigen Meteoriten aus der Kruste des Mars herausgebrochen und ins Weltall herausgeschleudert worden ist – und dieser kleine Meteorit enthält neben Spuren von Gips auch etwas Calciumcarbonat.

Das Calciumcarbonat – chemische Zusammensetzung

Calciumcarbonat ist ein einfaches Salz, das aus der Reaktion von Kohlensäure mit gebranntem (I) oder gelöschtem Kalk (II) nach folgenden Gleichungen entsteht:

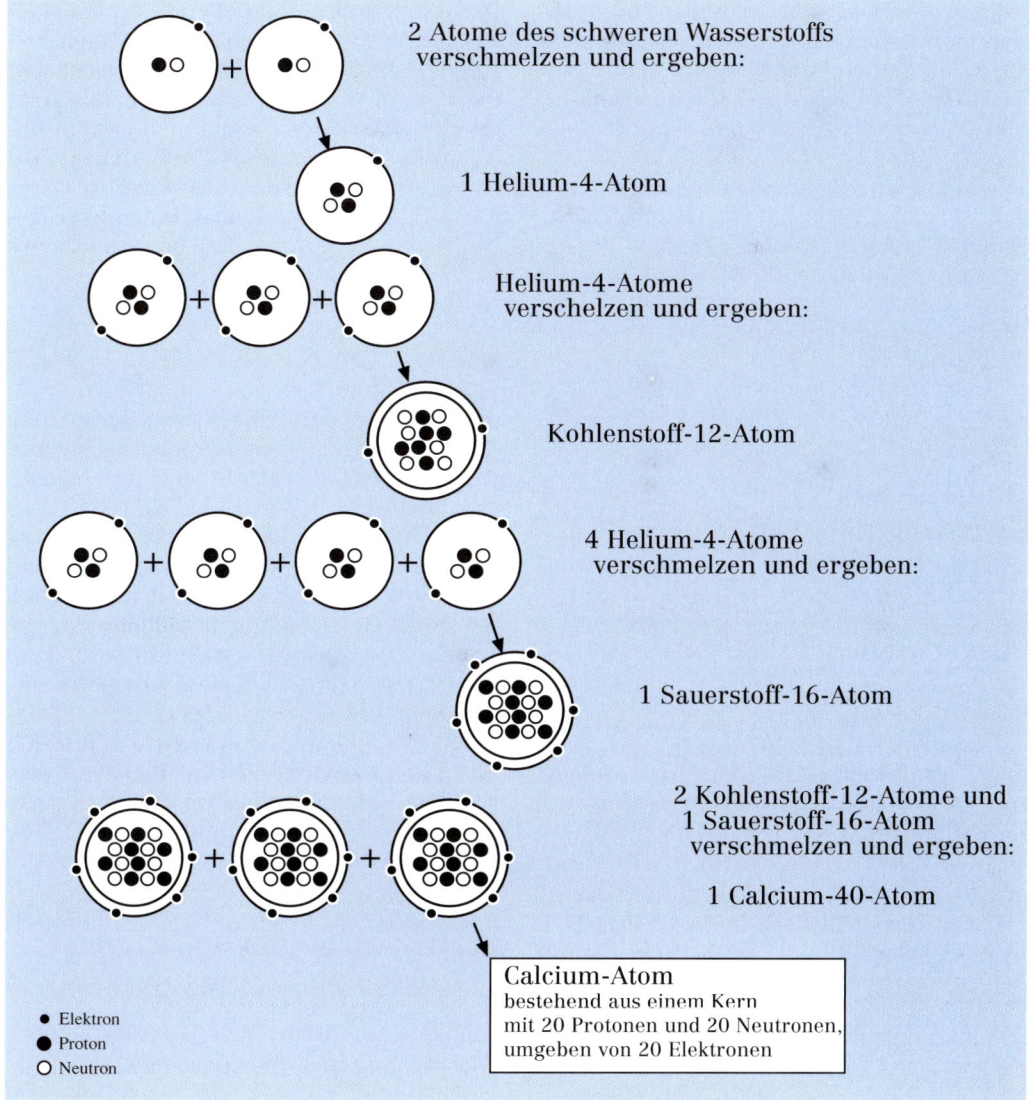

2 Atome des schweren Wasserstoffs verschmelzen und ergeben:

1 Helium-4-Atom

Helium-4-Atome verschelzen und ergeben:

Kohlenstoff-12-Atom

4 Helium-4-Atome verschmelzen und ergeben:

1 Sauerstoff-16-Atom

2 Kohlenstoff-12-Atome und 1 Sauerstoff-16-Atom verschmelzen und ergeben:

1 Calcium-40-Atom

Calcium-Atom
bestehend aus einem Kern
mit 20 Protonen und 20 Neutronen,
umgeben von 20 Elektronen

● Elektron
● Proton
○ Neutron

Synthese der drei chemischen Elemente Kohlenstoff, Sauerstoff und Calcium, aus denen Calciumcarbonat aufgebaut ist.

$$CaO + H_2CO_3 \rightarrow CaCO_3 + H_2O \quad (I)$$
$$Ca(OH)_2 + H_2CO_3 \rightarrow CaCO_3 + 2\ H_2O \quad (II)$$

Die chemische Formel des Calciumcarbonats entspricht einem Massenverhältnis von 56,03 Prozent Calciumoxid zu 43,97 Prozent Kohlendioxid, beziehungsweise von 40,04 Prozent Calcium zu 59,96 Prozent Carbonat.

Wie alle Carbonate ist auch Calciumcarbonat empfindlich gegenüber Säuren:

$$CaCO_3 + 2HCl \rightarrow CaCl_2 + CO_2 \nearrow + H_2O$$

Auf dieser einfachen Reaktion beruht die gebräuchlichste Erkennungsmethode für Carbonatgesteine: Tropft man etwas Salzsäure auf einen Kalkstein, wird Kohlendioxid frei und lässt die Flüssigkeit aufbrausen. Ist das Gestein so porös wie die Kreide, dann kann man die heftige Gasentwicklung sogar hören, das Gestein zischt und brodelt.

Diese Säureempfindlichkeit machte sich der Sage nach auch der karthagische Feldherr Hannibal zunutze, als er 218 vor Christus mit seinen Elefanten die Alpen überquerte. Um den Tieren das Klettern im Fels zu erleichtern, befahl er seinen Soldaten, große Mengen Essig auf das kompakte Kalkgestein zu schütten, worauf das Gestein „chemisch" verwitterte und die Soldaten mühelos Stufen für die Elefanten in den Fels brechen konnten:

$$CaCO_3 + 2CH_3COOH \text{ (Essigsäure)} \rightarrow Ca[CH_3COO]_2 \text{ (Calciumacetat)} + CO_2 \nearrow + H_2O$$

Calciumcarbonat und das Wasser

Gibt es Wasser auf dem Mars? Diese Frage beschäftigte die Astronomen, seitdem sie den Nächsten der Planeten entdeckt hatten. Und als man winzige Spuren von Calciumcarbonat auf dem Mars fand, glaubten manche, endlich den Beweis in den Händen zu haben, dass es irgendwann einmal Wasser auf diesem Planeten gegeben haben muss. Ob das stimmt, sei dahingestellt, aber auf der Erde ist die Bildung, Ablagerung und Erosion von Calciumcarbonat-Gesteinen immer mit der Anwesenheit von Wasser verbunden.

Calciumcarbonat ist in reinem Wasser sehr schlecht löslich. Die Löslichkeit beträgt gerade einmal 13 Milligramm pro Liter, wobei das Carbonat-Ion als Hydrogencarbonat-Ion in Lösung geht:

$$2\,CaCO_3 + 2\,H_2O \rightleftharpoons Ca(HCO_3)_2 + Ca(OH)_2$$

Bei der Anwesenheit von Kohlendioxid verschiebt sich dieses Gleichgewicht jedoch weit nach rechts, die Löslichkeit steigt um mehr als das 100fache. Ist Wasser mit gelöstem Kohlendioxid gesättigt, lassen sich mehr als 1 Gramm Calciumcarbonat pro Liter lösen:

$$CaCO_3 + CO_2 + H_2O \rightleftharpoons Ca(HCO_3)_2$$

Im alltäglichen Leben hat sich als Maßeinheit für den Gehalt an gelöstem Calciumcarbonat die Wasserhärte, gemessen in Graden, eingebürgert; allerdings ist die Wasserhärte in verschiedenen Ländern unterschiedlich definiert. So entspricht in Frankreich 1 Grad Härte 10,3 Milligramm $CaCO_3$ pro Liter, in Großbritannien hingegen 10 Milligramm pro 0,7 Liter und in Deutschland schließlich 10 Milligramm CaO pro Liter Was-

Das Calcium: Eigenschaften und Vorkommen

Mit seiner Dichte von 1,55 Gramm pro Kubikzentimeter zählt das Calcium zu den Leichtmetallen. Das sehr weiche, bei 842 Grad Celsisus schmelzende und bei 1484 Grad Celsius siedende Calcium hat eine silberweiße Farbe und verbrennt zu Calciumoxid, wenn man es an der Luft erhitzt. Mit Wasser reagiert Calcium heftig unter Wärmeentwicklung und Bildung von Wasserstoff, das entstehende Calciumhydroxid geht in Lösung.

Im Universum belegt das Element Calcium mit einer Konzentration von 1,1 parts per million (ppm, Teile pro Million) den 13. Platz in der Häufigkeitsliste aller Elemente. Auf der Erde hingegen gehört das Metall zu den 7 häufigsten Elementen und als Bestandteil von über 700 Mineralen nimmt es in der Erdkruste mit einem Anteil von 3,63 Prozent sogar den 5. Platz ein.

Die hohe Konzentration des Calciums in der Erdkruste ist eine Folge des Hydrothermalismus, der vor allem an den ozeanischen Rücken zu einer Anreicherung des Calciumcarbonats führt (siehe Abschnitt „Der $CaCO_3$-Kreislauf"). Wie groß diese Anreicherung ist, zeigt sich am Vergleich mit dem chemisch verwandten Magnesium: Ist das Vorkommen des Magnesiums (vorwiegend als Bestandteil der Magnesiumsilikate) im Erdmantel noch zwanzigmal größer, so findet sich in der Erdkruste rund doppelt soviel Calcium wie Magnesium.

ser. Das macht Vergleiche zu einer komplizierten Rechenaufgabe[1], denn in Deutschland gilt schon Wasser mit dem Härtegrad 14 als „hart", in Frankreich hingegen spricht man erst ab Härtegrad 20 von hartem Wasser, darunter ist es „weich".

Die Unterscheidung zwischen hart und weich bezieht sich in erster Linie auf das Verhalten von Seifen in Wasser: Ist das Wasser hart, bilden sich unlösliche Calciumoleate oder Kalkseifen, welche die Schaumbildung verhindern, die Waschkraft verringern und sich zudem auf der Wäsche als weiße Flecken niederschlagen. Aber auch an Heizstäben und Durchlauferhitzern können sich Kalkablagerungen bilden und beim Kochen mit hartem Wasser kommt es in den Zellmembranen der Gemüse zur unerwünschten Bildung von Calciumpektaten. Soll das Kochen eigentlich die Zellmembranen und damit das Gemüse erweichen, so machen Calciumpektate das Gemüse hart und ungenießbar.

Da die Löslichkeit des Calciumcarbonats proportional zur Menge des gelösten Kohlendioxids ist, wird sie von den gleichen Faktoren bestimmt, die auch die Konzentration des Kohlendioxids (gemessen als Partialdruck) bestimmen: In erster Linie sind das der Druck und die Temperatur.

Einfluss des Druckes

Wenn Wasser durch die feinen Rinnen (Diaklasen) eines Kalkgesteins oder eines calciumhaltigen vulkanischen Gesteins fließt, steht es unter Druck. Dadurch steigt auch der Partialdruck des Kohlendioxids, das Wasser kann sehr viel mehr Calciumcarbonat lösen. Erreicht dieses Wasser dann das Freie, gleicht sich der Wasserdruck an den Atmosphärendruck an, Kohlendioxid entweicht, das Calciumcarbonat fällt aus und bildet die typischen Kalkablagerungen. Auf diese Weise entstehen unter anderem die Travertine, mehr oder weniger poröse Kalkgesteine.

Krustenförmige Ablagerungen aus Calciumcarbonat bilden sich aber auch an den Ausflüssen unterirdischer Quellen in Kalkgebieten sowie an Quellen in Vulkangebieten, wenn das Ausgangsgestein einen hohen Anteil an Calciumsilikaten hat. So findet man beispielsweise bei Clermont-Ferrand die versteinernden Brunnen von St. Alyre, die am Fuß der Chaîne des Puys hervorbrechen, einer Kette von Vulkanen, die bereits vor mehreren tausend Jahren erloschen sind.

Das dortige Wasser ist reich an Kohlendioxid, dementsprechend hoch ist die Konzentration an gelöstem Calciumcarbonat, was sich für eine „Versteinerung" nutzen lässt. Zunächst werden die im Wasser vorhandenen, farbigen Eisencarbonate entfernt, indem man das Wasser über Holzspäne und Kieselsteine fließen lässt. Hierauf fällt das vorgereinigte Wasser in kleinen Kaskaden über eine Holztreppe hinab, auf deren Stufen man die zu versteinernden Gegenstände legt: Innerhalb von zwei bis drei Monaten sind diese vollständig mit einer dünnen, weißglänzenden Kalkschicht überzogen.

Wieviel Calciumcarbonat unter natürlichen Bedingungen in Lösung gehen kann, zeigt sich im österreichischen Blumau südlich von Wien. Hier hat man eine unterirdische Thermalquelle mittels einer Bohrung angezapft und nun schießt aus dieser Bohrung nahezu siedendes Wasser mit einem Druck von mehreren Atmosphären heraus, wobei täglich mehrere Tonnen sehr weißes Calciumcarbonat ausfallen.

Kalkablagerungen in Wasserläufen

Fließt ein Bach oder Fluss über eine Stromschnelle oder stürzt er einen Wasserfall hinab, kommt es zu einem Druckabfall. Der Partialdruck des gelösten Kohlendioxids nimmt ab, es bilden sich Kalkablagerungen im Flussbett und ein Abflusshindernis entsteht, wodurch sich die Turbulenz des Wassers an dieser Stelle noch verstärkt. Im Stau vor dem Hindernis entwickelt sich eine be-

---

[1] Eine Umrechnung der unterschiedlichen Härtegraden ist nach folgender Formel möglich: 1° dH (Grad deutscher Härte) = 1,25 ° englischer Härte = 1,734 ° französischer Härte

deutende Vegetation aus Algen, Moosen und anderen Pflanzen, welche die Kalkablagerung aktivieren, indem sie dem Wasser durch Assimilation weiter Kohlendioxid entziehen. Dabei bilden sich Travertine, die reich sind an sehr fein geformten pflanzlichen Abdrücken. Da die Pflanzenreste im Laufe der Zeit rückstandslos verrotten, ist die Porosität dieser Travertine noch größer als sonst.

Travertine bergen aufgrund ihrer Entstehung oft reiche Fossilvorkommen, aber das von Sézanne im Departement Marne sticht daraus noch hervor. Vor etwa 50 Millionen Jahren, im Thanetium (Paläozän), müssen sich in einem kleinen See mit kalkreichem Wasser in kurzer Zeit große Mengen Calciumcarbonat abgelagert haben, wobei das Calciumcarbonat die Stengel und Blätter aller Pflanzen ebenso versteinerte wie die Skelette der Insekten und Wirbeltiere, die vorher im Teich gelebt hatten. So entstand ein kleines natürliches Museum, das uns heute einen Blick in das Leben vor 50 Millionen Jahren erlaubt.

Im Innern von Kalkgesteinsbänken sind häufig unregelmäßige, gerippte Ebenen zu beobachten, deren Querschnitt an die Nahtstellen von Schädelknochen erinnern. Die kurzen, einige Millimeter bis Zentimeter langen Vorsprünge oder Säulchen dieser Ebenen heißen Stylolithen und sind alle parallel ausgerichtet. Ihre Oberfläche ist mit einer schwärzlichen oder bräunlichen Haut aus kohlenstoff- und tonhaltigen Materialien überzogen, die mehr oder weniger reich an Eisenoxiden sind. Dabei handelt es sich um mineralische Bestandteile des Gesteins, die sich im Wasser selbst unter Druck nicht auflösen und als fester Rückstand verbleiben.

Da die Ausrichtung der Stylolithen der Richtung des maximalen Drucks entspricht, der den Kalkstein auflöste, liefern Stylolithen dem Geologen wichtige Hinweise auf die natürlichen Beanspruchungen, denen das

Auflösung der Carbonate unter Druck

So wie ein Druckverlust dazu führt, dass Calciumcarbonat ausfällt, lässt sich das Gleichgewicht durch eine Druckerhöhung auch zum gelösten Calciumcarbonat verschieben. Dieses Phänomen ist in der Natur fast ebenso häufig anzutreffen.

Querschnitt durch eine Kalkplatte, bei der sich in Folge einer Horizontalverschiebung Stylolithen und Calcitbänder gebildet haben (a). Der Zusammenhang zwischen beiden Erscheinungen ist klar erkennbar: Während die Stylolithen sich senkrecht zum

Verwerfungsdruck (schwarze Pfeile) bilden (b), sind die weißen Bänder eine Folge der Gesteinsdehnung senkrecht zum Verwerfungsdruck (weiße Pfeile). Diese Dehnung führt zu Rissen, die dann von Calcit aufgefüllt werden (c).

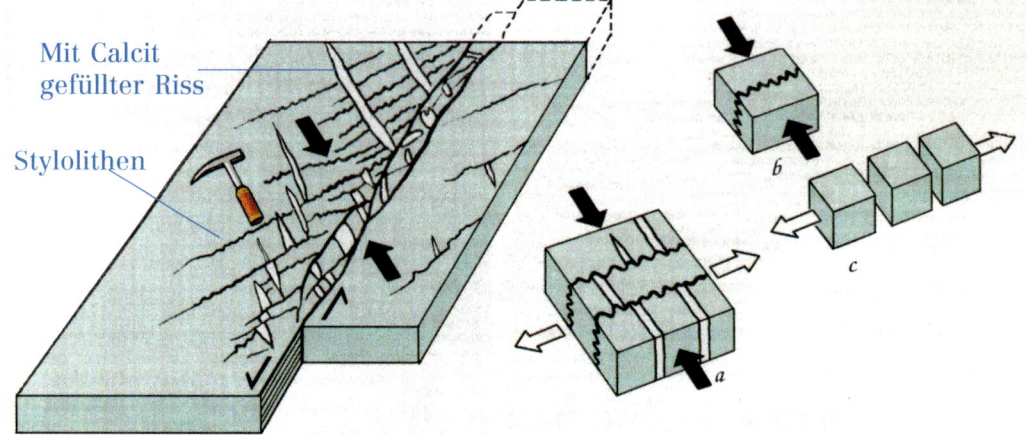

Mit Calcit gefüllter Riss

Stylolithen

Kalkgestein im Verlauf der geologischen Zeitalter unterworfen war.

Stehen die Stylolithen senkrecht, sind sie durch den Druck darüberliegender Gesteinsformationen entstanden – der Druck war lithostatischen Ursprungs. Sind die Stylolithen jedoch nahezu horizontal ausgerichtet, waren tektonische Verschiebungen für ihre Entstehung verantwortlich. So lassen sich zum Beispiel an horizontalen Stylolithen in den Kalkgesteinsschichten Süddeutschlands die einzelnen Stufen der Kollision zwischen Afrika und Europa feststellen, die zur Bildung der Ostalpen vor 60 bis 20 Millionen Jahren geführt haben.

Der an den Stylolith-Flächen gelöste Kalkstein findet sich teilweise auch im Sekundärcalcit wieder, der die Spannungsrisse ausfüllt. In Kalkgesteinen sind solche Spannungsrisse häufig, sie zeigen sich auf polierten Gesteinsoberflächen als mehr oder weniger geradlinige oder S-förmige weiße Figuren (siehe Abbildung).

Stalagmiten und Stalaktiten. Tropfsteinhöhle in Bugudeligi (Türkei).

Einfluss der Temperatur

Erwärmt man kalkreiches Wasser, so entweicht das gelöste Kohlendioxid und Calciumcarbonat fällt aus. Auf dieser Verschiebung des Löslichkeits-Gleichgewichtes beruht unter anderem der „Kesselstein" in Heizkesseln beziehungsweise an Durchlauferhitzern.

Aber auch in der Natur kann kaltes Wasser große Mengen Calciumcarbonat lösen und wieder ausscheiden, sobald es erwärmt wird. So transportiert das kalte Wasser der Gebirgsbäche Calciumcarbonat aus den Gesteinen in die tiefer gelegenen Seen. Diese Seen erwärmen sich während der kurzen warmen Sommer, Calciumcarbonat fällt aus und lagert sich am Grund der Seen ab. Da während der darauffolgenden Winter tonhaltige Materialien angeschwemmt und abgelagert werden, entsteht am Grund von Gebirgsseen oft eine geschichtete Sedimentation. Auf eine im Sommer abgeschiedene helle Lage aus carbonathaltigem Material folgt eine dunkle, sehr dünne Lage aus tonigem Material. Je eine helle und eine dunkle Lage bilden zusammen eine etwa 1 Zen-

timeter dicke Jahresschicht, eine Warve. Durch das Zählen der Warven in nordeuropäischen Seen war es möglich, eine absolute Chronologie für den Rückgang der Gletscher im Quartär aufzustellen.

Fällung durch Wasserverlust

Neben dem Kohlendioxidgehalt bestimmt auch die vorhandene Wassermenge das Gleichgewicht zwischen gelöstem und ungelöstem Calciumcarbonat. Sinkt der Wasseranteil, entsteht zunächst eine übersättigte Lösung, aus der dann Calciumcarbonat ausfällt. In der Natur gibt es vor allem zwei Möglichkeiten, wie der Wassergehalt abnehmen kann: Durch Verdunsten oder Verdampfen und durch Ausfrieren.

Das bekannteste Beispiel für die Fällung von Calciumcarbonaten durch Verdunstung ist die Bildung von Tropfsteinen in den Karsthöhlen von Kalkgesteinen: den Stalaktiten und Stalagmiten (siehe Abbildung).

Tropfsteine

Stalaktiten bilden sich an den Decken von Höhlen. Das Wasser fließt durch einen Kanal und fällt das Calciumcarbonat als glänzende Kristalle um diesen Kanal herum aus. Stalaktiten sind somit hohl und bilden richtige Pfeifen oder „Orgeln" (siehe Abbildung).

Die Stalagmiten hingegen entstehen am Boden einer Höhle aus dem Calciumcarbonat, das in den Tropfen gelöst ist, die von der Decke herabfallen. Daher sind Stalagmiten voll und bauen sich in Schichten auf, die sich von unten nach oben überdecken.

Tropfsteine entstehen immer auf einem dieser beiden Wege. In einer Vielfalt möglicher Formen findet man

- monokristalline Stalaktiten in der Form von feinen, zerbrechlichen, „Makkaroni" genannten Röhren, die mehrere zehn Zentimeter lang werden können,
- sehr feine, nur einige Millimeter bis Zentimeter dicke Behänge, die mehrere Meter lang werden können,
- Perlen mit einem Durchmesser von einigen Millimetern, die aus konzentrischen Schichten glänzender Calcit- oder Aragonit-Kristalle bestehen
- und man stößt auf die „Mondmilch".

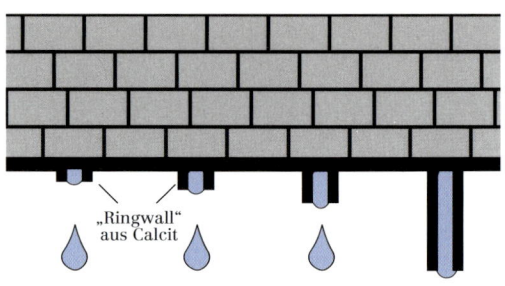

„Ringwall" aus Calcit

wachsendes Sinterröhrchen

Entstehung von Sinterröhrchen (nach Lieber, S. 16).

Petrographische Eigenschaften der gesteinsbildenden Karbonatminerale. Der Dolomit als Calcium-Magnesium-Carbonat weist in seinen Eigenschaften große Ähnlichkeiten insbesondere mit dem Calcit auf.

	Calcit	Aragonit	Vaterit	Dolomit
Kristallsystem	trigonal	rhombisch	hexagonal	trigonal-rhomboedrisch
Kristallographische Formen	hexagonale Prismen Rhomboeder Skalenoeder	hexagonale Prismen	Hexagonale Prismen	Rhomboeder
Doppelbrechungs-index	0,172	0,156	0,172	0,177
Charakter der Doppelbrechung	optisch negativ	zweiachsig negativ	optisch negativ	optisch negativ
Spezifische Dichte [g/cm^3]	2,72	2,94	2,72	2,8-2,9
Härte	3	3,5 - 4	3	3,5 - 4

Dieses lockere Gespinst aus feinen Calcit-Nadeln mit einer Länge von einigen Mikrometern absorbiert sehr leicht Wasser. Dadurch entsteht beim Betrachter leicht der Eindruck, eine milchähnliche Flüssigkeit vor sich zu haben. Wie die Röntgenanalyse zeigt, enthält die Mondmilch außer Calcit auch Hydromagnesit [$Mg_5(CO_3)_4(OH)_2 \cdot 4H_2O$] und Huntit [$CaMg_3(CO_3)_4$].

Aber auch in trockenen Gebieten kommt es tagtäglich zur Verdampfung von Wasser. Bedeckte das Wasser vorher eine Pflanze, einen Stein oder irgendeinen anderen Gegenstand, so überzieht sich dieser mit einer Kalkkruste (Calcrete), welche die darunterliegenden Formationen verhüllt.

Beschreibt das Verdampfen den Übergang des Wassers vom flüssigen in den gasförmigen Zustand, so bildet sich beim Gefrieren ein Feststoff, in diesem Fall Eis. Egal ob Wasserdampf oder Eis, beiden Aggregatzuständen des Wassers ist gemeinsam, dass sie praktisch kein gelöstes Calcium enthalten. Im Gegensatz zum alltäglichen Verdampfen ist das Ausfrieren von Calciumcarbonat allerdings in der Natur selten; von Bedeutung ist es vor allem im Zusammenhang mit globalen Klimaverschiebungen wie den Eiszeiten. So froren während der zahlreichen Eiszeiten im Quartär unzählige Bäche, Flüsse und Seen zu, das gelöste Calciumcarbonat fiel aus und zementierte das lose Gestein der Alluvionen und Schutthalden, wie sich noch heute nachweisen lässt.

1.2 Kristallformen des Calcium-carbonats – Mineralogie

Calciumcarbonat ist eine polymorphe, eine vielgestaltige Verbindung, die in drei verschiedenen Kristall-Modifikationen auftritt: Als Vaterit, als Aragonit und als Calcit (siehe Abbildung). Zwar kommen in den Gehäusen mancher Schnecken alle drei Varietäten nebeneinander vor, aber die in der Natur dominierende Modifikation ist ganz eindeutig der Calcit. Er ist nicht nur in den massiven Kalkgesteinen das vorherschen-

de Kristall, in Verbindung mit Quarz, Baryt und Fluorit bildet er auch das Muttergestein sehr vieler Erzgänge. Er kann sogar der einzige Bestandteil von Gängen sein, deren Mächtigkeit von einigen Zentimetern bis zu einigen zehn Metern reicht.

Calcit

Calcit kristallisiert im rhomboedrischen System, bei dem die Elementarzelle des Kristallgitters ein rhomboedrisches Prisma ist (siehe Abbildung). Dieses Prisma kann als ein Würfel betrachtet werden, der in Richtung einer Diagonale zusammengedrückt oder auseinandergezogen ist. Alle Flächen sind rautenförmig und auch in ihrer Breite und Länge gleich.

Der Calcit gehört zu den häufigsten Mineralen in der Erdkruste, mit seinen mehreren hundert Formen ist er auf jeden Fall das Formenreichste (siehe Abbildung). Die einzelnen Flächen der Kristalle können sehr

Im elementaren Kristallgitter des Calcits sind die Calcium-, Kohlenstoff- und Sauerstoffatome wie folgt angeordnet: In einer Carbonat-Gruppe $(CO_3)^{2-}$ befindet sich das Kohlenstoffatom im Zentrum eines gleichseitigen Dreiecks, dessen Ecken von den drei Sauerstoffatomen besetzt sind. Die einzelnen Carbonat-Gruppen wiederum sind senkrecht zur C-Achse (Symmetrieachse 3. Ordnung) angeordnet.

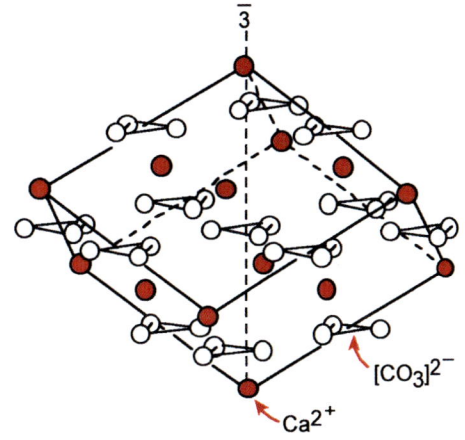

$[CO_3]^{2-}$

Ca^{2+}

Calcit-Kristalle mit rhomboedrischem Habitus.

Calcit-Kristalle mit skalenoedrischem Habitus.

Idiomorphe Calcit-Skalenoeder.

verschiedene Ausprägungen aufweisen, bilden jedoch gegeneinander immer die gleichen Winkel von 105 und 75 Grad. Oft sind die Kristalle sehr groß, gelegentlich sogar bis zu mehrere Meter lang, und es gibt Steinbrüche, in denen der Calcit nur in Form solcher „Einkristalle" abgebaut wird.

Kristalle und Viellinge

Das Rhomboeder in seiner Grundform ist bei natürlichem Calcit erstaunlicherweise selten, allerdings entsteht es als Spaltform der meisten Calcit-Kristalle. Häufig sind dagegen hexagonale (sechseckige) Prismen und Skalenoeder zu finden (siehe Abbildung).

Einige Kristallformen des Calcits:
a) Rhomboeder,
b) Skalenoeder,
c) Prisma.

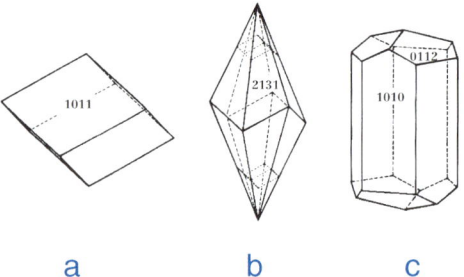

a   b   c

Auch Viellinge treten in großer Zahl auf. Dabei handelt es sich um die Verwachsungen von mehreren gleichartigen Kristallen nach bestimmten Gesetzmäßigkeiten. Beispiele hierfür sind die herz- oder schmetterlingsförmigen Viellinge, die aus einzelnen Skalenoedern bestehen, welche pseudosymmetrisch miteinander verwachsen sind. Ebenso anzutreffen ist die Verdrehung der einzelnen Kristalle um 60 Grad gegeneinander.

Die Rolle des Calcits bei der Entdeckung der Kristallographie

Calcit kann in allen Formen und Kombinationen des rhomboedrischen Systems kristallisieren; eine Eigenschaft, die für die Herleitung der Gesetze der Kristallographie von nicht zu unterschätzender Bedeutung war, wie die Geschichte zeigt. So hatte der englische Arzt William Pryce bereits 1778 die Grundlagen der Kristallographie vorgeahnt, als er in der „Mineralogia Cornubiensis" feststellte, dass sich alle Formen des Calcits durch einfache Spaltung aus der Grundform des Rhomboeders ergeben – er maß jedoch seiner Beobachtung keine besondere Bedeutung bei und so blieb es dem französischen Mineralogen René Juste Haüy (1743-1822) vorbehalten, die erste, auch praktisch nutzbare Kristallographie zu entwickeln.

Wie so oft rankt sich auch um Haüys folgenreiche Entdeckung eine Legende. War es bei

Newton der Apfel, der vom Baum fiel und ihm die Gesetze der Gravitation nahebrachte, so war es bei Haüy ein großes Calcit-Kristall, das vom Tisch zu Boden stürzte und in tausend Einzelteile zersprang. Als er die unzähligen Bruchstücke aufheben wollte, bemerkte Haüy, dass zwar alle eine andere Form hatten als das ursprüngliche Kristall, aber alle dem rhomboedrischen Islandspat glichen. Haüy wiederholte den Vorgang mit den unterschiedlichen Kristallformen des Calcits und jedesmal erhielt er ein Rhomboeder. Zerkleinerte er dieses Rhomboeder weiter, erhielt er wieder ein Rhomboeder. Aus dieser Beobachtung schloss er, dass die Kristalle aus der Wiederholung des Elementargitters beziehungsweise der Elementarzelle in den drei räumlichen Richtungen entstehen. Seine Beobachtungen hielt er in den Jahren 1781 und 1782 in seinem Buch „Mémoire sur la structure des crystaux" fest. Darin waren erstmals die Grundgesetze der Kristallographie formuliert – und am Beispiel des Calcits erläutert.

Selbstverständlich war Haüys Kristallographie noch nicht perfekt, der deutsche Mineraloge Ludwig Seeber entwickelte sie 1824 in seinem „Versuch einer Erklärung des inneren Baus der festen Körper" entscheidend weiter; aber das ist eine andere Geschichte und Calcit spielt darin keine Rolle.

Doppelbrechung und andere optische Eigenschaften

Alle nichtkubischen, lichtdurchlässigen Minerale besitzen zwei Hauptbrechungsindices und zeigen daher das Phänomen der Doppelbrechung: Sie zerlegen jeden Lichtstrahl bei seinem Durchgang durch den Kristall in zwei Teile. Bei den meisten dieser Minerale ist die Differenz der Brechungsindices nur gering, die Zerlegung des Lichtstrahls mit bloßem Auge nicht zu erkennen. In den Basaltgesteinen Islands jedoch findet man einen Calcit, dessen Doppelbrechung zu den stärksten aller Minerale zählt: den Island- oder Doppelspat. Die Differenz zwischen dem Brechungsindex des ordentlichen Teilstrahles ($n_o = 1,658$) und dem des außerordentlichen Teilstrahles ($n_e = 1,486$) beträgt bei diesem Mineral 0,172.

Blickt man nun mit bloßem Auge durch einen Islandspat, so sieht man ein doppeltes Bild (siehe Abbildung). Allerdings nur, wenn man aus der richtigen Position hindurchschaut, denn ein Calcit-Kristall ist nicht nur einachsig negativ, es ist auch anisotrop. Das heißt, dass bestimmte Eigenschaften des Kristalls von der Richtung abhängen, in der sie bestimmt werden; so auch die Doppelbrechung. Diese tritt nicht auf, wenn der Lichtstrahl in Richtung der optischen Achse durch den Kristall tritt. Durchläuft der Strahl das Kristall hingegen senkrecht zu dieser Achse, so ist die Doppelbrechung besonders stark.

Calcit weist nicht nur eine Doppelbrechung auf, sondern er polarisiert auch das Licht, sodass es nach seinem Durchgang durch den Kristall nur noch linear in einer einzigen Richtung senkrecht zur Fortpflanzungsrichtung schwingt. Dieses Phänomen machte sich im Jahr 1828 der englische Physiker William Nicol zunutze. Er zersägte einen isländischen Doppelspat, kittete die beiden Teile mit Kanada-Balsam zusammen und besaß damit einen einfachen Polarisationsfilter. Seine simple Vorrichtung findet bis heute als „Nicolsches Prisma" in der Polarisationsmikroskopie Verwendung. Neben dem isländischen Doppelspat kann man zur Herstellung auch große, durchsichtige Calcit-Kristalle verwenden, wie sie in zahlreichen Gängen aus reinem Calcit zu finden sind.

Untersucht man seinerseits ein dünn geschnittenes, allerhöchstens 30 Mikrometer dickes Calcit-Plättchen mit einem Polarisa-

Ein Calcit-Rhomboeder zeigt seine Doppelbrechung.

tions-Mikroskop, sieht man sehr lebhafte Po-
larisationsfarben (siehe Abbildung). Die verschiedenen Schnitte der Calcit-Kristalle schil-
lern in grauen, rosaroten und weißen Farbtönen, die an das Feuer feiner Perlen erinnern. Spaltet man die Kristalle, anstatt sie
zu schneiden, so entstehen sehr feine Lini-
en, die sich im Winkel von 120 Grad schneiden. Bei polysynthetischen Viellingen entstehen hingegen sehr feine Plättchen, die
aufgrund der verschiedenen Polarisations-
farben erkennbar sind.

Physikalische Eigenschaften

Jedem Kristallgitter liegt eine feste räumliche Anordnung der Atome zugrunde. Wird
sie durch einen äußeren Zwang verändert,
treten Spannungen im Kristallgitter auf, die
manchmal überraschende Phänomene zur
Folge haben. So lässt sich allein durch das
Zusammendrücken eines Calcit-Kristalls
mit den Fingern eine positive elektrische
Ladung erzeugen.

Aber auch im Normalzustand, frei von allen äußeren Einflüssen, ist die Anordnung
der Atome zum Kristall verantwortlich für
einzelne physikalischen Eigenschaften wie
die Härte. Und da nur sehr wenige Kristallformen vollkommen symmetrisch sind,
weisen Kristalle häufig für die einzelnen
Flächen unterschiedliche Eigenschaften auf.
Für Calcit gilt dies auch, wie sich insbesondere an der relativen Härte zeigt. Sie
misst man an den Hauptflächen die Härte 3

nach der Mohs'schen Härteskala (siehe Abbildung), wohingegen sie an der Basis des
Kristalls nur 2,5 beträgt; hier ist Calcit mit
dem Fingernagel ritzbar.

Allerdings darf man von der Härte eines
Minerals nicht auf die Härte des Gesteins
schließen, da letztere ganz wesentlich vom
Zusammenhalt der einzelnen Kristalle untereinander geprägt ist. So kann ein Kalkgestein weich sein wie die Kreide, wenn es
aus Calcit-Körner besteht, die nicht genügend miteinander zementiert sind. Ein kompaktes, hartes Kalkgestein hingegen enthält
die gleichen Calcit-Kristalle mit derselben
Härte, nur sind diese hier mit einem ebenfalls kalkigen Zement verfestigt.

Die theoretische Dichte des Calcits beträgt
2,71 Gramm pro Kubikzentimeter [g/cm^3],
die effektive Dichte schwankt jedoch zwischen 2,6 und 2,8 g/cm^3, je nachdem wieviel Calcium-Ionen im Kristallgitter durch
andere Metall-Ionen wie Eisen, Mangan
oder Zink ersetzt sind.

Die Farbe des Calcits

Reiner Calcit ist durchsichtig und farblos. In der Natur ist er jedoch nur selten zu finden. Sieht man einmal ab vom Islandspat, so ist natürlicher Calcit meistens honiggelb bis gelbbraun gefärbt, massive Varietäten sind milchig weiß.

Die verschiedenen Färbungen des Calcits entstehen, wenn Ionen anderer Metalle wie Eisen, Zink, Cobalt oder Mangan die Calcium-Ionen im Kristallgitter ersetzen. So ergibt Eisen einen gelbbraunen Farbton, der demjenigen des Siderits ($FeCO_3$) gleicht; Zink führt zu einem gräulich-weißen Farbton, vergleichbar demjenigen des Smithsonit ($ZnCO_3$); Cobalt gibt rosa Farbtöne, ähnlich dem Sphärokobaltin ($CoCO_3$) und Mangan schließlich verleiht malven- oder veil-

chenfarbige Töne, die sich vom Rot des Rhodochrosits ($MnCO_3$) und vom matten Rosa des Kutnahorits [$CaMn(CO_3)_2$] abheben. Zudem sind manganhaltige Varietäten oft karminrot fluoreszierend.

Ist dem Calcit eine geringe Menge des smaragdgrünen bis schwarzgrünen Malachits [$CuCO_3 \cdot Cu(OH)_2$] beigemischt, so kann er sogar eine grüne Farbe annehmen, wie es in den Sekundärcalcit-Adern des Kalkmassivs von Vizarron in Zentralmexiko zu beobachten ist. Diese, wie auch alle anderen oben genannten Färbungen heben oft einzelne Wachstumszonen der Calcit-Kristalle hervor und sind recht häufig zu beobachten.

Außergewöhnlicher ist da jene Färbung des himmel- bis lavendelblauen Calcits (siehe Abbildung). Hervorgerufen wird diese Färbung von Fehlstellen im Kristallgitter des Calcits, die durch die Strahlung radioaktiver Minerale entstanden sind. Diese Fehlstellen bewirken nun eine differenzielle Absorption des Lichtes, bei der nur die Lichtwellen reflektiert werden, die dem blauen Licht entsprechen.

Dass die blaue Färbung rein physikalische Ursachen hat, zeigt sich beim Vermahlen eines blauen Calcit-Kristalls. Schnell ist es

Mohs'sche Härteskala: Die mittlere relative Härte eines Minerals wird anhand einer Reihe von 10 Mineralen mit zunehmender Härte bestimmt: Jedes Mineral ritzt das vorhergehende und wird vom nachfolgenden geritzt. Der Calcit (3) wird also vom Fluorit (4) geritzt, ritzt jedoch den Gips (2). Aufgestellt wurde diese Härteskala 1822 vom deutschen Mineralogen Friedrich Mohs (1773-1839).

Absolute Härte	Relative Härte	Bezugsmineral	Chemische Formel	Vergleiche
800 – 1100	10	Diamant	C	
400	9	Korund (Saphir, Rubin)	Al_2O_3	
200	8	Topas	$Al_2[SiO_4|(OH,F)_2]$	
	7,5 - 8	Beryll (Smaragd)	$Al_2Be_3[Si_6O_{18}]$	
100	7	Quarz	SiO_2	←Stahlfeile 6,5
50	6	Orthoklas	$K[AlSi_3O_8]$	← Fensterglas 5,5
				← Messerklinge 5+
25	5	Apatit	$Ca_5 (F,Cl,OH) [PO_4]_3$	
	4	Fluorit	CaF_2	← Kupfer 3+
8,3	3	Calcit	$CaCO_3$	← Fingernagel 2+
	2	Gips	$CaSO_4 \cdot 2H_2O$	
1	1	Talkum	$Mg_3(OH)_2[Si_4O_{10}]$	Graphit

da mit der Schönheit vorbei, das entstehende Pulver ist genauso weiß wie jeder andere Calcit auch. Selbst im Kristall oder Gestein hält der blaue Farbton nicht ewig an, mit der Zeit schwächt er sich ab und wenn die Kristalle der Sonne ausgesetzt sind, ist er spätestens nach einigen Monaten vollständig verschwunden. Dieser Prozess lässt sich sogar noch beschleunigen. Erwärmt man die Kristalle auf 275 Grad Celsisus, so dauert die Entfärbung gerade einmal zwanzig Minuten.

Doch physikalische Prozesse lassen sich heute auch umdrehen, vorausgesetzt man hat die geeigneten Geräte und Methoden. Und so kann man durch künstliche Bestrahlung jedes gewöhnliche, farblose Calcit-Kristall in eine der seltenen blauen Schönheiten verwandeln.

Eine blaue Farbe ist bei Ziergesteinen äußerst selten, dementsprechend groß war und ist das Interesse an solchen Steinen. Da die künstliche Herstellung für eine kommerzielle Nutzung zu aufwendig und vor allem zu teuer war, beschränkte man sich auf die klassischen Methoden und baute lange Zeit Marmore aus blauem Calcit im industriellen Maßstab ab. Große Steinbrüche gab es unter anderem im kanadischen Tatlock und im kalifornischen Crestmore, wo der „skyblue marble" gebrochen wurde. Aber auch in Skandinavien ist blauer Marmor zu finden, insbesondere in Marmorlagerstätten mit Granit-Intrusionen, da diese gewöhnlich reich an radioaktiven Mineralen sind.

Aragonit

Wesentlich seltener als der Calcit ist der Aragonit, bei dem das Calciumcarbonat in der orthorhombischen Form kristallisiert ist. Der Name Aragonit leitet sich von einem der bedeutendsten Vorkommen des Minerals ab, den gips- und salzhaltigen Mergeln von Molina im nordspanischen Aragonien.

Die charakteristischste Form des Minerals Aragonit ist ein zyklischer Vielling: Drei einzelne, prismenförmige Kristalle gruppieren sich hier zu einem vertikal tief gerippten, pseudohexagonalen Prisma. Die Basis dieses polykristallinen Viellings ist in drei Richtungen gerippt, wobei jede Rippe anzeigt, wo die ursprünglich einzelnen Kristalle miteinander verwachsen sind. Entlang dieser Trennlinie ist eine Spaltung des Kristalls leicht möglich (siehe Abbildung).

Die Doppelbrechung ist mit einem Wert von 0,155 schwächer als diejenige des Calcits und der Aragonit-Kristall ist zweiachsig negativ. Gewöhnlich ist Aragonit ziemlich rein, er kann jedoch bis zu vier Prozent Strontium enthalten. Manchmal ist das Mineral farblos, oft honiggelb, meistens jedoch undurchsichtig weiß mit einem glasigen bis harzigen Glanz an der Bruchstelle. Härte und Dichte sind höher als beim Calcit (vgl. S. 8).

Die schwächste der Spaltflächen ist jene parallel zur Längsrichtung; sie gestattet eine Unterscheidung vom Calcit mit Hilfe des Polarisationsmikroskops. Aber auch eine

Polierter Schnitt durch einen Marmor aus Kenia mit blauen Calcit-Kristallen (Original-Größe).

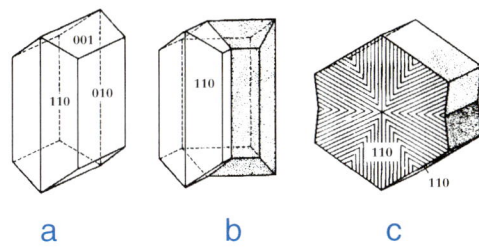

a   b   c

Charakteristische Arago-
nit-Kristalle. Der Ein-
kristall (a) ist vergleichsweise selten, die

Zwillinge (b) und die
pseudohexagonalen Dril-
linge (c) dagegen sind
recht häufig anzutreffen.

warme Lösung von Cobaltnitrat [Co(NO$_3$)$_2$] kann als Nachweisreagenz für Aragonit dienen. Färbt sich ein Calciumcarbonat-Kristall nach dem Zusatz einiger Tropfen dieser Lösung rosa-lila, so liegt Aragonit vor; beim Vorliegen von Calcit tritt keine beziehungsweise nur eine sehr schwache und zeitlich verzögerte Reaktion ein.

In geologischen Zeiträumen ist der Aragonit nicht stabil, weshalb er in der Natur auch wesentlich seltener zu finden ist als der Calcit. Aber in den Kalkschalen zahlreicher Organismen wie den Schalenklappen der Riesenmuscheln dominiert häufig der Aragonit, da er dort ursprünglich gebildet wird und sich erst nach und nach in Calcit verwandelt. Auch Perlen und Perlmutt sind eine Mischung aus Aragonit-Lamellen und organischem Material in wechselnder Zusammensetzung (vgl. S. 16). Und selbst im Mineralienreich gibt es Aragonit. So trifft man in den Eisenerzgruben des Erzbergs in der Steiermark auf die „Eisenblüte", eine korallenförmige Varietät des Aragonits, und in Norddeutschland ist der Schaumspat oder Schaumkalk häufig zu finden. Diese perlmuttartig glänzende Trias-Formation ist eine Pseudomorphose von Gips in Aragonit.

Aragonit wird in Süßwasser wenig abgeschieden, die einzelnen Vorkommen sind somit charakteristisch für marine Milieus. Im Gegensatz zu den meisten anderen mineralischen Stoffen kommt Calcium dort seltener vor als im Süßwasser, da zahlreiche

Organismen das Mineral dem Wasser entziehen, um damit ihre Kalkschalen und -skelette aufzubauen. Dadurch hat sich auch das Verhältnis von Magnesium zu Calcium im Verlauf der geologischen Zeitalter immer weiter auf die Seite des Magnesiums verlagert, und da Magnesium die Bildung von Aragonit gegenüber derjenigen von Calcit begünstigt, entsteht heute im marinen Milieu bevorzugt Aragonit.

Neben Magnesium verschieben auch Spuren anderer Metalle wie Strontium, Blei, Barium und Calciumsulfat sowie Temperaturen über 50 Grad Celsius das Gleichgewicht auf die Seite des Aragonits. Allerdings verwandelt er sich über längere Zeiträume in den stabileren Calcit, weshalb Aragonit in alten Carbonatgesteinen selten ist.

Insbesondere auf den Bahamas sowie auf den Bermuda-Inseln bilden sich seit mehreren tausend Jahren Aragonitsande im Gezeitenbereich, die für eine industrielle Nutzung geeignet sind. Die Vorkommen werden mit dem Bagger abgebaut und zur Herstellung von Zement verwendet.

Vaterit

Der Vaterit, benannt nach dem deutschen Chemiker und Mineralogen Heinrich Vater, ist die hexagonal kristallisierende Form des Calciumcarbonats. Er ist äußerst instabil und kommt in der Natur nur ausnahmsweise vor. Bei der künstlichen Fällung von Calciumcarbonat können die Fällungsbedingungen jedoch so gewählt werden, dass er sich bevorzugt bildet. Und auch in Schneckengehäusen konnte Vaterit neben Calcit und Aragonit nachgewiesen werden, wobei sich der Vaterit am Anfang des Lebens dieses Tieres gebildet hat und sich im Laufe der Zeit in den stabileren Calcit umwandelt.

Die physikalischen und optischen Eigenschaften des Vaterits sind ähnlich denjenigen des Calcits. Die Kristalle sind immer klein, und der Vaterit tritt in der Regel in faseriger Form auf; manchmal bildet er allerdings auch feine, mikroskopisch kleine Plättchen.

2. Die Kalkgesteine – Entstehung und Klassifikation

Calciumcarbonat ist der wesentliche Bestandteil aller Kalkgesteine – der Kreide, des Kalksteins und des Marmors. Und das Calciumcarbonat beziehungsweise sein spezifisches chemisches Verhalten ist auch der Grund dafür, dass Kalkgesteine gegenüber den erodierenden Einflüssen von Wind und Wetter ein Verhalten zeigen, das sie von den meisten anderen Gesteinen unterscheidet.

So wie Calciumcarbonat in kohlendioxidhaltigem Wasser sehr gut löslich ist, so lassen sich auch ganze Gebirge aus Kalkgesteinen buchstäblich in Wasser auflösen. Im Verlaufe der Erdgeschichte sind selbst gewaltigste Kalkmassive verschwunden, die sich über eine Fläche von einigen tausend Quadratkilometern erstreckten und eine Mächtigkeit von mehreren tausend Metern besaßen. Innerhalb von Millionen von Jahren wurde ihr Calciumcarbonat von Flüssen ins Meer geschwemmt, deren Wasser dank der hohen Konzentration an Calcium-Ionen immer schön klar und blau blieb.

Da sich der Auflösungsprozess gleichzeitig auf der gesamten Oberfläche der Kalkgesteine abspielt, behalten Kalkmassive während ihres langsamen Verschwindens immer ihr Relief bei, nur die Abmessungen verkleinern sich laufend. Ein Verhalten, das Kalkgesteine wesentlich von den härteren, magmatischen Gesteinen wie Basalt und Granit unterscheidet. Diese werden von Verwitterung und Erosion so weit zerkleinert, bis nur noch runde Gesteinsbrocken und grobkörnige Sande übrigbleiben.

So groß die Gemeinsamkeiten im Verhalten gegenüber allen äußeren Einflüssen sind, so unterschiedlich ist die Entstehung der einzelnen Kalkgesteine. Die Carbonatite sind magmatische Gesteine, Marmore sind metamorphen Ursprungs und schließlich sind sowohl Kreiden als auch Kalksteine Sedimente, womit Calciumcarbonat als eines der wenigen gesteinsbildenden Minerale alle drei Hauptgruppen der Gesteine abdeckt.

Mineralogische Zusammensetzung der Carbonatschalen wichtiger Organismen.

Organismen	Aragonit	Calcit mit wenig Magnesium	Calcit mit viel Magnesium	Calcit und Aragonit
Weichtiere	+		o	o
Korallen	+	+	+	
Schwämme	+	+	+	
Moostierchen	+		+	+
Stachelhäuter			+	
Foraminiferen	o	+		
Algen	+	+	+	

+ = gewöhnliches Mineral
o = gelegentliches Mineral

Rudist (Biradiolites
cornupastoris), aus der
oberen Kreide (Turon),
Dordogne, Frankreich
(Höhe 13,5 cm.).

2.1 Sedimentation

Die Sedimentation ist der gesteinsbildende Prozess, der allen Kalkgesteinen, mit Ausnahme der sehr seltenen Carbonatite, zugrunde liegt; auch Marmor ist letztlich nur ein sedimentärer Kalkstein, der durch Druck und/oder Temperatur metamorphosiert wurde.

Die Entstehung von Sedimentgesteinen verläuft in der Regel in zwei Schritten: Zunächst lagern sich in einem ersten Schritt lose Materialien schichtweise ab, um dann im nächsten Schritt, der Diagenese, durch Druck oder Zementation zum Gestein verfestigt zu werden.

Bei den Kalkgesteinen lassen sich drei unterschiedliche Wege festhalten, auf denen das Ausgangsmaterial Calciumcarbonat abgelagert wird: durch chemische Fällung, durch biochemische Prozesse und durch organogene Sedimentation. Während die chemische Fällung meist an Süßwasser gebunden ist, finden die beiden letztgenannten Prozesse im Salzwasser der Meere statt. Welche Kristallform dabei entsteht, hängt sowohl von der Art der Organismen (siehe Abbildung) als auch von der Temperatur des Meerwassers ab. So begünstigt warmes Wasser die Bildung von Aragonit und von Calciten, die zwischen 4 und 15 Prozent Magnesiumcarbonat enthalten.

Organogene Sedimentation

Bei der organogenen oder bioklastischen Sedimentation hat das Ausgangsmaterial für die Gesteinsbildung eine biologische Herkunft. Zumeist handelt es sich um die anorganischen Überreste wirbelloser Tiere, die sich am Meeresboden ablagern und im Laufe der Zeit verfestigt werden. Die Größe der Bestandteile schwankt sehr stark: Sie reicht von ganzen und zerbrochenen Schalen der Muscheln oder anderer Weichtiere bis zu den wenige Tausendstelmillimeter messenden Kokkolithen, scheibenförmige Skelett-Teile einzelliger Meeresalgen.

Wenn die Ablagerungen locker bleiben und nicht zementiert werden, sondern eher aussehen wie ein Muschelsand, spricht man von Muschelkalkstein. In der Region um Tours in Mittelfrankreich findet sich ein solcher Kalkstein, der im Miozän vor zehn bis fünfzehn Millionen Jahren entstand und mehr als tausend Fossilienarten enthält.

Sind die Carbonatsedimente organischen Ursprungs durch einen Calcit-Zement verfestigt, spricht man von Lumachelle. Gewisse Fazies des deutschen Muschelkalks sind solche Muschel-Lumachellen, die vor 220 Millionen Jahren in der Trias entstanden.

Die Weichtiere der Klasse Muscheln bilden vor allem seit dem oberen Mesozoikum vor 120 Millionen Jahren flache marine Sedimente. So haben in der Kreidezeit die Rudisten – Muscheln mit einer dickwandigen, turmartigen, festgewachsenen Schale (siehe Abbildung) – im Mittelmeergebiet wah-

Ammonit aus der unteren Kreide (etwa 100 Millionen Jahre alt).

lichen es, diesen Zeitraum von rund 400 Millionen Jahren in zahlreiche Zeitabschnitte und räumliche Zonen einzuteilen.

Korallen sind koloniebildende Organismen. Aus ihrem Kalkskelett, dem Polypenstock (siehe Abbildung), bauen sich in warmen Meeren nahe der Wasseroberfläche die Riffe auf. Riffkalke können bis zu mehrere hundert Meter starke Massen bilden, die in der Regel wenig geschichtet sind. Ihr hoher Calcit-Gehalt und der geringe Grad der Verunreinigung machen Riffkalke zu einem Gestein mit großer wirtschaftlicher Bedeutung. Das gilt um so mehr, da Riffe häufig Muttergesteine gewaltiger Erdölvorkommen sind. Denn bei ihrer Entstehung enthalten die Riffkalke große Mengen an organischem Material, das mit der Zeit verrottet, wobei sich Erdöl oder andere bituminöse Stoffe bilden. Das zähflüssige Erdöl sammelt sich im Laufe der Jahrhunderte in einem großen Reservoir, das sich innerhalb des porösen, zerklüfteten Speichergesteins befindet.

Warmes und klares Wasser sind notwendige Lebensbedingungen für Korallen, was ih-

re Riffe gebildet. Daraus entstanden vor 115 Millionen Jahren die massiven, weißen Kalksteine der Urgon-Fazies, die heute im südfranzösischen Orgon abgebaut werden.

Im Unterschied zu den Muscheln haben Weichtiere aus der Klasse der Kopffüßer wie Tintenfische oder Nautilusse heute keinen großen Anteil an der organogenen Sedimentation. Das war im Mesozoikum anders. Damals waren Kopffüßer weit verbreitet und vor allem die heute ausgestorbenen Ammoniten und Belemniten waren an der Bildung der Kalkgesteine beteiligt. Sowohl Ammoniten als auch Belemniten besaßen eine instabile Aragonitschale, die sich jedoch während der fortschreitenden Sedimentation in kristallines Calcit umwandelte.

Aufgrund ihrer großen geographischen Verbreitung und ihrer raschen Evolution sind insbesondere die Ammoniten ausgezeichnete Leitfossilien für die einzelnen Zeitalter vom Paläozoikum bis zum Mesozoikum (siehe Abbildung). Tausende von Arten, eingeteilt in mehr als 1800 Gattungen ermög-

Zeichnung eines dünnen, aus einem Polypenstock-Kalk des Karbons geschnittenen Plättchens. Man erkennt die Polypenstockröhren mit ihren strahlenförmigen Trennwänden, die in einen Calcit-Zement (Mikrit) eingebettet sind.

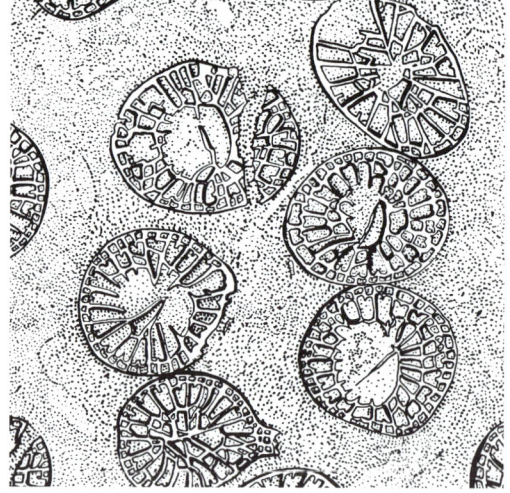

re geographische Verbreitung auf die tropischen Zonen beschränkt. Dies bietet dem Geologen die Möglichkeit, die Lage der Kontinentalplatten während der geologischen Zeitalter zu rekonstruieren.

So lag zum Beispiel im oberen Jura vor 150 Millionen Jahren der Riffkalkgürtel, der sich vom Pariser Becken bis nach Süddeutschland erstreckt, zwischen dem 15 und 30 Grad nördlicher Breite; heute liegt er zwischen dem 48 und 49 Breitengrad. Ein noch erstaunlicheres Beispiel bietet Spitzbergen. Die Inselgruppe vor der nordnorwegischen Küste besteht zum Teil aus Riffkalken, das heißt, als sich die Korallen während des Permokarbons vor 250 bis 300 Millionen Jahren auf Spitzbergen ansiedelten, brandete ein warmes, tropisches Meer an dessen Küste. Heute liegt Spitzbergen auf 80 Grad nördlicher Breite – am Rande des Eismeers.

Seeigel und insbesondere die Haarsterne mitsamt den Seelilien zählen zu den Stachelhäutern. Diese Lebewesen waren während des gesamten Zeitraums vom Paläozoikum bis zum Mesozoikum an der bioklastischen

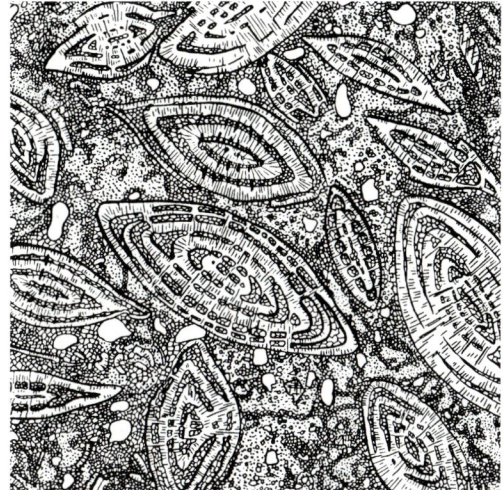

Zeichnung eines dünnen, aus einem Nummulitenkalk des Eozäns geschnittenen Plättchens. Man beachte die zahlreichen dickwandigen Nummuliten-Querschnitte, die aus senkrecht zur Schalenwand verlaufenden Fasern aufgebaut sind. Der Zement ist kalkigtonig mit Sandkörnern.

Sedimentation der Kalkgesteine beteiligt. Aus den Stielgliedern (Trochiten) der Seelilien oder den Skelettresten anderer Stachelhäuter entstanden Kalksteine, die leicht an ihren großen Calcit-Monokristallen mit glänzender (spatischer) Bruchfläche zu erkennen sind. Wegen ihres kristallinen Aussehens werden diese Trochitenkalke auch „Kleingranit" genannt (siehe Abbildung).

Foraminiferen sind einzellige Protozoen mit einer Größe von 0,05 bis mehr als 10 Millimeter, deren kalkige Schale in den Carbonatsedimenten häufig erhalten bleibt. Dank ihrer raschen Evolution und großen Verbreitung sind auch sie sehr gute Leitfossilien in Carbonatsedimenten, was insbesondere bei der Erdölsuche wirtschaftlich genutzt wird.

Nummuliten, große Foraminiferen mit scheibenförmiger Schale, prägten die Carbonatsedimentation im Pariser Becken zu Beginn des Känozoikums vor 50 Millionen Jahren (siehe Abbildung). Die daraus entstandenen Nummuliten-Kalksteine waren

Zeichnung eines dünnen, aus einem Trochitenkalk des Juras geschnittenen Plättchens. Man beachte die Akkumulation von zahlreichen zerbrochenen und abgenutzten Seelilien-Stielgliedern, deren netzförmiger Aufbau und Axialkanal noch gut erkennbar sind.

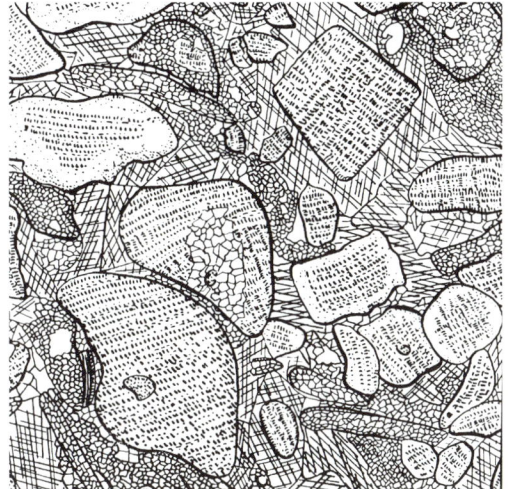

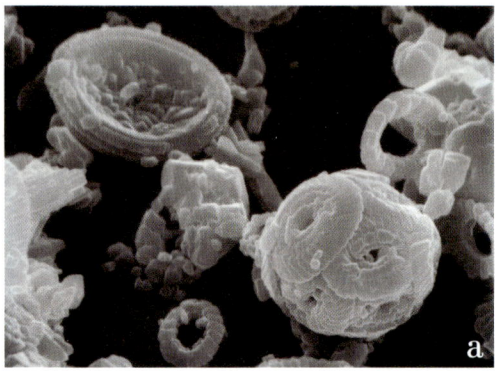

Rasterelektronenmikro-
skopische Aufnahmen
(REM) von Kokkolithen,
zunehmende Vergrö-
ßerung:
a) Coccolithophoriden
aus der Oberkreide von
Omey/ Frankreich
(2 200-fache
Vergrößerung),
b) Kokkosphäre eines
Coccolithophoriden
(2 200-fache Ver-
größerung),
c) Strahlenförmige
Calcit-Teile, die eine
scheibenförmige Platte
einer Kokkosphäre
bilden (6 500-fache
Vergrößerung),
d) REM-Aufnahme eines
Kokkolithen (6 500-fache
Vergrößerung).

während des Mittelalters und der frühen Neuzeit ein begehrter Baustein in Paris und Umgebung. Um den hohen Bedarf decken zu können, baute man den Kalkstein in den südlichen Stadtteilen in unterirdischen Steinbrüchen ab. Da die geldstückgroßen Schalen der Nummuliten auch im sedimentierten Kalkgestein noch zu erkennen waren, nannten die Bürger von Paris den Nummuliten-Kalkstein auch „pierre à liard", denn die Schalen ähnelten in Größe und Form dem liard oder Heller, einer damals gebräuchlichen Bronze- oder Kupfermünze von niedrigem Wert.

Coccolithophoriden sind planktonische, einzellige Meeresalgen. Ihr Skelett, die Kokkosphäre, gleicht einer kugelförmige Hülle und besteht aus zahlreichen scheibenförmigen Calcit-Platten, die strahlenförmig angeordnet sind (siehe Abbildung). Diese kleinen Plättchen, die Kokkolithen, haben zwar nur einen Durchmesser von ungefähr zehn Mikrometern, trotzdem sind sie über mehrere Breitengrade hinweg der Hauptbestandteil der ozeanischen Kalksedimente. Noch heute findet im Nordatlantik in jedem Frühjahr eine große „Algenblüte" statt, bei der sich das Meer weiß färbt durch Hunderte von Millionen Kokkosphären, die dann in jedem Liter Wasser enthalten sind. Rechnet man diese Zahl hoch auf das gesamte Gebiet der Algenblüte, so entstehen in nur wenigen Wochen mehrere Millionen Tonnen Calciumcarbonat – als Skelettmaterial der winzigen Kalkalge Emiliana huxleyi aus der Familie der Coccolithophoriden.

In der oberen Kreide vor 80 Millionen Jahren bildete sich durch die Ansammlung dieser winzigen Kalkplatten vielerorts ein weißes, poröses, weiches und bröckliges Kalkgestein – die Kreide. Die Kreidebildung verläuft in zwei Schritten: Zunächst entsteht durch die Ablagerung von Milliarden Kokkolithen am Meeresgrund ein Kalkschlamm, der sich dann durch Druck allmählich verfestigt, wobei das Wasser herausgepresst wird. Das entstandene weiße Gestein ist durch zahlreiche Hohlräume mit einem Durchmesser von etwa 0,5 Mikrometern gekennzeichnet, die bis zu 40 Prozent des gesamten Gesteinsvolumens ausmachen können. Die Feinporigkeit der Kreide ergibt eine große innere Oberfläche von bis zu 5 Quadratmetern pro Kubikzentimeter und daraus resultierend eine hohe Kapillar-Aszensionsgeschwindigkeit in der Größenordnung von 5 Zentimetern in 15 Minuten. Das erklärt auch die hohe Saugkraft der Kreide, die wie Lehm an der Zunge klebt.

Kreide ist nicht nur porös, der Zusammenhalt zwischen den einzelnen Gesteinspartikeln ist auch sehr gering, weshalb man Kreide auch als „unfertigen", das heißt wenig oder gar nicht zementierten Kalkstein bezeichnen kann. Das weiche Gestein lässt sich bereits mit dem Fingernagel ritzen und ist zudem sehr bröckelig, weshalb Kreide schon seit Jahrhunderten ein beliebtes Schreibmaterial für Schiefertafeln und ähnliche Untergründe ist – bei jedem Strich verbleiben Millionen von Kokkolithen auf der rauen Oberfläche.

Biochemische Carbonatsedimentation

Die physikalisch-chemische Ausfällung des Calciumcarbonats ist oft eng verknüpft mit biologischen oder biophysikalischen Mechanismen wie sie auch bei der Entwicklung der Blaualgen auftreten. So bilden sich im Gezeitenbereich der Meere, aber auch in Mooren und an Seeufern der warmen Zonen diskus- oder buckelförmige Algenstrukturen, die Stromatolithen. Diese Algenbänke sind schichtweise aufgebaut, wobei jede Schicht einer Wachstumsphase der Algenkolonie entspricht. Durch die Ausfällung von Calciumcarbonat kommt es zur Versteinerung, ein geschichteter Kalkstein entsteht. Im oberen Teil der Algenmatte sind zudem feine Sedimente eingeschlossen.

Oolithen sind kleine Calciumcarbonat-Kugeln, die wie Fischrogen aussehen. Sie haben einen Durchmesser von 0,5 bis 2 Millimetern und bestehen aus Calcit-Schichten, die sich konzentrisch um einen Kern abgeschieden haben (siehe Abbildung). Der Kern

Zeichnung eines dünnen, aus einem Oolithenkalk des Juras geschnittenen Plättchens. Die kleinen Oolithen sind in einen mosaikartigen Calcit-Zement (Sparit) mit zahlreichen Zwischenräumen eingebettet.

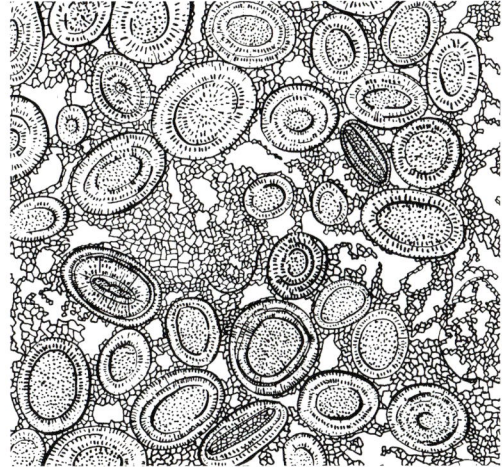

oder Nukleus kann ein Sandkorn, aber auch ein Schalenbruchstück sein. Oolithen bilden sich vor allem im seichten, warmen und bewegten Wasser mariner Milieus, das reich an gelösten Carbonaten ist. Kommt es wie im mittleren und oberen Jura vor 180 bis 150 Millionen Jahren zu einer Akkumulation der einzelnen Kügelchen, so entstehen die Oolithenkalke, deren Vorkommen sich vom Pariser Becken bis nach Bayern erstreckt.

Kalksteine chemischen Ursprungs

Es müssen bestimmte natürliche Voraussetzungen gegeben sein, damit gelöstes Calciumcarbonat ausfällt und sich als Kalkstein ablagert. Oft sind es die Ausflüsse unterirdischer Quellen, an denen sich zum Beispiel die Travertine bilden, aber auch in Karsthöhlen der Kalkgebirge entstehen Kalksteine chemischen Ursprungs, die Tropfsteine. Des weiteren gibt es den Sekundärcalcit, der die Spannungsrisse in Gesteinen ausfüllt und zuletzt die Geoden, Konkretionen aus Calcit-Kristallen, die sich in den Hohlräumen diverser Gesteine bilden. Meist handelt es sich dabei um Kalkgesteine, aber auch in Vulkangesteinen wie dem isländischen Basalt oder in Sandsteinen finden sich Geoden.

Onyxe sind zonale oder bändrige weiße Kalkgesteine, die durch rote, gelbe oder grüne Metalloxide verschiedenartig gefärbt sind. Sie lagern sich meist an den Ufern kalkhaltiger Quellen wie im türkischen Pamukkale ab (*Baumwollschloss,* siehe Abbildung), können aber auch entstehen, wenn kalkhaltiges Wasser mit hohem Druck aus Spalten schießt. Onyxe werden häufig für dekorative Zwecke an und in Gebäuden verwendet und daher wie alle polierfähigen Kalksteine als Onyxmarmore bezeichnet. Aber mit Marmor haben sie ebensowenig zu tun wie mit dem echten Onyx, einem Edelstein aus farbigem Chalcedon.

Unter sehr speziellen Bedingungen wie sie in vorübergehenden Seen bestanden, konnte eine Ausfällung des Calciumcarbonats in Form von gerade einmal 0,1 Millimeter großen, rhomboedrischen Calcit-Kristallen

Kalkterrassen von Pamukkale.

stattfinden. Diese Carbonatsedimente sind nie verfestigt worden und bilden ein lockeres, feinpulveriges Gestein, das einem künstlich gefällten Calciumcarbonat gleicht. In Villeau, südlich von Chartres, wird ein solches Kalkgestein abgebaut.

2.2 Diagenese –
Vom Sediment zum Gestein

Bildet sich ein Carbonatsediment, so ist es zunächst mit Wasser getränkt. Die Porosität dieser schlammigen Masse kann bis zu 90 Prozent betragen, wohingegen ein festes Gestein nur eine Porosität von einigen wenigen Prozent besitzt. Um nun ein lockeres

Sediment zu einem harten Kalkgestein zu verdichten, muss eine Diagenese mit zahlreichen physikalischen und chemischen Prozessen erfolgen.

Die Diagenese gliedert sich in zwei Schritte. Zuerst erfolgt eine mechanische Verdichtung und anschließend die Zementierung des Gesteins.

Verdichtung

Lässt man eine Offshore-Bohrung von einem Schiff oder einer Plattform hinab in ein Carbonatsediment, das sich homogen am Meeresgrund abgelagert hat, so zeigt sich, dass die Härte des Sedimentes mit der Bohrtiefe zunimmt. Innerhalb weniger hundert Meter stößt man zunächst auf ein mit Wasser vollgesogenes Sediment, dann auf eine Kreide und schließlich auf ein Kalkgestein mit einer Dichte von 2,4 bis 2,6 Gramm pro Kubikzentimeter und einem Wassergehalt von nur noch 10 bis 20 Prozent.

Auf den Bahamas, aber auch an zahlreichen anderen Küsten zwischen dem 35. Grad nördlicher und dem 35. Grad südlicher Breite erfolgt die Diagenese der Carbonatsedimente bereits in sehr geringen Tiefen von einem bis zu fünfzig Metern. Wie bei jeder Sedimentation werden auch hier Fossilien in das Kalkgestein eingelagert, in erster Linie die Reste pflanzlicher und tierischer Meeresbewohner. Aber auch unser Zivilisationsmüll ist in diesen Meeren vertreten und so findet man gelegentlich „fossile" Coca-Cola-Flaschen in perfekt erhärteten Kalkgesteinen.

Zementierung

Ein Sedimentgestein enthält nach der Setzung zahlreiche Poren, die erst nach und nach verschlossen werden. Dabei sammelt sich in den Poren zunächst Wasser, das mit Calciumcarbonat gesättigt ist. Unter dem großen Gewicht der darüberliegenden Gesteinsschichten wird das Wasser verdrängt, das Calciumcarbonat bleibt zurück und fällt als Calcit aus, der wie ein Zement die Poren verschließt. Wie porös die ursprünglichen Carbonatsedimente sein können, lässt sich daran erkennen, dass der prozentuale Anteil des Zements am festen Gestein oft ebenso groß oder sogar größer ist als der Anteil der ursprünglichen Sedimentteile.

Ist der Zement eines Kalkgesteins feinkristallin, bezeichnet man ihn als Mikrit, als mikrokristallinen Calcit. Besteht der Zement hingegen aus grobkristallinem Calcit, so spricht man von einem Sparit (siehe Abbildung).

Dolomitisierung

Im Verlaufe der Diagenese von Kalkgesteinen kann es auch zu einer Dolomitisierung

Einteilung der Kalkgesteine nach ihrem Zement und ihren Bestandteilen.

Matrix / Bestandteile	Korngröße > 4 µ = ...sparitisch	Korngröße < 4 µ = ... mikritisch
Bioklasten	biosparitisch	biomikritisch
Oolith	oosparitisch	oomikritisch
Peloid-Kalkstein	pelsparitisch	pelmikritisch
Intraklasten (Kantige, erneut abgelagerte Fragmente)	intrasparitisch	intramikritisch
Riff-Kalksteine	biolithisch	dismikritisch

kommen, bei der im Kristallgitter Calcium-Ionen durch Magnesium-Ionen ausgetauscht werden. Die Dolomitisierung ist immer das Ergebnis einer Gleichgewichtsreaktion, wobei die Lage des Gleichgewichts von der Konzentration des Calciums und des Magnesiums sowohl im Festgestein als auch im umgebenden Wasser abhängt. Entweder erfolgt der Austausch bereits bei der Sedimentation, da Meerwasser in der Regel reicher an Magnesium ist, oder es findet wesentlich später eine sekundäre Dolomitisierung statt, wenn magnesiumhaltiges Wasser durch das fertige Gestein zirkuliert. Wesentlich seltener kommt es auch zu einer Entdolomitisierung. Dies ist immer dann der Fall, wenn magnesiumarmes und sulfatreiches Wasser durch ein Dolomitgestein fließt.

Sowohl bei der Dolomitisierung als auch bei der Entdolomitisierung kommt es zu einer Veränderung im Kalkgestein. Da der Dolomit eine größere Dichte besitzt als der Calcit, steigt beziehungsweise fällt die Porosität bei jedem Austausch.

Aber nicht nur die Art der Bestandteile hat Einfluss auf die Porosität der Kalkgesteine, auch die räumliche Anordnung der Bestandteile und die umgebende Matrix spielen hierbei eine große Rolle. Daher kann eine Messung der Porosität Aufschluss über die Beschaffenheit des jeweiligen Gesteins geben. Diese Zusammenhänge macht man sich unter anderem für die Erdölsuche zunutze, denn die Porosität eines Kalkgesteins ist ein Indikator für die Kapazität eines Erdölvorkommens und die theoretisch mögliche Förderleistung.

2.3 Einteilung der Kalkgesteine

Kalkstein ist nicht gleich Kalkstein. Die unterschiedliche Entstehung der Kalkgesteine bringt nahezu zwangsläufig eine Vielzahl an Kalkstein-Typen hervor, die nach bestimmten Kriterien eingeteilt werden können. Die wichtigsten dieser Kriterien sind die Gefügestruktur, die Textur, die Art der Bestandteile und der Carbonat-Gehalt.

Gefüge

Beim Gefüge kann unter dem Mikroskop die Unterscheidung zwischen drei unterschiedlichen Bestandteilen eines Kalkgesteins gemacht werden:

- das Korn, das biologischen oder chemischen Ursprungs sein kann,
- die Matrix, welche aus einem feinkristallinen Calcit-Schlammm mit Partikelgrößen kleiner als 4 Mikrometern besteht, dem Mikrit,
- der Zement oder Sparit, der aus Calcit-Kristallen aufgebaut ist, die größer als 10 Mikrometer sind, oft sogar Größen von 20 bis 100 Mikrometern erreichen.

Je nachdem wie ausgeprägt jeder einzelne dieser Bestandteile vorliegt, teilt man die Kalkgesteine ein. Man spricht von

- Mudstone, wenn ein feinkörniges Kalkgestein vorliegt, das fast ausschließlich aus Matrix und nur sehr wenigen Körnern besteht,
- Wackestone, wenn der Anteil der Matrix über 50 Prozent und der Anteil der Körner bei ungefähr 10 Prozent liegt,
- Packstone, wenn im Calcit-Schlamm die Körner vorherrschen,
- Grainstone, wenn die Körner von gut auskristallisiertem Sparit zementiert sind,
- Boundstone, wenn es sich um einen riffartig aufgebauten Kalkstein handelt.

Textur

Bereits mit dem bloßen Auge oder mit einer Lupe lässt sich eine Einteilung aufgrund der Textur treffen. Kalksteine sind

- kompakt, wenn die Körner zu fein sind, um sie mit der Lupe zu erkennen,
- kristallin, wenn die Körner größer als einige Millimeter sind. Sind sie zudem untereinander schwach zementiert, spricht man von saccharoidem Kalkstein.
- konglomeratisch, wenn ihre mehrere Zentimeter großen Bestandteilen rund wie Kieselsteine sind,
- brektiös, wenn die Bestandteile kantig sind,

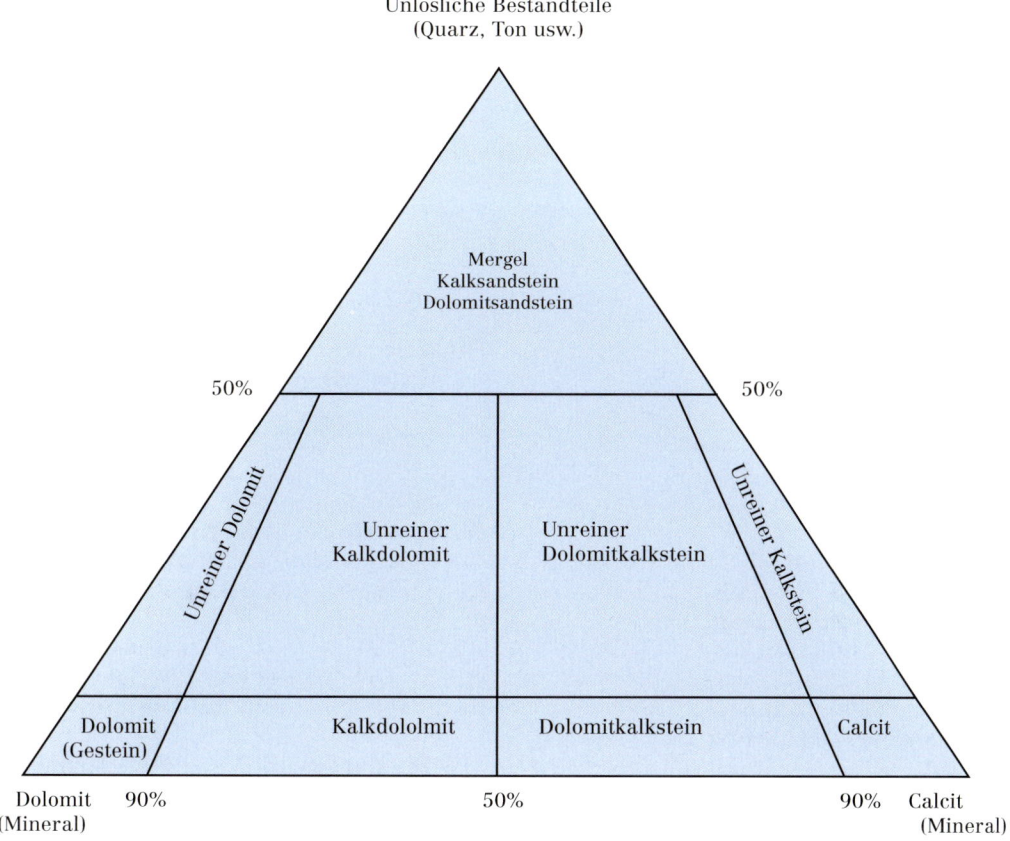

Einteilung der Carbonat-
gesteine aufgrund ihres
Gehaltes an Calcit,
Dolomit und unlöslichen
Bestandteilen.

- weich und porös, wenn der Calcit nur wenig zementiert ist,
- flinthaltig, wenn Kieselsteinknollen mit einer Größe von einigen Zentimetern bis zu einem Meter im Kalkgestein erkennbar sind.

Chemische Analyse

Auch die chemische Zusammensetzung der Carbonatgesteine gestattet eine Einteilung, wobei einmal das Verhältnis von Calcit zu Dolomit berücksichtigt werden kann. Es gibt

- Magnesiumkalkstein mit 5 bis 20 Prozent Magnesiumcarbonat
- Dolomitkalkstein mit 20 bis 40 Prozent Magnesiumcarbonat
- reinen Dolomit mit 40 bis 46 Prozent Magnesiumcarbonat

Aber auch der Tongehalt ermöglicht eine Unterscheidung zwischen

- mergeligen Kalk oder Mergelkalk mit 5 bis 35 Prozent Ton
- Kalkmergel oder Mergel, in dem der Ton mit 35 bis 65 Prozent vorherrscht.

Diese beiden Arten der Klassifikation lassen sich kombinieren (siehe Abbildung).

Kategorie / Einteilung		Gehalt [%]	
		CaCO$_3$	Equivalent CaO
1	sehr große Reinheit	> 98,5	> 55,2
2	große Reinheit	97,0-98,5	54,3-55,2
3	mäßige Reinheit	93,5-97,0	52,4-54,3
4	geringe Reinheit	85,0-93,5	47,6-52,4
5	unrein	< 85,0	< 47,6

Klassifikation der Kalkgesteine nach ihrer Reinheit.

Verunreinigungen

Außer Dolomit und Ton kann ein Kalkgestein weitere Verunreinigungen enthalten, die bei der Klassifikation berücksichtigt werden. Man unterscheidet:

- Sandsteinkalk mit Quarzsandkörnern,
- eisenhaltigen Kalk, dessen Eisen-(III)-Oxid-Gehalt (Fe$_2$O$_3$), größer als 3-4 Prozent ist
- Quarzkalk, bei dem sich der Quarz unsichtbar im Zement befindet,
- Phosphatkalk, der Calciumphosphat in Form von Apatit [Ca$_5$(PO$_4$)$_3$·(F, Cl)] enthält
- Pyritkalk, bei dem Spuren von Pyrit (FeS$_2$) vorliegen,
- Graphitkalk, wenn die organischen Überreste sich im Verlauf der Metamorphose in Graphit umgewandelt haben.

Oder man teilt die Kalkgesteine nach dem Grad der Reinheit ein (siehe Abbildung).

2.4 Metamorphose – Vom Kalkstein zum Marmor

Der Name Marmor stammt vom griechischen Wort *marmáreos*, was soviel wie schimmernd oder glänzend heißt. Die ursprüngliche Bedeutung erklärt leicht, warum im allgemeinen Sprachgebrauch und vor allem in der Bauwirtschaft jedes Kalkgestein als Marmor bezeichnet wird, wenn es sich zu hohem Glanz polieren lässt. In der Geologie jedoch ist der Begriff Marmor den Kalkgesteinen vorbehalten, die bei der Metamorphose eine Rekristallisation erfahren haben.

Bedingungen der Metamorphose

Die Metamorphose ist eine Gesteinsumwandlung, die immer dann abläuft, wenn Gesteinsmassen einem großen Druck von über 1000 bar und zugleich hohen Temperaturen von 200 bis 500 Grad Celsius ausgesetzt sind. Diese Bedingungen unterscheiden sich radikal von den Bedingungen der Diagenese und erzwingen eine Anpassung der gesteinsbildenden Minerale, die prinzipiell auf zwei unterschiedlichen Wegen erfolgen kann: durch Rekristallisation oder durch chemische Reaktionen zwischen den einzelnen Bestandteilen. Das ist bei Kalkgesteinen nicht anders und auch bei ihnen gilt, dass alle diese Umwandlungen immer im festen Zustand erfolgen, unabhängig davon, ob es sich um eine Regional-Metamorphose oder eine Kontakt-Metamorphose handelt.

Regional-Metamorphose

Die allgemeine oder Regional-Metamorphose ist immer das Ergebnis tektonischer Verwerfungen. Durch Bewegungen der Erdkruste geraten sämtliche Gesteine innerhalb eines weiträumigen Gebietes in große

Tiefen beziehungsweise werden durch anderen Gesteinsmassen überlagert. Hohe Drücke und Temperaturen entstehen, das Ausgangsgestein wird deformiert. Ein typisches Merkmal für Regionalmetamorphosen ist die Schieferung der Gesteine, die sich aufgrund der großen, einseitigen Druckeinwirkung bildet. Auch die neugebildeten Minerale sind in aller Regel in dieser Schieferung angeordnet.

Die in Norwegen abgebauten Marmore gehören zu umgewandelten und deformierten Serien, die vor 420 Millionen Jahren bei der Bildung der Kaledonischen Gebirgsketten entstanden. Der Carrara-Marmor hingegen ist ein Zeuge der Deformationen in den Tiefen der Alpenkette.

Ursprünglich war Carrara-Marmor ein Kalkgestein, das sich vor rund 220 Millionen Jahren in einem warmen Meer abgelagert hatte. Als sich Afrika und Europa einander annäherten, schoben sich die meh-rere Kilometer dicken Formationen der toskanischen Überschiebungsdecke über das Kalkstein-Vorkommen, das dadurch in eine Tiefe von 5 bis 10 km gelangte. Dort wurde das Gestein bei Temperaturen von nahezu 300 Grad Celsius stark deformiert. Vor rund 15 Millionen Jahren endete die Rekristallisation und anschließend führte eine letzte Pressung zu einer Aufwölbung, worauf sich der Marmor wieder der Erdoberfläche näherte. Nach und nach wurden die darüberliegenden, immer noch einige Kilometer dicken Formationen durch Erosion abgetragen, das tektonische Fenster der Apuanischen Alpen, wie es die Geologen nennen, öffnete sich und zum Vorschein kam das wohl schönste Marmorgebirge der Welt.

Grobkristalliner Marmorblock.

Kontakt-Metamorphose

Eine Kontakt-Metamorphose findet statt, wenn Gesteine mit magmatischem Material in Berührung kommen und dabei extremen Temperaturen ausgesetzt werden, die tiefgreifende Umwandlungen mit sich bringen. Da sich die Metamorphose vor allem im unmittelbaren Berührungsbereich zwischen Gestein und Magma vollzieht, ist die Kontakt-Metamorphose auf einen engen Raum begrenzt, wobei der Grad der Umwandlung mit wachsender Entfernung immer geringer wird. Selten reicht der Raum der metamorphen Veränderung über zwei, allerhöchstens drei Kilometer hinaus, oft ist der „Kontakthof" sogar nur einige zehn bis hundert Meter groß.

Selbst wenn das Ausgangs-Kalkgestein sehr rein ist, entstehen bei einer Kontakt-Metamorphose niemals so reinweiße Marmore wie in Carrara. Durch die Berührung mit dem glühend heißen, magmatischen Intrusivgestein kommt es zu komplexen Reaktionen, in deren Verlauf sich ein besonderes Gestein, der Skarn, bildet. Skarn ist ein altschwedischer Bergmannsausdruck und heißt soviel wie Lichtschnuppe, und tatsächlich enthalten diese grobkristallinen Calciumsilikat-Gesteine zahlreiche Erzminerale, die ihnen einen charakteristischen Glanz verleihen. Aber es sind nicht nur Erzminerale in diesen Gesteinen vorhanden, Skarne sind vielmehr „natürliche mineralogische Museen": Rosa oder braune Calciumgranate, Idokrase (auch Vesuviane genannt), Wollastonite, Diopside und blaue Calcite – die Vielfalt an Mineralen in allen Größen und Formen ist enorm.

In Thailand wurde aus einem grauschwarzen Kalkstein durch eine Kontakt-Metamorphose ein weißer Marmor. Magmatische Granite des Jura-Zeitalters durchstießen dort vor 150 Millionen Jahren dicke Kalkgesteinsschichten, die aus Karbon und Perm stammten. Aufgrund ihres hohen Gehaltes an organischen Materialien waren diese Kalksteine ursprünglich dunkel gefärbt, aber durch die große Hitze im Metamorphosehof kam es zu einer rückstandslosen Oxidation der organischen Überreste, zurück blieb ein weißer Marmor.

Eigenschaften der Marmore

Farbe, Zusammensetzung, Korngröße – neben den Bedingungen der Metamorphose sind es vor allem die Ausgangsgesteine, welche die Eigenschaften der Marmore bestimmen. Ein sehr reines Kalkgestein mit einem Calciumcarbonat-Anteil von über 98 Prozent wandelt sich durch Rekristallisation in einen weißen Marmor um, der zu über 99 Prozent aus Calcit-Kristallen besteht, die eine Größe von mehreren Zentimeter erreichen können. Da Marmore nahezu vollständig kristallin sind, ist ihre Porosität deutlich geringer als die von Kalksteinen. Sie beträgt zum Beispiel bei Carrara-Marmor gerade einmal 0,01 bis 0,22 Prozent.

Enthält das Kalkgestein jedoch Verunreinigungen wie Quarz, Ton, Eisenoxid beziehungsweise -sulfid oder organisches Material, so entstehen neben dem kristallinen Calcit neue Minerale. Ein einfaches, häufig auftretendes Beispiel ist die Bildung des Calciumsilikats Wollastonit, die immer dann auftritt, wenn Quarz im Kalkgestein vorhanden ist:

$$CaCO_3 + SiO_2 \rightarrow CaSiO_3 + CO_2 \nearrow$$

Wenn im Gestein mehr als 5 Prozent in Salzsäure unlösliche Bestandteile vorliegen, spricht man von einem Zwiebelmarmor oder Cipollino. Der Name leitet sich vom italienischen cipolla (Zwiebel) ab, denn die neugebildeten, silikatischen Minerale begünstigen im Laufe der Verwitterung ein schalenartiges Abblättern des Marmors.

Neben dem Quarz und den daraus abgeleiteten Silikaten tauchen auch zahlreiche Sulfide und Oxide als Bestandteile kristallinen Marmors auf. Die häufigsten Metamorphoseminerale sind der Quarz, der weiße (Muskovit) und der goldbraune Glimmer (Phlogopit), der grüne (Aktinolith) und der weiße Amphibol (Tremolit), die ebenfalls grünen Minerale Diopsid und Serpentin, der schwarze Graphit, die Sulfide Pyrit, Markasit und Chalkopyrit sowie die im allgemeinen weißen Feldspäte. Sind Eisenoxide vorhanden, ergeben sie creme- oder rosafarbene Marmore wie den bekannten rosa Marmor aus Portugal.

Die rund einen halben Meter breiten Carbonatit-Lavaströme erstarren nach wenigen Dutzend Metern zum festen Gestein. Die Erstarrungstemperatur beträgt rund 480°C.

Nach wenigen Tagen zerfällt der scheinbar solide Stein zu weißem Pulver, da die Luftfeuchtigkeit die reichlich vorhandenen Salze löst und die Gesteinsstruktur zerstört.

Synthese von Marmor

Die kristalline Schönheit des Marmors faszinierte die Menschen fast ebenso wie der Glanz eines Diamanten und so ist es kein Wunder, dass man seit Beginn des 20. Jahrhunderts immer wieder Rekristallisationsversuche durchführte, bei denen man die natürlichen Bedingungen für eine Metamorphose im Labor nachstellte – mit Erfolg. Indem man ein Kalkgesteinspulver in einem Glühtopf auf Temperaturen von über 1 100 Grad Celsius erhitzt, erhält man einen einwandfrei kristallisierten Marmor mit regelmäßigem Korn. Aber auch mit großen Drücken wurden und werden zahlreiche Versuche angestellt. Setzt man ein zylin-

derförmiges Stück Kreide für einen kurzen Augenblick einem sehr hohen Druck von 6 000 bis 7 000 bar aus, so erreicht man nur ein Zusammendrücken der Kreide; hält man diesen Druck jedoch über Jahre aufrecht – der Rekord liegt bei 17 Jahren –, so verwandelt sich die Kreide ebenfalls in einen kompakten Marmor. Und schließlich lässt sich ein künstlicher Marmor auch herstellen, wenn man Kalk in einem Elektro-Ofen bei einer Temperatur von 1 050 Grad Celsius und einem Druck von 100 Bar in einer Kohlendioxid-Atmosphäre schmelzt.

2.5 Carbonatite – Außergewöhnliche Kalkgesteine

Calcit ist eines der wenigen Minerale, das in reiner Form als Gesteinsbildner in allen drei Hauptgruppen vertreten ist. Denn neben den Sedimenten Kreide und Kalkstein sowie dem Metamorphit Marmor gibt es auch magmatische Calciumcarbonat-Gesteine – die Carbonatite (siehe Abbildung).

Wie heißer Asphalt läuft
die dünnflüssige Lava
durch kleine Kanäle.
Dabei entstehen immer
wieder skurrile Fließ-
muster. Bei der Eruption
erreicht die Carbonatit-

Lava Temperaturen von
maximal 540°C – rund
100°C weniger als die
Wissenschaftler ur-
sprünglich erwartet
hatten.

Im vulkanischen Gebiet des Kaiserstuhls am
Rhein gab den Geologen ein braunes Car-
bonatgestein lange Zeit Rätsel auf, das mit
vulkanischem Intrusivgestein verbunden war.
Ein magmatisches Calciumcarbonat-Gestein
galt damals noch als Ding der Unmöglich-
keit, da Calciumcarbonat in den hohen Temperaturen einer Lava nicht stabil ist. Erst
1989 konnte man in einem aktiven Vulkan
im Norden von Tansania eine schwärzliche,
vergleichsweise kalte Lava mit einer Temperatur von 500 Grad Celsius beobachten,
die vorwiegend aus Calcit und Dolomit be-

stand (siehe Abbildung). Damit war der Beweis für den magmatischen Ursprung der
Carbonatite erbracht.

Carbonatite treten in zwei Modifikationen
auf, die sich durch ihren Gehalt an Dolomit
unterscheiden. Liegt der Calcit-Gehalt zwischen 50 und 100 Prozent, dann handelt es
sich um Sövit. Überwiegt jedoch der Dolomit, spricht man von Rauhaugit.

Beide Gesteine werden örtlich abgebaut,
zum Beispiel im Komplex von Tororo in
Uganda, wo man sie vor allem nutzt, um
Calciumcarbonat für die Kalk- und Zement-
Herstellung zu gewinnen. Meist werden Carbonatite wegen ihres Gehaltes an Phosphaten, an Mineralen der seltenen Erden und
an Titanverbindungen ausgebeutet. Im fin-
nischen Siilinjärvi, rund 20 Kilometer nördlich der Stadt Kuopio, nutzt man eine große
Carbonatit-Lagerstätte, um Apatit zu gewinnen. Calcit und der Glimmer Phlogopit fallen nur als Nebenprodukt der Flotation an.

3. Die Kalkgestein-Lagerstätten

Kalkgesteine sind nahezu auf der gesamten Erde zu finden, aber nur wenige von ihnen sind derart leicht und eindeutig als Kalkgestein zu identifizieren wie die weiche Champagne-Kreide oder der strahlend weiße Carrara-Marmor. In vielen Fällen bedarf es eingehender Untersuchungen, um zu entscheiden, ob und was für ein Kalkgestein vorliegt. Einige dieser Untersuchungsmethoden sind dabei so einfach, dass sie leicht im Feld durchgeführt werden können.

3.1 Erkennung von Kalkgesteinen

Bei Untersuchungen im Feld möchte man verständlicherweise mit möglichst wenig Werkzeugen und Chemikalien auskommen; eine der einfachsten Methoden ist daher die Beurteilung des Gesteins nach optischen Kriterien wie Farbe, Form und Textur. Hierfür sind außer dem Auge keinerlei Werkzeuge nötig, aber mit der nötigen Erfahrung reicht der Augenschein häufig schon aus, um zahlreiche Aussagen über ein Gestein treffen zu können.

Farbe der Kalkgesteine

Will man die Farbe eines Kalkgesteins im Gelände bestimmen, so ist zu beachten, dass sich ein feuchter und ein trockener Kalkstein in ihrer Farbe unterscheiden, denn beim Trocknen bildet sich eine Patina, deren Farbton meist heller als der ursprüngliche ist: Ein gewöhnlich grauschwarzer Kalkstein erhält oft eine gräulich-weiße Patina. Aus diesem Grund muss man die exakte Farbe immer an einer frischen, befeuchteten Bruchfläche des Gesteins bestimmen.

Ein reines Kalkgestein ist normalerweise weiß. Wie beim Mineral Calcit so entsteht auch beim Gestein eine etwaige Färbung als Folge von Verunreinigungen, die oft nur in sehr kleinen Mengen vorhanden sein müs-

sen. In manchen Fällen genügt für eine Verfärbung bereits eine Konzentration von einem 1 ppm, oder anders ausgedrückt: Einige Gramm Fremdsubstanz pro Tonne Kalkstein reichen aus, um die Farbe völlig zu verändern.

Deshalb gibt allein die Bestimmung der Farbe nur in den seltensten Fällen Aufschluss über das Vorliegen eines Kalkgesteines, doch erhält man über die Farbe häufig gute Hinweise auf die Bedingungen, die am Entstehungsort des betrachteten Gesteins geherrscht haben.

- Rote Farbtöne entsprechen einem oxidierenden Milieu, in der sich das Eisen im Ferri-Zustand befindet, es liegt als Eisen-(III)-Ion vor. Die entstehenden Oxide sind mehr oder weniger hydratisiert: Der Stilpnosiderit ($Fe_2O_3 \cdot 2H_2O$) enthält zwei Moleküle Kristallwasser und ist von ockergelber Farbe; der Goethit ($Fe_2O_3 \cdot H_2O$) mit einem Kristallwasser ist braunrot und der wasserfreie Hämatit (Fe_2O_3) schließlich hat eine blutrote Farbe.
- Dunkle, grüne bis bläulich-graue Farbtöne hingegen entsprechen einem reduzierenden Milieu. Hier liegt das Eisen im Ferro-Zustand als Eisen-(II)-Ion vor und ist Bestandteil komplexer Hydroxide der allgemeinen Formel $Fe(OH)_2$ oder einer der zahlreichen Eisensilikate wie dem grünlichen Chamosit und dem dunkelgrünen Glaukonit.
- Dunkelgraue bis schwarze Farbtöne weisen ebenfalls auf ein reduzierendes Milieu hin. In den meisten Fällen sind es mikroskopisch kleine Körner des Minerals Pyrit (FeS_2), welche die schwärzliche Farbe hervorrufen. Gelegentlich entsteht die Färbung jedoch durch organische Überreste, die während der Petrogenese mehr oder weniger umgewandelt worden sind. In den metamorphen Marmoren liegt zum Beispiel häufig reiner, schwarzer Graphit vor.

Der Übergang vom Ferro- in den Ferri-Zustand, das Durchlaufen unterschiedlicher Oxidationsstufen, kann in vielen Steinbrüchen beobachtet werden. Der obere Teil hat oft einen creme, rosa oder rötlichen Farbton, während der nicht oxidierte untere Teil immer noch den ursprünglichen bläulichen Farbton des reduzierenden Milieus aufweist, in dem die Sedimentation stattgefunden hat.

Die rot- und braungefleckten Kalkgesteine des Devon in den Pyrenäen bestehen aus Knollen, die aus der fossilen Schale eines Kopffüßers hervorgegangen sind. Da diese Knollen von einem schiefrigen Zement umgeben sind, der je nach Oxidationsgrad der Eisenoxide grün oder rot gefärbt ist, lassen sich auch zwei Arten von „Marmor" durch Polieren erhalten: Der rote Griotte-Marmor und der grüne Estours-Marmor. Beide Sorten kamen in Versailles bei zahlreichen Bauwerken des 17. und 18. Jahrhunderts in großen Mengen zum Einsatz.

Oft sind an der Oberfläche beziehungsweise an den Bruchflächen der Kalkgesteins-

schichten moos- oder farnartige Figuren erkennbar, die aus Manganoxiden und -hydroxiden der Formel $MnO_2 \cdot nH_2O$ bestehen. Diese so genannten Dendriten haben trotz ihres zweigförmigen Aussehens nichts mit organischen Formationen zu tun, es sind zumeist Eisen-Mangan-Ausscheidungen, die dem durchfließenden, manganhaltigen Wasser entstammen (siehe Abbildung).

Geruch der Kalkgesteine

Bricht man ein Kalkgestein, entwickelt sich manchmal ein widerlicher Geruch, der an faule Eier erinnert. Dieser Geruch entsteht, wenn sich die organischen Überreste im Sedimentgestein zersetzen und dabei Schwe-

Dendriten.

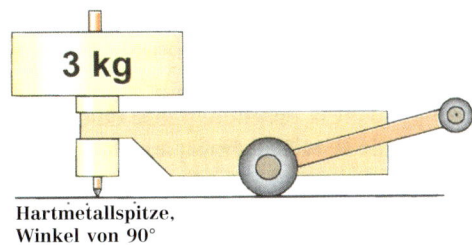

3 kg

Hartmetallspitze,
Winkel von 90°

Messung der Ritzbreite
in Kalkstein.

da beide oft sehr ähnlich aussehen. Die Reaktion mit einer verdünnten Säure gibt hier nur bedingt Aufschluss. Zwar regiert das Mineral Dolomit, ein Calcium-Magnesium-Doppelcarbonat der Formel $CaMg(CO_3)_2$, mit verdünnter Salzsäure nur bei gleichzeitiger Erwärmung, aber auch bei Calciten kann die Reaktion unter bestimmten Bedingungen abgeschwächt oder verzögert erfolgen.

Es gibt jedoch eine Auswahl so genannter Anfärbereaktionen, mit denen sich die einzelnen Carbonatgesteine elegant voneinander unterscheiden lassen. Diese Reaktionen lassen sich wahlweise an Dünnschliffen, an Bruchflächen oder an einzelnen Körnern des Gesteins durchführen. Besonders gute Ergebnisse erhält man mit den folgenden zwei Nachweis-Reaktionen:

- Tropft man eine 1%ige Lösung von Alizarinrot S in 0,1 molarer Salzsäure auf ein Calcit-Gestein, so setzt sich das Natriumsalz der Alizarin-Sulfon-Säure (Alizarinrot S) zu einem intensiv rot gefärbten, schwerlöslichen Calciumsalz um. Aragonite zeigen eine kräftig purpurne Färbung.
- Der direkte Dolomit-Nachweis gelingt mit Magneson (p-Nitrobenzol-azo-Resorcin). Dazu wird die Gesteinsprobe mit 10%iger Salzsäure angeätzt und mit einem Tropfen einer Lösung von 0,002 Gramm Magneson in 100 Millilitern Natronlauge benetzt. Je nach Magnesium-Gehalt des Gesteins bildet sich ein blassblauer bis violetter Überzug.

felwasserstoffgas und flüchtige Organophosphat-Verbindung bilden. Als winzige Blasen bleiben die Gase in das Kristallgitter des Calcits oder Dolomits eingebettet und überstehen selbst die Rekristallisation des Kalkgesteins zu Marmor. Sind solche Einschlüsse in großer Zahl in einem Marmor vorhanden, so kommt es in den Calcit-Kristallen zu einer Beugung des Lichtes und der Marmor erhält eine hellgraue Farbe.

Ritzfestigkeit

Die Oberflächenhärte der Kalkgesteine lässt sich durch die Messung der Ritzfestigkeit bestimmen. Dazu wird eine Stahlspitze mit einer Masse von drei Kilogramm belastet und senkrecht über das Kalkgestein geführt (siehe Abbildung). Die Breite der entstehenden Ritze gibt Aufschluss über die Härte des Gesteins.

Weiche Kalkgesteine ergeben Werte in der Größenordnung von 2 Millimetern. Ist das Gestein von einer neugebildeten Calcit-Schicht überzogen ist, reduziert sich die Breite der Ritze auf 1,15 Millimeter und für harte Kalkgesteine vom Plattenkalk-Typ erhält man Ritzbreiten von 0,6 bis 1 Millimetern.

Calcit oder Dolomit

Ein großes Problem bei der Identifizierung von Carbonatgesteinen ist die Unterscheidung zwischen Kalk- und Dolomitgesteinen,

3.2 Verteilung auf der Erdoberfläche

Die marine Carbonatsedimentation hängt von zahlreichen Faktoren ab, vor allem die Temperatur und der Salzgehalt sind von größter Bedeutung. Aber auch die Wassertiefe, die Eindringtiefe des Lichts, die Strömungsverhältnisse und der Gehalt des Wassers an gelösten Stoffen, insbesondere Kohlendioxid, spielen eine Rolle (siehe Abbildung).

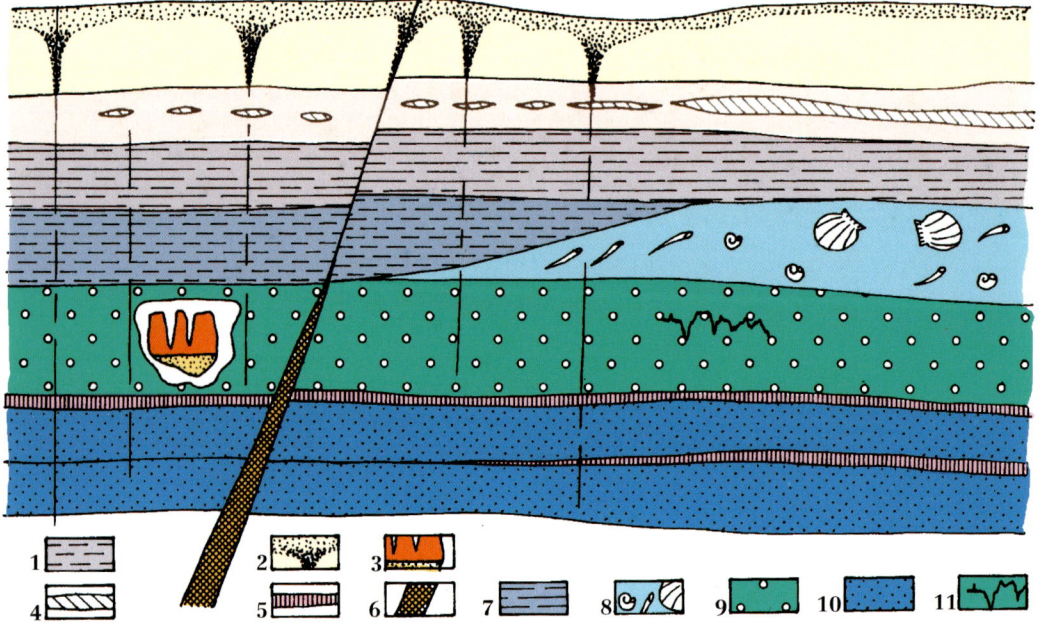

Geologische Probleme, die in Kalksteinbrüchen auftreten (nach Scott und Dunham):

1. Schichten verschiedener Mächtigkeit.
2. Oberflächenverwitterung und -auslaugung, meist von Klüften ausgehend.
3. Lösungshohlräume, teilweise gefüllt mit neuen Kalk- und Ton/Sand-Schichten.
4. Knollen oder Bänder aus Flint oder Kieselschiefern.
5. Ton- oder Mergelschichten.
6. Verwerfung mit Verwerfungsbrekzien an den Wänden, auch mit Mineralgang (z.B. Flussspat).
7. Klüfte, die einzelne Schichten aufbrechen.
8. Riff mit variierenden Strukturen, Fossilienarten und Porositäten. Die Fossilien können leer, teilweise oder ganz mit Zement gefüllt sein.
9. Dolomitisierung, Verkieselung, Fluorisierung oder Sideritisierung des Kalksteins im Bereich des Mineralgangs.
10. Fast vollständige Dolomitisierung.
11. Stylolith-Ebenen mit Ton.

Ein wesentlicher Aspekt der Carbonatsedimentation ist die Verbreitung von Organismen mit Kalkschalen. So gibt es in den warmen, tropischen Gewässern Foraminiferen, Weichtiere und Korallen im Überfluss, dementsprechend viel Calciumcarbonat wird dort tagtäglich produziert. Liegt die mittlere Temperatur eines Meeres hingegen unter 18 Grad Celsius, ist die Sedimentation von Foraminiferen und Weichtieren deutlich geringer (siehe Abbildung).

Carbonate Compensation Depth

Auch die Wassertiefe im Meer hat einen direkten Einfluss auf die Carbonatsedimentation. Calciumcarbonat ist im Oberflächenwasser wenig löslich, da dieses mit Hydrogencarbonat übersättigt ist. In den tieferen Wasserschichten ändert sich die Situation jedoch drastisch, da mit wachsender Tiefe die mittlere Wassertemperatur bis auf 2 Grad Celsius sinkt und zugleich der Druck zunimmt. Dementsprechend erhöht sich der relative Kohlendioxid-Gehalt in den kalten Tiefengewässern auf den sechs- bis siebenfachen Wert im Vergleich zu den wärmeren Oberflächengewässern. Dadurch sinkt einerseits der pH-Wert stark ab, tiefe Gewässer sind sehr korrosiv, andererseits steigt die Löslichkeit der Carbonate stark an. Aragonit wird ab 3 000 Meter Tiefe vollständig aufgelöst, während Calcite bis zu einer Tiefe

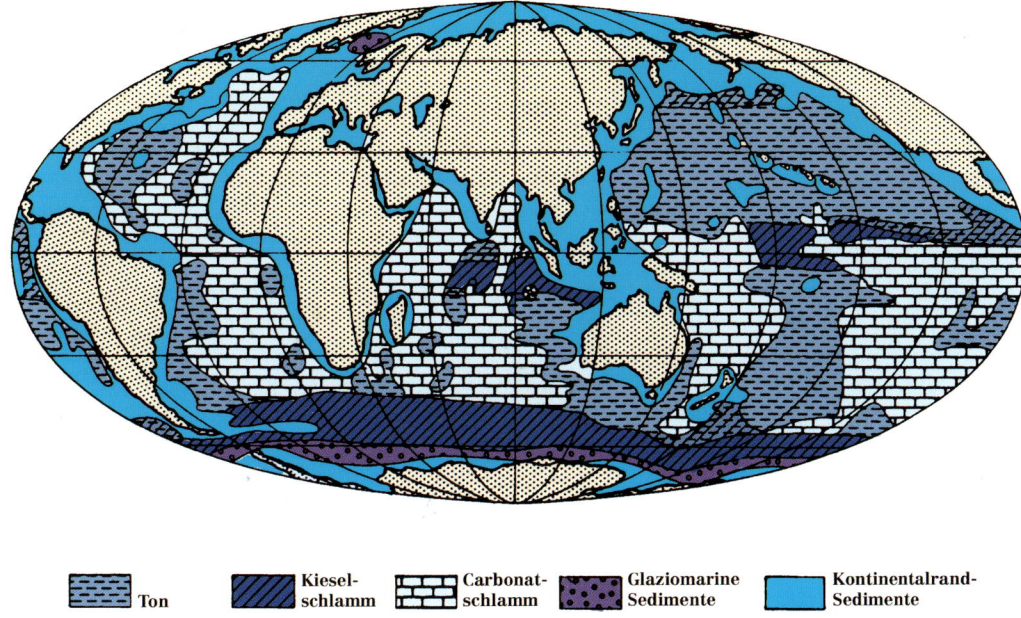

| Ton | Kiesel-schlamm | Carbonat-schlamm | Glaziomarine Sedimente | Kontinentalrand-Sedimente |

Karte der aktuellen oze-
anischen Sedimentation.

von 4 000 bis 5 000 Metern erhalten bleiben können. Ab dieser Tiefe geht das gesamte Calciumcarbonat in Lösung, die Carbonate Compensation Depth (CCD) ist erreicht.

Die CCD für die einzelnen Ozeane unterscheidet sich deutlich. So liegt sie im Atlantik bei 5 000 Metern, im Pazifik jedoch nur 4 200 bis 4 500 Metern, da dort die Tiefengewässer weniger Sauerstoff enthalten und deshalb saurer sind.

Ebenfalls einen Einfluss auf die CCD hat die mehr oder weniger große Planktonproduktivität. So haben Foraminiferenschalen eine Sinkgeschwindigkeit von etwa 2 Zentimetern pro Sekunde und erreichen den Meeresgrund innerhalb weniger Wochen, wohingegen die kleineren Kokkolithen langsamer absinken und den Meeresgrund erst nach einigen Jahren erreichen würden, wären sie nicht schon lange vorher aufgelöst worden. Dass Kokkolithen überhaupt in den Tiefenschlämmen zu finden sind, liegt dar-

an, dass sie im Kot der plankton-fressenden Krustentiere enthalten sind und sich mit diesem am Meeresboden ablagern.

Dass es unterhalb der CCD kein Calciumcarbonat mehr gibt, liefert wertvolle Hinweise auf die Tiefe, in der sich frühere Sedimente abgelagert haben. So wie sich heute die Radiolarienschlämme aus planktonischen Einzellern mit Kieselsäureskelett unterhalb der CCD ablagern, so haben sich auch Tonkieselgesteine zum Zeitpunkt ihrer Entstehung unter der CCD befunden. Stößt man also innerhalb einer Sedimentfolge auf ein Tonkieselgestein, so zeigt diese Schicht die Lage der CCD zum Zeitpunkt ihrer Entstehung an.

Beschaffenheit des Meeresgrundes

Die Carbonat-Fazies sind in aufeinanderfolgenden Zonen von der Kontinentalplattform bis zum Grund der weiten Ozeane angeordnet. So bilden sich die ersten Ablagerungen auf Meeresgründen, die noch der kontinentalen Granitkruste angehören. Diese Carbonatplattformen sind von Sanden und bioklastischen Schlämmen überdeckt, das Auftreten von Oolithen weist auf bewegte Zonen im seichten Wasser hin.

Am Rand der Plattformen in warmen Regionen entstehen Riffe und andere Kalkgebilde, hinter denen sich feine Kalksedimente ablagern können. Im Laufe der Diagenese entstehen daraus die Plattenkalke: Kalksteine, die wegen ihrer Feinkörnigkeit in der Lithographie oder Steindruck-Technik Verwendung finden. Aber auch die Kalkriffe erodieren. Ihre Erosionsprodukte werden von den Strömungen ergriffen und auf dem Meeresgrund ringsum verteilt, wo sie neue Carbonatsedimente bilden.

Algen und Foraminiferen speisen diejenigen Sedimente, die sich oberhalb der CCD auf der ozeanischen Basaltkruste ablagern. So ist zum Beispiel der Mittelatlantische Rücken in einer Tiefe von 2 000 Metern meist mit Carbonatschlämmen überdeckt, zumal diese Bereiche gegen terrigene, also vom Festland stammende Zufuhren geschützt sind, die große Ströme wie der Kongo oder der Amazonas weit ins Meer hineinspülen. Die Mächtigkeit dieser Sedimente wächst vom Rücken in Richtung der Ränder, an denen die ozeanische Kruste entsteht.

Da sich die ozeanische Kruste abkühlt, erhöht sich ihre Dichte und das schwerer werdende Gestein sinkt langsam ab, um irgendwann nach rund 150 Millionen Jahren durch einen ozeanischen Graben in den Erdmantel einzutauchen. Dieses thermisch bedingte Absinken des Meeresbodens führt dazu, dass auch die Carbonatsedimentationen die CCD unterschreiten und verschwinden. Übrig bleiben rote Tone und biogene Kieselschlämme, die weniger von der Auflösung betroffen sind und die Carbonatschlämme überdecken (siehe Abbildung).

Berücksichtigt man all dies, so lässt sich die gesamte Geschichte eines Ozeans seit seiner Entstehung rekonstruieren: Man braucht

Die ozeanische Expansion und Absenkung bestimmen die Abfolge der Sedimentation. So können rückläufige Carbonatablagerungen die Folge einer Änderung der CCD sein, die ihrerseits verschiedene Ursachen haben kann:

Zum Beispiel eine Änderung der biologischen Produktivität, Klimaschwankungen, Rückgang des Meeresspiegels, Zunahme von sauerstoffhaltigen Tiefenströmen oder Durchgang einer bewegten Platte durch eine produktivere Zone.

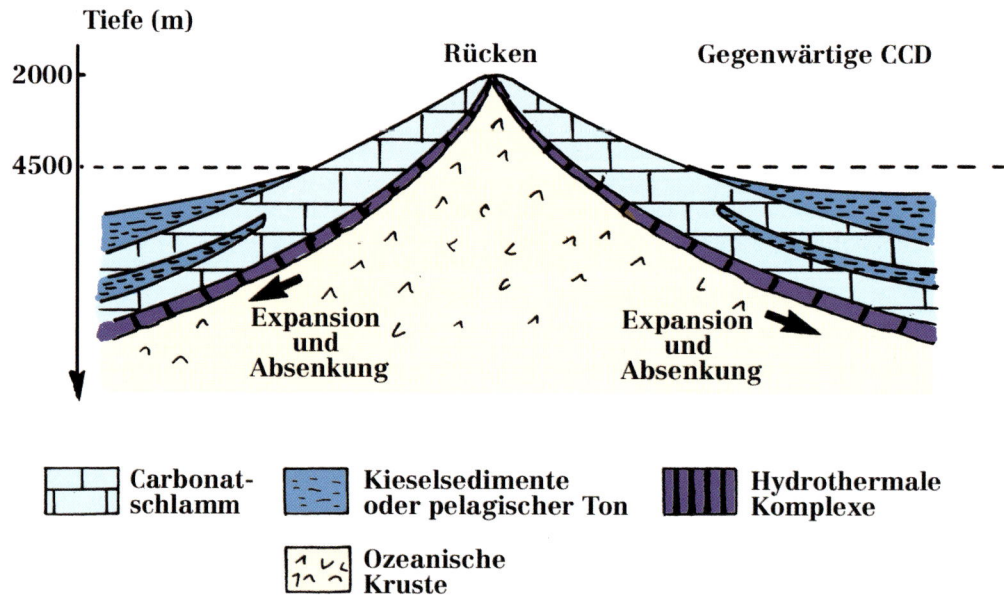

Carbonatschlamm

Kieselsedimente oder pelagischer Ton

Hydrothermale Komplexe

Ozeanische Kruste

nur die Aufeinanderfolge der einzelnen Sedimentationsschichten in einem heutigen Ozean studieren und die gefundenen Ergebnisse mit Hilfe der oben geschilderten Zusammenhänge interpretieren. Auch längst verschwundene Meere erzählen uns ihre Geschichte, denn ihre fossilen Meeresgründe haben in Gebirgsketten wie den Alpen die Zeiten überdauert.

3.3 Kalkablagerungen in den geologischen Zeitaltern

Carbonat-Ablagerungen sind fast immer mit einer biologischen Aktivität verbunden und so wie sich das Leben auf der Erde im Laufe der Jahrmillionen stetig veränderte, so veränderten sich auch die Kalkgesteine, die aus den Carbonat-Ablagerungen entstanden (siehe Abbildung).

Die ersten Kalkablagerungen

Am Anfang ihrer Geschichte, vor 4 bis 4,5 Milliarden Jahren, erreichte die Erde nur ein schwacher Wärmefluss. Die noch junge Sonne besaß gerade einmal 70 Prozent ihrer heutigen Kraft und nur dank ihrer kohlendioxid-reichen Atmosphäre entging die Erde einer vollständigen Vergletscherung. Wäre die Sonne heute noch so schwach wie damals, so läge die mittlere Jahrestemperatur auf der Erde bei frostigen 0 Grad Celsius.

Die Schwankungen in der Temperatur und die sich allmählich ändernde Zusammensetzung der Atmosphäre haben natürlich alles Leben auf der Erde beeinflusst. Lange Zeit waren einzellige Blaualgen die einzige Lebensform auf der Erde und nur sie konnten durch Photosynthese den mineralischen Kohlenstoff des Kohlendioxids in den organischen Kohlenstoff der Kohlenhydrate umwandeln. Bei diesem biologischen Prozess entstand als Abfallprodukt Sauerstoff, der an die Umgebung abgegeben wurde. Dass es in der Erdatmosphäre bis vor drei Milliarden Jahren noch keinen Sauerstoff gab, dafür gibt es zahlreiche Beweise: Zum Beispiel das Vorkommen von nicht oxidierten Uranmineralien oder von sedimentärem Pyrit, bei dem das Eisen in seiner niedrigsten Oxidationsstufe als Fe^{2+}-Ion vorliegt.

Die Bindung von Kohlenstoff ließ den Sauerstoff-Gehalt auf der Erde stetig steigen. Zunächst in den Meeren, aber seit rund 1,7 Milliarden Jahren auch in der Atmosphäre. Dass sich das Verhältnis von Sauerstoff zu Kohlendioxid so rasch änderte, lag aber auch an der Bildung von Carbonatgesteinen, in denen große Mengen Kohlendioxid auf Dauer gebunden wurden.

Die ersten Kalkgesteine waren die Stromatolithen, die sich vor allem in den vorkambrischen Formationen vor 3 bis 0,5 Milliarden Jahren entwickelt haben. Heute ist es oft schwierig, ihre ursprüngliche, blättrige Struktur zu erkennen, da die Gesteine in zahlreichen Metamorphosen tiefgreifende Umwandlungen erfahren haben. Die skandinavischen Marmorlagerstätten zum Beispiel sind aus Stromatolithen entstanden, die sich vor 2 Milliarden Jahren gebildet hatten.

Die ersten Kalkschichten

Im Kambrium vor 540 Millionen Jahren entwickelten sich in den Meeren die ersten mehrzelligen, wirbellosen Organismen mit Kalkschale: die Weichtiere, Stachelhäuter und Krustentiere. Da diese Organismen zum erstenmal in der Erdgeschichte zahlreiche Fossilien hinterließen, nannte man die Fauna des Kambriums früher auch Urfauna. Das ist jedoch falsch, denn vorher gab es schon die so genannten Medusen, die aber nicht nur wirbel-, sondern auch schalenlos waren, und kaum Spuren hinterließen. Hingegen erlaubten die zahlreichen Fossilien in den Kalkschichten und Schiefern des Kambriums, eine relative stratigraphische Chronologie dieser Formationen aufzustellen.

Kalkformationen des Kambriums sind in Südfrankreich bekannt, jedoch finden sich auch Vorkommen an den Rändern der großen, mehr als 600 Millionen Jahre alten Schilde: Unter anderem im Kanadischen, im Sibirischen und im Äthiopischen Schild.

Zeitalter (Ära)	Alter [Mio J.]	Periode	Epoche	Bedeutende Faltungsphasen	Carbonat-sedimentation Vergletscherungen	O_2-Gehalt Lebewesen
Känozoikum		Quartär	Holozän			
	1,6		Pleistozän			
		Neogen	Pliozän	Alpenkette	Kalkstein	Hominiden
	2,3	Tertiär	Miozän		Molasse	
		Paläogen	Oligozän	Pyrenäenkette	Antarktis	Rasche Entfaltung der Säugetiere
			Eozän			
	65		Paläozän		Nummulitenkalk	Aussterben zahlreicher
Mesozoikum		Kreide	Obere Kreide	Laramische Kette (Nordamerika)		Reptilien und Ammoniten 21 % O_2
			Untere Kreide		Kreide	Blütenpflanzen
	130	Jura	Oberer Jura (Malm)	Andenkette (Südamerika)	Riffkalke und oolithische Kalkgesteine	Vögel
	205		Mittlerer Jura (Dogger)			Entfaltung der Ammoniten
			Unterer Jura (Lias)			Diversifizierung der Reptilien
		Trias	Obere Trias (Keuper)	Kimmerische Phase (Asien)	Dolomit	Erste Säugetiere
	250		Mittlere Trias (Muschelkalk)			
			Untere Trias (Buntsandstein)			Erste Dinosaurier
	290	Perm	Oberes Perm (Zechstein)			
			Unteres Perm (Rotliegendes)	Herzynische Kette (Europa)		
Paläozoikum	360	Karbon	Oberkarbon		Dunkle Kalkgesteine	Reptilien; Steinkohlen-flora; Insekten
			Unterkarbon			
		Devon	Oberdevon			Amphibien; Farne 10 % O_2
	400		Mitteldevon			
			Unterdevon			
		Silur		Kaledonische Kette (Europa-Nord-amerika)		Landpflanzen
	420	Ordovizium				Panzerfische
	500					
	530	Kambrium			Erste Kalkgesteine	Wirbellose mit Skelett
Präkam-brium	2600	Proterozoi-kum		Mehrere Phasen in alten Schilden (Afrika, Brasilien, Kanada usw.)	Stromatolithen	2 % O_2 vor 1 Milliarde Jahren
	4600	Archaikum				Kein O_2

Eiszeiten

Vereinfachte stratigraphische Tabelle der geologischen Zeitalter.

Im oberen Devon und im unteren Karbon bedeckte eine üppige Vegetation die Kontinente und schützte sie gegen die intensive Erosion, der sie in den vorhergehenden Zeitaltern ausgesetzt waren. Diese Situation begünstigte die Entstehung biochemischer Kalksedimente, die sich durch einen hohen Calciumcarbonat-Gehalt und nur geringe Verunreinigungen an Ton und Sand auszeichnen. In Europa haben sich von den Ardennen bis zum Ural mächtige Reihen dieser Kalkgesteine abgelagert, die aufgrund ihres hohen Anteiles an organischem Material dunkel gefärbt sind. Es handelt sich um die ersten massiven Riff-Formationen, die seitlich in normale Kalkbänke übergehen.

Das Mesozoikum – der Höhepunkt der Kalksedimentation

Betrachtet man eine geologische Karte Europas, fällt sofort das Ausmaß der blauen und grünen Farbtöne ins Auge. Blaue Farben weisen gewöhnlich auf eine Juraformation hin, grüne hingegen auf Kreideformationen. Die charakteristischen Gesteine dieser geologischen Perioden sind im wesentlichen Kalkgesteine. In diesen Epochen lagerten sich die Carbonatschlämme auf der Kontinentalkumruste ab, die aus alten Gebirgsketten des Paläozoikums hervorgegangen war. Diese kaledonischen und herzynischen Gebirgsketten waren während des Perms abgetragen und eingeebnet worden. Umgeben von Kalkformationen des Mesozoikums sind diese alten Gesteine noch heute im französischen Zentralmassiv, in den Ardennen, im Rheinischen Schiefergebirge und in Böhmen sichtbar.

Man muss sich vorstellen, dass diese Massive vor 200 bis 70 Millionen Jahren weitgehend von einem seichten, höchstens 300 Meter tiefen, warmen Meer bedeckt waren. Nur wenig Land ragte damals aus dem Wasser, eine Erosion fand kaum statt und dementsprechend sind diese Carbonatsedimente sehr wenig durch Verwitterungsgesteine wie Sand und Ton verunreinigt.

Bei dem Versuch einer Erklärung für die Überflutung des größten Teils Europas ist von einem allgemeinen Anstieg des Meeresspiegels auszugehen, auch wenn örtlich durchaus eine Absenkung (Subsidenz) des Meeresbodens stattgefunden haben kann.

Zwei Faktoren gibt es, die den Wasserstand der Meere so gravierend ändern können: Eine globale Klimaveränderung und die Deformation des Meeresgrundes. So kühlte sich im Quartär das Klima stark ab, die Gletscher breiteten sich aus, das Wasser an Land gefror und der Meeresspiegel sank um nahezu 200 Meter. Eine bedeutende Vergletscherung aber gab es im Mesozoikum nicht, allerdings auch kein Inlandseis, das hätte tauen können. Die mittlere Temperatur des Meerwassers betrug an der Oberfläche 25 bis 30 Grad und auch die ozeanischen Tiefenwässer hatten durchgängig eine Temperatur von 10 bis 15 Grad Celsius; heute liegt sie gerade einmal bei 2 bis 4 Grad.

Also war die Deformation des Meeresgrundes die Ursache der Überflutung. Eine beschleunigte Expansion der ozeanischen Rücken setzte große Wärmemengen frei, der Meeresgrund dehnte sich nach oben aus und das Fassungsvermögen der Ozeane sank. Die Tiefe der neuen Meere wie des Atlantiks und Teile des Indischen Ozeans betrug gerade einmal 2 000 bis 3 000 Meter; nach der Abkühlung der Ozeankruste liegt sie heute wieder bei 4 000 bis 5 000 Metern.

Da die Wassermenge über den gesamten Zeitraum gleich blieb, liefen die Ozeane auf die kontinentalen Plattformen über. Man schätzt, dass der Wasseranstieg etwa 300 Meter betrug. Diese so genannte Transgression hatte ihr Maximum in der Kreidezeit, wie man an zahlreichen Stellen in der Normandie, in den Ardennen und in Südrussland beobachten kann. Hier hat sich die Kreide direkt auf dem alten Sockel abgelagert.

Nur wenige Inseln ragten damals aus dem Wasser hervor. Es handelte sich um die Reste der herzynischen Gebirgskette, die von einem Feucht-Tropenwald bedeckt waren, was eine tiefgreifende Veränderung der Granitgesteine begünstigte. Die Calcium-Minerale lösten sich ebenso auf wie das Siliciumdioxid, und beide gelangten mit den Flüssen in die Meere, wo die Anreicherung des warmen Meerwassers mit gelöstem Calcium ideale Bedingungen für die Entwicklung eines kalkhaltigen Phytoplanktons schuf. Insbesondere die Coccolithophoriden vermehrten sich rasch und nach ihrem Absterben entstand aus den Skelettresten die Kreide. Da die Löslichkeit des Siliciumdioxids im salzigen Meerwasser deutlich geringer war als im Süßwasser, fiel das Mineral aus und bildete den Flintchalzedon, ein Kieselgestein rein chemischen Ursprungs.

Selten konnten sich seichte Meere in einem tropischen Klima so weit ausbreiten und selten waren die Bedingungen für die Fällung und Ablagerung von Calciumcarbonat-Schlämmen so gut wie im Mesozoikum, das man daher ohne Übertreibung das Zeitalter der Kalkgesteine nennen kann.

Fossile Schale eines Harpoceras (Sichelripper). Dieser Ammonit war vor allem im Lias vor 185 Millionen Jahren weit verbreitet.

Fossilien in den Kalkgesteinen

Fossilien sind die Überreste von Lebewesen vergangener Zeiten, die nach ihrem Tod in einem Sedimentgestein sekundären Mineralisierungen (Versteinerung) unterworfen wurden (siehe Abbildung). Das Auftreten der ersten mineralisierten Außenskelette in den Carbonat-Ablagerungen des Kambriums vor 540 Millionen Jahren markiert den Beginn der klassischen Fossilisationszeiten.

Während der Mineralisation wird das Calciumphosphat in den Skeletten der Organismen in der Regel durch kryptokristalli-

nes oder kristallines Calcit ersetzt. Somit sind für die Erhaltung von Fossilien solche Milieus besonders günstig, in denen eine Kalksedimentation stattfindet, also Calciumcarbonat im Überfluss vorhanden ist. Aus diesem Grund findet man heute in Kalkschichten die meisten Fossilien, angefangen von den Weichtierschalen bis hin zu vollständigen Reptilienskeletten. Eine der berühmtesten Fossilienlagerstätten bilden die Kalkgesteine im bayrischen Solnhofen.

In der Region rund um die kleine Gemeinde Solnhofen im Altmühltal wird seit mehreren Jahrhunderten ein feiner Plattenkalk abgebaut und vorwiegend für die Bildhauerei und den Steindruck verwendet (siehe Kulturgeschichte). Die dortigen Vorkommen entstanden während des oberen Juras vor 140 Millionen Jahren in einer ruhigen Lagune, die nach Süden hin durch ein Riff vom damaligen Weltmeer Thetys abgetrennt war (siehe Abbildung). Ideale Bedingungen für die Ablagerung außergewöhnlich feiner Kalkschlämme, die sich im

Laufe der Zeit zu einem Kalkstein verfestigten. Die unzähligen Fossilien in diesem Schlamm blieben bis heute erhalten.

Das bekannteste Fossil aus Solnhofen ist der Archäopteryx. Das erste Exemplar fand man 1855 und seither konnten noch sieben weitere Archäopteryxe freigelegt werden; sieben dieser acht Exemplare stammen aus der Solnhofer Schicht. Lange Zeit sah man im Archäopteryx einen direkten Vorfahren der heutigen Vögel. Sein Schwanz, seine dreifingrigen Krallen und seine Zähne wiesen ihn als Reptil aus, sein Gabelbein und seine Federn waren jedoch eindeutige Merkmale von Vögeln – also musste dieser „Urvogel" das lang gesuchte Bindeglied zwischen Reptilien und Vögel sein. Ein Irrtum, wie sich 1992 herausstellte; der Archäopteryx ist nur ein Beweis mehr für die vielen Irrwege der Evolution.

Gletscherschrammen an einem Kalkstein, Rüdersdorf bei Berlin.

Schematische Darstellung der Entstehung von Plattenkalken (nach Barthel, S. 199).

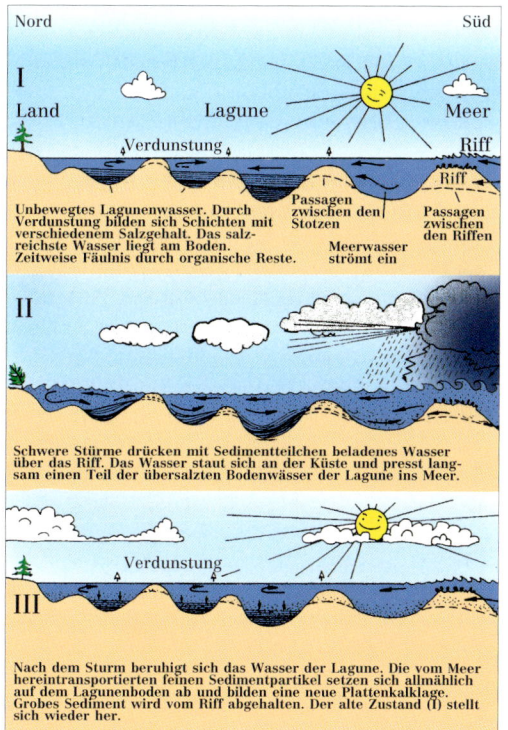

Die Ölschiefer der Schwäbischen Alb sind in Wirklichkeit ein stark verhärteter, bitumenreicher Mergel. Auch sie enthalten eine Reihe beeindruckender Fossilien, die seit dem 16. Jahrhundert gesammelt werden. Insbesondere die Fossilien von Meeresreptilien haben es den Sammlern angetan und so ist es kein Wunder, dass allein seit dem 19. Jahrhundert mehr als 300 vollständige Skelette von Ichthyosauriern gefunden worden sind. Diese Saurier waren hervorragende Schwimmer, deren Aussehen an einen Delfin oder Haifisch erinnert. Und sie ernährten sich hauptsächlich von Belemniten, wie die zahlreichen Chitin-Häkchen dieser Weichtiere in ihren Mägen beweisen.

Aber Kalkgesteine umschließen nicht nur Spuren vergangenen Lebens, sie können auch Zeugen klimatischer Veränderungen sein, wie sie in der Erdgeschichte zuhauf stattgefunden haben.

In Rüdersdorf bei Berlin entdeckte 1878 der schwedische Geologe Otto Torell in der Oberfläche der dortigen Muschelkalkbänke tiefe Schrammen, die er sich zunächst nicht erklären konnte (siehe Abbildung). Nach eingehender Untersuchung interpretierte er diese Schrammen richtig als Spuren gewaltiger Steine, die ein riesiger Gletscher mit sich geführt haben muss. Damit war nicht nur der wissenschaftliche Beweis erbracht, dass Norddeutschland während der Eiszeit vor 20 000 Jahren vollständig von Eis bedeckt war – Toren konnte so auch die damals gültige Drift-Theorie widerlegen und durch seine Glazial-Theorie ersetzen. Nicht mehr gewaltige Eisberge haben demnach die eiszeitlichen Ablagerungen aus dem hohen Norden nach Süden verfrachtet, sondern die riesigen Gletscher des Inlandeises.

3.4 Der CaCO$_3$-Kreislauf

Die Gesamtmasse des Calciumcarbonats auf der Erde hat im Verlauf der geologischen Zeitalter ständig zugenommen. Dabei wurde dem Meerwasser durch die Carbonatsedimentation laufend enorme Mengen von Calcium und Kohlendioxid entzogen. Da sich aber die chemische Zusammensetzung des Meerwassers seit mindestens 500 Millionen Jahren nicht mehr verändert hat, müssen den Ozeanen im gleichen Zeitraum entsprechende Mengen Calcium und Kohlendioxid zugeführt worden sein (siehe Abbildung). Sonst wäre das gesamte ozeanische Hydrogencarbonat in 150 000 Jahren erschöpft gewesen.

Zufuhr von Calcium

Die wichtigste Calcium-Quelle der Meere sind die Flüsse. Sie transportieren tagtäglich große Mengen Calcium herbei, das aus der Verwitterung der Carbonatgesteine sowie der Calcium- und Magnesiumsilikat-Gesteine stammt. Allerdings machen diese Mengen nur rund zwei Drittel des Calciums aus, das dem Meer laufend durch Organismen und direkte Ausfällung entzogen wird. Die zweite Calciumquelle der Ozeane entdeckte man erst in den 70er Jahren: den submarinen Hydrothermalismus der Ozeane.

Meerwasser ist reich an Magnesium, im Vergleich zum Calcium enthält es mehr als die

fünffache Menge dieses Elements. Kommt nun magnesiumreiches Meerwasser mit calciumreichen Basaltgesteinen in Berührung, erfolgt ein Austausch zwischen Magnesium und Calcium nach folgender Gleichung:

$$CaSiO_3 + Mg^{2+} + 2\ HCO_3^- \rightarrow$$
$$MgSiO_3 + CaCO_3 + CO_2 + H_2O$$

Diese Umwandlung der Calciumsilikate in grüne Magnesiumsilikathydrate (Serpentin) findet in den Regionen entlang der ozeanischen Rücken statt, wo sich laufend Basaltgesteine aus der Tiefe der Erdkruste hervorschieben und eine neue ozeanische Kruste bilden. Hier werden Ca^{2+}-Ionen in großen Mengen freigesetzt und von den mehr als 300 Grad Celsius heißen Thermalwässer mitgerissen, die nahe der Rücken ausströmen.

Aber auch Kohlendioxid wird durch geologische Prozesse freigesetzt. In den Kollisions- und Subduktionszonen, dort wo die tektonischen Platten aufeinanderstoßen, wandeln sich Carbonatsedimentgesteine in metamorphe Gesteine um: Aus den ton- oder silikathaltigen Carbonatgesteinen entstehen Calcium- und Magnesiumsilikate, zugleich werden große Mengen Kohlendioxid frei, die über primäre vulkanische Emissionen und über die sekundären Thermal- und Gasquellen entweichen.

Zu den schätzungsweise 5 bis 10 Milliarden Tonnen CO$_2$, die allein die aktiven Vulkane Jahr für Jahr ausstoßen, ist in den letzten hundert Jahren noch eine weitere, beachtliche Kohlendioxid-Quelle hinzugekommen. Denn auch die alljährlichen Emissionen anthropogenen, also menschlichen Ursprungs liegen heute in vergleichbarer Höhe.

Der Carbonat-Kreislauf in den geologischen Zeitaltern

Die globale Tektonik, das Zusammenspiel der großen Platten, wirkt sich über den submarinen Hydrothermalismus und die sich laufend wandelnde Oberfläche der Kontinente direkt auf die Sedimentierungsrate der Carbonate aus.

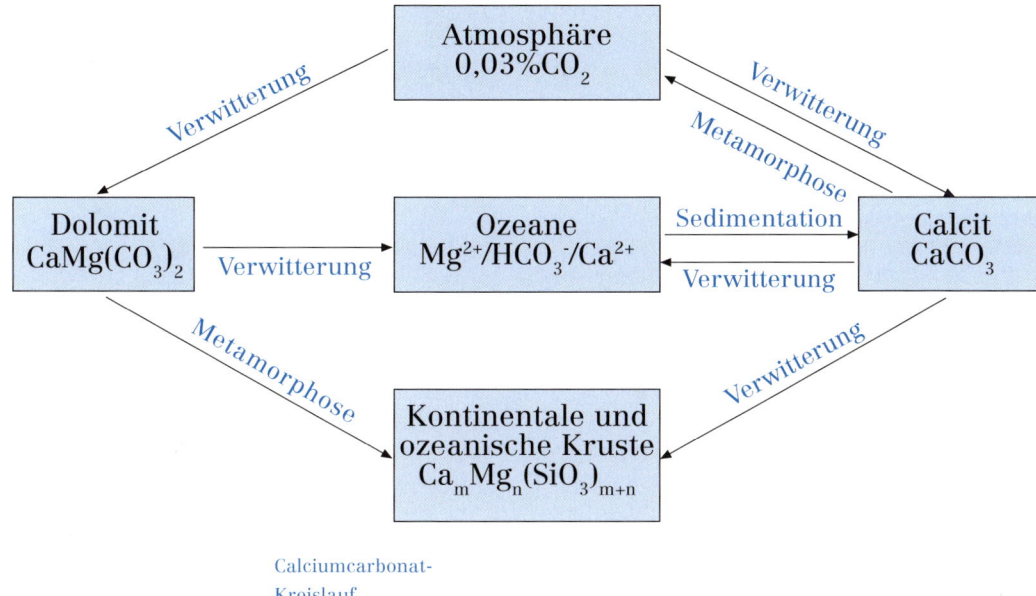

Calciumcarbonat-
Kreislauf.

Die Ausdehnungsrate der Ozeane veränderte sich ständig im Verlauf der geologischen Zeitalter. Neue Meeresböden entstanden an den ozeanischen Rücken, der Magnesium-/Calcium-Austausch zwischen der ozeanischen Kruste und dem Meerwasser nahm zu. Zudem verstärkten tektonische Verschiebungen sowohl Metamorphose als auch Vulkanismus, zunehmende Mengen Kohlendioxid gelangten in die Atmosphäre und begünstigten den Treibhauseffekt. Die Atmosphäre heizte sich auf, was sich wiederum günstig auf die kontinentale Verwitterung der Carbonate auswirkte; auch hier wurden große Mengen Calcium frei.

Zugleich ließen tektonische Aktivitäten immer wieder die Meeresböden ansteigen, das Wasser trat über die Ufer und auf den Kontinenten entstanden seichte Meer, welche die Carbonatsedimentation außerordentlich begünstigten.

Betrachtet man die einzelnen geologischen Zeitalter unter diesen Gesichtspunkten, so fällt auf, dass die Bedingungen zur Entstehung von Carbonatgesteinen im Kambrium,

vom oberen Devon bis zum unteren Karbon, in Perm und Trias sowie in der Jura- und Kreidezeit besonders günstig gewesen sein müssen, denn in diesen Zeitaltern erreichten die abgelagerten Carbonatformationen gewaltige Ausmaße.

Allerdings darf man nicht übersehen, dass Kalkgesteine, die sich auf der ozeanischen Basaltkruste ablagern, nie in die kontinentalen Kalkgesteinsmassen gelangen. Sie verschwinden auf Nimmerwiedersehen im Erdmantel, sobald sie gemeinsam mit der ozeanischen Kruste die Subduktionszonen erreichen.

3.5 Industriell nutzbare $CaCO_3$-Lagerstätten

Calciumcarbonat-Gesteine sind nahezu auf der ganzen Welt weitverbreitet. Aber nicht alle Vorkommen sind auch abbauwürdig, denn die Anforderungen an den Füllstoff Calciumcarbonat sind hoch und sie lassen sich nur erfüllen, wenn bereits die Ausgangsprodukte in den Steinbrüchen bestimmten Kriterien gerecht werden.

Auswahlkriterien für Carbonatvorkommen

Das erste Kriterium ist die Reinheit. Der Calciumcarbonat-Gehalt des Gesteins muss mindestens 97-98 Prozent betragen, das heißt, der Anteil der in Salzsäure unlöslichen Bestandteile darf 2 Prozent nicht übersteigen. Eine Ausnahme erlauben nur bestimmte Marmorvorkommen, in denen aus den ursprünglichen Verunreinigungen im Verlauf der Metamorphose genügend große Minerale entstanden sind, die sich leicht durch Flotation beseitigen lassen.

Auch der Weißheitsgrad des Gesteins ist von wesentlicher Bedeutung, wobei ein sehr hoher Calciumcarbonat-Gehalt nicht unbedingt gleichbedeutend ist mit einem hohen Weißheitsgrad. Schon geringe Spuren von braunem oder schwarzem organischem Material, Verunreinigungen durch sehr fein verteilte Sulfide oder Eisenoxide im ppm-Bereich genügen völlig, um den Weißheitsgrad des zu Pulver zermahlenen Produktes wesentlich zu beeinträchtigen.

Nicht zuletzt muss auch der Dolomit-Gehalt für die meisten Anwendungsgebiete unter 5 Prozent liegen, da dieses Mineral wegen seiner größeren Härte häufig zu Problemen bei der Verarbeitung führen kann. Allerdings kommen in manchen Bereichen der Farben- und Lackindustrie auch feinpulvrige Füllstoffe aus sehr weißem, reinem Dolomit zum Einsatz.

Kalkgestein-Lagerstätten

Kalkgesteine waren die ersten Gesteine, die in der Geschichte der Menschheit abgebaut wurden. Aufgrund ihrer weiten Verbreitung waren sie leicht zu finden, aufgrund ihrer geringen Härte und ihrer geschichteten Struktur leicht zu bearbeiten (siehe Kulturgeschichte).

Die heute abgebauten Kalkgesteine werden nach ihrer Härte klassiert, oder vielmehr nach ihrer Kompaktheit, denn sie alle bestehen aus einer Zusammenballung von Calcit-Körnern der Härte 3 – die Unterschiede entstehen durch den Grad der Zementation.

Weiche Kalkgesteine

Weiche Kalkgesteine sind sehr weiß, solange sie trocken sind. Um jedoch beim Schürfen im Feld ihren wirklichen Weißheitsgrad feststellen zu können, muss man die Bruchfläche befeuchten. Je nach Höhe des Gelbwertes, nimmt die Bruchfläche einen cremefarbenen Ton an.

- **Kreide** war das erste Gestein, das als Füllstoff verwendet wurde (siehe Kapitel „Die Anfänge"). Sie bildet sehr große Lagerstätten, die ausschließlich in Nordeuropa entlang eines Gürtels von England im Westen bis Russland im Osten zu finden sind. Gebildet haben sich diese Lagerstätten in der Oberen Kreidezeit, beginnend im Cenomanium vor 96 Millionen Jahren und endend im Maastrichtium vor 65 Millionen Jahren. Aber nur die Kreide des Senoniums (vor 80 bis 70 Millionen Jahren) ist genügend weiß und rein für die Herstellung von Füllstoffen und hier sind wiederum die Lagerstätten des Pariser Beckens besonders hervorzuheben, obwohl es auch dort Unterschiede gibt.

Während in den Lagerstätten bei Précy-sur-Oise, westlich von Paris, Einschlüsse von Flint weit verbreitet sind, fehlen diese Knollen und Bänder aus schwarzem Siliciumdioxid bei den Champagne-Kreiden am Ostrand des Pariser Beckens völlig. Neben diesen Vorkommen in der Nähe der Städte Châlons-en-Champagne und Troyes gibt es in Frankreich noch abbauwürdige Kreide-Lagerstätten bei Lille und Saint-Omer sowie im Westen der Ile de France.

In England konzentrieren sich die Vorkommen auf den östlichen Teil der Insel. Von London und Cambridge im Süden bis hoch nach Hull in der Grafschaft Humberside sind zahlreiche Kreide-Steinbrüche für die Füllstoff-Produktion in Betrieb.

Überschreitet man den Kanal, so finden sich die nächsten Lagerstätten in Frankreich und in Belgien in der Nähe der Stadt Mons.

In Dänemark besteht der zentrale Teil der Halbinsel Jütland aus einer Kreide, die von Gletscherablagerungen überdeckt ist. Eine bedeutende Abbaustelle befindet sich in der Nähe der Stadt Sterns auf der Insel Sjaeland. In Fakse, südlich von Kopenhagen, wird ein Kalkgestein gewonnen, das im Danium an der Grenze zwischen Kreide und Tertiär entstand.

Von Fakse ist es nicht weit zu den schwedischen Lagerstätten südlich von Malmö. Geht man in die entgegengesetzte Richtung, stößt man im schleswig-holsteinischen Lägerdorf auf Kreideschichten, die durch darunterliegende „Salzpilze" (Diapire) um mehrere hundert Meter angehoben worden sind. Zweihundert Kilometer östlich, auf der Insel Rügen, ist die Kreide von Gletschern gefaltet und zerklüftet.

Polnische Kreide ist in vielen Fällen mergelhaltig und verkieselt, daher ist sie als Ausgangsmaterial für Füllstoffe nur bedingt geeignet. Unter dem Namen Opokas findet sie jedoch bis heute als Baustein Verwendung.

Die weißen Kreideschichten im Südwesten Russlands sind direkt auf sehr alten Formationen abgelagert worden. Das gilt sowohl für die Lagerstätten in der Region von Voronež im Tal des Don als auch für die Kreide aus der Gegend von Staryj Oskol. Hier im Gebiet der magnetischen Anomalie von Kursk überdeckt die Kreide eine riesige Eisenerzlagerstätte.

- Die „jungen" Riff- oder Subriffkalke aus dem Tertiär oder Quartär zählen ebenfalls zu den weichen Kalkgesteinen.

In Europa gehören dazu vor allem die weißen Kalksteine aus dem Miozän, die man in Nordspanien, südlich von Barcelona, findet. Sie bilden unregelmäßige Linsen, die in ein grobes, farbiges, mit Quarzkörnern versetztes Kalkgestein eingeschlossen sind. Aber auch in Griechenland werden weiche Kalkgesteine auf den Ionischen Inseln Kephalonia und Zakynthos abgebaut.

In Indonesien sind Kalkgesteine aus dem Miozän im Norden und Süden des Ostteils der Insel Java stark entwickelt. Sie sind an der Oberfläche bis zu einer Tiefe von einigen Metern durch Calcite zementiert worden, die beim Verdampfen des eingeschlossenen Wassers ausfielen. Oft sind diese Kalksteine mit einem weichen, weißen Dolomitgestein verbunden, das sich von Hand zu Blöcken sägen lässt. Durch Trocknen härten diese Blöcke aus und lassen sich als Baumaterial verwenden.

Auf Jamaika baut man Riffkalksteine ab und vermahlt sie zu feinen Pulvern. In den Riffzonen der Bermuda-Inseln gewinnt man weiße Aragonit-Sande, die durch Calciumcarbonat-Fällung aus übersättigtem Meerwasser entstanden sind.

Eine außergewöhnliche Calciumcarbonat-Lagerstätte gibt es im französischen Villeau, wo ein fossiler $CaCO_3$-Niederschlag seit über 30 Millionen Jahren nie verfestigt wurde, sondern locker geblieben ist – in seiner Zusammensetzung und Struktur gleicht dieser Niederschlag dem künstlich gefällten PCC, dem Precipitated Calcium Carbonate.

- Die **Kalkgesteine des Urgons** in Südfrankreich weisen einen ähnlichen Formationsmodus auf. Sie entsprechen einer besonderen Fazies der unteren Kreide und entstanden vor 110 bis 120 Millionen Jahren in einem marinen Subriff-Milieu. Die weichen, wenig verfestigten Kalksteine des Urgons bilden große Linsen innerhalb von harten, wohlgeschichteten Kalksteinen, die durch Eisenoxide mehr oder weniger gefärbt sind. Die Lagerstätte von Orgon südwestlich von Avignon ist 1847 vom französischen Geologen Alcide d'Orbigny ausgewählt worden, um die Urgon-Fazies zu definieren.

- **Mylonitisierte weiße Kalkgesteine** entstehen, wenn kompakte Kalkgesteine auf natürliche Weise durch tektonische Bewegungen zerrieben werden. Dies ist häufig der Fall in der Umgebung einer großen, widersinnigen Verwerfung, bei der sich die Landpartien verschieben und den Kalkstein zerreiben (Überschiebungsdecke).

So sind in Norditalien, etwa 60 km nördlich von Venedig, Kalksteinberge der Kreidezeit aus den friaulischen Voralpen auf tertiäre Formationen in der Region von Caneva-Sacile verfrachtet worden. Dabei zerbrachen die weißen Riffkalke der Kreidezeit, die sich an der Basis des ursprünglichen Reliefs befanden. Im Laufe der Jahrtausende verfestigte sich der Kalkstein wieder und es entstand eine sehr bröckelige Brekzie. Dieses Gestein wird seit Anfang des 20. Jahrhunderts in einsturzgefährdeten Stollen abgebaut.

In der Gegend von Avezzano in den Abruzzen östlich von Rom sind die massiven Kalkgesteine der unteren Kreide an einer mehr als zehn Kilometer langen Überschiebung bis zu einer Tiefe von mehreren zehn Metern in Brekzien (Myloniten) zerrieben worden.

Harte Kalkgesteine

Die für die Produktion von Füllstoffen abgebauten harten Kalkgesteine stammen praktisch alle aus dem Mesozoikum – von der Trias bis zur Kreide.

- Der **weiße, massive Kalkstein**, der „massiccio", aus den Bergen Umbriens wird in der Gegend zwischen Foligno und Nocera, südöstlich von Perugia, abgebaut. Das Gestein entstand zwischen dem oberen Trias und dem unteren Jura in einem warmen, flachen Meer, in dem zahlreiche Weichtiere inmitten von Kalkalgen lebten. Es ist mit sparitischem Zement stark verfestigt und weist eine wenig sichtbare Schichtung auf.

- **Biodetritische Subriffkalke** des oberen Juras beziehungsweise der unteren Kreide kommen in großen Bänken vor und sind in Europa weit verbreitet. Aber sie erreichen lediglich in einigen wenigen Gegenden einen genügenden Weißheits- und Reinheitsgrad.

So werden in Spanien bei Belchite, südöstlich von Saragossa, die weißen Kalksteine des oberen Juras abgebaut, aber auch im Süden des Landes, in den Gebirgen westlich von Granada, treten sie zutage. Hier sind die Gesteine so kompakt

und massiv, dass man sie in Blöcke sägt, poliert und als „Marmor" verwendet.

In Süddeutschland kommen zwei Arten von weißen Kalkgesteinen aus dem oberen Jura (Malm) vor. Die wenig geschichteten, massiven oolithischen Kalkgesteine und die Riffkalke in Linsenform, die von Mergelkalken umgeben sind. Sie haben sich in einer Carbonatplattform-Umgebung eines warmen Epikontinentalmeeres abgelagert und werden in der Schwäbischen sowie der Fränkischen Alb abgebaut.

Marmorlagerstätten

Marmore unterscheiden sich je nach dem Umwandlungsgrad und der ursprünglichen Beschaffenheit des Kalksteins, die Vielfalt dieser Gesteine ist groß. Dementsprechend vielfältig sind auch die Möglichkeiten der Unter- beziehungsweise Einteilung von Marmoren. Im Folgenden werden die verschiedenen Marmorlagerstätten aufgrund des Rekristallisationsgrades, das heißt nach der Intensität der Metamorphose betrachtet. Hier lassen sich in Abhängigkeit von Druck und Temperatur vier Bereiche unterscheiden: Sehr schwache, schwache, mittlere und starke Metamorphose (siehe Abbildung).

- **Bei den Marmoren der sehr schwachen Metamorphose** brachte die Rekristallisation lediglich Calcit-Kristalle mit einer Größe von einigen hundertstel bis zehntel Millimetern hervor. Man findet keine neuen Minerale, da die Temperatur von höchstens 200 bis 250 Grad Celsius für eine Reaktion zwischen dem Calcit und den Verunreinigungen des Kalkgesteins nicht ausreichte.

In den Ostpyrenäen sind die Kalkgesteine des oberen Juras und der unteren Kreide vor 40 Millionen Jahren im Verlauf der pyrenäischen Orogenese in einen weißen Marmor umgewandelt worden, der sehr oft gebrochen ist. Sie werden bei Tautavel, nordwestlich von Perpignan, abgebaut. In der Nähe dieses Dorfes befindet sich auch eine berühmte Höhle, in der man 450 000 bis 500 000 Jahre alte menschliche Überreste gefunden hat.

Etwa 150 Kilometer nördlich von Mexico City, in der Region von Vizarron, finden sich Kalkgesteine, die mehr als 1000 Meter dick sind. Sie rekristallisierten in der oberen Kreide vor 70 Millionen Jahren bei der Bildung der östlichen Sierra Madre. Die weißen Schichten werden in einer Höhe von 2 000 und 2 500 Metern über dem Meeresspiegel abgebaut, einige der Steinbrüche stammen noch aus der Zeit der spanischen Eroberung.

In Korea sind Kalkgesteinsschichten aus dem Kambrium bei der Granit-Intrusion im oberen Jura vor 150 Millionen Jahren einer schwachen Metamorphose unterworfen worden. Diese Marmore werden in den Bergen von Kanwon, 200 Kilometer östlich von Seoul, ausgebeutet.

- Bei den **Marmoren der schwachen und mittleren Metamorphose** sind die Gesteine in Tiefen von 5 bis 15 Kilometern Temperaturen von 250 bis 500 Grad Celsius sowie einem enormen Druck ausgesetzt gewesen. Dementsprechend ist die Kristallstruktur ausgeprägter als bei den Marmoren der sehr schwachen Metamorphose. Die Calcit-Kristalle sind mit bloßem Auge oder mit der Lupe sichtbar, oft erreichen sie sogar Größen von mehreren Millimetern und besitzen ein körniges, auch saccharoid genanntes Aussehen. Die ersten neugebildeten Minerale der Metamorphose sind der weiße Glimmer und der grüne Chlorit, ein Aluminium-Ferrisilikat. Es fällt auf, dass Sulfide in der Form von Körnern angereichert sind, wobei der Pyrit eher kleine Würfel bildet, die an der Oberfläche oder im Innern des Marmors durch eindringendes Wasser rasch oxidieren.

Die vier Grade der Metamorphose – Schematisches Druck-Temperatur-Diagramm. (nach Winkler, S. 5).

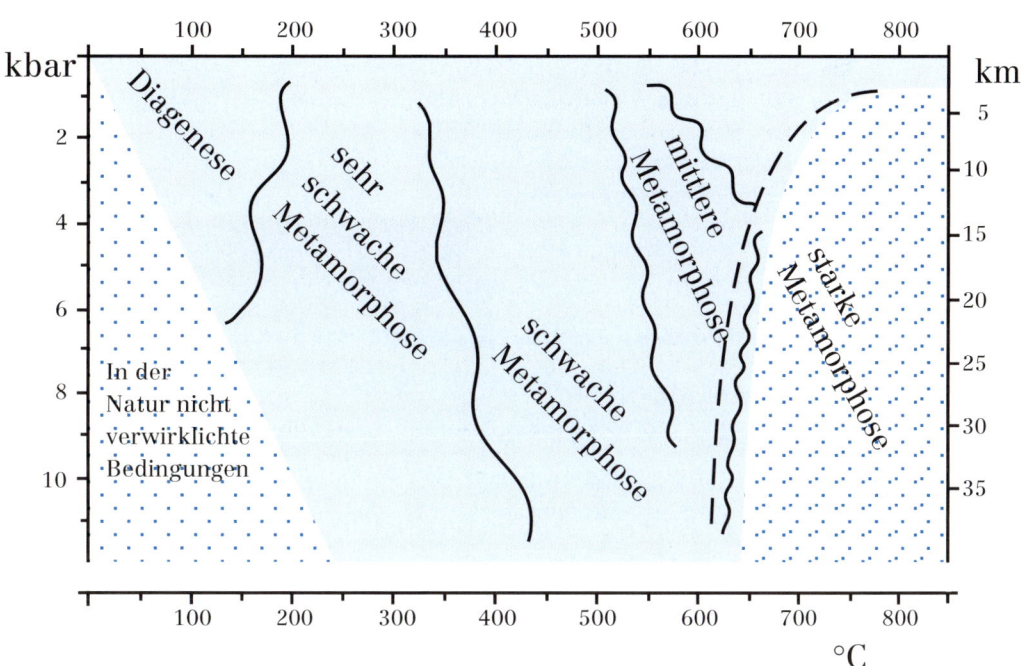

Marmorsteinbruch in Carrara.

vor 400 bis 450 Millionen Jahren. Es handelt sich um Kalksedimente, die im Verlauf der Orogenese der Taconic Mountains vor 380 Millionen Jahren in Marmore umgewandelt worden sind. Sie werden von Middlebury im Norden bis nach Danby im Süden abgebaut (siehe Abbildung).

In Kalifornien sind die Kalkgesteine von Monte Cristo aus dem unteren Karbon während mehrerer Perioden der Kreidezeit deformiert und umgewandelt worden. Dabei entstanden sehr reine, weiße Marmore, die heute in den südkalifornischen San Bernardino Mountains westlich von Los Angeles abgebaut werden.

Mehrere bedeutende Marmorlagerstätten in den Ostalpen haben zwei Metamorphose-Phasen erfahren. Die erste der beiden Phasen fand vor rund 300 Millionen Jahren während der herzynischen Orogenese statt, in deren Verlauf auch die mächtigen Gebirgsketten Mitteleuropas entstanden. Die zweite Metamorphose er-

Der bekannteste dieser Marmore ist der Carrara-Marmor (siehe Abbildung). Seit der Antike gewinnt man in den Steinbrüchen der Apuanischen Alpen östlich von Carrara und Massa große Marmorblöcke als begehrtes Material für Bauwerke und Skulpturen; als Ausgangsmaterial für Füllstoffe wird dieser Marmor erst seit Beginn der 80er Jahre genutzt. Verwendbar sind nur die nichtdolomitischen, weißen Schichten. Große Isoklinalfalten mit parallelen Flanken führen dazu, dass sich die einzelnen Schichten mehrfach wiederholen und mächtige Lagen ergeben.

In der Sierra de los Filabres östlich von Granada befinden sich Schichten aus weißem und farbigem Marmor innerhalb von Glimmerschiefern. Diese Marmore aus dem Trias werden in zahlreichen Steinbrüchen rund um Macael abgebaut. Im Süden Portugals ist die Region Estremoz für ihre rosa und weißen Marmore aus dem Kambrium berühmt.

Die weißen Marmorschichten im US-Staat Vermont stammen aus dem Ordovizium

Unterirdischer Steinbruch in Danby. Marmor aus Danby wurde unter anderem beim Bau des Obersten Bundesgerichts in Washington (1935) und beim UNO-Gebäude in New York (1955), aber auch beim Chiang-Kai-shek-Denkmal in Taiwan (1979) und beim Sama-Bankgebäude in Saudi-Arabien (1983) verwendet.

eignete sich vor 140 bis 30 Millionen Jahren während der alpinen Orogenese (siehe Abbildung). Die Calcit-Kristalle dieser Marmore erreichen in der Regel eine Größe von mehreren Millimetern und können zahlreiche Minerale enthalten: Zum Beispiel Glimmer wie den Phlogopit, aber auch Sulfide und mitunter sogar fein verteilten Graphit.

Zwei bekannte Vorkommen befinden sich in Südtirol, wo eine Gruppe von Marmorschichten in die Gneise und Glimmerschiefer des alten austroalpinen Sockels westlich des Brennerpasses eingeschlossen ist. Es sind die Marmore von Laas im Vinschgau und Mareiterstein bei Sterzing.

Etwas weiter im Osten finden sich auch in Kärnten und der Steiermark Marmore, die in alte, metamorphe Serien des austroalpinen Sockels eingelagert sind. In Gummern bei Villach werden diese Marmore zur Produktion von Füllstoffen abgebaut. Aufgrund des hohen Gehaltes an metamorphen Mineralen müssen einzelne Gesteinsschichten zur Reinigung wie Metallerze flotiert werden.

Im Gebiet von Graz in der Steiermark sind zahlreiche Marmorlagerstätten während der herzynischen und der alpinen Orogenese so stark gefaltet worden, dass ein Abbau nur schwer möglich ist.

- **Marmore der starken Metamorphose** sind grobkristalline Gesteine. Ihre Calcit-Kristalle erreichen oft eine Größe von mehreren Zentimetern, weshalb es selbst bei intensivem Polieren unmöglich ist, diesen Marmoren eine glänzende Oberfläche zu verleihen. Marmore der starken Metamorphose sind daher nicht in der Architektur zu verwenden.

Aber nicht nur die Calcit-Kristalle, sondern alle neugebildeten Minerale erreichen bei einer starken Metamorphose beträchtliche Größen, der Graphit liegt zum Beispiel in millimeter- bis zentimetergroßen schwarzen Plättchen vor. Die dafür notwendigen extremen Drücke und Temperaturen konnten durch die Synthese von Mineralen im Labor bestimmt werden.

Kalkschichten aus dem Lias (vor 180 Millionen Jahren), die vor 60 Millionen Jahren in einer Phase des mittleren alpinen Metamorphismus deformiert wurden und diese liegende Isoklinalfalte gebildet haben. Brenner-Region, Österreich (Originalgröße 30 cm).

Hier zeigte sich unter anderem, dass die Temperatur bei einer starken Metamorphose über 600 Grad Celsisus steigen muss, denn erst dann entsteht das Calciumsilikat Wollastonit, das in diesen Marmoren zu finden ist.

In Skandinavien stammen die meisten Marmorlagerstätten aus dem Präkambrium. Die mehr oder weniger reinen Carbonatgesteine, die sich vor 2 000 bis 400 Millionen Jahren ablagerten, haben mehrere Metamorphose-Episoden durchgemacht. Während der Faltungsphasen wurden sie in große Tiefen von 10 bis mehr als 20 Kilometer gezogen, wo Temperaturen zwischen 500 und 600 Grad Celsius herrschten. Diese Bedingungen haben die Bildung von Calcium- und Magnesiumsilikaten wie Amphibolen, Pyroxenen, Granaten und Feldspäten mit vielen Einzelkristallen ermöglicht. Der Anteil dieser

Minerale in den Marmoren ist hoch, er liegt zwischen 1 und 10 Prozent. Zur Herstellung von Füllstoffen muss daher flotiert werden, nur so lassen sich Silikate, Sulfide sowie der Graphit entfernen.

Die jüngsten dieser Lagerstätten befinden sich in Norwegen und gehören zur kaledonischen Gebirgskette, die sich vor 400 Millionen Jahren gebildet hat; allerdings wurden einige dieser Marmore bereits in einer früheren orogenen Phase umgewandelt.

In der Gegend der Hafenstadt Molde ist der weiße Marmor mit Eklogiten verbunden. Diese Silikatgesteine mit einer hohen Dichte von 3,2 Gramm pro Kubikzentimeter haben sich unter hohem Druck in mindestens 30 km Tiefe gebildet. Eine weitere bedeutende norwegische Lagerstätte gibt es im Gebiet von Bodö-Fauske nördlich des Polarkreises. Hier wird ein metamorpher, weißer Dolomit abgebaut.

Schwedische Marmorlagerstätten sind oft durch den Kontakt mit intrusivem Magmagestein mineralisiert worden. Die Mineralisierungen bestehen entweder aus Magnetit (Fe_3O_4), der sich auf einfache Weise durch magnetische Trennung beseitigen lässt, oder es sind Sulfide wie Pyrit (FeS_2), Galenit (PbS), Sphalerit (ZnS) und Chalkopyrit ($CuFeS_2$), die durch Flotation abgetrennt werden müssen.

In Finnland sind zwei Marmor-Lagerstätten zu erwähnen: Pargas und Lappeenranta, die eine 150 Kilometer westlich, die andere 200 Kilometer östlich von Helsinki. In beiden Fällen handelt es sich um nahezu 2 Milliarden Jahre alte Marmore, die von zahlreichen hellen und dunklen Intrusionsgängen durchzogen sind. In Lappeenranta sind Kieselkalksteinschichten in einen weißen Marmor umgewandelt worden, der ungefähr 20 Prozent Wollastonit enthält. Dieses Mineral ist das eigentliche Abbauprodukt und wird durch Flotation gewonnen; Calcit fällt nur als Nebenprodukt an.

Schließlich gibt es in Korea und im Nordosten Chinas in den Provinzen Liaoning und Jilin zahlreiche Marmorlagerstätten, die in Granitgneisgesteine des präkambrischen Sockels eingeschlossen sind. Die einzelnen Schichten sind immer stark gefaltet und von jüngeren Granit-Intrusionsgängen durchzogen. Der Marmor ist im Allgemeinen reich an neugebildeten Metamorphose-Mineralen wie Silikaten, Graphit und Sulfiden, sodass er nur in Ausnahmefällen ohne Flotation verwendet werden kann.

Hydrothermaler Calcit

Sehr selten sind Lagerstätten von reinem Calciumcarbonat, die aus hydrothermalen Ablagerungen von Calcit entstanden sind. Im Allgemeinen liegen sie als Gänge innerhalb eines Gesteins vor, können jedoch auch als Füllung eines Karst-Hohlraumes auftreten.

Die Gangformationen bestehen immer aus Calcit-Kristallen mit einer Größe von mehreren Zenti- bis Dezimetern, die untereinander mehr oder weniger verschweißt sind. Entstanden sind diese Kristalle durch aufeinanderfolgende Anlagerung. War bei der Bildung Eisenoxid anwesend, so ist diese Zonenbildung manchmal durch unterschiedlich gefärbte Schichten zu erkennen. Die Ablagerungen von hydrothermalen Calciten erfolgten unter ähnlichen Bedingungen wie die Sedimentationen oder Versteinerung, mit einer Metamorphose hingegen haben sie sehr wenig gemeinsam.

In Europa gibt es nur wenige abbauwürdige Vorkommen für hydrothermalen Calcit, ausgebeutet wird allerdings schon lange keines mehr. So stößt man im Baskenland, westlich von Bilbao, auf einige weiße Calcit-Gänge und auch in Deutschland, am südöstlichen Rand Nordrhein-Westfalens, in der Nähe der Stadt Brilon, findet man vertikale Gänge eines ockergelben oder rosafarbenen Calcits, der in graue Kalkgesteine aus dem Devon eingelagert ist und früher in Schächten und Stollen abgebaut wurde. Im Süden Irlands, in der Grafschaft Clare, sind in dunklen Kalkgesteinen aus dem Karbon Gänge aus weißem Calcit in mehr oder weniger silberhaltige Bleisulfide mineralisiert worden.

Kleine Abbaubetriebe für hydrothermalen Calcit findet man heute noch im Süden Chinas, wo reinweißer Calcit abgebaut und aufbereitet wird. Das Material wird von Hand sortiert, durch Eisenoxid gelb oder dunkelbraun verfärbtes Gestein wird verworfen.

Auf der Insel Bawean nördlich von Java findet man eine besondere Qualität des hydrothermalen Calcits. In Kalksteinplateaus haben sich Gänge aus Calcit gebildet, von denen einzelne bis zu mehrere hundert Meter lang und mehrere zehn Meter breit sind. Die Qualität dort gefundener Kristalle gleicht der des berühmten Islandspats, weshalb sie gelegentlich für optische Zwecke verwendet werden.

Resümee

Es gibt unzählige Gesteine auf der Erde, aber nur wenige sind so eng mit der Entwicklung unseres Planeten verbunden wie die Kalkgesteine. In ihnen verbindet sich das Kohlendioxid der Atmosphäre mit dem Calcium des Erdmantels, das vor ewigen Zeiten als Bestandteil der rotglühenden Magma die Erdoberfläche erreichte. Um jedoch eine Verbindung zwischen einem flüchtigen Gas und einem trägen Gestein hervorzubringen, bedurfte es der Unterstützung durch lebende Organismen, und so ist die Entstehung der Kalkgesteine auf diesem Planeten stets eng mit einer biologischen Aktivität verknüpft gewesen.

Gäbe es kein tierisches und pflanzliches Leben auf der Erde, dann wären die Gesteine aus Calciumcarbonat heute auch nicht über die ganze Erde verstreut. Aber wenn in den vergangenen fast vier Milliarden Jahren nicht 10^{23} Gramm Kohlendioxid – in Worten: Hundert Millionen Milliarden Tonnen! – in den unterschiedlichen Kalkgesteinen gebunden worden wäre, dann läge der Sauerstoff-Gehalt der Atmosphäre immer noch unter 1 Prozent, wäre die Entwicklung höherer Lebewesen nicht möglich gewesen.

Und so ist nicht verwunderlich, dass auch heute Wissenschaftler ernsthaft mit dem Gedanken spielen, diesen Prozess auszunutzen, um den Treibhauseffekt zu bekämpfen. Erste Versuche im Pazifik rund um die Galapagos-Inseln haben ergeben, dass durch eine Eisen-Düngung der Ozeane die Algenpopulation stark anwächst. Der „Kohlendioxid-Verbrauch" dieser Population steigt an und nach dem Absterben der Algen verschwindet der Kohlenstoff in den Tiefen des Meeres, um sich schließlich als Carbonat-Schlamm auf dem Meeresgrund abzulagern.

Aber nicht nur das Leben auf der Erde veränderte sich laufend, auch die Oberfläche unseres Planeten war einem ständigen Wandel ausgesetzt. Anhand der Beschaffenheit eines Carbonatgesteins kann heute ein Geologe die ursprüngliche Umgebung rekonstruieren, in der sich das Gestein gebildet hat. Er kann feststellen, ob es sich am Rand eines Kontinentes ablagerte oder mitten im Meer, in welcher Tiefe die Sedimentation erfolgte und in welcher geographischen Breite.

Infolge der Geodynamik, der inneren Aktivität unseres Planeten, sind die Kontinentalmassen ständig in Bewegung. Sie verschieben sich, teilen sich und stoßen aufeinander, wobei neue Gebirgsketten sich aufwerfen. Und die Carbonatgesteine sind Zeugen dieses „ewigen Tanzes" der Kontinente, sie zeigen uns, wo einstmals ein Gebirge war oder wann ein tiefes Meer verlandete.

Und sie geben uns heute Auskunft über das Klima, das zur Zeit ihrer Bildung herrschte: durch ihre chemische Zusammensetzung, durch das Verhältnis von Aragonit zu Calcit, durch die eingeschlossenen Fossilien oder durch die Gletscherschrammen, die den Rüdersdorfer Kalkstein zum Zeugen der letzten Eiszeit machten.

Dies alles macht die Calciumcarbonat-Gesteine zu einem der wichtigsten Gegenstände geologischer Forschung. Denn wer es versteht, ihre Gestalt richtig zu lesen, der findet in ihnen die Geschichte unserer Erde.

II.

KULTURGESCHICHTE DER KALKGESTEINE

VON JOHANNES ROHLEDER

Calciumcarbonat ist eine einfache chemische Verbindung, genauer gesagt ein Salz, bestehend aus einem Calcium-Kation und einem Carbonat-Anion. Seine Molmasse beträgt 100,1 Gramm, die Dichte liegt bei circa 2,8 Gramm pro Kubikzentimeter und bei Temperaturen oberhalb von 800 Grad Celsius zerfällt es zu Calciumoxid, wobei Kohlendioxid frei wird. In der Natur tritt es in drei unterschiedlichen Kristall-Modifikationen auf: in der instabilen, äußerst seltenen Vaterit-, der gelegentlich vorkommenden Aragonit- und der überwiegenden Calcit-Modifikation. Der letztgenannte Calcit (Kalkspat) ist nach Quarz das an der Erdoberfläche am häufigsten verbreitete Mineral.

So weit die naturwissenschaftlich-exakte Beschreibung des Calciumcarbonates. Der Bedeutung dieses Minerals für den Menschen wird sie jedoch nur sehr bedingt gerecht, denn die Nutzung als chemische Substanz mit genau definierten Eigenschaften ist eine Errungenschaft der letzten Jahrzehnte und Gegenstand des Kapitels zur industriellen Anwendung.

Aber Kristalle, auch Calcit-Kristalle, kommen in der Natur selten einzeln oder als Agglomerat vor, zumeist haben sich unzählige einzelne Kristalle im Laufe der Erdgeschichte zu den Kalkgesteinen verfestigt.

Und diese Kalkgesteine haben einige Kapitel unserer Kulturgeschichte mitgeschrieben, sei es als Kalkstein, als Kreide oder als Marmor.

Jedes dieser drei Gesteine, obwohl chemisch identisch, hat unterschiedliche Eigenschaften, die es für die Menschen wertvoll gemacht haben und bis heute noch machen. Allerdings ist eine Unterscheidung zwischen Marmor und Kalkstein sehr schwierig, auch wenn die Geologie seit dem 19. Jahrhundert eine naturwissenschaftlich-fundierte, eindeutige Einteilung der Gesteine nach ihrer Entstehung liefert. Aber häufig ist der Übergang zwischen dem sedimentären, einfachen Kalkstein und dem metamorphen, kristallinen Marmor fließend, sodass selbst Fachleute erst nach einer genauen Untersuchung entscheiden können, welches Gestein sie vor sich haben. Und für einen Blick in die Vergangenheit helfen die modernen Begriffe erst recht nicht weiter.

Schon im antiken Rom meinte *marmor* jeden ornamentalen Stein, der sich gut schleifen und polieren ließ, es musste nicht einmal Kalkstein sein. Um die Steine dennoch unterscheiden zu können, benannten die Römer sie zusätzlich nach ihrem Herkunftsort, ihrer Farbe oder Zeichnung: *marmor numidicum* ist ein gelblicher Marmor, der heute als *giallo antico* bezeichnet wird; beim *pyrrhopoecilos* handelt es sich um einen rötlich-bunten Granit und der *leptopsephos* schließlich ist ein weiß gesprenkelter Porphyr.

Diese Definition des Begriffs Marmor setzte sich fort. „Marmor heißen besondere Steine, welche durch Fleckung und Färbung ansprechen", schrieb im 7. Jahrhundert nach Christus der Kirchenlehrer Isidor von Sevilla. Und noch heute werden in der Bauwirtschaft, im Handel und im Volksmund alle festen und polierfähigen Kalksteine als Marmore bezeichnet. Da zudem beide in der Geschichte auf die gleiche Art gewonnen und für ähnliche, zum Teil identische Zwecke genutzt wurden, werden sie gemeinsam betrachtet – unterschiedslos behandelt werden sie nicht.

Die Kreide hingegen hat ihre eigene Geschichte.

1. Geschichte der Kreide

„Hwiting-melu"[1] nannten die Angelsachsen die Kreide, „Weißmachpulver", und genau das war es, wofür die Kreide über die Jahrtausende genutzt wurde. Sei es als weißes Pigment in Anstrichen, Grundierungen und Verputzen oder als Verschnittmittel für andere Pigmente; Kreide begegnet einem überall dort, wo Farben verwendet wurden.

Die Angelsachsen brachen ihre Kreide an der Südküste Englands rund um Dover und das dortige Vorkommen ist nur eine der zahlreichen Kreide-Lagerstätten Nord- und Westeuropas: In der Champagne, in Norddeutschland und auf Rügen ist Kreide ebenso zu finden wie in Dänemark und in Schweden; weiße Kreide gibt es aber auch auf Sizilien, Kreta oder Euböa. Sogar in Wandmalereien aus dem Indien des 11. und 12. Jahrhunderts identifizierte man das natürliche Pigment und im mittelalterlichen Japan war die Kreide, das „o-go-fun", eines von insgesamt 21 Farbmitteln.

Eine der wesentlichen Voraussetzungen für die weitverbreitete Nutzung der Kreide war ihre leichte Gewinnung und Aufbereitung. Das weiche Gestein konnte mit einfachen Werkzeugen wie Hacken, Sägen und Beilen aus der Wand gebrochen oder gesägt werden, und je nach Güte und Reinheit des Vorkommens genügte es häufig, die Kreidebrocken zu zerstoßen und zu zerreiben, um ein Pulver der gewünschten Qualität zu erhalten. Grobe Verunreinigungen wie Feuersteine und andere Mineralien ließen sich durch Auslesen oder Sieben entfernen.

Von letzterer Aufbereitungsmethode leitet sich wohl auch der Mineralienname der Kreide ab: „terra creta", gesiebte Erde. Zumindest ist diese Deutung einleuchtender als die Verbindung mit der Insel Kreta, die Isidor von Sevilla in seinen Origines vertrat:

„Die Kreide [creta] heißt nach der Insel Kreta, wo sie besser ist."

So oder so hatte man in der Antike nicht die heutige, exakte Definition im Sinn; die ist erst gut zweihundert Jahre alt. Ob Gips, Ton, Mergel oder Talkum, die Römer bezeichneten als Kreide alle Mineralien, die sie auf die gleiche Weise aufbereiteten und für die gleichen Zwecke nutzten – noch nicht einmal rein weiß mussten sie sein.

Unterschieden wurden die Pigmente nach ihrer Herkunft – *creta eretria*, vermutlich ein weißes Talkum, das an der Südwestküste Euböas gefunden wurde – oder nach ihrer Verwendung wie bei Plinius:

„Eine andere Kreide wird Silberkreide [creta argentaria] genannt, weil sie dem Silber wieder Glanz verleiht."

Diese unsystematische Bezeichnung macht es nahezu unmöglich, anhand von schriftlichen Quellen zu bestimmen, um welches Mineral es sich handelt. Zumal die Bezeichnungen im Laufe der Zeit wechselten und zum Beispiel in der Malerei noch heute alles Kreide ist: „Berg- oder Grundierkreide" ist ein gepulverter Dolomit, „Steinkreide" gemahlener Kalkstein und „Bologneser Kreide" ist Gips.

Die einzige Möglichkeit herauszufinden, welches Pigment sich in der weißen Farbe eines Kunstwerkes oder eines einfachen Anstrichs verbirgt, bietet eine chemische Analyse. Da der Aufwand für Pigmentanalysen vergleichsweise gering ist, liegen heute für alle wichtigen kulturgeschichtlichen Epochen umfassende Untersuchungen vor, die zumeist eine Zuordnung erlauben. Allerdings müssen auch diese Ergebnisse mit der nötigen Skepsis behandelt werden, denn nicht alles, was chemisch nachweisbar ist, wurde vom Maler auch wirklich genutzt.

So konnte in fast allen prähistorischen Höhlenmalereien aus der Zeit von 40 000 bis 10 000 vor Christus Calciumcarbonat nachgewiesen werden, mit Kreide oder Kalksteinpulver gemalt haben die Künstler jedoch erst in der letzten Phase dieser Epoche und auch dann nur sehr selten. Zumeist ka-

[1] „whiting" bezeichnet noch heute im Englischen die Schlämmkreide, aber auch gemahlenen Kalkstein und Marmor.

men sie mit drei Farben aus: dem Rot und Gelb verschiedener Ocker sowie dem Schwarz aus Manganerde oder Ruß. Das vermeintliche Weiß ihrer Bilder ist erst im Verlauf der Jahrtausende durch Kalksinter entstanden, die sich bei der Verdunstung des kalkhaltigen Wassers an den Wänden der Höhlen ähnlich wie Tropfsteine gebildet hatten. Die hauchdünnen Kalksinterschichten schützten die prähistorischen Bilder vor

Witterungseinflüssen, sodass sie die Jahrtausende unbeschadet überstehen konnten. Wurde diese „Haut" jedoch zu dick, verschwanden die Höhlenmalereien für immer.

Hatten die ersten Künstler noch auf den nackten Fels gemalt, so gingen die Ägypter und die ihnen nachfolgenden Kulturen des Mittelmeerraumes bald dazu über, die zu bemalende Fläche zu grundieren; egal ob es sich um eine Stein- oder Ziegelmauer, eine Holztafel oder einen Sarkophag handelte (siehe Abbildung).

Eine Grundierung hatte damals die gleichen drei Aufgaben, die sie auch heute noch hat: Erstens eine glatte, gleichmäßige Oberfläche zu schaffen; zweitens als heller, am besten weißer Reflektor die aufgetragenen Farben zur Geltung zu bringen und drittens als Substanz das Saugvermögen des Malgrundes zu regulieren.

Ägyptische Wandmalerei
unbekannter Herkunft
(1552-1306 v. Chr.).

Hergestellt wurden die Grundierungen aus einem pulverisierten weißen Mineral als Pigment und Füllstoff sowie einem tierischen oder pflanzlichen Leim als Bindemittel. Die am häufigsten verwendeten Minerale für Grundierungen in Ägypten waren der Gips und die Kreide, seltener auch weiße Tone oder zerstoßene Muschelschalen. Schon durch die Wahl der Grundierung konnte der Maler die Farbwirkung des fertigen Bildes beeinflussen. Kreide zum Beispiel gibt sehr luftige Töne und eine schöne Mattigkeit der Farben; aufgrund ihrer porösen Struktur ist sie zudem extrem saugfähig.

Indem die Maler die betreffenden Stellen des Bildes von vornherein freiließen beziehungsweise den weißen Grund nachträglich freikratzten, konnten sie der Farbenpalette aus Rot, Schwarz und Gelb das Weiß hinzufügen; eigens angerührte weiße Malfarben waren nicht notwendig. Einzige Ausnahme war die Kalktünche, mit der schon die Ägypter ihre Wände weißten. Der verwendete Löschkalk blieb ohne zusätzliches Bindemittel haften und band mit der Zeit zu Calciumcarbonat ab.

Die Suche nach dem weißeren Weiß

Auch die großen griechischen Maler wie Apelles und Nikomachos beschränkten sich bei ihren Meisterwerken auf die vier Farben Rot, Gelb, Schwarz und Weiß – zumindest wenn man den Angaben des Plinius Glauben schenken will. Ob die betreffenden Passagen seiner „Naturgeschichte" der Wahrheit entsprechen, ist allerdings mehr als zweifelhaft. Denn Plinius ging es nicht um

eine korrekte Beschreibung der griechischen Malerei, er brauchte historische Zeugen, die seiner Kritik an den bunten Farben der römischen Zeit ein größeres Gewicht gaben:

„Alles ist demnach besser gewesen, als man weniger Mittel hatte. Der Grund ist, dass man [heute] um den Wert des Materials, nicht um den des Geistes besorgt ist."

PLINIUS, NATURGESCHICHTE, XXXV, 50

Sicher ist, dass die Farben Blau und Grün schon seit dem Ende des 3. Jahrtausends Eingang in die Malerei gefunden hatten; auch hatte Cicero ein Jahrhundert vor Plinius zumindest für die Bilder des Apelles mehr als vier Farben bezeugt. Aber das focht Plinius ebenso wenig an wie die Tatsache, dass schon die Griechen auf der Suche nach dem weißeren Weiß waren. Neben den lange bekannten weißen Pigmenten aus Kreide, Gips und Ton ist in antiken griechischen Malereien erstmals auch das Bleiweiß nachzuweisen; ein basisches Bleicarbonat folgender Zusammensetzung:

$$2\ PbCO_3 \cdot Pb(OH)_2$$

Mikroaufnahme eines Farbquerschnittes (50-fache Vergrößerung, links Normal-, rechts Fluoreszenzaufnahme). Der schichtweise Aufbau eines Gemäldes ist gut zu erkennen: Unmittelbar auf der Leinwand eine sehr dünne Rußschicht (kaum zu erkennen), darüber Kreidegrundierung (gelblich verfärbt) und Bleiweißschicht mit wenig rotem Pigment. Darauf folgen der alte Firnis mit Schmutzablagerungen an der Oberfläche und schließlich die Malschichten.

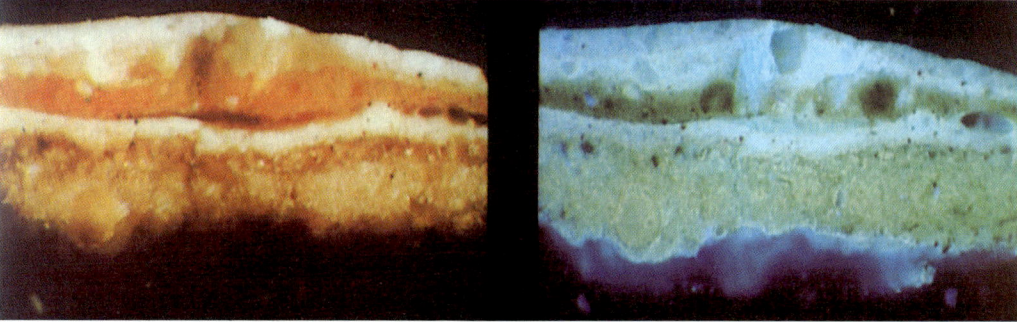

Bezeichnung	chemische Zusammensetzung
Berg- oder Grundierkreide	pulverisiertes Dolomit-Gestein [$CaCO_3 \cdot MgCO_3 + CaCO_3$]
Bianca San Giovanni, St. Johannisweiß	Mischung aus geschlämmter Kreide [$CaCO_3$] und Sumpfkalk [$Ca(OH)_2$] im Verhältnis 7:3
Blanc fixe, Barytweiß	gefälltes Bariumsulfat [$BaSO_4$]
Cerussa, Bleiweiß, Kremserweiß etc.[1, 2]	basisches Bleicarbonat [$2\ PbCO_3 \cdot Pb(OH)_2$,] hergestellt aus metallischem Blei und Essig
Bologneser Kreide	Gips [$CaSO_4 \cdot 2\ H_2O$]
Creta anularia, Ringkreide[1, 2]	Kreide [$CaCO_3$], mit Glaspulver vermengt
Cimolia creta, Kimolische Kreide[1]	Kreide oder tonähnliches Material
Creta Eretria[1]	vermutlich ein weißer Talk, benannt nach einem Ort an der Südwestküste Euböas
Creta Selinusia, Selinusische Kreide[1, 2]	Kreide oder Kreidemergel, benannt nach einem Ort auf Sizilien
Eierschalenweiß	Pulver aus kalkigen Schalen, mit Essig versetzt
Lithopone	Mischung aus Zinksulfid [ZnS] und Bariumsulfat
Melinum, Weiß von Melos[1, 2]	Bianca S.Giovanni oder weißer Ton
Paraetonium, Meerschaumweiß[1, 2]	Kalkkreide mit etwas Magnesium-phosphat, Kieselsäure und Ton, benannt nach einem Ort in Libyen
Creta argentaria, Silberkreide[1]	Kreide [$CaCO_3$]
Titanweiß	Titandioxid [TiO_2]
Zinkweiß, Chinesisch-Weiß etc.	Zinkoxid [ZnO]

1   PLINIUS, NATURGESCHICHTE, XXXV
2   VITRUV, ZEHN BÜCHER ÜBER ARCHITEKTUR, VII

Natürliche und synthetische weiße Minerale, die in der Malerei als Pigmente und Verschnittmittel Verwendung fanden.

Da eine Verbindung dieser Zusammensetzung in der Natur nur sehr selten vorkommt, musste Bleiweiß künstlich hergestellt werden. Das Rezept dafür ist in allen Malerhandbüchern seit der Antike enthalten, gelegentlich wenden Maler es heute noch an. Man legte metallisches Blei, am besten zu Spiralen aufgerollte Bänder, in einen Steinguttopf, dessen Boden mit Essig bedeckt war, und bettete die Töpfe in Pferdemist. Durch die Fäulnis entstanden Wärme und Kohlendioxid, das metallische Blei wandelte sich in Bleiweiß um.

Dieses aufwendige Herstellungsverfahren für ein einfaches weißes Pigment macht deutlich, dass die Griechen mit den natürlichen Farben nicht mehr zufrieden waren. Die meisten Kreiden, Gipse und Tone wie auch die Kalktünche hatten nur eine geringe Deckkraft und waren zudem häufig verunreinigt. Organische Reste gaben der Farbe einen schmutziggrauen Schleier, durch Spuren von Eisen hatte das Weiß meist einen Stich ins Gelbliche. Eine Tönung, die der mythologischen Bedeutung der Farbe widersprach: Weiß sollte ja gerade absolute Reinheit, Keuschheit signalisieren. Also suchten die Griechen, suchten alle Kulturen bis in die Neuzeit nach einem Ersatz für das unvollkommene Weiß natürlicher Pigmente. Bleiweiß war ein solcher Ersatz, aber auch der Zusatz von etwas blauer Farbe zu einem schmutzigen Weiß, das „Bläuen", half, den Wunsch nach dem „weißeren Weiß" zu erfüllen – für das menschliche Auge ist ein ins Blaue überkippendes Weiß reiner und strahlender als alles andere.

Was für die Farben galt, traf auch auf die Malgründe und Verputze zu. Hier ersetzten die Griechen gelegentlich die Kreide oder den Gips durch Marmormehl. Dessen Saugfähigkeit war zwar nicht so stark, dafür erschien sein Weiß reiner und es verlieh den aufgetragenen Farben eine besondere Leuchtkraft.

Die Römer lösten das Problem durch eine große Auswahl an natürlichen und künstlichen Pigmenten. So berichtet Plinius von allein acht unterschiedlichen weißen Pigmenten, die zu den verschiedenen Zwecken in Gebrauch waren, Vitruv erwähnt immer-

hin fünf in seinen „Zehn Büchern über Architektur" (siehe Abbildung). Aber nicht alle Pigmente besaßen die gleiche Bedeutung, auch wenn sie in der Literatur den gleichen Raum einnahmen. Vor allem Plinius verstand seine „Naturgeschichte" in erster Linie als Enzyklopädie, in der er das Wissen seiner Zeit sammelte, ohne es zu bewerten. Nebensächliches stand gleichberechtigt neben Hauptsächlichem.

So spielten von den acht weißen Pigmenten nur drei wirklich eine Rolle in der römischen Malerei: das *melinum*, das *paraetonium* und das Bleiweiß, *cerussa*. Das *melinum* oder „Weiß von Melos" verwendeten schon die großen griechischen Maler; ob es sich hierbei um eine Kreide handelte oder um einen weißen Talkum ist ebenso unklar wie die chemische Zusammensetzung des *paraetoniums*, das nach seinem Fundort westlich von Alexandria benannt ist. Einerseits findet man darin „winzige Muscheln", was auf Kreide schließen lässt, andererseits schreibt Plinius, dass es „von den weißen Farben die fetteste und wegen seiner Glätte am haltbarsten für Wandanstriche ist", was auf einen Ton hinweist.

Einzig beim Bleiweiß ist die Zuordnung klar, allerdings scheint es wie schon in Griechenland auch in Rom nur sehr vereinzelt angewendet worden zu sein. Das legen zumindest die umfangreichen Pigmentanalysen nahe, die der italienische Chemiker Selim Augusti 1967 in Pompeji durchführte. Er identifizierte damals eine ganze Reihe Kreidesorten mit den unterschiedlichsten Beimengungen, Gips oder Bleiweiß konnte er nicht nachweisen. Daraus schloss Augusti, dass nicht nur *melinum* und *paraetonium*, sondern nahezu alle in Rom verwendeten Weiß-Pigmente Kreiden waren, welche die Römer in unterschiedlichen Regionen ihres Reiches abbauten, um sie dann nach Rom zu transportieren. Wenn man bedenkt, welchen Aufwand die Römer mit dem Marmor betrieben (siehe 2.2 „Transport, Organisation, Handel"), spricht einiges für diese Annahme – bewiesen ist bisher jedoch nichts.

So oder so zeichneten sich in der Malerei des römischen Kaiserreiches Entwicklungen ab, die über kurz oder lang dazu führen mussten, dass die Kreide ihre Bedeutung als Weißpigment für Malfarben verlor und als Füllstoff für Grundierungen nur noch einer unter vielen war.

Die Eignung einer Malfarbe wird ganz wesentlich durch ihre Deckkraft bestimmt, die sich direkt aus der Differenz der Brechungsindices von Farbmittel und Bindemittel ablesen lässt: Je größer die Differenz, desto größer die Deckkraft. Kreide hat einen Brechungsindex von $n \approx 1{,}55$ und liegt damit am unteren Ende aller Pigmente. Solange Bindemittel auf Wasserbasis vorherrschten – wässrige Leimlösung hat einen Brechungsindex von $n \approx 1{,}35$ – reichte ihre Deckkraft aus; bei Ölbindemitteln mit einem Brechungsindex von $n \approx 1{,}48$ hingegen war sie zu gering.

Zwar spielte die Ölmalerei in Rom noch keine Rolle, dienten trocknende Öle wie Leinoder Nussöl vorwiegend medizinischen Zwecken, aber seit die Römer die Schraubenpresse (trapetum) für Ölsaaten entwickelt hatten, war vor allem das Leinöl leichter und in größeren Mengen verfügbar, sodass die Römer es gelegentlich für Anstriche von Schiffsplanken oder Gebrauchsgegenständen nutzten. Hier war das Leinöl den Leimen deutlich überlegen, da es sich beim Erhärten fester mit der Unterlage verband und zudem wasserfest war. Da es auch beigemischte Feststoffe viel stärker miteinander verkittete, als es wässrige Bindemittel vermögen, lag eine Nutzung des Leinöls als Bindemittel für die Malerei nahe.

Bis es soweit war, vergingen allerdings noch einige Jahrhunderte. Erst im 12. Jahrhundert tauchte das Leinöl häufiger als Bindemittel in Malerausrüstungen auf, wurde es auch regelmäßig in den einschlägigen Malerhandbüchern erwähnt. Zur dominierenden Technik entwickelte sich die Ölmalerei allerdings erst im niederländischen Hochbarock am Ausgang des 17. Jahrhunderts.

Da hatte sich das Bleiweiß aufgrund seiner größeren Deckkraft schon lange als wichtigstes Weißpigment durchgesetzt; dass es zudem als einziges der damals bekannten Weißpigmente auch mit Ölbindemitteln ver-

wendet werden konnte, machte seine Dominanz nur noch größer. Seine dominierende Stellung behielt das Bleiweiß bis ins 19. Jahrhundert, als zahlreiche neue, künstlich hergestellte Pigmente wie das Zinkweiß, die Lithopone und später das Titanweiß (Titandioxid) die Auswahl vergrößerten.

Die Kreide war spätestens jetzt nur noch billiges Verschnittmittel für teure Farben, egal ob weiß oder bunt. Hierfür zeichnete sie nicht nur der vergleichsweise günstige Preis aus. Dank ihrer porösen Oberfläche gab sie manchen Farben erst eine ausreichende Deckkraft, denn „die Materialien, welche die Farben geben, sind, einige Arten von Ocher ausgenommen, zu leicht, wenn man ihnen nicht durch Beymischung des Weißen eine mehrere Consistenz giebt; sie bedecken das, was man anstreichen will, nicht genug", wie es in der zeitgenössischen Übersetzung des 1744 erschienenen Handbuchs „L'art du peintre, doreur et vernisseur" von Jean Fèlix Watin heißt. Zudem verdünnte die weiße Kreide insbesondere kräftige Farben, sodass diese sich besser dosieren ließen.

Im Schatten des Fresko

Bei den Grundierungen war die Situation nicht so eindeutig. Ob die Kreide als Füllstoff genutzt wurde, hing im Wesentlichen davon ab, welche Art von Fläche grundiert werden sollte. In Rom gab es zwei wichtige Maltechniken, für die eine Grundierung notwendig war: die (Holz-) Tafelmalerei und die Wandmalerei.

Die wichtigere der beiden Techniken war die Wandmalerei, die auf eine lange, jahrtausendealte Tradition zurückblicken konnte. Schon die ersten Bilder von Menschenhand in den Höhlen der Steinzeit waren Wandmalereien, die den Raum für kultische Zwecke schmücken sollten. Fortan waren Wandmalereien häufig in Gebäuden anzutreffen, oft waren sie es erst, die aus den einzelnen architektonischen Elementen ein ästhetisches Ganzes machten. Und je weiter die Architektur fortschritt, um so weiter entwickelte sich auch die Wandmalerei mitsamt ihren Farben und Malgründen.

Ausschnitt aus dem
Fresko im Gartensaal
der Villa Livia bei Prima
Porta, Italien (1. Jh.).

Vitruv widmete diesen Fragen das siebte seiner „Zehn Bücher über Architektur". Darin befasst er sich ausführlich mit der in Rom zur Vollendung gebrachten Freskomalerei, bei der die Farben *al fresco*, das heißt direkt auf den noch feuchten Putz aufgetragen werden.

Der römische Freskoputz war für sich allein schon ein kleines Kunstwerk, dessen Ausführung umfangreiches Wissen, großes handwerkliches Geschick und viel Erfahrung erforderte. Er wurde in mindestens zwei, manchmal auch fünf, sechs oder mehr Schichten aufgetragen. Zuerst kam ein dünner Spritzwurf und dann folgte die erste Schicht, der Rauputz oder *Arriccio* aus Kalk und einem groben Sand als Füllmittel. Auf den *Arriccio* folgte der *Intonaco*, der Feinputz, dessen Körnung von Schicht zu Schicht immer feiner wurde. Das Füllmittel des *Intonaco* war häufig feinstes, weißes Marmormehl, das in Rom als Abfallprodukt der Marmorbearbeitung zuhauf anfiel. Die letzte, schon bemalte Intonaco-Schicht wurde aufwendig geglättet und poliert, bis das römische Fresko seinen sagenhaften Spiegelglanz erhalten hatte.

Nur in Rom und den bedeutendsten Provinzstädten waren solch meisterhafte Fresken zu finden, denn nur dort gab es Handwerker, die den hohen Ansprüchen genügten, und Auftraggeber, die sie bezahlen konnten. Aber auch in den kleinen, unbedeutenden Städten setzte sich die Freskotechnik, das Malen auf den noch feuchten Putz durch, wenn auch die Kalkputze nicht den hohen Ansprüchen genügten. In dieser Ausführung dominierte das Fresko die Wandmalerei der nächsten Jahrhunderte, zu-

Kopf Gottvaters aus
einer Marienkrönung.
Fette Temperamalerei
auf kreidegrundiertem
Trachitstein im Kölner
Dom (1320-1339).

mindest in den Ländern südlich der Alpen, denn im Norden bevorzugte man die Kalkmalerei, bei der ebenfalls ein Kalkputz als Grundierung diente. Den einfachen Kalkputz bemalte man allerdings trocken, *à secco,* wobei als Bindemittel eine wässrige Kalklösung diente.

Ob Fresko oder Kalkputz, für die Kreide war kein Platz mehr, denn beide Techniken kamen vollständig ohne weitere weiße Pigmente oder Malfarben aus: Ihr Weiß ist ausschließlich der abgebundene Kalk.

Dass die Kreide nicht jegliche Bedeutung als Grundierung in der Wandmalerei verlor, lag an den „kalkunechten" Farben. Das sind Farben, die in dem stark alkalischen Milieu des Freskoputzes nicht stabil sind.

„Von allen Farben lieben den Kreidegrund und lassen sich nicht auf nassem Grund auftragen: das Purpurrot, der Indigo, das Himmelblau, die Melos-Erde, das Auripigment, das appianische Grün und das Bleiweiß."

PLINIUS, NATURGESCHICHTE, XXXV, 49

Sie wurden weiterhin trocken auf Kreidegründe aufgetragen; in der Antike zumeist in der Temperatechnik mit wasserlöslichen organischen Bindemitteln wie Ei, Kasein oder tierischen Leimen, seit Ende des Mittelalters auch als Ölfarben.

Für zwei der von Plinius genannten Farben, für den Purpur und den Indigo, war die Kreide noch aus einem anderem Grund notwendig. Als organische Farbstoffe können beide nicht einfach in Wasser aufgeschlämmt zum Malen genutzt werden, wie es bei anorganischen Pigmenten möglich ist. Sie müssen zuvor fixiert, das heißt auf einem anorganischen Pigment (Substrat) ausgefällt werden. Erst dann lassen sie sich als Farbstoff-/Substrat-Gemisch auftragen. Eines der meistverwendeten Substrate war die Kreide, da sie billig und leicht verfügbar war und als weißes Pigment die Eigenfarbe des Farbstoffs nicht beeinträchtigte, sondern seine Deckkraft erhöhte.

Heute nutzt man an Stelle der Substratfarben die Farblacke, bei denen die organischen Farbstoffe gleich in Anwesenheit von anorganischen Substraten synthetisiert und direkt in gebrauchsfertiger Form ausgefällt werden.

Im Gegensatz zur Wandmalerei blieb die Kreide in der römischen Tafelmalerei einer der wichtigsten Füllstoffe für Grundierungen. Allerdings stand sie in Konkurrenz zu anderen Füllstoffen, die Auswahl war groß: Marmormehl, Gips, weißer Ton, gemahlener Dolomit oder eben Kreide. Die Maler machten ihre Entscheidung für einen bestimmten Füllstoff davon abhängig, welche Wirkung sie ihrem Bild geben wollten.

Mit dem Untergang des Römischen Reiches brach auch die umfassende Versorgung mit mineralischen Füllstoffen zusammen, waren die Maler wieder auf heimische Minerale angewiesen – zumindest bis zur Indust-

riellen Revolution im 19. Jahrhundert. In Italien war das der Gips, während in Ländern mit großen Kreidevorkommen wie England, Frankreich, den Niederlanden und Deutschland die Kreide nicht nur bei den Tafelbildern dominierte. Unter dem Namen „Spanischweiß" kam die Kreide bis ins 18. Jahrhundert auch bei der „Chinolin-Malerei" zum Zuge. Bei dieser speziellen Technik wurden Holzgegenstände aller Art mit einer Kreide-Leim-Grundierung versehen, bemalt und abschließend mit farblosen Weingeist-Lacken gegen Abnutzung versiegelt (siehe Abbildung).

Bei der Ende des 14., Anfang des 15. Jahrhunderts aufkommenden Malerei auf Leinwänden war die Situation nicht so eindeutig. Grundierten die Maler ihre Leinwände mit einem wässrigen Bindemittel wie Leim, so nahmen sie natürlich die Kreide als Füllstoff (oder den Gips, wenn sie südlich der Alpen lebten). Grundierten sie jedoch mit Leinöl als Bindemittel, griffen sie wie bei den Ölfarben auf das deckende Bleiweiß zurück; Kreide kam dann nur als Verschnittmittel für sehr gut deckende, aber teure Pigmente in Frage.

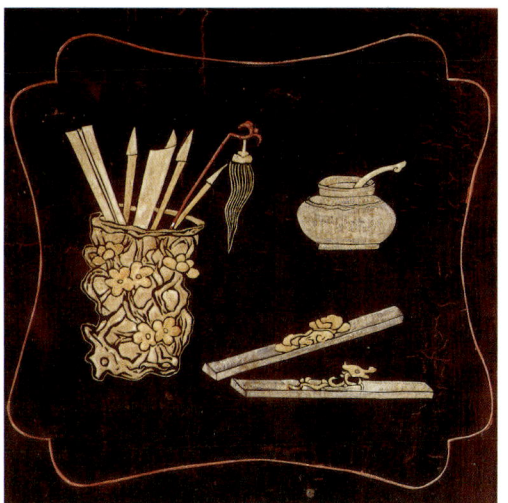

Ausschnitt aus einem zwölfteiligen Koromandellack-Lichtschirm, China (um 1700).

Pastellkreiden – eine kurze Renaissance

Hatten technische Weiterentwicklungen in der Malerei seit der Antike stets zur Folge gehabt, dass die Kreide durch andere, bessere oder billigere Pigmente und Füllstoffe verdrängt wurde, so gab es eine Ausnahme, die der Kreide zumindest zeitweilig eine neue Anwendung erschloss. Gegen Ende des 16. Jahrhunderts finden sich erste Beschreibungen einer neuen Maltechnik, die jetzt fast gleichzeitig in verschiedenen europäischen Ländern auftauchte: die Pastellmalerei.

pasta heißt Teig, und dieser italienische Ausdruck lässt ahnen, wie die Maler ihre Pastellkreide herstellten. Sie kneteten aus Kreide, Farbpulver und einem wässrigen Bindemittel einen gleichmäßigen Teig, formten daraus einzelne Stifte und ließen diese trocknen. Mit den künstlichen Farbkreiden skizzierten sie ihre Bilder in groben Strichen, am besten auf einen rauen Malgrund wie Papier. Und dann begann die eigentliche Pastelltechnik: Mit den Händen, mit Stofflappen oder Papierfetzen verrieben und vermischten die Maler die Kreidestriche und erreichten so stufenlose Übergänge zwischen den einzelnen Farbtönen. Das zeigte deutliche Anklänge an die Malerei und unterschied die Pastellmalerei von reinen Farbkreidezeichnungen.

Entstanden war diese spezielle Technik schon ein knappes Jahrhundert zuvor. Leonardo da Vinci und seine Schüler waren es, die erste Pastellzeichnungen anfertigten; allerdings nutzte der Kreis um Leonardo die Technik nur zu Studienzwecken. Sie entwarfen so möglichst realistische Skizzen für ihre großen Wand- und Ölmalereien und begnügten sich dabei mit den Farben natürlicher Materialien wie Rötel, Ruß und Kreide. Erst nach und nach entwickelte sich die neue Technik zu einer eigenständigen Kunst, entstanden fertige Bilder und nicht nur Entwurfsskizzen. Zugleich erweiterte sich durch die künstliche Herstellung der Kreiden das Spektrum der Farben. Zuerst fanden Pflanzenfarbstoffe Verwendung in den Pastellkreiden, dann erweiterten die synthetischen Farben das Spektrum und schon bald verfügte die Pastellmalerei über eine Farbpalette, die jener der Ölfarben nur wenig nachstand.

Der Vielfalt an unterschiedlichen Farben entsprach eine Vielfalt an Mineralen, die als Substrat Verwendung fanden. Es wäre ein Irrtum anzunehmen, dass Pastellkreiden zwangsläufig aus natürlichen Kreiden angefertigt sein müssen. Das mag vielleicht ganz zu Beginn der Fall gewesen sein – darüber schweigen die Quellen –, aber schon um 1620 tauchen Rezepte auf, in denen die Farbpulver nicht nur mit Kreide und Milch angerieben werden, sondern auch mit Pfeifenton und Wasser. So gefertigte „Kreide" sei sogar dauerhafter, notierte der Chronist. Und spätestens im Rokoko, dem Höhepunkt der Pastellmalerei, waren gebrannter Gips und Kaolin gängige „Kreidematerialen", die echte Kreide hingegen immer seltener zu finden.

Seitdem hat sich an der Bedeutung der Kreide für die Kunst nichts mehr geändert. Bis heute ist sie zwar noch wichtiges Verschnittmittel und häufig verwendeter Füllstoff, nennenswerte Mengen sind es allerdings nicht, die in der Malerei verbraucht werden. Wieviel es früher war, lässt sich nur schätzen, Urkunden oder andere schriftliche Dokumente liegen für den Abbau und Handel von Kreide erst seit Ende des Mittelalters vor.

Das ist auch nicht verwunderlich, denn im Gegensatz zum edlen und begehrten Marmor war die Kreide etwas Gewöhnliches, das man für alltägliche Zwecke nutzte, ohne sich darüber große Gedanken zu machen.

Ein alltägliches Produkt

Die erste Urkunde über den Verkauf von Kreide wurde im Jahr 1438 ausgestellt. Sie berichtet, dass der Bischof von Chalons Kreide benötigte, um einige Gebäude seines Besitzes weißen zu lassen. Für diesen Zweck war die Champagne-Kreide hervorragend geeignet: Sie war sehr porös, was ihre Deckkraft erhöhte, und die leichten Verunreinigungen gaben ihr eine angenehm warme Tönung. Zudem ließ sie sich leicht verarbeiten. Man musste sie nur per Hand zerkleinern, von den gröbsten Verunreinigungen befreien, mit etwas Leim oder Kleister in Wasser anrühren und konnte sie dann ohne weitere Vorbereitung direkt mit dem Pinsel auftragen.

Zwar hatte schon Plinius das Tünchen von Wänden mit einer Suspension von Selusinischer Kreide in Milch beschrieben – das Kasein der Milch wirkte als Bindemittel –, aber in den Jahrhunderten danach ist nur gelegentlich in Stein gebaut worden, und die Hütten aus Holz und Lehm erhielten nur selten einen Anstrich. Erst jetzt nahm die Steinbauweise wieder zu, allerdings nur langsam.

Daher reichte es aus, die Kreide in kleinen Gruben zu gewinnen. Zumeist waren es einfache Bauern, die dort allein arbeiteten, höchstens unterstützt von ihren Frauen und Kindern. „Kreidebauern" hießen sie auf Rügen, und hier wie in der Champagne arbeiteten sie nur im Winter in den Brüchen, um

Kreidefelsen auf Rügen.

sich und ihrer Familie den Lebensunterhalt in der Zeit zu sichern, in der die Arbeit in der Landwirtschaft ruhte. Diese Produktionsform blieb bis weit ins 19. Jahrhundert vorherrschend. Noch 1840 waren zum Beispiel im Departement Marne 300 einzelne Brüche in Betrieb, davon allein 39 in der näheren Umgebung von Châlons-sur-Marne.

Der Abbau in kleinen und kleinsten Brüchen bot sich auch aus technischen Gründen an. Da für die Gewinnung der Kreide keine speziellen handwerklichen Kenntnisse notwendig waren, konnte jeder mit einfachen Werkzeugen wie Hacken und Beilen die weiche Kreide leicht brechen. Natürlich waren es nur geringe Mengen, die so in den einzelnen Brüchen gewonnen wurden, aber mehr Kreide wurde über die Jahrhunderte auch nicht nachgefragt, die Absatzmärkte mussten erst wachsen.

Da ein Transport der billigen Kreide über größere Entfernungen schon allein an den Kosten scheitern musste, blieb der Kreidehandel in der Champagne auf die Region begrenzt. Aber die Leute hier lebten auf Kreide, wie auch Johann Wolfgang von Goethe 1792 auf dem Frankreichfeldzug an der Seite des Herzogs von Weimar bemerkte:

„Der Soldat durfte nur ein Kochloch aufhauen so traf er auf die klarste, weiße Kreide, die er zu seinem blanken und glatten Putz so nötig hatte. Da ging wirklich ein Armeebefehl aus: Der Soldat solle sich mit dieser hier umsonst zu habenden, notwendigen Ware soviel als möglich versehen."

Was umsonst zu haben ist, kauft keiner, und so stammen die nächsten Urkunden über den Verkauf von Kreide erst aus dem 17. Jahrhundert, und wieder sind die Bischöfe von Chalons die Käufer.

Auf Rügen war die Ausgangslage etwas günstiger: Über die Ostsee konnte die Kreide leicht bis in die norddeutschen Großstädte verschifft werden, sodass man schon früh einen großen Absatzmarkt besaß. In der Champagne dauerte es bis ins 19. Jahrhundert, ehe auch hier der Kreidehandel entferntere Regionen erreichte. Aber als die Transportmöglichkeiten erst einmal vorhanden waren, wurde Champagne-Kreide schon bald bis nach Deutschland und Russ-

Aus Kreide erbaute
Kirche St. Pierre in
Chausée sur Marne
(11.-12. Jh.).

stelle benötigten die Römer große Mengen an Baumaterialien aller Art, und in der Champagne gab es außer Holz und Lehm nur die Kreide. Bis auf einige Spuren im Forum in Reims ist aus dieser Zeit jedoch nichts erhalten geblieben und es dauerte bis zum Ende des 10. Jahrhunderts, ehe die nächsten Bauwerke aus Kreide errichtet wurden.

Jetzt waren es Kirchen, die Mauern aus Kreidesteinen erhielten. Aber auch das geschah nur sehr vereinzelt, denn Kreidesteine waren aus einem einfachen Grund sehr teuer: Wollte man Kreide für Bauzwecke nutzen, musste man sie unterirdisch abbauen, um so Schichten zu erreichen, die auch während der letzten Eiszeit im Quartär nicht gefroren waren. Einmal gefroren, war auch die Champagne-Kreide als Baumaterial nicht mehr geeignet; sie wurde rissig und brüchig.

Die Einstiege in die Untertagebrüche lagen an Stellen, an denen das Kreidevorkommen an die Oberfläche trat. Durch die weiche Kreide wurden Schächte mit einem Durchmesser von bis zu zwei Metern in die Abbauzone abgeteuft, wo man mit der Gewinnung von Kreideblöcken begann. Schicht für Schicht trieb man den Schacht in die Tiefe, wobei zehn oder auch zwanzig Meter keine Seltenheit waren. Große Vorkommen wurden in Galerien abgebaut und durch Gänge zu einem Netz verbunden. Ein solches, gewaltiges Netz liegt unter der Stadt Reims. Das dortige Kreidevorkommen ist durch unzählige Gruben und Gänge durchlöchert, die genauen Ausmaße sind kaum zu bestimmen. Der Regelfall war jedoch ein einzelner Schacht, der sich flaschenförmig nach unten weitete (siehe Abbildung).

Die frisch gebrochene Kreide wurde während des ersten Winters unter Tage gelagert und erst zum Frühjahr nach oben transportiert, wo sie ein weiteres Jahr unter Feuchtigkeitsausschluss trocknen musste. Der folgende Winter diente als Qualitätstest: Enthielt die Kreide noch Wasser, so gefror dieses und sprengte den Block. War dies nicht der Fall, war die Kreide als Baumaterial geeignet. Eine simple, aber sehr effektive Methode, deren Ausnutzung schon Vitruv dem Bauherrn nahegelegt hatte:

land exportiert. Sie war allen anderen Kreiden in punkto Qualität deutlich überlegen, aus manchen Vorkommen konnte sie sogar ohne jede Aufbereitung direkt in den Handel gehen, sodass sich die Transportkosten bis zu einer gewissen Höhe rechneten.

Und die Kreide ist nicht nur reiner in der Champagne. Das an sich weiche, amorphe Gestein ist hier so kompakt, dass sich aus ihm einzelne Steinblöcke gewinnen und als Baumaterial nutzen ließen.

Ein außergewöhnlicher Baustoff

Das Bauen mit Steinen aus Kreide hatte in der Champagne eine lange Tradition. Es begann, wie kann es anders sein, zu römischen Zeiten. Für ihre Städte, Siedlungen und Ka-

„Wenn gebaut werden soll, sollen die Steine zwei Jahre vorher nicht im Winter, sondern im Sommer gebrochen werden, und sie sollen dauernd an offenen Stellen lagern. Diejenigen aber, die in diesen zwei Jahren, der Witterung ausgesetzt, beschädigt sein werden, die sollen in Grundmauern eingebaut werden. Die übrigen, die nicht beschädigt sind, werden als von der Natur selbst geprüft, oberhalb der Erde verbaut, Dauer haben können.

VITRUV, ZEHN BÜCHER ÜBER ARCHITEKTUR, II, 7

An der Abbaumethode änderte sich über die Jahrhunderte nichts, am Preis auch nicht. Bausteine aus Kreide blieben immer ein exquisites Material, das sich nur die wenigsten leisten konnten. Bis zum Ende des 15. Jahrhunderts waren es fast ausschließlich Kirchen, in denen Kreide verbaut wurde. Zu Ehren Gottes war den Bewohnern der Champagne kein Preis zu hoch, für ihre eigenen Häuser hingegen nahmen sie mit Holz und Lehm vorlieb.

Im aufkommenden Feudalismus wuchs mit Macht und Einfluss zugleich das Vermögen des Adels, beste Voraussetzungen um die Kirche als wichtigsten Bauherrn abzulösen. Neben Schlössern und Palästen bauten Adlige mit besonderer Vorliebe Taubentürme aus der teuren Kreide; man konnte es sich ja leisten.

Die französische Revolution beendete diese Epoche abrupt, nicht mehr Adel und Kirche waren nun Träger der Macht, sondern das Bürgertum oder zumindest ein kleiner Teil davon. Der baute sich jetzt seine Villen und Stadtpaläste aus Kreide, aber auch Scheunen und Mühlen entstanden gelegentlich aus dem einstmals exquisiten Material.

Eine weite Verbreitung fand die Kreide trotzdem nicht: Kreide, selbst die beste und kom-

Schema eines unterirdischen Kreideabbaus (16.-20. Jahrhundert).

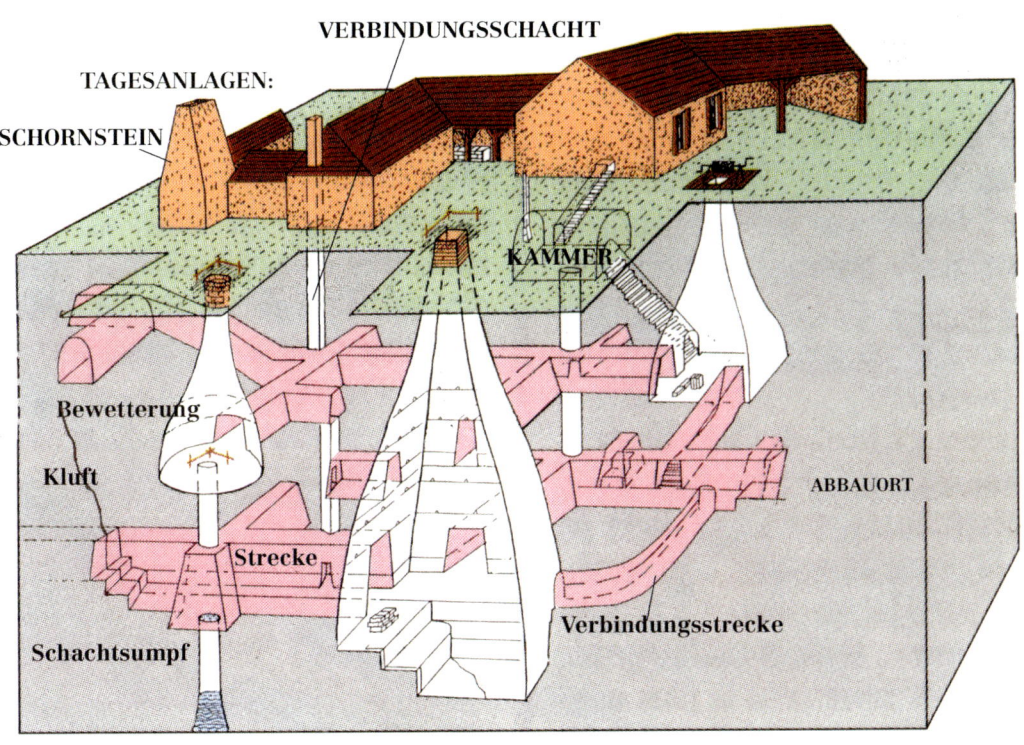

TAGESANLAGEN:

VERBINDUNGSSCHACHT

SCHORNSTEIN

KAMMER

Bewetterung

Kluft

ABBAUORT

Strecke

Verbindungsstrecke

Schachtsumpf

Champagner-Kellerei in Reims.

Kilo schweren, monolithischen Blöcken zu finden sind. Aber das waren die großen Ausnahmen und bis heute ist nicht geklärt, wie diese Blöcke ohne Risse gewonnen werden konnten; Aufwand und Preis müssen auf jeden Fall immens gewesen sein. In den meisten Gebäuden waren jedoch nur die Wände aus Kreide, und selbst die fielen dicker aus als gewöhnlich. Für tragende Teile sowie Tür- und Fenstereinfassungen verwendete man anderes Gesteinsmaterial, ebenso für die Fundamente, da die porösen Kreidesteine in der feuchten Erde den ersten Frost nicht überstanden hätten.

Die poröse Struktur jedoch war es, die Kreide zu einem ganz besonderen, fast schon modernen Baumaterial machte. In den Poren war immer ein letzter Rest Wasser enthalten, weshalb die Kreidewände zu jeder Jahreszeit für ein perfektes Raumklima sorgen. In der Hitze des Sommers gaben sie kontinuierlich etwas Wasser aus ihren Poren ab, die Luft war angenehm feucht und kühl. Im nassen und kalten Winter hingegen saugten sie die feuchte Luft auf, innen blieb es trocken und warm.

Aber das reichte nicht aus, um dem Baumaterial Kreide eine dauerhafte Zukunft zu geben; die Nachteile wogen letztlich zu schwer. Zwar stieg in der Mitte des 19. Jahrhunderts die Zahl der verbauten Kreidesteine nochmals an, als auch Bauern und einfache Bürger zumindest die der Straße zugewandten Fassaden mit Kreide verschönern wollten, aber schon gegen Ende des letzten Jahrhunderts sank der Bedarf drastisch. Bessere und billigere Baustoffe überschwemmten den Markt, das Ende der Kreide war absehbar. Eine unterirdische Grube nach der anderen musste schließen, die letzte im Frühjahr 1986 in La Chaussée sur Marne.

Heute erinnern nur noch die zahlreichen Champagne-Kellereien in der Region um Reims an die lange Tradition der Kreide als Baumaterial: Hier in den alten Gruben lagern die berühmten Produzenten wie Taittinger, Piper-Heidsieck oder Pommery ihre Flaschen – für die Gärung eines großen Champagners gibt es nichts besseres als das Klima in den Kreidestollen.

pakteste Champagne-Kreide, ist und bleibt nun einmal ein weiches Gestein mit schlechter Druckfestigkeit. Dementsprechend ist sie für tragende Teile ungeeignet, auch wenn in manchen Kirchen aus dem 13. und 14. Jahrhundert Säulen aus mehreren hundert

2. Marmor und Kalkstein

Steine gibt es zuhauf, in allen Größen und Formen liegen sie am Boden verstreut. Braucht man zu einem bestimmten Zwecke einen Stein, so muss man sich nur den Passenden aussuchen und aufheben. Nichts anderes taten unsere Vorfahren schon in prähistorischen Zeiten. Steine dienten ihnen als Werkzeuge oder Schmuck, aufgeschichtet boten sie Schutz gegen Wind und Wetter, und mit manchen konnte man zeichnen oder malen. Alle diese Steine waren zunächst unbearbeitet und es dauerte Jahrtausende, bis die ersten Menschen begannen, den rohen Stein mit primitiven Werkzeugen zu formen. Dazu suchten sie sich Steine, die der angestrebten Form schon weitgehend entsprachen und nur noch wenig behauen werden mussten. Trotzdem blieb die Arbeit mühevoll und man nahm sie nur auf sich, um Werkzeuge sowie kultische Gegenstände oder Schmuck herzustellen.

Eines der ältesten Zeugnisse aus dieser Zeit ist die „Venus von Willendorf", eine kleine Kalksteinstatuette, wie sie vor rund 30 000 Jahren zu Hunderten hergestellt wurden. Ob diese Statuetten Ausdruck eines Priesterinnen- beziehungsweise Göttinnen-Kults waren oder ob sie mit ihrem überfetten Leib, ihren riesigen Schenkeln und Brüsten nur Kraft, Gesundheit und Fruchtbarkeit symbolisieren sollten, ist bis heute ungeklärt. Geklärt sind hingegen die Dauer und das Gebiet, in denen die Venusstatuetten auftraten. Man findet sie während der Altsteinzeit von 28 000 bis 12 000 vor Christus in fast ganz Europa, vom Atlantik bis Sibirien. Sie sind aus Kalkstein oder Marmor, aber auch Figuren aus Terrakotta sind darunter. Die Wahl des Materials war noch kein Ausdruck besonderer Wertschätzung, sondern in erster Linie pragmatisch: Es musste leicht verfügbar sein und sich mit einfachen Mitteln bearbeiten lassen; Kriterien, die bis in die frühe Bronzezeit galten.

So waren vom 5. bis zum 3. Jahrtausend vor Christus in Griechenland, auf Kreta und den Kykladen kleine Marmorfiguren und -vasen verbreitet. Marmor deshalb, weil die Bildhauer das Material dort in kleinen, durch Verwitterung vorgeformten Stücken fanden. Auf Malta wurden ähnliche Skulpturen etwa zur gleichen Zeit aus Globigerinen-Kalkstein hergestellt, die halbe Insel bestand schließlich aus diesem Material.

Mit Werkzeugen aus hartem Gestein wie Obsidian und Korund konnten die damaligen Künstler das Material verzieren und konturieren, bevor sie es abschließend mit Sand und Bimsstein polierten. Diese Skulpturen zeigen in ihren Ausformungen schon ein hohes Maß an Kunstfertigkeit, aber in Größe und Gestalt waren sie engen Grenzen unterworfen: Da die verwitterten Ge-

Venus von Willendorf.

steinsbrocken zumeist klein waren, waren es auch die Skulpturen. Ein freier Umgang mit dem Material Stein setzte voraus, dass man die Steine nicht mehr nur auflas, sondern sich bewusst für ein bestimmtes Gestein entschied und dieses dann abbaute. Die Ersten, die dies taten, waren die Ägypter.

2.1 Die Steingewinnung

Die Ägypter begannen im 3. Jahrtausend vor Christus, Stein gezielt abzubauen und für unterschiedliche Zwecke zu bearbeiten: als Baumaterial, für Säulen und Obelisken, für Schmuck und Vasen oder als Reliefsteine. Dass es die Ägypter waren, hat zwei Gründe: Erstens hatten sie gerade gelernt, aus dem schon lange bekannten Metall Kupfer stabiles Werkzeug herzustellen, mit dem man auch Stein bearbeiten konnte. Und zweitens gab es links und rechts des Nils ausreichende Mengen an Gesteinen. Da in Ägypten Kalkstein vorherrscht und dieser sich aufgrund seiner natürlichen Schichtung leicht in Blöcke spalten lässt, war Kalkstein das erste Gestein in der Geschichte, das gezielt abgebaut wurde.

Erste Abbautechniken

Der Abbau der Steine beginnt mit der Prospektion, der Suche nach einem geeigneten Vorkommen. Erster Anhaltspunkt für eine Suche konnte nur das Auftreten eines Gesteins an der Erdoberfläche sein und zumeist endete im pharaonischen Ägypten die Suche auch damit; bei dem unermesslichen Reichtum an Steinen gab es genügend Auswahl.

War ein Vorkommen entdeckt, musste die Qualität des Steines beurteilt werden. Entsprachen Farbe und Textur den Erwartungen, war der Stein für den vorgesehenen Zweck geeignet? Nächstes Kriterium war die natürliche Klüftung des Gesteins. Gesteine sind in der Regel von Sprüngen durchzogen, wobei zumeist mehrere dieser Sprünge parallel laufen, eine Klüftung bilden (bei

dem Sedimentgestein Kalkstein sind zudem häufig Schichtungsfugen vorhanden). Die Lage der Hauptklüftungen legte die Leichtigkeit des Abbaues und die maximal erzielbare Größe der Blöcke fest, wobei idealerweise eine Hauptklüftung senkrecht und eine waagerecht zur geplanten Abbaurichtung verlaufen sollte. Zuletzt bestimmte auch die Mächtigkeit der Deckschicht die Abbauwürdigkeit eines Bruches. Da in Ägypten Steine fast ausschließlich im Tagebau gebrochen wurden, mussten Deckschicht und Verwitterungskruste vorher mühsam entfernt werden.

War ein Abbauort ausgewählt, wurde das Vorkommen erschlossen, ein Steinbruch angelegt. Die vorherrschende Form der Erschließung war der Stufenabbau, bei dem man sich vorzugsweise an natürlichen Hängen orientierte, um sich dann von oben nach unten vorzuarbeiten. War das Steinvorkommen besonders groß, zogen die Arbeiter einen Graben durch das Vorkommen und konnten so auf zwei Seiten zugleich abbauen. Gelegentlich wurden die Steine auch in Gruben abgebaut, das heißt, das Brechen erfolgte aus der Ebene senkrecht in die Tiefe. Allerdings konnten so maximal zwei Schichten Blöcke gewonnen werden, da ansonsten

Typisches Abbausystem für Steinbrüche des pharaonischen Ägyptens sowie der griechischen und römischen Antike.

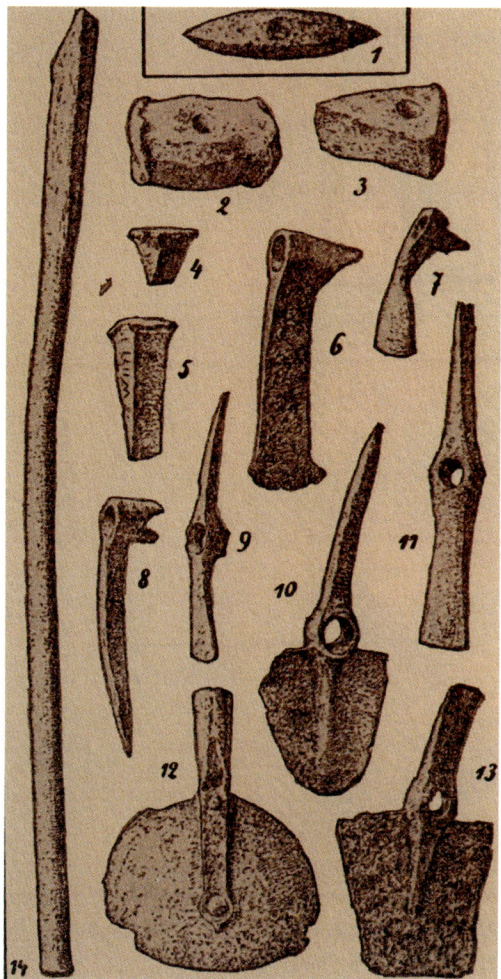

in den seltensten Fällen den Gesteinsadern. Dadurch konnten mehr Arbeiter an mehr Arbeitsköpfen zugleich arbeiten, die Ausbeute war größer. Allerdings blieben die gewonnenen Blöcke kleiner und waren aufgrund ihrer schrägen Schichtung stärker der Witterung ausgesetzt. Wollte man große, monolithische Säulen brechen, musste man der Schichtung folgen. Das bedeutete mehr Aufwand, aber auch mehr Qualität.

Das eigentliche Brechen der Steine war harte Arbeit. Die Blöcke wurden zuerst an den drei zum Hang liegenden Seiten vom Fels freigelegt. Oft mussten dazu nur die natürlichen Klüftungen erweitert werden, oft blieb den Arbeitern jedoch nichts anderes übrig, als Schrotgänge in den Fels zu hacken oder zu meißeln. Ein solcher Schrotgang war in der Regel 50-60 Zentimeter breit, und als Werkzeuge gab es im pharaonischen Ägypten nur Meißel aus Kupfer. Diese waren an den Spitzen zwar durch Hämmern gehärtet, aber das reichte nicht immer aus. Dann griffen die Arbeiter zu härterem Gestein wie Diorit und hämmernd und kratzend legten sie einen Schrotgang im weichen Kalkstein frei. Baute man die Blöcke auf einer großen Fläche nebeneinander ab, legte man ein Netz von Schrotgängen an. Das ersparte etwas Arbeit, da jeder Gang die Seiten zweier Blöcke freilegte.

War der Block an den Seiten freigelegt, kam der schwerste und gefährlichste Schritt. Die letzte Seite, der Boden, musste vom gewachsenen Fels abgetrennt werden. Hatte man Glück oder seinen Block gut ausgewählt, befand sich am Boden eine Tonschicht oder ein Spalt, was die Arbeit erleichterte. Meist war jedoch eine Keilsprengung notwendig. Zu diesem Zweck bohrten die Arbeiter auf Höhe des Bodens eine dichte Reihe horizontaler Löcher, in die sie mit wuchtigen Hammerschlägen Keile oder Pflöcke trieben und so den Block absprengten. Benutzten die Arbeiter hölzerne Pflöcke, konnten sie sich das kraftraubende Hämmern sparen. Sie tränkten die Pflöcke mit Wasser, das Holz dehnte sich aus und trennte den Block vom Fels. Oder man meißelte eine Bruchkante unten in den Block, um dann durch wuchtige Schläge auf die Oberseite den Block zu brechen.

Römische Steinbruch-Werkzeuge. Die abgebildeten Eisenkeile, Beile, Vorschlaghämmer, Brecheisen und Pickel stammen aus römischen Steinbrüchen des 1. und 2. Jahrhunderts nach Christus. In Form und Material dürften sie sich von den Werkzeugen der griechischen Steinbrecher kaum unterscheiden (nach Behn, 1926).

der Aufwand zu groß wurde, die Blöcke aus der Grube herauszuholen.

In großen Brüchen arbeitete man nicht nur in einer Ebene, sondern betrieb einen Terrassenabbau. Die einzelnen Terrassen, überhaupt der gesamte Bruch, wurden zumeist im rechten Winkel angelegt und folgten nur

Die im archaischen Grie-
chenland erstmals auf-
tauchende „Spitzhacke"
war auch bei römischen
Steinbrechern weit
verbreitet, wie diese
Felsritzung aus einem
römischen Steinbruch
zeigt (nach Röder,
1957).

Aber weder die eine noch die andere Methode war zwingend vorgegeben, es gab keine festgelegte Richtlinie zum Abtrennen eines Steinblocks vom Fels. Jedesmal musste
jeder einzelne Schritt neu an die konkrete
Situation angepasst werden: An die natürlichen Klüftungen, an die Schichtung des Gesteins, seine Art zu brechen und nicht zuletzt an die gewünschte Größe des Blockes.
Das erforderte ein umfangreiches Wissen
und viel Erfahrung. Es ist daher mehr als
wahrscheinlich, dass es schon im pharaonischen Ägypten eine erste Spezialisierung
unter den Steinbrucharbeitern gab, wie sie
für die Antike, für Griechenland und Rom,
in zahlreichen Quellen belegt ist.

Auf der einen Seite stand der ausgebildete
Steinmetz, der das Brechen der Steine über-
wachte und sein Wissen über Generationen
innerhalb einer Familie weitergab oder Schüler und Lehrlinge ausbildete. Auf der anderen
Seite gab es den einfachen, ungelernten Arbeiter, der vor allem bei der Beseitigung des
anfallenden Gesteinschutts eingesetzt wurde. Und der war nicht wenig. In Ägypten,
ja während der gesamten Antike bis in die
Neuzeit, fiel im Schnitt für jeden gebrochenen Block mindestens die gleiche Menge
Schutt an – und das brachte gewaltige Probleme mit sich. Zwar konnte man einen kleinen Teil des Schutts zumindest bei Kalkstein und Marmor zu Kalk brennen, aber
der große Rest musste beseitigt werden. Die
Folge waren gewaltige Abraumhalden, die
den eigentlichen Bruchbetrieb zu ersticken
drohten. Der endete so oder so, wenn die
Höhe der Rückwand des Steinbruchs 15-20
Meter erreicht hatte und ein weiterer Abbau mit einem zu großen Aufwand verbunden war.

Angetrieben vom Wunsch ihrer Könige, in steinernen Grabmälern die Zeiten zu überdauern, haben die Ägypter den Menschen ein neues Material erschlossen. Und die von ihnen vor fünf Jahrtausenden entwickelte Methode, Steine zu brechen, blieb bis zur Mitte des 19. Jahrhunderts vorherrschend, war selbst im 20. Jahrhundert noch anzutreffen. So lange wurden die Steinblöcke zunächst an allen vier beziehungsweise fünf Seiten durch Gräben freigelegt und abschließend vom Fels gebrochen. Was sich änderte, waren die Materialien, aus denen die Steinbruch-Werkzeuge hergestellt wurden, und die Werkzeuge selbst. Schon in Ägypten wurde um 1 500 vor Christus das Kupfer durch die härtere Bronze ersetzt und seit etwa 700 vor Christus tauchen Werkzeuge und Keile aus Eisen auf.

Zu dieser Zeit begann auch im archaischen Griechenland eine fortdauernde Steinbruchtätigkeit. Zwar hatte es in Griechenland im 2. Jahrtausend vor Christus während der minoischen Kultur auf Kreta und der mykenischen Kultur auf dem Festland schon Steinbrüche gegeben, aber mit dem Zusammenbruch dieser Kulturen war auch die Technik des Steinbrechens verschwunden. Jetzt führten die griechischen Steinmetze, die *technites*, eine wesentliche Neuerung ein. Statt Hammer und Meißel benutzten sie eine Art Spitzhacke, um Schrotgänge anzulegen. Zugleich ließ sich mit dieser Spitzhacke der rohe Steinblock zu einem Werkstein mit glatten Seitenflächen behauen. Als Allroundwerkzeug setzte sich die Hacke durch und ist in der Spitzfläche des mittelalterlichen Steinmetzes ebenso wieder zu finden wie in dem modernen Steinbruchpickel, der noch heute für Weichgesteine benutzt wird.

Der Weg in die Tiefe

Im archaischen Griechenland wurde zuerst ein Weichgestein abgebaut, ein marmorartiger Kalktuff, der *poros*. Aber schon bald kam gewöhnlicher Kalkstein hinzu und gegen Ende des 6. Jahrhunderts tauchte auch Marmor auf. Auf Paros befindet sich einer der ältesten Marmorbrüche Griechenlands und der dortige Marmor war aufgrund seiner Schönheit in ganz Griechenland begehrt:

„Sie alle verwendeten aber nur den weißen Marmor von der Insel Paros, einen Stein, den man lychnites zu nennen begann, weil er in den Gruben bei Lampenlicht gebrochen wurde."

PLINIUS, NATURGESCHICHTE, XXXVI, 14

Lychnites leitet sich vom griechischen Wort für Lampe ab, *lychnos*, und dass man den unterirdischen Abbau sogar in den Namen des Marmors aufnahm, macht die Besonderheit dieser Technik deutlich. Der große Aufwand und die notwendigen bergmännischen Kenntnisse standen einem Untertageabbau zumeist entgegen. Hier in Paros war er wegen der mächtigen Deckschicht jedoch unumgänglich und so folgten die Arbeiter der Marmorader in die Tiefe, wo das Gestein zudem immer weniger zerklüftet war.

In Rom wurden die unterschiedlichsten Steine über und unter Tage abgebaut, der Bedarf an Marmor war enorm. Man beutete unzählige bekannte Vorkommen in den eroberten Provinzen aus, erschloss aber auch neue Vorkommen. Und bei der Suche scheint man gezielter vorgegangen zu sein, denn Plinius der Jüngere bemerkt, dass Steine auch bei „speziellem Suchen" nicht leicht zu finden seien; also ist zumindest danach gesucht worden.

Über die antiken Methoden der Prospektion weiß man wenig, wissenschaftliche Disziplinen wie die Geologie oder Mineralogie gibt es erst seit dem 18. Jahrhundert. Aber vielleicht besaßen die Steinmetze ein tradiertes Wissen, das es ihnen ermöglichte, geeignete Vorkommen mit relativ großer Genauigkeit anhand von Geländemerkmalen oder Gesteinsadern zu bestimmen, die an die Oberfläche treten. War ein Vorkommen entdeckt, konnten dann wie im Bergbau Schürfgräben zur genaueren Prospektion angelegt werden. Letztlich spielte meist doch der Zufall die entscheidende Rolle. Aber nicht in der Art und Weise, die uns der römische Autor Vitruv nahelegen will, wenn er die Entdeckung von Marmor in Ephesos wie folgt schildert:

„Ich will ein wenig abschweifen und darüber sprechen, wie man die Steinbrüche ent-

73

deckt hat. [...] Als aber die Einwohner von Ephesos daran dachten, der Diana ein Heiligtum aus Marmor zu bauen, und beschlossen, der Marmor sollte aus Paros, Prokonnesos, Herakleia und Thasos geholt werden, weidete Pixodaros nach Austrieb seiner Herde seine Schafe gerade an dieser Stelle. Und dort stürmten zwei kämpfende Böcke aufeinander los, rannten aber aneinander vorbei, und im Ansturm stieß der eine heftig mit den Hörnern gegen einen Fels, von dem ein Splitter von blendend weißer Farbe abgestoßen wurde."

VITRUV, ZEHN BÜCHER ÜBER ARCHITEKTUR, X, 2, 15

Sägen mit Sand

Der römische Beitrag zur Entwicklung der Technik beschränkte sich auf den breiteren Einsatz der schon länger bekannten Steinsägen. So wurde ein poröser und sehr weicher, weißer Kalktuff in Venetien direkt aus dem Fels gesägt. Wie bei Holz nutzte man hier eine gezähnte Säge, die allerdings für härtere Gesteine wie Marmor nicht geeignet war. Dort musste man eine andere Technik anwenden, die eher ein schneidendes Schleifen denn ein Sägen war. Als Schneidmittel diente ein Sand, der eine größere Härte als Marmor haben musste. Mit einem stumpfen, ungezähnten Sägeblatt wurde der Sand auf dem Marmorblock hin und her bewegt und rieb sich nach und nach immer tiefer in das Gestein, bis der Block schließlich durchtrennt war. Um das Sägeblatt zu kühlen, nahm man nassen Sand und gab während des Sägens laufend Wasser zu. Wählte man ein ausreichend feines Schleifmaterial, konnte man sich sogar das abschließende Polieren des Marmors ersparen.

Plinius zählt in seiner Naturgeschichte fünf unterschiedliche Sande auf, die zu diesem Zweck in Gebrauch waren und zum Teil aus Afrika importiert wurden. Allerdings sind bislang nur wenige Funde bekannt, die den Einsatz solcher Sägen in römischen Steinbrüchen belegen. Verbreiteter war die Nutzung der Sägen bei der Weiterverarbeitung des Marmors, insbesondere zum Schneiden von Platten für Wandverkleidungen oder Fußböden. Mussten bei der Arbeit im Stein-

bruch zwei oder mehr Arbeiter das mühevolle Sägen übernehmen, konnte hier die Wasserkraft genutzt werden, wie Ausonias in seinem Mosellied aus dem 4. Jahrhundert nach Christus beschreibt:

„Dir, so rasch sie's vermögen, mit kosenden Wasser zu dienen,
drängen die reißende Kyll, die Ruwer, berühmt durch den Marmor.
Treffliche Fische bevölkern die Kyll, in eiligem Kreisen
dreht dort die Ruwer die körnerzermahlenden Steine und zieht
durch glasglatte Blöcke aus Marmor die kreischenden Sägen und lässt
von beiden Gestaden ein unablässiges Lärmen vernehmen."

DECIMUS MAGNUS AUSONIUS, MOSELLA, 359-364

Der Marmor, der an der Mosel zurechtgeschnitten wurde, war Importware für die großen Bauten der Kaiserresidenz in Trier; an der Mosel selbst gab es keinen Marmor.

Sägen mit Wasser

Die Steinbrüche des Mittelalters gingen in technischen Dingen nicht über die römischen Entwicklungen hinaus, in Größe und Umfang fielen sie sogar weit hinter den damaligen Stand zurück (siehe Abbildung). Erst in der frühen Neuzeit sind wieder Bestrebungen zu erkennen, die harte körperliche Arbeit im Steinbruch durch Maschinen und Werkzeuge zu erleichtern. So veröffentlichte der italienische Ingenieur Agostino Ramelli im Jahr 1588 sein Buch „Le diverse et artificiose machine del capitano Agostino Ramelli, dal Ponte della Tresia, ingeniero del christianissimo Re di Francia et di Pollonia", in dem neben vielen anderen Maschinen auch eine wasserbetriebene Marmorsäge aufgeführt ist. Ramellis Säge besaß einen Rahmen mit mehreren parallel stehenden Sägeblättern, aber ob diese Gattersäge je zum Einsatz kam oder nur akademische Idee blieb, ist umstritten. Ihre komplizierte Bauweise dürfte die handwerklichen Fähigkeiten der Zeitgenossen Ramellis überfordert haben, denn nachweisbar sind Gattersägen zur Steinbearbeitung erst für das 19. Jahrhundert.

Steinbruchbetrieb (Tafel XIV). Der Kupferstich von Nicoló Zabaglia aus dem Jahr 1743 zeigt alle Arbeiten, die im Steinbruch anfallen. An den Methoden und Werkzeugen hat sich vom Mittelalter bis ins 18. Jahrhundert wenig geändert.

Knapp 50 Jahre später, 1629, beschrieb Giovanni Branca einfache Seilsägen, mit denen die Arbeiter in den Steinbrüchen große Blöcke per Hand abtrennten; eine sehr zeitaufwändige und anstrengende Methode. So ist es nicht verwunderlich, dass viele Arbeiter aber auch die Steinbruchbesitzer große Hoffnung in den Einsatz von Schießpulver setzten.

Schieß- oder Schwarzpulver war in Europa seit dem 13. Jahrhundert bekannt, eingesetzt in den Steinbrüchen wurde es jedoch erst seit dem 18. Jahrhundert. Und die anfängliche Euphorie über die neue Methode wich schnell der Ernüchterung. Zwar ließen sich durch Sprengung in kurzer Zeit große Mengen Gestein gewinnen, allein der Anteil an großen Blöcken war gering, der an Abraum hingegen groß. Da alle Verbesserungsversuche scheiterten und der Abraum die umliegenden Berghänge bedeckte, wurde dieses Verfahren zur Gewinnung von Marmor zu Beginn des letzten Jahrhunderts eingestellt. Kommt es auf die Größe des gewonnen Gesteinmaterials nicht an, so ist das Sprengen jedoch auch heute noch erste Wahl.

Von Seilen und Sägen

Einen durchschlagenden Erfolg brachte im 19. Jahrhundert erst die Verbindung neuer Antriebstechniken und Materialien mit der zwei Jahrtausende alten römischen Technik des Steinsägens. Zunächst dienten die Sägen wie schon in Rom auschließlich der Weiterverarbeitung des Marmors. So wurde 1829 aus Frankreich von einer Steinsäge-Windmühle berichtet, die „herrliche Re-

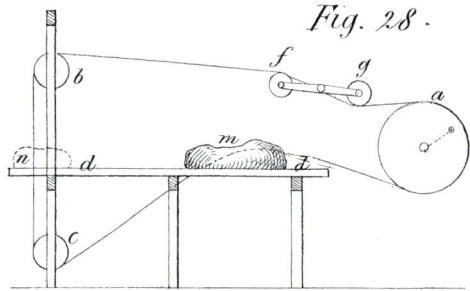

Steinsäge von Chevalier.

Aber gut zehn Jahre später, im Jahr 1854, erhielt der belgische Ingenieur Eugène Chevalier ein Patent auf ein Sägeverfahren, das auch für den Einsatz in Steinbrüchen geeignet war. Die starren eisernen Sägeblätter wurden bei ihm durch ein Drahtseil ersetzt, das Schneidmittel war nasser Quarzsand und der Antrieb erfolgte durch eine Dampfmaschine. Seine Säge war nicht mehr an einen festen Standort gebunden, sondern konnte an die Verhältnisse vor Ort angepasst werden. Atemberaubend war die Sägegeschwindigkeit von knapp zehn Zentimetern in der Stunde zwar nicht, dafür konnte man einen Steinblock der gewünschten Größe direkt aus dem Muttergestein heraussägen. Auf der Pariser Weltausstellung 1856 stellte Chevalier der Öffentlichkeit ein ausgereiftes Modell seiner Drahtseilsäge vor, die sich bis zum Ende des Jahrhunderts

sultate" liefert, und am 13. Juli 1843 ließ sich der Londoner Marmorhändler William Hutchinson eine „Maschinerie zum Schneiden oder Sägen des Marmors und anderer Steine" patentieren, die allerdings nur in einer Werkstatt eingesetzt werden konnte.

Marmorsäge in Carrara.

Mobile Säge für den
Untertageabbau, Danby
(USA).

in den Marmorbrüchen ausbreitete (siehe Abbildung). In Carrara wurde sie erstmals 1895 eingesetzt.

Die Drahtseilsäge war nach über viertausend Jahren die erste – und bis heute letzte – wirklich grundlegend neue Methode zur Gewinnung von Marmorblöcken. Endlich entfiel das kraft- und zeitraubende Anlegen der Schrotgänge, endlich sank der Anteil des Abraums weit unter die 50 Prozent-Marke. Zwar war vereinzelt noch die alte Methode des Steinbrechens anzutreffen, aber spätestens gegen Mitte des 20. Jahrhunderts wurde in den meisten Marmorsteinbrüchen nach der neuen Methode gesägt, nur die Dampfmaschine war mittlerweile dem Verbrennungsmotor gewichen.

Die bis heute letzte Neuerung stammt von 1970. In diesem Jahr entwickelten deutsche Ingenieure eine Säge, die weder Sand noch andere Schleifmaterialien benötigte. Diamantierte Drahtseile, angetrieben durch leistungsfähige Elektromotoren, fraßen sich mit einer zehnmal höheren Geschwindigkeit als herkömmliche Sägen in den Stein, und wenn sie nicht laufend mit Hunderten von Litern Wasser gekühlt wurden, zerrissen die Seile in der Hitze. Mit der üblichen Verzögerung gelangten auch diese Sägen in die Steinbrüche; heute sind sie der Standard. Zumindest in den großen Steinbrüchen, denn viele kleine und abgelegene Marmorsteinbrüche ähneln eher Freilichtmuseen der Technikgeschichte denn rentablen Produktionsstätten. Vereinzelt findet man sogar noch Brüche, in denen wie in der Antike die Blöcke von Hand gebrochen werden; selbst in Carrara.

Die neuen Abbautechniken brachten für die Steinbrucharbeiter große Arbeitserleichterungen, gefährlich ist ihre Arbeit jedoch immer geblieben. Zwar datiert das letzte große Unglück in Carrara aus dem Jahr 1913, als vierzehn Arbeiter von einem riesigen Marmorbrocken erschlagen wurden; aber

„Die Steinbrecher." Der Maler Robert Hermann Sterl (1867-1932) fand die Motive für seine Arbeiterbilder in den Elbsandsteinbrüchen der Sächsischen Schweiz.

Selbst aus modernen Marmor-Steinbrüchen ist die Handarbeit noch nicht völlig verschwunden.

auch heute noch kommt es beinah täglich zu Unfällen, ist die Angst ein ständiger Begleiter: Allein im Laufe des Jahres 1992 kamen zwölf Arbeiter in den Steinbrüchen Carraras bei Unfällen zu Tode.

Größte Gefahrenquelle sind die unvermittelt aus der Abbaufront herausbrechenden Marmorbrocken, weshalb sich eigens dafür abgestellte Arbeiter von Zeit zu Zeit in die Wand abseilen, um mit langen Eisenstangen die Festigkeit von lockeren Teilen zu prüfen und gefährliche loszubrechen. Allein ihre Erfahrung entscheidet über die Sicherheit der Arbeiter, nicht die Technik.

Auch in manch anderen Dingen unterscheidet sich die Arbeit im Steinbruch heute nicht von der Situation im antiken Rom oder Griechenland. So lassen sich die Steinmetze bei der Suche nach einem geeigneten Block fast instinktiv von ihrem Gespür leiten, vertrauen die Männer bei ihrer Arbeit in erster Linie auf das Wissen, das seit Generationen innerhalb ihrer Familien weitergegeben wird; und noch gibt es keine bessere Methode, keine Detektoren, um den reinsten und besten Marmor unter den 50 Sorten des Carrara-Gebirges herauszufinden.

Wie in der Antike ist auch das Verhältnis der unterschiedlichen Formen zur Erschliessung von Marmorvorkommen. Immer noch dominiert der konventionelle Stufenabbau, wendet man den unterirdischen Abbau nur in Ausnahmefällen an. Die einzige bemerkenswerte Änderung betrifft den tiefliegenden Tagebau. Zwar war auch der schon in der Antike bekannt, jedoch ermöglichte erst

Bagger und Raupenfahrzeuge prägen heute das Bild in Carraras Marmor-Steinbrüchen.

die Entwicklung moderner Hebewerkzeuge in den letzten sechzig Jahren, die gewonnenen Marmorblöcke auch aus großen Tiefen nach oben zu heben.

Fast fünftausend Jahre sind vergangen, seit die Ägypter zum ersten Mal Steine brachen. Und die im pharaonischen Ägypten entwickelte Methode, auf den ersten Blick von umwerfender Schlichtheit, war der gestellten Aufgabe so hervorragend angepasst, dass sie lange Zeit nur weiterentwickelt, aber nicht verworfen werden konnte.

Dieser Gleichförmigkeit in der Steingewinnung stehen extreme Schwankungen bei der Nutzung von Steinen in Architektur und Kunst entgegen. In welchem Umfang Bildhauer und Architekten Steine nutzen konnte, war also keine Frage der Abbau-Technik; entscheidend war etwas Anderes.

2.2 Transport, Organisation und Handel

Marmor und auch Kalkstein besitzen ein durchschnittliches Gewicht von 2,5 bis 3 Tonnen pro Kubikmeter. Damit sind sie im Vergleich zu anderen Gesteinen relativ leicht, aber aufgrund der Vorliebe unserer Vorfahren für eine monolithische Bauweise war jeder einzelne Block immer noch von beträchtlichem Gewicht.

Der Transport schwerer Lasten über große Entfernungen war bis ins 19. Jahrhundert mit einem immensen Aufwand und dem Einsatz unzähliger Arbeitskräfte verbunden. Dies galt in besonderem Maße für den Transport über Land, wo man auf einfache Rollen, hölzerne Schlitten oder primitive Karren angewiesen war. Daher hatte die geologische Verteilung einen entscheidenden Einfluss auf die Auswahl der Steine, es galt das „Prinzip der Bodenständigkeit": Man nutzte nur die Steine, die man an Ort und Stelle fand. Dieses Prinzip endete erst, als mit der Eisenbahn ein Verkehrsmittel zur Verfügung stand, das den Transport schwerer Lasten erleichterte. So lange griff

man auf Holz oder Lehm zurück – Materialien, die fast überall leicht verfügbar waren und daher als Baustoffe in der Geschichte eine viel größere Verbreitung fanden als alle Natursteine zusammen.

Aber wie bei jedem Prinzip, gab es auch hier Ausnahmen. Die wichtigsten waren Prestige- oder Sakralbauten wie Tempel und Grabmäler. Hier setzten die Bauherren, die lange Zeit mit den Herrschern identisch waren, ihren Willen über die ökonomische Vernunft. Kein Aufwand wurde gescheut, nur das Beste – häufig Marmor – war ihnen gut genug. Dies war um so leichter in solchen Zeiten durchzusetzen, in denen die menschliche Arbeitskraft oder sogar ein Menschenleben nicht viel zählte.

Frondienste für Pharaonen

Ägypten besitzt mit den Pyramiden nicht nur die ältesten intakten Steinbauten, die Pyramiden sind bis heute auch die größten Bauwerke aus Natursteinen. Für jede einzelne Pyramide mussten unzählige Steine gebrochen, transportiert und bearbeitet werden. Allein die Cheops-Pyramide besteht aus 2,5 Millionen Kalksteinblöcken mit einem durchschnittlichen Gewicht von 2,5 Tonnen – insgesamt wurden etwa 150 Pyramiden im pharaonischen Ägypten gebaut. Um die erforderlichen Steinmassen bereitzustellen, war daher eine perfekte Organisation sowohl des Bruchbetriebs als auch des Transports nötig; man konnte die Pyramiden nicht einfach aus dem Berg herausmeißeln wie die Sphinx (siehe Abbildung).

Wie wichtig die Organisation der Arbeiten war, zeigte sich schon an der Zahl der beteiligten Arbeitskräfte. So arbeiteten laut Herodot beim Bau der Cheops-Pyramide allein in den Steinbrüchen bis zu 100 000 Mann für jeweils drei Monate und das über einen Zeitraum von fast zehn Jahren. Diese Angabe Herodots ist wie vieles mit Vorsicht zu genießen, aber auch neueste Berechnungen gehen von immerhin 10 000 Arbeitern aus, die während der gesamten, dreiundzwanzigjährigen Regierungszeit des Cheops zwischen Steinbruch, Transportstrecke und Bauplatz rotierten.

Sphinx und Cheops-
Pyramide.

Selbstverständlich waren in Ägypten die Brüche im Privatbesitz des Pharaos und gelegentlich sahen die Pharaonen auch mit dem dazugehörigen Aufwand selbst nach dem Rechten. So unternahm Ramses IV. im 12. Jahrhundert vor Christus eine Expedition zu einem Steinbruch, auf der ihn fast 8 400 Untertanen begleiten mussten. Doch die alltägliche Organisation und Kontrolle der Arbeiten lag in der Hand eines Beamten aus der pharaonischen Finanzverwaltung mit dem bezeichnenden Titel „Chef des Steinbruchwesens des ganzen Landes". Der sorgte dafür, dass die bei den Pharaonen so beliebten monolithischen, tonnenschweren Steinquader ihren Weg vom Bruch in die Pyramide fanden.

Bei den gewaltigen Steinmengen und den beschränkten Transportmitteln war man bestrebt, die Steinbrüche in der Nähe der Pyramiden anzulegen. So wurden die Kalksteinblöcke für die Pyramiden von Gizeh auf einem Plateau in unmittelbarer Nachbarschaft gewonnen und von dort auf hölzernen Schlitten zur Baustelle gezogen. Jeder Schlitten wurde mit nur einem Block beladen und musste von je hundert Mann gezogen werden. Damit die schweren Schlitten überhaupt gleiten konnten, legte man ihren Weg mit Schlamm aus. Aber der heimische Nummuliten-Kalkstein reichte nicht für alle Zwecke aus, sodass zusätzlich ein feiner zu bearbeitender Kalkstein aus Tura vom Ostufer des Nils per Schiff herbeigeschafft werden musste. Überhaupt nutzten die Ägypter den Nil als Wasserstraße und legten ihre Steinbrüche vorzugsweise an den Ufern des Stromes an, einige davon tausend Kilometer von Gizeh entfernt. Der Steintransport zu Wasser war allen anderen Methoden überlegen, daran sollte sich bis ins 19. Jahrhundert nichts ändern.

Aber nicht jedes Gestein liegt in unmittelbarer Nähe eines Gewässers, erst recht nicht im wasserarmen Ägypten. Schon in frühester Zeit wurden besonders geschätzte Hartgesteine aus der Wüste zwischen Nil und Rotem Meer unter großen Mühen herangeschafft, Entfernungen von zweihundert Kilometern waren keine Seltenheit. Dieser Aufwand war nur möglich in einem Land, in dem die menschliche Arbeitskraft als Kostenfaktor keine Rolle spielte. Das Pharaonische Ägypten war ein solches Land. Hier mussten die Bauern ihrem Pharao Frondienste leisten, entlohnt wurden sie dafür nicht. Im antiken Griechenland hingegen war die Situation eine andere.

Demokratie und Wiederaufbau

Das archaische Griechenland des 7. Jahrhunderts vor Christus schien nur auf erste Anregungen aus Ägypten und Kleinasien gewartet zu haben, um mit der systematischen Nutzung von Natursteinen beginnen zu können. Hatte man bis dahin allenfalls gewöhnliche Feldsteine, *lithoi ligades*, genutzt, so kam es jetzt zu einer regelrechten Explosion bei der Anlage neuer Steinbrüche. Genutzt wurden zunächst der *poros* (ein Sinterkalk) und gewöhnliche Kalksteine, die in Griechenland im Übermaß vorhanden sind. Gegen Ende des 6. Jahrhunderts fanden die Griechen dann auch am Marmor Gefallen und spätestens mit Beginn der klassischen Epoche am Ende der Perserkriege war Marmor das Material ihrer Wahl für den (Wieder-)Aufbau ihrer Städte.

Im Gegensatz zu Ägypten überwog in Griechenland jedoch der Privatbesitz bei Steinbrüchen und damit ein unternehmerisches Denken bei der Ausbeutung von Steinvorkommen. Zwar setzten auch hier die Eigentümer bei der Arbeit im Bruch überwiegend Sklaven ein, die sie nicht entlohnen mussten, aber da sie ihre Steine gegen Bezahlung an ihre Kunden lieferten, bestimmten die Aufwendungen für Arbeitskräfte den Preis mit. Eine sorgsame Behandlung der Arbeiter rechnete sich also.

Unnötige Transporte über große Entfernungen wurden aus dem gleichen Grund vermieden, in Griechenland herrschte das „Prinzip der Bodenständigkeit": Steinbrüche wurden in der Nähe der Städte angelegt, die sie mit Baumaterial versorgen muss-

Der Transport von Säulen nach dem Bericht Vitruvs. Aus Walter Ryffs „Vitruvius Teutsch", Nürnberg 1548, fol. CCXCVIII r. Holzschnitt.

Die Illustration der Trans- portvorgänge folgt dem Text Vitruvs, ob sie in der alltäglichen Praxis auch angewandt wurden, ist fraglich.

ten. Zumeist belieferte ein Bruch auch nur ein Bauvorhaben, sodass der Bauherr seine Steine direkt vor Ort selbst auswählen konnte. Häufig war nur das Beste gut genug, und da die Steine zudem leicht zugänglich sein sollten, dehnten sich die Steinbrüche in Griechenland oft über weite Flächen aus, aber nur an vereinzelten Stellen wurde tatsächlich abgebaut.

Es gab auch Ausnahmen. Bei großen Bauvorhaben wie der Akropolis in Athen waren die Steinbrüche in Staatsbesitz und wurden intensiv ausgebeutet. So wurden vom pentelischen Marmor in 25 Steinbrüchen insgesamt mehr als 400 000 Kubikmeter im Laufe der Jahrhunderte abgebaut. Weit transportiert werden musste der Marmor allerdings nicht. Die Brüche lagen ebenso wie die Marmorbrüche von Hymettos in unmittelbarer Nähe Athens. Und in Syrakus auf Sizilien bildeten die Latomien, gewaltige Steinbrüche mit einer Länge von 250 Metern und stellenweise bis zu 35 Meter Höhe, sogar einen Teil der Stadtbefestigung; nach Schätzungen sollen hier mehrere Millionen Kubikmeter Kalkstein gewonnen worden sein. Die meiste Arbeit wurde von 7 000 Athenern geleistet, die bei einer gescheiterten Expedition 413 vor Christus in Kriegsgefangenschaft geraten waren und in den Steinbrüchen ihr Leben ließen. An ihr Schicksal erinnert noch heute das berühmte „Ohr des Dionysios", eine Grotte, die sich in Form eines großen S durch den Berg windet. Nach der Legende soll der Tyrann Dionysios die am anderen Ende der Grotte arbeitenden Athener belauscht haben, wobei er jedes noch so leise gesprochene Wort deutlich verstehen konnte.

Einzig der begehrte Statuen-Marmor aus Paros, der unter Tage gewonnene *lychnites* oder *statuario*, wurde im antiken Griechenland über große Entfernungen transportiert. Aber von diesem edlen Marmor wurden während des fast ein Jahrtausend andauernden Betriebes lediglich 30 000 Kubikmeter gewonnen, gerade einmal ein Prozent des Steinvolumens, das allein in der Cheops-Pyramide verbaut wurde.

Zwei weitere Gründe sprechen dafür, dass der Steintransport im antiken Griechenland nie solche unmenschlichen Anstrengungen erforderte wie in Ägypten. Erstens kehrten die Griechen schon bald der monolithischen Bauweise mit tonnenschweren Blöcken den Rücken zu – sei es wegen der hohen Transportkosten oder wegen geänderter architektonischer Vorlieben –, und zweitens begannen sie damit, die Steine schon im Steinbruch grob zu bearbeiten. Man ließ nur soviel stehen, dass der Block vor Transportschäden geschützt blieb, und musste so kein unnötiges Gewicht transportieren.

Die Transportmittel selbst waren jedoch auch in Griechenland primitiv. Der Marmor aus den in den Bergen gelegenen Brüchen wurde mit hölzernen Schlitten über Schleifwege zu Tal befördert, auf Ochsenkarren geladen und zum Verwendungsort transportiert. Ebenfalls verbreitet war eine von Vitruv beschriebene Technik, bei der man Marmorblöcke mit Holzbrettern verschalte, anschließend die Verschalung mit Rädern versah. Auf diese Art und Weise ließen sich selbst größte Blöcke rollen (siehe Abbildung). Der Transport mit Schiffen spielte, abgesehen vom parischen statuario, weder im archaischen noch im klassischen Griechenland eine Rolle.

Mit dem Ende der griechischen Stadtstaaten sollte sich das ändern. Die hellenistischen Herrscher, angefangen bei Alexander dem Großen, fanden Gefallen an exotischen Steinen, die nicht unbedingt vor der Tür lagen. Insbesondere in den späthellenistischen Königreichen wurden bunte Marmore unterschiedlichster Qualitäten über große Entfernungen gehandelt, breitete sich auch die monolithische Bauweise zum Ruhme der Herrscher wieder aus. Diese Strömungen wurden von Rom aufgegriffen; zaghaft zunächst, doch spätestens mit dem Übergang von der Republik zum Kaiserreich erreichten die Transporte von Steinen neue, ungeahnte Dimensionen.

Perfektion und Prunksucht

Augustus, der erste römische Kaiser (31 vor Christus bis 14 nach Christus), rühmte sich, „eine Stadt aus Holz vorgefunden und eine aus Marmor und Stein hinterlassen zu haben". Das ist sicherlich nur die halbe Wahrheit, denn den ersten Tempel aus weißem Marmor errichtete Q. Cäcilius Metellus bereits 146 vor Christus. Architekt und Material mussten damals noch aus Griechenland importiert werden und selbst in Luna, dem heutigen Carrara, baute man anfänglich mit griechischem Marmor. Doch mit dem Sieg des Augustus in der Schlacht bei Actium (31 vor Christus) gewann Marmor als Baumaterial enorm an Bedeutung. Rom war jetzt die Hauptstadt eines Weltreichs, Augustus dessen Kaiser, und beidem musste in angemessener Form Ausdruck verliehen werden.

Schon bald erreichte Marmor aus Luna die Stadt in großen Mengen, wie der griechische Geograph Strabo zu berichten weiß:

„In der Nähe [der Stadt Luna] sind Gruben, wo man einen weißen blaugefleckten Stein findet, der so viele und so große Blöcke und Säulen liefert, dass er zu den meisten Werken der Baukunst zu Rom und in anderen Städten benutzt wird. Denn die Steine sind leicht weiter zu schaffen, da die Gruben nahe an dem Hafen liegen, und man aus dem Meer gleich den Tiber hinaufschiffen kann."

STRABO, GEOGRAPHIE, BUCH V, 2.5, CAP. 222

Strabos Bemerkungen verweisen zudem auf eine Neuerung, die Rom einführte: den Übersee-Transport von Marmorblöcken mit Schiffen, den *naves lapidariae*. Aus diesem Grund wurden römische Steinbrüche bevorzugt in Nähe des Meeres beziehungsweise eines Flusses angelegt. Ansonsten blieb in Fragen der Transportmittel und -technik alles wie gehabt; sieht man einmal davon ab, dass die Römer in punkto Gewicht und Größe ganz neue Dimensionen erreichten.

Für die Stützmauer des Jupiter-Tempels in Heliopolis, unweit der heutigen libanesischen Stadt Baalbek, brachen und transportierten die römischen Bauherren die drei größten behauenen Steine der Welt. Jeder der drei Kalksteinblöcke wiegt weit mehr als 600 Tonnen und wäre aufgerichtet so hoch wie ein fünfstöckiges Gebäude. Wie die Römer es schafften, die Steine die anderthalb Kilometer vom Steinbruch zum Tempel zu transportieren und sie dort noch sechs Meter in die Höhe zu hieven, ist bis heute ungeklärt. Und selbst diese Last reichte ihnen scheinbar nicht aus, denn im Steinbruch hat man einen vierten Block gefunden, der nur noch gebrochen, aber nicht mehr transportiert wurde (siehe Abbildung).

Verständlicherweise, denn bei einer Länge von 22 Metern und einem Gewicht von 1 100 Tonnen hätten 16 000 Arbeiter zugleich zie-

hadschar el hibla oder „Stein der schwangeren Frau". Seinen Namen verdankt der gewaltige Monolith folgender Sage: „Die Baalbeker hatten immer wieder vergeblich versucht, den Stein fortzuschaffen, konnten ihn seiner Schwere wegen aber nicht bewegen. Da erbot sich eine arme Frau ihnen das Mittel anzugeben, wenn sie bis zu ihrer bevorstehenden Niederkunft gepflegt werden würde. Das geschah in reichster Weise. Nach ihrer Wiedergenesung führte die Frau die Baalbeker dann an den Stein und forderte sie auf, ihn ihr auf den Rücken zu heben zum Forttragen, denn ihn aufzuheben und zugleich zu tragen, sei sie allein nicht imstande."

hen müssen, um den Block auch nur einen Millimeter von den Stelle zu bewegen. Maschinen, die die Arbeit hätten erleichtern können, gab es nicht. Erst zweitausend Jahre später entwickelte die NASA ein Transportgerät für solch gewaltige Lasten – den Raupenschlepper für die Saturn-5-Rakete.

In Rom selbst tauchten gewaltige Monolithen nur selten auf, aber das hielt die Fuhrunternehmer nicht davon ab, große Lasten kleinerer Marmorblöcke durch die engen Straßen und Gassen zu karren. Für den römischen Dichter Juvenal, genauer Beobachter und scharfsinniger Kritiker der Gebräuche seiner Zeit, boten die Marmortransporte eine ideale Gelegenheit, die oft chaotischen Verkehrsverhältnisse in Rom mit seinen beißenden Spott zu überziehen:

„Wenn aber bei dem Fahrzeug, das Steinblöcke aus Ligurien [Luna/ Carrara] *transportiert, die Achse bricht und der ganze Berg auf die Passanten herabstürzt, dann bleibt von denen nichts mehr übrig. Wer findet dann noch die Glieder, die Knochen? Nicht nur die Leute selbst kommen um, sondern, zerquetscht auch noch ihre Leichen."*
JUVENAL, 3, 252-254

Die römischen Marmortransporte über offene Gewässer waren nicht aus technischen Gründen bemerkenswert, die Schiffe hatten sich gegenüber früher kaum verändert. Das Neue war die politische Ordnung, die einen Überseetransport erst ermöglichte. Lief bis dahin ein Schiff auf dem Mittelmeer jederzeit Gefahr, Piraten in die Hände zu fallen, so setzte die *pax romana* der Kaiserzeit jetzt verbindliche Regeln fest, deren Einhaltung von der Ordnungsmacht Rom kontrolliert und garantiert wurde.

Noch unter Augustus begann ein schwungvoller Handel mit Marmoren aller Art, zumal nun auch reiche römische Patrizier wachsenden Bedarf anmeldeten. Schon bald genügte der einheimische Marmor aus Luna nicht mehr den Ansprüchen, eine Vorliebe zu exotischem Gestein gehörte jetzt zum guten Ton. Marmor aus dem gerade erst annektierten Ägypten und dem ägäischen Raum strömte nach Rom, ein Marmorbruch im nordafrikanischen Simitthus

(das heutige Chemtou in Tunesien) lieferte den begehrten gelben *marmor numidicum.*

Aber schon unter Augustus' Nachfolger stieß der Marmorhandel an seine Grenzen, die steigende Nachfrage konnte auch durch die Erschließung neuer Steinbrüche nicht mehr gestillt werden. Und so musste Tiberius (14-37) die notwendigen Schritte einleiten, aus denen sich dann über Jahrzehnte ein vollkommen neues, vielschichtiges System entwickeln konnte, das die Kunden in Rom und anderswo befriedigte: die *ratio marmorum.* Sechs wesentliche Elemente sind für die *ratio marmorum* kennzeichnend, einige davon erinnern an moderne Wirtschafts- und Produktionsbedingungen. Aber nicht alle Elemente wurden gleichzeitig eingeführt, manche entwickelten sich erst nach und nach aus den Bedürfnissen des Marktes.

Der erste Schritt war die **staatliche Kontrolle** der Steinbrüche. Waren in der römischen Republik die Steinbrüche in Privatbesitz, so begann Tiberius im Jahr 17 mit der Verstaatlichung und schon zur Mitte des Jahrhunderts gehörten alle wichtigen Steinbrüche des ganzen Reiches zum *patrimonium*, zum kaiserlichen Besitz. Angeregt zu diesem Schritt wurde er durch die Verhältnisse im besetzten Ägypten, wo Steinbrüche seit den pharaonischen Zeiten Eigentum des jeweiligen Herrschers waren.

Aber seine Nachfolger ließen es nicht bei diesem Schritt bewenden. Große staatliche Bauprogramme unter den Kaisern Domitian (81-96) und Trajan (98-117) zeigten erneut Mängel in der Marmorversorgung auf, sodass Hadrian (117-138) eine **Neuorganisation des Bruchbetriebes** mit dem Ziel durchführen ließ, die Produktion zu rationalisieren (siehe Abbildung). An der Spitze des neuen Systems stand der *procurator marmorum*, der am kaiserlichen Hof in Rom saß und von dort mit einer Schar von Beamten alle staatlichen Brüche zentral verwaltete. Auch in den großen Brüchen mit bis zu fünfhundert Arbeitern gab es nun eine feste Hierarchie mit strikter Arbeitsteilung. Die Leitung des gesamten Bruches hatte der *procurator* inne, ein Sklave oder Freigelassener aus kaiserlichem Besitz. Ihm unterstellt war der *officinator*, zuständig für

den einzelnen Bruchabschnitt (officina). Wurde der Steinbruch vom Militär betrieben, wie es vor allem an den unsicheren Grenzen zu Gallien und Germanien der Fall war, hatte der *officinator* den Rang eines Centurio inne.

Zum Brechen der Steine und zum Entfernen des Abraums wurden *extempores* und *lapicidinarii* eingesetzt; die *serrarii* übernahmen das Sägen der Blöcke zu Platten,

Organigramm eines römischen Steinbruchbetriebes.

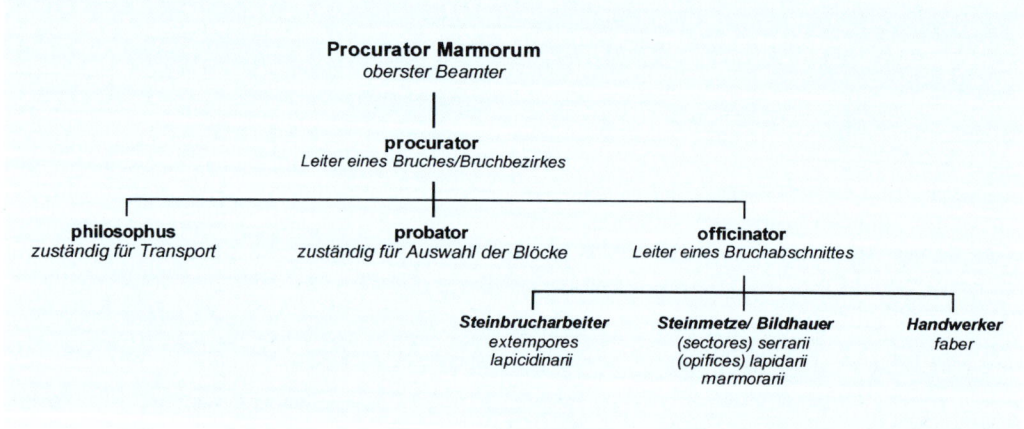

Procurator Marmorum
oberster Beamter

procurator
Leiter eines Bruches/Bruchbezirkes

philosophus
zuständig für Transport

probator
zuständig für Auswahl der Blöcke

officinator
Leiter eines Bruchabschnittes

Steinbrucharbeiter
extempores
lapicidinarii

Steinmetze/ Bildhauer
(sectores) serrarii
(opifices) lapidarii
marmorarii

Handwerker
faber

	Vorkommen	Name (antik)	Beschreibung	Verwendung
Griechenland	Chios **(1)**	portasanta *(marmor chium)*	meist brekzien-artiger Marmor	Inkrustrationen und Säulen
	Euböa **(2)**	Cipollino *(carystium)*	weißer bis grünlicher, großkörniger Marmor	Säulen und Inkrustra-tionen
	Hymettos **(3)**	*(hymettium)*	grauweißer, fein-kristalliner Marmor	Architektur
	Paros **(4)**	*(lychnites)*	etwas feiner als der statuario aus Carrara	Plastiken
	Pentelikon **(5)**	*(marmor pentelicum)*	feinkörniger, leicht gelblicher Marmor	Architektur, Plastiken
	Naxos **(6)**		weißer, kristalliner, feinkörniger Marmor	Architektur, Plastiken
Italien	Carrara **(7)**	Carrara-Marmor *(marmor lunense)*	unzählige Arten wie ordinario, statuario, bianco venato und bardiglio	je nach Art für Architektur, Plastiken, Inkrustra-tionen etc.
	Laas/Lasa **(8)** (Südtirol)			
	Tivoli (Rom) **(9)**		Travertin	Architektur
Türkei	Prokonnesos (Marmara-Meer) **(10)**	*(marmor proconnesium oder cyzicenum)*	weißer, leicht grauer Marmor mit mittelgroßen Kristallen	Plastiken, Sarkophage und Architektur
Tunesien	Chemtou/ Simitthus **(11)**	giallo antico *(marmor numidicum)*	feinkörniger, kompakter Kalkstein mit Farbweite von Elfenbein bis Goldgelb	Inkrustrationen, Schalen und Säulen, seltener Plastiken
Frankreich	St. Beat, **(12)** Pyrenäen		weißer bis weißgrauer, feinkörniger Marmor	Plastiken, Architektur und Sarkophage
	Bois de Lens, Fons **(13)**		urgonischer Kalkstein	Architektur
Indien	Makrana/ Rajastan	**(nicht eingezeichnet)**	weißer, dolomitischer Marmor	Architektur (Taj Mahal)

die *opifices lapidarii* die anfallenden Stein-metzarbeiten. Die Tätigkeit der *marmorarii* schließlich war zwischen der Arbeit eines Steinmetzes und der eines Bildhauers an-gesiedelt. Zudem besaß jeder Bruch noch einen Schmied (faber) für die Instandhal-tung des Werkzeuges und einen *probator* für die Auswahl der zu brechenden Steine. Die-se strikte Arbeitsteilung war sinnvoll, denn die meisten Tätigkeiten erforderten umfas-sende Kenntnisse, die ungelernte Arbeiter nicht besaßen. Einzig für die körperlich schwere und gefährliche Arbeit der *extempores* war keine Ausbildung vonnöten.

Staatliche Kontrolle plus Neuorganisation ließ die Produktion in der Mitte des 2. Jahrhunderts erneut wachsen, zudem änderten sich die wirtschaftlichen Grundlagen der Steinbrüche. Hatte man bislang vorwiegend Steine für kaiserliche beziehungsweise öffentliche Bauvorhaben geliefert, im staatlichen Auftrag gearbeitet, so musste man jetzt die Nachfrage privater Kunden befriedigen; zumeist reiche römische Patrizier, die ihren Wohlstand angemessen demonstrieren wollten. Diese Umstellung in den Geschäftsbeziehungen wirkte sich auf die Arbeit in den Steinbrüchen aus. Konnte

man bei einem Großkunden die gewünschten Produkte häufig nach Maß anfertigen, gingen die Steinbrüche jetzt zur **Serienproduktion** über, die sich am gängigen Geschmack orientierte. So wurden Säulen nur noch mit Standardmaßen geliefert – gängige Längen waren 10, 20, 30, 40 oder 50 römische Fuß –, Sarkophage so weit vorgearbeitet, dass vor Ort oft nur noch das Antlitz des Verstorbenen eingemeißelt werden musste.

Venus-Statuetten aus gelbem Marmor. Im Arbeitslager von Simitthus fertigten Sklaven diese Statuetten in Serie.

Und die produzierten Mengen gingen weit über den täglichen Bedarf hinaus. Zahllose Blöcke, Säulen und Sarkophage wurden in den Steinbrüchen oder wegen der neuen **Kunden-Lieferanten-Beziehungen** besser noch an den Absatzmärkten zwischengelagert. Denn es waren nicht mehr die Kunden, die ihren Marmor direkt im Steinbruch aussuchten, sondern Zwischenhändler kauften die Ware und boten sie an den wichtigsten Absatzmärkten feil. Zentrum dieses neuen Marmorhandels war das Marmorata-Viertel in Rom. In dem am Tiber gelegenen Viertel gab es eigene Kais zum Entladen der Marmorschiffe und Lagerplätze für Marmor, auf denen sich die Kunden ihre Blöcke und Säulen aussuchen konnten.

Aber mit dem Verkauf endete die Verantwortung der Steinbrüche nicht immer. Ehe aus dem Marmorblock das endgültige Produkt entstanden war, mussten beim Kunden trotz Vorfabrikation immer noch umfangreiche Arbeiten erledigt werden. Arbeiten, die **ausgebildete Handwerker** erforderten, die das Material kannten und wussten, was man damit machen konnte und was nicht. Da die Lieferungen immer häufiger Gegenden erreichten, in denen Marmor und seine Bearbeitung unbekannt waren, mussten die Steinbrüche ihre Handwerker auch ihren Kunden zur Verfügung stellen.

Und nicht zuletzt erforderten die veränderten Geschäftsbeziehungen neue Formen der Organisation. Es reichte nicht mehr, nur genügend Marmorblöcke zu produzieren, auch Transport und Verkauf der Ware mussten organisiert, der Einsatz der Handwerker, oft hunderte von Kilometern vom Steinbruch entfernt, koordiniert werden. Für diese neuen Aufgaben richteten die Steinbrüche **eigene Handelsagenturen** ein, die ihnen zudem neue Märkte mit ihren regionalen Besonderheiten erschließen sollten.

Die Neuerungen schlugen an, gewaltige Mengen an Marmor erreichten Rom an jedem Tag aus den unterschiedlichsten Winkeln der damaligen Welt. Wollte der *procurator marmorum* am kaiserlichen Hof nicht den Überblick verlieren, musste jeder Block eine eindeutige Kennzeichnung aufweisen. Diese Kennzeichnungen reichten von einfachen Symbolen oder Ziffern bis hin zu komplexen Auszeichnungen, die den Namen des Steinbruchs beziehungsweise des procurators, das Datum, den Abrechnungsbezirk (ratio), den Bruchabschnitt (officina), die genaue Lage (locus) sowie eine Art Seriennummer enthielten. Waren die Blöcke längere Zeit auf Lager, wurden sie auch dort erfasst, sodass die Händler jederzeit über den Lagerbestand informiert waren.

Hadrian hatte mit der Neuorganisation der Steinbrüche den entscheidenden Anstoß für das neue System gegeben, es stand kurz darauf in voller Blüte. Mitte des 2. Jahrhunderts nach Christus entstand im nordafrikanischen Simitthus eine riesige *fabrica*, die auf eindrucksvolle Weise demonstrierte, wozu die Römer in der Lage waren: Diese *fabrica*, ein 57 000 Quadratmeter großer, von Mauern umschlossener Komplex, befand sich in unmittelbarer Nähe zum kaiserlichen Steinbruch. Wichtigstes Gebäude innerhalb des Komplexes war ein Sklavenlager, das bis zu 1 200 Insassen aufnehmen konnte. Zudem gab es Wohnungen für kaiserliche Beamte und Soldaten, getrennte Badeanlagen, Lagerräume und die eigentliche Produktionsstätte für Schalen aus dem hier gewonnen gelben *marmor numidicum*.

Wie am Fließband entstand Massenware aus edelstem Material (siehe Abbildung). Der Arbeitsvorgang war in einzelne, auch räumlich unterteilte Schritte zerlegt: Zunächst wurden die Rohlinge hergerichtet, anschließend die Schale aus dem Marmor erst grob, dann fein herausgemeißelt und schließlich außen und innen geschliffen. Simitthus war sicherlich eine Ausnahme, aber eine gut dokumentierte. Umfangreiche Funde geben hier endlich einmal Aufschluss über einen antiken Steinbruch, sogar über kleinste Details – das ist anderswo nicht der Fall.

Zwar kann man heute die Grundzüge des Marmorhandels gut beschreiben, aber schon bei der Frage nach den produzierten Mengen ist man auf Schätzungen angewiesen und viele antike Steinbrüche sind bis heute nicht einmal bekannt. Hier muss man verschiedene chemische und geologische Methoden kombinieren, um den Herkunftsort von Skulpturen- oder Säulenmarmoren

Methoden der Herkunftsbestimmung von Marmoren

Das Interesse für die Herkunft eines Statuen-Marmors ist ein Phänomen der Neuzeit. Erfreuten sich die Menschen bis dahin einzig an der Schönheit der Statuen und Paläste aus dem edlen Stein, so begann mit den Ausgrabungen von Herculaneum und Pompeji im 18. Jahrhundert die systematische Erforschung der Antike. Jetzt begnügte man sich nicht mehr mit der Anschauung, man wollte verstehen. Als dann die Naturwissenschaften die geeigneten Instrumente und Methoden lieferten, konnten die Forscher ihren Drang nach wissenschaftlicher Exaktheit befriedigen. Heute ist der Marmor der Antike und der Renaissance eines der bestuntersuchten Materialien überhaupt. Zu allen wichtigen Marmorbrüchen liegen zahlreiche Daten in umfangreichen Tabellenwerken vor, die eine rasche Herkunftsbestimmung ermöglichen.

Die klassische Methode der Herkunftsbestimmung von Marmoren entwickelte im Jahr 1891 der deutsche Geologe Richard Lepsius, der anhand einfacher petrographischer Merkmale wie Farbe, Gefüge, Mineralbestand und Korngröße eine erste Systematik der griechischen Marmore lieferte. Genügte Lepsius noch der Augenschein, benötigten die Forscher für die kurz darauf entwickelte Dünnschicht-Analyse ein Mikroskop, unter dem man die hauchdünn geschnittenen Marmorplättchen betrachten konnte.

Da beide Methoden häufig zu Fehlern führten, nutzt man seit den 50er Jahren die aus der Chemie entliehene Spurenelement-Analyse auch für die Identifikation von Marmoren. Dabei wird der Gehalt einer Marmorprobe an Elementen wie Natrium, Mangan, Kalium oder Strontium bestimmt. Ein Vergleich der ermittelten Werte mit den vorliegenden Daten aus den meisten bekannten Steinbrüchen zeigt, wo der Marmor gebrochen wurde.

Noch exakter ist die Isotopen-Analyse, seit Ende der 70er Jahre die Standardmethode in der Herkunftsbestimmung. Hierbei macht man sich zunutze, dass nicht alle Atome des gleichen Elementes die gleiche Masse besitzen, sondern als Isotope unterschiedlich schwer sind. So besteht zum Beispiel natürlicher Kohlenstoff aus den drei Isotopen C^{12}, C^{13} und C^{14}, und Sauerstoff kommt in der Natur als O^{16}- und O^{18}-Isotop vor. Da nicht jedes Isotop eines Elementes gleich stabil ist, ändert sich ihr Verhältnis im Laufe der Zeit und gibt dadurch Aufschluss über das Alter eines Marmorvorkommens: Jeder Marmorbruch hat sein eigenes, charakteristisches Verhältnis der Kohlenstoff- und Sauerstoff-Isotope. Schon eine winzige Probe aus einer Statue oder Säule genügt, um mit einem Massenspektrometer das Isotopen-Verhältnis eines Marmors zu bestimmen. Anschließend kann man die Herkunft durch Vergleich mit den Daten bekannter Brüche einfach und zumeist exakt feststellen. Gelegentlich auftretende Überschneidungen zwischen zwei Brüchen können durch eine Kombination aller Methoden endgültig beseitigt werden.

Neuerdings erhofft man sich durch den Einsatz der Elektronen-Spin-Resonanz-(ESR) und der Thermoluminiszenz-Methode noch schnellere und exaktere Aussagen über die Herkunft von Marmoren.

Interessant sind die Ergebnisse solcher Herkunftsbestimmungen allemal. So zeigte eine Untersuchung an den Marmorbüsten der Münchener Residenz, dass die Bildhauer der italienischen Renaissance neben dem heimischen Marmor aus Carrara auch Statuario aus Griechenland verwendeten. Ihre deutschen Zeitgenossen hingegen bearbeiteten ausschließlich den Statuario aus Italien.

zumindest räumlich einzugrenzen zu können (siehe Kasten).

Bei den Preisen für Marmor sieht es nicht anders aus. Einziger Anhaltspunkt ist das Preisedikt Diokletians aus dem Jahr 301 – der vergebliche Versuch, einer heillosen Inflation durch staatlich verordnete Preise zu entrinnen. So kostete der Pavonazzetto oder Marmor von Docimium 200 Denare pro Kubikfuß, der qualitativ ebenbürtige Marmor von Skyros hingegen nur 40 Denare. Auch wenn ein moderner Vergleich für die Preise schwierig ist, so ist doch zu erkennen, dass es vor allem die Transportkosten waren, die den Verkaufspreis bestimmten. Denn der Pavonazzetto musste mehrere hundert Kilometer über Land zur nächsten Küste transportiert werden, wohingegen die Steinbrüche von Skyros unmittelbar am Meer lagen.

Besonders schlecht sind die Kenntnisse über die Arbeitsbedingungen, die in den Steinbrüchen der Antike herrschten. Schriftliche Zeugnisse sind kaum erhalten, sie lassen viel Raum für Interpretationen. Raum, den der Schriftsteller Peter Weiss in seinem Roman „Ästhetik des Widerstandes" genutzt hat:

„In den Marmorbrüchen, an den Berghängen nördlich der Burg, hatten die Bildhauermeister mit ihren langen Stöcken auf die besten Blöcke gewiesen und dabei die gallischen Gefangenen bei der Arbeit in der dumpfen Hitze beobachtet ... Die in Ketten herangetriebenen besiegten Krieger, die an Seilen über den Felswänden hingen, Brecheisen und Keile in die Schichten des bläulich weißen kristallinisch glitzernden Kalkstein schlugen und die riesigen Quadern auf Schlitten aus langen Hölzern die gewundenen Wege hinab beförderten, waren wegen ihrer Wildheit, ihrer rohen Sitten verrufen, und furchtsam gingen die Herrn mit ihrem Gefolge abends an ihnen vorbei, wenn sie stinkend, besoffen von billigem Fusel in einer Grube lagerten."

PETER WEISS, DIE ÄSTHETIK DES WIDERSTANDES

Auch wenn hier die literarische Umsetzung eines antiken Themas im Vordergrund steht, so hat Peter Weiss doch das wenige vorhandene Material genau studiert.

Einen indirekten Beweis für die harten und gefährlichen Arbeitsbedingungen insbesondere der ungelernten *extempores* erhält, wer die soziale Herkunft der Arbeiter betrachtet. In der römischen Republik und in den ersten Jahrzehnten des Kaiserreiches dürften vor allem Sklaven, gelegentlich auch Kriegsgefangene, als *extempores* gearbeitet haben. Sie waren zwar rechtlos, besaßen

aber für ihre Besitzer einen materiellen Wert und wurden dementsprechend behandelt.

Das neue System des Tiberius verlangte nun deutlich mehr Arbeitskräfte und da zugleich die Zahl der Sklaven zurückging, Roms Eroberungskriege seltener wurden, griff man zur Deckung des Bedarfes auf ein Mittel zurück, für das wieder das pharaonische Ägypten Pate stand. Dort war die Arbeit im Steinbruch gelegentlich als Strafe für schwere Verbrechen verhängt worden, in Rom wurde sie jetzt zur Regelstrafe und die *damnati*, die Verurteilten, zur wichtigsten Quelle für neue Arbeitskräfte. *Ad metalla* hieß das Urteil und es kam gleich hinter Folter und Tod; Rücksicht auf die Gesundheit der Arbeiter mussten die Steinbruchbetreiber nicht mehr nehmen. Und so wurden auch nur die Plebejer, die *humiliores*, zur Arbeit in den Steinbrüchen (oder Bergwerken) verurteilt; die Patrizier oder *honoratiores* hingegen erwartete für die gleiche Tat nicht der Steinbruch, sondern die Deportation.

Das System war erfolgreich und schon gegen Ende des 2. Jahrhunderts war der Markt für Massenware in Rom übersättigt, häufte sich in den Lagern die Ware. In der Hauptstadt war nunmehr edelste Qualität gefragt, alles andere floss in die aufstrebenden Provinzstädte, deren Bedarf lange hinter Rom hatte zurücktreten müssen. Zu dieser Zeit enden auch die Zeugnisse zentraler Organisation, vermutlich gingen einige der Steinbrüche wieder in Privatbesitz über, andere schlossen. Der Handel mit Marmor im gesamten Reich ging jedoch noch gut zweihundert Jahre weiter, solange wie die *pax romana* für stabile politische und soziale Verhältnisse sorgte. Aber zu Beginn des 4. Jahrhunderts überstieg die Nachfrage erstmals wieder das Angebot an Marmor und als das römische Reich gegen Ende des 4. Jahrhunderts durch innere und äußere Konflikte immer stärker erschüttert wurde, brach das System vollends zusammen. Zwar blieben im oströmischen Reich noch Reste erhalten, für den westlichen Teil hingegen war die Blütezeit des Marmors unwiederbringlich vorbei. Die letzte Säule aus weißem Carrara-Marmor, die Rom erreichte, ist die Foca-Säule. Sie wurde 608 auf dem

Steintransportwagen
nach Nicoló Zabaglia,
1743, Tafel XVI.

Transportpraxis über
einen Zeitraum von 600
Jahren.

Forum Romanum errichtet, die Stadt Luna (Carrara) selbst war zu dieser Zeit schon eine Ansammlung von Holzhütten inmitten antiker Monumente. Das „dunkle" Mittelalter hatte begonnen.

Auf und Ab

Der Name Carrara taucht zum erstenmal in der Geschichte im Jahr 963 in einer Schenkungsurkunde auf. Aber es ist nicht der Steinbruch oder der Marmor, von dem berichtet wird, sondern es ist die Stadt selbst, die der deutsche Kaiser Otto I. an die Bischöfe von Luna schenkt. Die Nichterwähnung des einstmals wichtigsten Steinbruchs für weißen Marmor in ganz Westeuropa ist typisch für das Mittelalter. Steinbrüche, tauchen sie einmal in Zeugnissen auf, haben nur noch lokale Bedeutung, auch wenn sie bei großen Bauprojekten enorme Ausmaße erreichten und sogar unterirdisch betrieben wurden. So befinden sich im Kalksteinmassiv vor den Toren von Paris zahlreiche Stollen mit einer Gesamtlänge von rund 300 Kilometern, Überreste der mittelalterlichen Steinbrüche für die Kirchen und Häuser der Hauptstadt.

Zumeist wurden Steinbrüche als Familienbetrieb geführt. Die Betreiber beherrschten zwar noch die antiken Abbautechniken, aber der das Mittelmeer umspannende Handel war einer Geschäftsbeziehung von Dorf zu Dorf gewichen. Selten einmal lieferten die Steinbrüche ihr Baumaterial über regionale Grenzen hinaus. So ließ Karl der Große für den Bau der Kaiserpfalz in Aachen (794) Marmorsäulen aus Ravenna heranschaffen und im Tower in London ist ein Kalkstein aus Caen in der Normandie nachzuweisen, der von den Normannen seit der Schlacht bei Hastings (1066) in großen Mengen nach England importiert wurde und sich dort in zahlreichen Bauten wieder findet.

Aber das waren eher Ausnahmen als die Regel, wofür es vor allem zwei Ursachen gab. Erstens gab es nirgendwo eine Ordnungsmacht, die das Funktionieren eines einheitlichen großen Marktes in Europa garantieren konnte – selbst das Frankenreich hatte nur sehr begrenzten Zugriff auf die zahl-

reichen Marmore Südeuropas – und zweitens waren die Transportkosten so hoch, dass jeder ökonomisch denkende Mensch davor zurückschrecken musste, andere als örtliche Steine zu verwenden. Eine englische Urkunde aus dem 12. Jahrhundert belegt, dass schon ab einer Entfernung von 12 Meilen die Transportkosten für einen Steinblock höher waren als die Kosten, die für seine Gewinnung aufgewendet werden mussten. Um trotzdem mit Marmor bauen zu können, erschlossen die Menschen des Mittelalters neue Quellen für diesen Naturstein.

Die einstige Millionenstadt Rom war im Mittelalter zu einer Stadt mit gerade einmal 20 000 Einwohnern herabgesunken, viele Gebäude standen leer. Also ging man dazu über, aus den verfallenen Bauten die Marmorblöcke, Säulen und Platten herauszureißen und für neue Zwecke wieder zu verwenden. Diese Vorräte wurden durch die Lagerbestände im Marmorata-Viertel ergänzt, die noch aus den Glanzzeiten römischen Marmorhandels stammten. In Byzanz, dem ehemaligen Ostrom, war die Situation ähnlich. Hier bedienten sich vor allem die Venezianer reichlich, die nach Ende des 4. Kreuzzuges (1202-1204) für rund 60 Jahre die Herrschaft in Byzanz übernahmen. Teile des Markusdoms und anderer Marmorbauten Venedigs aus dieser Zeit haben mit großer Wahrscheinlichkeit vorher in Byzanz gestanden, wenn auch in anderer Form.

Nachdem die Osmanen Byzanz 1453 erobert hatten, setzten diese die venezianische Tradition fort. Die Säulen ihrer Moscheen waren in vielen Fällen dieselben, die vorher die christlichen Kirchen geschmückt hatten; mit dem Unterschied, dass die früheren Bauherren ihr Material noch bezahlen mussten. Perfektionieren konnten die Osmanen ihr Recycling-System anschließend in Ägypten, wo seit Ende der römischen Herrschaft im 7. Jahrhundert nach Christus kein Marmor mehr abgebaut wurde. Da auch andere Baumaterialen knapp waren, kamen Marmorbauteile abgerissener oder verfallener Gebäude so lange auf Lager, bis sie in einem Neubau erneut verwendet werden konnten.

Römische Eifelwasserlei-
tung mit 30 cm starken
Kalksinterablagerungen,
Euskirchen-Kreuzwein-
garten.

Säule aus Kalksinter der
Eifelwasserleitung in der
Chorapsis der Stifts-
kirche, Bad Münstereifel.

War die Wiederverwertung alter Bausteine insbesondere in der Nähe antiker Städte durchaus üblich, lässt sich im mittelalterlichen Köln eine sehr spezielle Form der Kalksteingewinnung beobachten. In der alten römischen Eifelwasserleitung, durch die seit dem 2. Jahrhundert nach Christus für etwa 200 Jahre täglich 20 Millionen Liter Trinkwasser nach Köln geflossen waren, hatten sich bis zu 30 Zentimeter dicke Kalk-Krusten gebildet. Wie bei Bäumen ein Jahresring auf den anderen folgt, so folgte in diesen Abscheidungen eine Kalkschicht der nächsten (siehe Abbildung). Das Farbenspiel dieser „Marmore", hervorgerufen durch Spuren von Metall-Ionen, war faszinierend:

„Diesen aber brach man in der Landpfarrei Kriel, [...] ein Marmor, der unter den Marmora Europas durch seine mannigfaltige Farbigkeiten herausragt"

ÄGIDIUS GELENIUS, DE MAGNITUDINE COLONIAE
CLAUDIAE AGRIPPINENSIS, 1645

Die Kanalsinter wurden von Mitte des 11. bis Mitte des 13. Jahrhunderts als Material für (Zier-) Säulen, Grabplatten und Sarkophagdeckel gebrochen und vorwiegend in der Nordeifel und in Köln genutzt. Durch Schenkungen an Fürsten und Bischöfe gelangten sie jedoch auch auf die Wartburg,

nach Hildesheim und Braunschweig. Ja selbst in den Niederlanden, Dänemark, England und Schweden sind die Kalksinter aus der Eifelwasserleitung zu finden, obwohl die insgesamt abgebaute Menge dieses Gesteins höchstens 10 000 Kubikmeter betragen haben dürfte.

Auch in Carrara wurde im Spätmittelalter wieder Marmor gebrochen. Nicoló Pisano, ein italienischer Baumeister, bestellte im Jahr 1265 große Mengen an Säulen, Platten und Blöcken aus weißem statuario für den Dom zu Siena. Damit war der Anfang gemacht und die Brüche erlebten einen neuen Aufschwung, nachdem sie für knapp 600 Jahre stillgelegen hatten. Vor allem die reichen norditalienischen Städte bevorzugten den Stein für den Bau ihrer Kathedralen und gelegentlich nutzten auch Kaufleute den Marmor, um ihr Vermögen zur Schau zu stellen. In Genua wurden 1437 drei Marmorsäulen für 600 Lire gehandelt, so viel zahlte man gewöhnlich für ein ganzes Haus.

Zu dieser Zeit begann sogar wieder eine Serienproduktion für bestimmte Marmorprodukte. Mörser und Fussbodenkacheln standen hoch im Kurs, gelegentlich fanden auch Platten für Wandverkleidungen einen Abnehmer. Aber die Produktionsmengen erreichten nie den Stand der römischen Zeit, gerade einmal 950 Tonnen Marmor wurden im Jahr 1583 gebrochen und das von politischen Wirren in Europa gekennzeichnete 17. Jahrhundert brachte einen drastischen Einbruch bei der Nachfrage an Marmor. Auch ein kurzer Aufschwung in der 2. Hälfte des 18. Jahrhunderts war nicht von Dauer. Die politischen Verhältnisse der Epoche verhinderten einen anhaltenden Anstieg der Produktion, die während der napoleonischen Kriege fast völlig erlosch.

Einzug der Technik

Die Neuordnung Europas nach dem Wiener Kongress ließ endlich Ruhe einkehren, in Carrara wurde die Produktion wieder aufgenommen und erreichte 1838 schon 9 000 Tonnen im Jahr. Und es ging weiter aufwärts, wie die Produktionsziffern der folgenden Jahrzehnte zeigen: 1857 wurden schon 40 000 Tonnen gebrochen und bis 1914 stieg die Jahresproduktion auf 140 000 Tonnen. Das war nicht allein das Ergebnis der stabileren politischen Verhältnisse und des Neoklassizismus, der Europa und Nordamerika ergriffen hatte und den Gebrauch von weißem Marmor rapide anschwellen ließ. Mindestens genauso zahlte es sich aus, dass die technischen Errungenschaften der Industriellen Revolution mit rund fünfzig Jahren Verspätung die Steinbrüche erreichten und der Bau von Eisenbahnen den Überland-Transport von Marmorblöcken leichter, schneller und vor allem billiger machte. Schon bald dehnte sich der Marmorhandel über die halbe Welt aus, wie es zu Zeiten Roms schon einmal der Fall gewesen war – nur war damals die Welt noch kleiner.

Im Hafen von Carrara errichtete man 1851 eine Verladepier mit Kränen; Schrägaufzüge und Bremsberge ersetzten die seit der Antike üblichen Schlittentransporte und die *lizzatura*, das Schleifen der Blöcke über eingeseifte Holzschwellen hinab ins Tal. Danach kam die Dampfkraft. Zwischen 1876 und 1880 entstand in den Bergen Carraras die Marmorbahn, die auf einer Strecke von 20 Kilometern einen Höhenunterschied von 450 Metern überwand, 16 Brücken überquerte, sich durch unzählige Spitzkehren schlängelte, 15 Tunnel passierte und so eine zügige Verbindung zwischen den Talstationen der einzelnen Brüche und dem Hafen schuf (siehe Abbildung).

Treibende Kraft hinter dem Bau der aufwändigen und kostspieligen Eisenbahnstrecke war das britische Empire. Da die schlechten Straßen und Wege in den Apuanischen Alpen der wachsenden Nachfrage vor allem in England nicht gewachsen waren, engagierte sich die britische East India Company in der Region Carrara – in der berechtigten Hoffnung, dass sich die Investitionen in absehbarer Zeit amortisieren würden. Schon 1910 liefen 80 Prozent al-

Marmorbahn von Carrara.

ler Transporte von den Steinbrüchen in den Bergen hinunter zu den Verladestationen am Meer über die Marmorbahn.

Anderswo verlief die Entwicklung nicht so rasant. Nur selten war die Nachfrage an Natursteinen so groß, dass ein potenter Investor die finanziellen Risiken einer Modernisierung auf sich genommen hätte. So dominierten bei den englischen Steinbrüchen des 19. Jahrhunderts die Einmann-Betriebe, und noch 1912 hatte von den insgesamt 7 100 Brüchen gerade einmal jeder siebte mehr als zehn Arbeiter und nur jeder zwanzigste mehr als dreißig. Zudem wurden die Steinbrüche nur bei Bedarf betrieben. War ein großes Gebäude, eine Straße oder Brücke fertiggestellt, wurde der Bruch wieder geschlossen.

Der Erste Weltkrieg brachte erneut einen drastischen Nachfrage-Einbruch, diesmal allerdings nur von geringer Dauer. Schon 1926 stieg die Jahresproduktion in Carrara wieder auf 340 000 Tonnen Marmor; zwischenzeitlich hatten dampfgetriebene Traktoren und bald darauf auch solche mit Dieselmotoren Einzug in die Steinbrüche ge-

halten (siehe Abbildung). Etwa zur gleichen Zeit entstand in Carrara auch ein moderner Marmorhafen. Damit war die erste Phase der Mechanisierung abgeschlossen, Marmor war zur Massenware geworden.

Nach Ende des Zweiten Weltkriegs wurde zum ersten Mal die $1/2$-Millionen-Tonnen-Grenze überschritten, aber noch zerfiel der Transport in drei Abschnitte. Zuerst wurden die Blöcke mit Schrägaufzügen oder Seilbahnen vom Bruch ins Tal transportiert, von dort mit der Eisenbahn oder mit Traktoren ans Meer gebracht, um schließlich per

Zu Beginn des 20. Jahrhunderts übernahmen dampfgetriebene Traktoren den Transport von den Brüchen zu den Verladestationen der Marmorbahn; allerdings nicht lange, denn schon bald ersetzten leistungsfähige Dieselmotoren die Dampfkraft.

In den Untertagestein-
brüchen von Danby
(USA) geht es zu wie in
einer Fabrik. Mit Gabel-
staplern werden die
Marmorblöcke durch das
verwirrende System von
Gängen und Hallen
transportiert.

aus – obwohl hier Preise von bis zu 700,-
DM für eine Tonne besten Marmors erzielt
werden. Aber große Bauprojekte aus Carrara-Marmor sind selten geworden, einzig
die durch ihr Öl reich gewordenen arabi-
schen Scheichs leisten sich den edlen Stein
noch in großen Mengen. Also nutzt man in
Carrara das bei der Weiterverarbeitung von
Marmor gewonnene Know-how auch für andere Natursteine, um so die teuren Sägen,
Schleif- und Poliermaschinen auszulasten.
Heute ist die Region um Carrara das weltweit größte Zentrum zur Weiterverarbeitung von Natursteinen aller Art; im Trend
liegt zur Zeit ein rosa-schwarz gesprenkelter sardischer Granit, der Silverstar.

In Carrara übernehmen
heute LKWs den Trans-
port der Steine.

Schiff ihren Bestimmungsort zu erreichen.
Erst als in den 60er Jahren geländegängi-
ge Lastkraftwagen auf den Markt kamen,
man die Marmorbahn asphaltierte und die
kleinen Sträßchen bis in die entlegensten
Steinbrüche verlängerte, stieg die Produktion nochmals drastisch an; in Carrrara
zwischenzeitlich auf 1,5 Millionen Tonnen
pro Jahr. Lizzatura und Bremsberge verschwanden hingegen endgültig aus den großen Steinbrüchen.

Allein vom Marmor leben kann man heute
jedoch nicht mehr, selbst in Carrara reichen
die Rationalisierung und Mechanisierung
der Transporte und des Abbaus dafür nicht

„*Wenn die Edelsteine nicht nach dem geachtet werden, was sie kosten*", sagte sie, „*sondern nach dem, wie sie edel sind, so gehört der Marmor gewiss unter die Edelsteine.*" – „*Er gehört unter dieselben, er gehört gewisslich unter dieselben*", erwiderte ich. „*Wenn er auch als bloßer Stoff nicht so hoch im Preise steht wie die gesuchten Steine, die nur in kleinen Stücken vorkommen, so ist er doch so auserlesen und so wunderbar, dass er nicht bloß in der weißen, sondern in jeder andern Farbe begehrt wird, dass man die verschiedensten Dinge aus ihm macht, und dass das Höchste, was menschliche Kunst darzustellen vermag, in der Reinheit weißen Marmors ausgeführt wird.*"

ADALBERT STIFTER, NACHSOMMER, 1858.

Das Taj Mahal (1632-1658), erbaut vom indischen Schah Dschahan zu Ehren seiner verstorbenen Gemahlin Mumtaz Mahal.

2.3 Die Verwendung

Marmor ist der Stein des Wohlstands, ein Bau- und Schmuckstein für Macht, Ruhm und Reichtum, verwendet für Tempel, Paläste und Skulpturen. So oder so ähnlich würde heute die Antwort auf die Frage lauten: Was ist Marmor?

Und die gleichen Attribute hatte man dem Marmor schon im antiken Rom zugeschrieben, hatte ihn gerühmt ob seiner kristallinen Schönheit und zugleich verflucht als Ausdruck einer maßlosen Prunksucht. Kühle Pracht und Eleganz auf der einen, Geschmacklosigkeit und Kitsch auf der anderen Seite, das sind die beiden Pole, zwischen denen die Geschichte der Verwendung des Marmors hin- und herpendelt; und das seit dem Zeitpunkt, als man zum ersten Mal einen Begriff für diesen Stein prägte.

Der Begriff Marmor stammt aus dem Griechischen, wo *mármaros* den Stein oder Felsblock bezeichnet und das Adjektiv *marmáreos* zugleich glänzend bedeutet. Die Griechen

Kalkstein und Marmor

Stein ist ein vielseitiges Material. Nutzen lassen sich jedoch jedoch nur die Steine der Erdkruste, von denen 65% Magmatite, 8% Sedimente und 27% Metamorphite sind. Die Unterteilung der Gesteine nach ihrer Entstehung sagt jedoch nichts über die Möglichkeiten der Verwendung, da ist die Einteilung der Bauwirtschaft präziser: Man unterscheidet Hart- und Weichgesteine, wobei das Sediment Kalkstein ebenso ein Weichgestein ist wie der Metamorphit Marmor. Beide bestehen zu mehr als 90% aus Calciumcarbonat und haben die gleiche Dichte von 2,5-3 Tonnen je Kubikmeter. Sind die Kalksteine zudem homogen in ihren Eigenschaften, weisen sie die typische Marmorierung auf und lassen sich gut polieren, unterscheidet die Bauwirtschaft nicht mehr: Alles ist Marmor, unterteilt wird nur nach der Verwendung des Gesteins.

Bildhauermarmor

Die Anforderungen an einen Bildhauer- oder Statuenmarmor (statuario) haben sich seit der Antike nicht geändert: Reinweiß ohne jede Aderung muss er sein und ein gleichmäßiges, geschlossenes Gefüge haben, aber kein zu feines Korn. Er sollte bis zu einer gewissen Tiefe lichtdurchlässig sein (bei den besten Marmoren fast 30 Zentimeter), um den typischen Schimmer zu erhalten und vor allem muss er vollkommen fehlerfrei sein.

Nur wenige Marmorbrüche können einen solchen Stein vorweisen: Pentelikon und Paros in Griechenland und das italienische Carrara, seit römischen Zeiten nahezu ausschließlicher Lieferant für den Statuario.

Auch in Carrara muss der Bildhauer seinen Stein suchen, am besten einen „Lebenden Stein", ganz frisch gebrochen, der einen klaren, klingenden Ton gibt, wenn man ihn mit dem Hammer anschlägt. Nur dann kann der Bildhauer sicher sein, dass keine Sprünge oder Risse im Block sind.

Hat der Bildhauer seinen Block gefunden, muss er nur noch „alles Überflüssige vom Block weghauen", allerdings „ohne eine Möglichkeit, wieder etwas hinzuzufügen", wie Michelangelo schreibt.

Es ist dieses fast persönliche, irrationale Verhältnis zwischen Mensch und Stein, das den Reiz der Arbeit mit Marmor ausmacht; und die Angst, dass ein kurz vor Schluss entdeckter Riss oder Sprung alles zunichte macht, ist immer dabei.

Techniken und Werkzeuge sind heute noch die gleichen wie zu Zeiten eines Michelangelo, doch die Blütezeit des Statuario ist längst vorbei. Da die Wahl des Materials in der Bildhauerei zugleich einen Formwillen ausdrückt, ist jedes Material abhängig von künstlerischen Strömungen: In Ägypten liebte man blockmäßig geschlossene Statuen, man griff zu Granit. Seit der griechischen Antike bevorzugte man naturalistische Darstellungen, also Marmor. Heute ist die Bildhauerei wieder abstrakt, aus Marmor meist nur der Kitsch.

Architektenmarmor

Bausteine müssen leicht zu bearbeiten, mechanisch gut beanspruchbar und witterungsbeständig sein. Das trifft auf Kalkstein ebenso zu wie auf Marmor.

Beide Gesteine lassen sich zu Werksteinen fast jeder Größe bearbeiten, zu Platten gesägt, eignen sie sich für Wandverkleidungen, Fußböden oder Mosaike.

Die Druckfestigkeit des Marmors ist vergleichbar derjenigen von Beton und Gusseisen, weshalb er insbesondere für tragende Säulen gut geeignet ist. Seine Zugfestigkeit hingegen ist gering, für lastende Teile wie Architrave ist er nur bedingt zu verwenden. Die Griechen lösten das Problem, indem sie ihre Marmorsäulen eng setzten; die Architrave blieben kurz.

Der wichtigste Grund für die Nutzung von Steinen ist ihre Dauerhaftigkeit. Bei Marmor war diese früher problemlos gegeben, doch mit dem „Sauren Regen" und den Industrie- und Autoabgasen hat sich das Bild gewandelt. Die mangelnde Säureresistenz ist zum Ausschlusskriterium für Steine mit hohem Calciumcarbonat-Anteil geworden, als Außenmaterial kann Marmor nicht mehr verwendet werden. Und bestehende Marmorbauten und Skulpturen müssen aufwendig imprägniert werden, wenn sie der aggressiven Witterung trotzen sollen. Schon im 19. Jahrhundert waren zahlreiche Überzüge wie Leinölfirnis für Marmor in Gebrauch. Setzte man diesem Firnis etwas Kreide zu, deren Farbe derjenigen des Marmors angepasst war, konnte man auch Risse und Sprünge kitten. Heute gibt es unzählige Imprägniermittel, zumeist auf Silikonbasis.

Ungeachtet aller funktionellen Eigenschaften des Marmors war die Entscheidung für diesen Stein immer Ausdruck von Reichtum oder Macht. Ohne seinen repräsentativen Charakter hätte Marmor nie die enorme Bedeutung erlangt. Als einfaches Baumaterial war er viel zu teuer.

bezeichneten mit *mármaros* den kristallinen Kalkstein, zumeist weiß, den sie für ihre Skulpturen und Sakralbauten nutzten. Sie unterschieden ihn damit eindeutig von dem gewöhnlichen Stein, *lithoi*, den sie für Fundamente oder Mauern verwendeten. Indem sie einen Begriff von ihm, für ihn formten, machten die Griechen den Marmor und mit ihm jeden polierfähigen Kalkstein zu dem besonderen Material, das es bis heute ist.

Allerdings nur für die westliche Welt, in der die griechische Kultur wirksam wurde. In den anderen Kulturen spielten Marmor und auch Kalkstein nie eine so bedeutende Rolle. Zwar wurden Kalksteine genutzt wie bei der Maya-Kultstätte im Norden der Halbinsel Yucatan, aber nicht wegen einer besonderen Wertschätzung für das Gestein, sondern weil das Material in ausreichender Menge vorhanden und gut zu bearbeiten war (siehe Abbildung).

Anfängliches Misstrauen

Die pragmatische Nutzung des Kalksteins bei den Mayas erinnert ebenso wie der Baustil an das Pharaonische Ägypten. Dort, in Ägypten wurde zum ersten Mal in der Geschichte Kalkstein als Baumaterial genutzt, aber es war nicht die Faszination des Gesteins, die die Ägypter dazu trieb, unge-

heure Mengen an Kalkstein zu verbauen; der Kalkstein lag ihnen zu Füßen.

Ägypten liegt auf einem kristallinen, mit Graniten und Dioriten durchsetzten Sockel auf dem mächtige Kalkstein-Schichten abgelagert sind. Aus diesen Schichten gewannen die Ägypter ihr Material, als sie in der 2. Dynastie seit 2 800 vor Christus begannen, Gebäude aus Stein zu bauen.

Zunächst misstrauten ihre Baumeister dem neuen Material. Sie wagten nicht, sich auf das Massive, Tragfähige und Dauerhafte des Steins zu verlassen. Die Stufenpyramide des Königs Djoser in Sakkara zeigt das auf eindrucksvolle Weise: Obwohl komplett aus massiven Steinen erbaut, wurden die Steine doch wie Lehmziegel gehandhabt (siehe Abbildung). Aber schon ein knappes Jahrhundert später sind es keine ziegelsteingroßen Werksteine mehr, sondern mächtige Kalksteinquader mit einem durchschnittlichen Gewicht von 2,5 Tonnen, mit denen die Ägypter die Pyramiden von Gizeh errichteten. Trotz ihrer gewaltigen Grösse waren diese Blöcke mit ungeheurer Präzision zurechtgehauen. Sie waren so passgenau, dass die Ägypter beim Bau der Pyramiden ohne jeden Mörtel auskamen.

Aus Kalksteinblöcken ist jedoch nur die Außenhaut der Pyramiden. Die Königsgräber im Inneren sind aus Hartgesteinen, zumeist Graniten, denen man mehr vertraute, wenn es darum ging, den Toten eine Heimstatt für die Ewigkeit zu errichten. Auch Sarkophage fertigten die Ägypter vornehmlich aus Graniten oder Basalten an, insbesondere der rote Granit aus Syene (dem heutigen Assuan) stand bei ihnen hoch im Kurs.

Bei den Skulpturen war es ähnlich. Die Ägypter verwendeten Hartgesteine, auch wenn diese sich nur schwer bearbeiten liessen. Es war eine bewusste Wahl, denn schon die damaligen Bildhauer nutzten die Eigenschaften des Steins, um den Ausdruck der Skulptur zu unterstreichen und zu verstärken. Besonders deutlich wird das bei den Porträts der Pharaonen, die überwiegend aus Hartgesteinen gefertigt sind. Diese Porträts wollten kein genaues Abbild des Porträtierten zeichnen, sie verwandelten

Wahrsager-Pyramide in Uxmal, Mexiko (6.-10. Jh.).

Stufenpyramide des
König Djoser
(um 2620 v. Chr.).

Kalksteinbüste der
Nofretete
(um 1370 v. Chr.).

das Individuum in etwas Stereotypes und
damit Unsterbliches – ein Ausdruck, der dadurch verstärkt wurde, dass die Hartgesteine sich nur grob konturieren ließen und
so einen blockmäßigen, verschlossenen Eindruck beim Betrachter erweckten.

Ägypten besaß zu viele nutzbare Gesteins-
arten, um eine besondere Vorliebe für nur
eine Art zu entwickeln; erst recht nicht für
den häufigsten aller Steine, den Kalkstein.
Skulpturen aus Kalkstein wie die berühmte
Büste der Nofretete waren die Ausnahme
(siehe Abbildung). Die Bildhauer, namenlo-
se Lohnarbeiter, meißelten in Kalkstein nur
ihre Modelle als Vorlage für die eigentliche
bildhauerische Arbeit oder zu Übungszwe-
cken für ihre Schüler. Der Marmor hingegen war zu selten, als dass er eine bedeutende Rolle hätte spielen können, sieht man
einmal ab von kleinen Vasen und einigen
Statuen aus der Spätzeit des Reiches.

Palast von Knossos,
Kreta (um 1500 v. Chr.).

schwunden und mit ihnen auch die Steinbauten. Erst vierhundert Jahre später tauchten in Griechenland wieder Tempel aus Stein auf.

Ein Land schmückt sich

Um 800 vor Christus vertieften sich die politischen, wirtschaftlichen und kulturellen Beziehungen zwischen den griechischen Stämmen, eine gemeinsame Identität entstand. Ihr bemerkenswertester Ausdruck waren die seit 776 vor Christus stattfindenden Olympischen Spiele, aber auch in der Architektur trat ein einheitlicher, griechischer Baustil deutlich zutage.

Bauten die Griechen anfänglich noch mit Holz und Ziegeln, so ließ sie der Wunsch nach Dauerhaftigkeit gegen Ende des 7. Jahrhunderts zu den Steinen greifen. Das war kein einfacher Schritt, denn seit den mykenischen Zeiten war auf dem griechi-

Wie die Ägypter so lebten auch die Kreter auf Kalkstein. Ihre Paläste, allen voran der Palast von Knossos, sind aus Kalksteinblöcken gebaut und mit Platten aus Marmor, Kalksinter oder Alabaster verkleidet (siehe Abbildung). Bauten die Ägypter monumental, so zeigten die kretischen Paläste einen eher verspielten Charakter, lässt der Grundriss des Palastes von Knossos erahnen, wie die Sage vom Labyrinth des Minos entstehen konnte.

Die Mykener verwendeten zur gleichen Zeit auf dem griechischen Festland zwar ebenfalls Kalkstein für ihre Bauwerke, verspielt waren diese jedoch ganz und gar nicht (siehe Abbildung). Die Mauerringe, welche die Paläste von Mykene und Tiryns umgaben, beeindruckten jeden Angreifer allein durch die schiere Größe der verwendeten Steinblöcke, und die Ruinen versetzten den griechischen Schriftsteller Pausonias noch 1 600 Jahre später in Erstaunen:

„Die Mauer, die allein noch von den Ruinen übrig ist, ist ein Werk der Zyklopen und aus unbehauenen Steinen gebaut, jeder Stein so groß, dass auch der kleinste von ihnen von einem Gespann Maultiere überhaupt nicht von der Stelle bewegt werden könnte."

Aber weder die monumentale Bauweise der Mykener noch die verspielte der Kreter setzte sich fort, beide Kulturen waren gegen Ende des 2. Jahrtausends vor Christus ver-

Löwentor der Akropolis
von Mykene
(um 1250 v. Chr.).

Antikes Theater in
Epidaurus (2. Hälfte
4. Jh. v. Chr.). Für den
griechischen Schriftstel-
ler Pausonias ist das von
Polyklet dem Jüngeren
erbaute Theater „das
schönste Theater über-
haupt".

schieden in stützende und lastende Baue-
lemente: Stämmige Säulen tragen den schweren Architrav.

Insbesondere die Architrave, reich verziert
mit Skulpturen, Reliefs und Friesen, machten aus einem griechischen Tempel eine monumentale Plastik, konstruiert für die Wirkung auf den Betrachter. Der Innenraum
und seine Gestaltung spielten in der griechischen Architektur eine untergeordnete
Rolle.

schen Festland nicht mehr in Stein gebaut
worden und vieles in Vergessenheit geraten.
Also mussten die Griechen die notwendigen
Techniken mühsam neu erlernen, und dass
die Baukunst bei Kretern, Mykenern und
Ägyptern Geheimwissen war, in das nur Wenige eingeweiht waren, erschwerte zusätzlich den Neubeginn, bot aber zugleich die
Chance, etwas wirklich Neues zu schaffen.

Zu Beginn der archaischen Epoche wurden
nur wichtige Bauten wie Tempel und die
ebenfalls als Kultstätten dienenden Theater in Stein errichtet, ihre Architektur war
harmonisch und klar. Jeder Tempel besaß
als Wohnhaus eines Gottes im Innern einen
Kernbereich, die *cella*, die dem Gott vorbehalten blieb. Hier war die Statue des Gottes aufgestellt und nur die Priester durften
den Raum betreten. Um die *cella* herum war
der eigentliche Tempel gebaut, klar unter-

Die Proportionen der einzelen Bauelemen-
te und ihr Verhältnis zueinander waren ma-
thematischen Gesetzmäßigkeiten entnom-
men, in vielen Tempeln lassen sich alle Maße
auf das Verhältnis 4:9 zurückführen. Diese
klaren Architekturprinzipien entsprachen
griechischen Vorstellungen. Nicht irgendwelche abstrakten, unerfindlichen Größen
sollten die Baukunst bestimmen, sondern
einfache, für jeden nachvollziehbare Regeln.
Das Wissen war frei zugänglich und konnte sich so rasch über den gesamten Mittel-
meerraum ausbreiten.

Waren die bautechnischen Grundlagen und
damit der Stil neu, so waren die Baumaterialien die Alten. Wie in Ägypten stand auch
im Griechenland des 7. und 6. Jahrhunderts
gewöhnlicher Kalkstein an erster Stelle unter den verwendeten Gesteinen; hinzu kam
der *poros*, ein leicht zu bearbeitender Kalk-

tuff. Noch war Griechenland nicht die „Marmorhalbinsel" der späteren Jahrhunderte.

Einzige Ausnahme waren die Kykladeninseln Paros und Naxos, die reiche Marmorvorkommen besaßen. Von dort kamen im Laufe des 6. Jahrhunderts die ersten monumentalen Statuen aus Marmor – ein Material, das wie kein anderes geeignet ist, den menschlichen Körper abzubilden. Und die Bildhauer nutzten die Möglichkeiten, die ihnen der Marmor bot. Schon die ersten Statuen besaßen die für spätere Zeiten typische innere Spannung, ihre schwellenden Muskeln verliehen ihnen ein fast organisches Leben und unterschieden sie deutlich von ihren ägyptischen Vorläufern.

Das war gewollt, denn die griechische Statue sollte die Vergänglichkeit des Lebens deutlich machen, gerade deshalb wurde sie den Gräbern beigegeben. Unsterblich und gottgleich waren Pharaonen, der griechische Mensch überlebte nur in der Erinnerung, welche die Statuen wachhielten.

Es waren monumentale Statuen, die aus Naxos und Paros kamen, aber nur selten

waren sie monolithisch, aus einem Block, wie die fast zehn Meter hohe Apoll-Statue, welche die Naxier dem Heiligtum in Delos widmeten und in deren Sockel sich folgende Inschrift findet: „Ich bin aus ein und demselben Stein, sowohl Statue wie Basis." Allein die bis heute erhaltene Basis wiegt 25 Tonnen, die Ausmaße des gesamten Marmorblockes müssen gewaltig gewesen sein. Aber Blöcke solcher Größe sind in Griechenland selten, die dortigen Vorkommen sind zerklüftet, die gebrochenen Steine zumeist klein und deshalb die Statuen aus Marmor ebenso zusammengesetzt wie die Säulen aus Kalkstein.

Zusammengesetzt blieben Statuen und Säulen auch in der klassischen Epoche, aber jetzt waren sie in ganz Griechenland aus Marmor und mit ihnen die Tempel, Theater und anderen öffentlichen Gebäude. Die Auswahl an Marmoren war groß, Gleich-

Parthenon-Tempel,
Athen (447-432 v. Chr.).

104

Akademie, Athen. Im
4. Jh. v. Chr. erbautes
Gymnasium, an dem
unter anderem Platon
und Aristoteles lehrten.

Tempel des Apoll, Bassä
bei Andritsaina
(5. Jh. v. Chr.).

förmigkeit nicht zu erwarten. Es gab den blendend weißen, schon fast bläulich schimmernden Marmor aus Paros; den feinkörnigen pentelischen Marmor mit einem Stich ins Gelbe; den weißen *hymettium* mit seiner bläulichen Marmorierung und den grobkörnigen Marmor aus Naxos.

Dass die Griechen nur noch in Marmor bauten, hatte einen einfachen Grund. Nach den Zerstörungen der persischen Kriege mussten die griechischen Städte neu aufgebaut werden und überall nutzte man das neue Material, um den Triumph über die Perser zu unterstreichen, mit dem eine neue Epoche, ein neues Zeitalter angebrochen war. Die griechischen Städte blühten auf und wollten ihre wirtschaftliche und politische Macht angemessen repräsentieren. So bauten die Epheser das Artemision (450 vor Christus), im süditalienischen Paestum entstand der Poseidon-Tempel (480 vor Christus), in Olympia der Zeustempel (460 vor Christus), aber die Krone ganz Griechenlands war Athen, wo Perikles die Akropolis mit prachtvollen Marmorbauten ausstatten ließ. Und nicht nur die Akropolis, auch die angrenzenden Stadtbezirke, ja die

Bildhauer: Künstler oder Handwerker?

Die Statue eines Phidias unterscheidet sich durchaus von dem roh behauenen Block eines Steinmetzes, das sahen auch die Zeitgenossen des großen Bildhauers ohne Frage so – einen großen Unterschied zwischen den Berufen machten sie jedoch nicht: Ob Steinmetz oder Bildhauer, für die Menschen arbeiteten Beide mit dem gleichen Material, den gleichen Werkzeugen. Beide beherrschten die gleichen technischen Fähigkeiten, verrichteten häufig gleiche Tätigkeiten und waren von den Aufträgen potenter Geldgeber abhängig. Auch wenn mancher Bildhauer in Griechenland ein ausgeprägtes Selbstbewusstsein entwickelte und seine Unterschrift unter seine Werke setzte, um nicht mehr namenlos zu sein wie die ägyptischen Bildhauer, so blieb er doch Handwerker, *banausoi*, und seinen Schutzgott Hephaistos musste er sich zudem mit den Schmieden teilen.

Künstler, das waren nur die Dichter und Poeten, da zählte selbst ein Phidias nur wenig, trotzdem er die Gesamtleitung beim Bau der Akropolis übernommen hatte.

„Wenn ein Werk wegen seiner Zierlichkeit erfreut, so folgt nicht notwendig daraus, dass der Mann, der es gemacht hat, unserer Hochachtung wert ist ... Kein begabter junger Mann hat sich je bei der Betrachtung des Zeus des Phidias in Olympia oder der Hera des Polyklet in Argos wirklich gewünscht, Phidias oder Polyklet zu sein."
PLUTARCH, LEBEN DES PERIKLES

Das Werk wurde geschätzt, sein Schöpfer zählte nichts. Diese Sichtweise hatte in der Antike durchaus ihre Berechtigung, denn die einzelnen Meisterwerke wurden selten nur von einer Person geschaffen. Zumeist waren es regelrechte Handwerkerschulen, die an den Skulpturen eines Tempels arbeiteten, der Einzelne darin blieb anonym. Beim Bau des Erechtheion-Tempels der Akropolis (421-406) standen allein im Jahr 408/7 über 50 Bildhauer und Steinmetze auf der Lohnliste, beim

Parthenon lassen stilistische Untersuchungen auf 70 unterschiedliche Bildhauer schließen.

An der Spitze einer solchen Handwerkerschule stand ein Meister, der sein Wissen an die nachfolgende Generation weitergab und so die Fortdauer seines eigenen Stils sicherte. Seine Schüler kopierten ihn hundertfach mit solcher Meisterschaft, dass nur ein geübtes Auge Kopie und Original unterscheiden konnte.

Dass wir heute einzelne Bildhauer herausheben, ist die Folge unserer Kunstauffassung. Für uns ist nur ein Künstler, wer das Althergebrachte verlässt, um etwas vermeintlich Neues, Einzigartiges zu schaffen: ein Kunstwerk eben. Die technische Meisterschaft, das Können allein, zählt nicht mehr.

„Die Bildhauerei." Die ursprünglich von Andrea Pisano für den Glockenturm von Giotto geschaffene Kachel aus weißem Marmor befindet sich heute im Museo dell'Opera del Duomo in Florenz.

ganze Stadt wurde unter Perikles zum Zentrum, zum unübertroffenen Höhepunkt der griechischen Klassik.

Hier im Athen des 5. Jahrhunderts standen Hunderte von Marmor-Statuen, zumeist als schmückendes Beiwerk eines Tempels oder Gebäudes. Freistehende Skulpturen, wie wir sie heute kennen, waren in der griechischen Antike noch die Ausnahme, die Bildhauer hatten gerade erst gelernt, sich von der traditionellen Skulpturtechnik zu lösen. In Ägypten, aber auch im archaischen Griechenland waren die Statuen ausschließlich auf die Frontansicht hin aus dem Block herausgemeißelt worden, gerade das seitliche Profil wurde noch mit einiger Sorgfalt bearbeitet, die Rückansicht blieb in Ansätzen stecken. Nun ging man daran, die Figuren auf allen Seiten mit der gleichen Sorgfalt zu bearbeiten, sodass der Betrachter um sie herumgehen und von allen Seiten betrachten konnte.

Da Bauwerk und Statue eine Einheit bildeten, waren sie zumeist aus dem gleichen Material. Das heißt jedoch nicht, dass die Griechen nur den Marmor liebten. Gerade für Statuen war die Bronze in der griechischen Klassik ebenso geschätzt wie der Marmor, hielten sich beide Materialien ungefähr die Waage. Allerdings war die Bronze ungleich wertvoller, weshalb auf öffentlichen Plätzen häufig nur billige Marmor-Kopien

der Bronze-Originale standen. Da auch die Römer unzählige Marmor-Kopien griechischer Meisterwerke anfertigten und die originalen Bronze-Statuen im Laufe der Jahrhunderte in den Schmelzöfen verschwanden, prägt der weiße Marmor unser Bild der griechischen Antike.

Ein einseitiges, ein falsches Bild. Denn es unterschlägt nicht nur die Bronze, sondern noch eine weitere Besonderheit der griechischen Antike: Griechische Tempel und Skulpturen waren bunt. Auch wenn die Marmor-Fundstücke aus antiker Zeit heute weiß sind, ursprünglich waren sie mit grellen oder dezenten Farben bemalt, um die Nahtstellen zusammengesetzter Säulen zu übertünchen, die Haare und Augen deutlich sichtbar zu machen oder den Ausdruck einer Statue zu unterstreichen. Reste dieser ursprünglichen Bemalung sind auch heute zu entdecken, aber zumeist waren die von den Griechen verwendeten Bindemittel aus Eiweiß oder Leim nicht dauerhaft und die Farben wurden mit der Zeit vom Regen weggewaschen – zurück blieb der nackte Marmor.

Marmorbüste aus dem Apollo-Museum in Olympia, Griechenland.

Athena Lemnia, Gips-
Nachbildung einer
kolorierten römischen
Kopie des 1.-2. Jh.

deshalb wählten, weil er auch im bemalten Zustand „atmete", ohne die aufgetragenen Farben zu verändern. Die Farben blieben lebhaft und kontrastreich, kein anderer Stein reichte in dieser Beziehung an Marmor heran.

Ob bemalt oder weiß, monolithisch oder zusammengesetzt, die Geschichte Griechenlands und seiner Kultur ist in Marmor geschrieben – und das im wahrsten Sinne des Wortes. Um seiner „Griechischen Geschichte" Dauer zu verleihen, meißelte sie ein unbekannter Geschichtsschreiber in eine Platte aus parischen Marmor. Die Marmor-Chronik, auch Marmor Parium genannt, beginnt im Jahr 1581/80 vor Christus mit Kekrops – in der griechischen Mythologie der erste König Athens und Attikas, halb Schlange, halb Mensch – und endet mit dem Jahr ihrer Herstellung 264/263 vor Christus. Da hatten die makedonischen Könige und ihre Nachfolger die griechischen Stadtstaaten beerbt, war die griechische Klassik schon längst dem Hellenismus gewichen.

Zwischenzeiten

Gemeinsam mit dem Heer Alexanders des Großen erreichte die Kunst der griechischen Klassik ihre größte räumliche Ausdehnung. Griechische Architektur und Bildhauerei waren an den Ufern des Indus ebenso zu finden wie innerhalb der Mauern Alexandrias. Aber der scheinbare Triumph der Spätklassik barg den Niedergang in sich, denn so wie griechische Kultur in fremde Länder eindrang, so flossen kulturelle Eigenarten dieser Länder nach Griechenland, vermischten sich die Kulturen. Ein Eklektizismus war die Folge, der vor allem mit überhöhten Effekten zu beeindrucken suchte.

Stoßen wir heute auf eine original bemalte Skulptur, geht es uns wie dem französischen Schriftsteller André Malraux:

„Ein bemalter und gewachster griechischer Kopf mutet uns nicht wie ein zu neuem Leben erwecktes Werk, sondern wie eine Monstrosität an."

Das Rad der Zeit lässt sich nicht mehr zurückdrehen, der vermeintlich weiße Marmor hat die Kunst und Kultur des Abendlandes seit der Renaissance beeinflusst. Die ursprünglichen Motive der Griechen interessieren uns nur als Anekdote, auch wenn die Griechen ihren weißen Marmor gerade

Besonders augenfällig ist diese Entwicklung an den Skulpturen und Statuen der hellenistischen Epoche festzumachen. Anfänglich blieben die Bildhauer ihren klassischen Vorbildern noch eng verhaftet, deren Tonmodelle dienten ihnen sogar als Vorlage für ihre Arbeiten. Es waren jedoch keine einfachen Kopien oder Imitationen, die sie herstellten, ihre Figuren besaßen einen eigenen Charakter, der sich insbesondere in der stärkeren Betonung der menschlichen Züge äußerte. Das klassische Gleichgewicht zwischen göttlichen und menschlichen Elementen in der statuarischen Darstellung verschob sich hin zu einer Betonung des Menschlichen.

So ist der um 330 vor Christus von Praxiteles geschaffene Hermes ein Mensch in Göttergestalt, seine irdische Vergänglichkeit of-

Ausschnitt aus dem
Ostfries des Zeus-Altars
von Pergamon
(um 180 v. Chr.).

Venus von Milo
(2. Jh. v. Chr.).

fensichtlich. Praxiteles war es auch, der mit seiner Knidischen Aphrodite die erste figürliche Darstellung einer nackten weiblichen Gestalt wagte; ein Motiv, das im Laufe der Jahrhunderte zahlreiche Neuinterpretationen fand. In der zunehmenden Vermenschlichung zeigte sich eine Freiheit des Ausdrucks, die im Marmor das geeignete Material für ihre figürliche Darstellung fand. In dieser Zeit begann man auch, dem Marmor einen naturalistischen, fast schon sterblichen Eindruck zu geben, indem man ihn mit einem Firnis aus Wachs und Öl überzog und anschließend polierte.

Aber schon bald mischte sich Pathos in die um Realismus bemühte Darstellung. Die Figuren am großen Fries des Pergamon-Altars sind in ruheloser Bewegung, ihre Gesichter voller Ausdruck (siehe Abbildung). Aber zugleich sind die Gesten eine Spur zu ausladend, die Gesichtszüge zu pathetisch; die Kunst der griechischen Klassik nimmt barocke Züge an. Ihr Ende fand diese Entwicklung in der Laokoon-Gruppe, die irgendwann zwischen dem 1. Jahrhundert vor Christus und dem 2. Jahrhundert nach Christus entstand (vergleiche Abbildung, S. 116). Sie beeindruckt durch ihre Virtuosität und ihre technische Meisterschaft, sie enttäuscht durch ihren Ausdruck, der einzig auf Wirkung abzielt, ohne dem Betrachter die Zeit zu lassen, sich ein eigenes Bild zu machen.

In der Baukunst war der Wandel ebenso offenkundig. Es galt nicht mehr das Dogma von Harmonie und Klarheit, Pomp war mehr und mehr gefragt. Hatte die klassische Architektur es tunlichst vermieden, ihre Tempel mit einer Schauseite auszustatten, die die Wirkung der anderen Seiten überdeckte, so zwang die neue Art des Bauens dem Betrachter ihre Blickrichtung auf und korinthische Säulen mit reich verzierten Kapitellen fanden den Weg an die Fassaden, während im Innern Platten aus bunten Marmoren die Wände verzierten, Mosaike den nackten Boden bedeckten. Große Platzanlagen, prächtige Paläste, kolonnadengesäumte Straßen und Standbilder wohlhabender Bürger wiesen den Weg in die Zukunft. Die griechische Kunst war am Ende, Rom wurde Mittelpunkt der Welt.

Triumph des Marmors

„Kennst du das Haus? Auf Säulen ruht sein Dach,
Es glänzt der Saal, es schimmert das Gemach,
und Marmorbilder stehn und sehn mich an."
JOHANN WOLFANG VON GOETHE,
WILHELM MEISTERS LEHRJAHRE, 1796.

Italien ist das Haus, das die kleine Mignon besingt, „das Land, wo die Zitronen blühn." Wenn für Goethe fast anderthalb Jahrtausende nach Untergang des römischen Reiches allein dessen marmorne Überreste noch so markant waren, dass sie sein Italienbild prägten, dann lässt sich die Rolle erahnen, die Marmor im antiken Rom spielte.

Die Geschichte des Marmors in Rom begann in der späten Republik des 1. Jahrhunderts vor Christus und es war keine Liebe auf den ersten Blick. Anfänglich begegneten die Römer dem neuen Material voller Misstrauen und Skepsis, insbesondere Philosophen und Schriftsteller machten aus ihrer ablehnenden Haltung kein Geheimnis. So klagte Cicero in seinen Schriften, dass er „die prächtigen Villen, die Fußböden aus Marmor und Kassettendecken gar nicht" mag, und Plinius forderte das Eingreifen des Staates, der doch sonst jedem überflüssigen Luxus Einhalt gebot:

„Es gibt noch zensorische Gesetzte [...], welche [...] unbedeutende Dinge auszuführen verbieten, Marmor einzuführen und zu diesem Zweck über das Meer zu fahren – dagegen wurde aber kein Gesetz erlassen."
PLINIUS, NATURGESCHICHTE, XXXVI, 4

Der Grund für diese heftige Reaktion war eindeutig. Die ersten Säulen aus Marmor tauchten in den Privathäusern reicher römische Patrizier auf, die diese Mode zumeist als Statthalter oder hohe Beamte in den hellenistischen Provinzen kennengelernt hatten. Für überzeugte Republikaner wie Cicero oder einen Mann wie Plinius, im republikanischen Geiste erzogen, war privater Luxus ein Grund zur Besorgnis. Sie witterten in dieser Zurschaustellung von Wohlstand sofort die Absicht, die Macht im Staat an sich zu reißen. Zudem sahen sie die stoische Philosophie auf ihrer Seite, die nicht müde wurde, die Unwichtigkeit solcher Dinge zu predigen.

Aber während sie den privaten Luxus geißelten, lobten die Moralisten zugleich die Nutzung von Marmor in öffentlichen Bauten, zählte Plinius die mit Säulen aus phrygischem Marmor geschmückte Basilika Aemiliana zu den Bauwundern der Stadt. Kein Wunder, dass ihre Kritik ohne großen Einfluss verpuffte. Die meisten Römer bevorzugten den Luxus, selbst wenn sie ein schlechtes Gewissen dabei hatten. Und in der Kaiserzeit ging auch das verloren.

Schon Augustus hatte begonnen, öffentliche Bauten als Zeichen der *maiestatis imperii* aus Marmor zu errichten, und seine Nachfolger setzten diese Politik fort, sodass man in Rom bald auf Schritt und Tritt Marmor erblickte. Eine besonders beliebte Spielart war die Verwendung exotischer, zumeist farbiger Marmore, die dokumentieren sollten, dass Rom die militärische Herrschaft über die bekannte Welt, *orbis terrarum*, ausübte. Indem sie den farbigen Marmor mit Vorliebe für Türschwellen verwendete, konnten die Römer den besiegten Feind tagtäglich „mit Füßen treten".

Aber der Marmor allein reichte nicht aus, um die ehrgeizigen Bauvorhaben zu verwirklichen, andere Steine wurden ebenfalls

Colosseum, Rom (72-80).

verarbeitet. Besonders beliebt war der Travertin aus den Sabinerbergen in unmittelbarer Nähe Roms; ein Kalksinter, aus dem unter anderem das Colosseum erbaut wurde (siehe Abbildung). Die gewaltigen Bauprogramme unter den Kaisern Domitian und Trajan ließen den Bedarf an Steinen weiter steigen. Jeder Stein wurde gebraucht, doch dem Marmor gebührte die Krone. Seine Verwendung wurde jetzt ausdrücklich gelobt – auch in Privathäusern. Und wer etwas auf sich hielt, kannte die Herkunftsorte und die

111

Mosaike und Inkrustrationen

„Da waren Polster, golden und silbern, auf grünem, weißem, gelbem und schwarzem Marmor." Die Stelle aus dem Buch Esther des Alten Testaments gilt als einer der ersten Hinweise auf die Verwendung von Marmor für Mosaike; beschrieben wird der Palast des persischen Königs Xerxes (519-465 v. Chr.) in Susa im heutigen Iran. Über die hellenistischen Königreiche in Kleinasien und Ägypten kam diese Technik schließlich auch nach Rom, wo die Steinmosaike ihren ersten Höhepunkt erlebten – begünstigt durch die Sägetechnik, die es ermöglichte, Steine jeder Größe und Form leicht und schnell zu erhalten.

Für Steinmosaike sind alle farbigen und spaltbaren Steine geeignet. Wie im Bauwesen wurden aber auch bei Mosaiken entweder aus Kostengründen häufig örtliche Gesteine verwendet oder ganz bewusst auf Marmor als Zeichen des Wohlstands zurückgegriffen. Für Plinius ein Gräuel: „Doch wer auch immer als Erster auf den Gedanken kam, [den Marmor] zu schneiden und aus Prunksucht zu teilen: er hatte einen unglücklichen Einfall."

Die wichtigsten Steinmosaiktechniken sind das *opus tesselatum* (Würfelmosaik), bei dem geschnittene Steinwürfel mit einer Kantenlänge von 1-1,5 Zentimetern eingesetzt werden, und das *opus vermiculatum* (vermiculus = kleiner Wurm), bei dem die Kantenlänge der Steinwürfel nur wenige Millimeter beträgt. Verlegt werden die Mosaike auf einem Mörtel aus Kalk und Tonerde.

Das *opus sectile* (secare = schneiden), die dritte bedeutende Mosaiktechnik, arbeitet mit dünnen Steinplättchen, vorzugsweise aus Marmor. Von dort ist es nicht mehr weit zu den Inkrustrationen, die ursprünglich jede Art der Mauer- und Wandverkleidung umfassten. Seit römischer Zeit ist der Begriff jedoch zumeist auf einen Wandschmuck aus kostbaren Steinplatten beschränkt.

Oben: Bodenmosaik eines römischen Hauses in Orbe, Schweiz (Ende 2. Jh.).

Unten: Frühchristliches Bodenmosaik aus Aquileia, Italien (um 319).

mythologischen Anspielungen zu den wichtigsten Sorten. Statius, der Hofpoet des Domitian, zählte bei seiner Beschreibung der Inneneinrichtung eines privaten Bades sogar die Steine auf, die nicht zum Einsatz kamen:

„Nicht zugelassen sind hier der Thasos-Marmor und der wellig geäderte aus Karystos; es trauert, ferngehalten, der Onyx, klagt ausgeschlossen der Ophites; einzig und allein ergänzen hier die in den gelben Steinbrüchen der Nomaden gebrochenen

112

Marmorsteine, einzig und allein die, welche in der Höhle des phrygischen Synnada Attis selbst mit leuchtenden Tropfen seines Blutes befleckt hat ..."

STATIUS, SILVAE, VERS 34-40.

Die Bedeutung des Marmors zeigten auch die unterschiedlichen Bezeichnungen für Steine und Steinmetze. Die Römer unterschieden den gewöhnlichen *lapis* oder *lapis quadratus*, der von den *lapidarii* bearbeitet wurde, und den edlen *marmor*, mit dem die *marmorarii* arbeiteten. Der Lohn für einen *marmorarius* lag mit 60 Denaren am Tag allerdings nur wenig über dem üblichen Handwerkerlohn. Ein Mosaikarbeiter verdiente etwa ebensoviel, ein Wandmaler etwas und ein Porträtmaler zweieinhalb mal mehr. Dass Marmor trotzdem so teuer war, lag also nicht an den Löhnen, sondern einzig an dem Material, genauer an den Transportkosten. Nur die Kaiserfamilie und der reiche Adel der Hauptstadt konnte sich die Natursteinbauweise in Marmor leisten, schon die Patrizier in Ostia mussten darauf ver-

zichten – oder auf die Inkrustrationstechnik zurückgreifen.

Bei einer Marmor-Inkrustration wird eine gewöhnliche Wand aus Ziegelsteinen zunächst verputzt und dann mit dünnen Plättchen aus gesägtem Marmor verkleidet. Man erzielt so mit einem geringeren Materialaufwand die gleiche Wirkung wie bei einer massiven Bauweise. Eng verwandt damit ist die Mosaiktechnik, bei der ebenfalls gesägte Steinplättchen verwendet werden können (siehe Kasten, S. 112). Die Römer nutzten diese Technik vorwiegend, um griechische Wandmalereien nachzuahmen.

Mosaike und Inkrustrationen sind in Rom fast ebenso alt wie die Verwendung von Steinen aus Marmor, und nur anfänglich wunderte sich noch ein Seneca über die Vorliebe seiner Zeitgenossen:

„Wir bewundern die mit dünnen Marmorplatten belegten Wände und wissen doch, was darunter steckt."

SENECA, EPISTULAE MORALES, 115, 9

Die Lust am Luxus scherte sich nicht um solche Kritik, insbesondere die Ziegelwände in den Privathäusern verschwanden bald hinter Marmor. Bei öffentlichen Bauten bevorzugte man noch länger die von den Griechen übernommene Natursteinbauweise, es sei denn, statische Gründe machten wie beim Bau des Pantheon andere Techniken notwendig (siehe Abbildung). Die gewaltige Kuppel mit einer Spannweite von 44 Metern konnte nur aus einem *opus caementitium*, einem Gussmauerwerk, errichtet werden. Da ein einfaches Mauerwerk aus Bruchsteinen und Mörtel für einen Tempel nicht angemessen schien, wurden die Wände mit Marmorplättchen inkrustiert. Und das Pantheon blieb nicht lange allein, spätestens gegen Ende des 2. Jahrhunderts ersetzte auch bei öffentlichen Bauten der Schein das Sein, wurden vollständig aus Marmor errichtete Gebäude selten.

War bei Inkrustrationen zumindest noch echter Marmor mit im Spiel, löste sich die Liebe zu diesem Stein im 3. Jahrhundert vollständig vom Material. Da jeder Marmor wollte, aber nur wenige ihn sich leisten konn-

Pantheon, Rom (118-125).

te, ging man dazu über, Marmor zu imitieren: durch Verputze, ähnlich dem heutigen Stuckmarmor, oder durch täuschend echte Wandmalereien. Marmor war jetzt reines Dekorationsmaterial. Seine noch von den Griechen geschätzten Eigenschaften als Baumaterial waren nebensächlich, den Römern genügte die Imitation.

Imitation beschreibt auch das Verhältnis der römischen zur griechischen Bildhauerei, zumindest in den Anfängen. Seit die Römer die griechische Stadt Syrakus auf Sizilien 211 vor Christus erobert hatten, strömten ununterbrochen griechische Einflüsse nach Rom. Und als die griechischen Stadtstaaten nach der Zerstörung Korinths 146 vor Christus de facto zur römischen Provinz wurden, war eine Trennung zwischen griechischer und römischer Kunst nahezu unmöglich.

So haben laut Plinius drei rhodische Bildhauer die Laokoon-Gruppe für den Palast des römischen Kaisers Titus (79-81) angefertigt – griechische oder römische Kunst? (vergleiche Abbildung, Seite 116) So standen in Rom unzählige Marmor-Kopien griechischer Bronze-Originale – griechische oder römische Kunst? Die Entscheidung fällt schwer, denn die Wünsche des Auftraggebers hatten zu dieser Zeit einen mindestens ebenso großen Einfluss auf die Skulptur wie die künstlerischen Fähigkeiten des Bildhauers. Und schon der Wechsel des Materials von Bronze zu Marmor brachte gravierende Unterschiede mit sich, die über ein einfaches Kopieren hinausgingen.

Zudem waren römische Bildhauer und ihre Auftraggeber in der Wahl ihrer Motive eklektisch, man imitierte einerseits einen späten Hellenismus, andererseits einen gemäßigten Klassizismus – manchmal auch beides. Die Hauptsache war, dass die Statue die eigene Villa oder den eigenen Garten schmückte, wie es sich für einen wohlhabenden Römer gehörte. Zumindest be- hauptete dies der Satiriker Juvenal wenn er einen Brand in einer typischen, römischen Patrizierwohnung schildert:

„Es brennt noch, und schon eilt einer herbei, um kostenlos Marmor zur Verfügung zu stellen und einen finanziellen Beitrag für

Trajanssäule, Rom (106-113).

den Wiederaufbau zu leisten. Ein anderer wird ihm nackte Statuen aus weißem Marmor stiften, …"

JUVENAL, 3, 210-212

Gekauft hat der Hausbesitzer die Statuen entweder bei einem Kunsthändler – ein Beruf, der sich nach und nach etablierte –, oder direkt in einem Bildhaueratelier, von denen es zu dieser Zeit in Rom etliche gab. Um sich gegenüber der Konkurrenz zu behaupten und die Kunden in sein Atelier zu locken, gingen die Bildhauer in Rom dazu über, ihre Statuen mit einer Unterschrift zu versehen. Ein kurzer Blick genügte, und schon wusste jeder, wo es noch mehr dieser Statuen gab.

Ließen sich die Römer bei der Entscheidung über den Kunststil von ihrer momentanen Laune leiten, so hatten sie sich in der Frage des Materials früh festgelegt: Für weiße Marmorstatuen kam in Rom und dem gesamtem westlichen Teil des Reiches nur der Statuario aus Luna (Carrara) in Frage. Eine Entscheidung, die für die nächsten zweitausend Jahre gültig blieb.

Bei allen Gemeinsamkeiten zwischen griechischer und römischer Bildhauerei gab es auch Gebiete, zumeist kleine, in denen die römische Kunst etwas Eigenständiges entwickelte beziehungsweise andere Einflüsse wirksam wurden. Diese Unterschiede waren fast immer durch einen starken Realismus gekennzeichnet – etwas, was der idealisierenden griechischen Kunst fremd war. Besonders deutlich zeigen das die in Marmor gemeißelten Porträts aus dem 1. Jahrhundert nach Christus. In diesen Porträts

wurde die Tradition des etruskischen Ahnenkults fortgesetzt, bei dem Wachsmasken der verstorbenen Hausväter die Erinnerung an die Toten wachhalten sollten – und wie eine Wachsmaske vom Gesicht eines Toten, so erscheinen auch diese Bildnisse aus Stein. Als Abbilder von gewöhnlichen römischen Patriziern waren die Porträts für einen privaten Ort bestimmt, der öffentliche Raum war in Rom dem Kaiser und seinen Statuen vorbehalten. Jede einzelne dieser Statuen war mehr als nur ein Objekt der Bewunderung, sie war Stellvertreter des Kaisers mit allen politischen, rechtlichen und kultischen Konsequenzen. Sie war wichtiges Mittel der kaiserlichen Propaganda in einem Reich, dessen schiere Größe es unmöglich machte, dass ein Herrscher wäh-rend seiner Regierungszeit auch nur einmal jeden bedeutenden Ort seines Reiches aufsuchte.

Der römische Hang zum Realismus wird auch bei den „erzählenden Reliefs" deutlich, einer eigenständigen römischen Entwicklung. Eines der bekanntesten Beispiele ist die Trajanssäule in Rom, die zwischen 106 und 113 zur Erinnerung an den Sieg über die Daker errichtet wurde (siehe Abbildung). Ohne jeden künstlerischen Anspruch sind hier wie in einer Reportage unzählige Momentaufnahmen aus dem Krieg in Marmor festgehalten – mit dem ausdrucksstarken Parthenonfries eines Phidias hat das erzählende Relief nichts gemeinsam.

Realismus war es auch, der die Römer spätestens seit Augusteischer Zeit zu einem neuen Skulpturenmaterial greifen ließ. Hatten die Griechen versucht, die Farbe von Haaren, Augen oder Gewändern durch Bemalen zu imitieren, so setzten die römischen Bildhauer zu diesem Zweck gleich farbige Marmore ein. Wie in der Architektur konnte so auch in der Bildhauerei einer römischen Weltherrschaft Ausdruck verliehen werden, die ausnahmslos jeden Marmor verfügbar machte.

Verfügbar waren aber nicht nur die unterschiedlichsten farbigen Marmore, auch Statuenmarmor gab es seit dem 2. Jahrhundert in ausreichender Menge und vor allem in ausreichend großen Blöcken. Das war eine ganz neue Erfahrung für die römischen Bildhauer und ermöglichte ihnen, sich von den Vorgaben der griechischen Kunst ein wenig zu entfernen.

In Griechenland, in der römischen Republik und in der frühen Kaiserzeit waren nur die allerwenigsten Statuen aus einem Block, sie waren noch nicht einmal aus einem Material. Zumeist wurden nur Kopf, Hände und Füße aus Statuenmarmor der besten Qualität gefertigt, für die bekleideten Körperteile musste ein lokales Gestein genügen, das durch ansprechende Bemalung aufgewertet werden konnte. War die Bemalung besonders kunstfertig ausgeführt, blieben dem Betrachter sogar die Nahtstellen verborgen. Selbst ein Fachmann wie Plinius pries die Laokoon-Gruppe als ein aus einem Block geschaffenes Kunstwerk. Erst als die Skulptur im Jahr 1506 in einem Weinberg

Grabmal des Theoderich, Ravenna (6. Jh. n. Chr.). Der Kalkstein aus Istrien ersetzte in den Städten der oberen Adria schon früh den Marmor aus Carrara; Höhepunkt der Verwendung war das Spätmittelalter.

„Aus einem einzigen Steinblock schufen den Laokoon, seine Söhne und die wunderbaren Windungen der Schlangen nach übereinstimmendem Plan die hervorragenden Künstler Hagesandros, Polydoros und Athenodoros, alle drei aus Kreta." (Plinius, Naturgeschichte, XXXVI, 37)

bei Rom wieder entdeckt wurde, war es Michelangelo, der nach gründlicher Untersuchung voller Bewunderung feststellte, dass sie vier fast unsichtbare Nahtstellen besaß (siehe Abbildung).

Das Zusammensetzen von Skulpturen war keine bewusste Entscheidung wie der Einsatz bunter Marmore, es war einfach notwendig. Statuenmarmor ist selten und große Blöcke sind fast nicht zu finden. Abhilfe ist nur durch eine hervorragend organisierte Steinbruchwirtschaft zu schaffen, wie das römische Reich sie besaß. Die Versorgung mit Statuenmarmor jeder Größe lässt sich an der Entwicklung römischer Statuen mit Brustpanzer ablesen, die sowohl aus einem Block als auch problemlos durch eine Kombination verschiedener Marmore herzustellen waren. Im 1. Jahrhundert lag der Anteil der Skulpturen mit separatem Kopf bei nahezu 90 Prozent, unter Kaiser Hadrian

(117-138) war nur noch jede zweite Statue zusammengesetzt und im 3. Jahrhundert schließlich sind fast alle Figuren aus einem Block.

Auch der Stil der Skulpturen änderte sich mit der besseren Versorgung. Überwog im 1. Jahrhundert noch ein einheitlicher Typus, halbbekleidet mit geschlossener Pose, was den wenigsten Stein beanspruchte, so wurden die Figuren im 2. Jahrhundert nackter größer und erhielten zudem einen Sockel. Die Haltung war jetzt offener, wenn das dem Wunsch des Auftraggebers entsprach – und seinen finanziellen Möglichkeiten, denn teuer war ein großer Block Statuario immer noch.

Mit dem Zusammenbruch der Steinbruchwirtschaft war auch die Blütezeit der römischen Bildhauerei vorbei. Die Wiederverwertung alter Skulpturen und die Aufarbeitung der Lagerbestände standen jetzt auf dem Programm. Bei den Baumaterialien war die Situation ähnlich. Qualitativ

Marmorsectile am Dom von Amalfi, Süditalien (12./13. Jh.).

hochwertiger Marmor wurde immer seltener und kostspieliger, auch die Patrizier mussten auf Stuckmarmor zurückgreifen oder mit lokalen Gesteinen vorliebnehmen. Bodenständigkeit lautete wieder einmal die Devise.

Nur wenige Jahre nach Untergang des römischen Reiches schlugen selbst beim Grabmal des Theoderich in Ravenna die Transportkosten voll durch (siehe Abbildung). Zwar ist die Kuppel des Grabmals bei einem Durchmesser von fast 10 Metern noch monolithisch, aber der 400 Tonnen schwere Stein ist nicht aus Carrara-Marmor. Theoderich, der dem römischen Reich mitsamt seinen Palästen und Statuen aus Marmor den Todesstoß versetzte, musste sich bei seinem Grab mit einfachem Kalkstein aus Istrien begnügen. Der Transport über die Adria war billiger als der 200 Kilometer lange Landweg von Carrara quer durch den Apennin.

In den folgenden Jahrhunderten spielte Marmor nur dort eine Rolle, wo es bedeutende Vorkommen gab. Ausnahmen wie die Sarkophage der französischen Könige, für die Marmor aus den alten, römischen Steinbrüchen in den Pyrenäen herangeschafft

Campo dei Miracoli, Pisa
(11.-14. Jh.).

wurde, lassen sich an einer Hand abzählen; die meisten Marmorbrüche verfielen. Wirkliches Interesse für Marmor und Kalkstein zeigten nur noch die Kalkbrenner, allerdings weniger für die Brüche, sondern mehr für die alten Platten, Säulen und Statuen, die zu Hunderten in ihren Öfen verschwanden. Die Blütezeit des Marmors war vorbei, eine neue noch nicht in Sicht.

Die Wiederentdeckung

*„Also erstiegen wir den ersten Stein,
Schneeweißen Marmor, blank auf jeder Seite,
So dass ich selbst mich sah im Spiegelschein."*

DANTE ALIGHIERI, DIVINA COMMEDIA,
PURGATORIUM 9, 94-96

Dante hat sich die Inspiration für seine Schilderung der Stufen auf dem Weg ins Fegefeuer vielleicht auf Spaziergängen durch seine Heimatstadt Florenz geholt, zumindest wurde in der aufstrebenden toskanischen Metropole seit dem 11. Jahrhundert wieder Marmor in größerem Umfang genutzt – Carrara war nur 125 Kilometer entfernt. Die Kirche San Miniato al Monte zum Beispiel ist mit 4-5 Zentimeter langen Platten aus weißem Carrara-Marmor inkrustiert

und auch bei anderen Bauten lebte die alte römische Technik wieder auf (siehe Abbildung).

Die florentinische Protorenaissance des 11. und 12. Jahrhunderts blieb als Baustil auf die Stadt Florenz begrenzt, aber benachbarte Städte wie Pisa entdeckten ebenfalls den Carrara-Marmor neu – von hier waren es sogar nur 55 Kilometer bis zu den Brüchen. Der Campo dei Miracoli, bestehend aus Dom, Baptisterium und Campanile wurde aus weißem und farbigem Marmor errichtet, und der Marmor ist es, der dieser Anlage trotz einer dreihundertjährigen Bauzeit ein einheitliches Äußeres verleiht (siehe Abbildung).

Aber Pisa und die Protorenaissance waren nur eine Vorahnung dessen, was rund dreihundert Jahre später kommen sollte, vor allem gingen sie in ihrer Wirkung kaum über die Toskana hinaus. Das übrige Europa verharrte noch im Spätmittelalter.

Zwar nahm die Bedeutung von Stein als Baumaterial langsam wieder zu, entstanden neben den Kirchen und Kathedralen auch immer mehr Burgen und selbst einfache

Wohnhäuser aus Stein, um so der Brandgefahr in den Städten und dem allgemeinen Holzmangel zu begegnen. Aber die Auswahl an unterschiedlichen Gesteinen blieb aufgrund der hohen Transportkosten gering, örtliche Gesteine mussten genügen wie im fränkischen Jura, wo selbst die Dächer der Häuser aus Kalkstein waren. Marmor gab es nur in Norditalien zuhauf, nur dort war er bezahlbar. Und selbst für eine gotische Kathedrale wie den Kölner Dom wurde ein Trachyt vom nahegelegenen Drachenfels verwendet, obwohl bei diesem Bau sonst kein Aufwand zu groß war.

Andernorts spiegelt das Baumaterial die finanzielle Situation des Bauherrn zu unterschiedlichen Zeiten wider: War genug Geld da, wurden bessere Steine aus entfernten Brüchen verbaut; besaß man nur wenig Geld, blieb man bei örtlichen Steinen. In Norddeutschland entwickelte man mit der Backsteingotik sogar einen eigenen Baustil, da der sandige Boden keine geeigneten Natursteine hergab. Und selbst bei Plastiken waren die Auftraggeber oft nicht bereit, für gute Steine zu bezahlen. War kein Weichgestein vor Ort, fertigte man die Skulpturen aus Kunststein an, einer gegossenen Kalk-Gips-Mörtelmasse.

Ca' d'Oro, Venedig
(1421-1440).

Gemalte Imitation einer Marmor-Inkrustration, Ev. Pfarrkirche, Waltensburg (um 1330). Da Marmor für die meisten Bauherren zu teuer war, täuschte man den Stein durch eine eindrucksvolle Bemalung vor.

Aber während nördlich der Alpen noch die Kalk- und Sandsteine dominierten, begannen die Baumeister der norditalienischen Städte, ihre Kathedralen wieder in Marmor zu errichten, und auch die Paläste und Wohnhäuser sollten jetzt in neuem Glanz erstrahlen (siehe Abbildung). Gestärkt durch den wirtschaftlichen Erfolg waren die herrschenden Schichten aus Bürgertum und stark verbürgerlichtem Stadtadel nicht mehr bereit, die unangefochtene Führungsrolle der Kirche hinzunehmen. Man wollte nicht mehr auf die Erlösung im Jenseits warten, sondern die Früchte des Erfolgs schon im irdischen Dasein genießen.

Die geistigen Grundlagen für das neue Selbstbewusstsein schuf der Humanismus, der sich in bewusster Abgrenzung zur mittelalterlichen Scholastik mit den antiken Philosophen und Schriftstellern befasste und den Mensch in den Mittelpunkt seiner Überlegungen stellte. Die künstlerische Antwort auf diese Entwicklung war die Renaissance. Indem sie sich antiker Malerei, Architektur und Bildhauerei zuwandte und diese zu neuem Leben erweckte, erfüllte die Renaissance die abstrakten Ideale des Humanismus gleichsam mit Leben – auch wenn ein Erasmus von Rotterdam beim Anblick des Doms von Pavia unwillig feststellen musste, dass die Besucher mehr von den marmornen Einlegearbeiten beeindruckt waren als von den religiösen Motiven.

An der Spitze der Bewegung stand wieder Florenz, das „neue Athen", wo nicht nur die Medici junge Künstler und Bildhauer großzügig förderten. Schon 1480 gab es hier 54 Bildhauer- und Steinmetz-Ateliers, von denen jedoch höchstens jedes vierte von einer bekannten Persönlichkeit geleitet wurde. In den meisten Fällen arbeiteten in den Ateliers einfache Handwerker, die Säulen, Kapitelle und Mörser für den allgemeinen Bedarf herstellten – nicht jeder war ein Michelangelo.

Michelangelo Buonarroti war ein Universalgenie, sein Fresko des Jüngsten Gerichts in der Sixtinischen Kapelle ist ebenso weltberühmt wie seine architektonischen Meisterwerke, die Biblioteca Medicea Laurenziana und die Grabkapelle der Medici. Seine wahre Liebe jedoch galt der Bildhauerei:

„Wenn es irgend etwas Gutes in meinem Können gibt, dann kommt es daher, dass ich [...] mit der Milch meiner Amme Hammer und Meißel erhielt, mit denen ich meine Figuren schaffe."

GIORGIO VASARI, VITE DE'PIÙ ECCELENTI ARCHITETTI, PITTORI ED SCULTORI ITALIANI

Auch wenn Michelangelo die Bemerkung halb im Scherz machte, enthält sie doch einen wahren Kern. Seine Amme war die Tochter eines Steinmetzes und sie war mit einem Steinmetz verheiratet. Michelangelo wuchs unter Steinmetzen auf und kam früh mit all den handwerklichen Fähigkeiten in Berührung, die er Jahre später benötigte, um dem Stein ganz neue Ausdrucksmöglichkeiten zu entreißen.

Vielleicht war das harte, einfache Leben seiner Jugend der Grund, dass Michelangelo an den Höfen der Mächtigen als Eigenbrötler galt, vielleicht war es etwas anderes, aber Michelangelo war nur glücklich, wenn es galt, Widerstände zu überwinden – und seine liebsten Gegner waren seit dem Morgen des 16. August 1501 Marmorblöcke.

An diesem Tag erhielt Michelangelo den Auftrag für den David. Er hatte zwar schon vorher Reliefs und Skulpturen aus Marmor angefertigt, aber dies hier war etwas voll-

Marmordavid (1501/04). Michelangelo ist "vielleicht der einzige, von dem man sagen könnte, daß er das Altertum erreichet; aber nur in starken muskulösen Figuren, in Körpern aus der Heldenzeit." (Johann Joachim Winkelmann).

Michelangelo in den
Marmorbrüchen,
Gemälde von Antonio
Puccinelli (1822-1897).

mor, er wollte keinen *ordinario*, keinen *bardiglio*, keinen *arabescato* oder *fantastico*, er wollte nur den einen: Seinen *statuario*, den er in den abgelegensten und unzugänglichsten Brüchen am Monte Altissimo fand. Dorthin ging er und dort machte sich seine Kindheit unter den Steinbrechern bezahlt. Jetzt konnte er die Steinbrecher bei ihrer Arbeit anleiten, ja er trieb sie förmlich zur Arbeit, ohne ihr oder sein eigenes Leben zu schonen. Zweimal entging Michelangelo nur knapp dem Tode durch herabstürzende Marmorblöcke, aber er fand seinen Statuario, aus dem er zehn Jahre später den Moses für das Grabmal Julius II. schaffen sollte. Die *cavatori*, die Steinbrecher, konnten sich nicht entscheiden, ob sie ihn hassen oder lieben sollten, tief beeindruckt waren sie auf jeden Fall, wie das Gedicht eines unbekannten *cavatore* zeigt:

„Michelangelo ist der Gott von Carrara, mit den Händen eines Steinbrechers, mit dem Blick eines Wahnsinnigen und der Gier nach unendlichen Dingen."

Auch wenn Michelangelo die letzten Jahrzehnte seines Lebens fast nur noch mit der Arbeit an der Sixtinischen Kapelle beschäftigt war, so beeinflussten seine Statuen der ersten Jahrzehnte doch die Bildhauerei der nachfolgenden Generationen in ganz Europa, ja in der gesamten christlich-abendländischen Welt, und der Statuario war fortan das Skulpturmaterial schlechthin.

kommen Neues. Ein Marmorblock von gewaltigen Ausmaßen, eher zu dünn für seine enorme Länge, wartete bald 40 Jahre im Werkhof der Florentiner Dombauhütte auf seinen Meister. Einige Bildhauer waren bereits an ihm gescheitert, bevor Michelangelo annahm, was jeder andere ablehnte. Er hatte in dem Block sofort seinen David gesehen, der gefangen in seinem „Marmorkäfig" auf die Befreiung wartete.

Ohne Modell – „Der große Künstler kennt kein Konzept" – ging er an die Arbeit und nach 28 Monaten hatte er den David befreit: Von dem ursprünglich 34 Tonnen schweren Block waren da noch 6,5 Tonnen übrig geblieben. „Il gigante" nennen die Florentiner die Statue, und er ist wirklich ein Gigant, der 5,35 Meter hohe Marmordavid, ein echter „Sohn der Erde", wie die Übersetzung des griechischen *gigas* lautet (siehe Abbildung).

Hatte den Marmor für seinen David noch ein anderer ausgesucht, so ging Michelangelo bei späteren Projekten zumeist selbst nach Carrara. Im Jahr 1505 war er insgesamt acht Monate dort, um im Auftrag von Papst Julius II. Marmor für dessen Grabmal zu kaufen. 1000 Dukaten, umgerechnet fast 100 000 DM hatte er dafür erhalten, viel Geld für ein bisschen Marmor. Aber Michelangelo wollte nicht irgendeinen Mar-

Was Michelangelo für die Bildhauerei, war Andrea Palladio für die Architektur. Auch Palladio hatte eine Ausbildung zum Steinmetz und Bildhauer erhalten und zunächst 25 Jahre in diesem Beruf gearbeitet. Er war schon Anfang vierzig, als er zur Architektur kam. Vorher hatte er halb Italien bereist, hatte unzählige antike Gebäude aufgemessen und sich dort die Inspiration für seine eigenen Arbeiten geholt. Sein Baustil war die ideale Verbindung der Renaissance mit der Antike. Es war kein blutleeres, akademisches Bauen, was Palladio propagierte, er übernahm antike Formen und übersetzte sie in seine eigene Zeit. Seine wichtigsten Bauten waren Kirchen, aber auch die seit der Renaissance gleichberechtigt daneben getreten Profanbauten der

Villa Rotonda, Vicenza
(1566-1569).

Stuckmarmor

Die Geschichte des Stuckmarmors ist fast so alt wie die Geschichte des Marmors und sie ist eng verbunden mit Zeiten, in denen Pomp und Prunk den Zeitgeist dominierten. Bevor Stuckmarmor im Barock seinen absoluten Höhepunkt erlebte, war er schon im Späthellenismus und in der römischen Spätantike weit verbreitet gewesen, hatten ihn die Bauhandwerker der Renaissance wiederentdeckt.

Zentren der Stuckmarmorkunst im Barock waren Italien und Süddeutschland, hier bildete sich auch der neue Beruf des Stuckateurs heraus. Als Wanderhandwerker trugen die Stuckateure den Stuckmarmor in alle europäischen Länder und zu Beginn des 19. Jahrhunderts war er auch in New York zu finden. Aber die Blüte war bald wieder vorbei, nur gelegentlich tauchte Stuckmarmor später noch einmal auf wie in Otto Wagners Jugendstilarchitektur im Wien der Jahrhundertwende.

Stuckmarmor ist Gips, aber die vergleichsweise billige Imitation von Marmor übertrifft in der Vielfalt der Farben und Marmorierungen oftmals den echten Stein. Zu seiner Herstellung benötigt man außer Gips noch Leimwasser und Farb-Pigmente. Diese Mischung wird in einer circa 1,5 Zentimeter dicken Schicht aufgetragen, anschließend bis zu achtmal geschliffen und gespachtelt und zum Schluss noch geölt, poliert und gewachst. Entscheidend für das Gelingen sind vor allem Geduld und Geschick des Stuckateurs, und da zählt nur die Erfahrung.

Früher war die Kunst, Stuckmarmor herzustellen und zu verarbeiten, Geheimwissen, von den Meistern streng gehütet. Nachdem diese Kunst zwischenzeitlich fast in Vergessenheit geraten war und nur noch wenige Restauratoren sie beherrschten, werden heute wieder eigene Seminare zu Stuckmarmor angeboten. Und auch bei Neubauten trifft man gelegentlich wieder auf Stuck. So sind die "Marmor"säulen im Berliner Postmuseum aus Gips.

vornehmen Schichten, die Stadtpaläste und ländlichen Villen baute er zuhauf (siehe Abbildung).

Und Palladio hat nicht nur die antike Baukunst wieder entdeckt, er hat auch das Gesicht der heutigen Städte geprägt. Seine mit Säulen und Tempelgiebeln verzierten Fassaden haben überall ihre Spuren hinterlassen, haben den Klassizismus des 18. Jahrhunderts ebenso bestimmt wie den Historismus des 19. Jahrhunderts, haben sogar unsere Bilder und Vorstellungen von den Bauten der Antike beeinflusst.

Dem Material der Antike hat er allerdings nicht mehr zu alter Geltung verhelfen können, Marmor blieb gelegentliches Dekor für Fußböden und Inkrustationen. Sei es, weil seine Auftraggeber sich keinen Marmor leisten konnten, sei es, weil es an geeigneten Handwerkern für das sensible Material fehlte: Palladios Bauten täuschen Fassaden aus Marmor nur vor, in Wirklichkeit sind es einfache Ziegelbauten, verputzt mit Stuckmarmor.

Mehr Schein als Sein

Stuckmarmor ist das Kennzeichen des Barock. Ausgehungert nach den Entbehrungen des dreißigjährigen Krieges wollte der europäische Adel oder das, was von ihm übrig geblieben war, seiner neugewonnenen Macht und Stärke angemessen Ausdruck verleihen. Sei es der Potentat eines deutschen Kleinstfürstentums oder ein absolutistischer Herrscher wie Louis XIV., der mit

Versailles den Höhepunkt barocker Baukunst in Auftrag gab; überall setzte auf Wunsch der Barockfürsten eine rege Bautätigkeit ein, wie es sie seit römischen Zeiten nicht mehr gegeben hatte.

Der Bedarf an Natursteinen und anderen Baumaterialien stieg gewaltig und neue Kenntnisse über die Eigenschaften der unterschiedlichen Materialien führten zu einer bewussten Auswahl der Baustoffe. Man verbaute nicht mehr einfach das, was man fand, sondern setzte ein Material gemäß seiner Eigenschaften ein: druckfeste Steine für tragende Teile, zugfeste Materialien wie Holz für lastende Teile. Marmor war jedoch nur selten darunter. Lieber verwendete man geeignete lokale Gesteine, so zum Beispiel in Salzburg den Untersberger und den Adneter Marmor, zwei polierfähige Kalksteine.

Bei allem Hang zur Prunksucht dachten die absolutistischen Herrscher doch wirtschaftlich. Echter Marmor war teuer, das konnten auch seine günstigen Eigenschaften als Baumaterial nicht aufwiegen, und für dekorative Elemente an und in den Gebäuden gab es Stuckmarmor. Der war nicht nur billiger, sondern auch leichter zu handhaben, sodass der Handwerker größere künstlerische Freiheiten besaß. Er konnte Farbe und Marmorisierung selbst bestimmen, die genaue Form der Stuckverzierungen jederzeit seinen Vorstellungen anpassen und einen Fehler bei der Bearbeitung einfach wieder rückgängig machen – ein unschätzbarer Vorteil bei den ausgefallenen Wünschen der Auftraggeber. So kann, wer heute einen Bau aus der Barockzeit betritt, sicher sein, dass die wunderschöne Marmorsäule hinten rechts in der Halle aus Gips ist. Im Barock triumphierte fast immer der Schein über das Sein.

Die Piazza Navona in Rom mit dem Vierströme- und dem Tritonbrunnen ist ein beeindruckendes Beispiel barocker Baukunst. Gestaltet wurde der Platz von einer großen Bildhauerwerkstatt unter der Leitung von Gian Lorenzo Bernini.

Für barocke Skulpturen gilt das in gewisser Hinsicht auch. Zwar sind sie immer noch aus echtem Marmor gefertigt, aber die Skulpturen verlieren nach und nach ihren eigenständigen Charakter. So wie die Marmorsäulen bloße Dekoration der Gebäude sind, sind es die Skulpturen auch. Sie bilden häufig wieder eine Einheit mit der Architektur, sind auf eine oder zwei Schauseiten hin konzipiert und sollen den Betrachter durch ihre schmückenden oder spielerischen Elemente beeindrucken.

Dieses protzige, nach außen gerichtete Auftreten der Kunst zeugte vor allem vom übersteigerten Selbstbewusstsein der Fürsten und so war es kein Wunder, dass insbesondere das wirtschaftlich erfolgreiche Bürgertum gegen Ende des 18. Jahrhunderts den Barock zunehmend als maßlos empfand; indem er den Klassizismus erfand, konnte sich der aufgeklärte Bürger vom dekadenten Adel abgrenzen.

Der Wunsch nach Abgrenzung war größer als das Bestreben, sich an den antiken Vorbildern zu orientieren. Waren bei den Griechen Tempel und Theater noch mit Skulpturen, Reliefs und Friesen reich verziert, so verzichtete man jetzt bei Säulen und Giebeln auf jedes schmückende Beiwerk und schuf sich sein eigenes Bild der Antike.

Da die ausgegrabenen Statuen und Gebäude aus Marmor in Herculaneum und Pompeji weiß waren, propagierte der Klassizismus eine Antike, die im Glanz von weißem Marmor erstrahlte. Daran änderte auch Gottfried Sempers Schrift „Vorläufige Bemerkungen über bemalte Architektur und Plastik bei den Alten" wenig. Zwar ging man wieder dazu über, die Fassaden aus Stuckmarmor farbig zu bemalen, die Vorstellung von weißen Marmorskulpturen ist hingegen bis heute in unseren Köpfen.

Der Geist der Antike

Die Ausgrabungen in Herculaneum (1738) und dem benachbarten Pompeji (1748) hatten in ganz Europa für Aufsehen gesorgt, mit einem Schlag war, wieder einmal, das Interesse an der Antike geweckt. Und diesmal beschränkte man sich nicht wie in der Renaissance auf das lateinische Erbe, sondern betrieb die Wiederentdeckung aller „Mittelmeerstile". Das heißt jedoch nicht, dass man dem Material der Antike, dem Marmor, neues Leben einflößte. Aus Kostengründen beließ man es bei einer mehr geistigen Wiederentdeckung und blieb ansonsten beim Stuckmarmor.

Bildungsreisen nach Griechenland und Italien standen schon bald auf dem Programm vermögender Bürgerschichten, Johann Joachim Winckelmanns 1763 veröffentlichte „Geschichte der Kunst des Altertums" gehörte zur Standardlektüre gehobener Kreise. Insbesondere die von Winckelmann in der griechischen Kunst entdeckte „Edle Einfalt und Stille Größe" bot die gesuchte Möglichkeit zur Abgrenzung von adliger Prunksucht und wurde schnell zur Richtlinie in bürgerlicher Architektur und Bildhauerei.

Marmorpalais in Potsdam (ab 1787). Ursprünglich sollte der Backsteinbau vollständig mit schlesischem Marmor bekleidet werden. Da sich das Material jedoch nur schlecht bearbeiten ließ, wurden die Fassadenreliefs aus Sandstein gearbeitet und dann marmorartig angestrichen. Das Belvedere ist sogar nur eine bemalte Holzkonstruktion.

Glyptothek in München (1816-34). Der Architekt Leo von Klenze war einer der vehementesten Verfechter klassizistischer Baukunst: „Es gab und gibt nur eine Baukunst, und wird nur Eine Baukunst geben, nämlich diejenige, welche in der griechischen Geschichts- und Bildungsepoche ihre Vollendung erhielt."

Während ein Maler Bild um Bild malte, um es dann auf dem freien Markt anzubieten, arbeitete ein Bildhauer nur im Auftrag nach genauen Anweisungen. Und die Auftraggeber orientierten sich zumeist am allgemeinen Geschmack, also an Winckelmann und seinem Klassizismus, oder sie wollten sich ihre eigenen Denkmäler setzen – so wie Napoleon Bonaparte, der zu diesem Zweck im Jahr 1800 in Carrara eigens eine Bildhauerakademie gründen ließ.

Doch jetzt war der Zeitpunkt für den Bruch gekommen und nach fünftausend Jahren trennten sich die Bildhauer in Handwerker und Künstler. Die Handwerker übernahmen weiterhin nur Auftragsarbeiten und wurden zu den Steinmetzen gezählt oder als Kopisten bezeichnet; ihr Material blieb der Marmor, ihr Stil naturalistisch. Die Künstler behielten die Bezeichnung Bildhauer, von allem anderen trennten sie sich. Sie arbeiteten nicht mehr im Auftrag, sondern auf eigene Rechnung; sie ahmten nicht mehr die Natur nach, sondern hatten ihre eigenen Stile; sie arbeiteten nicht mehr ausschließlich mit Marmor, sondern kannten ganz unterschiedliche Materialien, ja den Marmor lehnten sie häufig sogar ab, um nicht mit den Kopisten verwechselt zu werden.

Modern ohne Marmor

Eine Vielfalt der Stile in der Bildhauerei, aber auch in Malerei und Architektur, ist kennzeichnend für das 19. Jahrhundert und die Zeit danach. Der letzte einheitliche Stil war der Barock. Schon der Klassizismus war nicht mehr auf allen Gebieten maßgeblich und spätestens mit seinem Ende war vieles erlaubt, wie die anekdotische Umschreibung der Architektur des Historismus treffend auf den Punkt bringt: „Das Haus ist fertig, welcher Stil soll nun dran?"

Auch unser Bild vom Stil antiker Bildhauerei wurde vor zweihundert Jahren geprägt. Hatten die Barockbildhauer bei aller Verspieltheit noch einen neuen, eigenen Stil entwickelt, erschöpfte sich die klassizistische Bildhauerei darin, die antike Kunst zu wiederholen. So technisch vollendet die Skulpturen auch sind, in ihrer makellosen Schönheit wirken sie häufig doch kalt und leer.

Das Dilemma der Bildhauer trat jetzt offen zutage. In zweitausend Jahren Bildhauerei in Marmor ist alles schon einmal dagewesen. Um etwas wirklich Neues zu schaffen, mussten sich die Bildhauer vom Althergebrachten lösen. Das hieß, einen neuen Blickwinkel, eine neue Sichtweise zu finden, die über die reine Nachahmung der Natur hinausging. Das hieß aber auch, sich von seinem Auftraggeber zu lösen, denn immer noch war ein Bildhauer kein freier Künstler, sondern Lohnarbeiter.

So wie es in Fragen des Stils jetzt ein reichhaltiges Angebot gab, so gab es auch eine große Auswahl an unterschiedlichen Baumaterialien. Die Eisenbahn hatte Mitte des 19. Jahrhunderts das Transportwesen revolutioniert und die Kosten drastisch gesenkt. Insbesondere Natursteine waren jetzt

Vestibül der Semperoper, Dresden (ab 1870). Die Stilformen des Historismus seien „erborgt und gestohlen, sie gehören uns gar nicht", schrieb Gottfried Semper. Das hinderte ihn nicht daran, in der Semperoper die ganze Vielfalt an Wand- und Deckenverkleidungen zu nutzen: Marmorinkrustationen wechseln sich ab mit Stuckmarmor, neben Stucco lustro finden sich Öl- und Tempera-Malereien.

hobenen Kreisen wurde Marmor nur gelegentlich für Portale und Treppen verwendet, wie der zeitgenössische Berliner Schriftsteller und Journalist Victor Auburtin wohlwollend bemerkte:

„Über solche italienischen Marmortreppen geht es sich edel und gut. Man wird größer und besser, wenn man über Marmor schreitet. Die Seele, des ewigen Plastertretens müde, streckt sich aus, reckt unsichtbare Organe und lässt kühle Palastluft in sich einziehen."

An den Fassaden, Wänden und Decken dominierte weiterhin der Stuckmarmor und sollten einmal außergewöhnliche Materialien zum Einsatz kommen, entschieden sich Bauherr und Architekt zumeist für Stahl oder Beton. Anfänglich versteckte man sie noch hinter Verkleidungen aus Steinplatten, aber nach und nach traten sie frei in Erscheinung und dominierten Fassaden und Innenräume. Stahl und Beton, dazu noch Glas, das waren die Materialien, mit denen sich die Zukunft bauen ließ. Marmor hingegen gehörte der Vergangenheit an, war der Stoff für Erinnerungen.

erschwinglich und neue Baumaterialien wie Stahl, Beton und Glas drängten ebenfalls auf den Markt. Die Bauwirtschaft boomte, die Zahl der neu erbauten Gebäude erreichte Dimensionen, gegen die sich die Baulust der Barockfürsten gering ausnahm.

Beste Voraussetzungen für eine Renaissance des Marmors, der in seinen Eigenschaften als Baumaterial ja allen anderen Steinen überlegen war. Und diese Renaissance kam, und kam auch wieder nicht.

Zwar stiegen die abgebauten Mengen an Marmor von Jahr zu Jahr, ging auch das „petrographische Lokalkolorit" der Städte und ländlichen Gemeinden nach und nach verloren, in denen jetzt nicht mehr jedes Haus aus dem gleichen örtlichen Gestein gebaut war. Aber dass Marmor wieder die Fassaden und Inneneinrichtungen dominierte, war nicht der Fall – geschweige denn, dass ganze Häuser wieder aus diesem edlen Material errichtet wurden. Selbst in ge-

Verhinderte Kaiser

Es war kein Zufall, dass Benito Mussolini den Marmor liebte. Der „Duce", wie er sich nannte, träumte vom Ruhm vergangener Zeiten und sah in sich selbst einen würdigen Nachfolger der römischen Kaiser. So wie diese ihren Ruhm in dem weißen Stein aus Carrara verewigt hatten, so wollte Mussolini seine Größe in Marmor meißeln. Fast 1500 Jahre nach dem Untergang des Römischen Reiches ließ Mussolini im Steinbruch „La Carbonera" bei Carrara einen 17 Meter langen und fast 300 Tonnen schweren Marmorblock brechen, als Material für ein Denkmal in Rom (siehe Abbildung).

Die gewaltigen Abmessungen des Monolithen überschritten die Leistungsfähigkeit der neuen Dieseltraktoren und wie zu römischen Zeiten mussten die Arbeiter für den Transport wieder auf antike Methoden zurückgreifen. Unzählige Arbeiter trieben 30 Paar Zug-Ochsen Tag und Nacht durch die Berge, verbrauchten 70 000 Liter Seifenlauge, um die Holzplanken einzuschmieren, auf denen der Block langsam zum Hafen rutschten sollte und trotzdem dauerte der Weg zum Meer ein halbes Jahr. Dort nahmen mehrere Lastkähne den Stein auf und schifften ihn nach Rom, wo er zusammen mit 60 Athletenstatuen auf dem neuen Forum aufgestellt wurde – der größte behauene Monolith der Welt, der jemals in Carrara-Marmor ausgeführt wurde.

Aber Mussolinis Liebe zu Marmor hatte auch rationale Gründe. Durch die wachsende Isolierung und den wirtschaftlichen Boykott des faschistischen Italiens war die Marmorproduktion nach ihrem Höhepunkt im Jahr 1926 zusammengebrochen, legte die Krise auch die Arbeit in den Brüchen von Carrara lahm. In dieser Situation wurde der Staat notgedrungen zum Retter der italienischen Marmorindustrie und blieb die nächsten 15 Jahre Hauptabnehmer für Marmor aus Carrara. Das ganze Land überzogen Mussolini und seine Vasallen mit ihren Prunkbauten: Ob EUR (Esposizione Universale di Roma) und Forum Italicum in Rom, ob Justizpalast und Bahnhof in Mailand,

Ein Holzkäfig musste den langem Weg ins Tal
Monolithen auf seinem schützen.

Marmorfassaden wurden zu dem Synonym für faschistische Monumentalarchitektur.

Bei aller Rückwärtsgewandheit hatte die faschistische Architektur zumindest in den Anfangsjahren auch moderne Züge. Es blieb nicht ohne Einfluss, dass Tommaso Marinetti, einer der Gründer und Wortführer des Futurismus, Minister unter Mussolini war. Erst der wachsende Einfluss des deutschen Nationalsozialismus in den dreißiger Jahren bereitete diesen Strömungen ein Ende. Jetzt triumphierte auch in Italien die Geschmacklosigkeit, die totalitäre Staaten wie Nazi-Deutschland, aber auch die Sowjetunion kennzeichnete.

Albert Speer, Hitlers Chefarchitekt, orientierte sich bei seinen Bauten an einer Antike, wie sie der Neoklassizismus im Deutschland des 19. Jahrhunderts interpretiert hatte. War schon diese Architektur bei aller Form inhaltlich leer, so erfuhr die Ausdruckslosigkeit bei Speer eine kaum für möglich gehaltene Steigerung. Seine Monumentalbauten beeindruckten nur noch durch ihre gewaltigen Ausmaße, ihre einzige Aussage war banal: Das Tausendjährige Reich hat begonnen, mit Macht und Stärke bis in alle Ewigkeit. Und selbst für den Fall eines Untergangs war vorgesorgt, war der „Ruinenwert" der Gebäude längst bestimmt.

Das Material für seine Bauvorhaben fand Albert Speer im Naturstein. Zwar besaß das Deutsche Reich keine oder nur geringe Marmorvorkommen, dafür jedoch die unter-

EUR, Palazzo della
Civiltá e Lavaro, Rom.

schiedlichsten Kalksteine, die alle eine lange Tradition als Baumaterial besaßen und seit Beginn des Jahrhunderts in Berlin und anderswo als Platten für Fassadenverkleidung wieder groß in Mode waren. Auch Speer genügte der einheimische Kalkstein für seine Zwecke, zumal er den nationalen Charakter der neuen Bewegung unterstrich und Stahl und Stahlbeton für kriegswichtige Aufgaben wie den Bau von Waffen und Bunkern gebraucht wurden.

Ihre Gier nach Baumaterial ließ die Nazis viele Kalksteinvorkommen fast bis zur Erschöpfung ausbeuten, zumal während des Krieges weder Zeit noch Kraft vorhanden war, neue Vorkommen zu erschließen. Mit der vernichtenden Niederlage der Nazis und ihrer Verbündeten endete die kurze Blüte des Kalksteins in Deutschland ebenso wie die des Marmors in Italien.

Der Sieg der Alliierten war auch ein Sieg der kulturellen Vielfalt über den nationalen Charakter der Kunst, wie ihn Nazis und Faschisten gepredigt hatten. Die neugewonnene Freiheit erlaubte das Nebeneinander ganz unterschiedlicher Vorstellungen und Stile, und auch die Materialien, in denen Architektur und Bildhauerei ihren Ausdruck suchten, waren jetzt von einer nie gekannten Vielfalt. Marmor war nur noch ein Material unter vielen, zudem behaftet mit dem Beigeschmack von protzigem Luxus.

Ende eines Mythos

Das Verhältnis der Künstler zum Marmor war und ist zwiespältig. „Nach Michelangelo kann nichts mehr kommen. – Der Marmor ist ein edles, aber anmaßendes Material. – Er ist durch seine Vergangenheit auf

Unter Folie, geschützt vor Schmutz und Dreck, warten die Statuen auf ihren Versand.

Hausgeburt, Marmor-Skulptur von Wilhelm Scherübl beim Krastaler Bildhauersymposion -– Großglockner 1999. Im österreichischen Krastal steht die Arbeit mit heimischem Marmor im Mittelpunkt eines alljährlich stattfindenden Bildhauersymposions.

Dauer an sakrale oder verherrlichende Werke gebunden." So begründeten italienische Bildhauer ihre Ablehnung eines Materials, das gerade für Skulpturen und Statuen hervorragend geeignet ist wie kein anderes. Ihre Antworten aus dem Jahr 1969 haben bis heute Gültigkeit, und nur langsam fasst der Marmor wieder Fuß auf dem Gebiet, das er jahrhundertelang dominierte.

Noch sind es vor allem die Kopien alter Originale oder Nippes, zu denen der *statuario* herangezogen wird – vorzugsweise aus Carrara, das fast 90 Prozent des weltweit verbrauchten Statuenmarmors liefert und in dessen unmittelbarer Umgebung immer noch die besten Kopisten leben und arbeiten. In Pietrasanta zum Beispiel, wo am Istituto d'Arte S. Stagi Pietrasanta heute noch alle Fertigkeiten und Techniken vermittelt werden, die ein Steinmetz oder Bildhauer beherrschen muss, will er mit Marmor arbeiten. Selbst die einfache Kopie des Marmordavids von Michelangelo verlangt einem Bildhauer alles ab, und die Auftragsbücher sind voll: 1 „David" für einen Monumentenfriedhof in Los Angeles (als Ersatz für eine vom Erdbeben zerstörte Kopie); 1 „David" für ein Shopping-Center in Australien und 1 „David" zusammen mit 1 „Pietà" und 1 „Pauline" von Antonio Canova für das Privatmuseum eines Millionärs in Taiwan.

Im Schatten der alten Meisterwerke wagen sich nur gelegentlich moderne Künstler an die Arbeit mit dem Stein aus Carrara. Henry Moore lebte eine Zeit lang im nahe gelegenen Forte dei Marmi, Niki de Saint-Phalle stellte neben ihre bemalte Polyester-Skulptur „Schwarze Nana" noch eine „Weiße Nana" aus Carrara-Marmor und auch

129

ein Kitsch-Künstler wie Jeff Koons hat den Marmor entdeckt.

Aber viele sind es nicht, das verhindert schon der Preis für einen Statuario. Kostet der einfache Marmor aus Carrara schon bis zu 700,- DM je Tonne, gibt es für den Statuario nach oben keine Grenze. Wie edle Weine werden die einzelnen Blöcke gehandelt und wie beim Wein ist es die Lage, der Bruchort, der über den Preis entscheidet. Da tauchen dann auch längst vergessen geglaubte Strukturen der Renaissance und des Barock wieder auf, als ein potenter Geldgeber wie Lorenzo de Medici bei Michelangelo ein Grabmal in Auftrag gab. Heute heißt der Auftraggeber Silvio Berlusconi, der Bildhauer Pietro Cascella und aus dem Grabmal wurde ein kleines Mausoleum in dem Dorf Arcore bei Mailand.

Statuario und bildende Kunst ist das eine, mit Marmor Geld verdienen ist etwas anderes. Trotz der mitunter schwindelerregenden Preise für einzelne Blöcke ist der Statuenmarmor mehr Erinnerung an längst vergangene Zeiten als Grundlage für einträgliche Geschäfte; dafür ist das Suchen und Brechen geeigneter Blöcke viel zu aufwendig, sind die verkauften Mengen viel zu gering. Gewaltig sind hingegen die abgebauten Mengen des „gewöhnlichen" Marmors, die Jahr für Jahr weiter steigen. Carraras Marmorindustrie ist gesund, wofür es vor allem zwei Gründe gibt.

La Grande Arche, Paris.

Die ständig wachsende Weltbevölkerung braucht ständig mehr Wohnraum, die Bauwirtschaft boomt, zumal in Westeuropa und den USA auch die Ansprüche an Qualität und Größe der eigenen Wohnung von Generation zu Generation steigen. Infolgedessen steigt der Bedarf an Baumaterialien aller Art, auch Marmor. Und die Zeit ist vorbei, als Marmor allein auf den westlichen Kulturkreis beschränkt blieb. Im gleichen Maße wie die westlich geprägte Marktwirtschaft die Welt eroberte, drangen auch die kulturellen Eigenarten des Westens in die letzten Winkel der Erde, wurde Marmor auch dort das Baumaterial der Herrschenden.

So ist es kein Zufall, dass seit Mitte der 70er Jahre Länder wie Saudi-Arabien, Kuwait und Oman die Spitzenpositionen in der Rangliste des Marmorverbrauchs einnehmen. Hier findet man noch mittelalterliche politische Strukturen mit autokratischen Feudalherrn, das Erdöl hat diese Länder unermesslich reich gemacht und Marmor ist das Baumaterial ihrer Wahl: Allein auf dem Flughafen von Dschidda in Saudi-Arabien wurden 150 000 Quadratmeter Marmorplatten verlegt. Da können selbst die USA und Westeuropa nicht mithalten, obwohl auch hier die Betonjahre vorbei sind und Natursteine wieder an Bedeutung gewinnen. Was früher Petersdom und Hagia Sophia, sind heute die Paläste der Banken und die Spielkasinos, deren Stahl- und Be-

tonrippen vorzugsweise mit Platten aus weißem Carrara-Marmor verkleidet werden.

„Marmor adelt" ist der Erste der „Drei
Hauptsätze der Sehnsuchtsarchitektur", die
der Architekturkritiker Benedikt Loderer
formulierte und für den weißen Marmor aus
Carrara stimmt diese ironische Wertschätzung ganz offensichtlich; das zeigen Bauwerke wie der Triumphbogen „La Grande
Arche" in Paris, den der französische Staats-
präsident François Mitterand im fünften
Jahr seiner Herrschaft 1986 errichten ließ.
Oder der 1995 fertiggestellte Hindu-Tempel
Shri Swaminarayan Mandir im Nordwest-
en Londons, den die BBC zusammen mit
seinen 2 000 Tonnen Carrara-Marmor zu
„Englands Taj Mahal" erhob.

Aber auch dem einfachen Marmor – farbig,
geädert oder gesprenkelt – wird von seinen
bürgerlichen Bauherren die gleiche Aufgabe zugewiesen. Wie seine Vorfahren im 19.
Jahrhundert will auch der moderne Bürger
seinen wirtschaftlichen Erfolg angemessen
repräsentieren, will „geadelt" werden und
den ihm gebührenden Platz in der gesell-
schaftlichen Rangfolge einnehmen, wobei
ihm der Marmor helfen soll. Und damit die
Bauherren auch recht lange Freude an ihrem Marmor haben, bekommen sie heutzutage eine Garantie. Alle großen Marmor-
produzenten besitzen eigene Laboratorien,
in denen die exakten Werte der Wider-
standsfähigkeit des jeweiligen Marmors gegen Witterungseinflüsse und Abgase bestimmt und geeignete Schutzmaßnahmen
entwickelt werden.

Die Zahl der Aufsteiger ist groß, noch größer ist ihr Hunger auf das Besondere, auf
den Stein, der den Mythos von Reichtum
und Macht bis heute nährt. Aber was jeder
besitzen will, kann nicht exquisit sein und
umgekehrt. Und so trägt jeder neu gebrochene Marmorblock seinen Teil dazu bei,
dass der Mythos Marmor der Massenproduktion geopfert wird. Und da selbst all-
jährliche Abbaurekorde nicht mehr genügten, dehnte man in Italien den Begriff
Marmor aus, so wie es die Römer schon
einmal getan hatten. Heute ist jeder halb-
wegs polierfähige Stein wieder ein „Marmor": Dolomit, Alabaster, Onyx, Travertin.

Die Liste ist endlos und den Kunden stört
es nicht; Hauptsache Naturstein, schön, edel
und nicht zu billig.

Auch die Frage der Verwendung ist nicht
wirklich wichtig, wobei die Einwohner von
Carrara diese Haltung auf die Spitze getrieben haben. Dort, in den Dörfern rings
um die Brüche ist einfach alles aus Marmor:
Die Kamine, die Fensterbänke, die Treppen
und Fußböden, ja selbst die Schüsseln, aus
denen Hunde und Katzen fressen. Man lebt
schließlich auf Marmor.

Aber selbst diese zum Teil überraschende,
manchmal unsinnige und meist geschmack-
lose Nutzung des Marmors als Gebrauchsmaterial ist nichts wirklich Neues in der Geschichte des Steins. Sieht man von den
heutigen Mengen ab, war fast alles schon
ein Mal da. Die Bandbreite der Nutzung von
Marmor war und ist weit größer als die eines reinen Bildhauer- und Architektenma-
terials.

Marmor, ein Gebrauchsmaterial

Die Ägypter hatten nur wenig Marmor und
aus dem bisschen, das ihnen zur Verfügung
stand, stellten sie kleine Vasen und Kultge-
fäße her. Die Kreter leiteten gut tausend
Jahre später kühles Bergwasser an Marmorplatten entlang und kamen so in den
Besitz der ersten „Kühlschränke". Für die
nächsten tausend Jahre fehlen die Belege

Älteste Kalksteinschale
der Welt. Die Schale
stammt aus einer Acker-
bau-Siedlung des prä-
keramischen Neolithi-
kums (um 6 000 v. Chr.)
und wurde im Wadi
Ghuweir (Jordanien)
gefunden.

über eine Nutzung des Marmors als Gebrauchsmaterial. Selbst von den Griechen, die ansonsten Marmor in großen Mengen nutzen, sind keine marmornen Alltagsgegenstände erhalten geblieben; vielleicht zogen sie Keramik- und Tonwaren im Haushalt vor. Es blieb den Römern überlassen, Marmor für den allgemeinen Gebrauch zu erschließen und zu diesem Zweck die Massenproduktion einzuführen.

Schalen, Arbeitsplatten und Mörser waren die wichtigsten unter den alltäglichen Dingen und für deren Herstellung war Marmor hervorragend geeignet. Er war einerseits weich genug, dass man ihm leicht die gewünschte Form geben konnte, andererseits aber auch so hart, dass er den normalen mechanischen Belastungen dauerhaft standhielt. Zudem konnte man durch einfaches Polieren eine glatte, geschlossene Oberfläche erhalten, die leicht zu reinigen war. Ein Grund, weshalb Marmor in Bädern reiche Verwendung fand.

Die Vorliebe der Römer für Luxus war der andere:

„Arm und kümmerlich kommt man sich vor, wenn die Wände nicht im Schmuck großer, kostbarer Rundscheiben erstrahlen, wenn nicht alexandrinischer Marmor mit numidischen Mosaikplatten wechselt und alles umsäumt ist von gemäldeartig reichen Ornamenten, wenn nicht das Gewölbe hinter Kristall sich verbirgt, weißer Marmor aus Thasos - einst ein seltener Anblick in dem einen oder anderen Tempel - die Badebassins umkleidet, in die wir unseren durch eine gewaltige Schwitzkur gereinigten Leib stürzen, und wenn nicht das Wasser aus silbernen Hähnen strömt.

SENECA, EPISTULAE MORALES, 86,6

Onyx-Marmor ist zwar weder Onyx (ein kristalliner Quarz) noch Marmor, genutzt wurde dieser Süßwasser-Sinterkalk in der römischen Antike jedoch häufig. Da der Stein sich leicht in hauchdünne, fast durchsichtige Scheiben schneiden lässt, verwendeten wohlhabende Patrizier Onyx-Marmor und das ebenfalls durchsichtige Gips-Mineral Marienglas als Fensterscheiben-Ersatz. Dieser Art der Verwendung reichte bis ins spä-

Kanonenkugeln aus weißem Marmor waren billiger als Eisen- und besser als andere Steinkugeln, da sie wegen ihrer homogenen Struktur beim Abschuss nicht zersplitterten. In Carrara ist die Serienproduktion von Kanonenkugeln in Handarbeit seit dem 15. Jahrhundert beschrieben. Bezahlt wurde stückweise.

te Mittelalter, erst dann ersetzte Glas endgültig alle anderen Materialien. Den transparenten Onyx-Marmor findet man seither nur noch in Lampen und kunstgewerblichen Gegenständen.

Zu dieser Zeit nimmt auch der Gebrauch von Marmor für praktische Zwecke wieder zu. So waren im 16. Jahrhundert Mörser und Fußbodenkacheln die wichtigsten Produkte, die in Carrara aus Marmor hergestellt wurden. Viel war das allerdings nicht, denn die Marmorproduktion schwankte in dem Jahrhundert zwischen 500 und 1 000 Tonnen im Jahr – da sind die marmornen Kanonenkugeln schon mit eingerechnet, die seit dem 15. Jahrhundert in Carrara produziert wurden (siehe Abbildung).

Im mittelalterlichen Deutschland waren die Kugeln aus Marmor kleiner, ihr Durchmesser betrug weniger als $1/2$ Zoll. Marbeln, Murmeln oder Marmelsteine hießen sie, das ließ sich im Althochdeutschen bequemer aussprechen und reichte aus, um sie von den billigen Spielkugeln aus Ton abzugrenzen. Insbesondere am Südhang des Thüringer

Der Solnhofener Plattenkalk und die Lithographie

„Litera scripta menta – Das geschriebene Wort währt ewig." Wie dauerhaft, ist auch eine Frage des Materials, und so verwundert es nicht, dass die Menschen von Beginn an auf und in Marmor schrieben. Mit der Verbreitung des billigen, praktischen Papiers verlor der Marmor als Schreibstoff an Bedeutung und heute erinnern nur noch Grabsteine oder Inschriftentafeln an eine lange Tradition. Dass man Marmor, beziehungsweise polierfähigen Kalkstein nicht nur beschreiben, sondern umgekehrt mit ihm sogar drucken kann, zeigte Alois Senefelder, der 1796 die Lithographie, den Steindruck, entwickelte und damit die Drucktechnik revolutionierte.

Fossiler Schnabelfisch (Aspidorhynchus acutirostris), Fundort Solnhofen, Länge 76 cm.

Senefelders Neuerung bestand darin, dass er den zu druckenden Text mit einer lipophilen (fettlöslichen) Tinte in eine Steinplatte einritzte. Während der eingeritzte Text die ebenfalls lipophile Druckfarbe aufnahm, stießen die unbehandelten, feuchten Stellen des Steines die Druckfarbe ab. Dadurch konnte Senefelder druckende und nicht druckende Partien einer Druckplatte in einer Fläche anordnen, während man bis dahin nur die aufwendigen Tief- oder Hochdruck-Verfahren beherrschte. Zudem konnte ein Lithographie-Stein durch einfaches Abschleifen mehrfach wiederverwendet werden, was die Druckkosten weiter verringerte.

Das Material für seine Druckplatten fand Senefelder im Solnhofener Plattenkalk, der wie ein Schiefer leicht in Platten unterschiedlicher Dicke gewonnen werden kann. Die dortigen Vorkommen waren schon lange bekannt, bereits die Römer hatten den Stein genutzt und im Mittelalter waren Platten aus Solnhofen sogar für den Fußboden der Hagia Sophia verwendet worden. Die günstige Lage im Altmühltal mit direkter Verbindung zur Donau hielt die Transportkosten gering.

Für den Steindruck eigneten sich indes nur die Platten mit blaugrauer Farbe, die besonders hart waren, ein feines, gleichmäßiges Korn aufwiesen und mindestens 5 Zentimeter dick waren. Um einen geeigneten Lithographiestein zu erkennen, machten die Arbeiter eine Klangprobe. Wie in der Bildhauerei verriet auch hier der helle, klare Ton den fehlerlosen Stein und wie in der Bildhauerei waren auch die Preise: Für eine 125 x 175 Zentimeter große Platte bester Qualität musste man 1920 in den USA 540 $ zahlen.

Benutzt wurden diese Riesen-Formate für Landkarten und Plakate, aber es gab die Platten in den unterschiedlichsten Größen, angefangen bei den 14 x 16 Zentimeter kleinen Formaten (siehe Abbildung).

Das Geschäft mit den Lithographie-Kalken war einträglich, allein im Rekordjahr 1907 wurden fast 9 400 Tonnen des Materials verkauft. Doch mit der Entwicklung des Offsetdrucks verschwand die nun antiquierte Technik vom Markt. Aber die Steinbruchbesitzer besaßen eine weitere reizvolle und noch außergewöhnlichere Einnahmequelle. Der Solnhofener Plattenkalk ist eine weltweit einzigartige Fundstelle für Fossilien aller Arten. Aufgrund ihres hervorragenden Zustandes sind sie bei Museen und Sammlern sehr begehrt (siehe Abbildung). Insbesondere die acht bis heute gefundenen Skelette des Archeopteryx brachten so manch unerwarteten Gewinn.

Lithographie-Stein mit einer Karikatur des schwedischen Karikaturisten Janne Graffman (1871- unbekannt).

Waldes entwickelte sich eine regelrechte Industrie mit speziellen Marbelmühlen. Aber wie bei den Fensterscheiben erwies sich auch bei den Murmeln Glas als das geeignetere Material und spätestens im 19. Jahrhundert war es vorbei mit den Marmorkugeln. Dafür erklomm der allgemeine Marmorgebrauch jetzt laufend neue Rekorde.

Wachsender Wohlstand mit steigenden Ansprüchen an Komfort und Hygiene ließen in den Bürgerhäusern die Badezimmer ins Zentrum der Aufmerksamkeit treten. Marmorne Waschtischaufsätze gehörten jetzt in jeden guten Haushalt und wer es sich leisten konnte, verkleidete Wand und Boden seines Badezimmers mit Marmor. Auch die Krankenhäuser trugen zur erhöhten Nachfrage bei, denn ohne den breiten Einsatz des polierten, leicht zu reinigenden Marmors ließen sich die neu aufkommenden Hygienevorschriften nur schwer umsetzen.

Marmor – polierfähige Kalksteine eingeschlossen – boomte, zumal die drastisch sinkenden Transportkosten und die systematische Erschließung neuer Vorkommen den Stein bezahlbar machten. Es war die Zeit, in der sich Handwerker auf die Arbeit mit Marmor spezialisierten. Marmordrechsler und Marmorschleifer waren nur zwei der neuen Berufe und auch Steinsägewerke mit eigens entwickelten Schleif- und Poliermaschinen für Marmore entstanden allerorts. Neben Badezimmereinrichtungen stellten sie Tisch- und Arbeitsplatten, Wandverkleidungen, Mörser oder Schalttafeln her; aber auch Taufbecken und Grabsteine gehörten zur Produktpalette.

Der Höhepunkt für das Gebrauchsmaterial Marmor lag in den Jahren nach dem Ersten Weltkrieg, schon der Zweite Weltkrieg brachte einen dramatischen Einbruch und danach kamen die Kunststoffe und der Edelstahl in die Krankenhäuser, Küchen und Bäder, eroberten Linoleum und Fliesen die Böden und Wände. Mit diesen Stoffen konnte der Marmor nicht mehr konkurrieren. Die Marmorberufe verschwanden und der bis dahin eigenständige Verein deutscher Marmorwerke ging im Naturstein-Verband auf.

Erst in den letzten Jahren erlebt Marmor wieder eine kleine Blüte, ist vom Waschbecken bis zum kompletten Badezimmer wieder alles in Marmor zu haben. Allerdings sind es nicht seine funktionellen Eigenschaften, die diesen Aufschwung begründen. Es ist die Lust auf Luxus und es sind Innenarchitekten und Designer, die heute Marmor im Programm haben, nicht die Handwerker.

Die Zukunft des Marmors

Stein des Luxus für einige Auserwählte oder Massenware ohne jeden ästhetischen Reiz? Die Zukunft des Marmors ist ungewiss, Alternativen zeichnen sich nicht ab. Aber wenn dieser Stein noch einmal eine Stellung im Ansehen der Menschen erobern soll, die seiner natürlichen Schönheit annähernd gerecht wird, müssen andere Wege beschritten werden. Dann müssen die funktionellen Eigenschaften, die der Marmor besitzt, wieder verbunden werden mit seinen schmückenden, ornamentalen Elementen. Und er muss sparsam eingesetzt werden, im Ein-

Gefüllter Mahlgang einer Märbelmühle: „marbel oder märbel heizsen kleine spielkugeln für kinder, ursprünglich von marmor, jetzt von stein- oder glasmasse hergestellt." (Deutsches Wörterbuch von Jacob und Wilhelm Grimm).

Getty-Center, Los Angeles.

klang mit seiner Umgebung, muss Platz haben, um zu „leuchten". Vielleicht muss der Marmor dafür erst verschwinden, damit wir ihn anschließend neu entdecken können – so wie der Travertin.

War der Travertin im antiken Rom noch ein begehrtes Baumaterial, waren noch Colosseum und die ursprüngliche, unter Konstantin erbaute Peterskirche aus diesem Material, so wurde Travertin in den Jahrhunderten danach zu einem Stein unter vielen. Jetzt ist er wieder da.

Am 13. Dezember 1997 öffnete das Getty-Center seine Tore, vom amerikanischen Stararchitekten Richard Meier zwischen den Ausläufern Los Angeles und dem Strand des Pazifiks auf einer Anhöhe erbaut. Als Material wählte Meier den italienischen Travertin und es mussten fast 100 000 Kubikmeter dieses rauhen, honigfarbenen Steins um die halbe Welt transportiert werden, bis die neue Zentrale der größten privaten Kunststiftung der Welt fertig gestellt war.

Der Aufwand hat sich gelohnt, denn jetzt umgibt das Gebäude eine Aura zeitloser Eleganz, machen Vergleiche mit der Akropolis und der Hadriansvilla die Runde, sehen manche schon in Kalifornien das neue Land, „wo die Zitronen blühn."

Ob auch der Marmor noch einmal erblühen wird nach einer Zeit der Abstinenz, lässt sich nicht vorhersagen. Auf jeden Fall würde eine längere Pause die Vorräte an qualitativ hochwertigem Marmor schonen. Zwar reichen zum Beispiel die Vorräte in Carrara je nach Schätzung zwischen 400 und 10 000 Jahren, aber auch dort genügt nicht jeder Marmor höchsten Ansprüchen und die wachsende Weltbevölkerung mit ihrem unendlichen Bedarf an Baustoffen macht jede Prognose schwierig, wenn nicht gar unmöglich. Sicher ist heute nur, dass die Hoffnung des Plinius trog:

„Unter sehr vielen anderen Wundern Italiens selbst berichtet Papirius Fabianus, ein in der Naturkunde sehr erfahrener Mann, dass der Marmor in den Steinbrüchen zunehme; auch die Steinbrecher bestätigen, dass jene Steinbrüche sich von selbst wieder ausfüllen. Sollte dies wahr sein, so besteht Hoffnung, dass es dem Luxus nie an Material fehlen wird."

PLINIUS, NATURGESCHICHTE, XXXXVI, 125

III.

CALCIUMCARBONAT –
EIN MODERNER ROHSTOFF

VON *JOHANNES ROHLEDER*
UND *EBERHARD HUWALD*

Die Anforderungen an moderne Produkte wachsen. Das gilt für High-Tech-Geräte genauso wie für alltägliche Dinge. So müssen Papiere immer weißer und glänzender werden, sollen Kunststoffe hauchdünn und trotzdem stabil sein – die Liste ließe sich endlos fortsetzen. Jede dieser Verbesserungen erfordert jedoch neue Maschinen oder Verfahren, und sie verlangt Rohstoffe, die sich optimal auf die neuen Herausforderungen zuschneiden lassen. Calciumcarbonat ist ein solcher, ein moderner Rohstoff. Als Füllstoff und Streichpigment ist er heute in vielen Anwendungen unersetzbar.

Erobert hat sich das Mineral diese Vormachtstellung in den Jahren nach Ende des Zweiten Weltkriegs und es war vor allem die rasante Weiterentwicklung in der Aufbereitungstechnik, die diesen Aufstieg ermöglichte. Ohne die neuen Brecher, Sichter und Mühlen gäbe es die hochfeinen Mehle aus Calciumcarbonat nicht, die heute gewünscht werden.

Begonnen hat die Geschichte des Füllstoffs Calciumcarbonat jedoch viel früher.

1. Die Anfänge: Calciumcarbonat in Glaserkitt und Kautschuk

Die Industrielle Revolution hatte viele Merkmale. Eines war der stetig wachsende Verbrauch an Rohstoffen aller Art und so stieg in der ersten Hälfte des 19. Jahrhunderts auch der Bedarf an Kreide unaufhörlich. In der Champagne waren es vor allem Bausteine aus Kreide, die jetzt in großen Mengen verlangt wurden, aber auch der Absatz von Kreide als billiges Farbmittel nahm beachtliche Ausmaße an. In Deutschland war der Markt für Anstrichfarben vom Umfang sogar der Bedeutendste. Daneben fragten Färbereien und Druckereien immer häufiger nach Kreide und die chemische Industrie nutzte das Mineral zur Neutralisation von Säuren oder zur Herstellung von Kohlensäure.

Die Nachfrage war also da. Um sie auch in Zukunft decken zu können, war es an der Zeit, die Kreidegewinnung den neuen wirtschaftlichen Verhältnissen anzupassen. Es reichte nicht mehr aus, dass ortsansässige Bauern die Kreide immer nur dann abbauten, wenn es ihre landwirtschaftliche Tätigkeit gerade erlaubte. Jetzt mussten große Kreidebrüche entstehen, deren Betreiber sich als Unternehmer verstanden und sich ausschließlich auf den Abbau von Kreide verlegten.

1.1 Eine Kreide-Industrie entsteht

Auf Rügen war es Friedrich von Hagenow, der als erster diesen Schritt wagte und 1832 das alleinige Nutzungsrecht für die Kreidebrüche der Stubnitz erwarb. Aber auch in der Champagne und in Söhlde bei Hannover sind für die Jahre zwischen 1820 und 1840 erste unternehmerische Aktivitäten belegt. Und die neuen Steinbruchbetreiber bauten die Kreide nicht nur in großem Maßstab ab, zugleich gingen sie dazu über, die Kreide direkt vor Ort oder zumindest in unmittelbarer Nähe der Brüche aufzubereiten.

Bislang war dieser Schritt erst auf den Absatzmärkten oder bei den Kunden erfolgt. So gab es zu Beginn des 19. Jahrhunderts in Berlin noch zahlreiche Aufbereitungsfabriken, aber schon 1843 stand davon keine einzige mehr. Je mehr sich die Kreide-Lieferanten einer industriellen Produktion annäherten, desto näher wanderten auch die Fabriken an die großen Brüche. Jetzt standen die Anlagen auf Rügen, in Stettin oder in Greifswald, wo Friedrich von Hagenow seine Rügener Kreide in einer eigenen Anlage aufbereitete.

Leeren von Absatzbecken
auf der Insel Rügen.
Im Hintergrund sind
die Trockenregale zu
erkennen.

den. Das erfolgte meist durch einen einfachen Schlämmprozess, bei dem man sich zunutze machte, dass die Fremdmineralien eine größere Dichte als Kreide haben.

Zunächst wurde die Rohkreide mit großen Hämmern zerkleinert, bei großen Anlagen geschah dies gelegentlich auch in Pochwerken. Anschließend sortierten Arbeiter die gröbsten Verunreinigungen von Hand aus, siebten und gaben die vorzerkleinerte Kreide mit reichlich Wasser auf eine Mühle. Dort wurden die Kreidebrocken zwischen den Mühlsteinen so lange zermahlen, bis die Teilchen fein genug waren, um im Wasser zu schweben. Diese homogene Suspension von Kreide in Wasser floss durch lange, mäandernde Holzrinnen ab, wobei sich die schwereren Verunreinigungen absetzten, während die aufgeschlämmte Kreide weiter strömte und in große Schlämmbassins gelangte. Legte man eine Serie von Schlämmbassins hintereinander an, so konnte man die Kreide nach Feinheit klassieren: Im ersten Becken setzten sich die gröbsten Teilchen ab, jedes weitere Becken enthielt eine immer feinere Kreide.

Die Schlämmbassins waren oft einfache Erdgruben oder Holzfässer, in denen die Kreidesuspension so lange verblieb, bis sich die Kreide vollständig am Boden abgesetzt hatte und das überstehende, nun fast klare Wasser abgelassen werden konnte, um es erneut dem Schlämmprozess zuzuführen. Aus dem dickflüssigen Kreidebrei formten die Arbeiter brotlaibgroße Brocken und legten sie zunächst auf trockene Kreideblöcke, die dem Brei einen Teil des Wassers entzogen. Abschließend kam die vorgetrocknete Kreide in Trockenregale, wo das Restwasser je nach Witterung und Jahreszeit in Tagen oder Wochen verdunstete. Die Schlämmkreidestücke wurden dann entweder en bloc verkauft oder in einem Kollergang zerkleinert und in Fässer beziehungsweise Säcke verpackt.

Ein lohnendes Unterfangen, denn die Preise für aufbereitete Kreide lagen deutlich über denen der rohen Kreide. So kostete um 1790 der Zentner trockene Kreide 16 Groschen oder umgerechnet einen 1/2 Taler, der Zentner fein gestoßener Kreide hingegen 1 Taler, 8 Groschen und für einen Zentner geschlämmter Kreide bezahlte man gut 2 1/2 Taler. Und der Aufwand für die Aufbereitung war nicht besonders groß.

Die Aufbereitung

Alle Anlagen zur Herstellung feiner Kreidemehle arbeiteten nach vergleichsweise einfachen Verfahren. Kreide ist als natürliches Mineral zumeist von störenden Ton- oder Mergelschichten durchzogen und sie enthält Feuersteine oder Silikate. Alle diese Verunreinigungen mussten vorher entfernt wer-

Dieses Verfahren war mit mehr oder minder großen Abweichungen der Standard in allen Kreideabbaugebieten. In englischen Kreidefabriken zum Beispiel zerkleinerten Kollergänge (siehe Abbildung) anstatt der Mühlsteine die Kreide, die zudem auf ihrem Weg durch die Aufbereitungsanlage den Namen

So einfach und effektiv das Schlämmen auch war, es hatte einen entscheidenden Nachteil. Da weder die Zerkleinerungsvorrichtung noch die Trockenräume beheizt waren, konnte nur in den frostfreien Monaten geschlämmt werden; im Winter wurde höchstens noch Kreide auf Lager gebrochen, ansonsten ruhte die Produktion.

Allein in der Champagne gab es noch eine andere Aufbereitungsmethode. Da hier manche Vorkommen fast frei von Verunrei-

Schlämmkollergang
(1902).

änderte: Hieß Rohkreide noch „chalk", so bezeichnete man geschlämmte Kreide in England als „whiting".

Auf Rügen hingegen arbeitete man nach dem Dünnschlämmverfahren, bei dem ein großes mechanisches Rührwerk die Mühle ersetzte. Das Rührwerk bestand aus einem großen Bottich und einem mechanisch anzutreibenden Trägerkreuz, an dem schwere, eiserne Schlammharken befestigt waren, die sich in den mit Kreide und reichlich 80 Prozent Wasser gefüllten Bottichen drehten und dabei die Kreide zerschlugen und zerrieben (siehe Abbildung).

Kreidewindmühle mit
Trockenkollergang,
Söhlde (1914).

Schlämmmaschine
(1902).

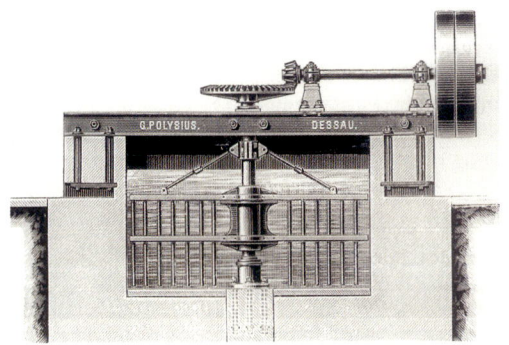

nigungen sind, reichte es aus, die gebrochenen Blöcke zunächst vollständig zu trocknen, sie auszuwittern, und sie dann mit großen metallischen Bürsten abzureiben, um so ein feines, direkt zu verwendendes Kreidemehl zu erhalten. Dieses als „Stäuben" bezeichnete Verfahren kam vollständig ohne Wasser aus, sodass gestäubte Kreide ganzjährig hergestellt werden konnte; vorausgesetzt, man hatte im Sommer genügend große Vorräte getrockneter Kreide angelegt.

Egal welche Methode man zur Aufbereitung der Kreide nutzte, der Grad der Mechanisierung in den Fabriken war gering. Nur die Mahl- und Kollergänge sowie die Pochwerke wurden mit Pferden, selten auch mit Wasser- oder Windkraft angetrieben (siehe Abbildung) und bis die erste Dampfmaschine in der Kreideaufbereitung auftauchte, schrieb man das Jahr 1873.

Auch das Brechen der weichen Kreide geschah noch lange Zeit ausschließlich von Hand: Ob die Arbeiter dabei in einer Steil-

Kreidebruch in Söhlde (1908).

Das Trichter-Schlitz-schurren-Verfahren war die gängige Methode zum Kreideabbau auf Rügen.

Region war es die Ostsee, in deren unmittelbarer Nähe sowohl die Kreidebrüche der Insel als auch die großen Schlämmereien in Greifswald und Stettin lagen; in England war es die Themse, welche die Kreidebrüche bei Gravesand in der Grafschaft Kent mit den Aufbereitungsanlagen an der Themsemündung rund um Chatam und Portfleet verband, von wo aus der Weg in die Nordsee nicht mehr weit war.

In der Champagne war die Situation anfänglich nicht so günstig. Zwar lagen auch hier die meisten Kreidewerke am Ufer der Marne und konnten so ihre Kreide billig und

Kreideumschlag vom Kanal- auf ein Rheinschiff.

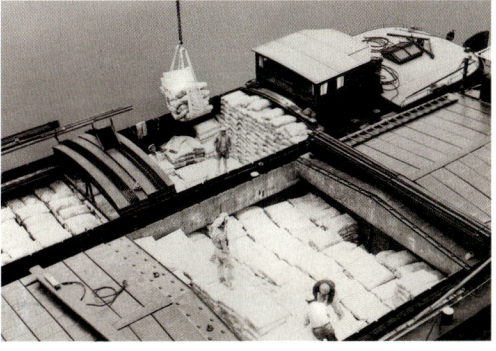

wand hingen wie auf Rügen, oder in terassenförmig angelegten Gruben arbeiteten wie in der Champagne und in Söhlde, machte keinen Unterschied.

Eine wesentliche Voraussetzung für das rasche Entstehen einer Kreide-Industrie waren günstige Transportbedingungen. Hier hatten die englischen Kreideregionen und der Raum um Rügen enorme Vorteile, da die einzelnen Werke jeweils einen direkten Zugang zum Meer besaßen: In der Rügener

schnell nach Paris schiffen (siehe Abbildung); aber der Weg bis in den Atlantik war weit, ausländische Märkte nur schlecht zu erreichen. Das änderte sich erst mit der Eröffnung des Rhein-Marne-Kanals im Jahr 1850. Nun hatten die französischen Unternehmen einen direkten Zugang zu den deutschen Märkten, die Zahl der Fabriken nahm rasch zu und damit die Probleme.

Die Suche nach Märkten

Zwar wuchs der Markt für Kreide und Kreide-Erzeugnisse, aber nicht so schnell wie die Zahl der Anbieter. Der geringere finanzielle Aufwand für den Transport ermöglichte den einzelnen Brüchen größere und weiter entfernt liegende Märkte zu bedienen, sodass allerorten die Konkurrenz wuchs – und die Preise sanken. Kostete in Berlin der Zentner Schlämmkreide mittlerer Qualität um 1790 einmal 2½ Taler, waren es 1830 durchschnittlich 1½ Taler und weitere zehn Jahre später gab es den Zentner schon für 20 bis 25 Silbergroschen, was nur noch etwas mehr als der Hälfte entsprach. Dadurch blieb die Gewinnspanne beim Verkauf von Kreide gering, allein durch einen Jahr für Jahr höheren Umsatz konnten die einzelnen Werken ihr Überleben sichern.

Auf Rügen war das kein Problem. Nachdem der Chemiker Hermann Bleibtreu 1855 in Stettin die erste Portland-Zement-Fabrik Deutschlands errichtet hatte, war ein kontinuierlich steigender Absatz für die nächsten Jahrzehnte gesichert. Mehr als 80 Prozent der auf Rügen gebrochenen Kreide gingen fortan in die Zement-Industrie rund um Stettin. Da die Kreide dort auch aufbereitet wurde, konnten viele der Rügener Kreidewerke zudem die Kosten für eine Schlämmerei sparen.

Einen so klar umgrenzten, auf Dauer sicheren Absatzmarkt gab es in den anderen Kreide-Regionen nicht. Dort war der Markt in der zweiten Hälfte des 19. Jahrhunderts aufgesplittert in unzählige kleine Segmente, Kreide fand man fast überall: Als Pigment oder Verschnittmittel in Wasser – gelegentlich sogar in Ölfarben; mit Leim verfestigt in

Schreib- und Tafelkreide; in unzähligen Putzmitteln, allein oder in Kombination mit Seifen; in Dachpappen und Kreidepapieren; in Erzeugnissen der chemischen oder der Druckindustrie und gelegentlich nutzte man das reinweiße Kreidemehl sogar als billiges Fälschungsmittel für teure, weiße, pulverförmige Substanzen wie Mehl oder Superphosphat-Dünger.

Keiner dieser Märkte bot in seiner jetzigen Ausrichtung auf lange Sicht aussichtsreiche Wachstumschancen, dafür schwankten die Absatzzahlen zu sehr, war die Konkurrenz durch neue Unternehmen zu groß. Die Kreide-Industrie brauchte neue, Wachstum versprechende Märkte, um sich weiterentwickeln zu können. Märkte, wie die jetzt beginnende industrielle Glaserkittfabrikation oder die immer schneller wachsende Kautschukindustrie.

1.2 Glaserkitt und Kautschuk

Glaserkitt besteht aus reiner, geschlämmter Kreide und Leinöl, zumindest seine beste Qualität. Dieses einfache Rezept ist heute noch gültig, auch wenn die industrielle Herstellung längst eingestellt ist und höchstens Restauratoren ab und an geringe Mengen Glaserkitt für ihre Arbeit benötigen. Wann das Rezept hingegen zum erstenmal auftauchte, ist unbekannt, aber der Zeitpunkt muss weit zurückliegen.

Eine gewöhnliche Methode

Schon die Maler des Mittelalters verwendeten sowohl Kreide als auch Leinöl regelmäßig, sodass sie beim Anrühren ihrer Farben irgendwann bemerkt haben müssen, dass Kreide mit Leinöl eine plastische Masse bildet, die nach einigen Tagen bis Wochen erhärtet. Wegen ihrer geringen Deckkraft fand diese Masse in der Malerei jedoch keine Verwendung. Und dass sie aufgrund ihrer hohen Plastizität ideal dazu geeignet war, Fenster gegen Regen, Staub und Luft abzudichten, war ohne Belang. Glasfenster waren kaum verbreitet und Fensterkitte unbekannt. Zumindest erwähnt Theophilus Presbyter in seiner um 1170 erschienenen Schrift „Schedula diversarium artium" Kitte mit keinem Wort, obwohl er sonst jeden Handgriff minutiös beschreibt, der in irgendeinem Zusammenhang mit der Glasmalerei steht.

Ob die mittelalterlichen und frühneuzeitlichen Bleiverglasungen überhaupt abgedichtet wurden, ist umstritten. Manche Kunsthistoriker gehen davon aus, dass die Glaser die Scheiben in der Regel nur in die Bleifassungen einsetzten und sie dann durch Andrücken der Bleifalz und Zutropfen von etwas geschmolzenen Blei abdichteten. Andere vertreten die Auffassung, dass auch Bleifassungen einer gesonderten Abdichtung bedurften und man dazu früher Lehm oder Harz, eingeweichte Brotreste oder Papierstreifen in den Spalt zwischen Scheibe und Rahmen presste. Da jedoch alle mittelalterlichen und frühneuzeitlichen Kirchenfenster – andere Fenster spielten damals noch keine Rolle – im Laufe der Jahrhunderte mehrfach erneuert wurden und die Restauratoren bei ihrer Arbeit immer die gerade gebräuchlichen Dichtungsmassen verwendeten, ist diese Frage heute nicht mehr zu klären.

Die erste schriftliche Erwähnung einer Abdichtungsmasse findet sich in den Rechnungsbüchern der Kathedrale von Salisbury in Südengland. Die Bücher weisen für das Jahr 1531 Kosten „for settyng 48 ft. of old glas in new lead, the price of a foot with sement 2 d., and without sement 1½d" aus. Was „sement" ist, woraus er besteht, wird allerdings nicht gesagt, und die höheren Kosten für das Abdichten lassen vermuten, dass man, wann immer möglich, darauf verzichtete.

So bleibt diese Literaturstelle auch der einzige Beleg bis ins 18. Jahrhundert, als auf einmal Fensterkitte regelmäßig in Handbüchern zur Glasmalerei, in technologischen Enzyklopädien und polytechnischen Schriften auftauchen. Ein erster Hinweis findet sich in dem 1745 erschienenen zweiten Band der „Ausführlichen Anleitung zur bürgerlichen Bau-Kunst" des Johann Friedrich Penther:

„Damit der Schlag-Regen, Lufft und Kälte zwischen den Glas-Taffeln und dem Holz, worin das Glas eingefasst, nicht durchdringen könne, haben die Engländer die Invention, dass sie eine Kitte vorstreichen, wodurch dem Regen, der Lufft und Kälte Einhalt geschiehet."

Achtzehn Jahre später findet sich im „Leipziger Intelligenz-Blatt" ein Rezept zur Herstellung eines Fensterkittes:

„Der Pariser Fensterkitt wird auf folgende Art gemacht. Man lässt 7 Pfund Leinöl, und 4 Unzen gemahlnen Umber stark untereinander kochen: thut, wenn es noch heiß ist, 2 Unzen gelb Wachs darunter, lässt sodann alles wieder wärmen. und knetet 5 ½ Pfund gemahlne weiße Kreide, und 11 Pfund Bleiweiß darunter."

Aufgrund des hohen Anteils an Bleiweiß und anderen Trocknungsmitteln härteten diese ersten Kitte jedoch zu schnell aus, was häufig dazu führte, dass die Scheiben unter Spannung gerieten und zersprangen. Aber nach und nach wuchs der Anteil der Kreide, die Kitte wurden geschmeidiger und auch billiger. Und als im 19. Jahrhundert vor allem bürgerliche Häuser immer häufiger Glasfenster erhielten und die Holzrahmen die Bleifassungen nach und nach ablösten, stieg die Nachfrage nach billigem Glaserkitt, schlug endgültig die Stunde der Kreide.

In der „Technologischen Encyklopädie" des Johann Josef Prechtl aus dem Jahr 1836 findet man eine der jetzt häufigen detaillierten Beschreibungen, wie man Glaserkitt aus Leinöl und Kreide herzustellen und aufzubewahren hat:

„Das Verkitten (jetzt die gewöhnliche Methode) geschieht mittelst des Glaserkittes, welcher aus altem Leinöhlfirnis (mit Mennige oder Bleiglätte gekochtem Leinöhl) und feinzerstoßener Kreide im Mörser zusammengeknetet wird, und nach kurzer Zeit einen ziemlichen Grad von Härte erlangt. Das Stoßen im Mörser muss so lange fortgesetzt werden, bis die Masse innig gemengt ist, die gehörige Zähigkeit erlangt hat, und sich mit den Fingern leicht kneten und streichen lässt, ohne zu bröckeln."

Blick in eine Kittfabrik
um 1930 (Schweiz).

Den fertigen Kitt soll man „in Klumpen, in nasse Leinwand oder nasse Ochsenblase dicht eingeschlagen, an einem kühlen Orte aufbewahren", und vor erneutem Gebrauch durch Erwärmen, Kneten und bei Bedarf Zugabe von etwas Leinölfirnis wieder geschmeidig machen.

Kitten war jetzt eine alltägliche Technik und der Glaserkitt aus Kreide und Leinöl eine der am häufigsten verwendeten Sorten. Aber so wie die Maler ihre Kreidefarben meist von Hand anrührten, so stellten auch die Glaser ihren Kitt je nach Bedarf selber her. Ein industriell gefertigter Kitt, den man auf Vorrat kaufen und lagern konnte, war noch nicht auf dem Markt.

Das war jedoch nur eine Frage der Zeit, denn der Markt für Fensterkitt wuchs und der Aufwand für die industrielle Kittherstellung war gering. Weder benötigte man besondere handwerkliche oder gar wissenschaftliche Kenntnisse, noch irgendwelche komplizierten, mehrstufigen Produktionsanlagen. Das einzige, was man tun musste, war die erforderlichen Mengen an Kreide

und Leinöl zu einer homogenen Masse der gewünschten Konsistenz zusammen zu mischen – und dazu genügten einfache Maschinen.

Massenprodukt Glaserkitt

Die zuerst zum Einsatz kommende Vorrichtung war noch so stark an der manuellen Kittherstellung orientiert, dass man fast nicht von einer Maschine sprechen konnte. Es war ein überdimensionaler Mörser, bestehend aus einem eisenbeschlagenen Mischtrog und einem großen, eisernen Stößel, der elastisch aufgehängt war, sodass er nach jedem Niederstoßen in die Ausgangsposition zurückfederte. Das ersparte zwar den Kraftaufwand für einen Arbeitsgang, trotzdem blieb der manuelle Anteil hoch. Und da mit dieser Methode nur 20-50 Kilogramm Kitt pro Durchgang hergestellt werden konnten, ging man schnell dazu über, drei bis vier Stößel wie in einem Pochwerk aneinanderzureihen und mit Dampf- oder Wasserkraft anzutreiben. Abschließend passierte die Kittmasse noch ein Walzwerk, sodass man einen gleichmäßigen, gut durchgearbeiteten Kitt erhielt. Nachteile dieser Methode waren die große Lärmbelästigung und die Tatsache, dass neben jedem Stößel weiterhin ein Arbeiter stehen musste, um wegspritzendes Material nachzufüllen.

Die ersten vollautomatischen Maschinen kamen gegen Ende des 19. Jahrhunderts auf den Markt. Da war einmal die Knetmaschine von Werner & Pfleiderer in Cannstatt, die in ihrem Aufbau an eine Teigmaschine erinnerte, wie sie Bäcker benutzten. Die Maschine bestand aus einem großen Mischtrog, in dem sich ein Mischflügel drehte und die Kittmasse durchknetete. Die Kreide und das Leinöl wurden gemeinsam aufgegeben und die Maschine während des Betriebes mit einem Deckel verschlossen. Nach rund 30 Minuten war der Knetvorgang beendet,

allerdings musste die Masse auch hier noch auf einem Walzwerk geglättet werden.

Die Misch- und Knet-Kollergänge von J. M. Lehmann in Dresden ersparten diesen letzten Arbeitsgang (siehe Abbildung). Wie alle Kollergänge besaßen sie eine drehbare, schüsselförmige Mahlbahn, in die zwei Läufer aus Granit hineinragten. Bei jeder Drehung wurde nun die Kittmasse in der Mahlbahn nicht nur gemischt, die schweren Läufer wälzten und glätteten sie zugleich. Zudem hatte die Maschine den Vorteil, dass man auch große Kreidebrocken aufgeben konnte, diese zunächst zu feinem Pulver zermahlte und erst dann die erforderliche Menge Öl zugab.

Jeder maschinell gefertigte Kitt kam abschließend in spezielle Formmaschinen, in denen er zu versandfertigen Ziegeln von ½, 1, 2 und 5 Kilogramm gepresst wurde; auch der Versand in großen Holzkisten à 5, 10, 12 ½, 25 und 50 Kilogramm war durchaus üblich. Um den Kitt während des Transportes vor dem Zutritt von Luft zu bewahren, wickelte man ihn in nasses Pergamentpapier ein und dichtete die Kisten zusätzlich mit einem Wasserglas-Anstrich ab. Bei längerer Aufbewahrung musste der Kitt kühl und trocken lagern.

Kollergang mit drehender Schüssel und Granitläufern von J. M. Lehmann.

War bis dahin die Erfahrung der Arbeiter der ausschlaggebende Faktor bei der Herstellung eines Qualitätskittes, so setzte ein optimaler Einsatz der neuen Maschinen eine systematischere Herangehensweise voraus. Glaserkitt ist eine oxidativ-trocknende Dichtungsmasse. Ihre kittende Wirkung beruht auf einer Reaktion des Leinöls mit dem Luftsauerstoff, bei der ein hochgradig vernetztes, harzähnliches Polymer entsteht. Die Funktion der Kreide ist es, das flüssige Öl zu einer formbeständigen, gut handhabbaren Masse zu machen, dem entstehenden Polymer Fülle zu verleihen und nicht zuletzt den Anteil des teuren Leinöls im Kitt zu senken.

Daher ist es das Ziel aller Kitthersteller, möglichst viel Kreide in den Kitt einzuarbeiten, ohne dass der Kitt „zu kurz" oder „zu lang" wird. Zu kurz ist ein Kitt, wenn er zu viel Kreide enthält und dadurch bröckelt,

N° 1.

Fabrikationsbuch. 1906.

Kittproben 16. 3. 06

N° 46.

25 gr.	Leinöl	à 45.		
20 "	Kittöl Wertheimer		} = 16 % Oel
235 "	Blanc de Troyes	à 3.	84 % Kr.
280 "	Kitt		
nach 7 "	Kreide	100 kr = 8.36
287 gr.	R.48		

scheint gut eine fettere Ganung
Anmerkungen: 17.4.06 bleibt weich ist gut.
Ganung ausscheiden. Farbe weiss

N° 47.

15 gr.	Leinöl	à 45	= 6.75		
15 "	K. 58 = Oelfirnis = 46		= 6.90		
20 "	Vas. Cb.	à 24	= 4.80	} = Co. C 13.6 %
10 "	Kreide M B	à 30	= 3.-	
2 "	Seife	à 35	= 07	
30 "	Baryt	à 30	= 90	} = B. 6.4 %
368 "	Bl.	à 3	= 11.04	} = Kr. 80 %
460			33.46 : 460 = 7.28

100 kr = 7.28
Anmerkungen: 16.4.06 Außen fest und firniken immenwen
färben zollislich

Analyse eines typischen Glaserkitts. Die untersuchte Probe enthält 84 % Kreide (blanc de Troyes) und 16 % Öl.

sich nicht mehr verarbeiten lässt; ist er hingegen zu lang, enthält er zu wenig Kreide und der Kitt überzieht sich nach der Verarbeitung zwar schnell mit einer Firnishaut, im Inneren jedoch bleibt er noch über Monate weich und wird schon durch den geringsten äußeren Druck verformt.

Als Richtwert für einen guten Glaserkitt ermittelte man damals einen Kreideanteil von 84-88 Prozent und einen Leinölanteil von

Walzenmühle zum
Quetschen von
Leinsamen (1894).

12-16 Prozent (siehe Abbildung); zusätzlich enthielt der Kitt noch 0,1 Prozent Phenol, um der Schimmelbildung vorzubeugen. Brauchte man einen schnell trocknenden Kitt, fügte man der Mischung geringe Mengen eines Trocknungsmittels (Sikkativ) wie Manganborat, Bleiglätte, Mennige oder Zinkweiß zu. Wollte man schwarze Kitte, ersetzte man die Kreide zum Teil durch Braunstein; wollte man rote, nahm man Mennige.

Dass die Rezeptur keine exakten Mengen vorschrieb, lag daran, dass Kreide und Leinöl Naturstoffe sind, deren Zusammensetzung und Reinheit sich von Lieferung zu

Lieferung ändern konnte. Aber zumindest ermöglichte das vorgegebene Mischungsverhältnis einen kontinuierlichen Betrieb der Maschinen. Die Arbeiter mussten nicht mehr wie früher laufend Kreide oder Leinöl oder beides während des Mischvorganges zugeben und dafür jedesmal die Maschine anhalten, sondern jetzt genügte es, wenn sie die Konsistenz des Produktes einmal kurz vor Ende kontrollierten.

Da der maschinelle Aufwand für die Kittherstellung gering war, entschied die Versorgung mit Rohstoffen über den wirtschaftlichen Erfolg eines Unternehmens. Leinöl, das Pressprodukt des Leinsamens, wurde in Ölmühlen gewonnen (siehe Abbildung). Die Samenkörner wurden zunächst in einem Kollergang oder Walzwerk zermahlen, bevor sie in das angeschlossene Presswerk gelangten. Das gewonnene Leinöl konnte dann entweder direkt verwendet werden, oder man kochte es unter Zusatz von Sikkativen und erhielt so den Leinölfirnis, mit dem sich schneller trocknende Kitte herstellen ließen. Dafür waren die reinen Leinöl-Kitte besser zu verarbeiten und wurden nach entsprechender Trocknungsdauer ebenso hart.

Eine gute Kreide musste amorph, weich, mürbe, fein geschlämmt und absolut trocken sein, zudem sollte sie eine hohe Ölzahl aufweisen, also möglichst viel Öl binden können. Daher konnte zum Beispiel der chemisch identische Kalkspat die Kreide nur sehr bedingt ersetzen, denn er war auch in feingemahlenem Zustand immer noch kristallin und konnte nur vergleichsweise wenig Öl aufnehmen, der Kitt blieb spröde. Die beste Kreide für Kitte lieferte die Champagne, aber auch Rügener und Söhlder Kreide waren bei richtiger Aufbereitung gut geeignet.

Um die kontinuierliche Versorgung mit hochwertigen Rohstoffen zu sichern, gingen die Hersteller von Glaserkitt dazu über, eigene Kreidebrüche mit angeschlossenen Aufbereitungsanlagen zu erwerben sowie eigene Ölmühlen zu betreiben. So konnten sie ihren Kunden jederzeit einen Kitt von gleichbleibender Qualität liefern und schon zu Beginn des 20. Jahrhunderts hatte sich der industriell gefertigte Glaserkitt auf dem Markt durchgesetzt.

Mastizieren und Vulkanisieren

Zu diesem Zeitpunkt nahm auch der Verbrauch an Naturkautschuk zu, bei dessen Verarbeitung die Kreide als Füllstoff ebenfalls zum Einsatz kam. Kautschuk oder auch Latex ist der getrocknete Saft einer Vielzahl tropischer Pflanzen, die wichtigste ist der Baum Hevea brasiliensis, kurz Hevea genannt. Auf einer seiner Amerikareisen kam Christoph Kolumbus mit dem elastischen Harz in Berührung, welches die einheimischen Indios aus dem „weinenden Baum", dem Ca-o-chu, gewannen (siehe Abbildung). Kolumbus brachte den Rohkautschuk mit nach Europa, aber die klebrige, nicht haltbare Masse geriet schnell wieder in Vergessenheit.

Doch Ende des 18., Anfang des 19. Jahrhunderts wuchs das Interesse erneut und als Thomas Hancock 1820 die Mastikation des Kautschuks entwickelte, entstand auch ein größerer Markt für Kautschukwaren. Bei der Mastikation gibt man den Rohkautschuk in ein Walz- oder Mischwerk, um ihn durch das Kneten, Walzen und Mischen weich und plastisch zu machen. Zugleich konnte der mastizierte Kautschuk Füllstoffe und andere Hilfsmittel aufnehmen, was man vor allem dazu ausnutzte, den teuren Rohstoff mit billigen Mineralen zu strecken; die am häufigsten verwendeten Streckmittel waren Kreide und Kaolin.

Aber den Durchbruch schaffte der Kautschuk auch jetzt noch nicht. Denn um Kautschuk gut verarbeiten zu können, muss man ihn zunächst erwärmen, erst dann lässt er sich mit Walzen oder anderen Maschinen entsprechend formen (siehe Abbildung). Rohkautschuk und mastizierter Kautschuk verlieren jedoch ihre Elastizität, sobald sie über 150-160 Grad Celsius erwärmt werden; zurück bleibt eine spröde, völlig unbrauchbare Masse. Erst die Erfindung der

Lehrtafel „Pfeffer und Kautschuk", aus der Serie „Ausländische Kultur- und Nutzpflanzen" (Ende 19. Jh.).

Vierwalzen-Gummi-
Kalander (1929).

Vulkanisation von Kautschuk mit Schwefel
durch Charles Goodyear im Jahr 1839 erlaubte es, den Kautschuk auch bei hohen
Temperaturen problemlos zu verarbeiten.

Seine Eigenschaften wie Dehnbarkeit, Elastizität und Festigkeit machten Kautschuk
schnell zu einem wirtschaftlich interessan-
ten Material für die unterschiedlichsten Produkte in den unterschiedlichsten Formen:
Gummischuhe und gummierte, wetterfeste
Kleidung, Schläuche aller Art sowie ab 1888
die Fahrradschläuche von Dunlop eroberten
ihren Marktanteil. Langsam stieg der Verbrauch und schon 1900 wurden weltweit
48 000 Tonnen Naturkautschuk umgesetzt.
Geht man davon aus, dass der Anteil der
Kreide bei den meisten dieser Produkte bei
rund 15 Gewichts-Prozent lag und der Kaut-
schukanteil bei 50 Prozent, so gingen zu dieser Zeit jährlich bis zu 15 000 Tonnen Kreide als Füllstoff in die Kautschukindustrie.

Bis 1911 stieg die weltweite Produktion von
Naturkautschuk auf 75 000 Tonnen und
dann ging es Schlag auf Schlag: 1914 betrug
die Produktion 120 000 Tonnen, 1916 waren

Produktion von Gummi-
schuhen in den 20er
Jahren. Die Kautschuk-
mischungen für Gummi-
schuhe enthielten da-
mals bis zu 40 Prozent
Schlämmkreide.

es 200 000 Tonnen und 1920 kamen schon 295 000 Tonnen Naturkautschuk auf den Markt. Demgegenüber waren die paar tausend Tonnen synthetischen Kautschuks zu vernachlässigen, die seit 1912 vor allem in Deutschland in großtechnischem Maßstab produziert wurden.

Verantwortlich für den gewaltigen Nachfrageschub war in erster Linie die seit 1910 boomende Autoreifen-Industrie, in die mehr als 80 Prozent des gesamten Kautschuks gingen. Für die Kreide brachte diese Entwicklung hingegen keine neuen Abbaurekorde. Als Füllstoff für Autoreifen spielte sie nur eine geringe Rolle, ihr Anteil an den Mischungen lag deutlich unter 10 Prozent, denn der Füllstoff für Autoreifen war Ruß, und das seit 1912. In diesem Jahr hatte ein US-amerikanischer Reifenhersteller nach einer passenden Möglichkeit gesucht, seine Reifen werbewirksam von den Produkten der Konkurrenz abzugrenzen. Seine Idee war es, als Erster schwarze Autoreifen anzubieten, also nutzte er Ruß als Füllstoff. Was als Werbegag gedacht war, entpuppte sich im Nachhinein als genialer Schachzug: Schwarze Reifen waren nicht nur anders, sie waren besser. Denn Ruß war mehr als ein farbiger Füllstoff, er verlieh dem Reifen auch wichtige Eigenschaften wie eine deutlich höhere Abriebfestigkeit.

Umbruch

Dass Füllstoffe auch Verstärkungsmittel und nicht nur Streckmittel sein konnten, war allerdings schon früher erkannt worden. So war Zinkoxid der Verstärkerfüllstoff schlechthin für Kautschuk, bevor die Ära des Ruß begann: Zinkoxid verkürzte die Vulkanisationszeit des Kautschuks und erhöhte in begrenztem Maße auch die Abriebfestigkeit.

Kreide hingegen hatte keine verstärkenden Eigenschaften. Sie galt als billiger, inaktiver Füllstoff und wurde vorwiegend in anspruchslosen Kautschukwaren verwendet. Dies war um so mehr der Fall, als man 1910 erkannt hatte, dass geringe Spuren von Mangan-, Kupfer- oder Eisenoxid als „Kautschukgifte" wirken und den Kautschuk zerstören. Da Kreide als Naturprodukt häufig

mit Eisenoxid verunreinigt war, welches sich nur mit großem Aufwand restlos entfernen ließ, sank der Marktanteil der Kreide weiter.

Die Entwicklung auf dem Kautschukmarkt war symptomatisch auch für die anderen Bereiche, in denen Kreide als Füllstoff oder Verschnittmittel einen größeren Marktanteil besaß. Überall nutzte man sie vor allem wegen ihres geringen Preises, ansonsten galt sie jedoch als Füllstoff ohne herausragende Eigenschaften – und davon gab es eine Menge. Ob Kaolin, Talkum, Kieselsäure oder Schwerspat, eigentlich wurden fast alle Minerale als Füllstoff genutzt, deren Brechungsindex zu klein war, um sie als Pigmente zu verwenden. Dazu kamen noch einige künstlich hergestellte Minerale wie Lithopone oder Zinkoxid, aber auch Sägespäne, Papierschnitzel und Korkmehl wurden eingesetzt. Und die einzelnen Kreide-Regionen machten sich gegenseitig Konkurrenz, wie das Beispiel Deutschlands zeigt. Obwohl man hierzulande mit Rügen, Söhlde und Lägerdorf in Schleswig-Holstein drei bedeutende Vorkommen besaß, wurde die reinere Kreide aus Schweden, Dänemark und Frankreich importiert. Die Folge war, dass die meisten einheimischen Kreidebrüche um ihr Überleben kämpfen mussten.

Und selbst das scheinbar sichere Geschäft mit Glaserkitt war schon während, vor allem jedoch nach Ende des Ersten Weltkriegs ins Schwanken geraten, als die Versorgung mit Rohstoffen immer schwieriger wurde und in einschlägigen Fachpublikationen wie der „Seifensieder-Zeitung" erste Ersatz-Rezepte für Kitte erschienen. Zwar war es vor allem das teure Leinöl, das man durch billige Sorten wie Fischöl und Palmöl ersetzte, aber auch das Kreidemonopol wackelte.

Zwischenzeitliche Engpässe und finanzielle Überlegungen ließen manchen Kitt-Fabrikanten zu Füllstoffen greifen, die wie Kieselgur oder Tonerde leicht verfügbar waren, oder die Herstellungskosten senkten wie der Schwerspat. Vor allem letztgenannter kam häufig zum Einsatz, da er erstens das Gewicht drastisch erhöhte – Kitt wurde nach Gewicht bezahlt – und zweitens eine geringere Ölzahl als Kreide hatte und so weniger vom teuren Leinöl aufnehmen konnte; dass

Schwerspat-Kitte nicht geschmeidig, sondern spröde waren und zudem leicht bröckelten, nahm man dafür in Kauf.

Die schwierige wirtschaftliche Situation war keine neue Erfahrung für die Kreide-Industrie, schon zu Beginn des 20. Jahrhunderts hatte es erste Anpassungen an die Verhältnisse auf den Märkten gegeben. Damals waren es vorwiegend die kleinen Familienunternehmen, die schließen mussten, weil Größe und Qualität ihrer Vorkommen für einen rentablen Betrieb nicht mehr ausreichten oder ihre Anbindung an die Verkehrswege zu schlecht war. Wer jedoch Absatz und finanziellen Aufwand in Einklang gebracht hatte, konnte damals und konnte auch jetzt noch überleben. Aber für den aufmerksamen Beobachter der Füllstoff-Industrie war zu erkennen, dass sich die gesamte Branche im Umbruch befand.

Neue Dimensionen

Seit Beginn der 20er Jahre erschienen erste wissenschaftliche Untersuchungen, die erkennen ließen, dass sich die funktionellen Eigenschaften von Füllstoffen aus deren Struktur und chemischer Zusammensetzung herleiteten. Hatte man bis dahin in Füllstoffen vor allem billige Streckmittel gesehen, beziehungsweise ihre verstärkenden Eigenschaften wie bei Ruß und Zinkoxid eher zufällig entdeckt und dann genutzt, ohne die zugrunde liegenden Faktoren auch nur ansatzweise zu verstehen, ging man jetzt dazu über, den optimalen Füllstoff für eine bestimmte Anwendung gezielt auszuwählen.

So veröffentlichte William B. Wiegand 1920 in der Zeitschrift „India Rubber Journal" eine Arbeit, in der er den Einfluss unterschiedlicher Füllstoffe wie Ruß, Schwerspat und Kreide auf die Festigkeit von Gummi darstellte. Das wichtigste Ergebnis dieser Veröffentlichung war der ausgeprägte Zusammenhang zwischen Teilchengröße und verstärkender Wirkung: je feiner die Teilchen, desto größer ihre Wirkung. Diese wissenschaftlichen Ergebnisse in die Praxis umzusetzen, war jetzt die Aufgabe der Füllstoff-Hersteller.

Wie wichtig solche Erkenntnisse für den erfolgreichen Ausbau einer Industrie sein konnte, hatte kurze Zeit vorher das Beispiel der chemischen Industrie gezeigt. Nachdem berühmte Chemiker wie Fritz Haber, Walter Nernst, Wilhelm Ostwald und andere zu Beginn des 20. Jahrhunderts entscheidende Zusammenhänge auf dem Gebiet der Reaktionskinetik und der Katalyse klären konnten, hatte die chemische Industrie rasch damit begonnen, diese Ergebnisse in großtechnische Synthesen wichtiger Chemikalien umzusetzen. Das vielleicht berühmteste Beispiel für diese Entwicklung war die Ammoniak-Synthese nach dem Haber-Bosch-Verfahren, die erstmals 1913 in einer Pilotanlage der BASF in Ludwigshafen durchgeführt worden war und sich bereits in den 20er Jahren weltweit durchgesetzt hatte.

Natürlich ist die rein mechanische Aufbereitung von Füllstoffen nicht zu vergleichen mit den oftmals komplexen Synthesen der chemischen Industrie. Um jedoch eine Chance auf dem enger werdenden Markt zu haben, musste jeder Hersteller handeln, auch in der Kreide-Industrie.

Sollte Kreide weiterhin ein wichtiger Füllstoff bleiben, so musste ihre Stellung auf den alten Märkten verteidigt und wenn möglich ausgebaut werden. Noch war Zeit, noch war Kreide ein wichtiger Rohstoff für die Herstellung von Farben, Streichpapieren, Tapeten und auch Glaserkitt. Und es gab noch Märkte, die man hinzugewinnen konnte; Märkte, die gerade erst entstanden oder bislang völlig auf Kreide verzichtet hatten. Das konnte aber nur gelingen, wenn man den Füllstoff Kreide gezielt auf die Bedürfnisse der Kunden hin weiterentwickelte.

Die Chance dazu bot sich, da die Industrie immer größere Feinheiten nachfragte und so den Kreideproduzenten einen leichten Startvorteil verschaffte. Denn Kreide ist mikrokristallin, das heißt sie ist von Natur aus deutlich feiner als alle anderen Minerale mit Ausnahme des Kaolin. Durch den Einsatz neuer Mahltechniken konnte sich das jedoch schnell ändern, daher blieb den Kreideproduzenten keine Wahl: Investieren oder Schließen, mehr Möglichkeiten gab es auf Dauer nicht; und welche Entscheidung die richtige war, würde erst die Entwicklung der nächsten Jahre zeigen.

Kriterien des Erfolgs

Um das Risiko zu minimieren, konnte man allerdings sein eigenes Unternehmen einer kritischen Analyse unterziehen und feststellen, ob zumindest die Voraussetzungen für einen Erfolg gegeben waren. Die wichtigsten Kriterien für eine solche Analyse legte André Moussy 1928 in dem Vortrag „La craie et l'industrie du blanc dans le département de la Marne" vor der Akademie der Wissenschaften in Chalons sur Marne dar. Moussy nannte vier wesentliche Punkte für einen Erfolg, die nicht nur für die Champagne, sondern für jede Kreideabbauregion galten und bis heute gelten:

In den 20er und 30er Jahren fanden zumindest in der Champagne Bagger und LKW Einzug in die Kreidesteinbrüche.

Erstens benötigte man geeignete Kreidevorkommen. Geeignet hieß, dass die Kreide leicht, vorzugsweise im Tagebau, zu gewinnen sein musste und nur wenig verunreinigt sein durfte, um die anfallenden Kosten für Gewinnung und Aufbereitung möglichst gering zu halten. Zudem musste das Vorkommen ausreichend groß sein, um eine ständige Auslastung der Aufbereitungsanlagen zu gewährleisten.

Zweitens mussten gute Transportbedingungen vorhanden sein. Gut waren sie dann, wenn entweder ein Wasserweg in unmittelbarer Nähe lag, oder das Werk zumindest über einen Gleisanschluss verfügte. Ein Transport auf der Straße war zu teuer für ein billiges Produkt wie Kreide, bei dem die Transportkosten den Hauptteil des Verkaufspreises ausmachten.

Drittens war eine umfassende technische Weiterentwicklung notwendig. Das betraf fast alle Betriebsabläufe innerhalb des Werkes, die sich seit den Anfängen der Kreide-Industrie vor rund 70 Jahren kaum geändert hatten. Zwar besaßen einige Werke schon Seilbahnen, mit denen sie die frisch gebrochene Kreide aus den Brüchen in die Aufbereitungsanlagen transportierten, aber der Materialtransport innerhalb des Werkes war noch nicht automatisiert. Es gab weder Schüttelrinnen oder Bänder für den waage-

rechten Transport, noch Becherwerksumlaufmühlen für senkrechte Strecken, wie sie in der Zement-Industrie üblich waren. Ganz zu schweigen von den in den USA eingesetzten pneumatischen Förderern, die mit Pressluft die mehlfeinen Pulver durch Rohrleitungen bliesen. Aus den USA stammten auch die vollautomatischen Verpackungssysteme für Zement, bestehend aus einer Füllmaschine und einem Ventilsack, mit dem 500-600 Sack à 50 Kilogramm in der Stunde abgepackt werden konnten; in der europäischen Kreide-Industrie füllte man Fässer und Säcke noch von Hand.

Auch in der Aufbereitungstechnik musste der manuelle Anteil gesenkt werden, musste ein vollautomatischer Prozess das Ziel sein, bei dem man grobe Kreidebrocken aufgab, und am Ende ein feines und reines Mehl die Mahlanlage verließ. Dazu bedurfte es moderner Maschinen wie Backenbrecher, Kugel- und Rohrmühlen und Windsichter.

So war die in der Zement-Industrie übliche Stahlkugelmühle mit Windsichter auch für

Brecher, Mühlen, Sichter

Die Entwicklung der Aufbereitungstechnik und ihrer Anlagen war vor allem eine Frage der zur Verfügung stehenden Werkstoffe. Ob Zerreiben, Zerstoßen oder Zerschlagen, alle Zerkleinerunsprozesse bringen extreme Belastungen für die Materialien mit sich, aus denen Brecher und Mühlen gebaut sind.

So ist es nicht verwunderlich, dass die schon in der Antike genutzten Mahl- und Kollergänge auch im 19. Jahrhundert noch im Einsatz waren, denn sie erzeugten nicht nur ein feines Mehl, mit ihren Mühlsteinen arbeiteten sie zudem fast verschleißfrei. Und in Kombination mit Pochwerken und Schlämmbassins ließ sich auch mit diesen Mühlen problemlos ein mehrstufiger Aufbereitungsprozess durchführen. Ihr gravierender Nachteil war ihr geringer Durchsatz. Selbst bei dampfbetriebenen Mühlen konnte gerade einmal 1 Tonne Feinmehl in der Stunde erzielt werden.

Größere Durchsatzleistung erforderten andere Maschinen und deren Konstruktion war kein Problem mehr, seit es im 19. Jahrhundert Gusseisen in ausreichender Qualität gab. Schon 1858 erhielt Eli Whitney Blake ein Patent auf seinen Backenbrecher (siehe Abbildung). Eine einfache, höchst wirksame Maschine, bestehend aus zwei Hartmetall-Backen, die v-förmig zueinander stehen. Eine Backe steht fest, die andere wird über einen Hebel auf und ab bewegt und zerdrückt so das Zerkleinerungsgut.

Der robuste Blake-Brecher wurde rasch Standard in der Grobzerkleinerung, in der Feinzerkleinerung löste die Kugelmühle seit den 1870er Jahren den Mahlgang ab. Kugelmühlen besaßen eine rotierende Mahltrommel, in der sich kleine Stahlkugeln und das Mahlgut befanden. Durch die Drehung

stießen und prallten die Kugeln mit dem Mahlgut zusammen und zermalmten es. Um die gewünschte Mahlfeinheit zu erreichen, gab es zwei Möglichkeiten: Entweder man zog die Mahltrommel in die Länge und dehnte somit den Mahlweg aus, wie es in den Rohrmühlen geschah (siehe Abbildung), oder man integrierte eine Siebvorrichtung in die Mühle, wie es bei der ersten Siebkugelmühle aus dem Jahr 1876 der Fall war. Die Mahltrommel dieser Mühle war rundum mit einem Drahtsieb bespannt, sodass die feingemahlenen Teilchen hinaustreten konnten, während die groben im Mahlprozess verblieben. Allerdings lassen sich mit Sieben nur Teilchen bis zu einer Korngröße von 0,2 Millimeter klassieren. Für größere Feinheiten braucht man einen Windsichter, wie ihn 1888 erstmals Robert Moodie entwickelte.

Windsichter trennen mittels eines Luftstromes Teilchen nach ihrer Korngröße. In Abhängigkeit von Größe und Gewicht werden die Teilchen unterschiedlich weit in die Höhe gerissen und können so problemlos getrennt werden; durch Variation der Strömungsgeschwindigkeit lässt sich der Feinheitsgrad bis in den Mikrometerbereich haargenau einstellen. Und die „Windsieberei" hat noch mehr Vorteile: Sie hat eine größere Leistung bei geringem Raumbedarf, sie ist einfach konstruiert und hat nur einen geringen Verschleiß. Da die fertig gemahlenen Teilchen kontinuierlich abgeführt werden, steigert sie zudem die Durchsatzleistung einer Mühle.

Seit 1900 setzten sich Windsichter in Kombination mit Kugelmühlen vor allem in der Zementindustrie rasch durch, wo große Teilchenfeinheit bei hoher Leistung gefragt war. Anforderungen, die immer mehr auch in der Kreide-Industrie galten.

Mehrkammer-Rohrmühle (1930). Diese Mühle mit einer Länge von 18 m und einem Trommeldurchmesser von 2 m kam in der Zementindustrie zum Einsatz.

Kreidetrocknung im
Drehrohrofen,
Champagne (um 1930).

die Kreideaufbereitung ein großer Fort-schritt, da sie Feinvermahlung und Klassie-rung anhand der Korngröße in einem Schritt ermöglichte. Die Kombination aus Kugelmühle und Windsichter konnte aller-dings nur beim trockenen Verfahren einge-setzt werden. Für die Nassaufbereitung stand seit 1900 eine Kugelmühle mit nor-maler Siebbespannung zur Verfügung, mit der sich Dickschlämme mit einem Kreidean-teil von bis zu 60 Prozent mahlen ließen. Da-durch konnte man das alte, zeitaufwändige Klassieren in Schlämmbecken umgehen.

Aber die Feinvermahlung war nicht das al-leinige Problem, zumal natürliche Kreide aufgrund ihrer mikrokristallinen Struktur schon einem mittleren Teilchendurchmesser von 5 Mikrometer besitzt. Fast noch wichti-ger war es, dass die Kreide-Industrie endlich unabhängig von der Witterung produzieren zu konnte. Hier hatte das trockene Verfah-ren, das „Stäuben", deutliche Vorteile. Schon durch den Bau beheizbarer Trockenräume, in denen die frisch gebrochenen Kreide-brocken auswittern konnten, ließ sich der Betrieb ganzjährig aufrechterhalten. Nicht bewährt hatte sich hingegen der Einsatz von

Drehrohrtrockenöfen, wie sie die Zement-Industrie benutzte: Mal war die Kreide durch Ruß geschwärzt, mal war sie zu Kalk ge-brannt (siehe Abbildung).

Der entscheidene Vorteil der Nassvermah-lung war die größere Reinheit des Produktes aufgrund des aufwendigen Schlämmverfah-rens – nur wenige Vorkommen waren rein genug für die Trockenaufbereitung. Ihr großes Problem blieb die starke Witterungs-abhängigkeit, da half auch der Einsatz von Filterpressen nicht viel, mit denen der ferti-gen Schlämmkreide ein Teil des Wassers entzogen werden konnte. Letztlich brauchte man für ein effizientes Nassverfahren be-heizbare Mühlen und Trockenräume, aber beides verbrauchte viel Energie und lohnte sich nur bei hohen Durchsätzen an Kreide.

Nicht zuletzt gehörte zur technischen Wei-terentwicklung auf lange Sicht auch die Einrichtung eigener Laboratorien, in denen man die Kreide auf ihre entscheidenden strukturellen Eigenschaften untersuchen konnte. Diese Eigenschaften zu verstehen und wenn möglich sogar quantitativ messen zu können, war eine wesentliche Voraussetzung, um neue Anwendungen für den Füllstoff Kreide zu entwickeln.

Und **viertens** erforderten die aufgezählten Verbesserungen einen genügend großen finanziellen Spielraum. Man brauchte viel Geld, um geeignete Vorkommen zu erwerben, optimale Verkehrsanbindungen herzustellen und alle Produktionsabläufe im Steinbruch ebenso wie im Werk auf den neuesten Stand der Technik zu heben. Zudem erforderte die Etablierung der Kreide am Füllstoffmarkt einen langen Atem. Die Konkurrenz war groß, die zu erzielenden Gewinne eher klein, denn noch immer war der Preis das entscheidende Verkaufsargument für jeden Füllstoff.

Vorreiter USA

Wie man einen neuen Füllstoff trotz aller Widrigkeiten am Markt durchsetzt, konnten die europäischen Anbieter in den USA lernen – auch die Kreide-Industrie, obwohl es gerade ihr Produkt war, das durch den neuen Füllstoff drastische Einbußen erlitt.

Bis zu Beginn des Ersten Weltkrieges waren die USA weltweit einer der größten Importeure von europäischer Kreide, da sie nur wenige Vorkommen besaßen, deren Kreide für eine Nutzung als Füllstoff geeignet war; kommerziell von Bedeutung waren in den ganzen USA nur einige Lagerstätten in Kansas. Als der ausbrechende Weltkrieg die USA von den europäischen Märkten abschnitt, stockte die Kreideversorgung und man war gezwungen, sich nach Alternativen umzuschauen.

Da die USA über große Marmor- und Kalksteinvorkommen verfügten, lag es nahe, diese mit der Kreide chemisch identischen Minerale als Füllstoffe zu nutzen. Sowohl Kalkstein als auch Marmor weisen als Gesteine jedoch eine deutlich größere Härte als die weiche Kreide auf. Also mussten zur

Aufbereitung Verfahren herangezogen werden, wie sie aus der Erzaufbereitung bekannt waren. Techniken und Maschinen mussten nur den neuen Bedürfnissen angepasst werden.

Anfänglich war die Qualität der Ersatzstoffe aus Kalkstein und Marmor deutlich schlechter als die der Kreide, aber dieses Problem konnte schnell behoben werden, indem man bessere und vor allem reinere Lagerstätten auswählte und neue Mahltechniken einführte, mit denen sich Feinheiten wie bei der natürlichen Kreide erzeugen ließen. Daher war es nur konsequent, dass man bald gemahlenen Kalkstein und Marmor ebenso als whiting bezeichnete wie die Kreide. Ebenso wie die Kreide waren sie jetzt als Füllstoff am Markt etabliert und den einmal gewonnen Anteil gaben sie auch nicht mehr preis, als nach dem Ende des Ersten Weltkrieges die Handelsbeziehungen mit Europa wieder auflebten.

Insbesondere die hohen Transportkosten waren dafür verantwortlich, dass die Kreide auf dem amerikanischen Füllstoffmarkt nie mehr die Bedeutung erlangte, die sie vor dem Krieg hatte. Europäische Kreide nutzte man jetzt nur noch in der Farbenindustrie und zur Herstellung von Glaserkitt; als Streichpigmente für Druckpapiere und als Füllmittel für Kautschuk hatten die neuen Füllstoffe aus Kalkstein und Marmor die Kreide schon abgelöst. Mit der Zeit ging man sogar dazu über, auch dem Glaserkitt einen gewissen Anteil an Kalksteinmehl beizumischen, und als ein künstlich hergestelltes, gefälltes Calciumcarbonat (PCC – Precipitated calcium carbonate) auf den Markt kam, verlor die Kreide immer weiter an Boden, war sie häufig einfach nicht mehr konkurrenzfähig.

Die Entwicklung in den USA unterstrich die Ausführungen von Moussy auf eindrucksvolle Weise: Nahezu bei Null beginnend konnten Marmor- und Kalksteinmehle innerhalb kurzer Zeit zu wichtigen Füllstoffen auf dem amerikanischen Markt werden, weil ausreichende, qualitativ hochwertige Vorkommen in verkehrsgünstiger Lage und eine verbesserte Aufbereitungstechnik es erlaubten, diese Produkte preisgünstig in

155

jeder gewünschten Feinheit anzubieten. Selbst ein künstlich hergestellter Füllstoff wie das PCC konnte sich behaupten, da sich seine strukturellen Eigenschaften durch den Herstellungsprozess exakt steuern ließen, was dem Kunden jederzeit eine gleichbleibende Qualität garantierte.

1.3 Von der Kreide zum Calciumcarbonat

So schmerzhaft die Verluste auf dem amerikanischen Markt für die europäische und insbesondere die englische Kreide-Industrie auch waren, so konnte der Schmerz durchaus heilsam sein, wenn die Hersteller die richtigen Lehren aus dieser Entwicklung zogen. Entscheidend war vor allem, dass sie bald handelten, damit die Kreide auch in Zukunft auf den europäischen Märkten noch eine Rolle spielen konnte. Die Voraussetzungen dafür waren in Europa gegeben.

In den drei wichtigsten Industrieländern England, Frankreich und Deutschland gab es ausreichende Kreidevorkommen, weitere wichtige Lagerstätten fanden sich in benachbarten Staaten wie Belgien und Dänemark. Die weiche Kreide ließ sich mit einer vergleichsweise simplen Technik erheblich billiger aufbereiten, weshalb in Europa das Mahlen von Kalkstein nur in Ländern anzutreffen war, die weit entfernt von den Kreideregionen lagen: In Schweden wurde zum Beispiel ein gemahlener Kalkstein unter der Bezeichnung „Motele-Kreide" vertrieben. Auch das teure PCC kam in Europa nur dort zum Einsatz, wo man auf hochreine Rohstoffe großen Wert legte wie bei Kosmetika und Zahnpasta.

Der Weg war also frei für die Kreide, zumal es jetzt erste wissenschaftliche Untersuchungen zu den Eigenschaften von Kreide gab wie die 1937 erschienene Abhandlung „Grenzflächen und ihre Bedeutung für die Technik" von Erich Kindscher. Kindscher hatte eine Anzahl von Fensterkitten aus Kreiden verschiedenen Ursprungs mit stets dem gleichen Leinöl hergestellt und dabei

gravierende Unterschiede festgestellt, die nicht durch die Feinheit des Materials zu erklären waren. Daraus schloss er, dass bei Kreiden vor allem die Teilchenform und die Beschaffenheit der Teilchenoberfläche für die charakteristische Wirkung als Füllstoff verantwortlich seien; die Größe spielte erst in zweiter Linie eine Rolle.

Doch vorerst machte der Zweite Weltkrieg den Kreideherstellern einen Strich durch die Rechnung, zumal schon im Vorfeld die Wirtschaftsbeziehungen in Europa durch die Autarkiepolitik des Dritten Reiches einen radikalen Einschnitt erfuhren: Der insbesondere für die französischen Kreide-Industrie wichtige deutsche Markt brach über Nacht weg. Und als der Krieg endlich vorüber war, befand sich die europäische Kreide-Industrie wieder auf dem Stand der späten 20er, frühen 30er Jahre.

Neuer Anfang

Auf Rügen wurde der Neubeginn nach Ende des Weltkrieges durch die veränderten politischen und wirtschaftlichen Verhältnisse geprägt. Die Insel gehörte jetzt zur sowjetischen Besatzungszone und war damit einerseits von den westeuropäischen Märkten abgeschnitten, andererseits in Osteuropa nahezu konkurrenzlos, da es dort nur wenige andere Kreidevorkommen gab. Beides führte dazu, dass der wirtschaftliche Druck für die Rügener Kreide-Industrie nicht allzu groß war; man musste sich nicht unbedingt technisch weiterentwickeln, um zu überleben. So begann man 1946 zunächst in Handarbeit damit, wieder Kreide abzubauen, und begnügte sich vorerst mit einer Jahresproduktion von 3 000 Tonnen. Erst 1949 tauchten die ersten Bagger in den Rügener Kreidebrüchen auf und weitere 13 Jahre vergingen, ehe auch in Aufbereitung, Verpackung und Verladung ausschließlich Maschinen zum Einsatz kamen.

In Westdeutschland war Söhlde jetzt die einzige bedeutende Kreideabbauregion neben Lägerdorf, zumal in der unmittelbaren Nachkriegszeit auch keine Champagne-Kreide nach Deutschland kam. Wie in Rügen erledigte man auch in Söhlde in den ersten Jah-

Kreidebruch in Söhlde.
Viele Arbeiten wurden
hier noch lange nach En-
de des 2. Weltkrieges
von Hand verrichtet.

nach den üblichen Verfahren gewonnen wurde. Verpackt in Jute-Säcke verkaufte man Schlämmkreide zu einem Preis von 4,- DM je 100 Kilogramm, Staubkreide kostete nur 3,30 DM.

Hauptabnehmer der Söhlder Kreide waren die großen Unternehmen der westdeutschen Kautschuk-Industrie wie die Continental Gummi-Werke in Hannover, die Phoenix Gummiwerke in Hamburg sowie die Textil- und Gummiwerke Vorwerk in Wuppertal; aber auch die IG Farben gehörte 1948 zu den Großkunden.

Während die Kunden allesamt aus modernen, hochtechnisierten Industrien stammten, war der Kreideabbau in Söhlde noch wie im letzten Jahrhundert organisiert. Immer noch waren es zumeist Bauern, die die Kreide im Nebenerwerb abbauten. Nur einige wenige Werke hatten sich ausschließlich der Kreideproduktion verschrieben und selbst die schafften nicht mehr als 4 000 bis 5 000 Tonnen im Jahr, denn in Söhlde wurde saisonabhängig produziert. Da kein Brennmaterial vorhanden war, um die Mühlen und Trockenräume zu beheizen, lag im Winter alles still.

In Großbritannien war die Kreide-Industrie zu diesem Zeitpunkt deutlich weiterentwickelt. Der britische Schlämmkreideverband, dem mehr als 90 Prozent der Schlämmkreide-Produzenten angehörten, hatte schon 1947 einen Forschungsrat ins Leben gerufen, da man frühzeitig erkannt hatte, dass die Kreide-Industrie ohne angewandte Forschung im modernen Wettbewerb nicht bestehen konnte. Mit Unterstützung der britischen Regierung gründete man ein Forschungsinstitut in Welwyn, etwa 30 Kilometer von London entfernt, wo mehr als 20 Personen ausschließlich daran arbeiten, neue Anwendungen für Kreide in den verschiedenen Industrien zu erschließen und alte zu verbessern. Hier in Welwyn stellte man auch erstmals einen Glaserkitt auf wissenschaftlicher Basis her.

Mit der Unterstützung durch die Forschung konnte sich die Schlämmkreide auf dem britischen Füllstoff-Markt behaupten. Überall, wo ein billiger, neutraler Füllstoff gefragt

ren die meisten Arbeiten von Hand. Allerdings kam in den dortigen Brüchen auch Sprengstoff zum Einsatz, da die harte Söhlder Kreide sich nur schlecht baggern oder von Hand brechen ließ. Arbeiter zerkleinerten die großen Kreidebrocken noch im Bruch, sortierten sie nach Größe und Reinheit und brachten die gesonderten Stapel ins Werk.

Die großen Blöcke verarbeitete man zu Rohkreide. Dazu mussten sie zunächst in „Luftmauern" trocknen, bevor sie in einem trockenen Verfahren zerkleinert, gemahlen und staubfein gesiebt wurden. Haupterzeugnis war jedoch die Schlämmkreide, die

war, griffen die Unternehmen auf die einheimische Kreide zurück: in der Tapeten- und Linoleum-Industrie ebenso wie in den Kautschuk- und Gummifabriken oder bei der Herstellung von Farben und Dichtungsmassen. Selbst in die USA konnten die britischen

Schlämmkreide-Produzenten wieder beachtliche Mengen ihrer Kreide exportieren.

Drei Gesteine, ein Produkt

Auch in den übrigen europäischen Ländern nahm die Kreide nach und nach wieder einen festen Platz unter den Füllstoffen ein. Aber trotz der jährlich steigenden Abbaumengen sank der prozentuale Anteil der Kreide an der Gesamtmenge der verbrauchten Füllstoffe. Was zunächst paradox klingt,

Auch die alten Trocken-Verfahren blieben bis in die 60er Jahre in Gebrauch. Die Schlämmkreide wurde zunächst auf Steinen vorge- trocknet (unten) und kam anschließend als noch feuchter Kreidekuchen auf ein Trockengestell (oben).

war die logische Konsequenz des raschen Wirtschaftswachstums, das in den 50er Jahren einsetzte und den Bedarf an Füllstoffen in kürzester Zeit drastisch ansteigen ließ.

Insbesondere die expandierende Kunststoff-Industrie war der Motor für die Weiterentwicklung der Füllstoffe. Schon in den 20er Jahren hatte Hermann Staudinger mit seiner „Theorie der Makromoleküle" die wissenschaftlichen Grundlagen geliefert für eine systematische Produktion von Kunststoffen und folgerichtig waren in den 30er Jahren die ersten großtechnischen Verfahren zur Herstellung von Polyvinylchlorid (PVC), Polystyrol und Polyethylen (PE) angelaufen. Der Zweite Weltkrieg hatte diese Entwicklung jäh unterbrochen, doch jetzt stand dem Siegeszug der Kunststoffe nichts mehr im Wege. Rasch eroberten sie den gesamten Alltag der Menschen: Angefangen bei den Nylon-Strümpfen über die Kunsledertasche aus PVC bis hin zu den bügelfreien Hemden aus Polyester, ein Leben ohne Kunststoffe war nicht mehr denkbar, zumal auch in der Automobil-Industrie, bei der Herstellung von Kabeln und Elektrogeräten oder im Bauwesen große Mengen an Kunststoffen zum Einsatz kamen.

Wurden 1951 gerade einmal 81 000 Tonnen Kunststoffe in der Bundesrepublik produziert, waren es 1960 schon 610 000 Tonnen und 1965 war mit 1,35 Millionen Tonnen die Millionengrenze bereits deutlich überschritten. Der Füllstoff-Anteil schwankte je nach Kunststoffsorte zwischen 10 und 70 Prozent, sodass relativ schnell abzusehen war, dass die bisher zum Einsatz kommenden Füllstoffe den Bedarf auf Dauer nicht decken konnten, zumal auch andere Industrien immer mehr Füllstoffe nachfragten – neue Füllstoffe mussten her.

Die Kriterien für die Suche waren schnell festgelegt. Das chemische Verhalten war weitgehend uninteressant, vorzugsweise sollte ein Füllstoff chemisch inert sein. Wichtiger waren physikalische Eigenschaften wie die Oberfläche und vor allem die Korngröße beziehungsweise die Korngrößenverteilung des Füllstoffes. Aber auch die konnten durch neue, in der Erzaufbereitung bereits erprobte Mahltechniken für

fast alle Gesteine und Minerale relativ frei variiert werden.

So waren nur folgende Punkte wirklich entscheidend: Das Gestein musste möglichst weiß sein, zumindest sollte es keine störende Eigenfarbe haben; die einzelnen Vorkommen durften nur geringe Verunreinigungen aufweisen, um komplizierte Trennverfahren zu vermeiden, und es sollte möglichst überall geeignete Vorkommen geben, um die Transportkosten gering zu halten.

Diese drei Kriterien trafen in erster Linie auf die zwei Gesteine zu, die auf dem US-amerikanischen Markt schon länger etabliert waren: Marmor und Kalkstein. Beide bestehen aus dem weißen Mineral Calcit, sie sind in vielen Ländern zu finden und gemeinsam eroberten sie jetzt den Füllstoff-Markt. Calciumcarbonat heißt die dem Calcit zugrunde liegende chemische Verbindung und Calciumcarbonat hieß fortan der neue Füllstoff, gleichgültig ob das Ausgangsmaterial Kalkstein oder Marmor war. Chemisch gesehen sind beide bis auf kleine Verunreinigungen sowieso identisch und in aufbereiteter Form lassen sich petrographische Unterschiede kaum mehr feststellen.

Auch das dritte natürlich vorkommende Kalkgestein, die Kreide, ist chemisch gesehen ein Calciumcarbonat und so wurde sie konsequenterweise auch unter dieser Bezeichnung vertrieben. Zu Beginn konnte die Kreide durchaus mit dem Marmor und dem Kalkstein konkurrieren, dann sank ihr Anteil an der Gesamtmenge des jährlich produzierten Calciumcarbonats kontinuierlich.

Ganz ohne Kreide geht es jedoch nicht. Zwar ist der Glaserkitt längst vom Markt verschwunden, aber in anderen Anwendungen werden die spezifischen Eigenschaften der Kreide noch gebraucht. So ist reine, hochwertige Kreide ein wichtiger Rohstoff für die Farben- und Lack-Industrie, sie wird immer noch als Füllstoff bei der Kabelherstellung verwendet und selbst in modernen Papieren findet sich heute Kreide. Dass natürliche Kreide auch in Anwendungsbereichen mit geringer Wertschöpfung wie Düngemittelherstellung oder Rauchgasreinigung zum Einsatz kommt, versteht sich von selbst.

2. Calciumcarbonat – Pigment und Füllstoff

Die Verwendung von Mineralien ist aus dem täglichen Leben nicht mehr wegzudenken. Schon seit Jahrtausenden finden die unterschiedlichsten Gesteine und Gesteinsmehle in verschiedenen Bereichen Verwendung und heute gibt die Höhe der Produktion beziehungsweise des Verbrauchs von „Nichtmetallrohstoffen" sogar Auskunft über den Entwicklungsstand eines Landes (siehe Abbildung). Industrieminerale sind Zeichen des Wohlstands geworden und keiner dieser mineralischen Stoffe hat eine so große Bedeutung und ein so weit gefächertes Einsatzgebiet wie das Calciumcarbonat.

Die Geschichte der Kreide, des Kalksteins und des Marmors ist lang (siehe Kapitel II, „Kulturgeschichte"), und noch immer finden sich Calciumcarbonate in den unterschiedlichsten Anwendungen: Von der Bildhauerei über die Bauindustrie zur Chemie, von den Füllstoffen in Papier, Lacken und Kunststoffen bis hin zum Einsatz in der Pharmazie (siehe Abbildung S. 162/163).

Die enorme volkswirtschaftliche Bedeutung der Calciumcarbonat-Gesteine zeigt sich,

wenn man die Jahr für Jahr abgebauten Mengen an Kreide, Kalkstein und Marmor betrachtet. Allein im Jahr 1994 wurden weltweit rund 4,6 Milliarden Tonnen Kalkgesteine abgebaut (siehe Abbildung). Wie bedeutend Kalkgesteine sind, zeigt sich im Vergleich zum gesamten Steine-Erden-Verbrauch. So waren 1994 in Deutschland gut 7 Prozent aller verbrauchten Industrieminerale Kalkgesteine, oder in absoluten Zahlen: Von den insgesamt 920 Millionen Tonnen „Steine und Erden" bestanden 65,4 Millionen Tonnen aus Calciumcarbonat. Zählt man noch Dolomit- und andere Karbonatgesteine sowie die Kalksteine hinzu, die nicht von den Unternehmen der Kalk-Industrie ver-

In einer hochindustrialisierten Gesellschaft haben die Nichtmetall-Rohstoffe die Metalle an Bedeutung längst überholt (Quelle: Bundesanstalt für Geowissenschaften, Braunschweig).

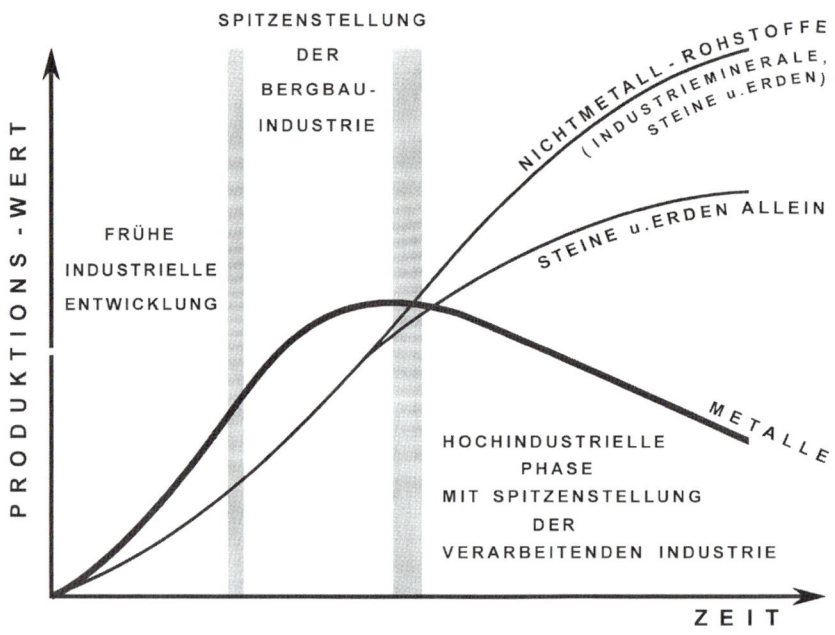

Marktsegment	Deutschland		Weltweit	
	[Mio t/Jahr]	[%]	[Mio t/Jahr]	[%]
Bauindustrie (Hoch- und Tiefbau)	23,2	35,4	(k.A.)	
Zement	33,3	51,0	1 420	31,5
Landwirtschaft	1,4	2,1	(k.A.)	
Stahl und Eisen	3,1	4,75	(k.A.)	
Umweltschutz	1,3	2,0	(k.A.)	
Füllstoffe/Streichpigmente	2,0	3,0	20	0,4
Sonstiges	1,1	1,75	(k.A.)	
Gesamt	65,4	100	4 500	100

Kalksteinverbrauch in Deutschland/weltweit. Bei den angegebenen Zahlen handelt es sich um Schätzungen, da zumindest für den weltweiten Verbrauch keine exakten Zahlen vorliegen (Quelle: Oates, 1998; Bundesverband Kalkindustrie).

braucht wurden, lag der Anteil sogar bei 16 Prozent oder 144 Millionen Tonnen.

Die weitaus größte Menge Kalkstein geht in die Bauindustrie: Sei es als Baustein, als Zement oder als Schotter im Straßenbau. Der Anteil der Füllstoffe ist im Vergleich dazu zwar gering, aber in absoluten Zahlen betrachtet immer noch gewaltig. So gingen 1997 weltweit 9,8 Millionen Tonnen Calciumcarbonat in die Papier-Industrie, rund 7 Millionen Tonnen in die Kunststoff-Industrie und mehr als 4,8 Millionen Tonnen in die Farben- und Lack-Industrie.

Und im Gegensatz zu den Baurohstoffen sind Füllstoffe „High-Tech-Produkte", deren Gewinnung und Aufbereitung aufwendige Verfahren und den Einsatz kostspieliger Maschinen erfordern. Sieht man einmal ab vom weltberühmten „statuario" aus Carrara und anderen, vergleichbar exklusiven Marmorsorten, so erzielt man die höchsten Preise für Calciumcarbonat, wenn man es als Füllstoff einsetzt (siehe Abbildung).

Verglichen mit den Kosten für andere Rohstoffe ist der Preis für einen Füllstoff jedoch gering. So können Calciumcarbonat-Füllstoffe zum Beispiel im Papier einen Teil der Cellulose ersetzen, die rund zehmal so teuer

Durchschnittliche Preise für Produkte aus Kalkgesteinen in Großbritannien 1997. Die Preise können im Einzelnen stark schwanken, aber in ihrer allgemeinen Tendenz sind sie auch auf andere Länder übertragbar (Quelle: Oates, 1998).

	Baumaterial	Herstellung von Branntkalk und Glas/Rauchgasentschwefelung	Füllstoff und Streichpigment	PCC
Preis [£/t]	2-5	5-10	25-250	250-1 000

Einsatzmöglichkeiten des Calciumcarbonats. Die einzelnen Anwendungen sind dabei nur skizzenhaft zusammengefasst; so müsste allein der Bereich „Chemische Industrie" sehr viel weiter aufgefächert werden.

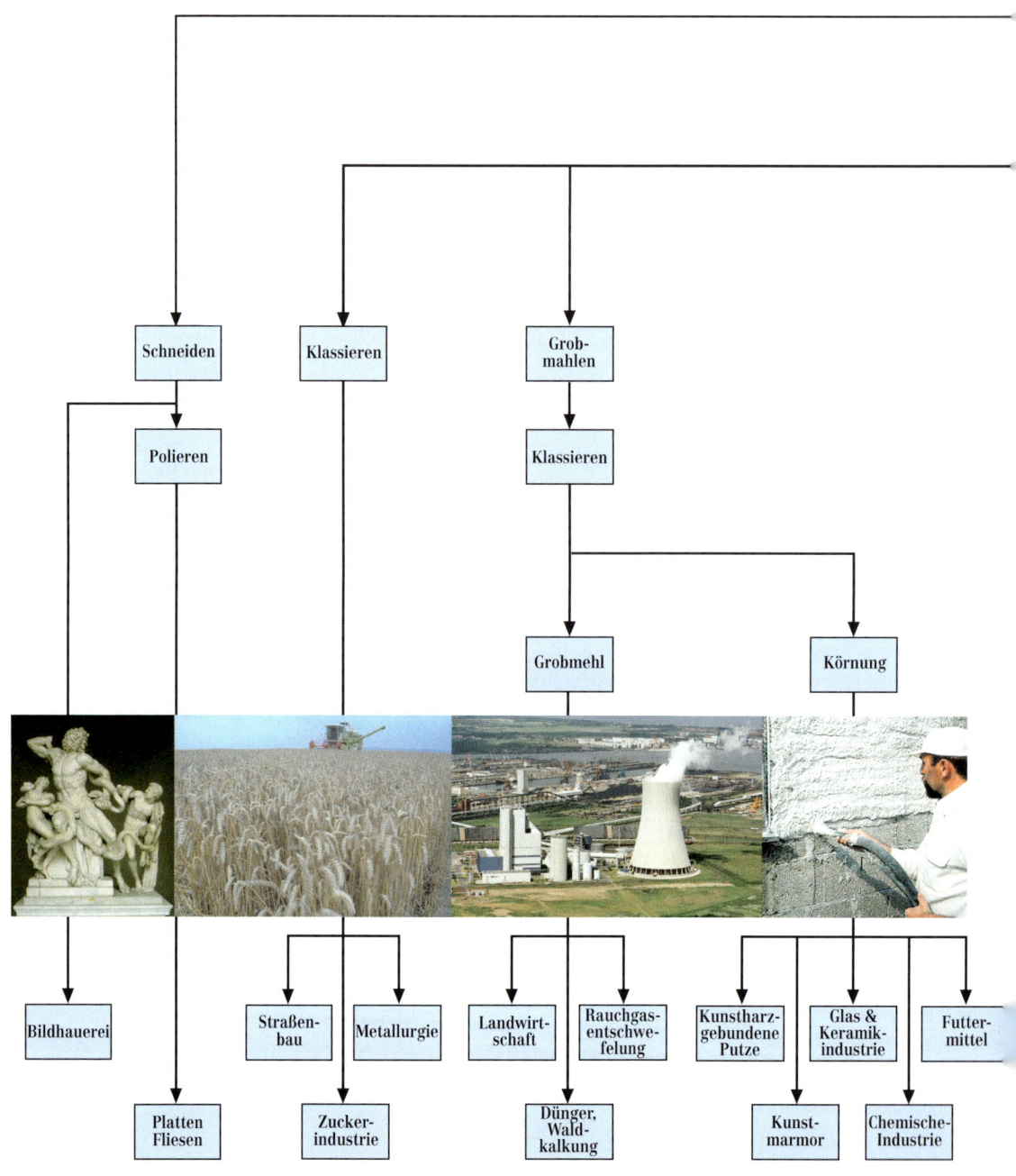

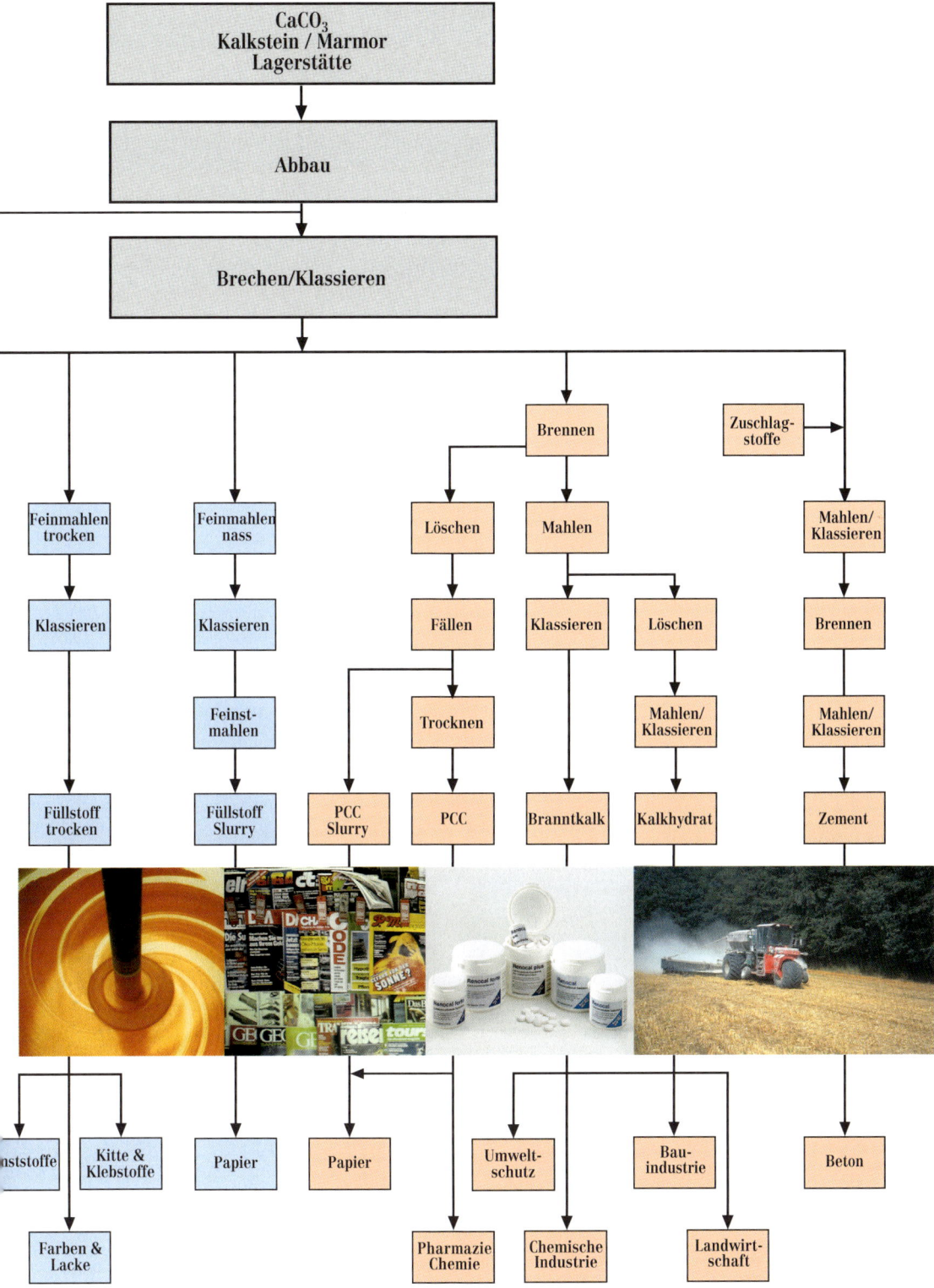

CaCO₃
Kalkstein / Marmor
Lagerstätte

Abbau

Brechen/Klassieren

Brennen

Zuschlag-stoffe

Feinmahlen trocken

Feinmahlen nass

Löschen

Mahlen

Mahlen/ Klassieren

Klassieren

Klassieren

Fällen

Klassieren

Löschen

Brennen

Feinst-mahlen

Trocknen

Mahlen/ Klassieren

Mahlen/ Klassieren

Füllstoff trocken

Füllstoff Slurry

PCC Slurry

PCC

Branntkalk

Kalkhydrat

Zement

nststoffe

Kitte & Klebstoffe

Papier

Papier

Umwelt-schutz

Bau-industrie

Beton

Farben & Lacke

Pharmazie Chemie

Chemische Industrie

Landwirt-schaft

ist: Je mehr mineralische Rohstoffe ein Papier enthält, desto günstiger ist seine Herstellung. Das heißt jedoch nicht, dass hochgefüllte Papiere in jedem Fall billiger sind. Ganz im Gegenteil, oft enthalten gerade die besonders hochwertigen Papiere große Mengen an mineralischen Rohstoffen. Und auch in der Farben- und Lack- oder in der Kunststoff-Industrie tragen die feinen Mineralmehle erheblich zur Wertschöpfung der Endprodukte bei; darüber hinaus sind viele Produkte heute aus technischen Gründen ohne Füllstoffe kaum mehr denkbar.

2.1 Eigenschaften und Wirkungen eines Füllstoffes

„Ein Füllstoff ist eine aus Teilchen bestehende, im Anwendungsmedium praktisch unlösliche Substanz, die zur Vergrößerung des Volumens, zur Erzielung oder Verbesserung technischer Eigenschaften und / oder Beeinflussung optischer Eigenschaften verwendet wird."

Die Definition nach DIN 55943 stellt nicht nur die wesentliche Aufgabe moderner Füllstoffe heraus, nämlich „technische Eigenschaften" zu verbessern; durch das Festhalten am Begriff „Füllstoffe" bleibt auch die Geschichte dieser Substanzen aktuell. Denn die erste und für lange Zeit einzige Aufgabe eines Füllstoffes war es, zu füllen und somit zu verbilligen.

Aber nach und nach erkannte man, dass die Zumischung eines Füllstoffes mehr leisten konnte als nur zu „füllen". So wie im Beton der preiswerte „Füllstoff" Kies nicht nur teuren Zement einsparen hilft, sondern darüber hinaus dessen Festigkeitseigenschaften wesentlich beeinflusst, so lassen sich mit Füllstoffen die Produkteigenschaften gefüllter Materialien gezielt verändern beziehungsweise verbessern.

Heute gibt es eine Vielzahl von Kriterien, die an einen Füllstoff gestellt werden. So müssen Füllstoffe eine hohe Verfügbarkeit aufweisen, ihr Preis sollte niedrig sein. Sie lassen sich in den unterschiedlichsten Anwendungsmedien gut dispergieren, besitzen eine hohe Reinheit und sind nicht toxisch. Je nach Industriezweig kommen weitere Kriterien hinzu. Füllstoffe in Papieren sollen einen möglichst hohen Brechungsindex und eine hohen Weißgrad besitzen, in der Farbindustrie sind Wetterbeständigkeit und Rostschutzwirkung gefragt.

Aber nicht alle Eigenschaften sind gleichgewichtig. Manche wie die ausreichende Verfügbarkeit oder der niedrige Preis werden von so vielen Mineralen erfüllt, dass sie kaum Aussagekraft für die Auswahl eines Füllstoffes besitzen; manche wie die gesundheitliche Unbedenklichkeit hingegen haben sogar eine ausschließende Wirkung. So sind die Asbeste vom Füllstoff-Markt vollständig verschwunden und auch feingemahlene Quarzmehle sind im Verschwinden begriffen, da sie Silikose hervorrufen können.

Betrachtet man nur die durch Aufbereitung veränderbaren Eigenschaften, sind es vor allem Feinheit und Kornverteilung (mit Einschränkungen auch der Weißgrad) eines Füllstoffes, die neben den natürlichen Eigenschaften wie pH-Wert, Dichte und Teilchenform seinen Einsatzbereich bestimmen.

So genügt für das Beschichtungsmaterial von Teppichböden ein relativ grober Füllstoff mit breiter Kornverteilungskurve, wobei der Weißgrad keine entscheidende Rolle spielt. Hingegen benötigt man einen feinen und weißen Füllstoff, um die Festigkeit eines Kunststoffs für Fensterprofile zu erhöhen und eine gleichmäßig weiße Farbe zu gewährleisten. Im Papier schließlich kommen noch feinere, noch weißere Füllstoffe zum Einsatz; neben einem hohen Weißgrad ist hier auch Opazität unbedingt erforderlich.

Unabhängig vom Einsatzgebiet soll der Füllgrad immer hoch sein, um möglichst viel eines teuren Basismaterials wie Kunst- oder Zellstoff einzusparen. Zudem hat ein hoher Füllgrad einen positiven Einfluss auf Produkteigenschaften wie Materialfestigkeit oder Verarbeitbarkeit, und nicht zuletzt verbessert er auch die optischen Eigenschaf-

	Brechungsindex n_D	Dichte	Härte (nach Mohs)	Kristallform/ Erscheinungsform
Bariumsulfat	1,64	4,5	3-3,5	Rhomboeder/ kubisch
Calciumcarbonat				
- Aragonit	*1,63*	*2,95*	*3,5-4*	*Rhomboedrisch- dipyramidal*
- Calcit	*1,6*	*2,6-2,8*	*3*	*Rhomboeder/ kubisch oder nadelförmig*
Dolomit	1,60-1,62	2,85-2,95	3,5-4	Rhomboedrisch/ kubisch
Kaolin	1,57	2,60-2,63	2	Triklin/ feinschuppige Plättchen
Quarz	1,55	2,65	7	Trigonal/ splittrig
Talkum	1,57	2,7-2,8	1	Monoprismatisch/ blättrig
Titandioxid				tetragonal
- Anatas	*2,55*	*3,87*	*5,5-6*	
- Brookit	*–*	*4,17*	*5,5-6*	
- Rutil	*2,75*	*4,26*	*6-6,5*	

Physikalische Eigenschaften typischer Füllstoffe und Pigmente.

ten. Erzielen lässt sich ein hoher Füllgrad aber nur, wenn die Kornverteilung optimal auf den speziellen Fall zugeschnitten ist. Das stellt hohe Anforderungen an die Aufbereitungstechnik, eine genau abgestimmte Folge von Mahlung und Klassierung des Rohstoffes ist unumgänglich.

Zugleich müssen die Kunden in den Industrien Gewissheit haben, dass ein Füllstoff mit konstanten Eigenschaften immer in ausreichender Menge verfügbar ist, sodass sie ihre Produktionsverfahren nicht dauernd an wechselnde Füllstoff-Qualitäten anpassen

müssen. Was sich trivial anhört, bedeutet für die Füllstoff-Industrie eine große Herausforderung, die nur durch einen hohen technischen Aufwand zu erfüllen ist. Denn als natürliche Produkte zeichnen sich mineralische Rohstoffe gerade durch ihre hohe Variabilität aus, keine Lagerstätte ist wie die andere.

Fasst man alle Kriterien zusammen, gibt es immer noch eine Vielzahl von Mineralien, die sich für den Einsatz als Füllstoff besonders eignen. In erster Linie sind das Kaolin, Talkum und Calciumcarbonat; aber auch Magnesiumcarbonat, Barium- und Calciumsulfat haben interessante Eigenschaften (siehe Abbildung). Vergleicht man jedoch die weltweit Jahr für Jahr produzierten und verkauften Mengen, so stechen die Calciumcarbonate eindeutig heraus (siehe Abbildung). Dafür gibt es gute Gründe.

Füllstoffe und Streichpigmente in Papier

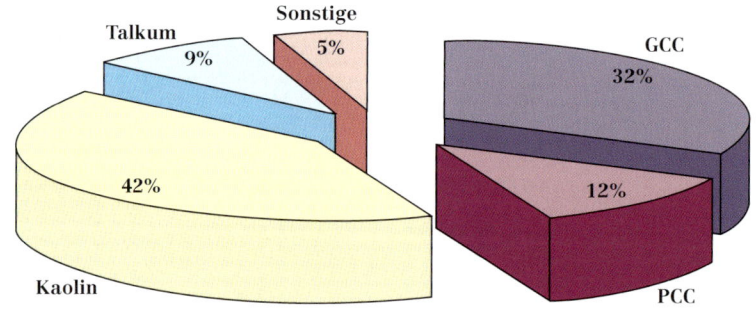

Füllstoffe in Kunststoffen

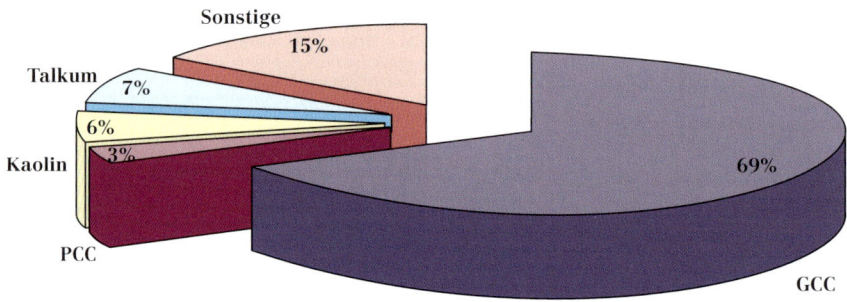

Füllstoffe in Farben und Lacken

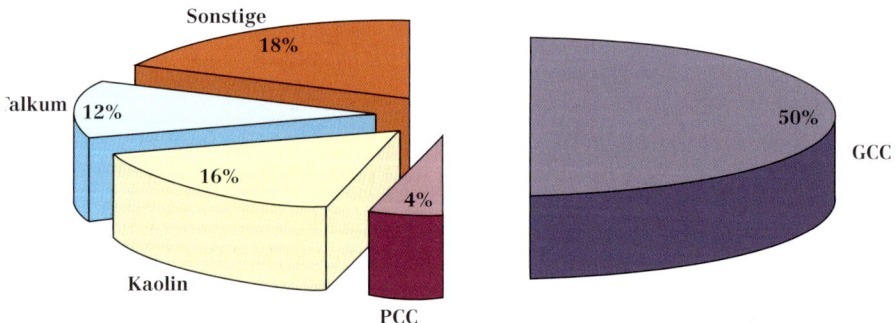

Marktanteile der
wichtigsten Füllstoffe
und Streichpigmente.

2.2 Kreide, Kalkstein, Marmor, PCC – Gemeinsamkeiten und Unterschiede

Das Mineral Calciumcarbonat ist auf der Erde scheinbar in beliebiger Menge verfügbar. Von allen mineralischen Rohstoffen kommt in der äußeren Erdrinde nur der Quarz, das Siliciumdioxid, häufiger vor. Und alle natürlichen Calciumcarbonat-Varietäten eignen sich für den Einsatz als Füllstoff: die Kreide, der Kalkstein und der Marmor. Hinzu kommt noch das künstlich hergestellte, gefällte Calciumcarbonat, das PCC (Precipitated Calcium Carbonate). Obwohl sämtliche Varietäten chemisch identisch sind, besitzt jede von ihnen spezifische Besonderheiten, die sie von den anderen unterscheidet.

2.2.1 Kreide

Die Kreide liegt in natürlicher Form feindispers vor. Daher war es die Kreide, die als erster Calciumcarbonat-Füllstoff schon früh vor allem in Farben und Kitten zum Einsatz kam. Aber die Vielfalt der Einsatzmöglichkeiten für Kreide-Füllstoffe war und ist ungleich größer. Vor allem folgende Eigenschaften sprechen für das Mineral:

- Gesundheitliche Unbedenklichkeit (eine wesentliche Voraussetzung für den Einsatz in Haushaltsprodukten wie Zahnpasta, Kosmetika und Putzmitteln)
- Leichte Verarbeitbarkeit
- Weißgrad
- Plättchenförmige Teilchenstruktur
- Gute Streichbarkeit
- Außerordentlich geringe Verschleißeigenschaften, die sich positiv auf die Lebensdauer der Aufbereitungs- und Fertigungsmaschinen auswirken

Häufige Verunreinigungen der Kreide sind Siliciumdioxid in Form von Feuerstein, organische Reste sowie die als Pyrit vorliegenden Sulfide und Sulfate (meist Gipse). Aber bis auf die wenig störenden Sulfate lassen sich alle Verunreinigungen leicht durch „Schlämmen" abscheiden (siehe „Eine Kreide-Industrie entsteht", S. 138); ein Verfahren, das noch heute Anwendung findet. Je

nach Vorkommen und späterem Einsatzgebiet teilt man die Kreide entweder direkt nach dem Schlämmen oder erst im getrockneten Zustand nach Körngrößen auf, wodurch sich die Füllstoff-Eigenschaften gezielt auf die Anwendung abstimmen lassen.

Aufgrund der Biogenese und der geringen Metamorphose kann Kreide nie den höchstmöglichen Weißgrad eines Calciumcarbonats erreichen. Bei der Bildung von Kreide lagern sich organische Verbindungen sozusagen als Verstärkung und Klebstoff für das Calciumcarbonat in und zwischen den Kokolithen-Plättchen ein und erhöhen so die Festigkeit der Schalen. Gleichzeitig setzen diese Einschlüsse den Weißgrad der Kreide herab.

2.2.2 Kalkstein und Marmor

Als zunächst aus der Farben- und Lack-Industrie, später auch aus der Papier-Industrie der Wunsch nach zunehmend weißeren Produkten kam, mussten sich die Füllstoff-Produzenten nach neuen Ausgangsmaterialen aus Calciumcarbonat umsehen; die Kreide konnte diesen Wunsch nicht erfüllen. Also untersuchte man, wie sich Kalkstein oder sogar Marmor für den Füllstoffeinsatz eigneten, die beide einen sehr viel höheren Weißgrad aufweisen als Kreide.

Allerdings müssen sowohl Kalkstein als auch Marmor in den meisten Fällen aufbereitet werden, um die gewünschten hohen Weißgrade zu erhalten. Bei Kalkstein sind so Weißgrade möglich, die im günstigsten Fall bei Tappi R457=92 oder bei Ry=94 (siehe Anhang, „Definitionen und Messmethoden") liegen. Sollen noch weißere Produkte erzeugt werden, muss von Marmor als Rohstoff ausgegangen werden. Wegen der starken Metamorphose dieses Minerals sind die im Rohgestein vorhandenen Verunreinigungen separiert und liegen in solchen Partikelgrößen vor, dass sie durch geeignete Verfahren abgetrennt werden können. Damit erreicht man Produkte mit Weißgraden von Tappi R457=95 beziehungsweise Ry=96.

Aber Kalkstein und Marmor unterscheiden sich nicht nur im Weißgrad von der Kreide, auch Kornverteilung, Abrasivität und Opazität der jeweiligen Füllstoffe sind unterschiedlich. Eine Kreide weist naturgemäß eine sehr breite Kornverteilung mit einer großen spezifischen Oberfläche auf. Mit einem kristallinen Marmor beziehungsweise Kalkstein ist eine solche Kornverteilung nur schwer zu erreichen. Denn selbst mit intensiver Mahlung und Klassierung lässt sich die

Kornverteilung eines Mineralmehls nur in gewissen Grenzen beeinflussen, in letzter Konsequenz bleibt sie jedoch vom kristallinen Aufbau des Ausgangsmaterials abhängig. So haben die Calciumcarbonat-Füllstoffe aus den kristallinen Gesteinen Marmor und Kalkstein eine engere Kornverteilung als die aus Kreide gewonnenen Füllstoffe und auch ihre spezifische Oberfläche ist kleiner.

Die Abrasivität eines Füllstoffes ist entscheidend von der Partikel-Form abhängig. Die Kokkolithen der Kreide sind aus einzelnen Calciumcarbonat-Plättchen aufgebaut. Unter dem Raster-Elektronen-Mikroskop ist zu erkennen, dass diese Plättchen abgerundete Kanten aufweisen (siehe Abbildung). Im Gegensatz dazu besteht ein aus Marmor gemahlener Füllstoff aus scharfkantigen Einzelpartikeln. Diese scharfen Kanten und die steilere Kornverteilung führen zu einer größeren Abrasivität der Füllstoffe aus Kalkstein und Marmor, obwohl die Mohs'sche Härte aller drei Varietäten gleich ist. Wenn es jedoch gelingt, die Teilchen unter eine definierte Korngröße aufzumahlen, so verliert selbst der Marmor seine Abrasivität.

Kreide (a), GCC (b) und PCC (c) unter dem REM.

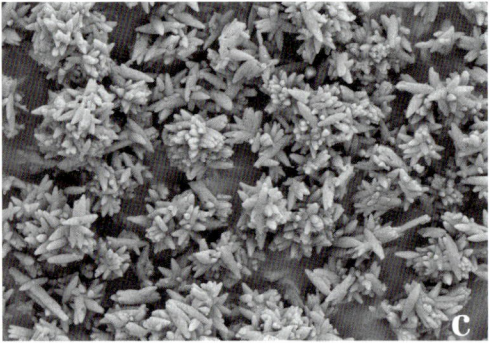

Durch ihren biogenen Aufbau – sei es durch geringste Verschmutzungen, sei es durch optische Unregelmäßigkeiten – besitzt Kreide im Vergleich zu kristallinem Marmor und Kalkstein auch eine höhere Opazität. Denn je besser ausgebildet die Kristalle sind, das heißt, je reiner das Calciumcarbonat ist, desto höher wird zwar der Weißgrad, desto mehr nimmt aber auch die Opazität ab. Diese Tendenz lässt sich zwar durch spezielle Mahlverfahren mindern, vergleicht man jedoch Produkte gleicher Kornverteilung aber unterschiedlicher Kristallinität miteinander, so unterscheidet sich deren Opazität.

2.2.3 PCC

Eine weitere Varietät des Calciumcarbonats ist das PCC, das gefällte oder präzipitierte Calciumcarbonat. Die Wertschätzung dieses künstlich hergestellten Calciumcarbonats zum Beispiel in der Papierindustrie beruht vor allem darauf, dass frisch gefälltes PCC ein höheres Volumen besitzt als die natürlichen Calciumcarbonate (GCC = Ground Calcium Carbonate); allerdings verschwindet dieses Volumen, sobald das PCC beim Kalandrieren des fertigen Papiers einem höheren Druck ausgesetzt wird. Umgekehrt gilt jedoch, dass sich die Bedingungen der Petrogenese beziehungsweise der Metamorphose des Marmors im Labor nicht vollständig nachstellen lassen.

Nimmt man die PCC-Füllstoffe hinzu, sind heute vier Calciumcarbonat-Varietäten auf dem Markt, die es erlauben, den Füllstoff Calciumcarbonat auf die jeweiligen Bedingungen optimal anzupassen und dadurch den Einsatz in den unterschiedlichsten Industrien ermöglichen.

2.2.4 Einsatzbereiche

Grundsätzlich können Füllstoffe aus den vier Calciumcarbonat-Varietäten für die gleichen Produkte eingesetzt werden. Aber bestimmte Produkteigenschaften lassen sich mit dem einen oder dem anderen Ausgangsstoff leichter und besser erreichen – jedes Calciumcarbonat hat seinen spezifischen Einsatzbereich (siehe Abbildung). Es wäre unökonomisch und unsinnig, einen Marmor mit großem Aufwand so zu zerkleinern, dass man damit eine Kreide ersetzen könnte.

Im Laufe der Zeit haben sich die Anteile der Calciumcarbonat-Varietäten an der Gesamtproduktion verschoben. Während bis zum Zweiten Weltkrieg die Kreide den Füllstoff-Markt für Calciumcarbonate dominierte, verschob sich das Maximum zunächst zum Kalkstein und dann weiter zum Marmor, der heute das wichtigste Ausgangsmaterial für Füllstoffe ist. Ausschlaggebend für diese Entwicklung waren vor allem die hohen Anforderungen an den Weißgrad.

Aber nicht nur der Weißgrad hat die Entwicklung der letzten Jahrzehnte beeinflusst. Ebenso trug die Verbesserung der Aufbereitungsverfahren dazu bei, dass sich die Produktpalette der Calciumcarbonat-Füllstoffe stetig vergrößerte. So kann ein trocken gemahlener Füllstoff mit großer Feinheit und enger Kornverteilung (d_{50} = 0,9 µm und

d_{98} = 5 µm; siehe Anhang, „Definitionen und Methoden") in wirtschaftlich sinnvollen Mengen erst seit einigen Jahren hergestellt werden. Ähnliches ist bei den nassgemahlenen Produkten für die Papier-Industrie zu beobachten. Durch die Verbesserung der Mahlverfahren erzielte man hohe Opazitätswerte der Slurries, ohne dass ein Verlust am Weißgrad eintrat.

Marmor-Produkte sind heute vor allem in der Papier-Industrie die bevorzugten Füllstoffe und Streichpigmente. Ihr hoher Weißgrad macht sie aber auch für die Farben- und Lack-Industrie interessant, da sich mit ihnen der Anteil der teuren Weißpigmente wie Titandioxid in Farben senken lässt.

Ähnliche Einsatzgebiete wie die Füllstoffe aus Marmor hat das PCC, das zudem wegen der möglichen Reinheit des Produktes in pharmazeutischen Produkten zum Einsatz kommt. Der vergleichsweise hohe Preis dieses künstlich hergestellten Calciumcarbonats steht jedoch einer weiten Verbreitung entgegen, zumal es sich in seinen Eigenschaften kaum von den natürlichen Carbonaten unterscheidet.

Kalkstein-Produkte kommen häufig in solchen Bereichen zum Einsatz, wo der Beitrag der Füllstoffe zur Wertschöpfung des fertigen Produktes vergleichsweise gering ist beziehungsweise Rohstoffe niedrigeren Weißgrades ohne Qualitätsverlust verwendet werden können. So nutzt man bei der Rauchgasentschwefelung oder der Walddüngung vor allem Kalksteine. Es gibt jedoch auch hochwertige Kalksteine, die als Füllstoffe beziehungsweise Pigmente in der Papier- sowie der Farben- und Lack-Industrie verwendet werden.

Auch die Füllstoffe aus Kreide sind nicht so eindeutig einer bestimmten Verwendung zuzuorden. Es gibt hochwertige Kreiden, die aufgrund ihrer positiven Eigenschaften noch immer in der Papier-, in der Farben- und Lack-Industrie sowie der Kabelherstellung eingesetzt werden. Und es gibt die anderen, nicht so reinen Kreiden, die als Rohstoffe für die Düngemittelherstellung und ähnliche Einsatzbereiche vergleichsweise niedriger Wertschöpfung dienen.

	Mittlerer Teilchendurchmesser [µm]											
	1,0	2,0	2,5	5	10	15	30	50	70	90	160	≥500
Farben und Lacke												
Dispersionsfarben	■	■	■	■	■	■	■	■	■			
Malerlacke	■○	■○	○	○								
Pulverlacke	■	■	■		■							
Industrielacke	■○	■○	○									
Straßenmarkierungen	■○			■		■		■	■		■	
Druckfarben	■											
Grundierungen	■	■○	○	■○								
Spachtelmassen			■	○				■	■	■		
Silikonharzfarben			■	■	■							
Putze												■
Kunststoffe und Adhäsive												
PU, PE, PVC		■○	■○	■○								
Kabelisolierungen	■○											
Unterbodenschutz					■○						■○	
Latex-Beschichtungen					■○	■○	○				■○	
Kalanderfolien		■○	■○									
Bodenbeläge						■○	■○				■○	
Klebstoffe			■	■	■	■		■		■		
Dichtungsmassen			■	■	■	■	■	■				
Sonstige												
Schreibkreide			■									
Zahnpasta			■	■								
Reinigungsmittel			■		■	■	■	■	■	■	■	
Pharmazeutika		■	■									

■ - unbehandelte Calciumcarbonate
○ - oberflächenbehandelte Calciumcarbonate

Bevorzugte Anwendungen trockener Calciumcarbonat-Füllstoffe.

Wie lange die derzeitige Aufteilung des Marktes für Calciumcarbonat-Füllstoffe Bestand haben wird, lässt sich nicht sagen. Denn die wichtigste Voraussetzung für die Nutzung von Calciumcarbonat als Füllstoff ist, dass Kunden ein Produkt mit diesen spezifischen Eigenschaften wünschen beziehungsweise dass ein potenzieller Kunde die Vorteile eines für ihn neuen Produktes in eingehenden Untersuchungen erkennen kann. Das macht einen engen Kontakt und einen intensiven Gedanken- und Erfahrungsaustausch zwischen Hersteller und Kunde notwendig.

Das heißt jedoch auch, dass sich ändernde Kundenwünsche durchaus auf die Produktionsverfahren für Füllstoffe auswirken können. Da zudem die Konkurrenz durch andere Produkte groß ist und sich die Verfahrenstechnik laufend weiterentwickelt, werden auch in Zukunft neue, bessere Calciumcarbonate auf den Markt kommen: In der Füllstoff-Industrie endet der Zwang zur Innovation nie.

3. Vom Gestein zum Füllstoff

Viele Calciumcarbonat-Vorkommen sind direkt als Rohstoffquelle verwendbar: Sei es als Einsatzstoff für die Zementherstellung oder auch als Schotter und Splitt, wenn die Festigkeit des Gesteins hoch genug ist. Betrachtet man hingegen die Qualitätsanforderungen, die an einen Calciumcarbonat-Füllstoff gestellt werden, nimmt die Zahl der geeigneten Vorkommen rasch ab. Erst die umfassende Prospektion einer Lagerstätte ermöglicht eine Antwort auf die Frage, ob eine Erschließung sinnvoll ist oder nicht.

Genügt ein Rohstoff den Qualitätsanforderungen, heißt das noch nicht, dass er auch abgebaut werden kann. Nur wenn genügend große, qualitativ hochwertige Lagerstätten in entsprechender Zahl bekannt sind, nur wenn die Gewinnung der Gesteine ohne eine allzu kostspielige Technik möglich ist, lohnt sich ein Abbau.

Doch ungeachtet aller Sorgfalt, mit der man ein Vorkommen ausgewählt hat, die Eigenschaften natürlicher Calciumcarbonate entsprechen nur selten den von der Industrie geforderten Eigenschaften, meist ist nach der Gewinnung noch eine Aufbereitung notwendig. Und die muss nicht nur technisch machbar sein, sie muss auch wirtschaftlichen Kriterien genügen.

Nicht zuletzt sollten Lager- und Produktionsstätten in der Nähe von potenziellen Kunden liegen, damit die Kosten für die Logistik in einer angemessenen Größenordnung bleiben. Dazu kann es manchmal sogar notwendig sein, spezielle Produktformen zu entwickeln, die Lagerung und Transport zu preisgünstigen Bedingungen ermöglichen.

3.1 Prospektion

Jedem Abbau muss eine eingehende Untersuchung der Lagerstätte vorausgehen. Das gilt für den Abbau von Kohle oder Erz genauso wie für die Gewinnung von Industriemineralen. Dementsprechend bedient man sich auch in allen Bereichen des Bergbaus derselben Untersuchungsmethoden, um die Qualität und Größe einer Lagerstätte zu bestimmen.

Die Arbeiten beginnen mit einer genauen Kartierung des zu untersuchenden Gebietes. Die Ausdehnung der möglichen Lagerstätte wird abgesteckt, an der Oberfläche gefundene Gesteine ermöglichen eine erste Kennzeichnung der Qualität der Lagerstätte. Zieht man noch die geologischen Daten des Gebietes heran, so lässt sich anhand dieser Ergebnisse eine erste Abschätzung der Ergiebigkeit eines Vorkommens vornehmen. Parallel dazu müssen bereits zu diesem frühen Zeitpunkt Informationen über mögliche Auflagen der Behörden sowie über die Infrastruktur der umgebenden Region eingeholt werden, die für einen späteren Betrieb von großer Bedeutung sind.

Ergibt sich aus den zahlreichen Einzelaufnahmen ein positives Gesamtbild für einen Abbau, müssen detaillierte Untersuchungen beginnen, mit denen die Abbauwürdigkeit des Vorkommens geprüft wird. Zunächst werden in einem groben Raster Bohrungen niedergebracht, die ein genaues Bild der Lagerstätte in Qualität und Größe vermitteln. Bei geologisch stark geprägten Lagerstätten muss dieses Bohrraster verfeinert werden, um Unsicherheiten bei der Beurteilung auszuräumen. In manchen Fällen kann es sogar sinnvoll sein, anstelle der Bohrungen Schürfgräben zu ziehen oder gar einen Untersuchungsstollen aufzufahren, wenn ein Untertageabbau geplant ist.

Am Ende der Untersuchungen müssen folgende Daten vorliegen:

- Größe der Lagerstätte
- Qualität und Qualitätsschwankungen
- Stärke und Zusammensetzung der abzutragenden Deckschichten
- Geographische Ausdehnung und Einfallen der Lagerstätte
- Faltungen in der Lagerstätte
- Art und Anteil unerwünschter Fremdminerale
- Höhe des Grundwasserspiegels
- Mögliche Wasserführungen
- Mögliche Deponieflächen beziehungsweise -volumina

Um spätere Konflikte und Rechtsstreitigkeiten von vornherein auszuschließen, ist es angeraten, die notwendigen Untersuchungen in Zusammenarbeit mit entsprechenden Behörden wie Bergämtern und Wasserbehörden durchzuführen.

Die Ergebnisse der Untersuchung erlauben eine erste Abschätzung, welche Investitionen für den Abbau und die anschließende Aufbereitung notwendig sind. Gemeinsam mit den geschätzten Investitionen für die Infrastruktur und den Kosten für die Logistik der Produkte bilden sie die Grundlage für die Entscheidung, ob ein Vorkommen abbauwürdig ist.

Ist eine Abbauwürdigkeit gegeben, wird aus den geologischen und bergmännischen Untersuchungsergebnissen ein Lagerstättenmodell entworfen, das den Verlauf des Abbaus wie folgt darstellt:

- Entfernung und Lagerung der Deckschicht
- Aufschluss der Lagerstätte
- Entwicklung der Etagen und Rampen
- Abfolge unterschiedlicher Gesteinsqualitäten im Verlaufe des Abbaus
- Abschätzung eines selektiven Abbaus
- Anforderungen an die Aufbereitung
- Abbau und Lagerung nicht verwertbarer

Materialien
- Rekultivierung der abgebauten Flächen

Dieses Modell stellt nicht nur den späteren Verlauf des Bergbaus über den Abbaufortschritt dar, selbst die notwendigen Eingriffe in die Umwelt und deren Ausgleich am Ende des Abbaus sind darin bereits erfasst. Das ist aufgrund der zahlreichen Auflagen auch dringend geboten, denn die Kosten für die Rekultivierung des Geländes beeinflussen die Gesamtsumme der Abbaukosten.

Bevor ein Abbau beginnen kann, müssen alle in die Genehmigung eingebundenen Behörden diesem Modell zustimmen. Ein oftmals langwieriger Prozess, der sich über mehrere Jahre erstrecken kann. Aber erst mit Erteilung aller Genehmigungen ist die Prospektion beendet, erst dann sind alle Voraussetzungen für den Aufschluss des Vorkommens erfüllt.

3.2 Abbau

Die Art der Gewinnung eines Rohstoffes richtet sich in erster Linie nach den Besonderheiten der Lagerstätte (Tief- oder Tagebau), aber auch die Eigenschaften des ausgewählten Rohstoffs wirken sich auf die Abbautechnik aus. Kalkgestein ist nicht gleich Kalkgestein, also muss auch bei der Gewinnung zwischen der Kreide, einer weichen „Erde", und den harten „Steinen" Kalkstein beziehungsweise Marmor unterschieden werden.

3.2.1 Kreide

Kreidevorkommen bilden großflächige Lagerstätten in Tiefen bis zu 80 Metern und mehr. Wegen ihrer geringen Verdichtung und Festigkeit kann die Kreide durch mechanischen Abbau mittels Schaufelrad- oder auch Löffelbagger gewonnen werden (siehe Abbildung). Das wirkt sich auf die Kosten sehr günstig aus, da die kostspieligen Bohr- und Sprengarbeiten wegfallen, die ansonsten in Steinbruch-Betrieben nötig sind.

Kreideabbau in
Lägerdorf (Deutschland).

Kreide mit typischer
Flint-Einlagerung.

Ziel der Kreide-Gewinnung ist ein Rohmaterial, das die Grube weitgehend frei von Verunreinigungen verlässt. Daher wird zum Öffnen einer Kreidegrube zunächst die Deckschicht aus Erde und Sand mittels Lader oder Bagger abgetragen, um eine saubere Kreide-Oberfläche für den weiteren Abbau zu erhalten. Dies muss sehr sorgfältig geschehen, da ansonsten Oberflächenwasser und darin enthaltene Verschmutzungen unkontrolliert in das zu gewinnende Material eindringen können. Treten innerhalb der Lagerstätte zudem großräumige Störungen wie Flint-Einlagerungen auf (siehe Abbildung), so werden auch diese getrennt abgebaut und gelagert.

Um einen gleichmäßigen Abbau der Kreide zu erreichen, richtet man im Bruch mehrere Etagen ein, die entweder gleichzeitig mit entsprechend hoher Gewinnungsleistung oder nacheinander abgebaut werden. Von den einzelnen Abbaupunkten wird die Kreide je nach Entfernung mittels Förderband oder LKW der nachfolgenden Aufbereitung zugeführt.

3.2.2 Kalkstein und Marmor

Der Abbau von Kalkstein beziehungsweise Marmor sollte möglichst im Tagebau erfolgen, da ein untertägiger Abbau mit ungleich höheren Kosten verbunden ist. Nur wenn es die geologischen Gegebenheiten erfordern oder die Deckschicht zu mächtig ist, muss geprüft werden, ob ein untertägiger Abbau sinnvoll ist.

Kalksteinbruch in
Burgberg (Deutschland).

Beim Tagebau wird zunächst die Deckschicht aus meist erdigem oder tonigem Material abgeräumt, die durchaus eine Dicke von mehreren Metern aufweisen kann. Diese Deckschicht muss sorgfältig zwischengelagert werden, damit sie später bei der Rekultivierung der abgebauten Lagerstätte genutzt werden kann. Gegebenenfalls benötigt man auch eine Halde für unbrauchbares Material. Je nach Abbaustrategie wird die Deckschicht kontinuierlich, parallel zum Abbau oder aber kampagnenweise zum Aufschluss neuer Lagerstättenbereiche abgeräumt.

Der Abbau des Rohgesteins erfolgt in Etagen, die eine Höhe von 10 und mehr Metern aufweisen können; die genaue Höhe ist von den jeweiligen Gegebenheiten des Felskörpers abhängig. Beeinflusst wird die Etagenhöhe darüber hinaus von Verwerfungen im Gestein sowie durch Einschlüsse von

Fremdgesteinen, wie sie in Marmor häufig vorkommen. Bei einem hohen Anteile von Fremdgestein wird ein selektiver Abbau vorgenommen: Die Bruchwand wird so gestaltet, dass Fremdgestein und Calciumcarbonat möglichst rein gewonnen werden. Das Fremdgestein kommt auf die Halde, der Marmor wird der Weiterverarbeitung zugeführt.

Um einen solchen Abbau gezielt durchführen zu können, muss ein sorgfältiges Programm zum Bohren und Schießen (Sprengen) aufgestellt werden, wobei sich die Ausführung der Bohrlöcher nach der gewünschten Größe des gewonnenen Materials richtet. Nach der Sprengung muss das

Eine Marmorwand wird
abgesprengt.

Sprengwagen.

174

Auch innerhalb eines
Werkes kommen
Radlader zum Einsatz.

Schwer-Lastkraftwagen
(SLKW).

Rohgestein eine Größe aufweisen, die ein ökonomisches Laden und Transportieren des Materials zur Weiterverarbeitung zulässt.

Um eine saubere Wand und möglichst stabile Etagen aufzufahren, ist es sinnvoll, die Bohrlöcher bis zu 20 Grad gegen die Senkrechte zu neigen. Damit erreicht man gleichzeitig günstige Stückgrößen und saubere Abschläge. Der Abstand der Bohrlöcher zur Bruchwand, ihre Aufteilung und ihre Durchmesser richten sich zwar nach den Felseigenschaften, aber sie beeinflussen auch ganz wesentlich die Zusammensetzung des Abschlages. Nicht zuletzt entscheidet auch das eingesetzte Sprengmittel über die Ausbildung des Bohrschemas und den Abschlag.

Weist nicht der gesamte Abschlag die gewünschte Stückgröße auf, müssen die zu großen Stücke nachgearbeitet werden: Sie werden geknäppert. Dazu werden mit einem Pressluthammer kleine Bohrlöcher in das Stück getrieben und dieses dann mit geringen Sprengstoffmengen so zerkleinert, dass ein Laden und Transportieren möglich wird. An der Bruchwand nimmt ein Lader, Schaufellader oder Bagger das Sprenggut auf und lädt es auf ein Band oder einen Schwerlastkraftwagen (SLKW), die es zum Primärbrecher transportieren.

Die Kette „Sprengen – Lader – SLKW – Primärbrecher" muss sorgfältig aufeinander abgestimmt werden. Sie richtet sich in erster Linie nach der Abbaumenge des Stein-

bruchs, wobei die Auslegung sämtlicher Geräte so erfolgen muss, dass alle optimal ausgelastet sind. Eine große Abbaumenge erfordert große Lader und SLKW sowie einen großen Primärbrecher. Damit können auch die Stückgrößen bei der Sprengung relativ groß werden. Kleinere Brüche erfordern flexiblere Arbeitsgeräte, deren Ladekapazitäten nicht zu groß sein dürfen, um Stillstandszeiten zu vermeiden.

Standardgeräte sind zum einen hydraulische Bagger, die hohe Kräfte beim Aufnehmen der Stücke aufweisen. Da sie meist ein Kettenfahrwerk haben, sind diese Bagger sehr unempfindlich bei unebenen, stark schleißenden Felsen. Sie sind flexibel einsetzbar und können auch Arbeiten wie das Abtragen der Deckschicht oder das Einebnen der Fahrwege bewältigen. Andere Standardgeräte sind Schaufellader (siehe Abbildung). Da ihre Reißkraft nicht so groß ist wie die der Bagger, benötigen sie ein feinstückigeres Material. Sie sind gummibereift, weshalb die Fahrwege besser vorbereitet sein müssen. Zum Schutz der Reifen werden bei stark schleißendem Boden Schutzketten eingesetzt. Auch die Radlader sind flexibel einsetzbar. Sie weisen sehr kurze Ladezeiten auf und können an mehreren Ladeorten gleichzeitig eingesetzt werden.

Der Transport zum Primärbrecher erfolgt in häufigen Fällen durch SLKW, die Lasten von 30 bis 150 Tonnen transportieren können (siehe Abbildung). Da die SLKW der teuerste Teil in der Kette von der Bruchwand zum

175

Primärbrecher sind, ist eine sorgfältige Auswahl der SLKW unbedingt notwendig.

Bei größeren Entfernungen vom Bruch zur Aufbereitung kann es manchmal sinnvoll sein, eine Bandanlage einzusetzen. Damit die Bänder nicht zu groß werden, darf das zu transportierende Material nicht zu grobstückig sein. Das erfordert ein Vorbrechen in einer mobilen oder semimobilen Vorbrechanlage, die nahe der Bruchwand vor der Bandanlage steht. Meist handelt es sich dabei um einen Prall- oder Backenbrecher, der mit einem Radlader beschickt wird.

Der Vorbrecher und die Bandanlage sollten nicht zu häufig versetzt werden. Ein Radlader ist mobil genug, um auch größere Entfernungen vom Abbauort zum Brecher überbrücken zu können. Trotzdem ist auch hier eine sorgfältige Berechnung der Ladergröße und der Entfernungen vonnöten, um die einzelnen Arbeitsschritte zu optimieren.

Setzt man einen Walzenschrämlader ein, lässt sich die aufwendige Primärbrechstufe an der Bruchwand vermeiden. Ein Schrämlader erzeugt an der Bruchwand ein Material, dessen Durchmesser kleiner als 150 Millimeter ist, und daher direkt einer Bandanlage aufgegeben werden kann. Diese Geräte sind schon in mergeligen Kalksteinen mit geringerer Festigkeit eingesetzt worden; bei härteren Kalksteinen ist der Verschleiß an den Bohrmeißeln jedoch noch so hoch, dass sich ein Einsatz nicht rechnet.

Vorbrechen

Zur Vor- oder Grobzerkleinerung setzt man so genannte Brecher ein, die das aufgegebene Material durch Druck (Backen-, Kegelbrecher) oder Prall (Prallbrecher) auf Korngrößen zwischen 300 und 100 Millimetern zerkleinern (siehe Abbildung). Bevor das Rohmaterial in die Brecher gelangt, erfolgt häufig eine Grobsiebung mit einfachen Rosten. Hierbei wird das Aufgabegut von Lehm und unerwünschten Bestandteilen befreit und auch diejenigen Kalkstein- beziehungsweise Marmorstücke werden abgesiebt, die bereits die gewünschte Korngröße besitzen und daher die Brecher nur unnötig belasten.

Ein **Backen-** oder **Blake-Brecher**, besteht aus zwei v-förmig angeordneten Brechbacken. Eine der beiden Brechbacken ist beweglich angeordnet und führt gegenüber der festen Backe eine oszillierende Bewegung aus; das Grobgestein wird zerdrückt. Die Größe des Aufgabegutes ist dabei durch die Weite der Einlauföffnung festgelegt, die Brechspalte bestimmt die Produktkorngröße.

In der Vorzerkleinerung übliche Backenbrecher können Aufgabestücke bis circa 2 Kubikmeter aufnehmen und dabei mehr als 1500 Tonnen Gestein pro Stunde [t/h] durchsetzten. Die Höhe des Durchsatzes hängt im Wesentlichen von der Größe der Brechspalte ab: Will man ein vergleichsweise feines Produkt, muss die Brechspalte eng sein, der Durchsatz bleibt gering. Um Durchsatz und Feinheit in ein vernünftiges Verhältnis zu bringen, wählt man bei Grobbrechern ein Zerkleinerungsverhältnis von $z = 5$-9; setzt man Backenbrecher hingegen als Nachbrecher in der Aufbereitung ein, liegt das Verhältnis bei $z = 3$-6.

Bei einem **Kegelbrecher** bewegt sich ein Brechkegel exzentrisch in einem konischen Brechmantel. Wie beim Backenbrecher erfolgt das Brechen durch Druck. Aufgrund ihres großen Brechraumvolumens haben Kegelbrecher jedoch einen größeren Durchsatz, zudem kann das Grobgestein von mehreren Seiten aufgegeben werden. Allerdings ist der Einsatz von Kegelbrechern erst bei großen Durchsätzen wirtschaftlich, da ihr Preis wegen der aufwendigen Konstruktion hoch ist. Auch Kegelbrecher kommen sowohl in der Vorzerkleinerung ($z = 10$-12) als auch in der Mittelzerkleinerung ($z = 15$) zum Einsatz; bei letzterer sind Produktkorngrößen von weniger als 4 Millimetern erreichbar.

Bei einem **Prallbrecher** läuft ein mit Schlagleisten bestückter, schwerer Rotor in einem Gehäuse um eine waagerechte Achse. Den Schlagleisten gegenüber sind zwei beweglich aufgehängte Prallplatten befestigt. Der Spalt zwischen Prallplatten und Schlagleisten bestimmt die Stückgröße des Produktes, der Mahlraum und die Größe der Einlauföffnung bestimmen die Aufgabestückgröße.

Brechanlagen der Vor-
und Nachbrechstufe
(nach Kellerwessel,
S. 33 ff.):

a) Backenbrecher
b) Kegelbrecher
c) Prallbrecher
d) Walzenbrecher
e) Hammerbrecher

a)
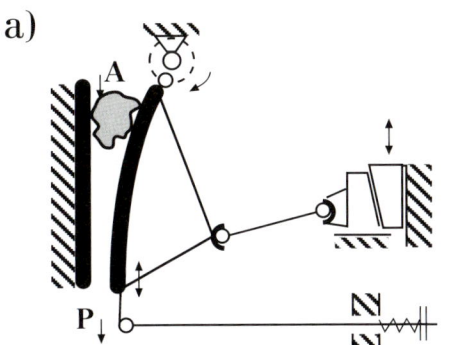

c)
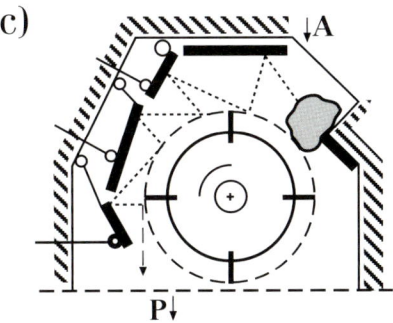

b)
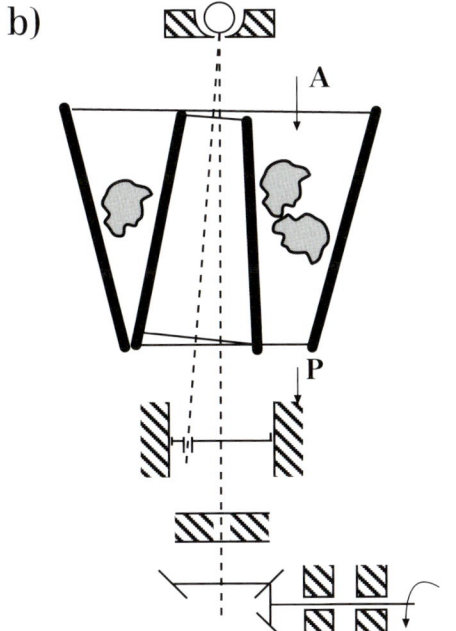

d)
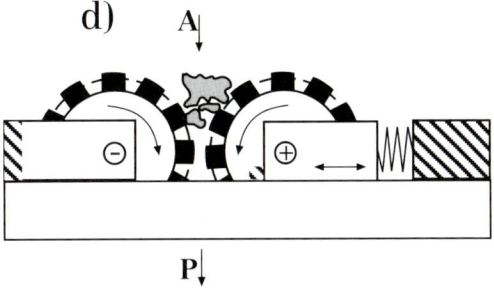

e)
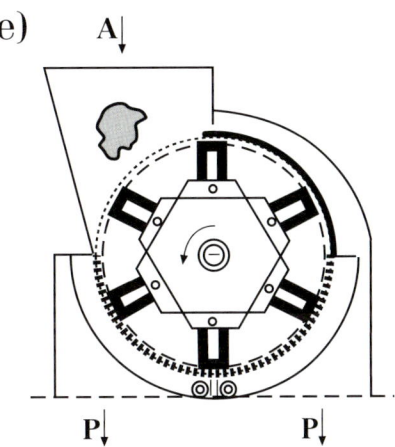

A = Aufgabe
P = Produkt

Die aufgegebenen Stücke werden durch den Rotor erfasst und zwischen Schlagleisten und Prallplatten zerkleinert. Dabei geschieht die Zerkleinerung durch Prall vorwiegend an den Schlagleisten, wo die Energie in das zu zerkleinernde Gut eingeleitet wird. Die Prallplatten bilden die Begrenzung des Brechraumes und leiten das von den Schlagleisten getroffene Gut solange auf den Rotor zurück, bis es klein genug ist, um den Spalt zwischen Schlagleiste und Prallplatte zu passieren. Durch die variable Konstruktion (Form des Brechraumes, Art und Stellung der Prallplatten sowie Form und Drehzahl des Rotors) lassen sich Prallbrecher als Vorbrecher (z = 20-30) bei Aufgabestückgrößen von 2 Kubikmeter und Durchsätzen von 2000 t/h ebenso bauen wie als Nachbrecher, wo sie Produkte mit Korngrößen von weniger als 3 Millimetern bei Durchsätzen von 20 t/h liefern. Wegen der relativ hohen Beanspruchungsgeschwindigkeit muss der Verschleiß besonders berücksichtigt werden, da bei stark schleißendem Gut der Einsatz eines Prallbrechers sehr schnell unwirtschaftlich werden kann.

Das vorgebrochene Rohmaterial wird dann bei circa 10 Millimetern abgesiebt, entsprechend der weiteren Aufbereitung in Nass- und Trockenprodukt getrennt und der weiteren Zerkleinerung zugeführt. Die feineren Bestandteile hingegen überspringen eine oder mehrere Aufbereitungsstufen und werden an einer geeigneten Stelle dem Mahlprozess zugegeben.

3.3 Aufbereitung

Die Aufbereitung hat das Ziel, einen abgebauten Rohstoff in ein Produkt umzuwandeln, das auf einen spezifischen Einsatzfall zugeschnitten ist. Dazu sind im Allgemeinen mehrere Aufbereitungsschritte notwendig, die sich in folgende Hauptabschnitte unterteilen lassen:

- Brechen, Mahlen und Klassieren
- Sortieren
- Entwässern inklusive Trocknen
- Lagern, Verpacken, Transportieren

Aufbereitungsschritte
- Definitionen -

Das **Brechen** umfasst die ersten Stufen der Zerkleinerung. Es beginnt mit der Zerkleinerung des im Steinbruch gewonnenen Materials und erstreckt sich gegebenenfalls über mehrere Stufen, bis eine Korngröße erreicht ist, die zum Beispiel auf eine Kugelmühle aufgegeben werden kann.

Das **Mahlen** ist das Fein- oder Feinstzerkleinern auf die Korngröße, die für die Verwendung als Füllstoff erforderlich ist.

Die Grenze zwischen Mahlen und Brechen verläuft fließend und ist nicht durch eine genaue Korngröße definierbar; sie richtet sich in erster Linie nach den eingesetzten Maschinen.

Der Erfolg der Zerkleinerung wird durch das Zerkleinerungsverhältnis einer Maschine dargestellt. Dazu wird die mittlere Korngröße des Aufgabegutes mit der des Produktes verglichen. Eine Aussage über den Aufbereitungserfolg stützt sich aber nicht nur auf diesen Mittelwert, die gesamte Korngrößenverteilung ist wichtig und wird zur Beurteilung der Eigenschaften herangezogen: Man spricht dann bei einer engen Verteilung von einer „steilen Körnungskurve" und bei einer breiten von einer „flachen Körnungskurve".

Eine **Klassierung** ist die Aufteilung eines Körnerkollektivs in verschiedene Korngrößen-Klassen. Bei einer trockenen Aufbereitung erfolgt die Klassierung auf einem Sieb oder einem Sichter; bei einer nassen Aufbereitung wird sie in einem Hydrozyklon oder einer Zentrifuge durchgeführt. Die Klassierung trennt ein Körnerkollektiv nur nach der Korngröße, sie ändert aber nichts an der chemischen oder mineralogischen Zusammensetzung.

Bei der **Sortierung** hingegen wird das Körnerkollektiv in Teilströme unterschiedlicher chemischer oder mineralogischer Zusammensetzung getrennt. Das heißt, aus einem Gemisch zweier Minerale werden zwei Teilmengen gewonnen, in denen jeweils nur ein Mineral in möglichst reiner Form vorliegt. Verbreitete Verfahren der Sortierung sind die Flotation und die Magnetscheidung.

178

Die einzelnen Schritte erfolgen nicht zwangsläufig nacheinander, häufig ist zum Beispiel zwischen zwei Brech- oder auch Mahlvorgänge eine Sortierung geschaltet und auch Entwässerungs- und Trocknungsschritte tauchen an unterschiedlichen Stellen innerhalb des gesamten Aufbereitungsprozesses auf.

Vergleicht man die Aufbereitung von Calciumcarbonat-Füllstoffen mit der anderer Minerale oder Erze, so unterscheiden sich die einzelnen Schritte zwar nicht grundsätzlich von bekannten Verfahren – das Zerkleinern und Mahlen der Kalksteine und des Marmors wird mit den allgemein eingesetzten Brechern und Mühlen durchgeführt –, jedoch müssen bestimmte Verfahrensstufen den besonderen Eigenschaften der Calciumcarbonat-Füllstoffe angepasst werden. So erfolgt zum Beispiel die Mahlung der trockenen und nassen Füllstoffe mit Spezialmühlen, da sich mit konventionell betriebenen Mühlen und Klassierern die gewünschte Feinheit nicht mehr erzielen lässt.

Welche Verfahrensschritte, technischen Einrichtungen und Maschinen dabei im Einzelnen notwendig sind, wird von zwei Seiten bestimmt:

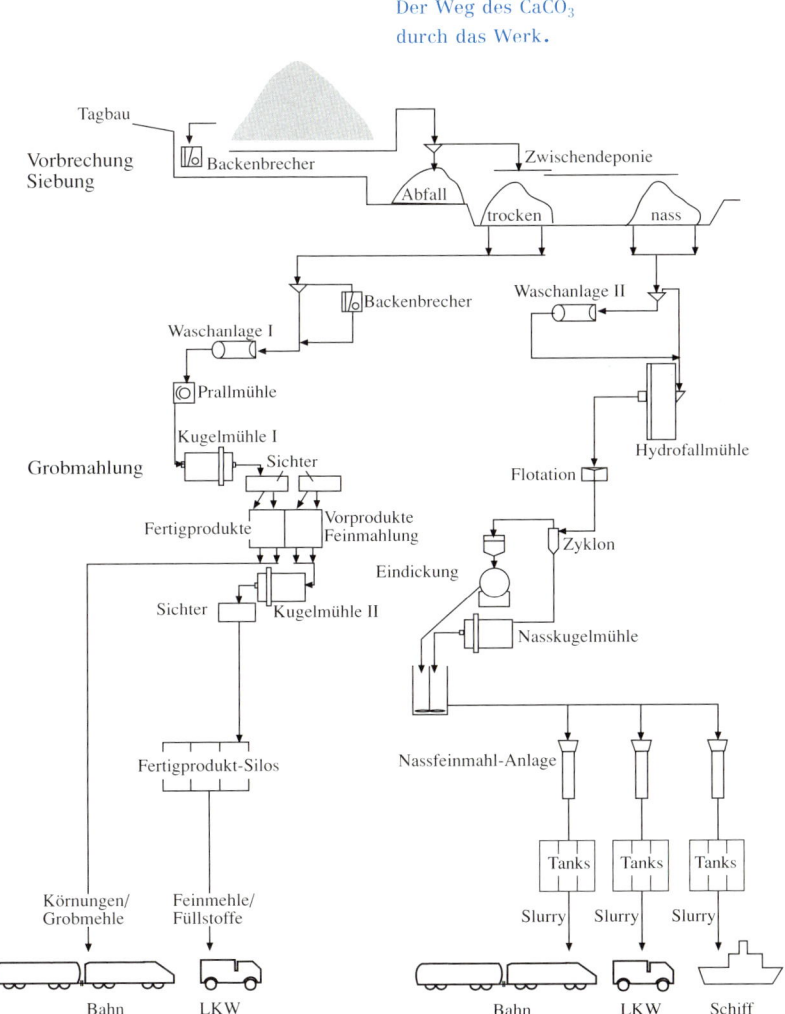

Der Weg des $CaCO_3$ durch das Werk.

- vom Rohstoff mit seinen spezifischen Eigenschaften wie Härte, Stückgröße und Feuchtigkeit des Aufgabegutes, aber auch seinen Verunreinigungen durch Begleitmineralien
- vom Produkt und seinen gewünschten Eigenschaften wie Weißgrad und Kornverteilung

Überträgt man dies auf die Aufbereitung von Calciumcarbonat-Füllstoffen, so lässt sich der gesamte Prozess in zwei Teile gliedern: Zunächst ist die Aufbereitung geprägt von der Rohstoff-Seite, bevor mit Erreichen eines „Vormahlproduktes" die gewünschten Eigenschaften der Füllstoffe in den Vordergrund treten.

Eine solche Grenze ist nicht exakt festzulegen. Vielmehr findet ein fließender Übergang statt, denn selbstverständlich ist bereits zu Beginn der Aufbereitung das spätere Endprodukt zu beachten und selbstverständlich macht es am Ende einen Unterschied, ob ein Füllstoff aus Kreide, Kalkstein oder Marmor ist. Trotzdem ist bei den ersten Aufbereitungsstufen bis zum Vorliegen des Vormahlproduktes eine Unterteilung nach Rohstoffen sinnvoll, denn jede der drei Calciumcarbonat-Varietäten verhält sich anders und selbst innerhalb der Kreiden, Kalkstei-

ne und Marmore gibt es Unterschiede zwischen einzelnen Lagerstätten; hingegen ist bei der Fein- und Feinstmahlung vor allem zwischen nassen und trockenen Verfahren zu unterscheiden.

3.3.1 Herstellung des Vormahlproduktes

Aufbereiten beginnt mit dem sauberen Abbau der Gesteine beziehungsweise dem Abtrennen von grobem Lehm oder eingeschwemmten Erdreich. Allerdings benötigen nicht alle Rohgesteine eine Reinigung, zum Teil liegen sie in so reiner Form vor, dass eine Zerkleinerung und Mahlung auf die gewünschte Feinheit genügt, um Produkte hoher Qualität zu erzeugen.

Kreide

Frisch gebrochene Kreide weist meist einen Wassergehalt von 20 Prozent und mehr auf, wenn sie in die Aufbereitung gelangt. Je nach Reinheit der Kreide werden unterschiedliche Verfahrenswege eingesetzt.

Sehr saubere, beste Kreide, wie sie in der Champagne vorkommt, wird für die nasse und die trockene Produktlinie getrennt verarbeitet. Auf der trockenen Seite wird die Kreide in einer Autogenmühle (Aerofallmühle) gemahlen und gleichzeitig getrocknet. Das die Mühle verlassende Material wird der Füllstoff-Erzeugung zugeführt. Auf der nassen Seite wird eine Hydrofallmühle eingesetzt (siehe Abbildung). Hier erfolgt die Mahlung oder Aufschlämmung auf die für die nasse Feinstmahlung erforderliche Konzentration.

Hydrofallmühlen kommen auch bei der Aufbereitung von Kalkstein und Marmor zum Einsatz. Ihre Abmessungen sind immer gewaltig.

Üblicherweise ist die Kreide jedoch weicher und vor allem stärker mit Flintsteinen verunreinigt. Sie wird zunächst aufgeschlämmt, um Flintsteine und Grid möglichst vollständig abzutrennen. Anschließend wird die aufgeschlämmte Suspension gefiltert, getrocknet und dann der Weiterverarbeitung zugeführt. Diese Weiterverarbeitung erfolgt für trockene Produkte auf Sichtern, nasse Produkte werden in speziellen Mühlen auf die gewünschte Feinheit gemahlen.

Kalkstein

Der im Steinbruch vorgebrochene und vorgereinigte Kalkstein wird im Werk sukzessive zerkleinert, wobei neben den bereits erwähnten Brecher-Typen auch Walzenbrecher und Wälzmühlen zum Einsatz kommen. **Walzenbrecher** bestehen aus zwei parallel arbeitenden Walzen, die gegenläufig angetrieben werden. Das Brechgut wird von oben aufgegeben, in den Walzenspalt gezogen und mittels Druck zerkleinert (siehe Abbildung S. 177). Um bei großen Stückgrößen die Einzugsbedingungen zu verbessern, werden die Walzen mit Nocken oder Stacheln bestückt. Ein solcher Walzenbrecher erlaubt Zerkleinerungsverhältnisse bis zu z = 10. Glatte Walzen erlauben bei einem Zerkleinerungsverhältnis z = 4-5 sehr viel feinere Produktgrößen. Jedoch sollten in der Feinzerkleinerung Spaltweiten und damit Korngrößen von weniger als 1 Millimeter vermieden werden.

Bei einer **Wälzmühle** rollen zwei geometrisch definierte Körper aufeinander ab. Zwischen diese, durch Schwer-, Flieh- oder Federkraft gegeneinander gedrückten Körper wird das zu zerkleinernde Material gegeben. Rasch bildet sich ein so genanntes Gutbett, in dem mehrere Partikelschichten übereinander liegen. Die Zerkleinerung erfolgt hauptsächlich durch den Druck, den die Walze auf das Gutbett ausübt; in geringem Maß spielt auch die Reibung zwischen den Partikeln eine Rolle.

Die älteste Bauart dieser Mühlen ist der Kollergang, der bereits seit mehreren tausend Jahren bekannt ist. Für die Aufbereitung von Kalkgesteinen bedeutsam sind vor allem die einfach konstruierten Pendelrollenmühlen mit Durchsätzen von bis zu 100 t/h, die Walzenschüsselmühle, mit der sich gut 200 t/h durchsetzen lassen und zudem eine Mahltrocknung möglich ist, sowie die Gutbettwalzenmühle, die vom Aufbau einem Walzenbrecher ähnelt, jedoch mit deutlich höheren Drücken arbeitet.

Die gebräuchlichste Maschine bei der Vormahlung ist die Kugelmühle. Sowohl die Vormahlprodukte für trockene als auch für nasse Feinmahlung werden in Kugelmühlen

vorzerkleinert. Bei den trockenen Füllstoffen kommt die Kugelmühle auch bei der Feinmahlung auf Produktkorngröße zum Einsatz (siehe Abschnitt 3.3.2 „Herstellung der Füllstoffe").

Nach Primärzerkleinerung, Sekundärzerkleinerung und einem oder mehreren Mahldurchgängen hat der Kalkstein die erforderliche Größe, um auf die Fein- und Feinstmühlen aufgegeben zu werden. Das Vormahlprodukt für die Herstellung nasser Füllstoffe hat einen TopCut $d_{98} < 45$ Mikrometern (µm), für trockene Füllstoffe liegt er bei $d_{98} < 100$ µm oder feiner.

Marmor

Die Aufbereitung des Marmors ist in den meisten Fällen komplexer als die des Kalksteins. Das gilt weniger für die Zerkleinerungsmaschinen – diese sind bei Kalkstein und Marmor nahezu identisch – als vielmehr für die Sortierung, denn die Anforderungen an den Weißgrad bei Calciumcarbonaten aus Marmor sind hoch. Nur selten jedoch können weiße Marmore wie in Carrara ohne jegliche Sortierung zu hochweißen Füllstoffen vermahlen werden. In den meisten Fällen weisen sie eine Reihe von dunklen Begleitmineralien auf, in den Gesteins-Analysen allgemein als „säureunlöslicher Rest" bezeichnet. Dabei reicht die Palette der Minerale vom Graphit über Sulfide wie Pyrit bis hin zu den dunklen Silikaten wie Hornblende und Amphibolit.

Diese Minerale verschlechtern nicht nur den Weißgrad, sie haben auch eine höhere Abrasivität als Marmor. So widersetzen sich die harten Silikate einer Mahlung weitaus stärker als das Calciumcarbonat. Sie reichern sich daher in den gröberen Fraktionen der fertigen Füllstoffe an und erhöhen die Verschleißwirkung dieser Produkte.

Deshalb erfolgt bei Marmor, aber auch bei Kalkstein, zwischen den einzelnen Zerkleinerungsschritten fast immer eine Sortierung (vergleiche Kasten „Aufbereitungsschritte", S. 178) des ausgetragenen Brechgutes, bei der Verunreinigungen im und am Gestein entfernt werden.

Sortierung

Sortiert werden muss aus folgenden Gründen:

- Das Rohgestein ist durch Sand, Lehm oder Ähnliches an der Oberfläche verschmutzt. Dieser Schmutz kann durch eine intensive Wäsche abgetrennt werden.
- In dem Gestein kommen grobe Verwachsungen mit dunklen Fremdmineralien vor, die den Weißgrad eines gemahlenen Calciumcarbonats herabsetzen würden. Diese Fremdstoffe können durch ein Klauben von Hand oder aber weitaus effektiver durch eine optische Sortierung abgetrennt werden.
- Die Fremdminerale im Calciumcarbonat sind fein verwachsen und würden den Weißgrad beim Aufmahlen herabsetzen. Feine Verwachsungen treten nur bei Marmoren auf; je nach Beschaffenheit des Materials muss dann eine Flotation oder eine Magnetscheidung durchgeführt werden.

Gesteinswäsche und optische Sortierung sind sowohl für Kalkstein als auch für Marmor typische Verfahren, sie werden vor allem zu Beginn des Aufbereitungsprozesses durchgeführt.

Die **Gesteinswäsche**, das Läutern, wird in vielen Gesteinsaufbereitungen durchgeführt, um das Rohgestein von Sand oder Lehm zu reinigen. Dabei kommen meist Trommel- oder Schwingwäscher zum Einsatz. Wichtig bei der Wäsche ist es, die Oberfläche des Gesteins so intensiv zu scheuern, dass möglichst alle Beläge aus Fremdmaterial im Wasser suspendieren und durch eine anschließende Siebung abgetrennt werden können. Allerdings darf nicht so stark gewaschen werden, dass das Gestein zerbricht und neben dem Schmutz auch gutes, weißes Gestein die Siebe passiert.

Ist eine so wasserintensive Reinigung wie das Läutern nicht möglich, wendet man die so genannte „Trockenwäsche" an. In einer sich drehenden Trockentrommel wird verschmutztes Gestein durch einen Luftstrom getrocknet, die Lehmanteile werden dabei zu feinem Pulver verrieben. Nach erfolgter Wäsche wird der Trommelinhalt über ein Sieb gegeben, dessen Belag so zu wählen ist, dass der größte Teil des feinen Lehms abgetrennt werden kann, ohne dass der Verlust an feinem Kalkstein zu groß wird.

Die **optische Sortierung** basiert auf der Technik des Klaubens. Dabei werden unerwünschte Mineralanteile mit Hand aus einem Materialstrom heraussortiert. Seit Fernsehkameras und andere optische Detektoren unterschiedliche Materialien nach Form oder Farbe unterscheiden können, hat man versucht, das Klauben zu mechanisieren.

Mit Hilfe der heute verfügbaren CCD-Chips und Rechner ist es mittlerweile möglich, circa 4000 Objekte pro Sekunde anhand ihrer Form zu unterscheiden. Noch nicht ganz so schnell ist die mechanische Umsetzung der Signale. Auch eine Trennung nach der Farbe ist mittlerweile möglich, was eine exakte Differenzierung der unerwünschten Bestandteile erlaubt. Optische Sortierer sind mittlerweile so ausgereift, dass sie zuverlässig eingesetzt werden können.

Allerdings ist die jeweilige Aufgabemenge stark von der Korngröße abhängig. Lassen sich bei einer Körnung von 50 bis 150 Millimetern rund 80 t/h sortieren, so sinkt die Leistung bei einer Körnung von 4 bis 20 Millimetern auf wenige Tonnen pro Stunde.

Bei Kalksteinen ist nach einer Wäsche und/oder einer optischen Sortierung die Reinigung beendet. Der Weißgrad des Produktes kann nicht weiter gesteigert werden. Bei Marmoren hingegen ist häufig noch eine Flotation notwendig, um fein verwachsene Minerale abzutrennen.

Die **Flotation** (Schaumschwimmaufbereitung) ist ein Verfahren, bei dem eine Mineralphase eines Erzes dadurch abgetrennt wird, dass es zur Oberfläche einer Trübe aufschwimmt, während die anderen mineralischen Anteile in der Trübe verbleiben (siehe Abbildung).

Nun besitzen mineralische Phasen immer eine höhere Dichte als das Wasser beziehungsweise die Trübe. Man muss daher ein Medium finden, das die gewünschten Partikel an die Oberfläche der Trübe transportiert. Dieses Medium ist fein dispergierte Luft, an die sich die Feststoff-Teilchen anhängen.

Ist ein Feststoff hydrophob (wasserabweisend), so verdrängt in einem Dreiphasengemisch Wasser-Luft-Feststoff die Luft das Wasser, das die Oberfläche des Feststoffs benetzt. Die Kraft, die Feststoff-Teilchen und Luftblase bindet, wird durch die Stärke der Hydrophobie sowie die Stabilität der Blasen bestimmt. Da Calciumcarbonat keine natürliche Hydrophobie aufweist, muss diese durch die Zugabe von Reagenzien erzeugt werden.

So wie man die Stabilität eines Schaumes durch die Zugabe eines Schaumbildners oder Schäumers beeinflussen kann, so können auch die Oberflächeneigenschaften des Feststoffs durch Zugabe von Reagenzien beeinflusst werden. Sammler machen die Oberflächen eines Minerals hydrophob, wohingegen Drücker die Hydrophilie steigern. Mittlerweile ist die Entwicklung dieser Reagenzien so weit gelungen, dass nahezu jedes

Mineral zum Aufschwimmen (direkte Flotation) oder aber zum Sinken (indirekte Flotation) gebracht werden kann.

Da beim Marmor der Anteil der Begleitminerale bedeutend kleiner als der Anteil Calciumcarbonat ist, flotiert man in der Regel indirekt und schwimmt die Begleitminerale auf. Würde man direkt flotieren, wäre die Wahrscheinlichkeit Fehlkörner mitzureißen sehr groß.

Die in der Calciumcarbonat-Flotation eingesetzten Reagenzien können entweder Gemische sein, die auf Graphit, Sulfide und Silikate abgestimmt sind, oder es werden nacheinander mineralspezifische Sammler eingesetzt, mit denen jedes Mineral gezielt aufgeschwommen werden kann. Mit welcher Strategie gearbeitet wird, richtet sich nach der Menge und Zusammensetzung der zu

Blick in eine Flotationshalle.

flotierenden Begleitstoffe sowie nach Preis und Qualität der Reagenzien.

Die Flotation wird sowohl von chemisch-physikalischen Faktoren (Mineraloberfläche – Reagenz – pH-Wert der Trübe – Luft) als auch von mechanisch-hydrodynamischen Größen bestimmt (Flotationszelle – Dispergierung – Phasentrennung – Schaumgewinnung). Sie kann in die folgenden Schritte unterteilt werden:

- Behandeln der Mineralphase mit Reagenzien
- Suspendieren der Trübe
- Einmischen und Verteilen der Luft
- Bilden eines beladenen Schaumes an der Trübeoberfläche
- Abziehen des Schaumes

Die drei ersten Aufgaben stehen zu den letzten beiden im Widerspruch. Zunächst wird gefordert hohe Turbulenzen zu erzeugen, um eine gute Verteilung von Feststoff und Luft im Wasser zu erhalten und eine möglichst große Kontakthäufigkeit zwischen Feststoff und Luft zu erzielen. Das ist notwendig, um allen Teilchen die Möglichkeit zu geben, an einer Blase haften zu bleiben. Danach muss der Teilchen-Blase-Komplex möglichst ungehindert in das Schaumbett aufsteigen können. Möglichst ungehindert, da jede mechanische Beanspruchung zu einer Zerstörung des Komplexes führen kann. Ein Flotationsapparat unterscheidet daher die Mischzone im unteren Teil und die Beruhigungszone im oberen Teil der Zelle.

Um ein Erz flotieren zu können, müssen die mineralischen Bestandteile frei vorliegen, sie müssen „aufgeschlossen" sein. Nur dann kann der Sammler sich an die gewünschte Mineraloberfläche anlagern und eine selektive Trennung bewirken. Die Korngröße, auf die ein Erz aufgemahlen werden muss, richtet sich nach dem „Verwachsungsgrad". Das ist die Größe der eingeschlossenen und abzutrennenden Partikel in dem Erz; im Fall des Marmors also die Größe der eingeschlossenen Silikat-Teilchen und der anderen Nebenbestandteile.

In den meisten Fällen genügt eine Mahlung auf eine obere Korngröße von 100 bis 200 Mikrometern. Die Mahlung erfolgt im Kreislauf auf einer Hydrofall-, Stab- oder Kugelmühle. Es sollte eine möglichst steile Kornverteilung des zu flotierenden Gutes angestrebt werden, da Feinstanteile wegen ihrer großen spezifischen Oberfläche sehr viel Reagenzien verbrauchen. Außerdem führen Feinstanteile zu erhöhten Fehlausträgen, da die feinen und damit leichten Teilchen sehr leicht mit dem Schaum mitgerissen werden und somit in die abzutrennende Silikatphase gelangen können.

Ist der Verwachsungsgrad sehr unterschiedlich, kann die Flotation in mehrere Stufen unterteilt werden. So wird das Grobgut eines Klassierers zunächst in einer Grobkornflotation behandelt, ehe es in die Mühle zurückgeführt wird. Dabei werden die groben Silikat-Anteile ausflotiert und belasten dann nicht mehr die Mahlung. Dies wird gemacht, da die harten Silikat-Partikel zu einem höheren Verschleiß in der Mühle führen und daher so schnell wie möglich entfernt werden sollten. Das Feingut des Klassierers wird dann einer Hauptflotation unterzogen.

Die Entscheidung für eine Vorflotation und eine gemeinsame oder getrennte Flotation richtet sich nach der Verwachsung des Erzes und nach dem Gehalt an Fremdstoffen. Jedes Gestein muss genau auf Art und Menge der Begleitminerale untersucht werden und es muss eine Laborflotation durchgeführt werden, um dann einen Stammbaum für die Betriebsflotation zu entwerfen.

Die Flotation hat sich mittlerweile zu dem wichtigsten Verfahrensschritt bei der Sortierung des Marmors entwickelt. Ein Großteil der Marmorvorkommen kann damit aufbereitet werden. Eine Sortierung gelingt jedoch nicht, wenn feine Verwachsungen aus Eisenhydroxid vorliegen.

In solchen Fällen kann man auf eine **Magnetscheidung** zurückgreifen. Bei der Aufbereitung des Marmors setzt man sie vor der Flotation ein, um Eisenabrieb und ferromagnetische Minerale abzutrennen. So genannte HGMS-Scheider erlauben auch eine Trennung von einigen paramagnetischen Mineralen.

Moderne, auf der Supraleitung basierende Scheider können mittlerweile Feldstärken bis zu 5 Tesla aufbauen. Diese Scheider erlauben es, feinste Partikel auch aus den Slurries für die Papier-Industrie abzutrennen und somit deren Weißgrad zu steigern.

Ist die vorher besprochene Flotation in der Lage, Suspensionen mit einem TopCut von 100 Mikrometern ökonomisch aufzubereiten, können mit den neuen Magnetscheidern auch sehr viel feinere Produkte getrennt werden, sofern sie magnetische Minerale enthalten. Ein weiterer Vorteil der Magnetscheidung ist, dass ein Einsatz von Chemikalien nicht notwendig ist und somit die Belastung der Umwelt erheblich verringert wird. Da der Einsatz der Magnettechnik in der Aufbereitung von Marmor noch sehr neu ist, bedarf es intensiver Untersuchungen und Maschinenentwicklungen, um diese Verfahren zu optimieren. Die am Markt verfügbaren Maschinen haben bereits die Größe erreicht, dass ein industrieller Einsatz möglich wird.

Nach Flotation und/oder Magnetscheidung weist auch der Marmor den notwendigen Weißgrad und eine genügend große Reinheit auf, um zu Füllstoffen aufbereitet zu werden. Je nachdem ob die Weiterverarbeitung trocken oder nass erfolgt, ist der Marmor noch auf die erforderliche Korngröße des jeweiligen Vormahlproduktes aufzumahlen.

3.3.2 Herstellung der Füllstoffe

Die Feinheit, oder genauer die Korngrößenverteilung ist das wichtigste Kriterium für den unterschiedlichen Einsatz von Füllstoffen. Mit den heute erzielbaren Kornverteilungen von $d_{98} < 1,0$ µm ist man dabei in Bereiche vorgestoßen, die vor wenigen Jahren noch undenkbar schienen. Damit verbunden war und ist jedoch auch ein enorm wachsender Energiebedarf, denn je feiner man ein Produkt aufmahlen will, desto mehr Energie muss man aufwenden. Und man muss nass mahlen, da mit trocken gefahrenen Mühlen diese Feinheiten mit einem vertretbaren Aufwand kaum zu erreichen sind. Aber noch reichen die Korngrößen der

trocken gemahlenen Füllstoffe für viele Zwecke aus, noch werden 60 Prozent der Calciumcarbonat-Füllstoffe trocken hergestellt.

Trockene Füllstoffe

Trockene Füllstoffe werden in nahezu allen Produktionsstätten erzeugt; aus Kreide, aus Kalkstein und aus Marmor. Je nach Qualität der Rohstoffe liegen die Vormahlprodukte trocken oder nass vor. Erfolgt die weitere Mahlung in trocken gefahrenen Mühlen, muss das nass erzeugte Vorprodukt zunächst getrocknet werden. Dazu setzt man je nach Feinheit Strom- oder Trommeltrockner ein. Ist die Feuchte des Aufgabegutes nicht zu hoch, kann auch eine Mahltrocknung in der Mühle durchgeführt werden. Hierbei nutzt man auch die Wärme aus, die beim Mahlen frei wird, denn die zur Mahlung eingesetzte Energie wird nahezu vollständig in Wärme umgesetzt.

Die am weitesten verbreitete Mühle in der trockenen Aufbereitung ist die **Kugelmühle**. Eine Kugelmühle ist eine Trommelmühle mit Stahlkugeln als Mahlkörper (siehe Kasten). Sie ist eine universell einsetzbare, robuste und wartungsfreundliche Aufbereitungsmaschine, die nass oder trocken betrieben werden kann, wobei eine trocken gefahrene Mühle normalerweise keine Produkte erzeugen kann, die wesentlich feiner sind als $d_{98} = 100$ µm. Denn wenn der Anteil des Feingutes in der Mühle zu hoch wird, „verpelzen" die Mahlkörper, das heißt Agglomerate aus dem Mahlgut haften an den Mahlkörpern. Sie dämpfen den Stoß zwischen Mahlgut und Mahlkörper und behindern eine weitere Zerkleinerung.

Diese Agglomeration lässt sich durch den Zusatz geeigneter Mahlhilfsmittel verhindern. Setzt man zudem geeignete Klassierer ein, die das Feingut aus dem Mahlgut abtrennen, während das Grobgut erneut auf die Mühle aufgegeben wird, lassen sich deutlich feinere Produkte mit enger Kornverteilungskurve erzeugen. Daher erfolgt die trockene Mahlung vorzugsweise in einem Kugelmühlenkreislauf (siehe Abbildung).

Trommelmühlen

Eine Trommelmühle besteht aus einem um die Längsachse rotierenden Zylinder mit konischen Stirnwänden, der zum Teil mit Mahlkörpern und Mahlgut gefüllt ist. Die Zerkleinerung erfolgt durch Stoß und Reibung der aufeinander fallenden Mahlkörper, zwischen denen sich das Mahlgut befindet.

Die Mahlleistung wird durch das Volumen der Mühle, das Verhältnis von Länge und Durchmesser (L/D) sowie durch die Masse der Mahlkörper bestimmt. Die Korngröße der Aufgabe bestimmt die Größe der Mahlkörper. Soll sehr fein gemahlen werden, müssen die Mahlkörper klein sein, um genügend Kontaktpunkte zwischen den Mahlkörpern zu erhalten. Sie können eine minimale Größe (10-12 mm) nicht unterschreiten, da sonst die kinetische Energie des einzelnen Mahlkörpers nicht mehr ausreicht, die Partikel zu zerkleinern. Mahlkörper können bei gröberer Mahlung Stäbe, bei feinerer Mahlung Kugeln oder Cylpebs (Zylinder mit quadratischem Querschnitt) sein. Die Dichte der Mahlkörper sollte möglichst hoch sein, da die in das Mahlgut eingetragene Energie von ihr abhängig ist; daher sind Kugeln aus hochlegiertem Stahlguss weit verbreitet. Darf kein Abrieb das Mahlgut verunreinigen, nimmt man Aluminiumoxid oder verwandte Keramiken. Sehr preiswerte Mahlkörper für sehr abrasive Stoffe sind Quarzkiesel (pebbles).

Neben den Mahlkörpern entscheidet vor allem die Drehzahl der Mühle über die Mahlleistung. Ein Grenzwert ist die „kritische Drehzahl" (n_{krit}). Bei ihr ist die Zentrifugalkraft auf den Mahlkörper gerade gleich der Schwerkraft (siehe Abbildung), die Mahlkörper haften an der Mühlenwandung und es findet keine Zerkleinerung mehr statt. Liegt die Drehzahl unterhalb n_{krit}, bildet sich eine kataraktförmige Bewegung der Mahlkörper aus. Die Mahlkörper werden durch die Fliehkraft und die Reibung untereinander bis kurz vor den Scheitelpunkt mitgenommen und stürzen dann in einer Wurfparabel nach unten, wo sie das Mahlgut beim Aufprall durch Stoß und Reibung zerkleinern. Sinkt die Drehzahl weiter, rollen die Mahlkörper aufeinander ab; man spricht von Kaskadenwirkung, bei der die Mahlleistung gering ist.

Wie hoch n_{krit} im Einzelfall ist, lässt sich nur empirisch bestimmen, da das tatsächliche Verhalten des Mahlgutes von zahlreichen Faktoren wie der Größenverteilung der Mahlkörper, dem Füllgrad der Mühle und Reibungskoeffizienten zwischen Mahlgut und Mahlkörper abhängt.

Die großen mechanischen Belastungen durch Stoß und Reibung machen einen Schutz der Trommelwand gegen Verschleiß notwendig. Meist wird sie mit Stahl- oder Keramikplatten ausgekleidet oder aber mit Elementen aus Gummi geschützt.

Trommelmühlen zählen zu den wichtigsten Aufbereitungsmaschinen, zumal sie aufgrund ihrer einfachen Bauart sehr wartungsfreundliche, mechanisch robuste Maschinen sind. Zudem lassen sie sich durch die Wahl eines geeigneten L/D-Verhältnisses und entsprechender Mahlkörper auf fast jede Anwendung optimal einstellen; dass sie trocken und nass betrieben werden können, macht sie besonders interessant. Für die Produktion von Calciumcarbonat-Füllstoffen sind insbesondere die Autogen- und die Kugelmühlen von Bedeutung.

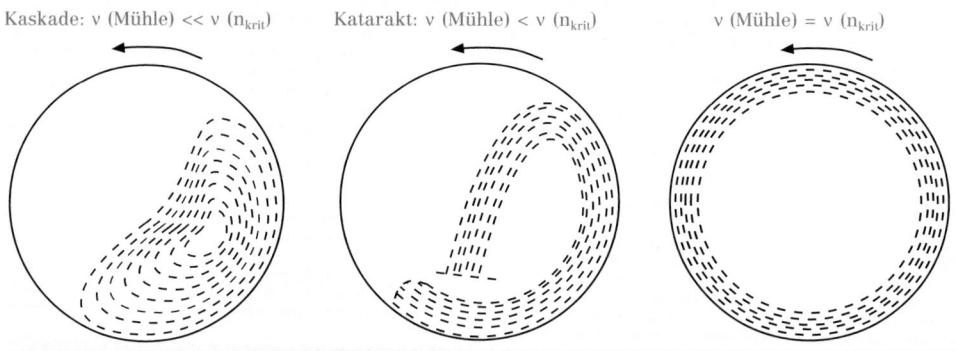

Kaskade: v (Mühle) $\ll v$ (n_{krit})   Katarakt: v (Mühle) $< v$ (n_{krit}) v (Mühle) $= v$ (n_{krit})

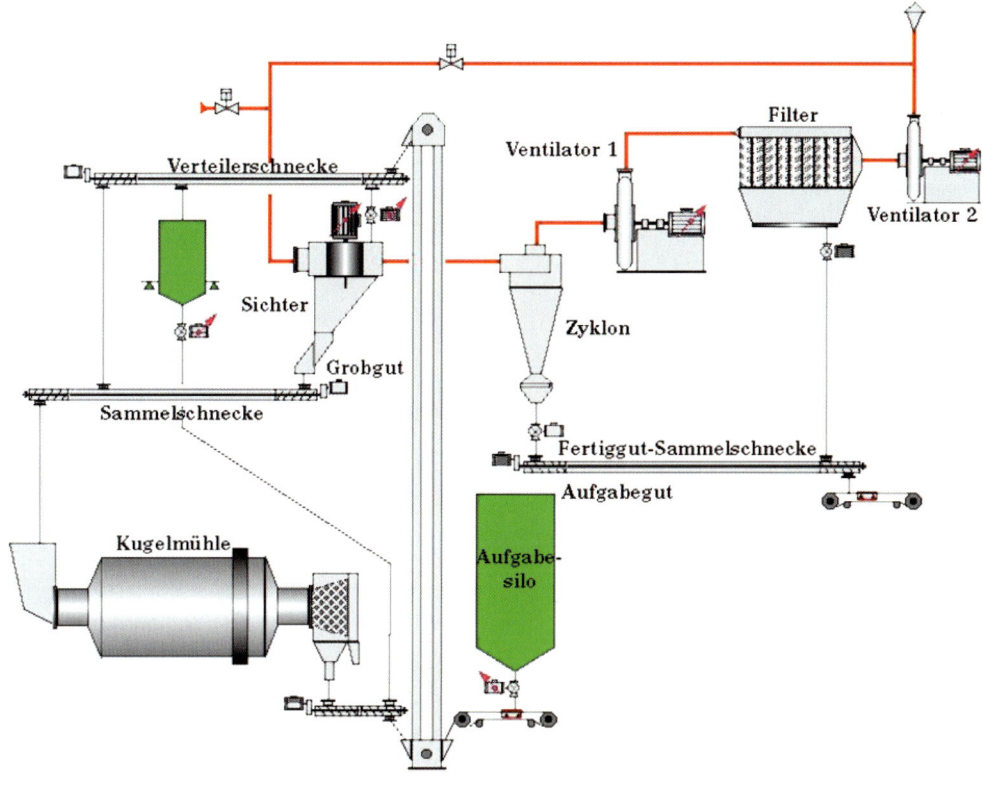

Mühlenkreislauf mit
Vorsichtung der
Kugelmühlenaufgabe.

Die Anforderungen an einen Mahlkreislauf sind einfach: Das Mahlgut muss die Mühle möglichst schnell verlassen und im Klassierer muss das bereits fertige Produkt möglichst vollständig abgetrennt werden. Je länger das Mahlgut in der Mühle verweilt, desto größer ist die Möglichkeit, dass bereits fertig gemahlenes Gut weiter zerkleinert wird. Es entstehen unerwünschte Feinstanteile und der spezifische Energiebedarf steigt unnötigerweise.

Bei der Auswahl der Mühle ist das Zerkleinerungsverhalten des Rohmaterials zu berücksichtigen: Ein Produkt mit viel Feingut wird in einer relativ langen Kugelmühle erzeugt, für weniger Feingut ist eine kurze Kugelmühle einzusetzen, die ein günstiges Mahlverhalten erreicht. Der Mahlkreislauf muss dann mit ausreichender Klassierkapazität ausgerüstet sein. Ist das Zerkleine-

rungsverhalten des aufgegebenen Calciumcarbonats sehr günstig, kann sogar auf eine Wälzmühle zurückgegriffen werden, die einen geringeren Energiebedarf als eine Kugelmühle besitzt.

Ebenso wichtig wie die Auswahl des geeigneten Mühlentyps ist es, die Mühlen im Kreislauf mit einem Klassierer zu fahren, denn nur mit einem effektiv trennenden Klassierer lässt sich die zur Erzeugung der Mahlung eingesetzte Energie minimieren.

Zur Klassierung von Teilchen dieser Korngröße sind Siebe nicht mehr geeignet. Die feinsten, in der Steine-und-Erden-Industrie gebräuchlichen Siebe haben eine Maschenweite von circa 100 µm, in der Nasssiebung kann sogar bei circa 40 µm abgesiebt wer-

Abweiseradsichter

Eine scharfe Trennung mit möglichst geringen
Fehlausträgen sowohl im Grob- als auch im
Feingut stellt hohe Anforderungen, die zur
Zeit nur moderne Abweiseradsichter erfüllen
(siehe Abbildung). In einem spiralförmigen
Gehäuse rotiert ein mit Lamellen bestückter
Rotor. Der Rotor ist an einer Stirnseite ge-
schlossen, an der anderen besitzt er eine
kreisförmige Öffnung. Die Luft wird dem
Spiralgehäuse zugeführt, durchströmt den
Rotor, um ihn durch die Öffnung an der obe-
ren Stirnseite zu verlassen. Die Trennbedin-
gungen und damit die Trennkorngröße lassen
sich direkt an der Rotorperipherie einstellen.

Während der Sichtung bildet sich um den
Rotor ein Ring aus Teilchen, deren Größe in
der Nähe der Trennkorngröße liegt. Das
Aufgabematerial muss in diesen Ring eindringen und die feinen Teilchen müssen durch den
Ring hindurchtreten, während grobe Teilchen
zurück in den Grobgutraum wandern. Da der
Materialring um den Rotor ein dynamisches
Gebilde darstellt, kann es jedoch vorkommen,
dass grobe Teilchen in den Rotor gerissen
werden und feine Teilchen nicht in den Rotor
eintreten können. Bei der Konstruktion eines
Sichters muss daher darauf geachtet werden,
dass die Strömung am Rotor exakt, gleichmäßig und wirbelfrei ist, um die Trennbedin-
gungen möglichst gut zu erfüllen.

Aus diesem Grund besitzen die meisten Sichter
einen Rotor mit L/D = 1. Durch besondere
Konstruktionen ist es gelungen, auch Sichter
mit längeren Rotoren (L/D = 2) zu bauen. Diese
Sichter haben eine Absaugung der Luft und
des Feingutes an beiden Stirnseiten des Rotors.
Dadurch können sehr kompakte Maschinen
mit einem Luftdurchsatz von mehr als 120 000
m^2/ h für Produkte mit d_{40} = 2 μm bei steilen
Trennkurven und gutem Feingutausbringen
gebaut werden. Dies sind bisher die größten
Sichter, die für Produkte dieser Feinheit
gebaut wurden.

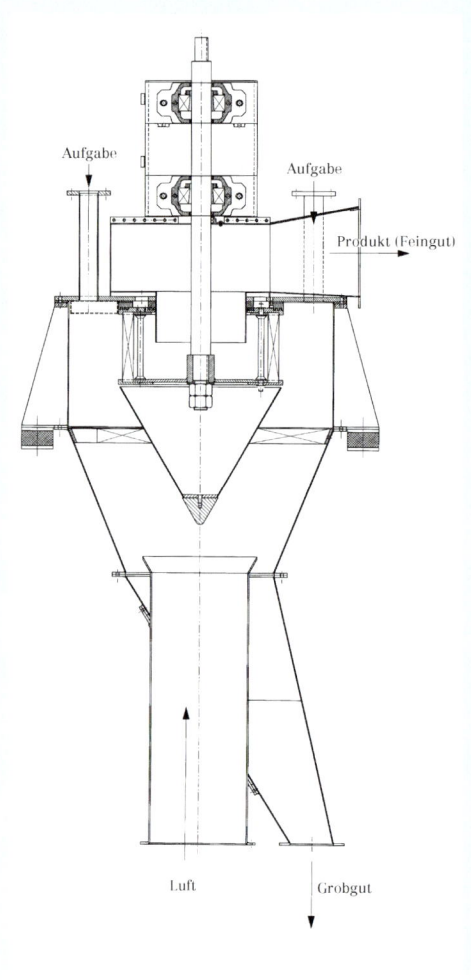

Windsichter.

den. Zwar sind auch feinere Siebe vorstell-
bar – im Labor werden sie eingesetzt –, aber
der erforderliche Aufwand, die anfallenden
Kosten für Investitionen und Wartung sind
zu groß. Daher greift man auf Windsichter
zurück.

Windsichter arbeiten nach dem Strömungs-
trennverfahren: Leitet man durch ein Ge-
steinsmehl, bestehend aus Partikeln unterschiedlicher Korngröße, einen Luftstrom
bestimmter Geschwindigkeit, dann reißt
dieser alle die Teilchen mit, deren Fallgeschwindigkeit kleiner ist als die Aufstrom-
geschwindigkeit der Luft. Ist die Fallgeschwindigkeit hingegen gleich der Strömungsgeschwindigkeit, bleibt das Teilchen
in der Schwebe; ist sie größer, fällt es hinab.

Da die Fallgeschwindigkeit bei Teilchen gleicher Dichte vom Durchmesser abhängt, lässt sich somit eine Klassierung nach der Korngröße erreichen (siehe Kasten). Die mitgerissenen Teilchen werden durch entsprechende Vorrichtungen voneinander abgetrennt, das Endprodukt geht in ein Silo, das Grobgut wird erneut der Kugelmühle zugeführt.

Der Sichter soll nun möglichst die gesamte Menge an Endprodukt abtrennen, die im Austrag der Kugelmühle enthalten ist. Dies ist in einem dynamischen Prozess wie der Sichtung nicht möglich, im Rückgut der Mühle sind immer auch fertig gemahlene Anteile enthalten. Wie gut die Trennleistung eines Sichters ist, wird mit dem Sichterwirkungsgrad gekennzeichnet. Der Wirkungsgrad (η) gibt an, welcher Anteil eines Material der gewünschten Korngröße ein Sichter aus dem Aufgabegut abtrennt.

Da die Sichtung mit feineren Korngrößen immer schwieriger wird, nimmt für einen Sichter der Wirkungsgrad mit abnehmender Trennkorngröße ab. Gute Sichter erreichen bei einem TopCut von 24 µm und einem $d_{50} = 4$ µm Wirkungsgrade von $\eta > 80$ Prozent, bei einem TopCut von 10 µm und einem $d_{50} = 1,8$ µm sinkt der Wert hingegen auf $\eta < 60$ Prozent.

Die angegebenen Werte beziehen sich auf Sichter mit einer Aufgabemenge von circa 40 t/h und einer Produktmenge von circa 6 t/h. In kleineren Sichtern, die strömungstechnisch leichter zu optimieren sind, lassen sich die Sichterwirkungsgrade noch steigern.

Ein guter Sichter kann die Produktionskosten für einen Füllstoff beachtlich senken, das haben zahlreiche Versuche und die Erfahrungen aus einer langjährigen Betriebspraxis gezeigt. Ein Mahlkreislauf aus Mühle und Sichter spart immer Mahlenergie ein, denn der Mehraufwand für das Sichten ist deutlich geringer als die Energiemenge, die beim Mahlprozess eingespart wird, da die Mühle nicht unnötig mit bereits fertig gemahlenem Produkt belastet wird.

Das Mahlen auf Produktkorngröße ohne Klassierung ist daher der ungünstigste Fall

der Mahlung. Ohne Klassierung kann die Mühle nur sehr gering belastet werden, um sicher zu sein, dass das gesamte Material unter die gewünschte Produktkorngröße gemahlen wird. Durch die häufige Beanspruchung der einzelnen Teilchen wird gleichzeitig sehr viel Feinstgut erzeugt, das nicht gewünscht wird. Kurze Verweilzeiten in einer Mühle in Verbindung mit einem guten Sichter mit ausreichender Kapazität sind nötig, um Produkte mit steilen Kornverteilungen kostengünstig zu erzeugen.

Will man bei der Mahlung nicht nur ein, sondern mehrere Produkte gleichzeitig erzeugen, muss man eine Kugelmühle in einem Kreislauf mit mehreren Sichtern kombinieren. Je nach Anzahl der eingesetzten Sichter ergeben sich verschiedene Kombinationsmöglichkeiten (siehe Abbildung).

Sichter-Kugelmühlen-Kreislauf. In diesem Kreislauf kann entweder direkt nach dem ersten Sichter ein Produkt gewonnen werden oder man erzielt zunächst nur ein Vorprodukt, das anschließend in Sichter 2 in zwei Endprodukte aufgeteilt wird. Eine solche Schaltung lässt sich mit weiteren Sichtern beliebig variieren.

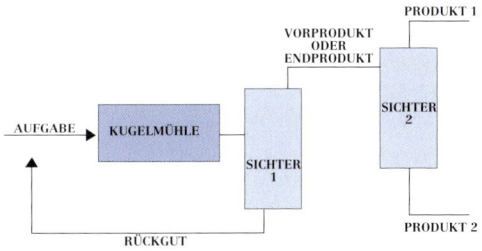

Die Erzeugung von kombinierten Produkten senkt die Produktionskosten erheblich, da in der Kugelmühle nur die gröbste der Körnungen erzeugt werden muss, die feineren Produkte werden sozusagen als „Beigabe" erhalten. Um aber genügend Feingut im Kugelmühlenauslauf zu erhalten, ist eine sorgfältige Auslegung des gesamten Kreislaufes erforderlich.

Auch dem Kugelmühlenkreislauf mit Windsichter sind Grenzen gesetzt: Die wirtschaftliche Obergrenze für Massenfüllstoffe ist zur Zeit ein Feinstprodukt mit $d_{90} = 2$ µm. Will man feinere Produkte erzeugen, so muss man mit kleineren Mahlkörpern arbeiten und trotzdem genügend Energie in das Mahlkörper-/Mahlgut-Gemisch eintragen. Das geht nur mit so genannten Rührwerkskugelmühlen.

Um in eine Schüttung von feinen Mahlkörpern genügend Leistung einzutragen, müssen die Mahlkörper mit einem „Rührwerk" agitiert werden. **Rührwerkskugelmühlen** bestehen aus einem senkrecht stehenden Zylinder mit einem großen L/D-Verhältnis, in dem eine Welle mit Rührelementen rotiert. Diese Rührelemente sind über die gesamte Länge der Welle verteilt und agitieren die Mahlkörper, hochfeste Keramikkugeln mit einem Durchmesser von circa 2 Millimetern. Diese Kugeln besitzen genügend Kontaktflächen mit dem Mahlgut, sodass Produkte mit $d_{98} = 10$ µm erzeugt werden können. Durch einen Mühlenkreislauf mit Sichter sind weitaus feinere Produkte erreichbar.

Die Aufgabe auf die Mühle erfolgt von oben. Der Transport des Mahlgutes erfolgt gemeinsam mit den Mahlperlen von oben nach unten. Beide, Mahlgut und -perlen, werden unten aus der Mühle ausgetragen und voneinander auf einem Sieb getrennt. Das Mahlgut wird anschließend einem Sichter aufgegeben. Das Feinstgut geht in ein Silo, das Grobgut wird mit Frischgut und Mahlperlen erneut aufgegeben.

Der Vorteil dieser Mühlen besteht in dem hohen Leistungseintrag in ein kompaktes Mühlenvolumen. Dieser Leistungseintrag wird durch die Drehzahl der Mühlenwelle und die Dichte der Mahlkörper bestimmt. Die Mühle kann mit Keramik ausgekleidet werden, um eine Verschmutzung des Mahlgutes durch Abrieb zu verhindern. Ebenso können die Mahl-Elemente auf der Welle durch Verkleidung mit Keramik oder anderen verschleißfesten Materialien geschützt werden. Zur Verhinderung von Agglomeraten verwendet man wie bei Kugelmühlen Mahlhilfsmittel.

Nasse (suspendierte) Füllstoffe

Das Einsatzgebiet für nasse Füllstoffe ist die Papier-Industrie, also müssen sie auf die Erfordernisse des Papiers und der Papiermaschine abgestimmt werden. Dies kann auf drei unterschiedlichen Wegen erfolgen:

- Trockene Mahlung und anschließende Anmischung zu einer Slurry der gewünschten Feststoffkonzentration
- Nasse Mahlung bei der für Füllstoff oder Streichpigment benötigten Feststoffkonzentration
- Nasse Mahlung bei niedriger Feststoffkonzentration und anschließende „Aufkonzentration"

Die trockene Mahlung mit anschließender Anmischung einer Slurry in der Papierfabrik wird nur noch in Ausnahmefällen durchgeführt, zum Beispiel wenn die Transport- oder Lagermöglichkeiten es erfordern. Der größte Teil des Füllstoffes beziehungsweise der Pigmente wird nass gemahlen, und zwar bei Endkonzentration.

Zunächst wird aus dem Vorprodukt eine Suspension mit einem Feststoffanteil von mehr als 70 Prozent hergestellt. Normalerweise ist ein Gemisch aus 70 Prozent Calciumcarbonat und 30 Prozent Wasser nicht mehr fließfähig. Aber die Füllstoff-Hersteller haben hochaktive Dispergiermittel speziell für die Verwendung von Calciumcarbonat-Slurries in der Papier-Industrie entwickelt, die solche Konzentrationen erlauben, ohne die komplexe Chemie einer Papiermaschine zu stören.

Die Mahlung dieser hochkonzentrierten Suspension erfolgt in nassen Rührwerkskugelmühlen, da sich nur mit einer solchen Mühle die zur Feinstzerkleinerung notwendige Energie in die Slurry einbringen lässt; je nach Feinheit sind das 60 bis 200 Kilowattstunden pro Tonne Produkt.

Nasse Rührwerkskugelmühlen sind ähnlich konstruiert wie die trockenen Varianten, nur die Ausbildung der Mahlelemente ist unterschiedlich. Während in der trockenen Mahlung hauptsächlich Stäbe zur Agitation genutzt werden, setzt man in der nassen

Mahlung neben Stäben auch Scheiben unterschiedlichster Ausbildung ein, um einen möglichst gleichmäßigen und effektiven Leistungseintrag zu erzielen.

3.3.3 Sonstige Verfahren

Mit dem Verlassen der Feinstmühlen ist die Aufbereitung der Füllstoffe in den meisten Fällen beendet, doch für einige spezielle Anwendungen ist eine Nachbehandlung notwendig. Vor allem das abschließende Trocknen der Füllstoffe und eine Oberflächenbehandlung mit Stearaten sind häufiger anzutreffen.

Trocknung

Die Trocknung wird bei der Verarbeitung von Calciumcarbonat in zwei Bereichen eingesetzt:

- Trocknung des Vorproduktes, das zu trockenen Füllstoffen weiterverarbeitet wird. Dabei wird sowohl die natürliche, im Gestein vorhandene Feuchte, als auch die durch Waschen oder Flotieren eingebrachte Feuchte ausgetrieben.
- Trocknung der Füllstoffe, die trocken eingesetzt werden sollen, aber nur auf nassem Wege hergestellt werden können, da sich mit trockenen Verfahren nicht die Produktqualität oder die gewünschten Mengen ökonomisch erzeugen lassen.

Da das Trocknen ein sehr Energie-intensives Verfahren ist, sollte so weit wie möglich eine mechanische Vorentwässerung erfolgen. Zum Vorentwässern eignen sich bei grobem Material Siebe, bei feinen und feinsten Produkten können Filter oder Zentrifugen eingesetzt werden.

3.3.4 Die Produktion von PCC

PCC kann auf verschiedene Arten hergestellt werden. Bekannte Prozesse sind die Fällung mit Kohlendioxid, der Kalk-Soda-Prozess und der Solvay-Prozess, bei dem PCC als Nebenprodukt der Ammoniak-Herstellung anfällt.

Die Fällung mit Kohlendioxid ist der am häufigsten eingesetzte Prozess, insbesondere in den On-site-Anlagen der Papier-Industrie. Da On-site-Anlagen direkt beim Verbraucher angesiedelt sind, kann die entstehende PCC-Slurry sofort in die Papierproduktion eingespeist werden. Aber auch in den Off-site-Anlagen, die sowohl Slurries als auch trockene Füllstoffe für unterschiedliche Verbraucher herstellen, greift man meist auf die Fällung mit Kohlendioxid zurück.

Voraussetzung für ein PCC hoher Güte ist ein sauberer Kalkstein beziehungsweise Branntkalk; schon Spuren von Eisen oder Mangan können den Weißgrad des Produktes empfindlich herabsetzen. Der Branntkalk wird zunächst zum Calciumhydroxid (Kalkmilch) gelöscht und anschließend als dünne Suspension dem Reaktionsbehälter zugeführt. Dort leitet man so lange Kohlendioxid ein, bis das Calciumhydroxid vollständig zu Calciumcarbonat umgesetzt ist. Die Reaktionsdauer kann durch den Verlauf des pH-Wertes beurteilt und gesteuert werden.

Insgesamt laufen bei der PCC-Herstellung folgende Reaktionen ab:

$$CaCO_3 \rightleftharpoons CaO + CO_2 \nearrow$$
$$(\text{Brennen, } \Delta H = -3130 \text{ kJ/kg CaO})$$

$$CaO + H_2O \rightleftharpoons Ca(OH)_2$$
$$(\text{Löschen, } \Delta H = +1134 \text{ kJ/kg CaO})$$

$$Ca(OH)_2 + CO_2 \rightleftharpoons CaCO_3 + H_2O$$
$$(\text{Fällen, } \Delta H = +1996 \text{ kJ/kg CaO})$$

Durch Einstellung der Reaktionsbedingungen wie Druck, Temperatur oder Zeit sowie durch Zugabe von Chemikalien können die Kristallform und die Kornverteilung des erzeugten PCC beeinflusst werden. Um eventuell auftretende Agglomerate oder unlösliche Bestandteile aus dem PCC herauszuhalten, werden sowohl die Kalkmilch als auch das Fertigprodukt klassiert.

In einer On-site-Anlage gelangt das fertige Produkt direkt auf die Papiermaschine. In der Off-site-Anlage muss es hingegen auf ähnliche Konzentrationen wie die GCC-Slurries eingedickt werden, um günstige Transportbedingungen zu erhalten. Um trockene

Füllstoffe zu erhalten, muss mechanisch entwässert und gegebenenfalls getrocknet werden. PCC-Produkte können ebenso wie GCC-Produkte oberflächenbehandelt werden, um besondere Eigenschaften für den Einsatz in Kunststoffen oder im Gummi zu erzielen.

3.3.5 Lagern und Verpacken

Das Lagern und Verpacken bildet einen wichtigen Abschnitt im Produktionsprozess, auch wenn beide häufig nur als notwendige Übel angesehen werden, da sie das Produkt nicht veredeln. Doch nur mit einer ausreichenden Lagerhaltung in Verpackungsgrößen, die der Kunde akzeptiert, kann eine Logistik aufgebaut werden, die eine zuverlässige Belieferung des Kunden erlaubt. Dazu sind zum Teil erhebliche Aufwendungen innerhalb des Produktionswerkes notwendig.

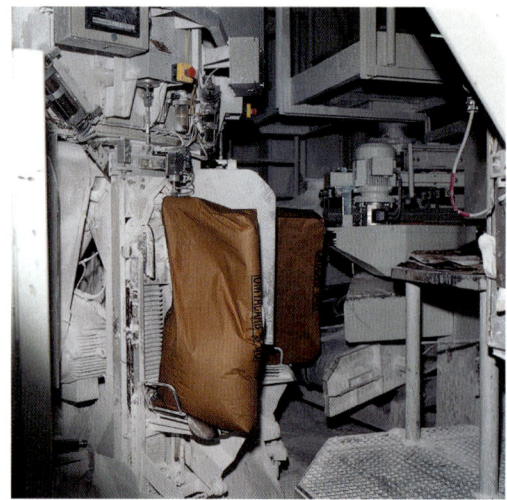

Packmaschinen im Einsatz.

Flüssige Calciumcarbonat-Produkte werden in LKW, Bahnwaggons, Fluss- oder Seeschiffen transportiert. Die Lagerung nach der Produktion beziehungsweise in Zwischenlagern erfolgt in Tanks von bis zu 3 000 Kubikmetern. Trockene Produkte werden in schlanken Silos bis zu 1 000 Kubikmetern gelagert. Bei der Auslegung der Silos müssen die Fließeigenschaften der Produkte berücksichtigt werden. So benötigen schwerfließende Produkte einen steilen Konus, um einen gleichmäßigen Abzug zu gewährleisten.

Zudem lassen sich die Fließeigenschaften durch den Einbau von Belüftungsböden verbessern. Als Abzugsorgane aus den Silos dienen Zellradschleusen oder Schnecken, die auf die Produkteigenschaften und die abzuziehenden Mengenströme abgestimmt werden. Neben diesen Standardgeräten gibt es eine Vielzahl von speziellen Abzugsorganen, die an schwierige Fließeigenschaften angepasst sind.

Sehr feine Produkte mit geringerem Schüttgewicht können Fließeigenschaften aufweisen, die denen einer Flüssigkeit gleichkommen. Dann ist besonderes Augenmerk auf die Verschlussorgane des Siloaustrags und an die Übergabestellen im Transportweg zu legen. Sind diese Verschlussorgane nicht mit Sorgfalt ausgesucht, kann es zu unkontrollierbarem Fließen des Produktes kommen.

Der Versand der trockenen Füllstoffe erfolgt vorwiegend in zwei Formen:

- Lose in Silowaggons oder LKW, die direkt aus dem Silo befüllt werden.
- Verpackt in Säcken von 25-40 Kilogramm, die auf Paletten gestapelt und auf Transportfahrzeuge verladen werden.

Eine weitere Möglichkeit ist die Verpackung in Big-Bags mit Gewichten von 0,5-1 Tonnen je nach Schüttdichte des Produktes. Diese Versandart wird ungern gewählt, da das Verpacken, Lagern und das Handling der Big-Bags wesentlich unkomfortabler als das der Säcke ist.

Das Befüllen der Säcke erfolgt auf Packmaschinen (siehe Abbildung). Der so genannte Ventilsack mit nur einer Öffnung (Ventil) an einer Ecke wird auf das zu verpackende Produkt abgestimmt. Er kann aus mehrlagigem Papier bestehen, um eine erhöhte Festigkeit zu erhalten. Die Säcke können feine Löcher aufweisen, um eine Entlüftung des Sackinhaltes zu gewährleisten und damit stabile Palettenlagen zu ermöglichen. Die geeignete Sackgröße und -art für ein spezifisches Produkt wird mit dem Sackhersteller und dem Lieferanten der Packanlage bestimmt.

Packanlagen gibt es in zwei Ausführungen: als Reihenpacker für kleine bis mittlere Abfüllmengen und als Rotopacker für mittlere bis große Abfüllmengen.

Mit einem Rotopacker hoher Leistung können mehr als 2 000 Säcke pro Stunde abgefüllt werden, sofern es die Fließeigenschaften des Produktes zulassen. Kann bei kleineren Leistungen ein Aufstecken des leeren Sackes noch von Hand erfolgen, werden für größere Leistungen Sackaufstecker verwendet, die den Sack von einer Rolle oder aus einem Magazin aufnehmen und automatisch dem Füllstutzen zuführen.

Nach dem Packer werden die abgefüllten Säcke der Palettieranlage zugeführt und zu Paletten von rund 1 Tonne Gewicht gepackt. Zum Schutz der Säcke können die fertigen Paletten mit einer Schrumpf- oder Wickelfolie überzogen werden. Die Palettieranlagen haben eine solche Kapazität, dass sie im Anschluss an einen Rotopacker ohne Zwischenstapel eingesetzt werden können. Nach dem Palettieren gelangen die Paletten in ein Zwischenlager, von dem aus sie auf die Transportfahrzeuge verladen werden.

Auch Absack- und Palettieranlagen bilden einen komplexen und aufwendigen Anteil der Produktion. Nicht zuletzt aufgrund der hohen Investitions- und Wartungskosten erfordern ihre Installation eine genaue Planung und Abstimmung mit der vorgeschalteten Produktion.

3.4 Logistik – Der Weg zum Kunden

Eine wichtige „Eigenschaft" eines Produktes für einen Verarbeiter ist die gesicherte Verfügbarkeit des Stoffes zu jeder Zeit in der gewünschten Menge. Um die gewünschten Mengen sichern zu können, muss eine Produktion in der geforderten Größenordnung

inklusive einer Reservekapazität aufgebaut werden, die bei technischen Schwierigkeiten zur Produktion eingesetzt werden kann. Eine zusätzliche Sicherheit kann geschaffen werden, indem die Produkte mehrerer Produktionsstätten untereinander austauschbar sind.

Letztgenannte Forderung kann in anderen Industrien durch einheitliche, genormte Vorprodukte leicht eingehalten werden; im Falle eines natürlichen Vorproduktes bedarf es jedoch ungleich größerer Anstrengungen: Schon geringe Verunreinigungen ändern den Weißgrad eines Calciumcarbonat-Produktes erheblich. Jederzeit Produkte gleichen Weißgrades und Gelbwertes sowie gleicher Kornverteilung herstellen zu können, ist daher unabdingbare Voraussetzung für die Austauschbarkeit der Produkte verschiedener Lagerstätten.

Mit der Austauschbarkeit können die notwendigen Reservekapazitäten in den einzelnen Produktionsstätten verringert werden. Um aber eine Liefersicherheit zu gewährleisten, muss eine Logistik aufgebaut werden, die ein rasches Umschalten der Versorgung von der einen zur anderen Produktionsstätte ermöglicht. Gleichzeitig müssen die Transportkosten in wirtschaftlich sinnvollen Grenzen gehalten werden.

Auch wenn die Logistik all diesen Anforderungen genügt, bleibt sie teuer. Für Calciumcarbonat liegen die Logistik-Kosten bei durchschnittlich 25 Prozent des Verkaufspreises, sie können jedoch beträchtlich variieren. Manchmal ist es daher sinnvoll, ganz neue Versandformen zu entwickeln, wie das Beispiel der Versorgung der Papier-Industrie mit Calciumcarbonat verdeutlicht.

Ein günstiger Transport erfordert eine günstige Versandform des Produktes und genügende Pufferkapazitäten, um Engpässe ausgleichen zu können, sowie eine beschränkte Anzahl möglichst breit einsetzbarer Produkte, um die Lagerkapazitäten zu minimieren. Eine Versandform von Calciumcarbonat-Füllstoffen ist trockenes Pulver. Dieses wird in Silos gelagert, in speziellen LKW zum Kunden gefahren, dort wieder in Silos geblasen, vor der Papiermaschine ange-

Es lag daher nahe, den Füllstoff zu „verflüssigen", um das Handling zu verbessern. Die Idee der „Calciumcarbonat-Slurry" wurde geboren. Eine Calciumcarbonat-Slurry ist eine Suspension aus Wasser und Calciumcarbonat. Die Anforderungen an eine Slurry sind:

- hoher Feststoff-Gehalt
- gutes rheologisches Verhalten
- hohe Stabilität
- geringe Beeinflussung der nachfolgenden Prozesse
- gute Dispergierbarkeit

Der hohe Feststoff-Gehalt minimiert das Lager- und Transportvolumen, die Stabilität erleichtert die Lagerung. Das rheologische Verhalten beeinflusst die Pumpbarkeit der Slurry sowie das Verhalten auf der Papiermaschine. Die Dispergierbarkeit ist erforderlich, um eine Slurry auf die Feststoffkonzentration zu verdünnen, die auf der Papiermaschine benötigt wird. Die Chemie einer Slurry muss sich mit der Papiermaschine vertragen.

Just-in-Time. Rund um die Uhr werden Silo-LKWs mit trockenen Calciumcarbonat-Pulvern beladen.

Slurry-Tankschiff – die günstigste und umweltfreundlichste Transport-Alternative.

mischt und schließlich dem Prozess zugeführt. Pulver ist also eine mögliche Versandform, aber ist es die günstigste?

Wegen ihrer geringen Schüttdichte von 0,4-0,8 Tonnen je Kubikmeter benötigen trockene Füllstoffe ein großes Lager- und Transportvolumen. Zur Förderung muss eine relativ energieaufwendige pneumatische Förderung eingesetzt werden und schließlich müssen die Kunden das trockene Pulver suspendieren und dispergieren, um es für die Papiermaschine gebrauchsfertig herzustellen.

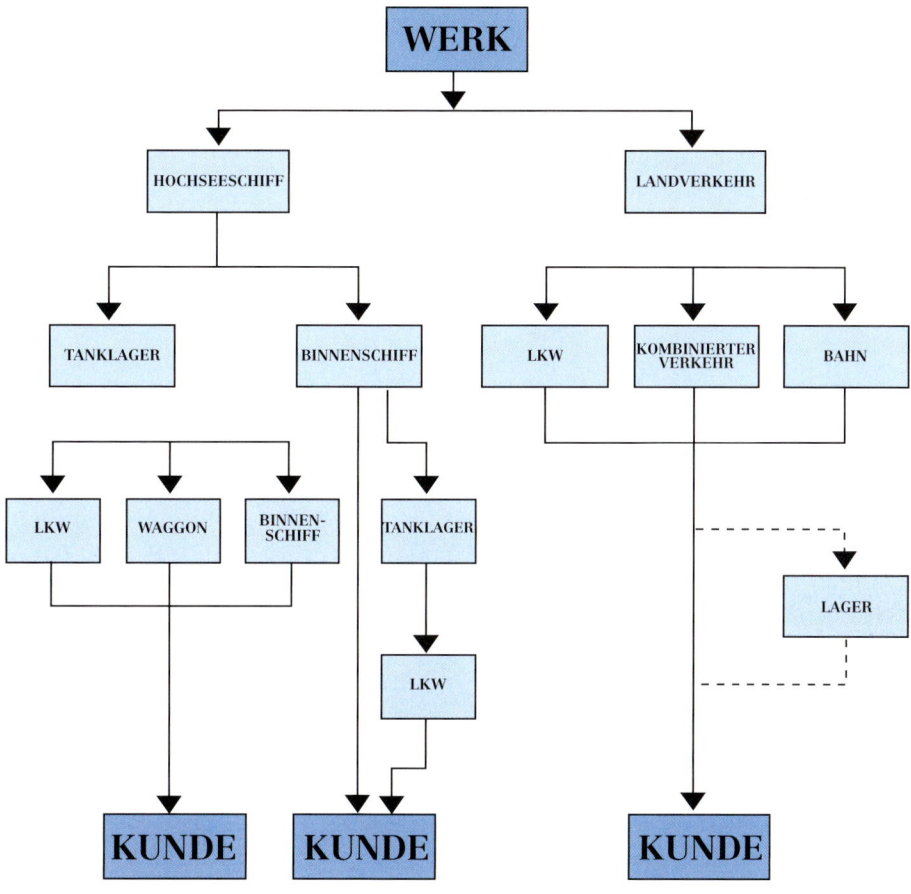

Logistik – Vom Werk zum Kunden.

Um die Chemie der Slurry zu verstehen, muss man einige Slurry-Eigenschaften kennen. Eine Slurry wird mit Feststoff-Gehalten von bis zu 78 Prozent Calciumcarbonat hergestellt. Ohne jegliche Beimengung von Dispergiermitteln wäre dies ein stichfester Schlamm; zwar noch feucht, aber brechbar und auf keinen Fall flüssig. Eine Slurry hingegen hat eine Zähigkeit von circa 300-500 Millipascalsekunden (mPa*s): Sie fließt leicht, ist pumpbar und gut lagerfähig. Erst mit der Entwicklung geeigneter Mahlverfahren und insbesondere geeigneter Dispergiermittel war es möglich, solche Slurries herzustellen. Dabei verlief die Entwicklung Hand in Hand: Neue Dispergiermittel ermöglichten eine höherkonzentrierte Mahlung, neue Erkenntnisse in der Mahltechnik stellten höhere Anforderungen an die Dispergiermittel.

Heute werden mit einer 78-prozentigen Slurry Transportdichten von circa 1,5 Tonnen Calciumcarbonat pro Kubikmeter Slurry erreicht; das ist die 2-4-fache Transportdichte, verglichen mit trockenem Calciumcarbonat. Sind die Viskosität der Slurry und seine Stabilität angemessen, erfüllt die Slurry alle Voraussetzungen für den Versand: Sie kann günstig gelagert werden, ihre Förderung ist unproblematisch, ihr Transport preiswert. Werden zudem die Forderungen nach Dispergierbarkeit und Verträglichkeit mit der Chemie einer Papiermaschine erfüllt, kann ein effizientes Logistiknetz aufgebaut werden.

IV.

CALCIUMCARBONAT UND SEINE INDUSTRIELLE ANWENDUNG

VON
CHRISTIAN NAYDOWSKI
PETER HESS
DIETER STRAUCH
RALPH KUHLMANN
UND JOHANNES ROHLEDER

Es gibt mineralische Rohstoffe, die das Leben ganzer Epochen derart prägten, dass sie ihnen ihren Namen verliehen. Bronze und Eisen sind solche Rohstoffe, aber auch die Steine zählen dazu. Während jedoch die Bedeutung der Metalle immer mehr sinkt, sind die „Steine und Erden" zurückgekehrt: Der Wohlstand eines Landes lässt sich heute an der Höhe ihres Verbrauches ablesen.

Ihre größte Wertschöpfung erzielen die Steine als feinstgemahlene Mineralmehle. Viele der heute üblichen Werkstoffe und Gebrauchsgüter sind ohne Füllstoffe nicht denkbar, vor allem die Papier-, die Kunststoff- sowie die Farben- und Lack-Industrie verschlingen enorme Mengen der unterschiedlichsten Industrieminerale. Und das Calciumcarbonat genießt hier wie auch anderswo eine Vorrangstellung. Kein Mineral kann so vielseitig eingesetzt werden, sei es als Düngemittel, als Medikament, als Nahrungszusatz oder als Füllstoff und Streichpigment.

1. Papier

Papier wird selten mit dem Begriff Stein oder „mineralisch" in Verbindung gebracht. Dementsprechend groß ist das Erstaunen der meisten, wenn sie erfahren, dass zum Beispiel der brillant bedruckte Katalog ihres Reisebüros aus bis zu 40 Prozent Mineralen besteht – bei der Fernsehzeitung ist es zwar etwas weniger, aber ganz ohne mineralische Zusatzstoffe wäre die heutige Auswahl an Papiersorten um ein Vielfaches geringer.

Minerale gelangen auf zwei verschiedene Arten in ein Papierprodukt: Als Füllstoff, der vor der Blattbildung in die nasse Papiermasse kommt, oder als Hauptbestandteil der Aufstrichformulierung, die maschinell auf eine trockene Papieroberfläche zur weiteren Veredelung aufgetragen wird. Bei der Herstellung hochwertiger Druckpapiere werden beide Verfahren angewendet und Calciumcarbonat ist in der Regel das meistverwendete Mineral: entweder in Kombination mit Kaolin und Talkum oder als einziger mineralischer Bestandteil des Papiers. Das war nicht immer so.

Der Einsatz von Mineralen zur Papierherstellung hat erst im 20. Jahrhundert in größerem Ausmaß begonnen. Genau genommen erst in den 1950er Jahren, als sich das Aufstreichen mineralischer Slurries vom Spezialverfahren für exquisite Papiere zu einem üblichen Veredelungschritt wandelte. Indirekt stieg dadurch auch der Füllgrad von Papieren, denn damals wie heute war es üblich, anfallende Papierabfälle wieder in den Produktionsprozess zurückzuführen. Da diese Abfälle durch den Strich bereits einen deutlich größeren Mineralanteil aufwiesen, mussten sich viele Papiermacher auch bei neuen Papieren mit einem Füllgrad arrangieren, der deutlich höher war als zuvor.

Bis dahin hatte man Füllstoffe vor allem zur Glättung von Papier oder zur Weißung in moderaten Mengen eingesetzt. Moderat deshalb, weil ein hoher Füllgrad unter einem schlechten Image litt. Schnell war vom „Betrug am Kunden" die Rede, denn der billige Stein ersetzte ja wertvolles, teures Fasermaterial. Erst als die Akzeptanz von Mineralen stieg und die Papier-Industrie sich intensiv mit ihrer Wirkung auseinandersetzte, entdeckte man ganz neue Eigenschaften von Mineralen, die ihren Einsatz in immer größeren Mengen forcierten. Insbesondere die funktionellen Eigenschaften von vermahlenem Calciumcarbonat haben seither die Papierherstellung revolutioniert.

Der entscheidende Durchbruch für Calciumcarbonat kam in den siebziger Jahren. Eigenschaften wie hoher Weißgrad und Löslichkeit bei saurem pH-Wert, aber auch die rhomboedrische Pigmentform des Minerals hatten die Entwicklung bis dahin unbekannter Verfahren und Technologien zur Folge.

Beispiele sind die neutrale Fahrweise, der Mehrfachstrich mit bis zu vier aufeinanderfolgenden, sukzessiv getrockneten Mineralschichten je Papierseite und eine inzwischen hochauflösende Heat-Set-Offset-Drucktechnik, die eine nie zuvor gesehene Druckbrillanz ermöglicht.

Die Verwendung von Mineralen in der Papierherstellung insgesamt und die von Calciumcarbonat im Besonderen hat in den vergangenen Jahren eine bemerkenswerte Ausweitung erfahren, wobei das natürliche, vermahlene Calciumcarbonat inzwischen durch frisch gefälltes Calciumcarbonat ergänzt wird, sogenanntes PCC.

Zur Jahrtausendwende, gerade 30 Jahre nach dem ersten regelmäßigen Calciumcarbonat-Einsatz in der Papier-Industrie, wird in Europa bereits mehr Calciumcarbonat verwendet als alle anderen Papierminerale zusammen genommen. Auch im asiatisch-pazifischen Raum ist Calciumcarbonat inzwischen das führende Mineral für die Papierherstellung; nur in den Vereinigten Staaten von Amerika prägt der überwiegende Einsatz von Kaolin die Situation, allerdings hat dort die Entwicklung auch mit etwa fünfzehn Jahren Verspätung eingesetzt.

1.1 Calciumcarbonat als Füllstoff

Mineralische Füllstoffe im Papier wurden lange Zeit als minderwertiger Ersatzstoff für den edleren Faserstoff gesehen und verwendet. So empfahl ein englischer Autor in den „Annals of Philosophy" 1823, solche Papiermacher als Betrüger zu überführen, die Gips bei der Papierherstellung verwenden:

Rasterelektronenmikroskopische Aufnahme von Mineralen in der Papierherstellung.

(a) GCC
(b) PCC
(c) Kaolin
(d) Talkum

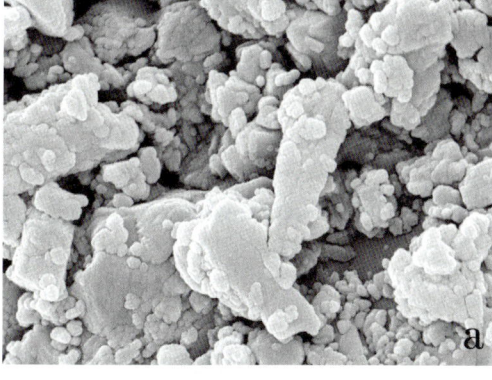
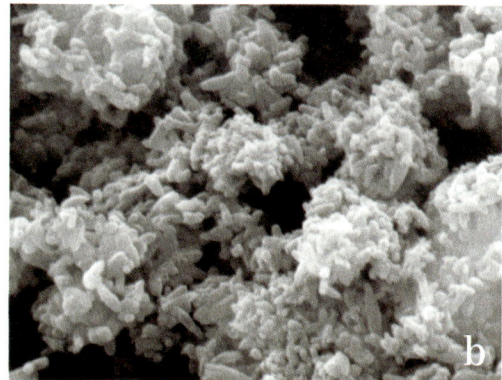

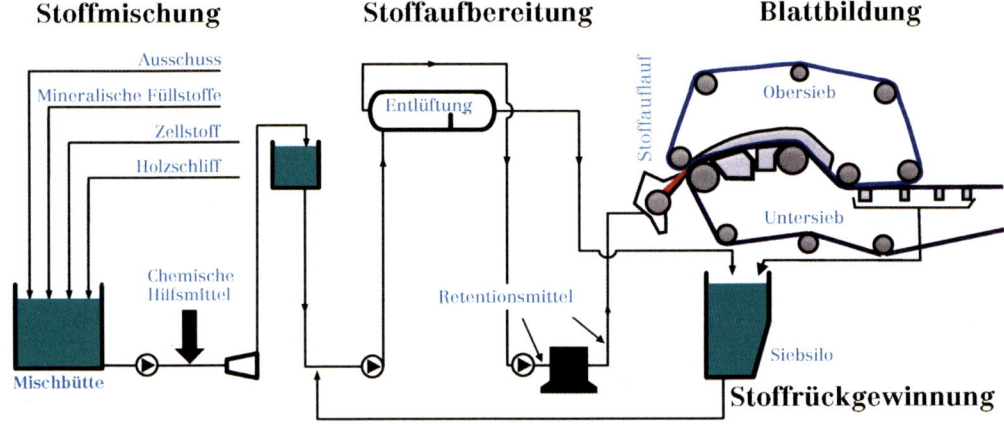

Stoffmischung　　　　**Stoffaufbereitung**　　　　**Blattbildung**

Stoffrückgewinnung

„Um Druckpapier schwerer wiegen zu machen, setzen einige Papiermacher den Lumpen ungeheure Mengen Gips zu. Der Betrug wird leicht erkannt, wenn man etwas von diesem Papier in einem Tiegel einäschert, und den Rückstand auf Gips prüft..."

Doch diese Einstellung wandelte sich rasch. Bereits im Jahr 1871 schrieb Rudolf Wagner in seinem „Handbuch der chemischen Technologie" über die Papierherstellung:

„Ein mässiger Zusatz eines geeigneten Mineralkörpers zur Papiermasse ist keineswegs nachtheilig, sondern nutzt in mehrerlei Hinsicht, ordinäre und mittelfeine Papiere gewinnen dadurch an Weisse, der bei sehr dünnem Papier eintretende Übelstand des Durchscheinens wird in gewissem Grade dadurch aufgehoben, die Festigkeit leidet nicht und endlich wird das Papier durch einen Zusatz von organischer Masse wohlfeiler."

Man kann davon ausgehen, dass Calciumcarbonat zu diesem Zeitpunkt noch keine Rolle als Papierfüllstoff gespielt hat. Vielmehr wurde Gips oder Kaolin eingesetzt. Gips wurde auch unter den Bezeichnungen Annaline, Pearlhardening und Milcheiweiß gehandelt; Kaolin war als Lenzin, Ton oder auch als China Clay bekannt. Zusammen mit dem hochweißen Bariumsulfat fungierten sie als so genannte „Lumpensurrogate".

Calciumcarbonat gelangte etwa Mitte des 20. Jahrhunderts in moderne Druckpapiere

und hat seitdem die Welt der Papierherstellung verändert. Denn Calciumcarbonat konnte als Füllstoff erst eingesetzt werden, nachdem eine Abkehr von der sauren Papierherstellung stattgefunden hatte.

1.1.1 Die Papierherstellung

Papier wird bis heute aus einem wässrigen Faserbrei durch Abfiltrieren der Feststoffe auf einem Sieb hergestellt. Der Anteil an Fasern und anderen festen Bestandteilen in dieser Aufschlämmung beträgt weniger als 1 Prozent, der Rest ist Wasser. Die festen Bestandteile, also Faserstoffe, Füllstoffe und chemische Hilfsstoffe werden in der Mischbütte vermischt (siehe Abbildung) und in den sogenannten Stoffauflauf gepumpt, der das Gemisch auf ein rotierendes Sieb verteilt. Die Fasern bilden beim Entwässern ein Faservlies aus, es kommt zur Blattbildung, wie der Papiermacher sagt.

Die Mischbütte ist das zentrale Gefäß im Herstellungsprozess, in dem alle zur Produktion sorgfältig vorbereiteten Stoffe aus früheren Prozess-Stufen zusammengeführt werden. Darin enthalten sind auch die Füllstoffe.

Die Zusammensetzung dieses Gemisches ist ausschlaggebend für die Papierqualität. Als Faserstoffe können Zellstoff, verschliffenes Holz (Holzschliff) oder wieder aufgelöstes Papier auf der Basis von Ausschuss oder Altpapier verwendet werden. Als Füllstoffe kommen heute weltweit Calciumcarbonat, Kaolin und Talkum in die Papiermasse; Gips spielt so gut wie keine Rolle mehr. Andere mineralische Stoffe wie Titandioxid, Bariumsulfat oder auch gefällte Kieselsäuren mit stark ausgeprägten funktionellen Eigenschaften werden zusätzlich zum klassischen Füllstoff in kleinen Mengen zugesetzt, um gezielt Eigenschaften wie Nass-Opazität, Weiße, Glätte oder Druckfarbenaufnahme zu verbessern. Ihr Preis übersteigt oftmals den von Faserstoffen.

Die Mischbütte enthält eine zähflüssige Masse aus 4 Prozent Stoff und 96 Prozent Wasser, die weiter verdünnt werden muss, bevor sie im Stoffauflauf dem Papiermaschinensieb zugeführt wird. Was genau in die Mischbütte kommt, ist bis heute das Geheimnis jedes einzelnen Papierherstellers.

Auf dem Papiermaschinensieb findet die Auftrennung in die festen und wässrigen Bestandteile statt (Blattbildung). Hierbei strebt man an, die festen Stoffe möglichst vollständig und homogen verteilt auf dem Sieb zurückzuhalten (lateinisch *retendere*). Der Begriff der Retention beschreibt das prozentuale Verhältnis der vom Sieb zurückgehaltenen Feststoffe zu den durch das Sieb gespülten Feststoffen. Fachleute unterscheiden hierbei noch die Faser- und die Füllstoff-Retention, jeweils bezogen auf die eingesetzte Menge an Fasern oder Füllstoffen.

Trotz aller Verfahrensunterschiede hatte der Stoff in den Mischbütten bis zur Mitte des 20. Jahrhunderts eines gemeinsam – einen sauren pH-Wert. In den Anfängen der Papierherstellung resultierte dieser saure pH-Wert noch aus dem mikrobiellen Aufschluss (Faulung) der Lumpenfasern, durch den die Bindefähigkeit der Faseroberfläche und damit die Papierfestigkeit erhöht wurde. Doch auch wenn man den unangenehm riechenden, mikrobiellen Aufschluss durch Zugabe von Branntkalk stoppte oder durch moderne, oftmals sogar alkalische Faser-

aufschluss-Techniken ersetzte, blieb das Papier sauer. Denn noch in der Mischbütte wurden dem Papier Alaunsalze zugegeben, die den pH-Wert auf 3-4 absenkten. Die Alaunsalze waren notwendig, um das Bindemittel aus Tierleim oder Harzsäuren auf der Faseroberfläche auszufällen und so das Papier schreib- und tintenfest zu machen.

1.1.2 Die Rolle der Füllstoffe im Papier

Mineralische Stoffe als Quelle für qualitative und ökonomische Wertschöpfung in der Papierherstellung gelangten im Laufe der Zeit zu Akzeptanz und Ansehen. Erst mit der Automatisierung der Papierproduktion im 19. Jahrhundert traten die wichtigsten technologischen Vorteile von Füllstoffen zutage. Die mineralischen Stoffe haben wie die Faserstoffe Einfluss auf die Blattbildung, die Trocknung sowie die Entwicklung optischer und mechanischer Eigenschaften des Papiers wie Festigkeit, Glätte und Porosität. Funktionen also, die das Bedrucken und Beschreiben eines Papiers entscheidend beeinflussen; sei es ein Streichrohpapier oder ein ungestrichenes Naturpapier. Während die Funktion von Tissue-Papieren (Toilettenpapier, Papiertücher etc.) nur selten die Verwendung mineralischer Stoffe zulässt, werden funktionelle Eigenschaften wie die Bedruckbarkeit eines Papiers oder Kartons durch Minerale erheblich verbessert.

Nahezu alle vom Mineraleinsatz betroffenen Verfahrensschritte in der Papierherstellung verändern sich signifikant mit der Produktionsgeschwindigkeit. Dies wird am Beispiel der Füllstoff-Retention deutlich. Hier ist es Ziel, den Füllstoff homogen zwischen den Faserstoffen zu verteilen und so mittelbar auf die Bedruckbarkeit des fertigen Papiers einzuwirken. Passt man nun Füllgrad und Flockung des mineralischen Füllstoffes bei der Blattbildung nicht an die Produktionsgeschwindigkeit an, so kommt es zu einer inhomogenen Faser-/Füllstoff-Verteilung, was wiederum zu einem inhomogenen Druckbild führt.

Da die Produktionsgeschwindigkeit seit der Erfindung der ersten automatisierten Pa-

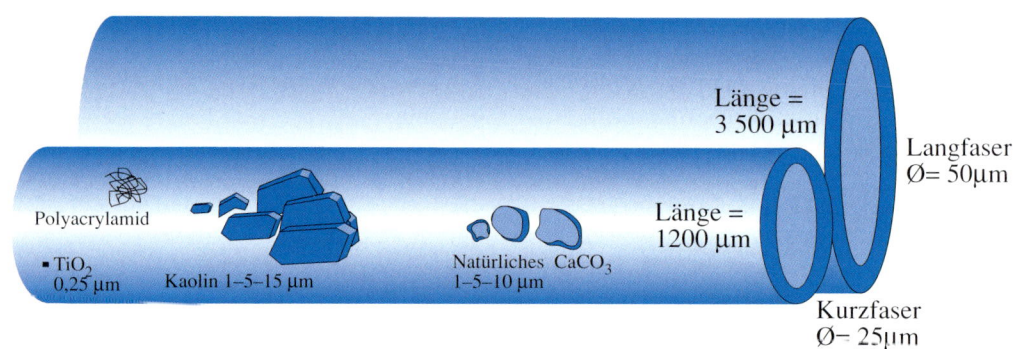

Länge =
3 500 μm

Langfaser
Ø= 50μm

Polyacrylamid

TiO$_2$
0,25 μm   Kaolin 1–5–15 μm

Natürliches CaCO$_3$
1–5–10 μm

Länge =
1200 μm

Kurzfaser
Ø= 25μm

Relative Größen-
verhältnisse typischer
Stoffkomponenten.

pierherstellungsmaschine permanent gestiegen ist und auch in Zukunft weiter steigen wird, müssen auch alle Rohstoffe dieser
Entwicklung angepasst werden. Das gilt insbesondere für die mineralischen Füllstoffe,
die längst zum festen Bestandteil von Druck-
und Verpackungspapieren geworden sind;
denn nicht nur die Papiermaschinen sind
schneller geworden, sondern auch die Druck-
maschinen.

Füllstoff-Eigenschaften mit Funktion

„Die Haupteigenschaften, die ein erdiges
Lumpensurrogat haben muss, sind niedriger
Preis, weisse Farbe, Unlöslichkeit in Wasser
und äusserst feine Zertheilung."

Funktionelle
Eigenschaften von
Papierfüllstoffen.

Mehr als hundert Jahre ist es her, seit Rudolf
Wagner in seiner „Chemischen Technologie"
diese Anforderungen an einen Füllstoff festhielt; sie gelten uneingeschränkt bis heute.
Jedoch sind durch die hohen Geschwindigkeiten bei der Papierherstellung weitere Anforderungen an einen modernen Füllstoff
hinzugetreten (siehe Abbildung).

So spielt heute das **Abrasionsprofil** eines
Füllstoffes für die Lebensdauer von ver-
schleißgefährdeten Produktionsaggregaten
eine bedeutende Rolle. Denn der Füllstoff
tritt während der Papierherstellung mit so
unterschiedlichen Materialien wie Filz,
Stein, Teflon oder Guss-Stahl in einen rei-
benden Kontakt; und das bei Produktions-
geschwindigkeiten von 1 400 Metern pro Minute und mehr.

	Calciumcarbonat	Kaolin	Talkum
ISO-Weiße [%]	85-97	75-85	70-90
Brechungsindex	1,65	1,55	1,57
Formfaktor/Aspect ratio	1	5-15	5-100
pH-Wert	8,6	3-5	7
Abrasion AT 2000 [mg]	3-20	10-20	10
Oberflächenenergie [J/m^2]	75-80	500-600	60-70

Der so genannte **Formfaktor** (Aspect Ratio) eines Füllstoffes spielt bei Entwässerung, Retention und Abrasion eine Rolle, während sein pH-Wert darüber entscheidet, ob die Papierherstellung unter sauren oder neutralen Bedingungen stattfinden muss. Die anzuwendenden Technologien unterscheiden sich erheblich.

Neben dem hohen **Weißgrad** eines Füllstoffes wird heute in manchen Anwendungen auch ein hoher Brechungsindex gefordert, der für eine gute Papier-Opazität steht. Dies ist vor allem für dünne, leichte Papiere von Bedeutung, die in der Vergangenheit bei den üblicherweise niedrigeren Geschwindigkeiten nicht hergestellt wurden.

Die **Oberflächenenergie** eines Füllstoffes spielt eine Rolle für die hydrophoben und hydrophilen Wechselwirkungen in einem Papierkreislaufsystem, aber auch für das Bedruckverhalten. Diese Wechselwirkungen haben mit dem wachsenden Einsatz von Prozesschemikalien bei der Papierherstellung (Retentionsmittel, Biozide, Flockungs-

mittel, Entschäumer, Bleichmittel, Seifen etc.) enorm zugenommen.

Was die „äusserst feine Zertheilung" des Füllstoffes angeht, so übertrifft der heutige Stand der Nass-Mahltechnik bereits alle in der Papierherstellung überhaupt sinnvoll einsetzbaren Feinheiten. Dies betrifft vor allem Calciumcarbonat, das seine rhomboedrische Form (Formfaktor = 1) bei der Zerteilung unverändert beibehält. Demgegenüber verändern die schichtweise aufgebauten, plättchenförmigen Minerale wie Kaolin und Talkum ihren Formfaktor bei der Feinstmahlung. Die Spaltung kann entlang der x-y-Ebene oder entlang der z-Achse erfolgen, wodurch unterschiedliche Formfaktoren entstehen. Im ersten Fall wird der Formfaktor erhöht (so genannte Delaminierung), beim Zerteilen entlang der z-Achse wird er dagegen erniedrigt. Bei der Feinstmahlung entstehen deshalb stets Gemische mit unterschiedlichen Formfaktoren.

Während in der Papierstreicherei mit der **Feinheit** der Streichpigmente auch die Papierqualität steigt, ist bei den Papierfüllstoffen die Feinheit begrenzt, da mit wachsender Feinheit das Retentionsverhalten schlechter wird. Die Kunst der modernen Füllstoff-Herstellung besteht darin, solche Korngrößen herzustellen, die eine optimale Retention mit höchsten optischen Eigenschaften verbinden (siehe Abbildung).

Typische Calciumcarbonat-Produktfeinheit für die Papierindustrie.

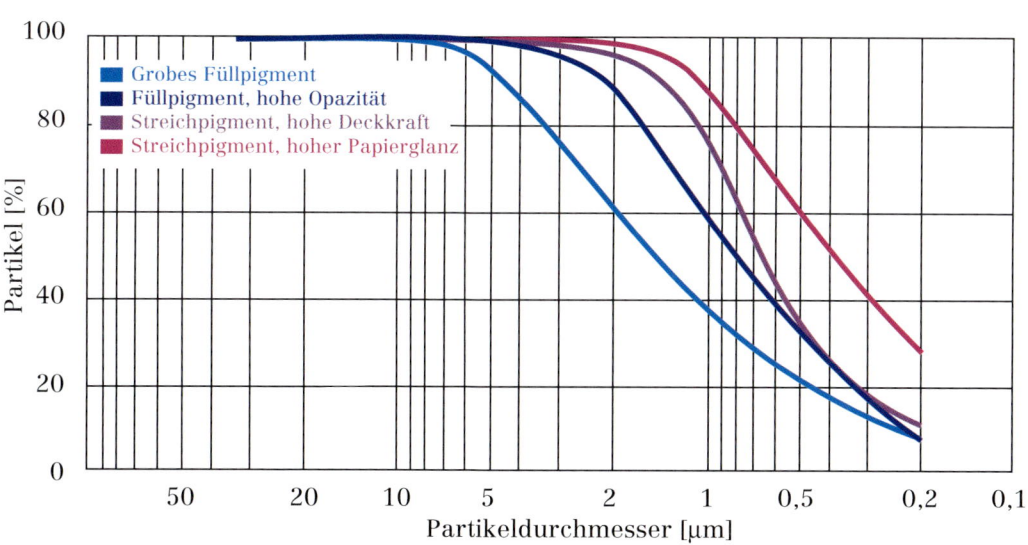

Diese Überlegung hat in den achtziger Jahren zur Entwicklung der kationisch dispergierten Füllstoffe geführt, von denen sich allein das kationische Calciumcarbonat in den neunziger Jahren dauerhaft als Füllstoff durchsetzen konnte.

Auch an die **Reinheit** des Füllstoffes werden heute andere Anforderungen als früher gestellt. Natürliche Füllstoffe wie Calciumcarbonat, Kaolin und Talkum können mit Begleitstoffen wie Metalloxiden, organischen Huminsäuren oder Graphit behaftet sein, was die optischen Eigenschaften eines Füllstoffs deutlich verschlechtert. Heute kommen weitgehend nur noch solche natürlichen Füllstoffe in Umlauf, die zur optischen Verbesserung ein physikalisch oder auch chemisches Separations- und Bleichverfahren durchlaufen haben.

Präzipitiertes Calciumcarbonat ist demgegenüber weniger mit diesen Stoffen belastet, da sie durch den chemischen Herstellungsprozess weit gehend abgetrennt werden können. Allerdings kann PCC durch Calciumhydroxid verunreinigt sein, das bei der Fällung nicht vollständig mit Kohlendioxid abreagiert hat. Der pH-Wert an der Füllstoff-Oberfläche erreicht in diesen Fällen Werte von pH 12 und mehr, was unerwünschte chemische Reaktionen (Vergilbung) mit anderen Papier-Inhaltsstoffen nach sich ziehen kann.

Zweifelsohne gibt es zahlreiche, über die oben genannten hinausgehende Mineraleigenschaften, die wenigsten davon haben jedoch für die Papierherstellung eine bedeutende Funktion.

Wertschöpfung durch Füllstoffe

Dass ein Füllstoff einen niedrigen Preis haben muss, um Faserstoffe wirtschaftlich zu ersetzen, versteht sich von selbst. Da Kaolin bereits vor 100 Jahren als Papierfüllstoff bekannt war, lässt sich ein relativer Vergleich zwischen Füllstoff- und Druckpapier-Preis für diesen Zeitraum anstellen.

So betrug der Preis für eine Tonne gebleichten Zellstoff 1998 wie vor 100 Jahren etwa 40 Prozent des Endpreises für eine Tonne Druckpapier. Der Preis für eine Tonne Kaolin lag mit der technisch üblichen Schwankungsbreite dagegen auf dem Niveau von etwa 10 Prozent des Preises einer Tonne Druckpapier. Diese Preisrelation ist unverändert geblieben, doch die gesamte Wertschöpfung aus dem Füllstoff-Einsatz hat sich in dieser Zeit vervielfacht.

Wurden vor 100 Jahren etwa 5 bis 10 Prozent Füllstoff je Tonne Faserstoff eingesetzt, kann der Füllgrad in hochwertigen Druck- und Schreibpapieren heute bis zu 38 Prozent betragen. In den mengenmäßig bedeutenden holzfreien Büropapieren werden immerhin Füllgrade von bis zu 29 Prozent erreicht und Calciumcarbonat ist hier der wichtigste, oft sogar der alleinige Füllstoff.

1.1.3 Gefüllte Naturpapiere

Alle Naturpapiere haben ein gemeinsames Charakteristikum: Ihre Oberflächen sind nicht veredelt. Dies trifft zum Jahrtausendwechsel auf die typischen Schreib- und Büropapiere wie Kopier- und Laserdruckpapiere zu, aber auch auf Magazinpapiere auf Basis holz- oder altpapierhaltiger SC-Pa-

Papierklassen bei
Naturpapieren.

Papierklasse	Flächengewicht[g/m^2]	ISO-Weiße [%]	Füllgrad [%]
Zeitungsdruckpapiere	43-47	58-66	0-15
Holzfreie Naturpapiere	75-80	82-112	5-29
Holzhaltige Naturpapiere	53-59	55-68	12-38

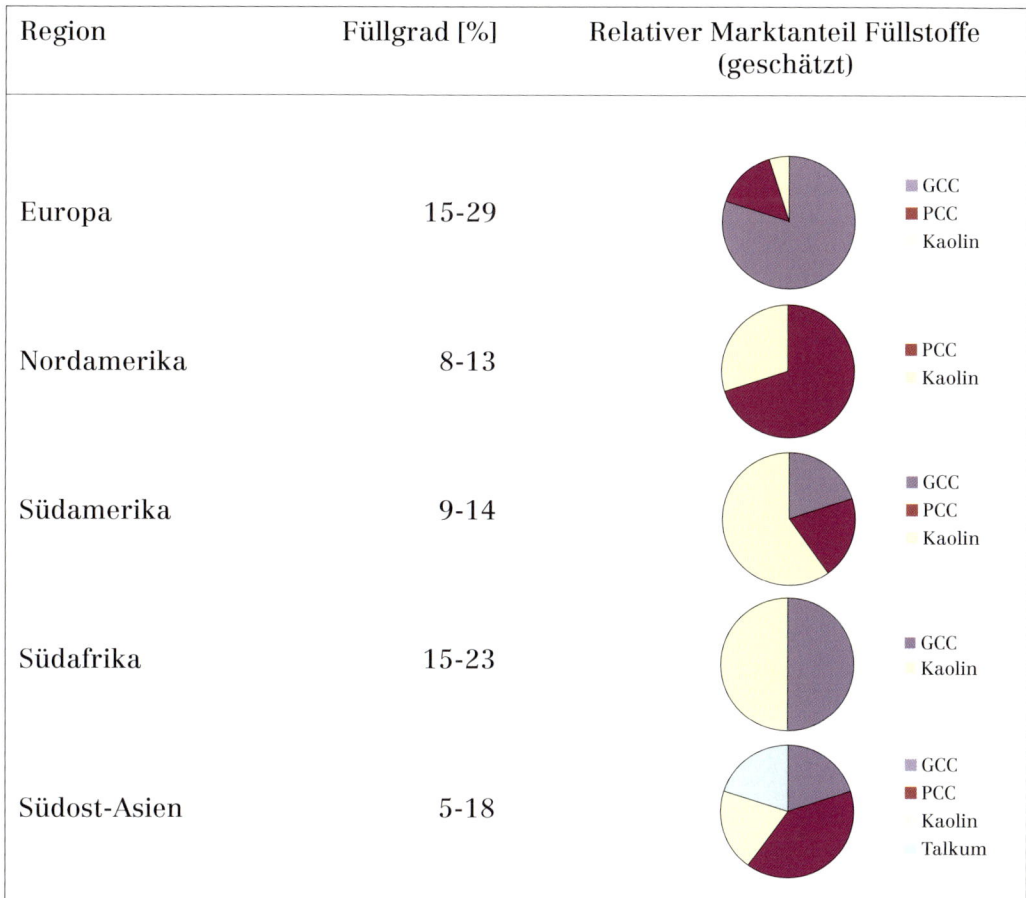

Region	Füllgrad [%]	Relativer Marktanteil Füllstoffe (geschätzt)
Europa	15-29	GCC / PCC / Kaolin
Nordamerika	8-13	PCC / Kaolin
Südamerika	9-14	GCC / PCC / Kaolin
Südafrika	15-23	GCC / Kaolin
Südost-Asien	5-18	GCC / PCC / Kaolin / Talkum

Füllstoffe und Füllgrade
in Kopier- und Büro-
papieren (1990er Jahre).

piere. Ebenso gehören die Zeitungsdruck-papiere in diese Kategorie, obgleich sie oft als eigene Papierklasse behandelt werden (siehe Abbildung).

Calciumcarbonat hat naturgemäß bei den hochweißen holzfreien Papieren zuerst Einzug genommen, da hier der Weißgrad des Füllstoffes komplementär zu den Zielen der teuren Faserstoffe verläuft. Eine weltweit durchgeführte Studie zum Einsatz von Füllstoffen im Bereich der Kopier- und Büropapiere zeigte Mitte der neunziger Jahre, dass Calciumcarbonat in diesem Marktsegment

das führende Mineral geworden ist (siehe Abbildung). Je nach Region wird entweder natürliches, gemahlenes Calciumcarbonat (GCC) oder PCC eingesetzt.

Eine rasante Entwicklung, denn Calciumcarbonat wurde Mitte der sechziger Jahre gerade einmal in experimentellem Maßstab als Füllstoff in Naturpapieren verwendet, aber schon 20 Jahre später stellte bereits die Hälfte aller westeuropäischen Papierfabriken neutrales Naturpapier mit Calciumcarbonat her. Und heute sind die holzfreien Papiere nicht nur die mengenmäßig bedeutendsten Naturpapiere, sie besitzen auch in Zukunft ein überdurchschnittliches Wachstumspotenzial, da der Markt für Büro- und Heimdrucker stetig wächst (siehe Abbildung S. 206).

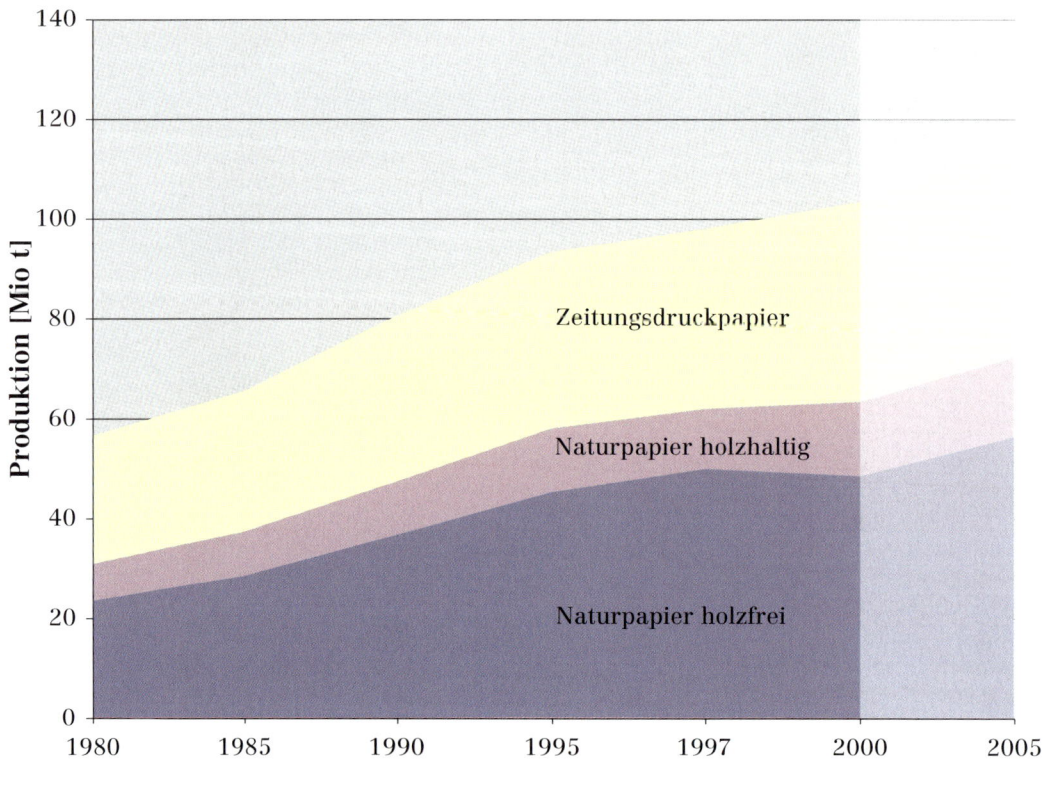

Jahresproduktion von
Naturpapieren
(2000-2005 geschätzt).

Zeitungsdruckpapiere waren bis Anfang der neunziger Jahre das klassische Beispiel für ungefüllte Papiere. Erst mit der Wiederverwendung von Altpapier gelangten insbesondere in Deutschland größere Mengen Füllstoff aus den Altpapier-Aufbereitungsanlagen in die Zeitung – vor allem Calciumcarbonat. Füllgrade von bis zu 15 Prozent sind seitdem bei den typischen Flächengewichten von 45 Gramm pro Quadratmeter [g/m²] anzutreffen, was zwangsläufig zur Einführung der neutralen Papierherstellung auch bei diesem Papiertyp führte.

Diese Entwicklung hat den Weg für Calciumcarbonat in die ungestrichenen, holzhaltigen Papiere frei gemacht. Mittlerweile sind bereits einige Zeitungshersteller auf dem Weg, Zeitungspapier selbst ohne den Einsatz von Altpapier mit bis zu 10 Prozent Calciumcarbonat zu füllen, denn das Weiße-Niveau dieser gefüllten Zeitungspapiere ist deutlich höher. Spezialsorten – basierend auf Altpapier mit hohem Zellstoffanteil – erreichen heute Weißgrade von bis zu 82 Prozent.

Die superkalandrierten (glänzenden) SC-Papiere nehmen am gesamten Markt der Naturpapiere zwar nur einen geringen Anteil ein, aber sie erlauben von allen Naturpapieren die höchsten Füllgrade. In Europa lag der durchschnittliche Füllgrad in den neunziger Jahren bei 30 Prozent und erreichte Spitzen von bis zu 38 Prozent. Wegen der besseren Glanzentwicklung beim Satinieren und den problemlosen Tiefdruckeigenschaften war bis zur Mitte der neunziger Jahre Kaolin der führende Füllstoff für diesen Papiertyp, in Finnland spielte Talkum eine gewisse Rolle.

Erst 1998 gelangte SC-Papier aus Finnland auf den Markt, das mit 20-25 Prozent Calciumcarbonat gefüllt war und den Weiße-Standard in diesem Sortenbereich schlagartig um fünf Punkte erhöhte. Durch die Anwendung neuer Satinagetechniken konnte die Glanzentwicklung an die alten Standards angepasst werden. Heute liegt der Anteil von Calciumcarbonat bei etwa 15-20 Prozent, was etwa die Hälfte des verwendeten Füllstoff-Gemisches ausmacht; der Rest ist weiterhin Kaolin.

Streichrohpapiere gehören nicht zu den Naturpapieren, werden jedoch ebenfalls gefüllt. Der Füllgrad kann bei hochgewichtigen, gestrichenen Papieren (> 100 g/m^2) bis zu 17 Prozent betragen, hängt jedoch stark vom Flächengewicht ab. Bei Streichrohpapieren werden allerdings nur geringe Mengen Primär-Füllstoff zugegeben, der Füllgrad entsteht zu großen Teilen aus der Rückführung von Strichbestandteilen aus dem Ausschuss oder dem Streichverfahrensprozess. Zeitweise kann dadurch sogar der gesamte Füllstoff-Bedarf abgedeckt werden. Anders als bei den Naturpapieren sind deshalb einzelne Eigenschaften wie Weiße, Opazität und Glanzbildung eines Streichrohpapieres sehr viel weniger dem spezifischen, steuernden Einsatz mit Primär-Füllstoff zugänglich. Oft ist das Ausschussmanagement sogar so aufwendig, dass eine gezielte Verbesserung einzelner Eigenschaften unmöglich ist; der Füllstoff soll dann nur „füllen".

1.1.4 Die neutrale Papierherstellung mit Calciumcarbonat

Die neutrale Papierherstellung ist ein verfahrenstechnisches Konzept, bei dem der pH-Wert in der Mischbütte und allen nachfolgenden wässrigen Prozess-Stufen durch die Anwesenheit von Calciumcarbonat im Bereich von pH 6,5 bis 7,5 gehalten wird. Demgegenüber liegt der pH-Wert bei einer sauren Fahrweise zwischen pH 3 bis 6 und wird durch laufende Zugabe von bis zu 3 Prozent Aluminiumsulfat aufrechterhalten.

Bekannt ist auch eine alkalische Papierherstellung, die bei pH-Werten oberhalb von 7,5 abläuft. Sie kommt oft durch den Einsatz zusätzlicher, nicht gepufferter Alkaliquellen in Gegenwart von Calciumcarbonat zustande. Bedeutende Alkaliquellen im Stoffkreislauf einer Papierfabrik können Natronlauge und Natriumhydrogencarbonat aus der Faserstoff-Herstellung sein, aber auch Calciumhydroxid-Reste aus der PCC-Herstellung treten inzwischen auf.

Mitte der achtziger Jahre des vergangenen Jahrhunderts tauchte im Sprachgebrauch der Papiermacher kurzfristig der unscharfe Begriff der pseudo-neutralen Papierherstellung auf. Gemeint war damit eine neutrale Papierherstellung unter gleichzeitiger Zugabe von etwa 0,1-0,5 Prozent Aluminiumsulfat. Diese Fahrweise in Gegenwart von Aluminiumsulfat hat sich bis heute vor allem bei der Herstellung holzhaltiger Papiere zur Standard-Fahrweise entwickelt.

Die neutrale und auch die alkalische Papierherstellung sind Synonyme für den Einsatz von Calciumcarbonat im Stoffkreislauf einer Papiermaschine.

Calciumcarbonat – ein Füllstoff verändert die chemische Papiertechnologie

Calciumcarbonat hat die chemische Technologie der Papierherstellung seit dem Ende der sechziger Jahre bedeutend verändert. Es war der Wunsch nach Weiße, der die Papiermacher zu Calciumcarbonat greifen ließ und sie dazu zwang, auf eine saure Papierherstellung zu verzichten. Denn das pH-Wert-abhängige Löslichkeitsprofil dieses Minerals erforderte eine neutrale oder alkalische Fahrweise (siehe Abbildung S. 208). Unter sauren Bedingungen mit pH-Werten von 3 bis 6 im Stoff- und Wasserkreislauf einer Papiermaschine ist Calciumcarbonat nicht stabil.

Alle Versuche, Calciumcarbonat unter sauren Bedingungen bei unveränderter Zugabe von Aluminiumsulfat zu verwenden, führten regelmäßig zu nicht beherrschbaren Problemen:

- Schaumbildung auf den Prozesswässern durch starke Kohlendioxid-Entwicklung

207

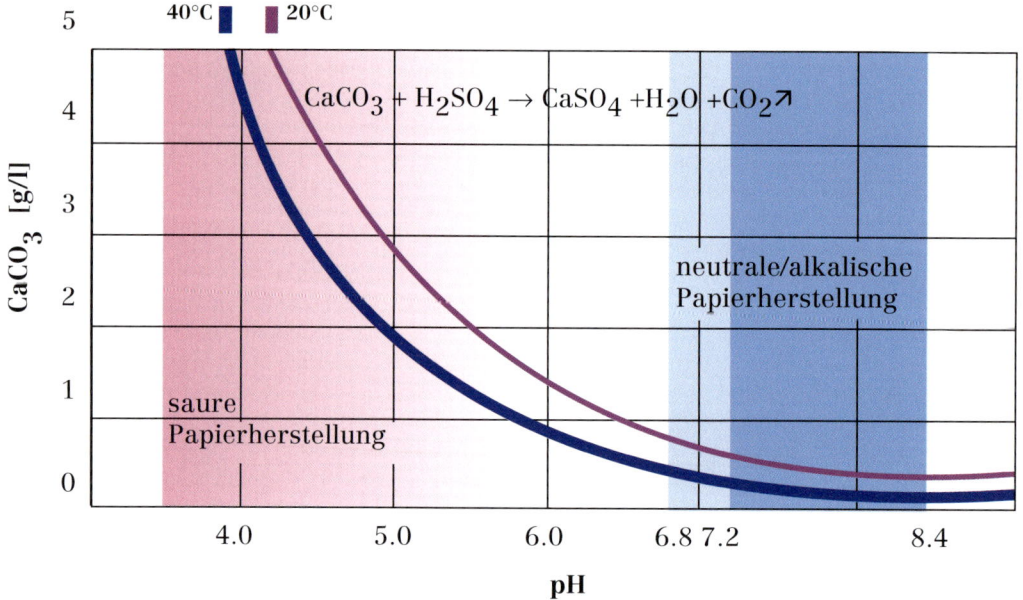

Löslichkeit von Calcium-
carbonat bei verschie-
denen pH-Werten und
Temperaturen.

- Faserstoff-Flotation in Prozesswässern durch aufsteigendes Kohlendioxid-Gas
- Retentionsverlust auf dem Papiermaschinensieb und bei der Stoffrückgewinnung aus Prozesswässern
- Ablagerungen und Papierlöcher durch Sammlung/Co-Aszervat-Bildung hydrophober Stoffe an der Grenzfläche zwischen Kohlendioxid-Gas und Wasser
- Aufsalzung aller Betriebs- und Abwässer
- Effizienzverluste bei der Leimung

Diese Auswirkungen auf Produktionskosten und Papierqualität waren derart nachteilig, dass eine konsequent neutrale oder alkalische Papierherstellung angestrebt werden musste, um Calciumcarbonat als Füllstoff verwenden zu können. Die Umstellung von der sauren auf eine neutrale Papierherstellung macht es darüber hinaus erforderlich, das Aluminumsulfat im Stoffkreislauf einer Papiermaschine durch andere Stoffe zu ersetzen.

Die chemischen Funktionen des Aluminium-Ions und ihre technologischen Auswirkungen lassen sich anhand der pH-abhängigen Chemie verstehen (siehe Abbildung). Unter sauren Bedingung liegt das Aluminium als positiv geladenes Kation vor und kann so mit den anionischen Gruppen an der Oberfläche der Zellulose- und Holzfasern unter Ladungsausgleich reagieren. Es kommt zur Faser- und Feinstoff-Flockung, zur Kaolin-Retention oder auch zur Fixierung von Harzleim auf die Fasern.

Unter neutralen und alkalischen Bedingungen liegen am Aluminiumsulfat dagegen keine kationischen Ladungsträger mehr vor, die eine Simplexbildung allein auf der Basis von Ladungsaustausch zulassen. Dennoch lässt sich auch unter neutralen oder alkalischen Bedingungen eine Restfunktion des Aluminium-Kations sinnvoll in der Papierherstellung nutzen. Hierbei macht man sich zunutze, dass saures (kationisches) Aluminiumsulfat in Wasser nicht schlagartig, sondern über einen Zeitraum von 30 bis 45 Minuten seinen Ladungscharakter verliert. Man spricht von einer kinetischen Gleichgewichtseinstellung. In dieser Zeit nimmt der kationische Ladungscharakter ständig ab, bis das Aluminium einen thermodynamisch stabilen Zustand erreicht.

Diese Erkenntnis hat dazu geführt, dass man geringe Mengen Aluminiumsulfat (0,1-

208

0,5 Prozent) auch bei der neutralen und alkalischen Fahrweise dem Stoff zwischen der Mischbütte und dem Stoffauflauf zusetzt. Zwischen der Zugabe und dem Austrag im Papier vergehen nur wenige Sekunden, in denen das komplexe Aluminium seine unterstützende Wirkung entfalten kann.

Ersatzstoffe für Aluminium

Aber auch in den sekundären, dem Siebwasser nachgeschalteten Wasserkreisläufen fehlt bei neutraler Fahrweise der kationische und kolloidal polymere Charakter des Aluminiums. Deshalb wurden neue, polymere Substanzen auf der Basis von Acrylamid, Ethylenimin, Dadmac oder natürlicher Stärke als Ersatzstoffe entwickelt, die in wässriger Lösung bei pH 7 und höher kationische Gruppen besitzen. Dank dieser Ersatzstoffe ist die saure Fahrweise mit Aluminiumsulfat heute vollständig ersetzbar.

Zu beachten ist allerdings, dass es sich bei der neutralen Fahrweise um ein labiles System handelt, das bereits auf kleine Mengen an Säuren sensitiv reagiert. So können die vorgenannten Probleme jederzeit auch lokal begrenzt auftreten, sobald eine Säure dem Wasserkreislauf zugesetzt wird. Dies ist bedeutsam, wenn saure Prozesschemikalien eingebracht werden müssen. Um lokale pH-Sprünge zu vermeiden, muss dann auf eine starke und schnell ablaufende Verdünnung geachtet werden.

Biologische Gleichgewichtseinstellung mit Calciumcarbonat

Mikroorganismen sind in der belebten Welt allgegenwärtig. Dies gilt für die verschiedenen Wasserkreisläufe bei der Papierherstellung und natürlich auch für das Calciumcarbonat selbst. Durch die Änderung des pH-Wertes von sauer auf neutral ändern sich die Lebensbedingungen für die Mikroorganismen in den Papierkreisläufen und es stellt sich ein neues Gleichgewicht ein.

Während bei Kaolin als Füllstoff unter sauren Bedingungen vor allem Kokken und endosporenbildende Bakterien vom Typ Bazillus häufig anzutreffende Mikroorganismen-Gattungen sind, wachsen am natürlichen Calciumcarbonat überwiegend Arten von Pseudomonaden; Hefen und Pilze sind in handelsüblichen Calciumcarbonat-Produkten so gut wie nie anzutreffen.

Aluminium-Ionen bei verschiedenen pH-Werten.

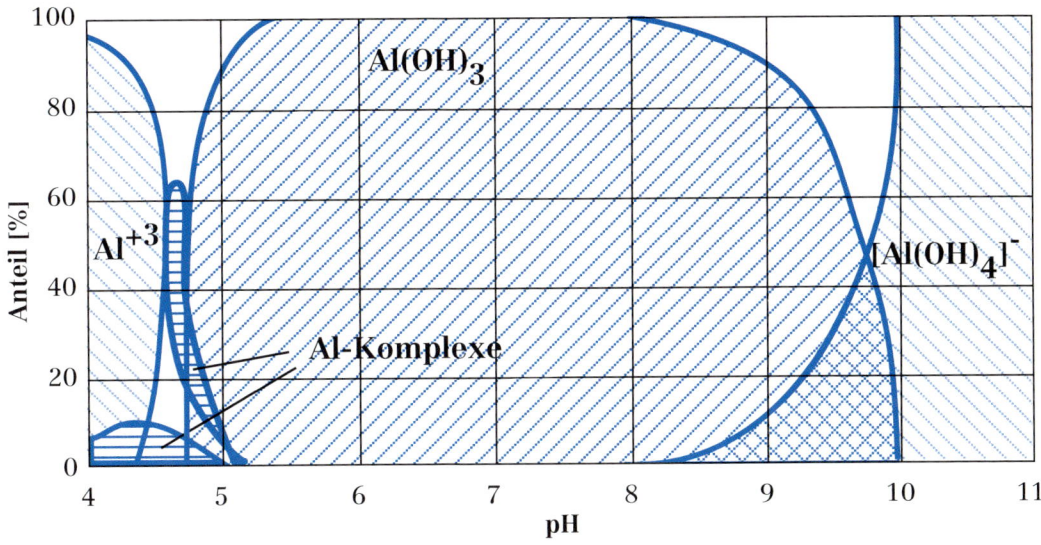

Obwohl die Anzahl der Mikroorganismen in einer Calciumcarbonat-Slurry bei 10^2 bis 10^3 je Milliliter liegt (Trinkwasser darf 10^2 Mikroorganismen pro Milliliter enthalten), muss die Schleimbekämpfung mit Bioziden der neutralen Fahrweise angepasst werden. Ansonsten besteht das Risiko, dass es zu unkontrollierter Bildung von Ablagerungen kommt, die zu Papierlöchern und Abrissen führen können.

Retention - die Herausforderung für Calciumcarbonat

Faserstoffe werden leichter auf einem Papiermaschinensieb retendiert als mineralische Füllstoffe. Durch moderne, schnelllaufende Papiermaschinensiebe wurde dieses Problem noch verstärkt, denn die Fließgeschwindigkeit durch das Sieb ist im Vergleich zum Handschöpfen um Zehnerpotenzen höher. Lag die Füllstoff-Retention beim Handschöpfen vor 100 Jahren noch bei rund 50 Prozent, so läge die Retention ohne Re-

tentionshilfsmittel heute bei weniger als 10 Prozent.

Kaolin-Pulver lässt sich aufgrund seiner anionischen Oberfläche bereits mit relativ schwach kationisch geladenen Polymeren flocken und retendieren. Somit kann unter sauren Bedingungen bereits das Aluminium-Ion eine retendierende Wirkung auf Kaolin entfalten. Selbst an schnelllaufenden Papiermaschinen brauchte man unter diesen Bedingungen deshalb nur ein relativ schwach kationisch geladenes Polymer wie Polyacrylamid.

Demgegenüber hat natürliches Calciumcarbonat als Pulver eine vernachlässigbar geringe Ladung; Slurry-Systeme sind anionisch dispergiert. Bei der Einführung von Calciumcarbonat und der neutralen Papier-

Polymere
Retentionssysteme.

Ein-Komponenten-Systeme	
Polymer	
• Kationisches[1] Polyethylenimin (PEI), Polyvinylamine (PVAM) • Kationisches Polyacrylamid (PAM) • Nichtionisches Polyethylenoxid (PEO)	
Dual-Systeme	
Polymer Komponente 1	Polymer Komponente 2
• Kationisches PAM • Nichtionisches Phenolharz	• Anionisches PAM • Nichtionisches PEO
Mikro-Partikel-Systeme	
Kationisches Polymer	Mikropartikel
• Kationisches Polyacrylamid (PAA) • Kationische Stärke • Kationisches PAM • Kationische Stärke + anionisches PAM	• Organisches Mikropolymer • Silikasol • Bentonit • Silikasol
[1] Bei pH 7.	

herstellung mussten deshalb gleichzeitig Retentionshilfsmittel entwickelt werden, die dem Ladungscharakter und der Reaktivität von Calciumcarbonat gegenüber Säuren Rechnung trugen. Einen Durchbruch brachte hier die Entwicklung von Retentionshilfsmitteln auf der Basis von Ethyleniminen bei der BASF in den siebziger Jahren. Zahlreiche neue Polymere sind inzwischen gefolgt (siehe Abbildung), die Füllstoff-Retention bei der neutralen Papierherstellung liegt heute zwischen 30 und 60 Prozent.

Wechselwirkungen und Störstoffe mit Calciumcarbonat

Der Einsatz von Calciumcarbonat als Papierfüllstoff hat eine intensive Diskussion um Wechselwirkungen im Papierstoffsystem und deren gezielte Bekämpfung ausgelöst. Die anfängliche Suche nach sogenannten „Störstoffen" brachte jedoch keine befriedigenden Ergebnisse: Man ordnete die Probleme vor allem einzelnen oder mehreren Stoffen zu und entwickelte neue Begriffsbestimmungen, aber wirkliche Lösungen für eine stabile neutrale Papierherstellung ergaben sich erst aus einer komplexen Betrachtung des Gesamtsystems.

Oft hat die Störstoff-Diskussion sogar die Einführung dringend notwendiger Neutralfahr-Techniken und die grundlegende Änderung der Produktion verzögert. Plötzlich wurden Stoffe, die schon immer bei der Papierherstellung mitgewirkt hatten, zu Störstoffen degradiert, weil sie unter neutraler Papierherstellung wechselwirkten und in Papierablagerungen auftauchten.

Dabei verläuft die Linie zwischen Nutzstoff und Störstoff äußerst unscharf. Harzleime, Entschäumer, Füllstoffe, Stärke, Binde-, Flockungs- und Dispergierhilfsmittel sowie die gesamte Palette an Holzextraktstoffen sind einerseits als nützliche Hilfsmittel unverzichtbar, andererseits jedoch in nahezu allen Ablagerungstypen anzutreffen.

Eine grundlegende Erkenntnis haben all diese Diskussionen und Forschungen zum Thema „Störstoffe" jedoch gebracht: Die neutrale Fahrweise ist eine thermodyna-

misch-instabile Fahrweise, sie lässt sich im Gegensatz zur sauren Fahrweise sehr viel leichter aus dem chemischen Gleichgewicht bringen. Schon geringe Unterschiede im pH-Wert, der Temperatur, der Leitfähigkeit, dem Ladungszustand, dem Luftgehalt und dem Gehalt an kolloidal gelösten organischen Stoffen kann die Faser- und Füllstoff-Retention verändern – und damit auch die Papierqualität. Gleichzeitig können Ansammlungen nicht papier-ähnlicher Stoffe entstehen und ins Papier gelangen, wo sie zu Löchern oder Abrissen führen.

Dementsprechend müssen bei der neutralen Fahrweise starke Konzentrationsgradienten für alle Stoffe im Primärkreislauf vermieden werden. Diese an sich einfache Regel kann bei konsequenter Befolgung den Umbau von Dosierstellen, Rohrleitungen und Vorratsbütten erfordern.

Bei der Herstellung gestrichener Papiere sollte der Ausschuss zudem chemisch behandelt werden, um eine Agglomeration der synthetischen Bindemittel zu vermeiden (Bildung sogenannter „white pitches"). Gute Erfahrungen liegen hier mit kurzkettigen, kationisch geladenen Polymeren vor. Als Überwachungsparameter eignet sich die Messung der Trübung im Ausschussfiltrat.

Auch zur Überwachung von Gradienten sind neue Beobachtungsparameter entstanden. So kann mit dem Streaming-Current-Detektor (SCD) der Ladungszustand von Prozesswässern gemessen werden und ein Schnelltest zur Bestimmung des chemischen Sauerstoffbedarfs (CSB) ermöglicht es, die Belastung mit organischem Material zu bestimmen. Online-Messungen befinden sich hingegen noch im experimentellen Stadium.

Absolutwerte sowohl der SCD-Ladungsmessung als auch der CSB-Bestimmung können jedoch nur zur Beurteilung der Gleichgewichtslage verwendet werden, über das Störpotenzial oder die „runability" eines neutralen Systems sagen sie nichts aus. So ist ein hoher Bedarf an kationischen Hilfsmitteln durchaus störungsfrei zu handhaben, solange genügend kationische Polymere für die Retention eingesetzt werden. Erst die Änderung der Gleichgewichtslage ergibt

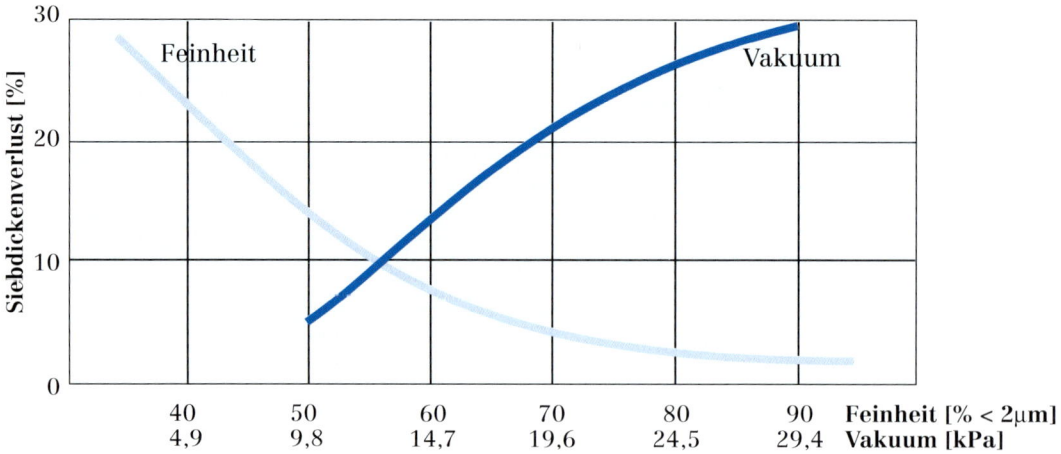

Siebdickenverlust [%]

Feinheit

Vakuum

| Feinheit [% < 2μm] | 40 | 50 | 60 | 70 | 80 | 90 |
| Vakuum [kPa] | 4,9 | 9,8 | 14,7 | 19,6 | 24,5 | 29,4 |

Vakuum und Feinheit haben großen Einfluss auf die Siebabrasion.

eine Aussage über den Umfang einer Störungswahrscheinlichkeit.

Auch Störungen bei der Sieb- und Filzabrasion nach dem Wechsel von einem sauren auf ein neutrales Papiersystem wurden intensiv untersucht, neue Erkenntnisse über

das Abrasionsgeschehen vom Nassteil bis zu den Trockenzylindern einer Papiermaschine gewonnen.

Auf dem Siebtisch durchläuft das Faser-Füllstoffvlies eine hydrodynamische und anschließend eine Vakuum-unterstützte Ent-

Weiße und Opazität eines Papieres steigen mit dem Füllgrad an Calciumcarbonat.

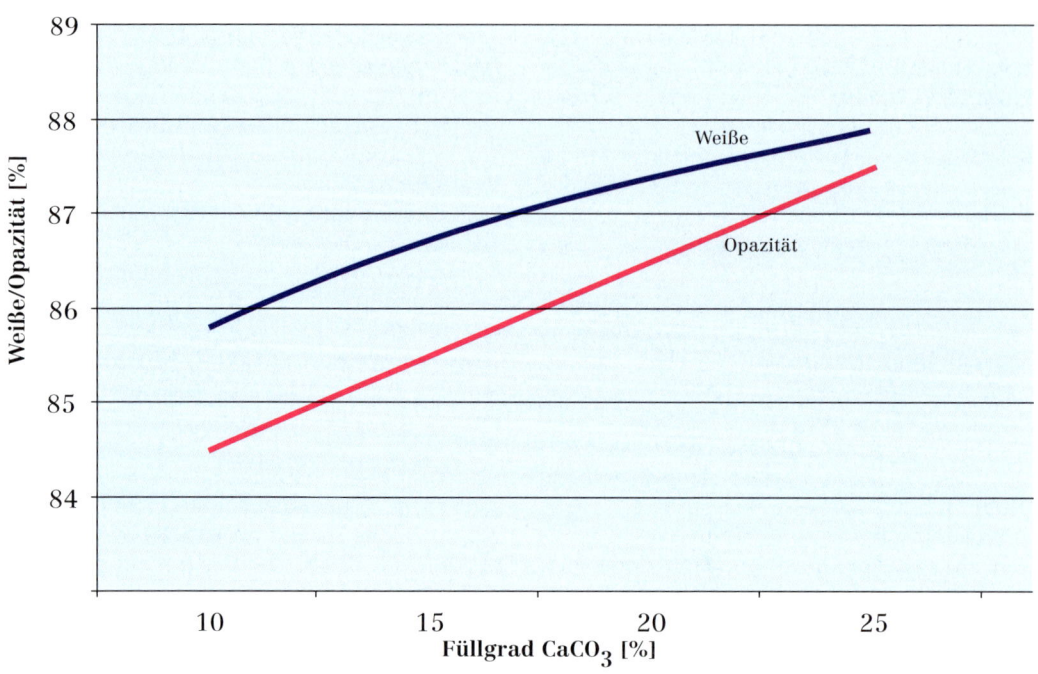

Weiße/Opazität [%]

Weiße

Opazität

Füllgrad CaCO$_3$ [%]

Region	Flächengewicht [g/m²]	ISO-Weiße [%]	Opazität [%]	Papierdicke [mm]
Europa	78-82	82-90	88-95	95-108
Nordamerika	74-78	80-86	88-93	95-102
Südamerika	74-76	78-80	92	95-98
Südafrika	80-82	80-86	92-93	102-107
Südost Asien	64-82	78-85	84-96	87-112

Optische Eigenschaften von Kopierpapieren (ohne Aufhellerfluoreszenz).

wässerungszone. Mit steigendem Vakuum kann hier nicht nur Wasser, sondern auch ein Anteil des Füllstoffs mobilisiert und durch das Sieb gesaugt werden; der Verlust an Siebdicke steigt dabei mit der Höhe des angelegten Vakuums (siehe Abbildung).

Nun entwässert Calciumcarbonat aufgrund seiner Teilchenform (Formfaktor ≈ 1) und Oberflächenladung unter dynamischen Bedingungen einerseits schneller als ein flächenförmiges Kaolin: Um ein Calciumcarbonat-haltiges Vlies zu entwässern, ist also eine sehr viel geringere Saugleistung notwendig.

Andererseits ist diese Reduzierung des Vakuums aus verfahrenstechnischen Gründen auch notwendig. Würde man die gleiche Saugleistung anlegen, dann wären die Siebdickenverluste beim annähernd romboedrischen Calciumcarbonat deutlich höher als beim flächenförmigen Kaolin.

Also muss beim Übergang von Kaolin auf Calciumcarbonat als Füllstoff – bei gleicher Produktionsgeschwindigkeit und gleichem Flächengewicht – das Vakuum abgesenkt und die Lastaufnahme am Sieb angepasst werden. Das wirkt sich in aller Regel auch günstig auf den gesamten Energieaufwand für die Entwässerung aus.

Optische Eigenschaften mit Calciumcarbonat

Optische Eigenschaften wie Weiße, Opazität und Glanz eines Naturpapiers lassen sich mit Calciumcarbonat verändern. Hierbei spielen die spezifischen Materialeigenschaften des Füllstoffs und der Füllgrad eine entscheidende Rolle. Erhöht man zum Beispiel den Füllgrad eines Papiers um 5 Prozent, nehmen Weiße und Opazität um 0,5-1 Prozent zu (siehe Abbildung).

Beim Einsatz von PCC als Calciumcarbonat-Quelle lässt sich bei unsatinierten, holzfreien Papieren eine höhere Papierdicke je Flächeneinheit erzielen (englisch *bulk*). Dieser Effekt bringt vor allem bei nordamerikanischen Stoffmodellen Vorteile, da diese Zellstoffe aus Kiefern- und Fichtenholz im Gegensatz zu europäischen Laubholzstoffmodellen sowie asiatischen Hartholzstoffmodellen bei gleichem Füllgrad weniger Dicke entwickeln. Die Papierdicke von Kopierpapieren wurde in den neunziger Jahren durch die Firma Xerox zum Qualitätskriterium erhoben. Hierdurch stieg die Nachfrage nach PCC für die Herstellung von Kopierpapieren auch in Europa für einzelne Papiermarken.

Eine 1996 weltweit durchgeführte Studie von Kopier- und Büropapieren zeigte, dass das Niveau der natürlichen, nicht aufgehellten Weiße Calciumcarbonat-gefüllter Papiere sich weltweit noch unterscheidet. Die Opazität liegt dagegen überall auf ähnlichem Niveau (siehe Abbildung).

213

Ursache für die höhere Weiße in Europa ist ein höheres Flächengewicht (80 g/m^2), das einen höheren Füllgrad als in Nordamerika (75 g/m^2) zulässt. Dass die Opazität europäischer Papiere dennoch nicht höher als bei den nordamerikanischen Papieren ist, liegt daran, dass ein höherer Füllgrad ein dichteres Papiergefüge nach sich zieht: Europäische Papiere haben wenig „bulk". Nordamerikanische, weniger gefüllte Papiere haben hingegen mehr „bulk": Das Licht wird bei ihnen zusätzlich an der Luft/Faser-Grenzfläche gestreut, was ihre Opazität an europäische Papiersorten angleicht.

Die Entwicklung der Papier-Weiße hängt selbstverständlich auch von der Füllstoff-Weiße selbst ab. Besonders eindrücklich wird dies bei holzhaltigen Papieren. So kann das Papier-Weißeniveau um bis zu 7 Punkte differieren, je nachdem ob man Kaolin oder Calciumcarbonat als Füllstoff wählt. Eine Satinage, wie sie für SC-Papiere üblich ist, senkt die Papierweiße für alle Füllstoffe in gleicher Weise um etwa 2 Punkte ab.

Anders als die Papier-Weiße steigt die Papier-Opazität nicht unbegrenzt linear mit dem Calciumcarbonat-Füllgrad an. Das Opazitätsniveau erreicht irgendwann ein Maximum und von da ab übt eine weitere Füllgrad-Erhöhung keinen Einfluss mehr aus. Mit der Auswahl eines stärker Licht absorbierenden Füllstoffes wie Kaolin kann die Opazität zwar erhöht werden, ein erheblicher Weißeverlust ist jedoch die Folge (siehe Abbildung).

Der Einsatz von Calciumcarbonat führt zu einer pH-Wert-Änderung, wodurch vor allem in holzstoffhaltigen Systemen auch Weißeverluste eintreten können. Diese sind als Weiße-Reversion bekannt. Je nach pH-Wert beträgt dieser Verlust an Weiße zwischen 1 und 3 Punkten. Zellstoffe und ausreichend gebleichte Holzstoffe neigen in aller Regel zu weniger Weiße-Reversion.

Weiße-Entwicklung eines SC-Papieres nach Satinage mit verschiedenen Füllstoffen.

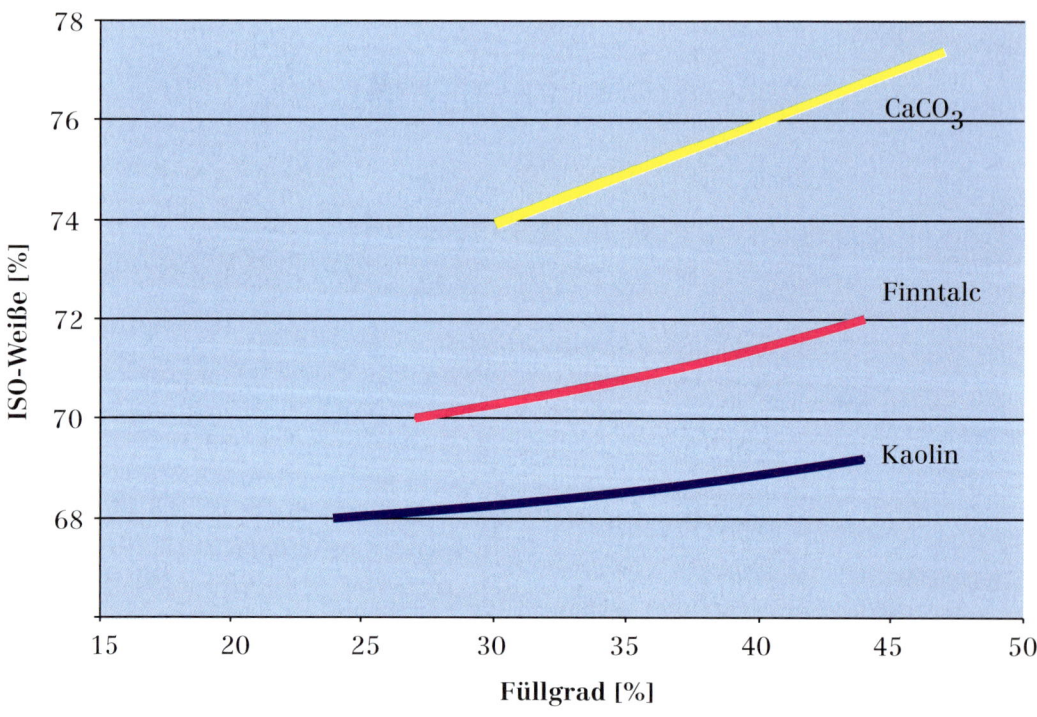

Die Netto-Weiße eines holzhaltigen, Calciumcarbonat-haltigen Papiers entsteht demnach aus der Summe der Weiße-Steigerung durch den Füllstoff unter Abzug der Weiße-Reversion. Als Erfahrungswert bei einem stark holzhaltigen Papierkreislauf gilt: Diese Summe geht gegen 0, wenn der Füllgrad mit natürlichem Calciumcarbonat unterhalb von 5 Prozent liegt.

Der Papierglanz entwickelt sich mit Kaolin in der Supersatinage von SC-Papieren leichter und erreicht höhere Werte als mit Calciumcarbonat. Die noch in der Entwicklung befindliche Heissnip-Satinage zeigt jedoch erste Möglichkeiten für den Einsatz von Calciumcarbonat als Füllstoff in SC-Papieren, ohne auf Papierglanz verzichten zu müssen.

Papiereigenschaften mit Calciumcarbonat

Neben den optischen Papiereigenschaften wie Weiße, Opazität und Glanz ändern sich noch weitere Papiereigenschaften, wenn man Calciumcarbonat an Stelle von Kaolin oder Talkum einsetzt.

So wird die Festigkeit eines Papiers grundsätzlich vermindert, wenn man Fasern durch Minerale ersetzt. Der Füllstoff lagert sich zwischen die Fasern und unterbricht dadurch die Faser-Faser-Bindung. Das Ausmaß ist für die verschiedenen Minerale unterschiedlich und hängt unter anderem von der Feinheit des Füllstoffs ab. Auch Calciumcarbonat macht hier keine Ausnahme; allerdings wirkt Calciumcarbonat fördernd bei der Entwicklung der Festigkeit während der Faserstoffmahlung. Wegen des höheren pH-Wertes und des geringen Gehaltes an Aluminium-Ionen sinkt die Mahlresistenz des Faserstoffs und die Festigkeit der meisten Zellstoffe entwickelt sich rascher. Dieser Effekt kann entweder in eine geringer aufzuwendende Mahlenergie oder in einen höheren Füllgrad umgesetzt werden.

Papiere, die Calciumcarbonat enthalten, sind gegen den Säurezerfall geschützt. Diese Alterungsbeständigkeit ist das Resultat der Pufferwirkung von Calciumcarbonat auf Mineralsäuren wie Schwefelsäure, die sich im Laufe von Jahren aus dem eingesetzten Aluminiumsulfat bildet und die Papierfasern durch Hydrolyse zerstört:

$$Al_2(SO_4)_3 + 6\ H_2O \rightleftharpoons 3\ H_2SO_4 + 2Al(OH)_3$$
(Schwefelsäure-Bildung)

$$H_2SO_4 + CaCO_3 \rightleftharpoons CaSO_4 + CO_2 + H_2O$$
(Pufferung)

Auch die gleichzeitig eintretende Papiervergilbung und der Festigkeitsverlust lassen sich durch Calciumcarbonat um bis zu 90 Prozent verlangsamen, einem kompletten Papierzerfall wird so vorgebeugt.

Diese Eigenschaften des Calciumcarbonats haben vor allem in Archiven und Bibliotheken große Bedeutung. Viele alte Papiere leiden unter Säurezerfall, da insbesondere seit Beginn der industriellen Papierherstellung zu Beginn des 19. Jahrhunderts Alaun (Aluminiumsulfat) jedem Papier in großen Mengen zugesetzt wurde. Indem man solche Bücher mit einer Lösung von Calciumcarbonat besprüht, lässt sich ihre Lebensdauer deutlich verlängern und sie können dem täglichen Umgang zugänglich bleiben.

Aber auch bei der Herstellung eines dauerhaften Papiers unter modernen, industriellen Bedingungen kommt man um Calciumcarbonat nicht herum.

1.2 Calciumcarbonat als Streichpigment

Ob Flaschenetikett, farbige Werbebroschüre, Reisekatalog oder Geschäftsbericht, wer ein Papier für seine werbende Botschaft benötigt, greift auf gestrichene Papiere zurück, weil sie den edlen Charakter eines Produktes eindrucksvoll unterstreichen.

1.2.1 Veredeln von Papier und Karton

Beim Veredeln von Papier und Karton steht die Gestaltung der Oberfläche im Vordergrund, vorzugsweise durch das Aufstrei-

chen von mineralischen Rezepturen. So sind gestrichene Oberflächen optisch und mechanisch homogener; sie sind glatter und besser verdruckbar als ein unbehandeltes Papier (siehe Abbildung). Das alles schlägt sich in einer erhöhten Wiedergabequalität dieser Papiere nieder, aber auch unbedruckt sind ihr Aussehen und ihr Griff ansprechender.

Für farbigen Druck sind gestrichene Papiere besonders wichtig, da es hier wesentlich auf hohe Kontrastwerte ankommt. Insbesondere weiße, farbneutrale oder schwach blau getönte Papieroberflächen sind gefragt und von allen eingesetzten Mineralen wird Calciumcarbonat den hohen Anforderungen an die Streichpigmente am besten gerecht.

Aber nicht nur in Magazinen und Hochglanz-Broschüren der Werbe-Branche sind Minerale heute unverzichtbar, auch im Bereich der Verpackungspapiere und Kartons hat sich ein Trend herausgebildet, die Verpackungsoberfläche zusätzlich als bedruckten Werbeträger zu nutzen – mit entsprechenden Anforderungen an die Papierqualität.

Farbige Produkte, basierend auf oberflächenveredeltem Papier.

REM-Vergleich einer unbehandelten (oben) und einer gestrichenen Papieroberfläche (unten).

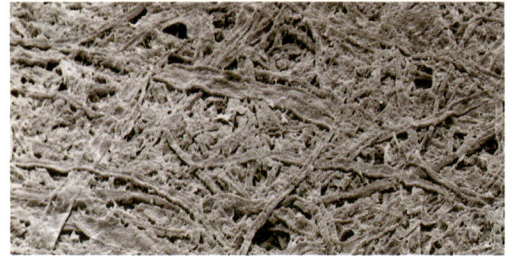

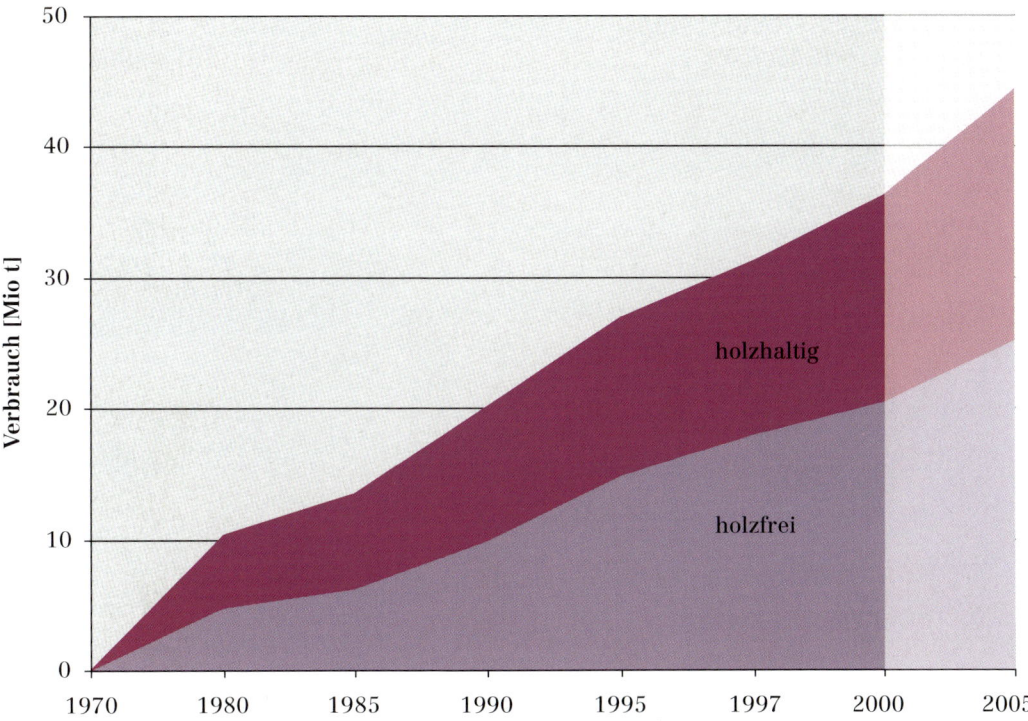

Verbrauch [Mio t]

holzhaltig

holzfrei

Entwicklung des welt-
weiten Verbrauchs
an oberflächen-
veredelten Papieren
(2000-2005 geschätzt).

Vorreiter für diese besonders edlen Verpackungen waren die Kosmetik-, Nahrungs-
mittel- und Zigaretten-Industrie; andere Industrien haben jedoch längst nachgezogen
und mit dazu beigetragen, dass der Verbrauch oberflächenveredelter Papiere in
den letzten 30 Jahren jährlich hohe Zuwachsraten aufweisen konnte (siehe Abbildung).

In der Folge ist auch der Verbrauch von
weißem Calciumcarbonat als Veredelungs-
pigment in die Höhe geschnellt. So beträgt
der mineralische Strichanteil bei einzelnen
Druckpapieren in Westeuropa heute bereits
37 Prozent, bezogen auf das Gesamtge-
wicht. Zusammen mit den Mineralen, die als
Füllstoffe enthalten sind, ergeben sich somit
Gesamt-Mineralanteile von bis zu 50 Prozent des Papiergewichtes. Die chemischen
Analysen solcher Papiere zeigen, dass Calciumcarbonat hierbei die führende Rolle
übernommen hat und derzeit durch kein anderes natürliches Mineral zu ersetzen ist.

Veredelungsverfahren und Calciumcarbonat

Papier-Veredelungsverfahren beruhen auf
drei Verfahrensschritten: Strichauftrag,
Egalisierung des nassen Striches und anschließende Trocknung. Nur wenige kommerzielle Streichverfahren verzichten auf
die Egalisierung, so die Filmpressen- und
Vorhangstriche. Während Vorhangstriche
in der Papierveredelung bei Massenpapie-
ren noch unüblich sind, setzen sich Film-
pressenstriche für die Veredelung von LWC-
Papieren mehr und mehr durch.

Folgende Aggregate werden heute angewendet, wobei unterschiedliche Hersteller,
Maschinenkonzepte und Konstruktionen in
jeder denkbaren Kombination möglich sind
(siehe Abbildung):

Strichegalisierung mit einem Messer

Walzenauftrag ohne Strichegalisierung

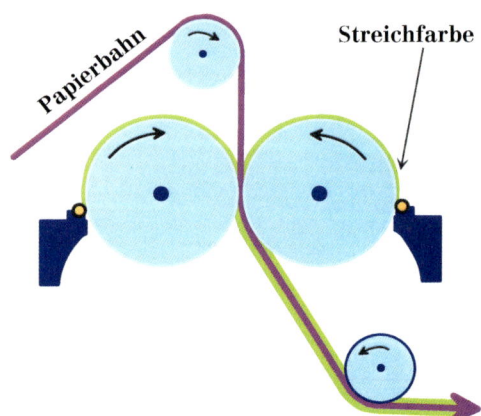

Papierbahn

Messerklinge

Streichfarbe

Papierbahn

Streichfarbe

Papierveredelungs-
verfahren.

Strichauftrag mit
- Walze
- Freistrahldüse
- Stab

Strichegalisierung durch
- Schaber
- Luftstrahl

Calciumcarbonat ist mit allen genannten Oberflächen-Veredelungsverfahren verwendbar. Dies ist für ein Streichpigment nicht selbstverständlich. Denn manche physikalische Eigenschaften eines Minerals wie die charakteristische Teilchengeometrie können die Anwendung eines Verfahrens stören oder sogar vollständig unmöglich machen. Ein bekanntes Beispiel hierfür ist die Anwendung von Kaolin und Talkum für den Aufbau von Mehrfachstrichen. Verwendet man diese plättchenförmigen Minerale als Streichpigmente zum Aufbau kompletter Mehrfachstriche, so können bereits nach dem Vorstreichen derart glatte Strichoberflächen entstehen, dass beim Egalisieren mit dem Schaber Rakelstreifen im Deckstrich erzeugt werden.

Mit Calciumcarbonat treten diese Probleme nicht auf. Die Nassmahl-Technik wurde seit 1960 so angepasst, dass sich die für jede Strichschicht geeignete Mineralfeinheit mit Calciumcarbonat herstellen lässt. Für Vorstriche setzt man gröbere, für Deckstriche die höchstmöglichen Pigmentfeinheiten ein.

1.2.2 Gestrichene Papiersorten

Die Vielfalt an gestrichenen Papiersorten weltweit ist groß, sie umfasst mehrere tausend unterschiedliche Einzelmarken und Flächengewichte. Im Zusammenhang mit dem Einsatz von Calciumcarbonat lassen sich diese Sorten allerdings vereinfachend in zwei Gruppen zusammenfassen:

- einfach gestrichene Papiere
- mehrfach gestrichene Papiere

Diese Einteilung ist sinnvoll, da sich der Einsatz von Mineralen bei einfach und mehrfach gestrichenen Papieren grundsätzlich voneinander unterscheidet; dementsprechend unterschiedlich sind auch die Anforderungen an das jeweils verwendete Calciumcarbonat.

218

So macht es für die Auswahl eines geeigneten Calciumcarbonat-Typs und der übrigen Strichbestandteile einen großen Unterschied, ob der Strich auf ein Streichrohpapier oder wie beim Mehrfachstrich auf ein bereits vorgestrichenes Papier aufgetragen wird.

Papiereigenschaften wie Weiße, Opazität, Glanz, Druckglanz, Porosität und Glätte sind überwiegend das Ergebnis der optischen und mechanischen Abdeckung der Fasern an der Papieroberfläche. Liegt ein bereits vorgestrichenes (abgedecktes) Papier vor, so lassen sich diese Eigenschaften am besten

in die faserhaltige Oberfläche dazu führen, dass die Papiereigenschaften deutlich schlechter ausgebildet werden (siehe Abbildung). Dabei macht es keinen erheblichen Unterschied, mit welcher der verfahrenstechnischen Varianten der Strich aufgetragen und egalisiert wird.

Für einen Einfachstrich ist es heute deshalb Stand der Technik, Calciumcarbonat-Typen mit verringerten Feinstanteilen (partikelselektierte Typen) zu verwenden, um die Penetration in die Papieroberfläche zu minimieren. Diese Calciumcarbonate erhöhen zudem die optische Abdeckung, da sie eine

Entwicklung von Papier- und Druckglanz in Abhängigkeit vom Calciumcarbonat-Anteil.

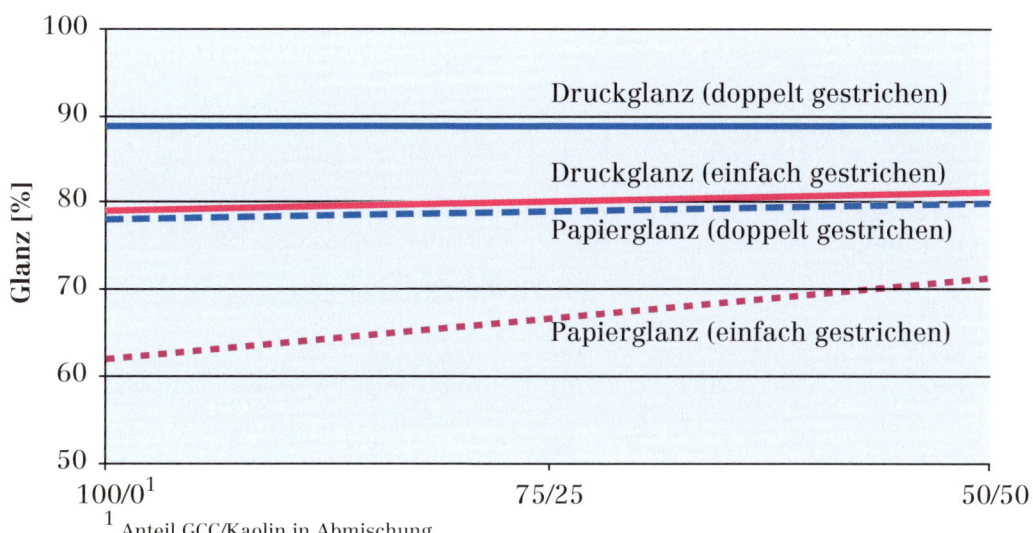

erreichen, wenn man im Deckstrich annähernd 100 Prozent eines ultrafeinen Calciumcarbonat-Typs aufträgt.

Würde man dieselbe Formulierung für den leichten Einfachstrich (< 7 Gramm je Quadratmeter und Seite) hingegen auf einem Streichrohpapier verwenden, so würde die Strichpenetration der ultrafeinen Teilchen

bessere Lichtstreuung an Leerstellen in der Strichstruktur (void volumes) bewirken; Weiße, Glanz, Opazität und Kontrastverhalten steigen gleichermaßen.

Streichfarben-Formulierungen aus mehreren Mineraltypen kommen in Einfachstrichen vermehrt zum Einsatz, da sie das Problem einer zu schnellen Penetration ver-

Einfachstrich-Formulierung	Doppelstrich-Formulierung	
	Vorstrich	Deckstrich
40-80 Teile $CaCO_3$ 20-60 Teile Kaolin 10-12% synthetischer Binder 0,7% Carboxymethylcellulose (CMC) 0,5% optischer Aufheller 0,5% Verdicker	100 Teile $CaCO_3$ (60-75% < 2μm) 8% natürlicher Binder 8% synthetischer Binder	80 Teile $CaCO_3$ (90-96% < 2μm) 20 Teile High Glossing Clay 11% Synthetischer Binder 0,4% CMC 0,4% Polyvinylalkohol (PVOH)
Strichmenge 8-14 g/m² und Seite 58-64% Feststoffgehalt [1]Oberseite/Siebseite	10 g/m² Auftrag OS/SS[1] 65% Feststoffgehalt	12 g/m² Auftrag OS/SS[1] 64-68% Feststoffgehalt

Typische Streichfarben
für Einfach- und
Doppelstrich.

mindern (siehe Abbildung). So kann der Zusatz von Kaolin oder Talkum Glanz-, Opazitäts-, Farb- oder Matt- und Bedruckbarkeitseffekte im Calciumcarbonat-haltigen Einfachstrich erzeugen. Während Calciumcarbonat 1975 in LWC-Papierstrichen noch nicht eingesetzt wurde, liegt der Anteil zur Jahrtausendwende in Europa bei 50 bis 70 Prozent.

Bei mehrfach gestrichenen Papieren bestimmt die Funktion des Striches die Auswahl des Calciumcarbonat-Typs, wobei insbesondere zwischen Vor- und Deckstrich zu unterscheiden ist. Greift man beim Deckstrich meist auf die feinen Typen zurück, so eignen sich zum Aufbau eines Vorstriches vor allem die groben Calciumcarbonate. Sie gewährleisten eine bessere mechanische Verankerung des folgenden Deckstriches, sie sorgen während der Egalisierung des Deckstriches für eine ausreichende Reinigung an der Schaberspitze und sie besitzen weniger anspruchsvolle rheologische Eigenschaften. Drei Vorzüge, die den Spielraum für wichtige verfahrenstechnische Parameter wie Streichgeschwindigkeit, Strichmenge sowie Auftrags- und Egalisierungsverfahren beträchtlich erhöhen.

Da die grobgemahlenen Calciumcarbonat-Typen zudem preiswert herzustellen sind, ist es nicht verwunderlich, dass Vorstriche in Papier und Karton heute weltweit zu annähernd 100 Prozent auf Calciumcarbonat basieren. Nur bei Karton findet man gelegentlich noch andere Minerale wie Titandioxid und calcinierte Kaoline, die als Additive zur Opazitätserhöhung vor allem im Vorstrich von altpapierhaltigem Rohkarton eingesetzt werden müssen, um eine vollständige optische Abdeckung zu erzielen.

Unabhängig davon, ob es sich um ein- oder mehrfach gestrichenes Papier oder Karton handelt, mit Calciumcarbonat lassen sich in allen heutigen Druckverfahren ausreichende bis exzellente Ergebnisse erzielen. Diese Vielseitigkeit macht das Mineral zu einem begehrten Streichpigment, zumal es nahezu weltweit zu einem akzeptablen Preis verfügbar ist und in allen Streichverfahren eingesetzt werden kann. Wie hoch der Calciumcarbonat-Anteil in den einzelnen Anwendungen jeweils ist, hängt von den angestrebten Papiereigenschaften ab. Bei mehrfach, bis zu viermal pro Seite gestrichenen, hochgewichtigen Papieren ist der ausschließliche Einsatz von Calciumcarbonat in einigen europäischen Papierfabriken schon heute Standard.

1.2.3 Pigment-Eigenschaften für den Papierstrich

Die charakteristische Form des Calciumcarbonats mit den daraus resultierenden mechanischen Eigenschaften und seine Chemie haben die Papierstreicherei seit dem ersten Einsatz im Jahr 1973 bedeutend verändert.

Die Pigmentoberfläche als Papierbestandteil – Mechanik und Chemie wirken zusammen

Die mechanischen Eigenschaften der Pigmentoberfläche spielen beim Veredeln und Bedrucken von Papier eine bedeutende Rolle. Form und Größe der Mineralteilchen beeinflussen die Fließeigenschaften ebenso wie das Vermögen, die Papierfasern abzudecken. Sie sind außerdem verantwortlich für die Verschiebbarkeit der aufgetragenen Teilchen in der nachfolgenden Papiersatinage, bei der Glanz und Glätte entstehen sollen.

Der chemische Charakter des Pigments bestimmt die Wechselwirkungen mit anderen Streichpigmenten und den organischen Inhaltsstoffen der Streichfarbe. Neben Ionenaustausch-, Ladungs- und Komplexierungs-Vorgängen können auch echte chemische Bindungen auftreten; Calciumcarbonat ist hier sehr viel reaktiver als die beiden anderen bedeutenden Streichpigmente Kaolin und Talkum. Seine Löslichkeit in Wasser und der alkalische pH-Wert führen dazu, dass jedes Calciumcarbonat-Teilchen von einer Sphäre aus Calcium- und Hydrogencarbonat-Ionen umgeben ist, die mit ihrer Umgebung wechselwirken können.

So wirkt Calciumcarbonat gegenüber Säuren als Puffer und erhöht die Alterungsbeständigkeit von Papieren (siehe S. **xy**). Diese Pufferwirkung von Calciumcarbonat in der Papieroberfläche hat auch eine Änderung der Feuchtwasser-Zusammensetzung im Offset-Druck erforderlich gemacht. Der ursprüngliche pH-Wert des Feuchtwassers von 3-4 wurde auf 6 angehoben, um einer Zersetzung des Minerals vorzubeugen.

Aber auch auf eine UV-induzierte, thermische oder Schwermetall-katalysierte Papiervergilbung kann die Anwesenheit eines

REM-Querschnitt durch ein doppelt gestrichenes Papier (120g/m², holzfrei).

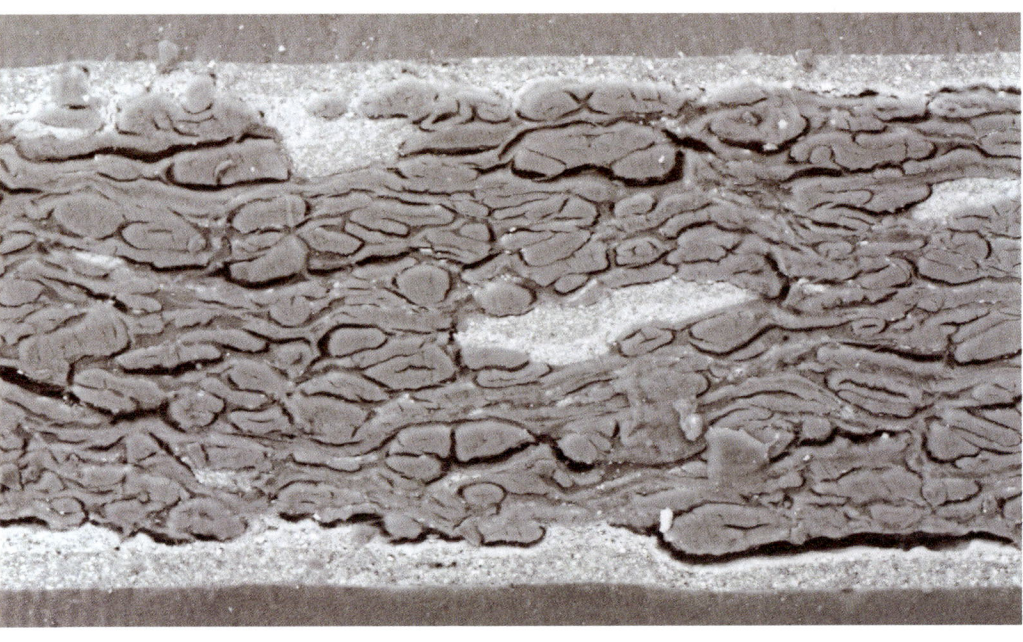

Überschusses von Calciumcarbonat hemmend wirken.

Die Summe all dieser Eigenschaften bestimmt schlussendlich die Druckqualität. Da die Oberflächen moderner Papiere heute aus bis zu 98 Prozent Mineral bestehen (siehe Abbildung S. 221), kommt die Drucktinte mit der Papierfaser kaum noch in Berührung. Es ist das Zusammenspiel von Tinte und Mineral, das über die Gesamtqualität eines Farbausdruckes entscheidet.

Oberflächenladung und Strichstrukturen

Das Ziel der Papierveredelung ist eine gleichmäßige Strichoberfläche, bei der die Pigmentpartikel im Idealfall statistisch an der Papieroberfläche verteilt sind. Das ist jedoch aufgrund der spezifischen Eigenschaften eines jeden Minerals immer nur annäherungsweise möglich, wobei die Unterschiede zwischen den einzelnen Pigmenten beträchtlich sind.

Zu den wesentlichen Unterschieden im Verhalten von Kaolinen und Calciumcarbonat als gemeinsame Bestandteile einer Streichfarbe, schreibt Professor Dahlvik vom Stockholmer Institut für Oberflächenchemie:

„At lower pH strong structure formation takes place if clay is present. This is partly due to the special chemical characteristic of the clay particle surfaces, but also to the interaction between adsorbed dispersing agent and calcium ion. Calcium carbonate did not show a pH-dependency to the same extent as clay."
TAPPI Coating Fundamentals, 1995, Dallas (TX)

Frisch gemahlenes, undispergiertes Calciumcarbonat weist eine schwach positiv geladene Oberfläche und einen pH-Wert von 8,6 auf. Beides zusammen führt zu einer vergleichsweise schwachen chemisch-physikalischen Wechselwirkung und geringer Strukturbildung. Beim Kaolin hingegen besitzen die Pigmentkanten eine positive, die Pigmentflächen jedoch eine negative Teilladung, wodurch sich bei Kaolin-Strichen

leicht Makrostrukturen ausbilden; daher erscheinen Kaolin-Striche vor der Papiersatinage auch glanzloser als Calciumcarbonat-Striche.

Beim Satinieren verhalten sich Calciumcarbonat und Kaolin unterschiedlich. So werden Papieroberflächen mit Kaolinstrichen durch die Satinage deutlich stärker versiegelt. Die aus der Strichoberfläche hervorstehenden, flächigen Kaolin-Partikel werden durch den äußeren Druck der Kalander flach in die x-y-Ebene gedrückt, die Papieroberfläche wird geschlossen.

Calciumcarbonat-Striche hingegen bilden wegen der rhomboedrischen bis kugeligen Teilchenform annähernd Kugelpackungen aus. Ein Kippen der Teilchen in die x-y-Ebene findet nicht statt. Das Verdichten erfolgt hier vielmehr in der z-Richtung, also senkrecht zur Papierebene, und die Oberfläche bleibt nach der Satinage entsprechend der Packungsdichte dichter Kugelpackung offener.

Kompakte, zu 100 Prozent aus Calciumcarbonat bestehende Striche zeichnen sich daher durch ein feinporiges Kapillarsystem aus, das oft bis in das Rohpapier hinabreicht und einen mühelosen Transport von Wasserdampf in alle Richtungen gewährleistet.

Erst diese offenen Strichstrukturen des Calciumcarbonats ermöglichten die Entwicklung von Mehrfachstrichen in den siebziger Jahren. Denn auch bei mehreren Strichschichten übereinander blieb gewährleistet, dass der Wasserdampf beim Trocknen weitgehend ungehindert austreten kann. Dies ist bei den dichten Kaolinstrichen nicht uneingeschränkt möglich. Vor allem bei schnellen, das heißt sehr heißen Trocknungsvorgängen nach dem Druckvorgang können hierdurch Blasen an der Papieroberfäche entstehen (blistering).

Auf die historische Entwicklung der Streichgeschwindigkeit hatte die Einführung von Calciumcarbonat mit seiner charakteristischen Pigmentoberfläche weitreichende technologische Auswirkungen. Nachdem man erkannte, dass Calciumcarbonat bei Erhöhung der Maschinengeschwindigkeit nicht in dem-

selben Ausmaß zur Erhöhung der Strich-
mengen führt wie Kaolin, war der Weg frei
zu höchsten Streichgeschwindigkeiten.

Ohne Störungen aus der Pigment-Rheologie
ließ sich die Streichmaschinengeschwindig-
keit von 500 Metern (1970) auf 1 500 Meter
pro Minute (1998) steigern. Die Erklärung
findet sich in der Teilchengeometrie: Calciumcarbonat hat beim Fließen keine Vorzugs-
richtung, während Kaolin die Strichstruktur
kontinuierlich mit steigender Geschwindigkeit verändert. Computersimulationen zeigen, dass Kaolin und Calciumcarbonat ge-
schwindigkeitsabhängig unterschiedliche
Cluster im Streichspalt bilden.

Korngröße und Kornverteilung – Mehr als nur statistische Materialparameter

Mikroskopisch betrachtet hat ein einzelnes
Calciumcarbonat-Teilchen eine rhomboedrische Grundstruktur. Selbst beim noch so
feinen Zerteilen findet die Spaltung entlang
einer Gitterebene oder Symmetrieachse der
natürlichen Kristallstruktur statt: Makro-
skopisch rund erscheinende Partikelflächen
erweisen sich mikroskopisch als regelmäßig
aufgebaute, rhomboedrische Mikrostruktu-
ren.

Die funktionellen Unterschiede gemahlener
Calciumcarbonat-Produkte bei der Papierherstellung ergeben sich aus der Zusammensetzung solcher „Mikro-Rhomboeder"
mit unterschiedlichem Teilchendurchmesser zu großen Ensembles. Die Zusammensetzung kann statistisch oder Partikel-selek-
tiv sein und lässt sich durch eine chemische
Oberflächenbehandlung (Dispergierung,
Flockung, Ätzung, Rekristallisation) weiter
verändern.

Die „Feinheit" im Sprachgebrauch der Papiermacher

Ob ein Calciumcarbonat-Produkt als grob
oder fein bezeichnet wird, richtet sich in erster Linie nach der jeweiligen Anwendung.
Was in der Papierherstellung noch als grobes Calciumcarbonat gilt, ist für die Farben-

und Lack- oder die Kunststoff-Industrie seit
vielen Jahrzehnten bereits die höchste Fein-
heitsstufe. Gleichwohl werden derartige
Klassifizierungen zur Vereinfachung im täglichen Sprachgebrauch der Papiermacher
benötigt – und ohne tiefergehende Definition
verstanden.

Ist eine genauere Klassifizierung von Calciumcarbonat-Produkten hinsichtlich ihrer
Feinheit gefordert, so greift man in der Papierindustrie weltweit vor allem auf zwei
Methoden zurück: Sedigraphie und Laser-
lichtbeugung.

Beide Methoden liefern eine Häufigkeitsver-
teilung von Teilchendurchmessern (siehe
Anhang, „Definitionen und Messmethoden").
So versteht man heutzutage unter „groben"
Calciumcarbonaten im Allgemeinen solche
Produkte, bei denen maximal 80 Prozent al-
ler Teilchen kleiner als 2 Mikrometer sind.
„Feine" Calciumcarbonat-Produkte enthal-
ten dementsprechend mehr feine Teilchen.
Eine Einteilung, die insbesondere bei der
Betrachtung sehr komplexer Zusammen-
hänge hilfreich wird.

Korngrößenverteilung und Papiereigenschaften

Die Feinheit des verwendeten Calciumcarbonats beeinflusst zahlreiche Papiereigenschaften sowie einige in der Papierveredel-
lung wichtige Verfahrensparameter.

Die moderne Papierforschung geht davon
aus, dass die Strichstruktur bereits während des nassen Veredelungsverfahrens gebildet wird und eine innere Grundstruktur
selbst die Satinage überstehen kann. Von
der Satinage sind also in erster Linie die
oberflächlichen Schichten betroffen.

Berücksichtigt man, dass feine Calciumcarbonat-Typen eine dichtere innere Strichstruktur ergeben als grobe Typen, so ist verständlich, warum feine Calciumcarbonate
bei gleichem Satinagedruck einen höheren
Papierglanz entwickeln. Um ein grobes Calciumcarbonat auf denselben Papierglanz zu
satinieren, muss ein weitaus höherer Satinagedruck aufgewendet werden. Davon wer-

den zwangsläufig auch die unter dem Strich befindlichen Faserbestandteile betroffen. Weiße- und Opazitätsverluste, die so genannte Schwarzsatinage, können die Folge sein. Will man diese vermeiden, bleibt der Papierglanz bei grobem Calciumcarbonat limitiert (siehe Abbildung). Deshalb eignen sich grobe Qualitäten besonders für matte Oberflächen und als Vorstrichmineral.

Die mechanischen Eigenschaften der Papieroberfläche wie Glätte, Rauigkeit, Porosität und Wasserdurchlässigkeit ändern sich ebenfalls mit der Korngrößenverteilung von Calciumcarbonat. Mit zunehmender Feinheit steigt die Papierglätte und die Rauigkeit nimmt ab. Eine gewisse Mikroporosität bleibt jedoch selbst beim ultrafeinsten Calciumcarbonat-Typ (kolloidale Grenze) erhalten; auch nach der Satinage. Diese Porosität hält die Strichschicht offen und ermöglicht den Transport von Wasserdampf selbst bei Hochglanzpapieren, deren Oberfläche stark verdichtet wird.

Bei zunehmenden Trocknungstemperaturen im Heat-Set-Offsetdruck wirkt die für Kaolin charakteristische Schichtstruktur als Barriere gegen den Wasserdampf, der aus der Faserschicht austritt. Da der synthetische Latexbinder die Partikelschichten zusammenhält, verformt sich die Papieroberfläche stellenweise blasenförmig.

Die Bedeutung dieser Eigenschaft von Calciumcarbonat für die Geschwindigkeit von Heat-Set-Offset-Druckpressen wurde erst in den achtziger Jahren erkannt. Damals trat immer dann eine vermehrte Blasenbildung (blistering) während des Druckens auf, wenn die Papiere mit einem hohen Kaolin-Anteil gestrichen waren und die Druckfarbe bei hoher Temperatur getrocknet wurde.

Als man in Europa das Kaolin in Papieroberflächen vermehrt durch Calciumcarbonat ersetzte, verringerte sich dieses Problem sukzessive. Gleichzeitig musste die Feinheit der Calciumcarbonate erhöht werden, um das Papierglanzniveau zu halten und Schwarzsatinage zu vermeiden. Als Folge davon stieg das Niveau der Papierweiße im europäischen Papiermarkt in den achtziger und neunziger Jahren erheblich an. Seit Mitte der neunziger Jahre hat die Feinheit von gemahlenen Calciumcarbonat-Produkten ihren Höchststand erreicht: Bei den ed-

Glanzentwicklung grober und feiner Calciumcarbonat-Typen.

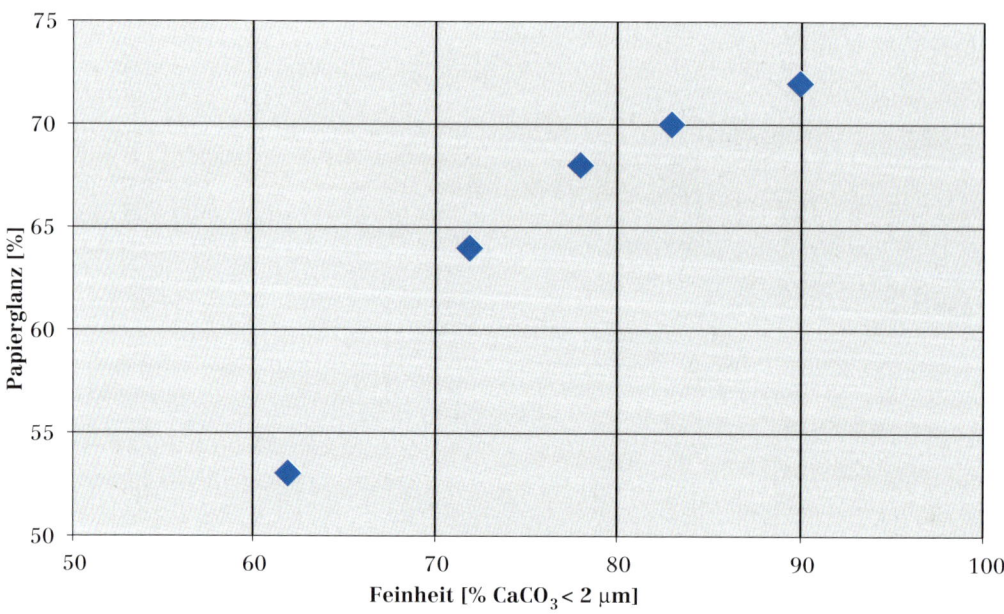

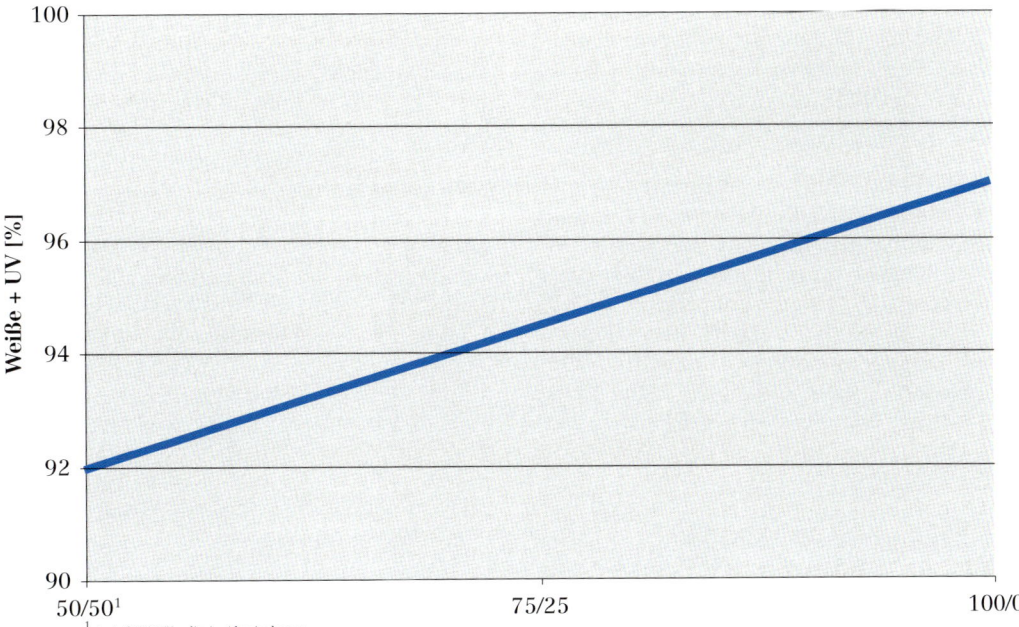

[1] Anteil GCC/Kaolin in Abmischung.

Entwicklung der Weiße mit steigendem Calcium-carbonat-Anteil (Einfachstrich, holzfrei 100 g/m^2, Strich 12 g/m^2 x Seite).

len Hochglanzcarbonaten sind mehr als 90 Prozent aller Teilchen kleiner als 1 Mikro-meter. Die Papierglanzwerte werden nur noch durch teure, synthetisch hergestellte Minerale wie Satinweiß übertroffen.

Korngrößenverteilung und Bedruckbarkeit

Beim Bedrucken geht die Druckfarbe mit der Papieroberfläche sowohl mechanische als auch chemische Wechselwirkungen ein. Die eingesetzte Korngrößenverteilung von Calciumcarbonat im Strich spielt für das Ausmaß beider Wechselwirkungen eine wichtige Rolle.

Feine Calciumcarbonat-Typen entwickeln eine mehr mikroporöse Papieroberfläche und enthalten eine größere Menge an Dispergiermittel als grobe Calciumcarbonat-Typen. Dementsprechend können zwischen beiden Typen Unterschiede hinsichtlich der

Entwicklung von Druckfarbenverbrauch, Druckglanz, Rasterpunktausdehnung, Druck-gleichmäßigkeit, Trocknungsverhalten und Farbabriebfestigkeit auftreten.

Derartige Unterschiede treten besonders bei den leichten, gestrichenen Tiefdruckpa-pieren und beim vierfarbigen Cold-Set-Off-set-Zeitungsdruck zutage. Beide Druckver-fahren benutzen ein Farbpigment, das während des Druckes nach Absorption des organischen Lösungsmittels auf der Papier-oberfläche verfilmt. In beiden Fällen können ultrafeine Calciumcarbonat-Anteile die ra-sche Absorption der Lösemittel Toluol oder Mineralöl stören. Signifikant bessere Drucker-gebnisse erzielt man, wenn grobe bezie-hungsweise Partikel-selektierte Typen ein-gesetzt werden, bei denen die ultrafeinen Anteile reduziert sind.

Weiße und Farbort nehmen Einfluss

Mit der Verfügbarkeit von feinem und ultra-feinem Calciumcarbonat als Streichpigment änderten sich in der europäischen Industrie rasch die Weißevorgaben für gestrichene Papiere. Da die Calciumcarbonate aus Krei-de und Kalkstein bei gleichen oder höheren Weißgraden bis zu 25 Prozent preisgünstiger verfügbar waren als die bis dahin üblichen Kaoline, konnte dem Papiermarkt in den siebziger Jahren mehr Papier-Weiße ohne zusätzliche Kosten angeboten werden (siehe Abbildung).

Hierdurch trat eine Veränderung auch im Farbort der Papiere ein (siehe Abbildung). Während die mit Kaolin gestrichenen Papieroberflächen einen deutlich gelben Farbort besitzen, lässt sich mit Calciumcarbonat ein eher neutraler Farbort herbeiführen. Durch den späteren Einsatz von Produkten aus Marmor konnte zudem auf einen Teil so genannter Nuancierstoffe verzichtet werden, deren Einsatz immer zu Einbußen an Weiße führt.

Das alles brachte deutliche Vorteile für den Mehrfarbendruck bei Offset-Papieren, der sich seit den siebziger Jahren zunehmender Beliebtheit erfreut. Durch eine hohe Weiße

und einen neutralen Farbort des Offset-Papiers stehen dem Designer und dem Drucker plötzlich mehr Möglichkeiten zur Verfügung, ein Motiv detailgetreu zu reproduzieren.

Überhaupt hat die Entwicklung von preiswert verfügbaren Farbdrucktechnologien seit Beginn der siebziger Jahre den Einsatz von hochweißem Calciumcarbonat enorm gefördert. Während in den siebziger und achtziger Jahren vor allem die Offset-Druckverfahren eine rasante Entwicklung machten, sind ab Mitte der neunziger Jahre die farbigen Bürodrucke (ink jet und Laserdrucktechnologie) und die sogenannten „home offices" die treibende Kraft für steigende Einsatzmengen an Calciumcarbonat in hochweißen Papieren.

Angeregt durch die neuen Möglichkeiten, mit Calciumcarbonat weißere Papiere herzustellen, erlebten auch die optischen Aufheller in Europa einen Boom. Immer weißere Papiere waren gefragt und wo die Streichpigmente nicht mehr ausreichten, mussten Aufheller her. Zur Jahrtausendwende stam-

Farborte nach Cielab, L*a*b* für Kaolin, Kreide, Kalkstein und Marmor.

L*a*b* CIE Farbordnungssystem

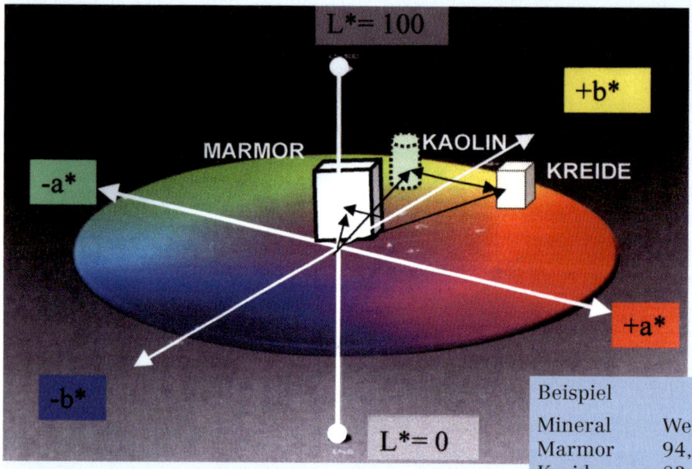

Achsen
a*   rot-grün
b*   gelb-blau
L*   schwarz-grau

Beispiel Mineral	Weisse	L*	a*	b*
Marmor	94,5	98,1	-0,092	0,492
Kreide	83,4	95,2	0,341	3,720
Kaolin(UK)	84,5	95,4	-0,11	3,23

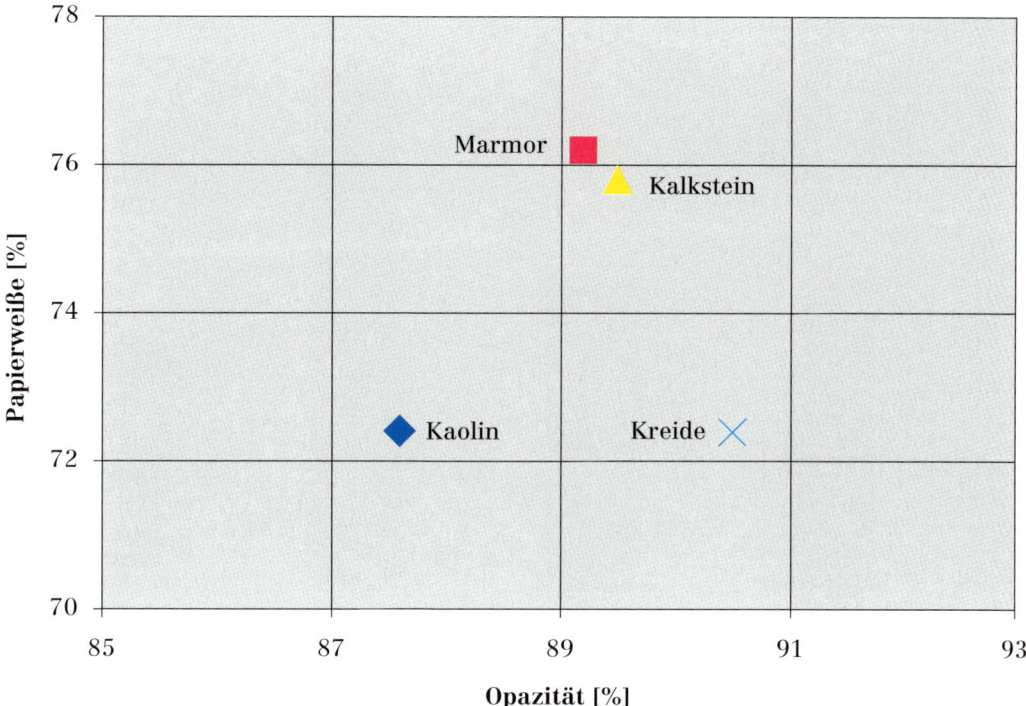

Einfluss des Rohsteins auf
Weiße und Opazität.

men durchschnittlich etwa 10 bis15 Weißepunkte eines europäischen, doppelt gestrichenen, holzfreien Papiers aus optischen Aufhellern.

Der Zeitgeist wandelt die Ressourcennutzung

Der neue Zeitgeist in der Papier-Industrie hinsichtlich Weiße und Farbort blieb auch für die Hersteller von Streichpigmenten nicht ohne Folgen. Waren in den Anfängen Calciumcarbonate aus Kreide und Kalkstein die bevorzugten Produkte für die Papierindustrie, wird seit den neunziger Jahren überwiegend auf Marmor als Rohstoff zurückgegriffen. Heute liegt der Anteil an Marmor in der Papierherstellung weltweit bei etwa 80 Prozent. Auch der steigende Anteil von PCC ist hierauf zurückzuführen.

Doch damit änderte sich nicht nur die Weiße und der Farbort, sondern auch die Opazität der Papiere war betroffen. Unter der Opazität versteht der Papiermacher die Eigenschaft des Papiers, Licht an der Papieroberfläche zurückzuhalten, sodass ein Text, der auf der Rückseite gedruckt ist, nicht durchscheint. Bei einem guten Papier sollte so wenig Licht wie möglich auf der Rückseite austreten (siehe Anhang „Definitionen und Messmethoden").

Eine hohe Opazität des Striches kann durch Zugabe von Mineralen wie Titandioxid oder Farbstoffen erreicht werden: Erstere erhöhen die Lichtstreuung, während letztere das Licht absorbieren. Bei Calciumcarbonat lässt sich die Strichopazität auch über die Auswahl des eingesetzten Rohsteins verändern (siehe Abbildung).

Strichopazität mit Calciumcarbonat

Bei gleichem Strichauftrag entwickeln auf Kreide basierende Streichpigmente um 1 bis 3 Punkte mehr Opazität als diejenigen aus Marmor. Ursache der größeren Opazität ist

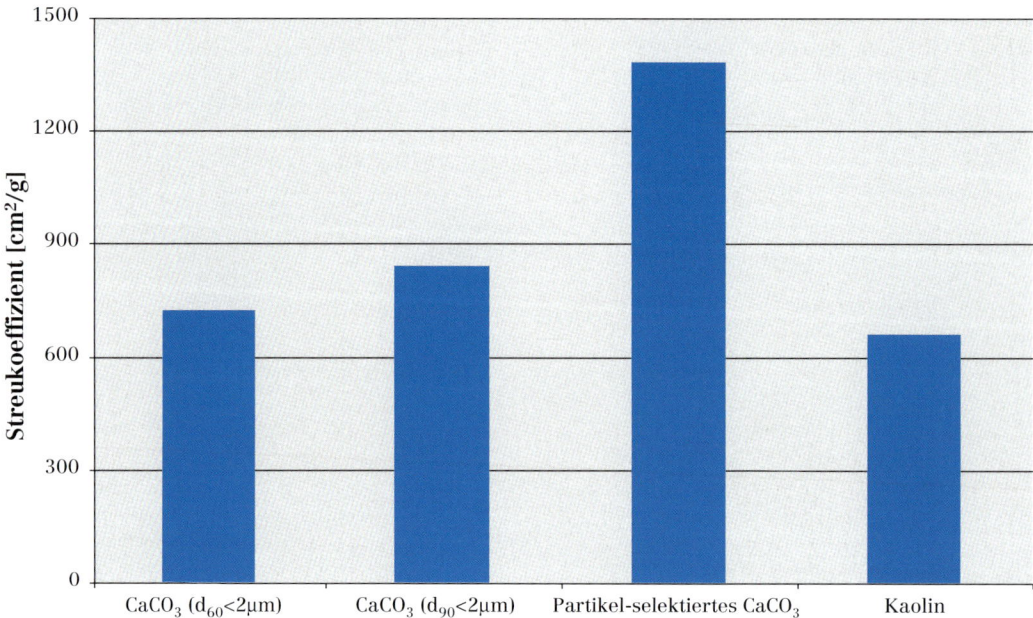

Streukoeffizienten von konventionell und partikel selektiv vermahlenen Streichpigmenten.

cherung von Calciumcarbonat-Teilchen, deren Durchmesser optimal auf die optischen Anforderungen eingestellt sind. Zudem wird eine innere Strichstruktur mit Hohlräumen erzeugt, an denen das eintretende Licht ebenfalls gestreut wird.

eine erhöhte Lichtabsorption der Kreide, die durch Verunreinigungen wie Eisenoxid, Manganoxid, Kaolin und organische Bestandteile verursacht wird. Allerdings ist bei der Kreide auch die Papierweiße um bis zu 6 Punkte geringer.

Will man diesen nachteiligen Effekt auf die Papierweiße vermeiden, so führt ein Weg zu höherer Opazität über eine verbesserte Lichtstreuung der Strichminerale. Durch eine Partikel-selektive Mahlung oder durch Kristallisation (PCC) lassen sich heute Calciumcarbonat-Produkte herstellen, die eine deutlich verbesserte Lichtstreuung aufweisen, ohne den Produkten aus der konventionellen Kugelmühlen-Mahlung an Weißgrad nachzustehen (siehe Abbildung).

Der erhöhte Streukoeffizient des Calciumcarbonats ergibt einen Papierstrich mit verbesserter optischer Abdeckung. Die höhere Lichtstreuung beruht dabei auf der Anrei-

Dieser Effekt lässt sich anhand der optischen Eigenschaften von Bierschaum verdeutlichen: Bierschaum besteht aus gelbem Bier und ist transparent. Allein durch Vermischen mit Luft entsteht ein Schaum, dessen Opazität 100 Prozent beträgt und dessen Weiße sogar höher als die des Bieres selbst ist. Durch das Einbringen von Luft sind feinblasige Hohlräume entstanden, deren Durchmesser entsprechend der Theorie von Mie, Holst und Weber (siehe Abbildung) eine optimale Streuung bewirken. Lichtwellen, deren Wellenlängen im sichtbaren Bereich liegen, können diese Schaumschicht nicht mehr durchdringen und werden stattdessen an der Oberfläche gestreut. Es entsteht der optische Eindruck einer opaken und weißen Bierschicht.

Dieses Prinzip führte 1992 in den Laboratorien der OMYA zur Entwicklung einer neuen Familie von Calciumcarbonat-Produkten, die erstmals 1994 in größerem Umfang in die Papieranwendungen gelangten. Inzwischen steht fest: Kein anderes Calciumcarbonat-Produkt hat je zuvor eine derart schnelle Verbreitung in die Papierherstellung gefunden – und zwar weltweit. Zum Jahrtausendwechsel werden rund um den Globus bereits 1 Million Tonnen dieses Calciumcarbonats mit erhöhter Lichtstreuung hergestellt und verwendet.

Abrasionsphänomene mit Calciumcarbonat

Abrasion tritt in der Papierveredelung nahezu überall auf: An den Rührwerken ebenso wie an Behältern und Rohrleitungen, die bei der Lagerung und Verarbeitung von Calciumcarbonat zum Einsatz kommen; an den Streichaggregaten, den Walzen der Streichanlagen, den Trocknungseinrichtungen sowie an Bespannungsmaterial und Schneidwerkzeugen. Grundsätzlich wird das Ausmaß der Abrasion von zwei Faktoren bestimmt: Von den Materialeigenschaften der reiben-

den Partner und von der Gesamtenergie des Systems aus verschiedenen Materialien zum Zeitpunkt des Zusammenwirkens.

Nimmt man die Mohs'sche Härte als Kriterium für die Abrasion, so unterscheidet sich reines Calciumcarbonat nicht wesentlich von Kaolin oder Talkum. Dennoch können zum Beispiel erhebliche Unterschiede bei den Laufzeiten an den Egalisierungsmessern beim Streichen eintreten.

Langzeiterfahrungen in der Papierstreicherei mit Calciumcarbonat zeigten, dass ultrafeine Calciumcarbonat-Produkte sehr viel längere Messerlaufzeiten ergaben als gröbere Carbonate oder grobes und auch delaminiertes Streich-Kaolin. Eine Erklärung liefert das weitgehende Fehlen einzelner, überdimensionierter Teilchen mit Durchmessern oberhalb von 10 Mikrometern. Bei hohen Streichgeschwindigkeiten steigt der physikalische Impuls solcher Teilchen quadratisch mit der Geschwindigkeit, was offenbar ausreicht, um in relativ kurzer Zeit Beschädigungen an einer feingeschliffenen Streichmesserspitze herbeizuführen.

Dies hat zur Einführung des so genannten TopCut als Maß für den Anteil überdimensionierter Teilchen bei hochwertigen Calciumcarbonat-Produkten geführt. In der Fol-

Streuvermögen und Partikeldurchmesser nach Mie, Holst und Weber.

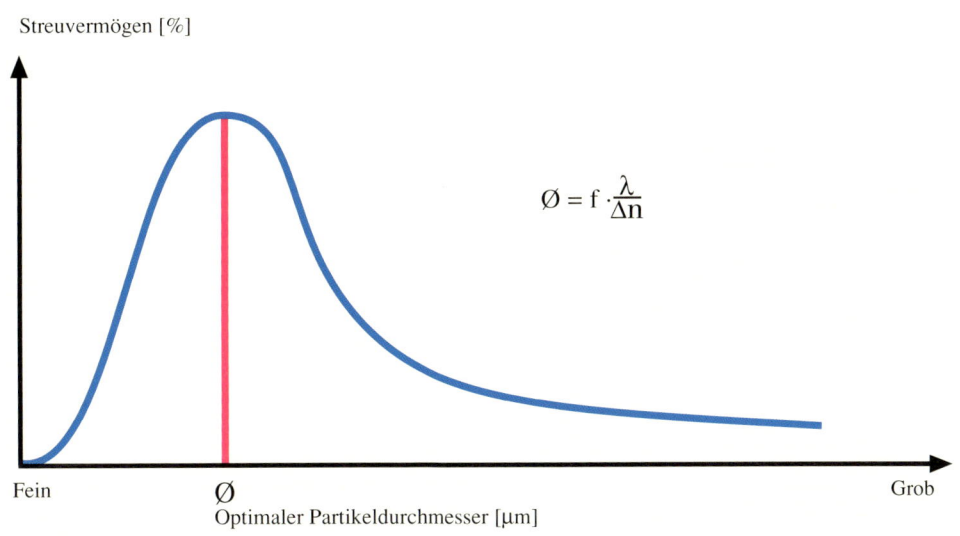

Streuvermögen [%]

$$\emptyset = f \cdot \frac{\lambda}{\Delta n}$$

Fein

Ø

Grob

Optimaler Partikeldurchmesser [μm]

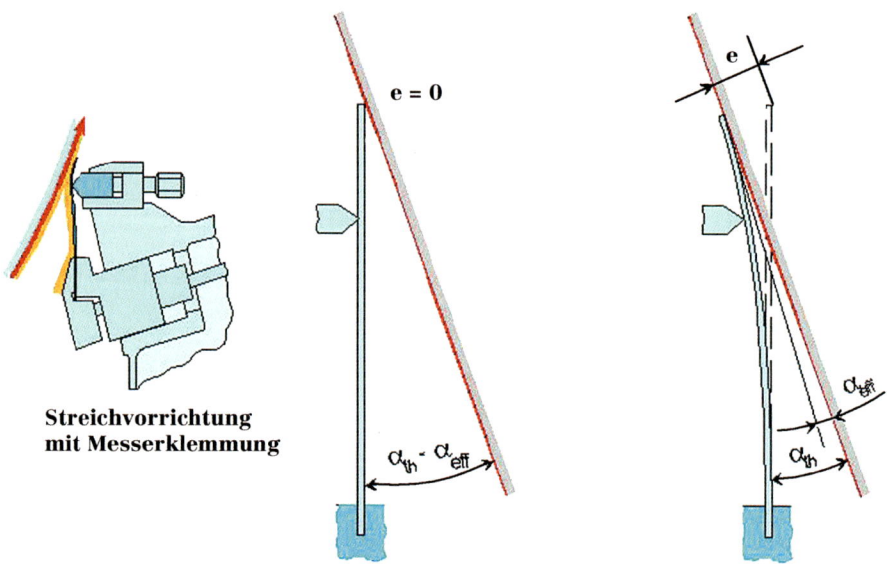

e = 0

e

Streichvorrichtung
mit Messerklemmung

α_{th} - α_{eff}

α_{eff}

α_{th}

Einfluss aus der Blade Durchbiegung

Flachwinkelstreich-
technik. Je größer die
Durchbiegung, um so
kleiner der Streichwinkel.
(Links: Stiff-Blade,
Rechts: Bent-Blade).

ge verlängerten sich in der Streichtechnik die Messerstandzeiten und damit die Anzahl ungestörter Papierproduktionszyklen. Mit Streichfarben aus 100 Prozent Calciumcarbonat sind heute selbst Messerstandzeiten von mehr als zehn Stunden bei Streichgeschwindigkeiten von 1 400 Metern pro Minute keine Seltenheit mehr.

Slurry versus Pulver

In der Papierveredelung mit Calciumcarbonat hat sich die Verwendung von dispergierten Pigment-Slurries durchgesetzt. Die Vorteile der Slurries hinsichtlich Transport, Lagerung, Handhabung und Qualität sind bei den gestiegenen Mengendurchsätzen heutiger Papierveredelungsanlagen überzeugend; zumal hierdurch viele logistische Abläufe weit gehend automatisiert werden konnten.

Zum Jahrtausendwechsel wird Calciumcarbonat nur noch in wenigen Ländern wie Venezuela, Kolumbien, China, Russland oder

auch Japan als trockenes Pulver für die Papierherstellung angeliefert und vor Ort dispergiert. Derartige Pulver verfügen jedoch nicht über dieselben Qualitätsmerkmale einer nassvermahlenen Slurry hinsichtlich Feinheit, Rheologie und TopCut.

Denn mit einer Trockenvermahlung lassen sich die ultrafeinen Korngrößenverteilungen nicht herstellen, wie sie für die Glanz- und Oberflächenentwicklung moderner Papiere gefordert werden. Andererseits ist es technisch, ökonomisch und ökologisch nur selten sinnvoll, ein Streichpigment nass bis zu ausreichender Feinheit aufzumahlen, es anschließend mit hohem Energieaufwand zu trocknen und das gewonnene Pulver schlussendlich in der Papierfabrik wieder mit Wasser zu einer Streichfarbe zu dispergieren.

Der Feststoff-Gehalt als Schrittmacher neuer Streichtechnologien

Aus nass gemahlenem Calciumcarbonat stehen zum Jahrtausendwechsel bereits zahlreiche ausgereifte Produkte zur Verfügung, die den Anforderungen der Praxis auch in Zukunft genügen und selbst bei einem heute üblichen Feststoff-Gehalt von 78 Prozent in allen Scherbereichen verdünnend fließfähig sind. Diese Produkte lassen sich so miteinander kombinieren, dass sie ausnahmslos in alle bekannten Streichtechnologien eingefügt werden können. Und dilatantes Fließverhalten kommt bei der speziell für Calciumcarbonat-Slurries entwickelten Polyacrylat-Dispergierung und deren Co-Polymerisaten praktisch nicht vor.

Für die moderne Papierveredelung ergeben sich hieraus gleich mehrere Konsequenzen. So erlaubt der hohe Feststoff-Gehalt in Verbindung mit dem scherverdünnenden Charakter der Calciumcarbonat-Slurries, den Messerstreichwinkel bei der Egalisierung von ursprünglichen 45 auf bis zu 25 Grad zu senken. Dies hat in der Vergangenheit zur Entwicklung neuer Streichtechniken geführt. Besonders zu erwähnen ist hier die so genannte Bentblade-Fahrweise, eine inzwischen auf allen Kontinenten mit Calciumcarbonat angewendete Flachwinkel-Streichtechnik (siehe Abbildung).

Bei Kaolin wird dagegen überwiegend mit steilen Messerwinkeln gestrichen, um den hydrodynamischen Druck zu beherrschen, der sich beim Streichen ständig erhöht. Vor allem großflächige (delaminierte) Streich-Kaoline bauen schon bei niedrigen Feststoff-Gehalten und niedriger Geschwindigkeit sehr viel höhere hydrodynamische Kräfte unter dem Streichmesser auf als Calciumcarbonate. Um ein ungewolltes Ansteigen der Strichauftragsmenge zu vermeiden, wird deshalb bei reinen Kaolin-Streichfarben das Messer häufig mit einer Stützklinge verstärkt. Das führt jedoch manchmal zu erheblichen Störungen der Strichhomogenität an der Papieroberfläche (Narbigkeit); so lassen sich insbesondere Mottling und Weißeschwankungen auf pulsierende Messerdruckschwankungen zurückführen.

Gelegentlich gab man in der Vergangenheit auch Wasser am Coater zu, wenn der hydrodynamische Druck am Egalisierungsmesser durch unvorhergesehene Änderung des Fließverhaltens der Streichfarbe anstieg. Diese unkontrollierte Wasserzugabe führte zwar unmittelbar zur Einhaltung der Strichmenge, konnte jedoch tiefgehende Auswirkungen auf die Strichqualität nach sich ziehen. Da das Verhältnis von Feststoff-Gehalt und Streichwinkel nicht mehr optimal war, konnte es zu einer inhomogenen Partikelverteilung kommen – ein „offener Strich" entstand.

Vor diesem Hintergrund wird deutlich, welche entlastenden Vorteile sich bei der Verwendung einer dispergierten und rheologisch scherverdünnend arbeitenden Calciumcarbonat-Slurry in der Praxis ergeben können. Selbst bei hohen Feststoff-Gehalten lassen sich flache Messerwinkel einstellen und über den gesamten Zeitraum zwischen dem Messerwechsel konstant halten, was die senkrecht auf die Papierbahn wirkenden Kräfte deutlich absenkt. Dies führt besonders bei hohen Bahngeschwindigkeiten zu weniger Bahnabrissen und zu einer glatten Papieroberfläche mit vorhersagbarer Qualität. Wegen des geringeren Wassergehaltes von Calciumcarbonat-Strichen kann zudem teure Trocknungsenergie eingespart werden.

Aber auch bei hohen Streichwinkeln von 40-45 Grad besitzt ein hoher Feststoff-Gehalt Vorteile. So begünstigt die bereits in der nassen Streichfarbe vorliegende hohe Packungsdichte der Calciumcarbonat-Teilchen eine schnelle Strich-Immobilisierung, was sich positiv auf die Entwicklung des Papierglanzes in der nachfolgenden Satinage auswirkt (siehe Abbildung S. 232).

Der kompakte Calciumcarbonat-Strich erlaubt es ferner, den Einsatz von synthetischen Bindemitteln und damit die Kosten gegenüber einem reinen Kaolin-Strich zu reduzieren, da weniger Leervolumina in der Strichstruktur mit Binder aufgefüllt werden müssen.

Weil Calciumcarbonat auch bei höheren Feststoff-Gehalten noch stabile Strichmengenaufträge gestattet, ergeben sich kompaktere Striche. Dies hat für die Herstellung hochglänzender Papiere Vorteile: Wenn der Papiermacher die ganze Variationsbreite im Feststoff-Gehalt der Streichfarbe zur Glanzbildung ausnutzt, kann er auf den sonst üblichen Zusatz synthetischer Spezialpigmente (Plastikpigmente) teilweise oder ganz verzichten.

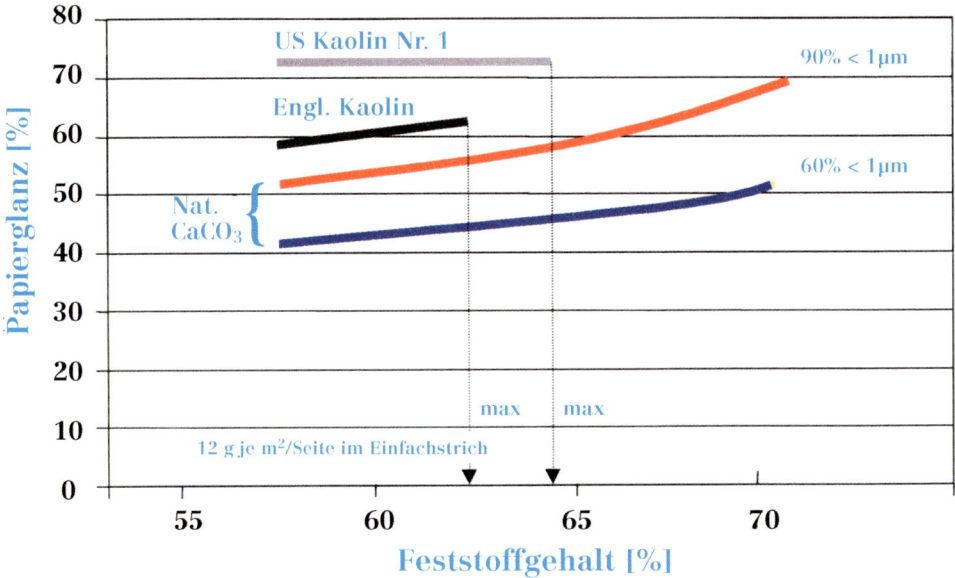

Feststoffgehalt und
Glanzentwicklung.

Der Aufbau von Mehrfachstrichen mit bis zu vier Strichen je Papierseite ist ohne den Einsatz unterschiedlich grober Calciumcarbonat-Typen bei hohen Feststoff-Gehalten undenkbar und nur dann ist ein entsprechendes Strichmengen-Management möglich. Die scherverdünnenden Fließeigenschaften von Calciumcarbonat wirken selbstreinigend auf die Messerspitze. Dadurch werden gelegentlich auftretende Verunreinigungen wie Fasern und Agglomerate auf besonders glattem, vorgestrichenem Papier ausgetragen, bevor sie Rakelstreifen verursachen können. Viele Streich-Kaoline zeigen demgegenüber mit steigender Geschwindigkeit eher verdickende Eigenschaften, was die Messerspülung behindert.

Wechselwirkungen von Calciumcarbonat

Schon Paracelsus wusste: keine Wirkung ohne Nebenwirkung. Auch Calciumcarbonat macht hier keine Ausnahme, wobei vor allem sein chemischer Charakter die Grenzen des Einsatzes hinsichtlich erwünschter und unerwünschter Wechselwirkungen diktiert. Hierin unterscheidet es sich wesentlich vom chemisch unempfindlicheren Kaolin.

Die wässrige Lösung von Calciumcarbonat hat einen pH-Wert von 8,6. Sinkt der pH einer Streichfarbe unter diesen Wert, zersetzt sich das Calciumcarbonat unter Kohlendioxid-Entwicklung. Bis zu einem pH-Wert von 6,8 läuft dieser Zersetzungsprozess sehr langsam ab, sodass er im normalen Streichereialltag mit Verarbeitungszeiten innerhalb weniger Stunden kaum bemerkbar ist. Schockbelastungen mit sauren Stoffen führen jedoch zur unmittelbaren Freisetzung des gasförmigen Kohlendioxids und der jeweiligen Calciumsalze am Ort der Zugabe. Die konzentrierte Zugabe von sauren Stoffen zu Calciumcarbonat-Slurries sollte man deshalb vermeiden.

Diese Säureempfindlichkeit ist einer der Gründe, warum sich bislang die kationisch-dispergierten Calciumcarbonate in der Streicherei nicht durchgesetzt haben: Für die kationische Streicherei stehen nur saure Bindemittel zur Verfügung, die mit einem pH-Wert von 3-4 eingerührt werden müssen, was zu unkontrollierten Effekten führt.

Durch die Dispergierung mit Polyacrylsäuren ist die Oberfläche von Calciumcarbonat teilweise gegen spontan ablaufende Prozesse geschützt. Eine starke Verdünnung der dispergierten Calciumcarbonat-Slurry kann diesen Schutz jedoch vermindern. Durch die eintretende Desorption von Dispergiermittel wird das Gleichgewicht zwischen den dispergierten Teilchen gestört: Sedimentations- oder Flockungserscheinungen können auftreten, was sich nachteilig auf die Papierqualität auswirkt. Die Folge solch destabilisierter Slurries sind vor allem Papierstauben, Strichrupfen, Kalander-Ablagerungen oder auch Druckfarben-Mottling aufgrund einer inhomogenen Papieroberfläche.

Moderne Calciumcarbonat-Slurries sind auf ihre Verträglichkeit mit den meisten bekannten Streicherei-Hilfsstoffen geprüft und innerhalb der üblichen Produktionsbereiche uneingeschränkt verwendbar. In Abmischung mit Kaolin erniedrigen sie jedoch im Allgemeinen die Viskosität der Kaolinfarbe. Deshalb können viskositätsregulierte Streichprozesse die Zugabe von verdickenden Additiven oder die Anpassung des Feststoff-Gehaltes an die jeweiligen Bedingungen erforderlich machen.

Im Offset-Druck können Zersetzungsprodukte des Calciumcarbonats auf dem Gummituch der Druckpresse abgelagert werden, wenn extrem saure Feuchtwasserzusätze (pH < 4) verwendet werden. Dieses Problem lässt sich durch den Einsatz von Komplexbildnern sowie neutralem oder alkalischem Feuchtwasser vermeiden.

Wegen ihrer offeneren Oberfläche nehmen mit Calciumcarbonat gestrichene Papiere Druckfarben schneller auf als Papiere, die mit Kaolin gestrichen sind. Dementsprechend kann bei einem hohen Calciumcarbonat-Anteil im Strich die Trocknungszeit im Druckprozess verkürzt werden.

Das als „Kreiden" bekannte Abriebphänomen bei matten Offset-Druckpapieren hat dagegen mit dem Einsatz von Calciumcarbonat nichts zu tun und tritt auch bei vollständig Calciumcarbonat-freien, gestrichenen Papieren auf. Kreiden ist das Resultat einer ungenügenden Bindung von Mineral-

partikeln innerhalb der Strich- beziehungsweise Papieroberfläche und wird sowohl von verfahrenstechnischen wie chemischen Parametern beeinflusst.

Dynamische Entwässerung und Sedimentation

Schlämmt man Calciumcarbonat-Pulver in Wasser auf, so tritt beim Stehenlassen rasche Sedimentation ein; gleichzeitig findet eine Entwässerung des Sediments statt. Erst die Anwendung von Dispergiermitteln verzögert diesen Vorgang. Das Ziel der Dispergierung einer Calciumcarbonat-Slurry ist es, Sedimentation und topostatische Entwässerung für etwa 6 Wochen zu verhindern, um den Transport und die Lagerung der Slurries bis zu ihrer Verwendung möglich zu machen.

Unterschiede in der Entwässerungsgeschwindigkeit hängen vom aktuellen Feststoff-Gehalt, der Feinheit und der Gesteinsart des Calciumcarbonats ab. Der Feststoff-Gehalt der Streichfarbe übt jedoch den größten Einfluss auf das Wasserrückhaltevermögen aus (siehe Abbildung).

Wasserrückhaltevermögen, nach der Methode SD-Warren: 67% Festgehalt, standardisierte Streichfarbe, 1% Carboxymethylcellulose (CMC).

Gesteinsart	Topostatische Trockenzeit auf Papier [sec]	
	Feinheit (d_{60} < 2 μm)	Feinheit (d_{90} < 2 μm)
Kreide	10	20
Kalkstein	17	23
Marmor	9	14

Die Entwässerungsgeschwindigkeit sinkt mit zunehmender Feinheit. So sedimentieren ultrafeine Calciumcarbonat-Typen langsamer als grobe Typen und kolloidal gelöste Calciumcarbonat-Teilchen sedimentieren überhaupt nicht mehr.

Bei der Papierveredelung tritt unter dem Egalisierungsmesser eine dynamische Entwässerung der Streichfarbe ein. Während des Auftrags und der nachfolgenden Strichegalisierung wirken hydrodynamische Kräfte auf die dispergierten Partikel und kompensieren die durch Dispergierung und Gesteinsart hervorgerufenen, geringen Unterschiede im Wasserrückhaltevermögen nahezu vollständig. Mit zunehmender Bahngeschwindigkeit treten Druckentwässerung und das Fließverhalten in den kapillaren, inneren Strichstrukturen in den Vordergrund.

Calciumcarbonat lässt sich unter dynamischen Bedingungen in der Regel einfacher entwässern als Kaolin. Ursache hierfür ist zum einen die rhomboedrische Grundform der Calciumcarbonat-Teilchen, die zu mehr Mobilität und leichterer Penetration ins Papier führt und damit die Teilchen einer unmittelbaren Kontaktentwässerung an der Faseroberfläche zugänglich macht. Andererseits besitzt Calciumcarbonat eine weniger hydrophile Oberfläche als Kaolin.

Im Gesamtresultat immobilisieren Calciumcarbonat-Streichfarben bei gleichem Feststoff-Gehalt schneller an der Papieroberfläche als reine Kaolinfarben. Da mit Calciumcarbonat prinzipiell höhere Feststoff-Gehalte möglich sind, kann man sich zudem dem

Immobilisierungspunkt mit einer größeren Variationsbreite annähern, wodurch sich wiederum das Ausmaß der Strichpenetration bei hohen Bahngeschwindigkeiten beeinflussen lässt.

Obgleich eine rasche Strich-Immobilisierung beim Streichen mit Calciumcarbonat vorteilhaft ist, sollte das Wasserrückhaltevermögen mit Verdickungsmitteln eingestellt werden, da eine unkontrolliert ablaufende Entwässerung bei der nachfolgenden Strichegalisierung zu einer inhomogenen Papieroberfläche führen kann. Das betrifft vor allem Prozesse mit langsamen Streichgeschwindigkeiten von weniger als 600 Metern in der Minute, wie sie bei Kartonstrichen oder Vorstrichen mit grobem Calciumcarbonat üblich sind.

Als Verdicker sind heute natürliche Stärke, teilsynthetische Carboxymethylzellulose (CMC) sowie synthetische Substanzen auf Polyacrylat-Basis im Einsatz.

Kationische Streichfarben mit Calciumcarbonat

Selten zuvor hatte ein Forschungsgebiet soviel Diskussionen und intensive Forschungen innerhalb und außerhalb der europäischen Mineralindustrie ausgelöst wie die Entwicklung kationischer Streichfarben.

Zeta-Potenziale einiger Minerale. Im dispergierten Zustand hängt die Ladungsgröße mit der Gesamtmenge an Dispergiermittel zusammen.

	natürliche Ladung [mV]	dispergierte Ladung [mV]
Kaolin	-25 bis -45	-25 bis -45
CaCO$_3$	0 bis +6	-25 bis -55
PCC	0 bis +8	-25 bis -55
CaCO$_3$ (kationisch dispergiert)	0 bis +6	+33

Unter einer kationischen Streichfarbe versteht man eine Streichfarbe mit einem Überschuss an positiver Ladung. Bei natürlichem, trocken gemahlenem aber auch bei frisch gefälltem Calciumcarbonat lässt sich eine schwach positive, also kationische Überschussladung an der Teilchenoberfläche nachweisen. Diese wird beim Dispergieren mit den anionischen Polyacrylaten jedoch ausgeglichen, sodass bei handelsüblichen Calciumcarbonat-Slurries eine anionische Gesamtladung resultiert. Bei Kaolinen ist eine solche, stark negative Überschussladung an der Oberfläche bereits im natürlichen, nicht dispergierten Zustand festzustellen (siehe Abbildung).

Da die Papieroberfläche aufgrund der anionischen Faseroberflächen eine negative Überschussladung aufweist, sollte ein kationisch geladener Strich bereits vor der Strichegalisierung an der Fasergrenzschicht immobilisieren und so die Strichpenetration deutlich verringern. REM-Aufnahmen unterschiedlicher Striche belegen diese Annahme (siehe Abbildung).

Erste Streichversuche mit kationischen Streichfarben gingen von Kaolinen und anionisch dispergierten Calciumcarbonaten aus, die durch Zugabe von großen Mengen kationischer Polymere „umgeladen" wurden. Die dabei entstehenden Streichpasten waren jedoch so stark geflockt, dass die Labor-Ergebnisse nicht in die alltägliche Streichpraxis umgesetzt werden konnten; die Verarbeitungszeiträume für derartige kationische Streichfarben waren einfach zu kurz.

Erst 1989 entwickelte und patentierte die Plüss-Staufer AG ein Herstellungsverfahren, das zu homogenen, rheologisch stabilen, kationischen Calciumcarbonat-Slurries führte. Hiermit waren Anfang der neunziger Jahre erstmals praxisnahe, reproduzierbare Streichversuche möglich, die Handling, Transport und Lagerung von kationischen Streichfarben unter Praxisbedingungen ermöglichten. In Erwartung neuer Absatzmärkte entwickelten Binder- und Hilfsmittelhersteller zahlreiche Hilfsstoffe wie Latizes, Verdicker und optische Aufheller für diese kationische Calciumcarbonat-Streichfarbe. Doch die Ergebnisse waren ernüchternd.

REM-Vergleich eines anionischen (oben) mit einem kationischen (unten) Vorstrich auf holzhaltigem Papier (10 g/m² x Seite).

Der Einsatz von 100 Prozent kationischem Calciumcarbonat in Vorstrichen bei doppeltgestrichenen Papieren zeigte zwar die erwartete, schnelle und gute Immobilisierung der Streichfarbe, die Papiereigenschaften nach dem Deckstrich zeigten jedoch keine

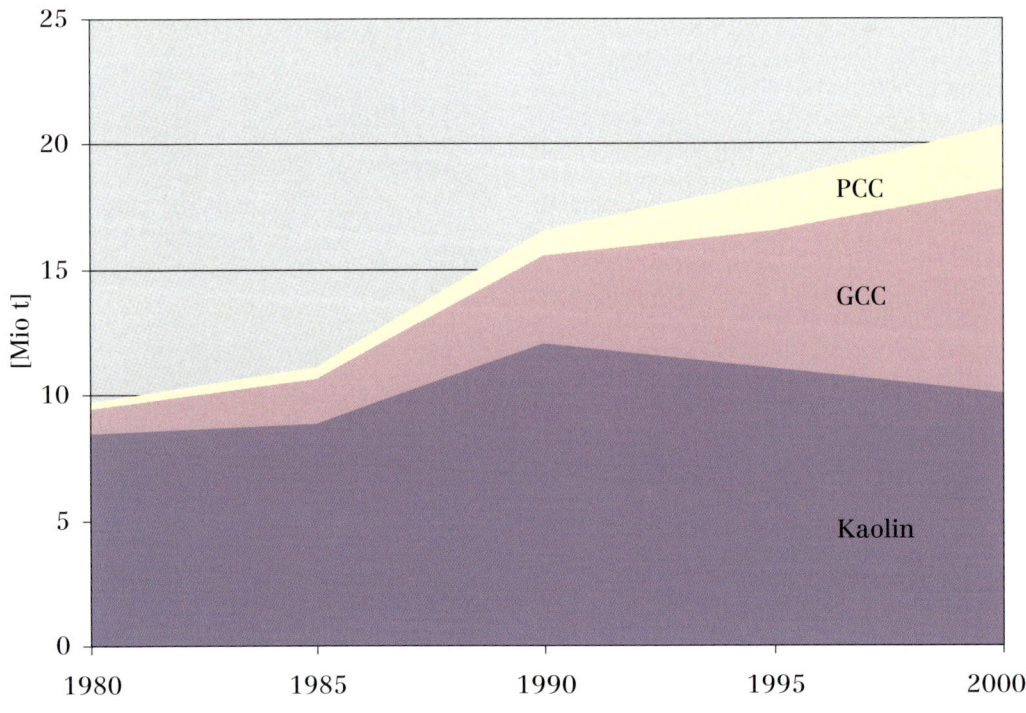

Weltweiter Mineral-
Verbrauch in der
Papierindustrie.

signifikanten Vorzüge gegenüber der konventionellen anionischen Streicherei. Die deutlich höheren Kosten für kationische Hilfsmittel ließen sich durch dieses Konzept nicht rechtfertigen.

Etwas anders ist die Situation bei der Herstellung leichtgewichtiger, einfachgestrichener Papiere. Hier muss kationisches Calciumcarbonat mit umgeladenem Kaolin kombiniert werden, um die hohen Glanzziele zu erreichen. Zwar kommt es auch hier zu einer enormen Verteuerung der Rezeptur, zugleich sind jedoch deutliche Vorteile hinsichtlich der Faserabdeckung bei Strichgewichten von weniger als fünf Gramm je Quadratmeter festzustellen. Es ist daher denkbar, dass bei der Einführung neuer Streichtechnologien wie der Filmpresse in Kombination mit online-Satinage die kationische Streichfarbe ein „Comeback" erfährt.

Zur Jahrtausendwende ist allerdings kein Papierhersteller bekannt, der eine kationische Streichfarbe auf Calciumcarbonat-Basis verwendet.

1.3 Industrielle Nutzung von Calciumcarbonat in der Papier-Industrie

Innerhalb von 20 Jahren hat Calciumcarbonat weltweit betrachtet ein gleich großes Volumen für die Papierindustrie erreicht wie Kaolin. Jährlich werden inzwischen mehr als 10 Millionen Tonnen Calciumcarbonat-Produkte zur Papierherstellung eingesetzt. Dies entspricht etwa 44 Prozent des gesamten Mineralverbrauches in der Papier-Industrie (siehe Abbildung). Hierin enthalten sind etwa 2,5 Millionen Tonnen Calciumcarbonat auf der Basis von PCC und 8 Millionen Tonnen natürliches, gemahlenes Calciumcarbonat.

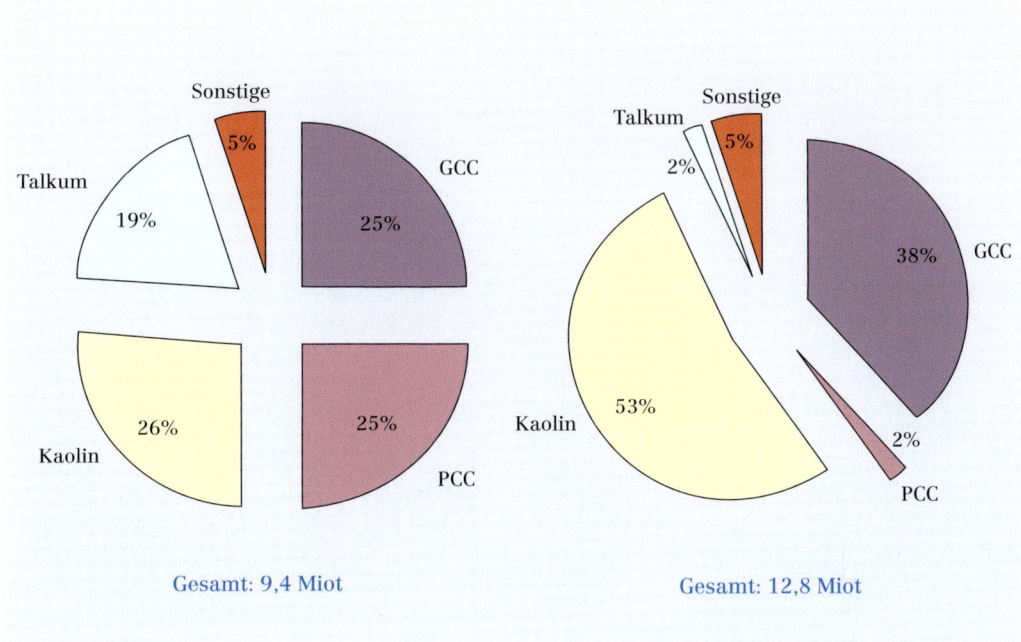

Gesamt: 9,4 Miot   Gesamt: 12,8 Miot

Weltweiter Füllstoff-
(links) und Streich-
pigment-Verbrauch
(rechts) in der Papier-
Industrie 1997.

Die Logik der „Economy of Scale" hat jedoch inzwischen weltweit zu logistisch reifen und überzeugenden Konzepten für die Herstellung von gemahlenem Calciumcarbonat geführt, die eine Versorgung der meisten Papierfabriken zulässt. Die größte Produktionseinheit stellt heute 3,5 Millionen Jahrestonnen gemahlenes Calciumcarbonat für die Papier-Industrie her.

PCC hat als Füllstoff, nicht jedoch als Streichpigment (siehe Abbildungen) in Nordamerika Mitte der achtziger Jahre eine große Bedeutung erlangt. Da Kalkstein in der gesamten Region weit verbreitet ist, erwies sich die Produktion von PCC nahe der Papierfabrik (on-site) als kostengünstigste Variante. Hierbei fällt das PCC in Feststoff-Gehalten von 25 Prozent an und kann direkt als Füllstoff der Produktion zugeführt werden. Insgesamt 48 PCC-Fabriken wurden auf dem amerikanischen Kontinent innerhalb von etwa 15 Jahren errichtet. Der größte Teil hiervon auf dem Gelände von Papierfabriken mit einer kleinen, bedarfsgerechten Produktionsmenge von etwa 30 000 Jahrestonnen je Einheit.

Die Wachstumsperspektive für Calciumcarbonat ist gut. Der größte Anteil am Mineralverbrauch betrifft die gestrichenen Papiere, doch sind bereits die ersten Schritte vollzogen, hochweiße Minerale auch in Zeitungsdruckpapier und den übrigen holzhaltigen Naturpapieren einzusetzen. Vor allem beim Zeitungspapier kam es Mitte der neunziger Jahre zu einem Trendwechsel: Ein Mineraleinsatz von bis zu 15 Gewichtsprozent in einzelnen, hochwertigen Produkten ist keine Seltenheit mehr. Hieran wird Calciumcarbonat wegen seiner natürlichen Weiße, seiner guten Verfügbarkeit und seiner hochentwickelten Anwendungstechnologie auch zukünftig einen bedeutenden Anteil haben.

2. Kunststoffe

Kautschuk und Celluloid – rein chemisch betrachtet waren dies die ersten Kunststoffe, die industriell hergestellt wurden; zumindest erfüllen beide das charakteristische Merkmal aller Kunststoffe: Sie sind hochmolekulare Polymere, die aus unzähligen, regelmäßig aneinander geknüpften Bausteinen bestehen, den Monomeren. Trotzdem sind Kautschuk und Celluloid eigentlich keine „Kunststoffe", sondern genau genommen nur abgewandelte Naturstoffe. Der amerikanische Chemiker Charles Goodyear vulkanisierte 1839 den getrockneten Saft des Baumes Hevea, um einen gebrauchsfähigen Kautschuk zu erhalten, und die Gebrüder Hyatt (USA) stellten ihr Celluloid 1869 aus Kollodium her, das sie durch Nitrierung von Baumwolle gewannen.

Die „Abgewandelten Naturstoffe" hatten ihre große Zeit vor allem im 19. Jahrhundert. Das heißt jedoch nicht, dass sie im 20. Jahrhundert vom Markt verschwanden. Folien aus dem 1910 entwickelten Zellglas (eine Hydratcellulose) blieben lange Zeit begehr-te Verpackungsmaterialien, die sich zudem vorzüglich als Kunstdärme für Wurstwaren eigneten.

Doch das 20. Jahrhundert gehörte den vollsynthetischen Kunststoffen. Bereits 1907 erwarb der belgische Chemiker Leo Baekeland ein Patent auf seine Bakelite: Duroplasten, die bei der Polykondensation von Phenol und Kresol mit Formaldehyd entstehen. Und die Polykondensation mit Formaldehyd wurde in der Folge eine der wichtigsten Reaktionen zur industriellen Herstellung von Duroplasten: Mit Harnstoff erhielt man Harnstoff-Formaldehyd-Harze (1910), auch als „organisches Glas" bekannt; weiches Polyvinylacetat ließ sich mit Formaldehyd „härten" (1926) und aus Melamin waren die überaus vielseitigen Melaminharze (1935) zugänglich.

Eine Kautschuk-Pflanze wird angezapft.

Die Synthese der ersten Thermoplaste ließ etwas länger auf sich warten. Zunächst musste Hermann Staudinger mit seinen Arbeiten aus den Jahren 1922 bis 1926 die wissenschaftlichen Grundlagen für die „Makromolekulare Chemie" schaffen, bevor man gezielt die großtechnische Synthese unzähliger neuer Verbindungen mit den unterschiedlichsten Eigenschaften in Angriff nehmen konnte.

Bereits 1928 wurden die ersten Polyacryl-Kunststoffe eingeführt und zwischen 1930 und 1935 gingen Polyvinylchlorid (PVC), Polystyrol (PS) und Polyvinylacetat (PVA) in die großtechnische Produktion. Etwa zur gleichen Zeit lief im industriellen Maßstab die Herstellung von künstlichen Elastomeren aus Butadien und anderen Monomeren an; nach den Duro- und Thermoplasten war damit auch die dritte wichtige Kunststoff-Gruppe eingeführt (siehe Kasten).

Und die Entwicklung schritt unaufhaltsam weiter: Seit 1936 produzierte die ICI (Imperial Chemical Industries) das Polyethylen, heutzutage der mengenmäßig bedeutendste Kunststoff weltweit. Bereits 1938 kamen die Polyamide Nylon und Perlon auf den Markt und während des Zweiten Weltkrieges schafften auch andere wichtige Kunststoffe wie Polyurethane (PUR), Epoxidharze, fluorhaltige Polymere und Silicone den Sprung aus dem Labor in die großindustrielle Produktion. Schließlich kamen in den fünfziger Jahren noch die Polycarbonate (PC) sowie die Polyester hinzu.

In den Folgejahren ist die Zahl der völlig neuen Kunststoffe nicht mehr wesentlich gestiegen. Die Entwicklung konzentrierte sich vielmehr auf die Verbesserung der Eigenschaften sowie rationellere Produktions- und Verarbeitungsverfahren. Insbesondere die Entwicklung der Niederdruckpolymerisation durch Karl Ziegler und Giulio Natta zu Beginn der fünfziger Jahre erweiterte die Möglichkeiten der Kunststoff-Industrie beträchtlich. Die aufwendigen Hochdruckverfahren verschwanden, die Kunststoff-Produktion wurde einfacher und billiger, die Produktionsmengen stiegen und neue Einsatzgebiete wie Medizintechnik, Fahrzeugbau, Bauwesen und die Möbelpro-

Thermoplaste (auch Plastomere):
Polymere, bei Gebrauchstemperatur weiche oder harte Werkstoffe, die oberhalb der Gebrauchstemperatur einen Fließübergangsbereich besitzen, in dem sie wiederholt und ohne chemische Veränderung erweichen. Im erweichten Zustand können sie durch Pressen, Extrudieren, Spritzgießen oder andere Formgebungsverfahren zu Formteilen verarbeitet werden. Thermoplaste stellen das Hauptkontingent der Kunststoffe.

Duroplaste:
Sammelbezeichnung für alle aus härtbaren Harzen hergestellten Kunststoffe, die beim Erwärmen oder nach Zugabe von Katalysatoren durch Polymerisation, Polykondensation oder Polyaddition irreversibel vernetzen und dabei in einen unlöslichen Zustand übergehen.

Elastomere:
Natürliche oder synthetische Polymere mit gummi-elastischem Verhalten, die bei Raumtemperatur auf das Zweifache ihrer Länge gedehnt werden können und nach Aufhebung des für die Dehnung erforderlichen Zwanges sofort wieder annähernd ihre Ausgangslänge einnehmen.

Kleb- und Dichtstoffe:
Organische und anorganische zähflüssige Verbindungen, die zwei Substrate miteinander verbinden können. Klebstoffe bilden eine dauerhafte Oberflächenverbindung zwischen zwei Werkstoffen. Dichtstoffe sollen das Eindringen von gasförmigen oder flüssigen Stoffen zwischen zwei Substraten verhindern.

duktion konnten für Kunststoffe erschlossen werden.

Damit stieg jedoch auch die Notwendigkeit, jeden Kunststoff auf seine jeweilige Anwendung maßzuschneidern und gleichzeitig die Kosten gering zu halten. Eine Herausforderung, die sich nur durch den breiten Einsatz von Füllstoffen und Verstärkungsmitteln bewältigen ließ.

Füllstoffe und Verstärkungsmittel wurden von Beginn an in Kunststoffe eingearbeitet. So waren Bodenbeläge aus Kautschuk schon

Organische Füllstoffe		Anorganische Füllstoffe	
Synthetisch	**Natürlich**	**Synthetisch**	**Natürlich**
Ruß	Holzmehl	Silicagele	Calciumcarbonate
Kohlenstoff-Fasern	Cellulosefasern	Gefällte Calciumcarbonate	Talkum
Kohlenstoff-Hohlkugeln	Stärke	und Bariumsulfate	Kaolin
Koksmehl	Reishüllen	Aluminiumhydroxid	Asbest
Polymerfasern	Korkmehl	Glaskugeln, -fasern	Silikate
		Metalloxide	Quarzmehl
		Schlackenwolle	Baryt
		Aluminium-, Calciumsilikate	Glimmer
		Bariumferrit	Nephelin, Syenit
		Whiskers	Wollastonit
			Metallpulver

Typische Füllstoffe in der
Kunststoff-Industrie.

im 19. Jahrhundert mit Kork- oder Holz-mehl gefüllt und Leo Baekeland ließ sich zu Beginn des 20. Jahrhunderts den Gebrauch von Füllstoffen und Verstärkungsmitteln so-gar patentieren. Durch die Zugabe von Holz- oder Asbestfasern, Textil- oder Papier-schnitzeln gelang es ihm, die Sprödigkeit seines Bakelits und anderer Phenolharze zu verringern; Drahtgewebe sorgten dafür, dass Festigkeit und Zähigkeit der Kunststoffe wuchsen. Spätestens seit Anfang der vierzi-ger Jahre war der Einsatz von minerali-schen Füllstoffen auch in PVC-Bodenbelä-gen üblich.

Häufig sprachen die Kunststoff-Produzen-ten von „Dividendenpulver", denn die Ver-billigung der Gesamtrezeptur war das wich-tigste, oft sogar einzige Argument für den Füllstoff-Einsatz. Dementsprechend groß war die Vielfalt der eingesetzten Materialien (siehe Abbildung).

Heute „erfüllen" Füllstoffe hingegen eine Vielzahl von Aufgaben und vor allem die mi-neralischen Füllstoffe sind aus den Kunst-stoff-Anwendungen nicht mehr wegzuden-ken. Laufend kommen wir in unserem Alltag mit gefüllten und verstärkten Kunststoffen in Berührung: So enthalten Beschichtungen von Teppichrückseiten und anderen Boden-belägen bis zu 70 Prozent Füllstoffe, sind Ummantelungen elektrischer Kabel mit großen Mengen feiner Mineralmehle gefüllt. Und in all diesen Anwendungen sind insbe-sondere die Calciumcarbonat-Füllstoffe von größter Bedeutung.

2.1 Der Kunststoffmarkt

Zu den Kunststoffen gehört eine große An-zahl verschiedenartigster Produkte, die in der Technik und im täglichen Leben eine wichtige Rolle spielen (siehe Abbildung). Als Werkstoffe sind sie in vielen Fällen klassi-schen Produkten wie Holz und Metall über-legen. Kunststoffe besitzen eine geringe Dichte und gut steuerbare mechanische Ei-genschaften. Sie sind korrosionsbeständig und ihre leichte Verformbarkeit gestattet die wirtschaftliche Verarbeitung zu Serien-produkten der unterschiedlichsten Formen und Farben.

Für eine systematische Einteilung der Kunststoffe bestehen mehrere Möglichkei-ten. Sie kann nach dem chemischen Aufbau und den zu Grunde liegenden Bildungsreak-tionen erfolgen oder physikalische Merkmale

sowie damit zusammenhängende verarbei-
tungs- und anwendungstechnische Gesichtspunkte berücksichtigen.

Kunststoffprodukte.

Chemisch teilt man Kunststoffe nach den
Reaktionstypen ein, die der Bildung der Polymere aus ihren Monomeren zu Grunde liegen. Man unterscheidet

- **Polykondensate** (Phenoplaste, Aminopla-
  ste, Polyamide, Polyester, Silicone etc.)
- **Polymerisate** (PE, PP, PVC, Polystyrol,
  Acrylverbindungen etc.)
- **Polyaddukte** (PUR, Epoxidharze etc.)

Hinzu kommen halbsynthetische Kunststoffe wie die Cellulose-Derivate, deren Ausgangsprodukte nicht aus Kohle, Erdöl oder
Erdgas gewonnen werden, sondern durch
die chemische Abwandlung hochmolekula-
rer Naturstoffe unter Erhaltung der makro-
molekularen Struktur.

In der Praxis teilt man die Kunststoffe jedoch meist nach ihrem Eigenschaftsprofil
ein. Auf Grund ihres mechanisch-thermi-
schen Verhaltens lassen sich drei Gruppen
unterscheiden: Thermoplaste, Duroplaste
und Elastomere. Aber diese Gruppen erfassen nicht den gesamten Bereich der Kunststoffe, denn chemisch gesehen gehören
auch die Dichtmassen, Klebstoffe, Chemie-
fasern und der Synthesekautschuk zu den
Kunststoffen und werden dementsprechend
mit einbezogen. Selbst die Kunstharze (Far-

ben und Lacke, Dispersionen, Additive) lassen sich chemisch nicht immer von den Kunststoffen abgrenzen; allein die Anwendungen machen hier eine eindeutige Unterscheidung möglich.

Jedoch versteht man in vielen Veröffentlichungen unter dem Kunststoffmarkt ausschließlich die beiden Gruppen Thermoplaste und Duroplaste; der Gummimarkt (Elastomere) sowie die Kleb- und Dichtstoffe werden meist separat behandelt. Aus Gründen der Übersichtlichkeit wird diese Trennung auch im Folgenden beibehalten.

thetischen Gummiprodukten (Elastomeren) lag die Gesamtproduktion gerade einmal bei 17,7 Millionen Tonnen; davon waren etwa 40 Prozent Naturkautschuke. An Kleb- und Dichtstoffen wurden 1998 rund um den Globus zwar nur gut 8 Millionen Tonnen in den unterschiedlichsten Varianten verarbeitet, dafür sind in diesem Markt die Wachstumsraten besonders hoch. Allein in den letzten drei Jahrzehnten hat sich das Produktionsvolumen etwa verfünffacht.

Allen Kunststoffen, Dichtungsmassen und Gummiprodukten ist gemeinsam, dass die Hauptabsatzgebiete eindeutig in den hochindustrialisierten Regionen liegen. Je nach Segment entfallen 65 bis 80 Prozent des jeweiligen Marktvolumens auf die Staaten der Europäischen Union, die USA und Japan.

Weltproduktion von Kunststoffen 1998.

2.2 Füllstoffe und Verstärkungsmittel

Unter Füllstoffen und Verstärkungsmitteln versteht man allgemein Zusätze in fester Form, die sich hinsichtlich ihrer Zusammensetzung und Struktur von der Polymermatrix unterscheiden. Die Luftbläschen in geschäumten Kunststoffen können dabei als Sonderfall eines Füllstoffes betrachtet werden.

Eine eindeutige Unterscheidung zwischen Füllstoffen und Verstärkungsmitteln bereitet Schwierigkeiten. Teilt man sie nach ihrer chemischen Zusammensetzung ein oder unterscheidet man zwischen natürlichen oder synthetischen Materialien, ist vor allem Unübersichtlichkeit die Folge. Ein wesentlich klareres Bild erhält man, wenn man Füllstoffe und Verstärkungsmittel nach ihrer Wirkungsweise einstuft.

Generell bezeichnet man als Verstärkungsmittel alle Zusätze, welche die Zug- und Reißfestigkeit verbessern. Füllstoffe hingegen vermindern genau diese Eigenschaften, mit ihrem Zusatz verfolgt man andere Zwecke. So führen Füllstoffe (ohne Luft) in thermoplastischen Kunststoffen zu folgenden Eigenschaftsveränderungen: Sie erhö-

Marktübersicht

Misst man die wirtschaftliche Bedeutung eines Kunststoffes allein an den jährlich produzierten Mengen, so ist die herausragende Position der Thermo- und Duroplaste offensichtlich (siehe Abbildung). Von den weltweit produzierten 183,7 Millionen Tonnen Kunststoffen waren im Jahre 1998 rund 158 Millionen Tonnen diesen beiden Gruppen zuzurechnen. Bei den natürlichen und syn-

hen die Masse und Steifigkeit, vermindern die thermische Ausdehnung und verbessern damit die Stabilität der Fertigteile.

Warum welcher Füllstoff die Eigenschaften eines Kunststoffes wie verändert, ist am ehesten zu verstehen, wenn man speziell die folgenden physikalischen Gesichtspunkte betrachtet:

- Form der Teilchen (Aspect Ratio)
- mittlerer Teilchendurchmesser
- Steilheit der Kornverteilungskurve
- gröbste Teilchen (TopCut)
- spezifische Oberfläche
- Oberflächenenergie/Oberflächenspannung
- Oberflächenbeschichtung
- Packungsdichte (bei hohen Füllgraden)

Anhand dieser Kriterien lässt sich die Wirkungsweise von Füllstoffen hinreichend beschreiben.

Form der Teilchen

Der sogenannte Formfaktor oder Aspect Ratio beschreibt das Verhältnis von Länge zu Dicke eines Teilchens. Er ist für den Einsatz in unpolaren und mittelpolaren Kunststoffen wie Polyethylen, Polypropylen und PVC die wichtigste physikalische Eigenschaft und entscheidet darüber, ob ein Zusatz als Verstärkungsmittel oder Füllstoff wirkt. Dabei lassen sich fünf grundlegende Teilchenformen unterscheiden, die ihrerseits in zwei Gruppen eingeteilt werden können (siehe Abbildung).

Kugel, Würfel oder Quader wirken als Füllstoffe und ergeben außer einer Steifigkeitserhöhung meist keine Verbesserung der mechanischen Eigenschaften in Kunststoffen. Bei sehr starken Haftkräften zwischen Füllstoff-Oberfläche und Polymerketten kann jedoch auch ein Zusatz mit kleinem Aspect Ratio (Kugel, Würfel) eine Verstärkungswirkung wie die Zunahme von Zug- und Reißfestigkeit ausüben. Ein typisches Beispiel ist die Verstärkungswirkung von unbeschichtetem Calciumcarbonat in Polyamiden.

Plättchenstrukturen und Fasern mit hohem Aspect Ratio hingegen führen in allen Kunststoffen zu einer Verstärkungswirkung. So wird plättchenförmiges Talkum als Verstärkungsmittel in Stoßstangen für Automobile eingesetzt, die stärksten mechanischen Belastungen standhalten müssen. In modernen Verbundwerkstoffen (Composites) hat die Polymermatrix sogar eine eindeutige Nebenfunktion. So wird die mechanische Beanspruchung in kohlefaserverstärkten Epoxidharzen praktisch vollständig von den Kohlenstoff-Fasern getragen; die Polymere dienen vor allem zur Trennung der einzelnen Fasern voneinander und zur Krafteinleitung in die Faseroberfläche.

Wie groß der Einfluss des Aspect Ratio ist, zeigt die Steifigkeit gefüllter Polypropylene.

Teilchenform (Aspect Ratio) von Füllstoffen und Verstärkungsmitteln.

Form	Kugel	Würfel	Quader	Plättchen	Faser
Aspect Ratio	1	~1	1,4-4	5-100	>10
Beispiele	Glaskugeln Silicatkugeln	Calcium-carbonat	Silica Bariumsulfat	Glimmer Talkum Kaolin Graphit Aluminium-trihydrat	Glasfasern Asbest Wollastonit Cellulosefasern C-Fasern Whisker

243

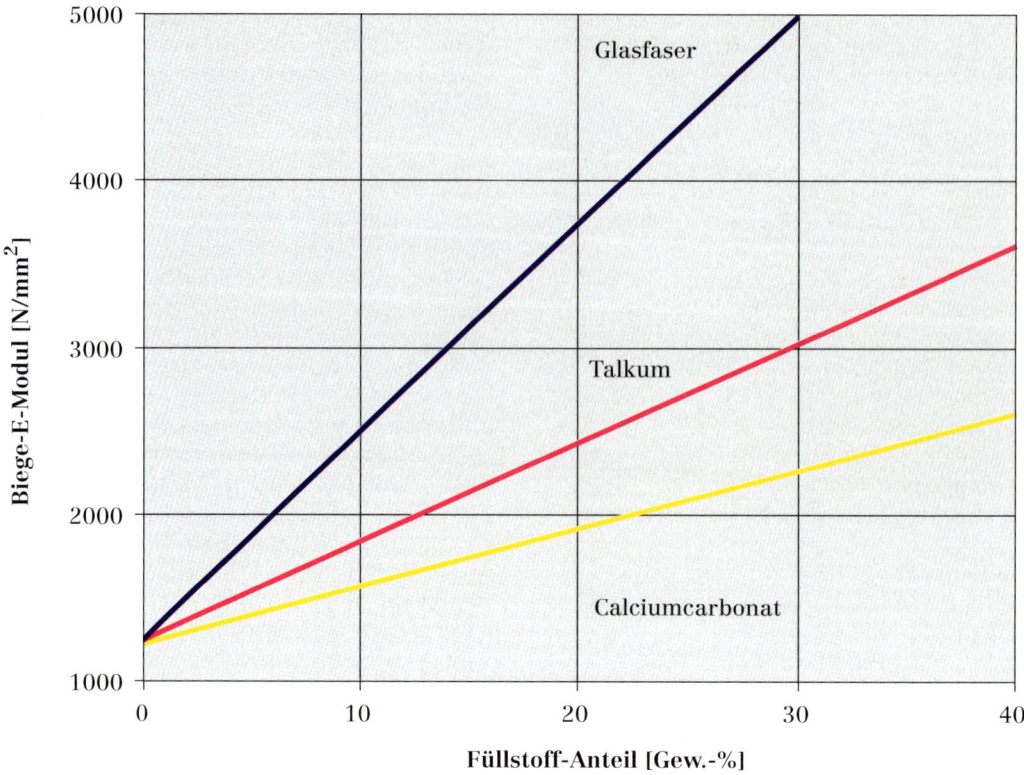

Einfluss der Aspect Ratio
auf die Steifigkeit von Polypropylen.

Glasfasern erhöhen die Steifigkeit, ausgedrückt durch den Elastizitätsmodul (E-Modul), deutlich, bei plättchenförmigem Talkum
ist die Wirkung schon weniger ausgeprägt
und beim würfelförmigen Calciumcarbonat
ist sie am geringsten. Mit steigendem Füllgrad wachsen die Unterschiede noch: So ist
bei einem Füllgrad von 10 Prozent die Verstärkungswirkung der Glasfaser um den
Faktor 1,5 größer als diejenige des Calciumcarbonats (siehe Abbildung), bei einem Füllgrad von 30 Prozent ist sie hingegen um den
Faktor 2,5 größer. Allerdings muss diese
Steifigkeitserhöhung in den meisten Fällen
mit einer Versprödung erkauft werden; die
Schlag- oder Kerbschlagzähigkeit nimmt ab.

Kornverteilung und Oberer Schnitt (TopCut)

Die meisten Füllstoffe werden heute nach
genau definierten Kornverteilungskurven
produziert und verkauft (siehe Anhang „Definitionen und Messmethoden"). Anhand
der Steilheit der Kornverteilungskurve lassen sich genaue Aussagen über die Wirkung
des Füllstoffes in der Polymermatrix treffen.
Denn die Steilheit einer Kurve sagt nicht nur
aus, wie groß die durchschnittlichen Abweichungen vom Mittelwert sind; sie bestimmt
auch die Menge an groben Teilchen sowie
den Feinstanteil. Und diese beiden Parameter haben einen bedeutenden Einfluss auf
die mechanischen und optischen Eigenschaften der füllstoffhaltigen Fertigteile.

So treten bei Füllstoffen mit zu hohem
Feinanteil im Extruder höhere Scherkräfte
auf, was zu einer thermischen (und optischen) Schädigung des Kunststoffes führen

kann. Wird der Füllstoff hingegen von seinem Feinstanteil befreit, sind auch bei höheren Füllgraden keinerlei Beeinträchtigungen am Kunststoff festzustellen.

Zudem erlaubt die moderne Sichtertechnologie den Füllstoff-Produzenten heute, einen genauen oberen Schnitt (TopCut) der Kornverteilungskurve einzuhalten. Auch der obere Schnitt hat einen wesentlichen Einfluss auf die Eigenschaften gefüllter Kunststoffe, denn die gröbsten Fremdteilchen wirken als Ort der größten Spannungskonzentration, an dem bei Beanspruchung zuerst ein Riss oder Bruch auftritt. Durch eine Erniedrigung des TopCut lassen sich bei Thermoplasten folgende Eigenschaften verbessern:

- Schlag- und Kerbschlagzähigkeit
- Reißfestigkeiten von Folien und Filmen
- Glanz der Fertigteil-Oberfläche
- Abrasion an Schnecken und Zylindern der Verarbeitungsmaschinen

Wie groß die Verbesserung der mechanischen Stabilität ist, zeigt folgendes Beispiel: Ein typischer Kabelkanal aus PVC-hart ist mit 20 Prozent eines oberflächenbeschichteten Calciumcarbonats gefüllt. Erniedrigt man den TopCut dieses Füllstoffs von 25 auf 5 Mikrometer, so führt dies zu einer Erhöhung der Kerbschlagzähigkeit um 125 Prozent.

Spezifische Oberfläche – Maß für den Feinstanteil

Die spezifische Oberfläche – ausgedrückt in Quadratmeter pro Gramm [m^2/g] – ist eine außerordentlich wichtige physikalische Größe, die in ihrer Bedeutung für den Erfolg des Füllstoff-Einsatzes in Polymeren oft unterschätzt wird. Sie gibt Auskunft darüber, wieviel Haftpunkte zwischen den Polymerketten und dem Zuschlagstoff theoretisch möglich sind. Eine große Füllstoff-Oberfläche ergibt viele Haftstellen und daher bessere mechanische Werte als eine kleine Oberfläche. Generell erzielt man mit einer Erhöhung der spezifischen Oberfläche von Füllstoffen oder Verstärkungsmitteln folgende Eigenschaften:

- höhere Steifigkeit (höherer E-Modul)
- bessere Zug- und Reißfestigkeit
- bessere Schlag- und Kerbschlagzähigkeit
- höherer Oberflächenglanz des Kunststoffes

Allerdings ist eine Vergrößerung der spezifischen Oberfläche nur innerhalb gewisser Grenzen sinnvoll, denn eine größere Oberfläche ist gleichbedeutend mit einem höheren Feinstanteil und kleiner werdende Füllstoff-Teilchen zeigen eine starke Tendenz zu agglomerieren.

Dieses Verhalten ist physikalisch bedingt, da auf ein Feststoff-Teilchen zwei entgegengesetzte Kräfte wirken. Die Gravitation oder Schwerkraft trennt die Teilchen voneinander, wohingegen die sogenannten „van der Waals-Kräfte" eine Anziehung bewirken. Je kleiner die Teilchen werden, um so stärker wirken sich die anziehenden van der Waals-Kräfte aus, der Einfluss der Schwerkraft sinkt. Bereits Teilchen mit einem mittleren statistischen Teilchendurchmesser von 1 Mikrometer werden durch die van der Waals-Kräfte zehn Millionen Mal stärker zusammengehalten als durch die Gravitationskraft getrennt. Einmal während des Verarbeitungsprozesses gebildete Füllstoff-Agglomerate sind daher praktisch nicht mehr redispergierbar und führen zu entsprechenden Fehlern in den Fertigteilen.

Die spezifische Oberfläche der Füllstoffe und Verstärkungsmittel ist daher auf die möglichen Verarbeitungsbedingungen (Scherkräfte) abzustimmen, eine zu große Oberfläche ist zu vermeiden. Sollten dennoch nicht dispergierte Füllstoff-Agglomerate entstehen, so wirken diese wie ein gröberer TopCut; insbesondere die Kerbschlagzähigkeit sinkt stark herab.

Oberflächenenergie und Oberflächenspannung

Die Oberflächenenergie von Füllstoffen – ausgedrückt in Millijoule pro Quadratmeter [mJ/m^2] – entspricht der Energiemenge, die man zur Bildung eines Quadratmeters Füllstoff-Oberfläche aufwenden muss. Je härter ein Material ist, desto größer ist dement-

Material	Oberflächen-spannung [mN/m]
Diamant	10 000
Glimmer	2 400
Glas	1 200
Titandioxid	650
Kaolin	500-600
Calciumcarbonat	200
Talkum	120
Harnstoff-Formaldehyd-Harz	60
PVC	40
PP	32
PE	30

Oberflächenspannung
einiger Materialien.

sprechend der erforderliche Energieaufwand, desto größer ist seine Oberflächenenergie (siehe Abbildung).

Zwar lässt sich die Oberflächenenergie an Festkörpern nicht direkt messen, rein mathematisch betrachtet entspricht sie jedoch der Oberflächenspannung in Millinewton pro Meter [mN/m], die bei Mineralienpulver über Gaschromatographieverfahren messbar ist. Daher setzt man heute für generelle Betrachtungen die Oberflächenenergie der Oberflächenspannung gleich.

Die Oberflächenenergie oder -spannung bestimmt die Größe der Wechselwirkungskräfte zwischen den einzelnen Substanzen und ist somit maßgeblich für die mechanischen Eigenschaften der gefüllten oder verstärkten Kunststoffteile verantwortlich. Ist die Differenz zwischen den Oberflächenenergien von Füllstoff und Polymer zu groß, behindern die Haftkräfte eine gute Durchmischung der unterschiedlichen Materialien. Um die Einarbeitung in die Kunststoffschmelze zu erleichtern, bevorzugt man daher Füllstoffe, deren Oberflächenspannung nicht allzu sehr von derjenigen der Kunststoffe abweicht. Eine Angleichung kann auch über eine Oberflächenbeschichtung der Füllstoff-Partikel erreicht werden.

Oberflächenbeschichtung

Verweise auf Oberflächenbeschichtungs- und Kupplungsmittel für Füllstoffe gibt es in der Fachliteratur zahlreiche; ebenso zahlreich sind die auf dem Markt für diese Zwecke erhältlichen Substanzen:

- Fettsäuren und Fettsäureester (für Carbnate und Oxide)
- Silane (für Silikate und Hydroxide)
- Titanate (für Silikate und Hydroxide)
- Zirkonate (für Silikate und Hydroxide)
- Gleitmittel wie Ester und Wachse (für Carbonate und Silikate)

Nur für wenige Verbindungen konnte bisher eine echte chemische Bindung zwischen Füllstoff und Polymermatrix bewiesen werden, meist bewirken sie nur eine schwache Bindung zwischen Füllstoff und Polymer, die nicht über eine elektrostatische Anziehung (van der Waals Kräfte) hinausgeht. Eine der wenigen Ausnahmen sind Silane mit Sulfonylazid-Gruppen, die eine kovalente Bindung zwischen dem Polypropylen und OH-Si-Gruppen an der Oberfläche silikatischer Füllstoffe wie Glimmer oder Glasfasern ermöglichen.

Aber auch bei einer eher schwachen Kupplung bieten oberflächenbeschichtete Füllstoffe und Verstärkungsmittel einige wichtige Vorteile. Sie bewirken eine

- Hydrophobierung
- Verminderung der Anziehungskräfte zwischen den Füllstoff-Teilchen
- Erniedrigung der Oberflächenspannung
- Erniedrigung der Schmelzviskosität
- Verbesserung der Dispergierung
- Reduktion an Stabilisatoren und Gleitmitteln
- Verbesserung der Endprodukt-Oberfläche

Die meisten Beschichtungsmittel dienen dazu, die Oberflächenspannung zu erniedrigen. So liegt die Oberflächenspannung eines gemahlenen Calciumcarbonat-Füllstoffes bei 200 Millinewton pro Meter, wenn man sowohl den polaren als auch den dispersiven Anteil der Oberflächenspannung berücksichtigt. Durch eine Stearinsäure-Beschichtung kann diese Spannung jedoch auf 40

Millinewton pro Meter herabgesetzt werden, was der Oberflächenspannung von PVC entspricht. Damit lässt sich das oberflächenbeschichtete Calciumcarbonat einwandfrei in der PVC-Matrix dispergieren.

Zudem vermindert eine Oberflächenbeschichtung die Adsorption von Stabilisatoren und Gleitmitteln an der Füllstoff-Oberfläche. Das trägt dazu bei, dass ein beschichtetes Calciumcarbonat eine wesentlich bessere Ofenstabilität aufweist als sein unbeschichtetes Pendant (siehe Abbildung).

Packungsdichte

In vielen flüssigen Polymer-Anwendungen wie Latizes, ungesättigten Polyesterharzen (UP), PVC-Plastisolen, Epoxiden, Thiokolen und Siliconen spielt bei hohen Füllgraden die Packungsdichte der Füllstoffe eine wichtige Rolle. Da Füllstoffe die Viskosität der flüssigen Polymersysteme erhöhen, ist ihr Anteil oft begrenzt. Diese Einschränkung lässt sich umgehen, indem man die Packungsdichte der Teilchen optimiert. Eine optimale Raumausfüllung durch die einzelnen Füllstoff-Partikel setzt flüssige Polymer-

matrix frei, welche sonst zur Ausfüllung der Zwischenräume benötigt würde. Das Ergebnis ist eine niedrigere Viskosität bei gleichem Füllstoff-Anteil beziehungsweise ein höherer Füllgrad bei gleicher Viskosität.

Spezifische Wärme und Wärmeleitfähigkeit

Mineralische Füllstoffe haben ganz andere energetische Eigenschaften als die klassischen Kunststoffe. Dies betrifft insbesondere die Wärmeleitfähigkeit sowie die spezifische Wärme. Überschlagsmäßig lässt sich sagen, dass die Wärmeleitfähigkeit der Mineral-Füllstoffe ungefähr zehnmal größer ist als diejenige der Massenpolymere. Die spezifische Wärme der Mineralien ist dagegen nur halb so groß wie diejenige der Kunststoffe. Um ein Kilogramm Füllstoffe auf eine gewisse Temperatur zu erwärmen oder später wieder abzukühlen, muss daher nur ungefähr die halbe Energiemenge wie bei den Massenkunststoffen zu- oder abgeführt werden.

Die Zugabe mineralischer Füllstoffe verbessert die Wärmeleitfähigkeit des Systems we-

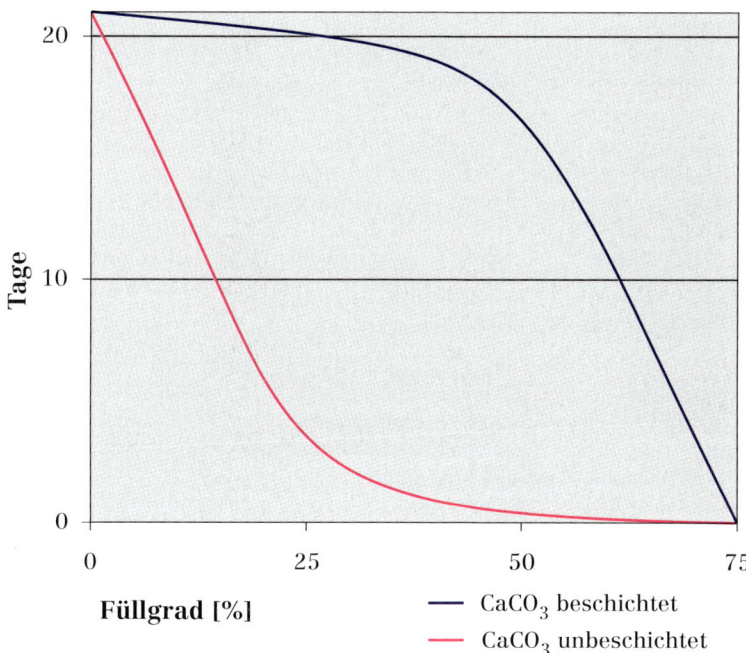

Thermooxidative Stabilität gefüllter Polypropylene bei einer Temperatur von 150 °C.

Füllgrad [%]

Tage

—— CaCO$_3$ beschichtet
—— CaCO$_3$ unbeschichtet

247

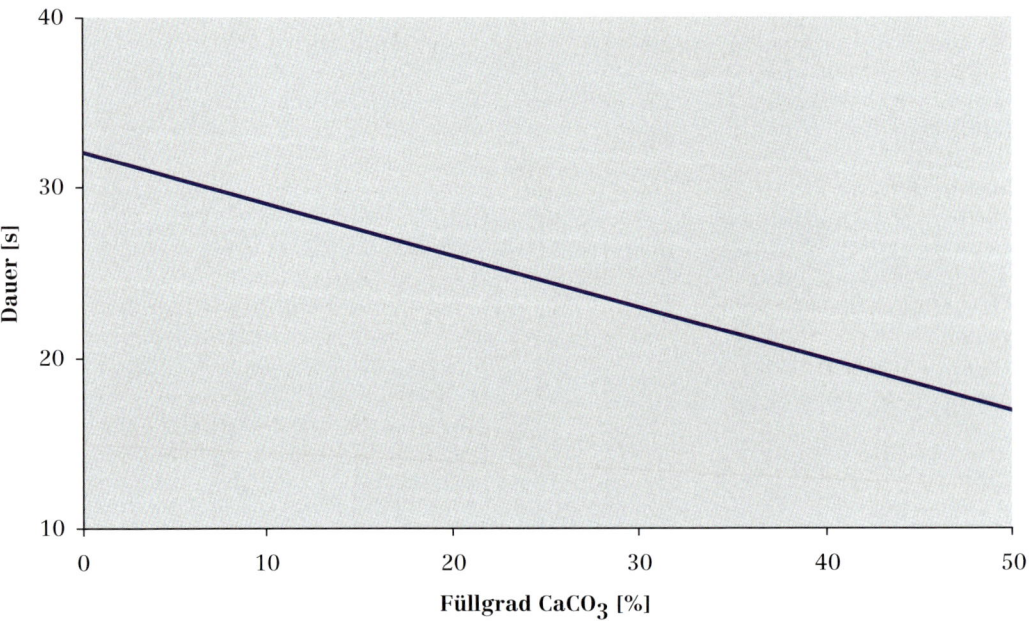

Abhängigkeit der
Abkühldauer vom
Füllgrad beim Spritzguss
mit PP/CaCO₃-
Compounds.

sentlich, wobei zwischen Füllgrad und Ab-
kühlzeit eine lineare Abhängigkeit besteht
(siehe Abbildung). Dadurch ergeben sich einige Vorteile für den Verarbeitungsprozess.
Insbesondere lassen sich solche Verfahrensschritte erheblich beschleunigen, die mit
Aufheiz- oder Abkühlvorgängen verbunden
sind. Dazu zählen unter anderem der Spritzguss, das Blasen von Hohlkörpern, das Tief-
ziehen oder das Schweißen. Bei der Extrusion kann die Kühlstrecke kürzer ausgelegt
werden.

Abrasion in Verarbeitungsmaschinen

Mineralische Füllstoffe sind selbst in feinst-
gemahlener Form noch kristallin, ihre mechanischen Eigenschaften unterscheiden
sich daher deutlich von denen der Polymere. Das wirkt sich auch auf die Verarbeitung

gefüllter Kunststoffe aus, wobei Füllstoffe
insbesondere zu einer erhöhten Abnutzung
an den Verarbeitungsmaschinen führen. Die
abrasive Wirkung eines Füllstoffs hängt vorwiegend von nachstehenden Parametern
ab:

- Mohs'sche Härte
- Teilchenform
- Teilchengröße
- Füllstoff-Konzentration
- Schmelzviskosität
- Relativgeschwindigkeit zwischen Metall-
  wand und Füllstoff
- Korrosion durch den Füllstoff

Die entscheidende Rolle bei der Abrasion
spielt sicherlich die Mohs'sche Härte, allein
entscheidend ist sie jedoch nicht. Ebenso
wichtig sind die Teilchenform und die Größe
der Füllstoff-Partikel.

Generell geht eine beachtenswerte Abrasi-
onswirkung erst von Teilchen aus, deren
Durchmesser größer als 5 Mikrometer ist.
Alpha-Quarz zeigt hier mit Abstand die
höchste Abrasivität, aber auch Schwerspat
(BaSO₄), Wollastonit und Titandioxid weisen
sehr hohe Abrasionswerte auf. Wie hoch
diese im Einzelnen sind, lässt sich mit ver-

schiedenen Prüfmethoden ermitteln. Allerdings sind die in wässrigen Suspensionen ermittelten Abrasionswerte nur bedingt auf mineralgefüllte Kunststoffschmelzen anwendbar.

Zur quantitativen Bestimmung der Abrasivität von Füllstoffen in der Praxis ist letztlich keine dieser Methoden wirklich geeignet, da hier zu viele Parameter eine Rolle spielen. Die beste Methode besteht immer noch darin, die Schnecken- und Zylindermaße nach einer festgelegten Gebrauchsdauer der Extruder nachzumessen.

Chemische Aspekte für den Verarbeiter

Chemische Durchschnittsanalysen sind nicht unbedingt relevant für die Charakterisierung von Füllstoffen. Methoden wie ESCA (Electron Spectroscopy for Chemical Analysis) oder Sekundärionen-Spektroskopie sind da oft aufschlussreicher, denn sie geben Auskunft über die chemische Zusammensetzung der äußeren Kristallschicht.

Liegen in der äußeren Hülle von Füllstoff-Teilchen Spuren von Schwermetallen wie Eisen, Mangan, Kupfer, Nickel oder Cer vor, so können diese in empfindlichen Thermoplasten wie Polypropylen oder Polyethylen die thermooxidative Stabilität oder das Verhalten gegenüber UV-Belastung stark beeinflussen. Die Schwermetalle wirken dabei als Katalysatoren beim oxidativen Abbau der Polymere.

Vor allem bei Talkum hat sich gezeigt, dass ein Füllstoff je nach Herkunftsort stark variierende Oberflächenaktivitäten aufweisen kann. Das hat zur Folge, dass die Stabilitätsprobleme für jede Füllstoff-Lagerstätte gesondert betrachtet werden müssen.

Auch wasserlösliche Verbindungen wie Natrium- und Kaliumsalze sollten nicht in Füllstoffen und Verstärkungsmitteln enthalten sein. Dies gilt insbesondere für den Einsatz in Kabelmischungen, wo Spuren von Natrium- oder Kaliumsalzen schon bei minimaler Feuchtigkeit die Isolationswerte messbar erniedrigen.

2.3 Calciumcarbonate als Füllstoffe in Kunststoffen

Natürliche, gemahlene Calciumcarbonate in unbeschichteter und oberflächenbeschichteter Ausführung stehen heute in goßer Auswahl zur Verfügung (siehe Abbildung); sie sind mengenmäßig die bedeutendsten Füllstoffe der Kunststoff-Industrie. So kommen in Thermo- und Duroplasten weltweit alljährlich mehr als 3,5 Millionen Tonnen zum Einsatz, bei den Elastomeren sind es nahezu 2,5 Millionen Tonnen und auch bei den Kleb- und Dichtstoffen werden rund 900 000 Tonnen Calciumcarbonat als Füllstoff verwendet.

Calciumcarbonat-Füllstoffe zeichnen sich insbesondere durch folgende Eigenschaften aus:

- Hohe chemische Reinheit, die einen negativen katalytischen Einfluss auf die Alterung von Polymeren ausschließt.
- Hoher Weißgrad und niedriger Brechungsindex, weshalb Calciumcarbonate einerseits teure und abrasiv wirkende Weißpigmente wie Titandioxid einsparen

Mittlerer Teilchendurchmesser für Calciumcarbonate in Kunststoffen. So vielfältig die Anwendungen von Kunststoffen, Adhäsiven und Dichtungsmassen sind, so groß ist auch die Bandbreite der eingesetzten Calciumcarbonate – beschichtet oder unbeschichtet.

Anwendung	Mittlerer Teilchendurchmesser [µm]
PUR	2-5
PE	1-5
PVC	1-5
Technische Gummis	1-10
Kabelisolierungen	1-3
Unterbodenschutz	2-160
Latexbeschichtungen	10-160
Kalanderfolien	1-5
Beschichtungen	2-15
Bodenbeläge	5-160
Klebstoffe	2,5-90
Fugenfüller	5-30
Dichtungsmassen	2,5-50

helfen, andererseits aber auch für die Herstellung farbiger Endprodukte problemlos geeignet sind.

- Geringe Abrasivität, was dazu beiträgt, den Verschleiß an Maschinenteilen wie Extruderschnecken und -zylindern gering zu halten.

Insbesondere die oberflächenbeschichteten Qualitäten sind zudem hervorragend dispergierbar, wodurch auch bei sehr hohen Füllgraden eine gute Verarbeitbarkeit der Kunststoffe gewährleistet bleibt. In Thermoplasten erhöhen fein gemahlene Calciumcarbonate die Steifigkeit, ohne die Schlagzähigkeit gravierend zu beeinträchtigen. Speziell bei dünnwandigen Fertigteilen helfen sie, Schwindungen und Verwerfungen zu vermeiden.

Nicht zuletzt ist natürliches Calciumcarbonat ungiftig, geruch- und geschmacklos sowie lebensmittelrechtlich in Verpackungen aus Kunststoffen zugelassen. Es ist weltweit in ausreichender Menge verfügbar und einer der preisgünstigsten Füllstoffe für Kunststoff-Anwendungen überhaupt.

Präzipitierte Calciumcarbonate (PCC) für die Anwendungen im Kunststoffbereich sollten folgende Eigenschaften besitzen:

- Mittlerer Teilchendurchmesser
  0,07-2,0 µm
- Weißgrad
  95-96 %
- Ölzahl
  35-40 g/l00 g Pulver
- Oberfläche
  10-25 m²/g

Insbesondere die feinen PCC-Qualitäten mit einem d_{50}-Wert von 0,07 Mikrometern setzt man fast immer mit Stearinsäure-beschichteter Oberfläche ein.

Die Hauptanwendungen für PCC-Füllstoffe sind PVC-Plastisole, wie sie als Unterbodenschutz für Kraftfahrzeuge eingesetzt werden. Hier beeinflusst PCC vor allem das rheologische Verhalten des Plastisols und verhindert ein Abtropfen des Kunststoffes. Weitere Einsatzgebiete sind Dichtmassen und Kautschuke.

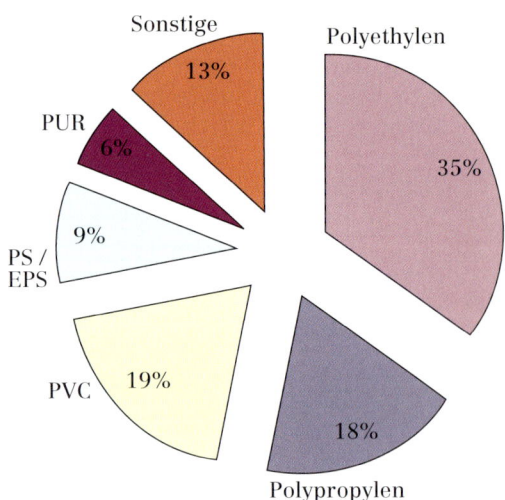

Marktanteile von Thermo- und Duroplasten 1998 (Gesamtmenge 158 Millionen Tonnen).

Noch vor wenigen Jahren war PCC als Füllstoff in PVC-hart-Profilen (Fenster, Kabelkanäle) häufig anzutreffen. Hier sind sie durch natürliche Calciumcarbonate fast vollständig ersetzt worden, da sich mit letzteren die Rezepturkosten erheblich verringern lassen. Das liegt einerseits an den geringeren Einkaufspreisen für natürliche Calciumcarbonate; andererseits können die Füllgrade in der Polymermatrix aufgrund der leichteren Dispergierbarkeit natürlicher Calciumcarbonate gegenüber dem PCC deutlich angehoben werden – eine Verdoppelung oder gar Verdreifachung ist keine Seltenheit.

Die Energiekrise der achtziger Jahre hat ein Umdenken in der Kunststoff-Industrie zur Folge gehabt. Während Mineral-Füllstoffe bisher vorwiegend in PVC, Duroplasten und Elastomeren eingesetzt wurden, sind seither Entwicklungen mit Füllstoffen auch für die übrigen Thermoplasten durchgeführt worden. Die für den Füllstoff-Hersteller interessantesten Polymere sind von der wirtschaftlichen Bedeutung her Polyvinylchlorid (PVC), Polypropylen (PP) und Polyethylen (PE) sowie die technischen Industriewerkstoffe, angeführt von den Polyamiden (siehe Abbildung).

2.3.1 Calciumcarbonat in Thermoplasten

Obwohl weltweit fast doppelt so viel Polyethylen wie PVC produziert und verbraucht wird, ist für die Hersteller von mineralischen Füllstoffen das PVC aufgrund der hohen Füllgrade der wichtigste thermoplastische Kunststoff (siehe Abbildung).

Der große Erfolg insbesondere der Calciumcarbonat-Füllstoffe bei der PVC-Anwendung hat mehrere Gründe: PVC ist das einzige Massenpolymer, welches als Pulver angeboten und verarbeitet wird. Ein Zusatz der ebenfalls pulverförmigen Calciumcarbonat-Füllstoffe bei der Dryblend-Herstellung ist daher technisch einfach und verursacht keine Mehrkosten.

Außerdem ist PVC mit einer Dichte von 1,4 Gramm pro Kubikzentimeter [g/cm^3] ein vergleichsweise schweres Polymer; Polyole-

fine zum Beispiel haben nur eine Dichte von 0,9 g/cm^3. Tauscht man nun bei einem Kunststoff einen Teil des Polymers gegen Calciumcarbonat (Dichte 2,7 g/cm^3) aus, so ist die relative Gewichtszunahme bei PVC deutlich geringer als bei einem Polyolefin. Dementsprechend verändern sich auch die Gebrauchseigenschaften eines gefüllten PVC-Produktes weniger als die eines leichten Polymers.

Nicht zuletzt haben die unterschiedlichen Dichten auch finanzielle Auswirkungen. Da Calciumcarbonat nur eine doppelt so hohe Dichte hat wie PVC, lohnt sich das Füllen bereits, wenn der PVC-Preis doppelt so hoch ist wie der Calciumcarbonat-Preis. Bei den Polyolefinen hingegen ergibt sich eine Ersparnis erst, wenn der Polyolefin-Preis dreimal so hoch wie der Füllstoff-Preis ist.

Dem Einsatz von Mineralfüllstoffen in Polypropylen, Polyethylen oder Ingenieurwerkstoffen wie Polyamid steht aber nicht nur die geringe Dichte dieser Kunststoffe entgegen. Da alle diese Polymere als Granulat verarbeitet werden, müssen auch die Mineral-Füllstoffe zunächst durch einen technisch aufwendigen Compoundierschritt in Granulat-Form überführt werden, um eine Entmischung bei der Verarbeitung zu vermeiden (siehe Abbildung). Zudem müssen die füllstoffhaltigen Granulate, so genannte Mas-

Typische Füllgrade in Thermoplasten.

Anwendung	Füllgrad
• PVC-weich (Kabel, Folien, Dichtungsprofile)	10-50 %
• PVC-Rohre	3-30 %
• PVC-Fensterprofile	5-15 %
• PVC-Profile im Innenbereich (Kabelkanäle, Sockel- und Gardinenleisten, Möbelprofile)	20-30 %
• PVC-Kalanderfolien und -Platten	5-20 %
• PVC-Bodenbeläge	45-80 %
• PVC-Plastisole (Kunstleder, Tapeten, Unterbodenschutz)	15-50 %
• PP-Gartenmöbel	20-40 %
• PE-Folien (Verpackungs- und Baufolien)	2-30 %
• Polyamid-Teile	20-40 %

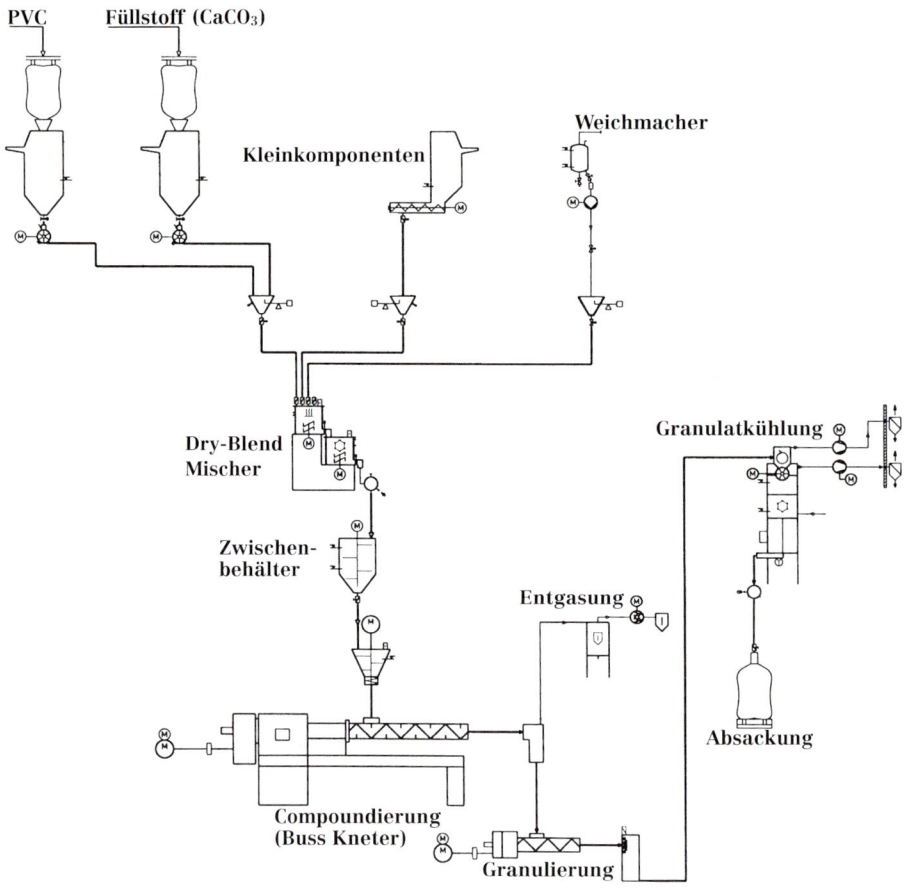

PVC   Füllstoff (CaCO₃)

Kleinkomponenten

Weichmacher

Dry-Blend
Mischer

Granulatkühlung

Zwischen-
behälter

Entgasung

Absackung

Compoundierung
(Buss Kneter)

Granulierung

Schema einer
Compoundieranlage.

terbatches und Compounds, bei der Weiterverarbeitung in der Polymermatrix gut redispergierbar sein. Hohe Anforderungen, die
im Vergleich zur PVC-Verarbeitung zu erheblichen Mehrkosten führen.

Berücksichtigt man jetzt noch die niedrige
Dichte der Polyolefine gegenüber Mineral-
Füllstoffen, so ist leicht ersichtlich, dass
Füllstoffe wie Calciumcarbonat in Polyolefinen nicht als verbilligende Zuschlagstoffe
eingesetzt werden. Füllstoffe sind nur dann
sinnvoll, wenn ihr Einsatz einen deutlichen
technischen Vorteil mit sich bringt.

Um in Zukunft den breiten Einsatz von Calciumcarbonat auch im Polyolefin-Bereich
zu ermöglichen, arbeitet man heute zudem
an kostengünstigeren Verfahren.

PVC-hart

Die wichtigsten Produkte aus PVC-hart sind
Rohre, Fenster- und Rolladenprofile, Kabelkanäle, Kalanderfolien und Platten. Bei all
diesen Anwendungen sollte nur mit sehr
feinteiligen, oberflächenbehandelten natürlichen Calciumcarbonaten ($d_{50} < 1,5$ µm,
TopCut < 7 µm) gefüllt werden, mit denen
sich hohe Füllgrade und eine deutliche Ver-
billigung der Rezepturen erzielen lassen. Da
Füllstoffe die Steifigkeit (E-Modul) beispielsweise bei PVC-Rolladenprofilen erhöhen, ist
es zudem möglich, die Wandstärke zu reduzieren und somit Material und Kosten einzusparen.

So gibt es bei der Kabelproduktion drei grundsätzlich verschiedene Anwendungen: Isolations-, Mantel- und Ausfüllmischungen. Hier hat die Praxiserfahrung gezeigt, dass optimale mechanische und elektrische Eigenschaften nur mit oberflächenbeschichteten Calciumcarbonat-Füllstoffen erreichbar sind. Deren mittlerer statistischer Teilchendurchmesser sollte bei circa 2 Mikrometern liegen, der obere Schnitt der Kornverteilungskurve sollte 10 Mikrometer nicht wesentlich überschreiten.

Fensterrahmen aus PVC.

Kabelummantelung aus PVC.

Verwendet man zu feine Füllstoffe wie die gefällten Calciumcarbonate (PCC), so treten bei der Scherung im Extruder hohe Energiewerte auf, die nicht aufgefangen werden können; eine thermische Schädigung des empfindlichen PVC-Systems mit möglicher Verfärbung ist die häufige Folge. Aus diesem Grunde ist der maximal zulässige Füllgrad für feinteilige PCC-Qualitäten auf circa 7 Prozent begrenzt.

PVC-weich

Bei Produkten aus PVC-weich kommen je nach Anwendung (Kabel, Bodenbeläge, Profile, Folien) und Art des verwendeten Weichmachers unbeschichtete oder oberflächenbeschichtete Calciumcarbonat-Füllstoffe in Frage.

Wie hoch der Füllgrad bei einzelnen Kabelsorten ist, hängt von der Verwendung ab. Niederspannungskabel (bis 1 000 V) sind heute meist mit PVC isoliert. Die Lebensdauer einer Isoliermischung soll bei elektrischer, mechanischer und thermischer Beanspruchung mindestens 30 Jahre betragen. Um das garantieren zu können, werden bei Niederspannungskabeln Füllgrade von 40 Prozent bei Einsatztemperaturen unter 105 Grad Celsius beziehungsweise 25 Prozent Calciumcarbonat bei höheren Temperaturen nicht überschritten. Bei Mittelspannungskabeln (1 000 - 10 000 V) kann bis maximal 10 Prozent mit Calciumcarbonat gefüllt werden, vorausgesetzt es wird gleichzeitig calciniertes Kaolin als Ionenfänger zugesetzt, das die in der PVC-Mischung enthaltenen Kationen durch Adsorption unschädlich macht. Hierdurch verbessern sich die elektrischen Isolationswerte der Formulierung. Isolationsmischungen für Hochspannungskabel werden nicht aus PVC hergestellt.

Normale Mantelmischungen enthalten zwischen 40 und 50 Prozent Calciumcarbonat. Der Füllstoff verbessert hier in erster Linie das Fließverhalten und damit die Verarbeitungseigenschaften der Mischung beim Extrudieren, vor allem die Abzugsgeschwindigkeit steigt. Zudem ist beim fertigen Produkt die Wärmeleitfähigkeit im Vergleich zum ungefüllten Kunststoff deutlich erhöht, sodass die während des Stromdurchflusses entstehende Wärme besser an die Umgebung abgeführt werden kann.

Um die Zwischenräume zwischen den isolierten elektrischen Leitern auszufüllen, werden diese mit sogenannten Zwickel- oder Ausfüllmischungen versehen. Diese Mischungen müssen keinen hohen mechanischen Anforderungen genügen, daher sind Calciumcarbonat-Füllgrade von bis zu 90 Prozent ohne weiteres möglich und aus Kostengründen auch erwünscht. Besonders beliebt bei Zwickelmischungen sind PVC-Abfälle oder hochgefüllte Kautschuke wie EPDM (Ethylen-Propylen-Dienmonomer).

Außer in der Kabelindustrie hat PVC-weich auch bei Bodenbelägen und in der Profilextrusion eine große technische Bedeutung erlangt. Profile aus PVC-weich kommen vor

allem in der Automobilindustrie als Kantenschutz- oder Zierleisten sowie in der Bauindustrie als Fugenbänder und Sockelleisten zum Einsatz; aber auch Türabdichtungen von Kühlschränken oder flexible Schläuche werden heute aus PVC hergestellt. Die Füllgrade in den einzelnen Produkten liegen dabei zwischen 15 und 40 Prozent.

PVC-Plastisole

Dispersionen von PVC in Weichmachern wie Phthalsäureester werden als PVC-Pasten oder PVC-Plastisole bezeichnet. Der große Nutzen dieser Plastisole liegt in der leichten Verarbeitbarkeit. So können Gewebe und ähnliche Trägermaterialien mit PVC-Plastisolen bestrichen und in einer anschließenden Gelierung bei Temperaturen zwischen 130 und 180 Grad Celsius in flexible, widerstandsfähige Produkte überführt werden. Kunstleder, Tapeten, Planen, Bodenbeläge und Autounterbodenschutz-Systeme sind nur einige Beispiele für mögliche Anwendungen von Plastisolen.

Wichtigste mineralische Füllstoffe für Plastisole sind unbeschichtete Calciumcarbonate, deren mittlere Teilchendurchmesser zwischen 1,5 und 40 Mikrometern liegen. Daneben kommen auch andere Füllstoffe zum Einsatz. Oberflächenbehandeltes PCC sowie feinteilige Silikate (kolloidale Kieselsäuren) erleichtern die Einstellung der rheologischen Eigenschaften, Schwerspat ($BaSO_4$) findet speziell bei Antidröhnmassen Verwendung und Aluminiumtrihydrat (ATH) schließlich dient als mineralisches Flammschutzmittel.

Polyolefine

Calciumcarbonat-Füllstoffe kommen in Polyolefinen als sogenannte Compounds oder Masterbatches zum Einsatz. Compounds stellt man aus dem jeweiligen Polymer und bis zu 40 Prozent Füllstoffen her, wobei meist noch Stabilisatoren, eventuell auch Pigmente, zugesetzt werden. Compounds werden direkt zur Erzeugung von Kunststoff-Teilen eingesetzt. Im Gegensatz dazu müssen Füllstoff-Masterbatches bei der Weiterverarbeitung mit reinem Polymergranulat verdünnt werden; ihr Füllgrad liegt bei 70 bis 88 Gewichtsprozent Calciumcarbonat.

Polyethylen

Im Polyethylen-Sektor spielen Calciumcarbonat-Füllstoffe heute vorzugsweise bei Filmen und Folien eine Rolle. Polyethylene mit niedriger Dichte (Low Density Polyethylene, LDPE beziehungsweise LLDPE) sind vorwiegend mit sehr reinen Calciumcarbonat-Qualitäten gefüllt. Der optimale mittlere Teilchendurchmesser von 2 bis 3 Mikrometern erlaubt einen Einsatz in Filmen bis zu einer Dicke von etwa 20 Mikrometern, ohne dass mechanische Probleme auftreten oder die Transparenz beeinträchtigt wird. Schon ein Zusatz von 2 bis 3 Prozent Calciumcarbonat reicht aus, um das Antiblocking- und Slipverhalten der Filme zu verbessern. Unter „Blocken" versteht man dabei das Zusammenkleben von fertigen Filmen und Folien auf den Rollen, was ein Abrollen der Filme unmöglich macht. Die „Slipeigenschaften" charakterisieren das Übereinandergleiten von Filmen und Folien bei der Stapelung.

Setzt man bei der Herstellung von Pigment-Masterbatches feinteilige, oberflächenbeschichtete Calciumcarbonate ein, lässt sich in den meisten Fällen auch der Verbrauch an Titandioxid- oder Buntpigmenten senken, da die Füllstoff-Partikel als Mahlkugeln wirken und auftretende Pigment-Agglomerate zerstören.

Nach den bisherigen Praxiserfahrungen führt der Einsatz von oberflächenbeschichtetem Calciumcarbonat in Mengen von 4 bis 10 Prozent außerdem zu folgenden Verarbeitungsvorteilen:

- Erhöhung des Ausstoßes um 5 bis 15 Prozent
- Selbstreinigung der Werkzeuge und damit kürzere Unterbrechungszeiten beim Pigmentwechsel
- Leichtere Weiterverarbeitung des Kunststoffes dank der erhöhten Steifigkeit
- Verbesserte Bedruckbarkeit der Folien

- Reduzierung der Corona-Behandlung um 80 Prozent (bei einem Calciumcarbonat-Gehalt von 10 Prozent)

Bei Polyethylenen hoher Dichte (High Density Polyethylene, HDPE) gelten oben genannte Eigenschaftsverbesserungen in gleicher Weise. Für die Anwendungen von Filmen und Folien aus HDPE haben sich insbesondere die folgenden Punkte als vorteilhaft erwiesen:

- Matte, hervorragend beschreib- und bedruckbare Oberfläche (z.B. für Verpackungen)
- Deckend weiße Einfärbung unter teilweiser Einsparung teurer Weißpigmente
- Seidenpapierähnlicher Griff und höhere Steifigkeit
- Bessere Falt- und Falzbarkeit (z.B. für Margarine- und Fettverpackungen)

Computersimulation der Wärmeverteilung beim Spritzguss. Rote Farben zeigen die Zonen höchster Temperatur.

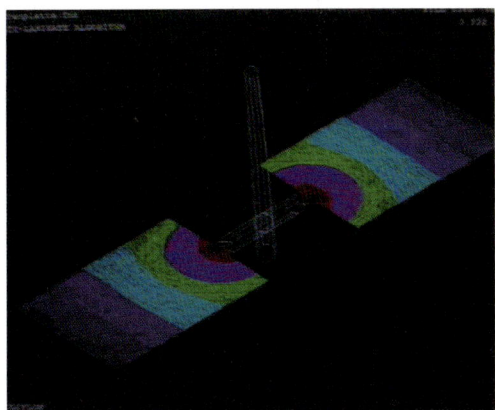

Höhere Steifigkeit, geringerer Schwund, Ausgleich innerer Spannungen sowie kürzere Taktzeiten sind die Hauptvorteile, wenn man Calciumcarbonate beim Spritzgießen und Hohlkörperblasen von HDPE einsetzt. Die obere Füllgrenze liegt beim Spritzgießen bei etwa 40 Prozent, beim Hohlkörperblasen sind hingegen nur 20 bis 30 Prozent Calciumcarbonat möglich. Die reichen jedoch aus, um die Wärmeleitfähigkeit deutlich zu verbessern und so die Produktivität beim Blasformen um ein Drittel zu erhöhen.

Polypropylen

Mit Calciumcarbonat oder auch Talkum gefüllte Polypropylene (PP) gehören zu den neueren Entwicklungen auf dem Polyolefin-Markt und haben in den vergangenen zehn Jahren beträchtliche Zuwachsraten erzielt. Wie im Falle des Polyethylens werden Füllstoffe vor allem dort eingesetzt, wo physikalische oder mechanische Eigenschaften wie Steifigkeit, Dichte, Kriechverhalten oder Schrumpfung mit ungefüllten Polypropylenen nicht erfüllt werden können.

Mit natürlichem Calciumcarbonat gefüllte Polypropylene werden hauptsächlich für Gartenmöbel, Innenverkleidungen in Automobilen und Haushaltsgeräte wie Kaffeemaschinen und Kühlschränke genutzt; Webbändchen und Schnüre enthalten ebenfalls größere Mengen Calciumcarbonat. Die Füllgrade schwanken dabei je nach Anwendung zwischen 5 und 60 Prozent, wobei oberflächenbeschichtete Qualitäten mit hohem Weißgrad und einem mittleren Teilchendurchmesser zwischen 1,5 und 3,5 Mikrometern bevorzugt werden.

Polyamide

Polyamide gehören zu den Ingenieurwerkstoffen. Als Bauteile für Maschinen aller Art müssen sie sich nicht nur drehen, fräsen oder sägen lassen, auch später sind sie häufig großen Belastungen ausgesetzt. Daher kommen als Zusätze nur Verstärkungsmittel beziehungsweise Füllstoffe mit verstärkender Wirkung in Frage. Meist greift man auf Substanzen mit einem hohen Aspect Ratio wie Glasfasern, Kaolin, Glimmer und Wollastonite zurück. Gleichwohl lässt sich auch beim Einsatz unbeschichteter Calciumcarbonate eine deutliche Verstärkung

erzielen: Die Amidgruppe des Polymers tritt als Dipol in Wechselwirkung mit der ebenfalls polaren Calciumcarbonat-Oberfläche, die Zug- und Reißfestigkeit des Polyamids nimmt zu. Wird die Calciumcarbonat-Oberfläche hingegen mit Stearinsäure oder anderen üblichen Beschichtungsmitteln überzogen, geht die Polarität und damit auch die Verstärkungswirkung weitgehend verloren.

2.3.2 Calciumcarbonat in Duroplasten

Duroplaste haben üblicherweise sehr hohe Füllgrade (siehe Abbildung), wobei Calciumcarbonate hauptsächlich als Füllstoffe in ungesättigten Polyesterharzen und Polyurethanen Verwendung finden; prinzipiell gelten die folgenden Ausführungen jedoch ebenso für alle anderen vernetzenden Polymersysteme.

Ungesättigte Polyesterharze

Ungesättigte Polyesterharze (UP) bestehen im Wesentlichen aus zwei Komponenten: einem ungesättigten Polyester und dem ebenfalls ungesättigten, als Monomer vorliegenden Styrol. Letzteres dient gleichzeitig als Lösungsmittel.

In der Lieferform sind beide Chemikalien helle, viskose Flüssigkeiten. Sachgemäße Lagerung vorausgesetzt erfolgt die Umwandlung zum Polyesterharz erst nach Zugabe

Typische Füllgrade in Duroplasten.

Anwendung	Füllgrad
• PUR	10-50 %
• Ungesättigte Polyesterharze (Auto- und Geräteteile, synthetischer Marmor)	55-70 %
• Polymerbeton (nur Calciumcarbonat)	10-20 %
• SMC/BMC	10-30 %
• Phenolharze	circa 10 %
• Melaminharze	circa 20 %

geeigneter Reaktionsmittel: Polyester und Styrol reagieren unter Wärmeabgabe zu einem dreidimensional-vernetzten Molekül. Der dabei auftretende Volumenschwund erklärt sich allein aus der besseren Packungsdichte der Reaktionspartner im neuen Produkt, es werden weder flüssige noch gasförmige Stoffe während der Reaktion abgespalten.

Die meisten Polyesterharz-Anwendungen werden heute mit Glasfasern verstärkt. Durch das Ausfüllen der Zwischenräume zwischen den Glasfasern ergibt sich eine homogene Oberfläche des Fertigteils. Der Füllstoff reduziert die Schrumpfung des Polyesterharzes bei der Aushärtung und sorgt für eine bessere Wärmeabfuhr – trotz Temperaturen von bis zu 200 Grad Celsius wird dadurch eine Rissbildung während des Aushärtens weitgehend vermieden.

Glasfaserverstärkte Polyesterharze zeichnen sich durch erhöhte Festigkeitswerte, Schlagzähigkeit und Formbeständigkeit aus. Da sie zudem unempfindlich gegen Temperaturbelastungen und chemischen Angriff sind sowie ein relativ geringes Gewicht haben, ersetzen sie in zahlreichen Anwendungen metallische Werkstoffe. Um optimale Eigenschaften zu erzielen, muss der Füllstoff-Anteil im Produkt bei rund 55 bis 70 Prozent liegen. Die Kornverteilung muss so gewählt sein, dass eine gute Packungsdichte erreicht wird, ohne gleichzeitig die Bindung zwischen Harz und Glasfasern zu stören.

Calciumcarbonate kommen in bedeutenden Mengen nur in SMC-/BMC-Produkten (Sheet Moulding Compounds/Bulk Moulding Compounds), Kunstmarmor und Polymerbeton zum Einsatz. Kreideprodukte hingegen sind wegen ihrer hohen Ölzahl in ungesättigten Polyesterharzen nicht so gut geeignet, da schon bei relativ niedrigen Füllgraden hohe Viskositäten entstehen.

In den letzten Jahren hat sich vor allem in der Automobilindustrie ein Markt für Produkte entwickelt, die nach dem sogenannten SMC-/BMC-Verfahren hergestellt werden: Motorhauben, Heckteile oder Scheinwerfergehäuse sind heute häufig gepresste oder spritzgegossene Duroplaste.

Für SMC-/BMC-Produkte verwendet man Calciumcarbonate mit einem mittleren Teilchendurchmesser von 1,5 bis 10 Mikrometern. Durch die Kombination feinteiliger Qualitäten ($d_{50} = 1,5$ µm) mit relativ groben Körnungen ($d_{50} = 10$ µm) lässt sich die Packungsdichte optimal anpassen, die Viskosität ist entsprechend niedrig.

Kunstmarmor und Polymerbeton sind ebenfalls hochgefüllte Produkte. Polymerbeton besteht nur aus 9 bis 12 Prozent Polyesterharz, die restlichen Bestandteile sind Quarzsand, Quarzmehl und Calciumcarbonate, die so aufeinander abgemischt sind, dass die Packungsdichte optimal ist. Die Vorteile von Polymerbeton gegenüber klassischem Zementbeton liegen in der schnelleren Härtung, den besseren mechanischen Eigenschaften sowie der besseren Chemikalienbeständigkeit und dem geringeren Wasseraufnahmevermögen.

Durch die Verwendung hochweißer Calciumcarbonat-Füllstoffe lassen sich sogar Badezimmerteile wie Waschbecken, Badewannen und andere Formteile aus dem Kunststoff herstellen.

Polyesterplatten mit Marmorbruchstücken sind als Kunstmarmor im Handel. Der Harzanteil von Kunstmarmor beträgt etwa 12 bis 15 Prozent, als Füllstoffe finden hauptsächlich Calciumcarbonat sowie Dolomit und Aluminiumtrihydrat (ATH) Verwendung. Die Spannweite der Korngrößen bei den Calciumcarbonat-Füllstoffen ist enorm: Die gröbsten Anteile aus Marmorkörnungen sind mehrere Millimeter groß, die untere Grenze liegt bei 10 Mikrometern.

Polyurethane

Polyurethane entstehen durch Polyaddition von Di- oder Polyisocyanaten mit höherwertigen Alkoholen (Polyole). Vernetzte Polyurethane sind unlösliche, unschmelzbare Polymere, die sich zur Herstellung von kalthärtenden Reaktionslacken für den Oberflächenschutz, als Klebstoffe für Sandwichkonstruktionen und für den Fahrzeugbau sowie insbesondere zur Herstellung von Schaumstoffen eignen. Hier finden sich

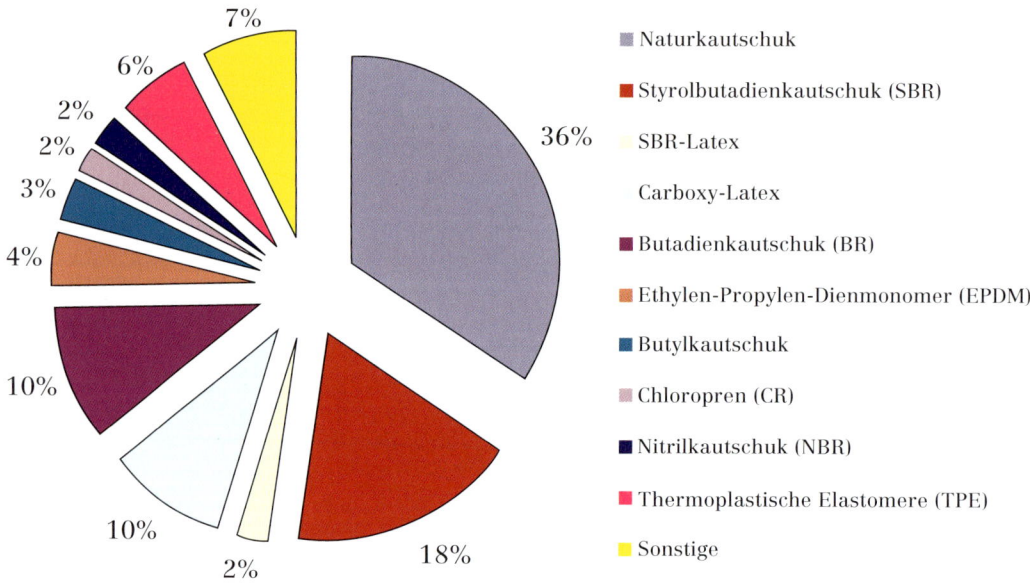

- ■ Naturkautschuk
- ■ Styrolbutadienkautschuk (SBR)
- ☐ SBR-Latex
- Carboxy-Latex
- ■ Butadienkautschuk (BR)
- ■ Ethylen-Propylen-Dienmonomer (EPDM)
- ■ Butylkautschuk
- ■ Chloropren (CR)
- ■ Nitrilkautschuk (NBR)
- ■ Thermoplastische Elastomere (TPE)
- ■ Sonstige

Marktanteile der einzelnen Elastomere 1998 (Gesamtmenge 17,7 Millionen Tonnen).

auch die größten Mengen an Calciumcarbonat-Füllstoffen, Füllgrade von 20 Prozent sind bei Schäumen keine Seltenheit.

Der Calciumcarbonat-Füllstoff wird bei der Schaumproduktion zunächst im Polyol vordispergiert und dann direkt in den Mischkopf oder in die Polyol-Vorlage dosiert. Es können auch Produkte auf Basis von Kreide eingesetzt werden, da diese aufgrund ihrer geringen Abrasivität die Mischköpfe der Produktionsanlagen nicht beschädigen.

2.3.3 Calciumcarbonat in Elastomeren

Die Zahl der Elastomere ist groß (siehe Abbildung) und in nahezu allen technischen Gummierzeugnissen werden natürliche Calciumcarbonate als Füllstoffe verwendet – mit jeweils unterschiedlicher Zielsetzung.

So werden Calciumcarbonat-Füllstoffe mit d_{50}-Werten zwischen 5 und 15 Mikrometern [µm], einem TopCut von 40 bis 80 µm sowie einer spezifischen Oberfläche von maximal

1 Quadratmeter pro Gramm Füllstoff [m²/g] hauptsächlich als Streckungs- und Verbilligungsmittel eingesetzt. Wichtige Anwendungen sind Kabelfüllmischungen sowie Teppichrückseitenbeschichtungen aus SBR- oder NBR-Latex. Die Füllgrade schwanken je nach Anwendung zwischen 20 und 80 Prozent (siehe Abbildung).

Hingegen sind Calciumcarbonate mit d_{50}-Werten von 4 bis 8 µm, einem TopCut von 16 bis 40 µm und einer spezifischen Oberfläche von 1-2 m²/g in erster Linie Verstärkungsmittel. Ihre Hauptaufgabe ist es, die Maßhaltigkeit für kalandrierte und konfektionierte Rohlinge oder Bahnen ebenso zu verbessern wie für vulkanisierte, dickwandige Massenprodukte. Sie werden so hoch dosiert, wie es die Verarbeitungsbedingungen sowie die mechanischen und physikalischen Eigenschaften der Vulkanisate erlauben. Dosierungen von 40 bis 60 Prozent sind problemlos machbar, gelegentlich werden bereits höhere Füllgrade erzielt.

Als Dispergier- und Verarbeitungshilfsmittel wirken natürliche Calciumcarbonate mit d_{50}-Werten von 1-3 µm, einem TopCut von 7 bis 15 µm und einer spezifischen Oberfläche von 4-10 m²/g. Da 15 bis 50 Prozent der Füllstoff-Teilchen Korngrößen unter 1 Mikrometer aufweisen, haben diese Füllstoff-Qualitäten bereits Einfluss auf den Kolloidalbereich der Gummimischungen. Sie bewirken eine verbesserte Homogenisierung der Zuschlagsstoffe beim Compoundieren sowie eine leichtere Verarbeitung der Gummimischung beim Kalandrieren oder

Typische Füllgrade in
Elastomeren.

Anwendung	Füllgrad
• Reifen (Inliner)	50-60 %
• Transportbänder	10-40 %
• Fußbodenbeläge	40-60 %
• Dachbahnen	35-55 %
• Schläuche	30-40 %
• Kabel	20-80 %
• Formartikel	10-20 %
• Schuhsohlen	5-15 %
• Teppichrückseiten- beschichtungen	60-80 %

Extrudieren. Eingesetzt werden sie hauptsächlich in Kombination mit anderen Füllstoffen wie Kaolin, Kieselsäuren oder Ruß, wobei die Dosierung sich zwischen 15 und 30 Prozent bewegen sollte.

Sehr feine Calciumcarbonat-Qualitäten mit d_{50}-Werten von unter 1 µm, einem TopCut von unter 6 µm sowie einer spezifischen Oberfläche von 7 bis 10 m²/g haben den Charakter von Additiven. In Gummimischungen entfalten sie ihre Wirkung überwiegend im Kolloidalbereich. Calciumcarbonat-Teilchen in der Größenordnung von 1 bis 600 Nanometern [nm] sind in ihrer Wirkung mit den

sekundären Kieselsäureaggregaten und Strukturrußen vergleichbar; ihr Zusatz kommt insbesondere der Dispergierung aktiver Füllstoffe zugute. Dosierungen von 10 bis 15 Prozent Calciumcarbonat reichen aus, damit sich solche Effekte einstellen.

Zudem wirken Calciumcarbonat-Teilchen im Kolloidalbereich halbverstärkend und verbessern nebenbei auch die homogene Verteilung anderer Mischungskomponenten wie Vulkanisationsbeschleuniger, Harze, Zinkoxid, Peroxide, Alterungsschutzmittel, Ozonschutzwachse, Pigmente oder Schwefel. Dadurch ergeben sich weitere Vorteile:

• Verkürzung der Mischzeiten
• Herabsetzung der Mischtemperatur
• Konstante Vulkanisationsqualität und Reproduzierbarkeit der Mischungsparameter
• Verringerung der Energiekosten

Die Anwendung von sehr feinen Calciumcarbonaten wird besonders für EPDM-, NBR-, CR- und Natur-Kautschuk-Mischungen empfohlen, die hoch mit Kieselsäuren und Ruß gefüllt sind. Verwendet werden diese Kunststoffe in Schläuchen, Walzenbezügen, Keilriemen, Reifen, Dichtungen, Schuhsohlen, Kabeln und Moosgummi.

Eine untergeordnete Bedeutung hat die Verwendung von Calciumcarbonat als Bepuderungs- und Trennmittel. Hier werden kleinere Mengen Calciumcarbonat auf die Gummifelle aufgetragen, wenn Talkum oder Trennmittelgemische zu teuer für die jeweilige Anwendung sind.

2.3.4 Calciumcarbonat in Kleb- und Dichtstoffen

Kleb- und Dichtstoffe haben ihr Gesicht in den letzten dreißig Jahren verändert. Gab es früher einige Kitte und Alleskleber, so werden heute immer mehr Produkte für immer neue Anwendungen hergestellt und in nahezu allen Industriezweigen eingesetzt. Nicht alle diese Kleb- und Dichtstoffe enthalten zwangsläufig auch Füllstoffe – mit wachsender technischer Anforderung nimmt der Füllgrad eher ab. Aber überall dort, wo auf

Anwendung	Füllgrad
• Fliesenkleber	
– dispersionsgebunden	60-80 %
– zementös	40-60 %
• Gipskleber	0-20 %
• Verpackungsklebstoffe	0-50 %
• Teppichkleber	30-50 %
• Dispersionsgewebekleber	50-70 %
• Dispersionsparkettkleber	40-55 %
• Füllspachtel	
– dispersionsgebunden	65-85 %
– zementös	45-60 %
• Autoscheibenkleber	10-30 %
• Dichtmassen	
– Acryl-D.	40-60 %
– Silkon-D.	30-60 %

Typische Füllgrade in
Kleb- und Dichtstoffen.

ein ausgewogenes Verhältnis zwischen Kosten und Leistung zu achten ist, kommt man nicht ohne Füllstoffe aus. Füllgrade von 50 Prozent und mehr sind keine Seltenheit (siehe Abbildung). Als Füllstoffe werden dabei neben Calciumcarbonat auch Kaolin und Quarzmehl eingesetzt; Parkettkleber enthalten vorwiegend Calciumsulfat (Gips).

Der Einsatz von Calciumcarbonaten verbessert vor allem Verarbeitungseigenschaften wie Topfzeit und Standfestigkeit und erhöht die Haltbarkeit ebenso wie die Festigkeit. Mit Füllstoffen lässt sich zudem die Rheologie eines Dichtstoffes einstellen und die Schrumpfung nach dem Aushärten vermindern; eine Rissbildung wird dadurch vermieden. Weitere, mit Füllstoffen beeinflussbare Eigenschaften sind: Adhäsion, Druckfestigkeit, elektrische Leitfähigkeit, Wärmebeständigkeit und nicht zuletzt die Wasserabsorption.

2.4 Neue Entwicklungen

Die moderne Katalysator-Technologie mit Metallocenen erlaubt es heute, Co-Monomere der Polyolefine mit enger Molekulargewichtsverteilung und einem gleichbleibenden Co-Monomeranteil herzustellen. Da-

durch ist es möglich, die Aufnahmefähigkeit für Calciumcarbonat-Füllstoffe bei gleichbleibenden mechanischen Eigenschaften zu erhöhen. Andererseits lassen sich durch die verbesserte Katalysator-Technik jedoch wie im Falle des Polypropylens auch Polymere herstellen, deren Kristallinität und Steifigkeit deutlich verbessert sind.

Der bisherige Einsatz von Calciumcarbonat oder anderer Mineral-Füllstoffe im Bereich der Polyolefine verlangt immer noch einen teuren Compoundierschritt. Erst der direkte Einsatz von Füllstoffen in Pulverform ohne Vorcompoundierung würde jedoch eine deutliche Verringerung der Kosten ermöglichen und neue, attraktive Einsatzfelder für Calciumcarbonat im Polyolefinsektor eröffnen.

Im Extrusionsbereich (Rohre, Tiefziehplatten, Kabel) wird sich die direkte Verarbeitung der mineralischen Füllstoffe mit sogenannten Compoundier-Extrudern durchsetzen, da mit diesem Verfahren auch Kunststoff-Recyclate ohne zusätzlichen Aufwand verarbeitet werden können (siehe Abbildung). Die Direktextrusion wird sich jedoch nur lohnen, wenn die Produktion vereinheitlicht ist und die Durchsatzmengen größer werden; erst dann werden sich die erforderlichen Investitionen rechnen.

Im Bereich des Spritzgießens und bei Extrusionsanwendungen mit geringer Ausstoßleistung wird es mit preiswerten, neu entwickelten Masterbatches mit einem Gehalt von circa 88 Prozent Calciumcarbonat möglich sein, eine größere Anzahl von Endprodukten wirtschaftlich sinnvoll mit Calciumcarbonat zu füllen.

rechte Seite: Gleichdrall-
Doppelschneckenextruder
zur Direktextrusion.

260

3. Farben und Lacke

Farben und Lacke sind Beschichtungsstoffe. Nach DIN EN 971-1 zählen hierzu auch Grundierungen, Füller, Spachtelmassen und Putze. Um genauere Aussagen über einen Lack oder eine Farbe treffen zu können, unterteilt man diese häufig nach der Art des verwendeten Bindemittels (Acrylharz-Lacke), des Lösemittels (Wasserlacke), ihrer Beschaffenheit (Pulverlacke) oder nach einem der zahlreichen anderen Kriterien wie Filmbildung, Glanzgrad oder Verwendung.

Ebenso vielfältig wie die Bezeichnungen sind auch die Bereiche, in denen Farben und Lacke zum Einsatz kommen (siehe Abbildung). Lackiert wird bei der Metallverarbeitung, im Maschinen- und Gerätebau sowie in der Elektroindustrie. Wichtige Lackträger sind Fahrzeuge aller Art, aber auch Schiffe und Flugzeuge. Im Hoch- und Tiefbau, bei Stahlkonstruktionen, Betonbauten und in der Holzverarbeitung ist eine Beschichtung genauso unerlässlich wie bei modernen Verpackungen, seien sie aus Papier, Kunststoff oder Blech; ja selbst Lederwaren bedürfen in vielen Fällen der Veredelung durch Lacke

oder Farben. Und erst die Lackierung macht diese sowie unzählige andere Produkte gebrauchsfertig.

Zwei Aufgaben sind es, die Farben und Lacke erfüllen: Sie schützen das beschichtete Substrat (Holz, Metall oder mineralischer Untergrund) vor zerstörerischen äußeren Einflüssen und sie verleihen den Gegenständen Farbe und Glanz. Wichtig ist vor allem der Schutz gegen Witterungseinflüsse wie Sonne und Regen, Kälte und Hitze, aber auch die aggressiven Verunreinigungen der Atmosphäre machen Beschichtungen unverzichtbar. Zudem soll selbst unter starken mechanischen Belastungen wie Steinschlag oder den Bürstenstrichen von Reinigungsgeräten der Schutz der Oberfläche ungemindert erhalten bleiben; sogar dem Angriff von Mikro-Organismen wie auch biochemischen Einwirkungen muss eine Lackschicht widerstehen.

Farbe und Glanz sollen in erster Linie das Aussehen verschönern und so dazu beitragen, unsere Umwelt freundlicher zu gestalten.

Anwendungsgebiete von
Farben und Lacken.

Bauten- und Do-it-yourself-Farben	Industrielacke
▪ Innendispersionsfarben	▪ Metallbeschichtungen für Haushaltsgeräte, vorfabrizierte Verkleidungen und Bandlackierung
▪ Außendispersionsfarben	
▪ Alkydharzfarben für Innen und Außen	▪ Fahrzeuglackierungen und Reparatur-Lacke
▪ Kunstharzgebunde Putze für Innen und Außen	▪ Holz- und Möbellackierungen
▪ Grundierungen und Spachtel	▪ Rostschutz- und Markierungsfarben, Betonbeschichtungen und Sanierung
	▪ Schiffsfarben und Beschichtungen von Bohrinseln

Autolackierung.

Farben fallen auf.

Eine von physiologischen und psychologischen Erkenntnissen getragene Farbgebung von Arbeitsgeräten und Gebrauchsgegenständen, von Büros und Wohnräumen trägt wesentlich dazu bei, die tägliche Arbeit zu erleichtern und die Lebensqualität zu erhöhen.

Aber eine Beschichtung besitzt häufig auch eine Schutz- und Leitfunktion. Hilfreich zeigen typisierte Farben den Inhalt von Behältern oder das Transportgut in Rohrleitungen an. Leuchtendes Gelb hebt sich auffällig von der Umgebung ab und ließ lange Zeit Telefonzellen und Briefkästen schon von weitem erkennen. Grelles Rot signalisiert Gefahr und verhilft Feuerwehrfahrzeugen zu freier Fahrt. Umgekehrt vermag eine unauffällige Farbgestaltung beziehungsweise die farbliche Anpassung an die Umgebung, einen Gegenstand vor neugierigen Blicken zu verbergen und so insbesondere militärische Objekte wirksam zu tarnen.

Diese Beispiele machen die große volkswirtschaftliche Bedeutung der Farben- und Lackindustrie augenscheinlich, deren Jah-

resproduktion sich 1998 allein in Europa (ohne GUS) auf 7,8 Millionen Tonnen belief (siehe Abbildung).

Farben und Lack-
Produktion in Europa
(ohne GUS) 1998.

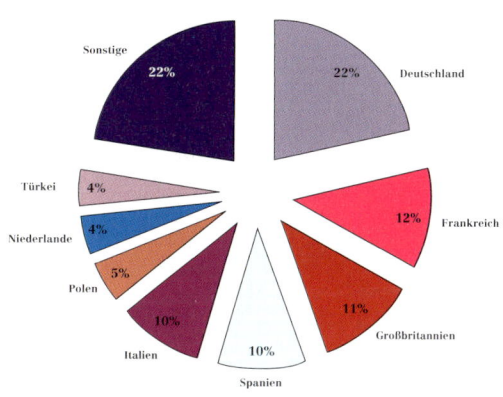

3.1 Bausteine von Farben und Lacken

An die Eigenschaften von Anstrichsystemen werden heute hohe Anforderungen gestellt, insbesondere Glanz, Farbton, Haftung, Deckvermögen und Nassabriebfestigkeit sind wichtige Kriterien für die Qualität einer Farbe. Zur Prüfung dieser und zahlreicher weiterer Eigenschaften gibt es verbindliche Normen. Um die stetig steigenden Ansprüche an die verschiedenen Anstrichsysteme erfüllen zu können, werden immer kompliziertere Rezepturen notwendig. Nicht selten werden zur Herstellung von Farben und Lacken mehr als 10 Komponenten verwendet, von denen jede einzelne mehr oder minder wichtig für die Eigenschaften des Endproduktes ist (siehe Abbildung).

Bei aller Vielfalt der Anstrichsysteme lassen sich die verschiedenen Bestandteile fünf Bausteinen zuordnen:

- Bindemittel
- Pigmente
- Füllstoffe
- Lösemittel
- Additive

Von diesen fünf Bausteinen kommen den Bindemitteln, Pigmenten und Füllstoffen besondere Bedeutung zu.

So bestimmen Bindemittel das Verhalten des flüssigen Anstrichstoffes, den Verfilmungsprozess und die Eigenschaften eines ausgehärteten Lacküberzuges. Sie sind verantwortlich für die Beständigkeit des Anstriches, seine mechanische Festigkeit, Härte und Elastizität sowie für seine Haftung auf dem Untergrund.

Die Pigmente haben vor allem eine Aufgabe: Als buntes oder unbuntes Farbmittel bestimmen sie die optischen Eigenschaften eines Anstrichsystemes wie Farbe, Glanz und Kontrast. Moderne Pigmente wie das weiße Titandioxid werden aufgrund ihres hohen Deckvermögens in einigen Anstrichsystemen nur in geringen Konzentrationen verwendet, was auch aus Kostengründen durchaus erstrebenswert ist.

Füllstoffe schließlich haben einen beachtlichen Einfluss sowohl auf die flüssige Farbe als auch auf den ausgehärteten Anstrichfilm. Dies reicht vom Fließverhalten und der Lagerstabilität der Farbe bis zur Korrosions- und Wetterbeständigkeit der Beschichtung. In vielen Anstrichsystemen machen heute Füllstoffe mengenmäßig den Hauptbestandteil aus. So kamen in Europa 1998

Bausteine von Anstrichsystemen.

Lösemittel	Aromatische/ aliphatische Kohlenwasserstoffe Ester/ Ketone, Alkohole/ Wasser
Bindemittel	Polymerlösungen: Alkydharze, Reaktionsharze Dispersionen: Polyvinylacetat (PVA), Styrolacrylat
Additive	Trockenstoffe, Antiabsetzmittel, Antihautmittel, Netz- und Dispergiermittel, Konservierungsmittel, Mattierungsmittel
Füllstoffe	Calciumcarbonat, Bariumsulfat, Dolomit, Talkum, Kaolin, Silikate
Pigmente	Titandioxid (Anatas/ Rutil), Eisenoxidrot (natürlich/ synthetisch), organische und anorganische Buntpigmente

Herstellung von Lacken und Farben

Die Aufgabe der Farbherstellung ist es, die Vielzahl an Bestandteilen mit unterschiedlichen physikalischen und chemischen Eigenschaften zu einer dauerhaften homogenen Mischung zu vereinen. Es dürfen weder größere Feststoffteilchen (Flockulate) in der Farbe auftreten, noch darf es während der Lagerung oder des Transportes zu einer Entmischung kommen. Diese Ziele sind nur durch ein aufwendiges mehrstufiges Verfahren erreichbar:

Beim **Mischen** werden Bindemittel, Pigmente, Füllstoffe sowie Lösemittel mittels eines Rührwerkes zu einer homogenen Paste gefertigt. Diese Paste wird dann dem nächsten und wichtigsten Produktionsschritt zugeführt: der Dispergierung

Während der **Dispergierung** werden vorhandene Pigment- oder Füllstoff-Agglomerate in kleinere Teilchen zerschlagen und dann durch das Dispergiermedium (Binde- und Lösemittel) benetzt. Die entstandene Dispersion wird durch Dispergiermittel gegen Flockung stabilisiert.

Aufgrund der Komplexität der Vorgänge, die bei der Dispergierung ablaufen, spielen auch heute noch die Erfahrung und vor allem das verwendete Dispergiergerät eine entscheidende Rolle: Die wichtigsten Dispergiergeräte sind Rotor-Stator-Mühlen für Grundierungen und Dispersionsfarben, Dissolver (Rührscheibengeräte) ebenfalls für Dispersionsfarben, Rührwerksmühlen für hochwertige Lacke und unterschiedliche Knetmaschinen für hochviskose Spachtelmassen und kunstharzgebundene Putze.

Im letzten Schritt, dem **Komplettieren**, wird die dispergierte Paste mit weiterem Binde- und Lösemittel sowie den Additiven versetzt, der Beschichtungsstoff ist damit gebrauchsfähig.

Blick in einen Dissolver

zur Herstellung von 7,8 Millionen Tonnen Farben und Lacken fast 2,8 Millionen Tonnen Füllstoffe zum Einsatz. Das zeigt, welche Bedeutung den Füllstoffen in der Farben- und Lackindustrie zukommt. Heute sind sie aus modernen Anstrichsystemen kaum noch wegzudenken, ja manche Beschichtungen wären ohne Füllstoffe nicht denkbar.

3.2 Füllstoffe in Farben und Lacken - Aufgaben und Eigenschaften

Laut DIN EN 971-1 beziehungsweise DIN EN ISO 3262-1 sind Füllstoffe Substanzen, die in körniger oder Pulverform im Anwendungsmedium praktisch unlöslich sind. Sie werden verwendet, um bestimmte physikalische Eigenschaften zu erreichen oder zu beeinflussen. In der Farben- und Lackindustrie greift man dabei auf die unterschiedlichsten Füllstoff-Qualitäten zurück: Calciumcarbonat, Dolomit, Bariumsulfat, Kaolin, Quarz, Talkum und Glimmer. Neben den jeweiligen physikalischen Eigenschaften wie Brechungsindex, Dichte, Härte und Teilchenform (siehe Kapitel III, Abschnitt 2 „Calciumcarbonat – Pigment und Füllstoff") ist vor allem die Feinheit der Füllstoffe ein wichtiges Kriterium für ihren Einsatz. Für den Praktiker sind hierbei die Kornverteilung, der mittlere Teilchendurchmesser $[d_{50}]$ und der obere Schnitt oder TopCut $[d_{98}]$ von besonderem Interesse.

Mit der Kreide fing alles an

Natürliche Kreide – in Wasser unter Zusatz eines Leimes aufgeschlämmt – war schon im pharaonischen Ägypten ein gebräuchliches Pigment in einfachen Wandfarben. Aber wachsende Ansprüche, insbesondere an die optischen Eigenschaften von Farben führten dazu, dass man die billige Kreide spätestens seit dem 20. Jahrhundert vor allem nutzte, um teure Weißpigmente zu verschneiden und zu strecken. Denn mit ihrem geringen Brechungsindex (n = 1,59) konnte die Kreide mit Weißpigmenten wie Titandioxid (n = 2,75) nicht konkurrieren.

Gleiches galt auch für andere Minerale wie Talkum, Schwerspat oder Kaolin, auch sie waren nur noch „Verschnittmittel". Lange Zeit war der Brechungsindex sogar ein wesentliches Kriterium für die Entscheidung, ob ein Mineral als Pigment oder als Streckmittel Verwendung fand - vorausgesetzt die Eigenfarbe des Minerals entsprach dem gewünschten Farbton oder störte diesen zumindest nicht.

Speziell aufbereitet wurden die als Streckmittel genutzten Minerale bis nach dem Zweiten Weltkrieg allerdings nur selten. Meistens nutzten die Farben- und Lack-Hersteller die Gesteinsmehle, die bei der Aufbereitung von Schotter oder Körnungen für die Bauwirtschaft anfielen. Die Steinbruchbesitzer sahen eine willkommene zusätzliche Einnahmequelle im Verkauf dieser Abfallprodukte und auch die Farben- und Lackproduzenten verdienten an den „Dividendenpulvern".

Da man Farben und Lacke ausschließlich nach Gewicht verkaufte, setzten die Hersteller ihren Produkten möglichst hohe Anteile dieser Streckmittel zu, um möglichst viel Bindemittel zu sparen. Besonders beliebt war der Einsatz von Bariumsulfat, da dieses Mineral aufgrund seiner hohen Dichte das Gewicht der Farbe erhöhte und gleichzeitig die Rohstoffkosten senkte. Welchen Einfluss ein Streckmittel auf die Qualität eines Anstriches hatte, war damals noch weitgehend ohne Bedeutung.

Doch schon in den 1950er Jahren änderte sich die Situation. Die rasante industrielle Entwicklung und die hohen Ansprüche an die Eigenschaften von Farben und Lacken weckten bei den Farbenchemikern auch das Interesse an Füllstoffen oder Extendern, wie man sie jetzt nannte. Die „Dividendenpulver" der Schotterindustrie hatten bald ausgedient, statt dessen etablierte sich eine Füllstoff-Industrie, die bis heute maßgeschneiderte Mineralmehle mit definierten Eigenschaften für die unterschiedlichen Anforderungen der Farben- und Lackindustrie herstellte.

Besonders deutlich wird dies an der Entwicklung der letzten Jahrzehnte. Waren in den 1950er Jahren Kalksteinmehle mit einem mittleren Teilchendurchmesser von 5 Mikrometern auf dem Markt, so liegt der heute erreichbare Durchmesser weit unter 1 Mikrometer.

Zwar ist die Bezeichnung „Extender" mittlerweile nicht mehr zulässig und auch die Definition anhand der Brechungsindizes ist etwas in den Hintergrund getreten - die Füllstoffe jedoch blieben. Und so macht der ungeliebte Begriff bis heute deutlich, dass „billig" ein wesentliches Charakteristikum für einen Füllstoff ist. Da die Farben- und Lackindustrie aber nicht nur billige Füllstoffe wünschte, sondern zugleich ihre Anforderung an Qualität und Eigenschaften der Mineralmehle ständig erhöhte, war und ist der Preisdruck auf die Füllstoff-Produzenten enorm. Diesem Druck konnten die einzelnen Unternehmen nur begegnen, indem sie ihre Verfahren laufend mechanisierten und rationalisierten. Nur so gelang es ihnen, die Preise bei immer höherer Leistung über die Jahre weitgehend stabil zu halten.

Aufgaben von Füllstoffen heute

Die Liste der gewünschten Eigenschaften von Farben und Lacken ist lang und viele lassen sich heute mit Hilfe von Füllstoffen beeinflussen (siehe Abbildung). In erster Linie sind es mechanisch-physikalische Aufgaben, die Füllstoffe in Lacken erfüllen.

Als Feststoff-Teilchen, dispergiert im Bindemittel, treten sie räumlich in dreifacher Weise in Erscheinung:

- Innerhalb des Lackfilms tragen sie als Gerüstsubstanz zur Verbesserung des mechanischen Aufbaus bei. Sie bewirken eine höhere Dichte und Härte des Films und verringern die Durchlässigkeit für Gase und Kapillarwasser.
- An der Grenzfläche zum Untergrund verbessern sie die Haftung.
- An der Oberfläche beeinflussen sie die Schleifbarkeit, erhöhen die Abriebfestigkeit und steuern den gewünschten Glanzgrad.

- Fließverhalten
- Pigment-Schwebevermögen
- Lagerstabilität
- Dichte
- Glanz
- Oberflächenglätte
- Weißgrad

- Deckvermögen
- Packungsdichte
- Füllvermögen
- Schleifbarkeit
- Nass-Abriebfestigkeit
- Korrosionsschutz
- Wetterbeständigkeit

Mit Füllstoffen beeinflussbare Eigenschaften.

Daneben verstärken Füllstoffe auch die chemische Stabilität des Lackes. Als natürliche Puffer oder Ionenaustauscher schützen sie vor Korrosion oder dem Angriff von Säuren. Und schließlich besitzen Füllstoffe auch optische Eigenschaften, die sich auf die Qualität des Anstriches positiv auswirken: So erhöhen manche der Minerale den Weißgrad, andere absorbieren schädliche UV-Strahlen.

Auswahlkriterien

Nicht jeder Füllstoff erfüllt jede der genannten Aufgaben, hier ist der Lackproduzent gezwungen auszuwählen. Als Kriterien für die Wahl des geeigneten Füllstoffs stehen ihm zahlreiche charakteristische Größen zur Verfügung, anhand derer sich die späteren Lackeigenschaften gezielt bestimmen lassen:

- Feinheit
- Teilchenform
- Mohs'sche Härte
- Ölzahl und Dichte
- Weißgrad
- Wasserlöslichkeit und pH-Wert
- Chemische Reinheit und Toxikologie

Doch nicht alle diese Größen sind unveränderlich. Zwar zählen Dichte und Härte ebenso zu den natürlichen, nicht zu beeinflussenden Eigenschaften eines Minerals wie der pH-Wert oder die Toxizität. Aber zahlreiche Größen lassen sich innerhalb gewisser Grenzen durchaus variieren.

So sind seit den fünfziger Jahren mit Stearinsäure beschichtete Kreide- und Kalksteinmehle auf dem Markt, die sich durch eine niedrige Ölzahl sowie eine verbesserte Dispergierbarkeit in organischen Löse- und Bindemitteln auszeichnen. Und durch moderne Mahl- und Sichttechniken lassen sich heute definierte Feinmehle für den jeweiligen Verwendungszweck herstellen. Hierauf vor allem beruht der große Erfolg der Füllstoffe.

Pigment-Volumen-Konzentration und KPVK

Viele Eigenschaften von Beschichtungsstoffen können über Bindemittel, Füllstoffe und Pigmente sowie über die Wahl der Pigment-Volumen-Konzentration (PVK) gesteuert werden. Die PVK beschreibt das Volumenverhältnis von Füllstoffen und Pigmenten (V_{F+P}) zum Gesamtvolumen aller nichtflüchtigen Bestandteile (V_G) eines Anstrichsystemes:

$$PVK = \frac{V_{F+P}}{V_G} * 100$$

Je größer der Volumenanteil der Füllstoffe und Pigmente am Filmvolumen eines getrockneten Anstrichfilmes ist, je höher ist die PVK.

Mit steigender PVK erreicht man einen Grenzwert, die so genannte kritische Pigment-Volumen-Konzentration (KPVK). Hier reicht das Bindemittelvolumen nicht mehr aus, um die Hohlräume zwischen den Füllstoff- und Pigmentteilchen vollständig auszufüllen.

Die KPVK ist für Beschichtungen von besonderer Bedeutung, da sich die Eigenschaften eines Anstrichs drastisch ändern können, wenn man die KPVK überschreitet. So ist bekannt, dass das Deckvermögen von Dispersionsfarben mit zunehmender PVK stetig wächst, um dann im Bereich der KPVK sprunghaft anzusteigen (siehe Abbildung).

Daher wird die KPVK klassischerweise auch über das Deckvermögen bestimmt, aber auch andere Methoden wie die Messung der inneren Spannung oder Porosität sowie der Gilsonite-Test kommen zum Einsatz.

Bei jeder gegebenen PVK kann die Lage der KPVK über die Wahl der Rohstoffe und über die Rezeptur beeinflusst werden. Daraus ergeben sich verschiedene PVK-KPVK-Abstände. Dies ist wichtig für die Rezeptierung von Beschichtungen, da viele Filmeigenschaften auch von diesem Abstand abhängig sind.

Deckvermögen in Abhängigkeit von der Pigment-Volumen-Konzentration.

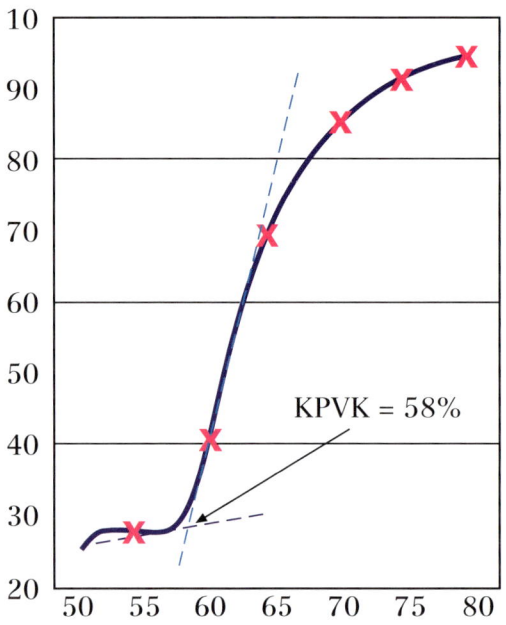

Packungsdichte

Bei einer Reihe von Anstrichsystemen sollte die Packungsdichte möglichst hoch sein, um eine große Härte und eine geringe Porosität der Filme zu erreichen. Dickschichtsysteme sollten darüber hinaus möglichst keine Schwund-Rissbildung zeigen.

Stimmt die Füllstoff-Pigment-Packung in kunstharzgebundenen Putzen nicht, kann dies zur Rissbildung oder zu Löchern in der Oberfläche führen. Es ist deshalb von besonderer Bedeutung, die richtigen Füllstoffe beziehungsweise Füllstoff-Kombination zu wählen.

Im Zustand einer optimalen Packung werden die Zwischenräume von gröberen Füllstoffen durch immer kleinere Füllstoff- und Pigment-Teilchen ausgefüllt, bis der für das Bindemittel verbleibende Volumenanteil nur noch minimal ist. Trotzdem müssen die Füllstoffe und Pigmente mit Bindemittel ausreichend benetzt sein, damit noch eine gute Verarbeitbarkeit gewährleistet ist. Um diese optimale Packung zu erzielen, sind genaue Kenntnisse über Feinheit und Korngrößenverteilung der Füllstoffe unabdingbar.

Calciumcarbonat-Füllstoffe

Die Füllstoffe auf Calciumcarbonat-Basis sind nach EN ISO 3262 wie folgt definiert:

- Kreide, ein natürliches Calciumcarbonat aus schwach verfestigten Sedimenten der Kreideformation, das durch mikrokristalline Calcit-Kristalle charakterisiert ist und vorwiegend aus Schalen und Skeletten von maritimen Kleinorganismen besteht.
- Natürliches kristallines Calciumcarbonat, das sich von Kalkstein und Marmor ableitet. Die trigonalen, rhombischen Kristalle sind generell größer als die der Kreide.

Nimmt man beide Qualitäten zusammen, ist Calciumcarbonat der bedeutendste Füllstoff für Farben und Lacke, denn wie kein anderer Füllstoff erfüllt es fast alle Anforderungen der Farben- und Lackindustrie. 1998 betrug der Marktanteil in Europa 72 Pro-

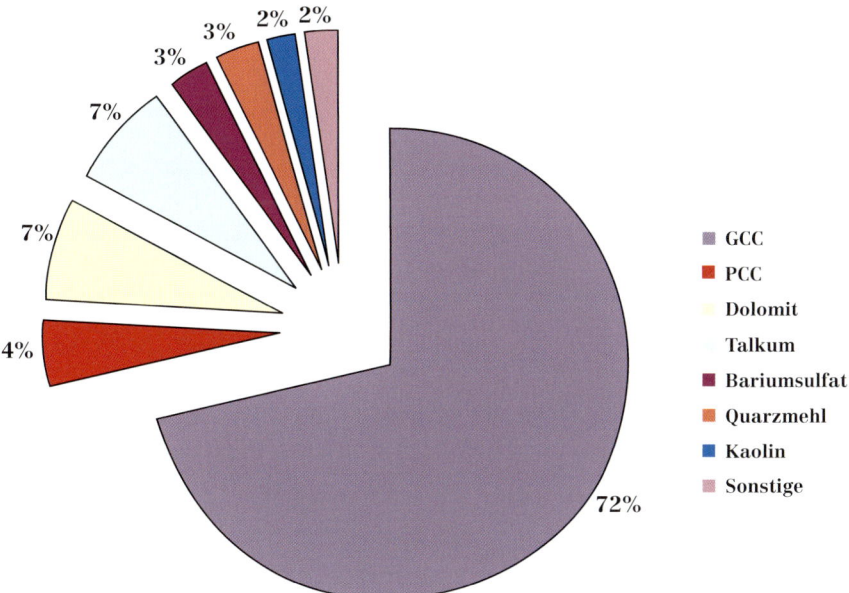

Füllstoff-Verbrauch in
Europa (ohne GUS) 1998.

zent; rechnet man auch das künstlich gefällte PCC hinzu, sind es sogar 76 Prozent. Erst mit großem Abstand folgen Dolomit und Talkum mit jeweils 7 Prozent (siehe Abbildung).

Calciumcarbonat ist physiologisch unbedenklich und wetterbeständig, es besitzt einen hohen Weißgrad und eine niedrige Dichte, seine Wechselwirkung mit Pigmenten, Bindemitteln und anderen Bestandteilen von Farben und Lacken ist ebenso gering wie sein Elektrolyt-Gehalt oder seine Ölaufnahme. Durch seinen alkalischen pH-Wert hat es Rostschutzwirkung, seine geringe Abrasivität verhindert hohen Maschinenverschleiß, aber vor allem besticht das Mineral dadurch, dass mit den bekannten Aufbereitungstechniken Calciumcarbonat-Füllstoffe fast jeder gewünschten Korngrößenverteilung und Feinheit verfügbar sind (siehe Ab-

Calciumcarbonat – vom
Feinmehl zum Granulat.

Beschichtungssystem	Calciumcarbonat-Anteil [%]
Dispersionsfarben	
- Innen	50-70
- Außen	40-60
Kunstharzgebundene Putze	70-80
Spachtel	70-80
Rostschutz-Grundierungen	10-30
Strassenmarkierungsfarben	30-40
Seidenglänzende Anstrichsysteme	20-30
Pulverlacke	10-20

Typische Anwendungen
von Calciumcarbonaten
in der Farben- und
Lackindustrie.

bildung). Insbesondere physikalische Eigenschaften wie Dispergierbarkeit, Glanz und Glanzhaltung sowie Deckvermögen lassen sich dadurch steuern.

Diesen anwendungstechnischen Vorzügen steht als einzig erwähnenswerter Nachteil die Säureempfindlichkeit gegenüber, sonst wäre Calciumcarbonat fast so etwas wie der „Universal-Füllstoff" für Lacke und Farben, zumal sein Preis-/Leistungs-Verhältnis nahezu unübertroffen ist. Aber auch so ist die Liste der Anwendungsbeispiele lang (siehe Abbildung).

3.3 Der Einsatz von Calciumcarbonaten in ausgewählten Anstrichsystemen

Die Anzahl unterschiedlicher Farben und Lacke ist gewaltig und nahezu ebenso groß ist die Vielfalt der Calciumcarbonat-Füllstoffe, die in den einzelnen Anwendungen zum Einsatz kommen. In erster Linie sind es Korngröße und Korngrößenverteilung, in denen sich die einzelnen Füllstoff-Qualitäten unterscheiden (siehe Abbildung), doch auch sonst erfordert jede Anwendung ihr ganz eigenes Calciumcarbonat.

Dispersionsfarben

Dispersionsfarbe ist im alltäglichen Sprachgebrauch die übliche Bezeichnung für Kunststoff-Dispersionsfarben, bei denen das organische Bindemittel in Wasser dispergiert, das heißt feinstzerteilt ist. Neben der Kunststoffdispersion enthält eine Dispersionsfarbe vor allem Füllstoffe und Pigmente.

Dispersionsfarben zählen zu den bedeutendsten Anstrichstoffen, da sie eine Reihe von positiven Eigenschaften aufweisen, die insbesondere im Bereich des Bautenschutzes von Vorteil sind.

Dispersionsfarben

- sind umweltfreundlich, weil sie auf Wasser basieren und nur geringe oder keine Anteile an organischen Lösemitteln enthalten,
- sind leicht zu handhaben,
- trocknen durch die meist hohe Pigment-Volumen-Konzentration schnell auf und sind preiswert.

Allgemein unterscheidet man zwischen Innen- und Außendispersionsfarben. Wegen der Vielzahl an möglichen Rezepturen für die unterschiedlichen Anwendungsgebiete sind weitere Unterteilungen jedoch unumgänglich.

Anwendung	Mittlerer Teilchendurchmesser [µm]
Dispersionsfarben	0,9-70
Grundierungen	0,9-5*
Spachtelmassen	2,5-90*
Malerlacke	0,9-5*
Korrosionsschutz	1,5-5*
Industrielacke	0,9-2,5*
Strukturfarben	30-160
Pulverlacke	0,9-20
Strassenmarkierungen	0,9-160*
Silikonharzfarben	2,5-10
Druckfarben	0,9
Putze	
– Streich- und Spritzputze	500-1500
– Reibe- und Rillenputze	1000-3000
– Kratzputze	1000-3500
– Rollenputze	500-2000
– Dekorputze	1500-2500

* Beschichtet und unbeschichtet.

Mittlerer Teilchendurchmesser für Calciumcarbonate in Farben und Lacken. So vielfältig die Anwendungen von Farben und Lacken sind, so groß ist auch die Bandbreite der eingesetzten Calciumcarbonate – beschichtet oder unbeschichtet.

Auftrag einer Dispersionsfarbe.

So sind für Innendispersionsfarben die Scheuer- und Waschbeständigkeit gängige Kriterien, aber auch die Einstufung nach dem Glanzgrad (hochglänzend bis matt), der Helligkeit oder dem Kontrast ist üblich. Die einzelnen Eigenschaften einer Dispersionsfarbe lassen sich über das Bindemittel, die Füllstoffe und Pigmente sowie über die PVK steuern.

Calciumcarbonate aus Marmor, die einen besonders hohen Weißgrad aufweisen, sind seit der Entwicklung wässriger Styrolacrylat-Dispersionen Mitte der sechziger Jahre die meistverwendeten Füllstoffe für Innen-, aber auch Außendispersionsfarben. Da Styrolacrylat-Dispersionen gute Pigmentverträglichkeit und hohe Verseifungsbeständigkeit besitzen, sind hohe Füllgrade mit bis zu 70 Prozent Calciumcarbonat problemlos möglich. Zudem lässt sich bei Calciumcarbonat-Füllstoffen durch eine gezielte Wahl der Kornfeinheit das Deckvermögen, der Glanzgrad und die Nassabriebfestigkeit von Innendispersionsfarben einstellen.

Für matte Innendispersionsfarben, tonnagemäßig die wichtigsten Anstrichmittel, bevorzugt man Calciumcarbonate mit einem mittleren statistischen Teilchendurchmesser von 2-5 Mikrometern, die sich durch gute Dispergierbarkeit auszeichnen. Zur Verbesserung der Verarbeitbarkeit werden häufig bis zu 5 Prozent Talkum zugesetzt. Um den Weißgrad der Innendispersionsfarben weiter zu erhöhen, kommen gelegentlich auch Zusätze von chemisch gefällten Calciumcarbonaten zum Einsatz.

Matte Anstrichoberflächen mit möglichst hohem Deckvermögen erfordern häufig einen Zusatz von Mattierungsmittel. Allerdings sind die lange Zeit gebräuchlichen Mattierungsmittel wie Kieselgur (Diatomeenerde) in den letzten Jahren wegen ihres Gehaltes an kristallinem Siliciumdioxid zunehmend in die Kritik geraten, da Siliciumdioxid bei Partikeldurchmessern von weniger als 5 Mikrometern Silikose verursachen kann.

Seit 1998 ist aber auch ein gesundheitlich unbedenkliches Mattierungsmittel auf Basis eines natürlichen Calciumcarbonats auf dem Markt. Es gestattet die Rezeptierung matter Innendispersionsfarben, welche den Anforderungen nach DIN 53 778 entsprechen.

Außendispersions- oder Fassadenfarben werden auf Flächen aus Beton und Betonstein, mineralischen Außenputzen, Gasbeton, Kalkstein, Ziegelmauerwerk und Holz eingesetzt. Wie bei den Innendispersionsfarben hat man auch hier mehrere Qualitätsstufen entwickelt, die nach Glanz, Elastizität oder bauphysikalischen Eigenschaften wie Wasserdampfdurchlässigkeit eingeteilt werden.

Fassadenbeschichtungen verändern mit der Dauer der Bewitterung ihr optisches Aussehen. Während äußere Einflüsse vorwiegend eine Verschmutzung der Filmoberfläche verursachen, weisen Phänomene wie Kreidung und Veränderung des Farbtones auf einen frühzeitigen Filmabbau hin, der vornehmlich auf die Zusammensetzung der Rezeptur, aber auch auf die verwendeten Füllstoffe zurückzuführen ist.

Entscheidend für die Wetterbeständigkeit eines Füllstoffes sind dabei seine chemische Natur und die Korngrößenverteilung. So

Vollton-Fassadenfarben (PVK 41 %) nach einjähriger Bewitterung.

lassen sich mit natürlichen kristallinen Calciumcarbonaten und Dolomiten deutlich bessere Ergebnisse erzielen als mit Füllstoffen, die silikatischer Natur sind (siehe Abbildung). Da zudem bei Calciumcarbonaten die Korngrößenverteilung sehr gut steuerbar ist, greift man heute bevorzugt auf weiße Calciumcarbonate aus sehr reinen Marmorvorkommen zurück: Für matte, weiße Fassadenfarben werden vorwiegend Calciumcarbonate mit einem mittleren Teilchendurchmesser zwischen 2-7 Mikrometern verwendet, bei Volltonfarben erhalten hingegen Produkte mit einem mittleren Teilchendurchmesser zwischen 10-20 Mikrometern den Vorzug.

Rostschutzfarben

Die Aufgabe eines Rostschutzanstriches ist es, wertvolle, gegen aggressive Bestandteile der Atmosphäre sehr empfindliche Metallteile vor Korrosion zu schützen. Unter Korrosion versteht man ganz allgemein die Zerstörung von Metallen und Legierungen unter Bildung von Metallverbindungen, wobei der metallische Werkstoff in einen thermodynamisch stabileren Zustand übergeht.

Die Bedeutung des Rostschutzproblems ist besonders groß in hochindustrialisierten Regionen wie den USA, Japan und Westeuropa. So belief sich allein in der Bundesrepublik Deutschland der Schaden durch Korrosion im Jahr 1996 auf 70 Milliarden DM. In Anbetracht dieser Verlustzahlen ist es verständlich, dass man den allgemeinen Fragen des Korrosionsschutzes immer stärkere Beachtung schenkt und die Anforderungen an Korrosionsschutzanstriche laufend erhöht.

Anstriche bilden keine vollständig undurchlässigen Filme. Sie sind im Gegenteil von Kapillaren durchzogen, die den Zutritt von Luft, Wasserdampf, flüchtigen Säuren wie auch von wässrigen Lösungen gestatten, was Korrosionserscheinungen an der Metalloberfläche nicht nur begünstigt, sondern beschleunigt.

Setzt man nun einem Anstrich (Rostschutzgrundierung) Calciumcarbonat zu, so erhält der Film ein Depot einer schwach alkalisch wirkenden Substanz, die sowohl der H_2-Typ- als auch der O_2-Typ-Korrosion entgegenwirken kann; in manchen Fällen ist sogar ein partieller Austausch von Aktivpigmenten durch Calciumcarbonate anzuraten. So führte in Shop-Primern ein 50-prozentiger Austausch von Eisenoxidrot durch eine oberflächenbehandelte Calciumcarbonat-Qualität nach 2-jähriger Bewitterung zu einer deutlich besseren Korrosionsbeständigkeit der Anstrichfilme (siehe Abbildung).

Ebenfalls hilfreich sind Füllstoff-Kombinationen, bei denen der Zusatz eines anderen Minerals das basische Potenzial von Calciumcarbonaten um wichtige physikalische Eigenschaften ergänzt. Beispielsweise erhöht eine Mischung aus Calciumcarbonat und plättchenförmigen Talkum die Packungsdichte und verhindert somit das Eindringen korrosiver Medien in den Lackfilm.

Neben ihrer korrosionshemmenden Wirkung verbessern Calciumcarbonate auch die Filmeigenschaften von Rostschutzfarben. Sie vermindern die Blasenbildung, erhöhen meist die Haftung und im Vergleich zu Bariumsulfaten übt Calciumcarbonat einen positiven Einfluss auf die Schweißfähigkeit der Grundierung aus. In der Regel lassen sich glatte und porenfreie Schweißnähte erhalten.

Glänzende Anstrichsysteme

Von vielen Anstrichsystemen, insbesondere von Decklacken, gibt es glänzende Qualitäten, die nach Glanzgraden von Hochglanz bis Seidenmatt abgestuft sein können. Da der Glanz neben rein physikalischen auch physiologische Komponenten enthält, ist es nicht immer möglich, ihn exakt zu beurteilen. In gewissen Grenzen lässt sich jedoch der Glanz von Beschichtungen über den von der Oberfläche reflektierten Anteil des einfallenden Lichtes messtechnisch erfassen.

Der Reflexionsgrad eines Anstrichsystems lässt sich nun durch unterschiedliche Parameter einstellen, wobei neben den verwendeten Pigmenten auch die Wahl des geeigneten Füllstoffs von großer Bedeutung ist. Insbesondere die Korngrößenverteilung und

Rostschutzgrundierung nach 2 Jahren Bewitterung.
Links ein Eisenoxidrot ohne Füllstoffe,
Rechts eine Kombination aus Eisenoxidrot und Calciumcarbonat (50:50).

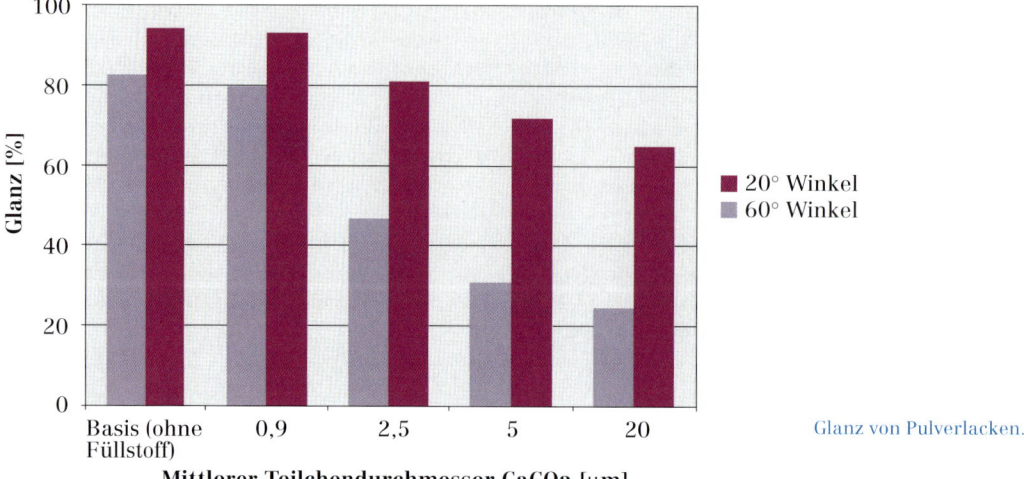

Glanz von Pulverlacken.

Dispergierbarkeit eines Füllstoffes sind für den Glanz wichtig und so kommen heute vermehrt Calciumcarbonate in glänzenden Anstrichsystemen zum Einsatz. In glänzenden, weißen Industrielacken können feinteilige Calciumcarbonate mit einem Teilchendurchmesser von 0,9 Mikrometern sogar einen Teil des deckenden Pigmentes ersetzen.

In Pulverlacken mit hohem Glanzniveau sind diese feinteiligen Calciumcarbonate ebenfalls die bevorzugten Füllstoffe. Aber auch jeder andere gewünschte Glanzgrad von hochglänzend bis seidenmatt lässt sich in Pulverlacken mit natürlichen, kristallinen Calciumcarbonaten unterschiedlicher Kornfeinheit einstellen (siehe Abbildung).

Kunstharzgebundene Putze

Kunstharzgebundene oder Kunstharzputze bestehen im Wesentlichen aus einem organischen Bindemittel, unterschiedlichen Mengen von feineren und gröberen Füllstoffen sowie geringen Anteilen an Pigmenten. Besonders hervorzuhebende Eigenschaften von Kunstharzputzen sind:

- kurze Abbindezeit
- hohe Deckfähigkeit, die einen zusätzlichen Deckanstrich unnötig macht
- gute Füllkraft, was eine separate Bearbeitung kleiner Mängel im Untergrund erspart

- sehr gute Haftfestigkeit auf praktisch allen Untergründen
- ausgezeichnete Elastizität
- sehr gute Wetterbeständigkeit

Diese Eigenschaften machen Kunstharzputze heute zu einem wichtigen Material für Wand-, Decken- und Fassadenbeschichtungen.

Ein wesentlicher Faktor für die rasche Entwicklung dieser Putzsysteme war das Angebot an neuen Füllstoff-Qualitäten, denn die

Auftrag eines Fassadengrund-Putzes.

Pulverlacke gewinnen immer mehr an Bedeutung.

früher verwendeten Quarzsande wiesen zahlreiche Nachteile auf, die einem breiten Einsatz von Putzen im Wege standen: Sie besaßen ein dunkles Aussehen, zeigten Tendenz zum Vergrauen, eine starke Abrasivität und wiesen eine erhöhte Verletzungsgefahr auf. Da sie auch Feinstanteile enthielten, standen sie zudem im Verdacht Silikose auszulösen.

Ein breitgefächertes Angebot an Calciumcarbonat-Granulaten aus sehr weißem und reinem Marmor mit genau abgestimmten Kornfraktionen zwischen 1 und 7 Millimetern vermied diese Nachteile und ermöglichte die Herstellung von sehr weißen Putzen für die unterschiedlichsten Einsatzgebiete und Applikationstechniken. Je nach Feinheit der eingesetzten Granulate und Art des Applikationsverfahrens lassen sich heute Kunstharzputze mit sehr verschiedenen Oberflächenstrukturen herstellen.

Für alle Putze gleich sind jedoch die Qualitätsansprüche an die verwendeten Calciumcarbonat-Granulate:

- hoher Weißgrad
- enge Kornverteilung
- möglichst kein Überkorn
- runde Kornform
- frei von färbenden Verunreinigungen

Die Kenntnis der Korngrößenverteilung ist dabei von besonderer Bedeutung, da es sich

bei Kunstharzputzen um Dickschichtsysteme handelt, die eine Kombination mehrerer Calciumcarbonate unterschiedlicher Feinheit erfordern. Um trotzdem eine einwandfreie Oberfläche zu erhalten, muss die Abstufung in der Zusammensetzung des Fein-, Mittel- und Grobkorns sehr sorgfältig erfolgen.

3.4 Trends

Wie andere Industrien ist auch die Farben- und Lackindustrie heute geprägt durch die drei großen E: Economy, Energy and Ecology. Von diesen drei Faktoren ist der ökologischen Ausrichtung für die Zukunft die größte Bedeutung beizumessen, umweltfreundliche Anstrichsysteme werden mehr und mehr zum Maß der Dinge. Selbstverständlich betrifft dieser Aspekt in erster Linie die Löse- und Bindemittel, von denen die größten Gefahren für Umwelt und Gesundheit ausgehen, weshalb in Zukunft wasserverdünnbare Beschichtungen und Pulverlacke weiter an Bedeutung gewinnen werden.

Optimierte Füllstoffe für diese Anstrichsysteme zu entwickeln, ist jedoch auch für die Füllstoff-Hersteller eine besondere Herausforderung. Füllstoffe, die nicht mit umweltfreundlichen Technologien hergestellt werden oder toxikologisch bedenklich sind, werden in Zukunft vermehrt durch solche Minerale ersetzt, die in jeder Hinsicht unbedenklich sind. Calciumcarbonat ist hier an erster Stelle zu nennen.

Eine weitere Option auf die Zukunft ist es, die optischen Eigenschaften von Calciumcarbonaten zu verbessern. Hier wird es das Ziel sein, durch moderne Aufbereitungstechniken neue Füllstoff-Qualitäten zu entwickeln, die einen deutlichen Einfluss auf die optischen Eigenschaften der Anstrichsysteme nehmen und es somit gestatten, den Anteil an teuren Weißpigmenten weiter zu reduzieren. Calciumcarbonate wären dann nicht nur Füllstoffe mit wichtigen funktionellen Eigenschaften, sie wären wieder Pigmente, so wie es die Kreide vor zweitausend Jahren schon einmal war.

4. Calciumcarbonat – ein vielseitiges Mineral

Füllstoffe und Streichpigmente sind die hochwertigsten Produkte aus Calciumcarbonat, die Einzigen mit wirtschaftlicher Bedeutung sind sie nicht. In zahlreichen Industrien sind heute die Schotter, Sande, Granulate, Körnungen oder Feinmehle aus Kalkgesteinen als Rohstoff unersetzbar, es gibt fast keinen Industriezweig mehr, der noch ohne Calciumcarbonat auskommt.

Mit mehr als 3 Millionen Tonnen ist die Baustoff-Industrie der größte Abnehmer für Calciumcarbonat in Deutschland. So nutzt man devonische Kalksteine, um Mörtel und Estrich herzustellen; in Betonwerksteinen sind diese dunklen Kalkgesteine ebenso enthalten wie in Pflastersteinen. Für Kalksandsteine hingegen bevorzugt man hochweiße Marmorprodukte, die sich auch in Stuckgips oder Sportplatzmarkierungen wiederfinden.

Bei der Herstellung von Glas- und Keramik-Produkten ist weniger der Weißgrad, denn die chemische Reinheit des Calciumcarbonats von Bedeutung. Schon geringe Spuren färbender Metall-Ionen wie Eisen oder Mangan schließen eine Verwendung des Minerals aus.

In der chemischen Industrie taucht Calciumcarbonat an zahlreichen Stellen auf, bekannt sind vor allem zwei Grundstoff-Synthesen, die von Calciumcarbonat ausgehen: Beim Soda-Solvay-Verfahren wird aus Calciumcarbonat am Ende Natriumcarbonat, also Soda, und zur Herstellung von Calciumcarbid werden Calciumcarbonat und Kohle bei Temperaturen von 2 500 Grad Celsius erhitzt.

Im Bergbau sorgen 50 000 Tonnen Kalksteinmehl als Gesteinstaubsperren für mehr Sicherheit unter Tage. In Feuerlöschern kommen jährlich rund 2 000 Tonnen zum Einsatz, immerhin doppelt so viel, wie in Sprengstoffen verwendet werden. Und dann landen jedes Jahr noch jeweils einige hundert Tonnen Calciumcarbonat in Schleifmitteln, Umhüllungen von Schweißelektroden oder in Spülflüssigkeiten für Gas- und Ölbohrungen.

Es ist heute nahezu unmöglich, ein Produkt herzustellen, dass nicht irgendwann mit Calciumcarbonat in Berührung gekommen ist. Und doch bleibt das Mineral meist im Verborgenen: Entweder ist es nur als Produktionshilfsmittel im Einsatz, etwa beim industriellen Reisschälen, oder es wird während der Produktion chemisch verändert; nur ganz wenige Produkte enthalten auch am Ende noch Calciumcarbonat.

Sieht man einmal von den Baumaterialien ab, so findet sich Calciumcarbonat vor allem in Düngemitteln für Land- und Forstwirtschaft sowie in Chemikalien für den Umweltschutz. Auch manche Haushaltsartikel, Medikamente und Nahrungsmittel enthalten noch heute Calciumcarbonat, aber meist sind es geringe Mengen und nur wenige dieser Produkte haben eine Zukunft.

4.1 Calcium- und Magnesium-carbonat in der Landwirtschaft

Erste Berichte über die Düngung von Äckern gibt es bereits aus der Antike. Schon damals versuchten die Menschen herauszufinden, wie sich das Wachstum der Pflanzen fördern ließ. Zwar waren die Untersuchungen nicht wissenschaftlich angelegt, sondern in der Regel probierte man einfach verschiedene Verfahren und Substanzen aus. Dennoch waren die Ergebnisse erstaunlich. Schon vor 2 200 Jahren stellte der römische Schriftsteller und Staatsmann Cato der Ältere in seinem Buch „De agricultura liber" folgenden, bis heute gültigen Grundsatz auf:

„Guter Ackerbau bedeutet: gutes Pflügen, gutes Pflegen, gutes Düngen."

Die damals bekannten „Dünger" lassen sich in zwei Klassen einteilen:

- **organische Stoffe** menschlichen, tierischen und pflanzlichen Ursprungs wie Mist oder Jauche

- **anorganische Stoffe** mineralischen Ursprungs (Gesteinsmehle) oder Verbrennungsrückstände (Aschen)

Im 1. Jahrhundert nach Christus werden die schriftlichen Belege über eine gezielte Kalkung oder den Einsatz von Kalkmergeln häufiger. So schrieb Plinius in seiner Naturgeschichte davon, dass nicht nur die klimatischen Voraussetzungen für Ackerbau stimmen müssen; auch die Beschaffenheit des Bodens spiele eine Rolle. So lehre die Erfahrung, dass die Kreide im Gebiet von Alba Pompeia (dem heutigen Alba in Norditalien) allen anderen Bodenarten beim Weinanbau vorzuziehen sei. Und allgemein hielt Plinius fest, dass ein Boden vor allem dann brauchbar sei, wenn er sich durch längeres Brachliegen erholen könne und erdig riechen würde.

Aber Plinius beließ es nicht bei beschreibenden Feststellungen, er gab den Bauern und Winzern auch konkrete Vorschläge, wie ein Boden zu verbessern war. Beispielsweise wusste er über die Verwendung von Mergel (marga) in Britannien und Gallien zu berichten, dass diese Mergel „gleichsam das Schmalz der Erde" seien, durch das diese Völker reich würden. Ebenso rühmte er die bei Trier und Jülich ansässigen Ubier, „dass sie sich ihren fruchtbaren Boden durch Mergel geschaffen hätten."

Mehrere Mergelarten waren zur damaligen Zeit bekannt:

- **Weiße Mergel**, wozu der feine, sandige und mit Steinen vermischte Steinmergel ebenso zählte wie der Gleißmergel (*glisomarga*) und die Silberkreide (*creta argentaria*), die unter Tage in Tiefen von bis zu hundert Fuß gewonnen wurde. Letztgenannte hielt in ihrer Düngewirkung 80 Jahre lang an, eine Steinmergel-Düngung reichte für 50 Jahre und der Gleißmergel schließlich musste nach 30 Jahren erneut aufgebracht werden.
- **Blauer Mergel**, der bei Sonne und Frost zerfiel.
- **Sandiger Mergel**, bei dem eine Düngung höchstens 10 Jahre vorhielt, weshalb man ihn auch nur verwendete, wenn nichts anderes vorhanden war.

Da jedem Mergel immer auch mehr oder weniger große Anteile Ton und Lehm beigemengt sind und der Begriff Kreide in der Antike verschiedene Tonarten genauso einschloss wie Gemenge von Kalk, Ton und anderen Bestandteilen, ist die Düngewirkung leicht verständlich. Denn Ton und Lehm sind bei richtiger Durchmischung mit Kalk die eigentlichen Nährstoffspeicher des Bodens (siehe auch den Abschnitt „Einfluss der Kalkung auf den Boden").

Wenn auch die wachstumsfördernde Wirkung der Kreiden und Mergel nicht allein auf die Höhe des Calciumcarbonat-Gehaltes zurückzuführen war, sondern auf das gesamte Bodengemisch, so bleibt es doch Plinius vorbehalten, als einer der Ersten darauf hingewiesen zu haben, dass ein ausgelaugter Boden durch eine Bodenverbesserung mit kalkhaltigen Düngern weiter nutzbar bleibt.

Plinius' Ratschläge für die Düngung galten sowohl für den Anbau von Feldfrüchten wie von Viehfutter. Ziel der Mergelung war immer eine Erhöhung der Bodenfruchtbarkeit; auch sollte die Aufbringung stets „nach dem Pflügen" und in einer „einfußhoch darüber gestreuten Schicht" erfolgen. Eine fast unvorstellbare Menge, denn eine „einfußhohe" Düngung mit Mergel würde circa 1 000 bis 1 500 Tonnen Dünger pro Hektar entsprechen.

Sieht man von Plinius ab, so ist über die Düngung wenig bekannt. Zwar wurde eine Vielzahl von Naturstoffen auf ihren Düngewert geprüft, der regelmäßige Einsatz von Düngemitteln war jedoch nur selten anzutreffen.

Solange das Düngen nicht weiter verbreitet war, blieben die Erfolge gering. Und so kam es im Mittelalter und der frühen Neuzeit zu zahlreichen kleineren und größeren Hungersnöten, die häufig auf Missernten infolge schlechter Witterung, vor allem aber auch auf ungenügende Wachstumsbedingungen zurückzuführen waren. Erst diese Erfahrung ließ die Menschen intensiver nach Möglichkeiten zur Steigerung und Absicherung der Ernten suchen; auch Düngemittel rückten nun in den Mittelpunkt des Interesses. Allerdings stand lange Zeit der schnelle Erfolg im Vordergrund aller Bemühungen. Langfristig angelegt waren die Überlegungen zum Ackerbau nicht.

Das Sprichwort „*Mergeln (Kalken) macht reiche Väter, arme Söhne*" hat seinen Ursprung in dieser Zeit. Durch die Kalkung mobilisierte der Boden seine verbliebenen Reserven, die restlichen Nährstoffe wurden entzogen. So konnten die Väter zwar noch reiche Ernten einfahren, die Söhne aber nicht mehr. In deutschen Pachtkontrakten aus dem 16. und 17. Jahrhundert wurde daher die Kalkdüngung schon bald verboten, da man befürchtete, dass der Boden dadurch „ausgesaugt" werde. Allerdings galten diese Verbote nur in einzelnen Gegenden wie in Schlesien, während die Könige von Hannover und Preußen die Mergeldüngung unterstützten, ja sogar förderten. Durch den gezielten Einsatz von Mineraldüngern hat dieses Sprichwort heute seine Gültigkeit verloren.

Spätestens mit Beginn des 19. Jahrhunderts wurden Düngemittel und ihre langfristigen Auswirkungen Gegenstand intensiver Forschungen. Wissenschaftler wie der französische Chemiker Jean Baptiste Boussingault oder der deutsche Botaniker Christian Konrad Sprengel leisteten dazu wichtige Vorarbeiten. Es blieb jedoch dem deutschen Chemiker Justus von Liebig vorbehalten, bis heute gültige Grundregeln für den erfolgreichen Einsatz von Pflanzennährstoffen erstmals zu formulieren. Sein 1840 erschienenes Buch „Die organische Chemie in ihrer Anwendung auf Agrikultur und Physiologie" war das erste und für lange Zeit wichtigste Standardwerk über den Einsatz von Düngemitteln zur Pflanzenernährung.

Nährstoffspeicher Boden

Eine Pflanze benötigt für ihr Wachstum zahlreiche Nährstoffe, die sie überwiegend dem Boden entnehmen kann. Der Boden ist ihr Nährstoffspeicher und es ist vor allem der Gehalt an Stickstoff (N), Phosphor (P), Kalium (K), Calcium (Ca) und Magnesium (Mg), aber auch an Spurennährstoffen, der seine Qualität bestimmt. Ohne diese Elemente gibt es kein ertragreiches Wachstum der Nutzpflanzen.

Dabei ist nicht allein die Menge eines jeden Nährstoffes entscheidend, wichtig ist vielmehr das richtige Verhältnis aller Nährstoffe. Das erkannte auch Justus von Liebig und stellte diesen Sachverhalt in seiner bekannten Ersatztheorie in Verbindung mit der Minimumtonne anschaulich dar (siehe Abbildung). Demnach ist das schwächste Glied in der Kette der Wachstumsfaktoren dasjenige Element, das am wenigsten vorhanden oder verfügbar ist. Und dieses Element bestimmt das Wachstum.

Allerdings bezog Liebig die Wachstumsbeschränkung vor allem auf die Hauptnährstoffe Stickstoff, Kalium und Phosphat. Erst Ende des 19. Jahrhunderts erkannte man, dass auch die sogenannten Nebennährstoffe Calcium, Magnesium, Schwefel und die Spurennährstoffe das Wachstum bestimmen. Daran hat sich bis heute nichts geändert, nur das durchschnittliche Ertragsniveau als

Mit seiner Minimumtonne machte Justus von Liebig seinen Zeitgenossen anschaulich deutlich, dass der am wenigsten verfügbare Nährstoff im Boden den Ertrag begrenzt. Wer mit einer gezielten Düngung optimale Erträge erzielen will, muss zunächst den Boden analysieren, um dann auf Basis dieser Ergebnisse die einzelnen Nährstoffe richtig zu dosieren.

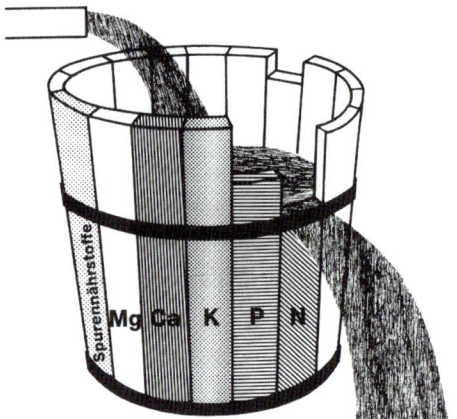

Mähdrescher bei der
Weizenernte.

Basis für den Nährstoffbedarf ist deutlich gestiegen: Lag es für Weizen 1840 noch bei circa 30 Doppelzentner pro Hektar (dz/ha), so waren es 1997 bereits 70 - 80 Dezitonnen je Hektar (dt/ha)[1]. Das hat auch Einfluss auf die Nährstoff-Versorgung eines Bodens, denn je höher das erreichte Ertragsniveau ist, um so empfindlicher reagieren die Pflanzen in Ertrag und Wachstum auf eine unausgewogene Ernährung.

[1] Erntegewichte, bezogen auf ein Hektar (ha), wurden bis in die siebziger Jahre in Doppelzentnern (dz) angegeben, was dem Gewicht eines Sackes Getreide entsprach. Der Doppelzentner ist seitdem durch die Dezitonne (dt), die Einheit dz/ha dementsprechend durch dt/ha ersetzt worden.

Kalkstein - einer der ersten natürlichen Mineraldünger

Calcium- und Magnesiumcarbonate in Form von Mergeln und Kreiden sind leicht aus oberflächennahen Vorkommen verfügbar. Daher verwundert es nicht, dass dem Kalk- und Mergeleinsatz besondere Bedeutung beigemessen wurde, als gegen Ende des 18. Jahrhunderts Berichte über mineralische Dünger häufiger werden. So beschreibt im Jahr 1769 ein gewisser Andreä bereits 300 Arten von Mergel in seinen Berichten zur „Kalk- und Mergeldüngung", die er im Auftrag der Landwirtschaftskammer Hannover erstellte. Aber auch anderswo in Deutschland und Europa war das Ausbringen von Kalken weit verbreitet.

Aber die Liebig'sche Minimumtheorie führte schon bald zu einem Rückgang des Kalk-

279

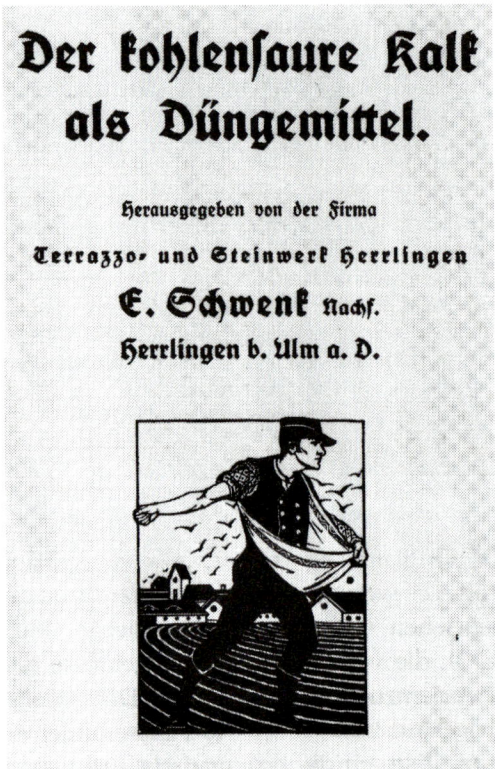

Werbebroschüre der Fa.
E. Schwenk Nachf. von
1929, heute Ulmer
Weißkalk GmbH.

schen] Ersatztheorie angewandt und wäre darüber beinahe zu Grunde gegangen: Erfolge hat derselbe erst wieder nach Einführung der Kalkung gehabt".

Die Erklärung dafür war einfach. Neben all den Hauptnährstoffen ist auch das Calcium ein wichtiger Nährstoff, auf den man nicht verzichten kann.

4.1.1 Einfluss der Kalkung auf den Boden

Der nachhaltig fruchtbare Boden ist gleichzeitig Standort und Lieferant von Nährstoffen, die er aus den eigenen Reserven mobilisiert. Er soll Düngenährstoffe speichern, umformen und pflanzenverfügbar machen sowie darüber hinaus ein gutes Regenerationsvermögen haben. Die Pflanzen sollen den Boden gut durchwurzeln, um die Vorräte an Nährstoffen, Wasser und Sauerstoff optimal nutzen zu können. Der fruchtbare Boden befindet sich in einem für den Standort optimalen pH-Bereich, hat eine günstige Bodenstruktur, verfügt über einen Humusgehalt von 1,5 bis 4 Prozent, speichert den überwiegenden Teil der nicht verwerteten Nährstoffe, legt Schadstoffe möglichst dauerhaft fest und hat genau das richtige Verhältnis von fester zu flüssiger und gasförmiger Phase.

Bodenfruchtbarkeit

Die Produktivität des Bodens, seine Bodenfruchtbarkeit, wird dabei durch verschiedene Faktoren beeinflusst, die ihrerseits von einem ausgeglichenen Kalkzustand abhängen. Dazu gehört erstens das Bodengefüge, das maßgeblich den Luftaustausch, die Wasserleitung und -speicherung sowie die Tragfähigkeit des Bodens bestimmt. Zweitens die biotische Aktivität des Bodens, denn die Umsetzung der verschiedenen Humusformen hängt maßgeblich von den vorhandenen Bakterien, Pilzen und Bodentieren ab. Und drittens die Speicherfähigkeit des Bodens für bestimmte mineralische Nährstoffe wie Phosphat, die auch seine Reserveleistung bezüglich der Nachlieferung von Nährstoffen beeinflusst.

einsatzes, da mit der gezielten Verwendung der Hauptnährstoffe Stickstoff, Kalium und Phosphat kurzfristige Erfolge im Ertrag zu erzielen waren. Gleichzeitig ging man davon aus, dass überall ein ausreichender Bodenvorrat an Calcium vorhanden sei.

Die Bedeutung einer ausgewogenen Düngung wurde erst Anfang des 20. Jahrhunderts wiederentdeckt, als viele Landwirte auf ihren eigenen Feldern erstaunt feststellen mussten, was der Agrarwissenschaftler Albert Orth bereits 1896 in seiner Schrift „Kalk- und Mergeldüngung" über einen „kenntnisreichen Landwirt" vorausgesagt hatte. Jener Bauer hatte jahrelang „Dungmittel nach dem Grundsatze der [Liebig-

Beim Bodengefüge werden über den Calcium-Magnesiumcarbonat-Gehalt der pH-Wert und dadurch die strukturellen Eigenschaften, die biotische Aktivität sowie die Speicherfähigkeit und Umsetzung der Nährstoffe im Boden beeinflusst. Das macht den pH-Wert zu der wichtigsten Kenngröße aller Bodenarten – und die Kalkung zu dem einflussreichsten und bedeutendsten Faktor der Düngung.

Bodenreaktion des Calciums

Die wichtigsten Calcium-Minerale in unseren Böden sind Calcit ($CaCO_3$) und Dolomit [$CaMg(CO_3)_2$]. Sie werden im Boden freigesetzt, wenn Carbonatgesteine verwittern. Die Geschwindigkeit der Verwitterung hängt dabei ganz wesentlich vom Gehalt an Kohlendioxid ab, das im Boden vor allem bei der Zersetzung organischer Substanz entsteht. Die einzelnen Reaktionen der Carbonatverwitterung lassen sich wie folgt zusammenfassen:

$$CaCO_3 + CO_2 + H_2O \rightleftharpoons Ca(HCO_3)_2$$

$$Ca(HCO_3)_2 \rightleftharpoons Ca^{2+} + 2\,HCO_3^-$$

Die freien Calcium-Ionen (Ca^{2+}) werden zum Großteil an den Tonmineralen und Humusbestandteilen adsorbiert. Dieser Vorgang ist jedoch reversibel. Bei einem Überschuss an anderen Kationen wie Magnesium- (Mg^{2+}) oder Wasserstoff-Ionen (H^+) kommt es zu einer Austausch-Reaktion, Calcium-Ionen werden frei.

Calciumcarbonat, genauer das System Calciumcarbonat/-hydrogencarbonat, ist der wichtigste Puffer und sorgt für einen dauerhaften und gegen äußere Einflüsse stabilen pH-Wert:

$$HCO_3^- + H^+ \rightleftharpoons H_2O + CO_2 \qquad (I)$$

$$HCO_3^- + OH^- \rightleftharpoons H_2O + CO_3^{2-} \quad (II)$$

Die Pufferungskapazität eines Bodens beschreibt, welche Mengen an eintretender Säure oder Base neutralisiert werden können, um so die ablaufenden Reaktionsvorgänge aufrecht zu erhalten.

Der pH-Wert ist als negativer dekadischer Logarithmus der H^+-Ionenkonzentration in Wasser definiert. Daher bedeutet eine Erniedrigung des pH-Wertes um 1 (zum Beispiel von pH 7 auf pH 6) eine Erhöhung der Säure-Konzentration um den Faktor 10, eine pH-Wert-Erniedrigung um 2 sogar eine Erhöhung der Säure-Konzentration um den Faktor 100. Dementsprechend erhöht sich der Kalkbedarf für die Neutralisation.

Verschiedene Bodenarten und deren optimale pH-Werte

Die Eigenschaften eines Bodens sind durch seine Bestandteile und ihr Verhältnis zueinander weitgehend vorgegeben. Die vorherrschenden Bestandteile kennzeichnen die verschiedenen Bodenarten als Sand, schwach lehmigen Sand, stark lehmigen Sand, sandigen bis schluffigen Lehm, schwach tonigen Lehm bis hin zu Ton und Moor. Jede dieser Bodenarten ist unter Bezug auf die vorgegebenen Ton-, Feinboden- und Humusgehalte unterschiedlich zusammengesetzt und entsprechend definiert. Die Unterteilung erfolgt in Bodenartengruppen (siehe Abbildung S. 282).

Auch der Humusgehalt beeinflusst den pH-Wert eines Bodens. Normal ist ein Gehalt von null bis vier Prozent. Liegt der Humusgehalt höher, sinkt der pH-Wert. Das heißt, dass humose Böden langfristig aufgekalkt werden müssen, um das angestrebte pH-Optimum zu erreichen.

Grünland hat aufgrund der Dauerdurchwurzelung und dem damit verbundenen Anteil an organischer Substanz höhere Humusgehalte als Ackerland. In der Regel liegt der Humus-Anteil zwischen 0 und 15 Prozent, bei humusreichen Standorten kann er auch 15,1 bis 30 Prozent erreichen. Bei Grünland-Böden werden niedrigere pH-Werte angestrebt als bei Ackerbaustandorten. Dementsprechend niedriger sind im Durchschnitt auch die Kalkmengen für die Düngeempfehlung.

Bodenartengruppe[1]				Ziel-pH-Werte Klasse C[2]	
				Humusgehalt[3]	
Nr	Bezeichnung	Symbol	Tonanteil	0 - 4%	4,1 - 8%
1	Sand	S	< 5%	5,4 – 5,8	5,0 – 5,4
2	Schwach lehmiger Sand	l'S	6 – 12%	5,8 – 6,3	5,4 – 5,9
3	Stark lehmiger Sand	lS	13 – 17%	6,1 – 6,7	5,6 – 6,2
4	Sandiger/schluffiger Lehm	sL/uL	18 – 25%	6,3 – 7,0	5,8 – 6,5
5	Schwach toniger Lehm bis Ton	t'L, tL, lT, T	> 26%	6,4 – 7,2	5,9 – 6,7

[1] Die Bodenartengruppe 6 „Moor" wurde nicht berücksichtigt.
[2] Die Kalkversorgung des Bodens wird in fünf pH-Klassen eingestuft: A – sehr niedrig; B – niedrig; C – anzu-streben, optimal; D – hoch; E – sehr hoch.
[3] Für die Humusgehalte gelten fünf Abstufungen: 0 – 4%; 4,1 – 8%; 8,1 – 15%; 15,1 – 30%; > 30%. Ackerland hat üblicherweise Humus-Gehalte zwischen 0 und 8 Prozent.

Definition der Bodenarten und Ziel-pH-Werte für Ackerland (Quelle: VDLU-FA, 1999).

Bodenversauerung und Bodensäure

Die natürliche Versauerung der Böden entsteht durch die Anreicherung unterschiedlicher Säuren. Das können organische Säuren sein, die als Ausscheidungen von Pflanzenwurzeln entstehen, wenn sich organische Substanz unter reduktiven Bedingungen umsetzt. Es können anorganische Säuren sein, die sich bei mikrobiologischen Umsetzungen im Boden bilden und schließlich reagiert auch das Kohlendioxid sauer, das in der Bodenluft in größeren Mengen vorhanden ist.

Kommen diese Säuren mit Wasser in Verbindung, bilden sich Wasserstoff-Ionen, die dann in einer Ionen-Austausch-Reaktion zum Beispiel Calcium-Ionen aus den Ton-Humus-Komplexen herauslösen. Das Calcium geht in die Bodenlösung über und wird je nach vorhandenen Anionen als Hydrogencarbonat ($Ca(HCO_3)_2$), Sulfat ($CaSO_4$), Chlorid ($CaCl_2$) oder Nitrat ($Ca(NO_3)_2$) mit dem Niederschlagswasser ausgewaschen.

Moderne Düngungssysteme berücksichtigen vor allem den akuten Nährstoffbedarf der Nutzpflanzen, sodass die Vorratsdüngung über Mineraldünger nur noch eine untergeordnete Bedeutung hat. Der Rückgang des Mineraldüngeraufwandes hat unter anderem dazu geführt, dass die Nährstoffvorräte der Böden gesunken sind. Hinzu kommt, dass es sich bei der Mehrzahl der Stickstoffdünger um physiologisch saure Düngemittel handelt, nach deren Anwendung eine zusätzliche Kalkzufuhr zur Neutralisation notwendig ist (siehe Abbildung). Nur bei Kalksalpeter- und Kalkstickstoff-Düngern entsteht ein Kalküberschuss.

Die immisionsbedingte Versauerung durch sauren Regen ist nicht zu unterschätzen. Normalerweise hat Regenwasser einen pH-Wert von 5,6. Aufgrund der hohen Konzentration an Stick- (NO_x) und Schwefeloxiden (SO_x) liegt der pH-Wert heute um ein bis zwei pH-Stufen niedriger, sodass Regenwasser einen zusätzlichen Neutralisationsbedarf verursacht, der bis zu 80 Kilogramm Calciumoxid[2] je Hektar (kg CaO/ha) betragen kann.

[2] Als Maßeinheit für den Calcium-Gehalt in Kalkdüngemitteln ist in der meist das Calciumoxid festgelegt; unabhängig davon, in welcher Form das Calcium vorliegt.

Unter durchschnittlichen europäischen Klimabedingungen unterliegt der Calciumvorrat im Boden zusätzlich zu den oben beschriebenen Faktoren einer starken Zehrung durch Auswaschung. Diese Kalkverluste betragen im Durchschnitt 250 bis 350 kg CaO/ha pro Jahr. Die Menge des ausgewaschenen Calciums hängt von zahlreichen weiteren Faktoren ab. Dabei sind insbesondere die Höhe der Niederschläge, die Wasserspeicher- und Wasserleitfähigkeit des Bodens, die Höhe des Tongehaltes, der Humusgehalt sowie der Bedeckungsgrad durch Pflanzenwuchs zu nennen. Aber auch der Calcium-Sättigungsgrad des Bodens spielt eine Rolle. Leichte, sandige Böden versauern schneller als schwere Lehm- oder Tonböden, da ihr Calcium-Sättigungsgrad deutlich geringer ist.

Einige dieser Faktoren wie der Wasserhaushalt und die Bodenbedeckung lassen sich durch die Bewirtschaftungsart beeinflussen. In gewissen Grenzen gilt das auch für den Sättigungsgrad, da sich durch intensive Bodenbearbeitung die in 20-40 Zentimeter

Tiefe verlagerten Calcium-Ionen wieder hochpflügen lassen.

Eine Versauerung des Bodens erzeugt immer einen Neutralisationsbedarf, unabhängig davon, ob diese natürliche, physiologische oder immissionsbedingte Ursachen hat oder durch Auswaschung entstanden ist. Je mehr Calcium-Ionen dabei durch Ionen-Austausch-Reaktionen in Lösung gehen und ausgewaschen werden, desto stärker nimmt die Versauerung des Bodens zu. Der Anteil der am Ton-Humus-Komplex adsorbierten, sauren Wasserstoff-Ionen steigt an, während der Anteil der Calcium-, Magnesium-, Kalium- und Natrium-Ionen an den insgesamt adsorbierten Kationen im gleichen Umfang zurückgeht. Bei niedrigen pH-Werten werden selbst Aluminium-Ionen aus den Aluminiumsilikaten langsam herausgelöst und auch Mangan-Ionen gelangen in die Bodenlösung. Beide Kationen wirken toxisch auf Pflanzenwurzeln und schränken somit die Nährstoffaufnahme der Pflanzen ein.

Die beschriebenen Ionen-Austausch-Prozesse gehen langsam vor sich. Dementsprechend versauern die Böden nicht rasch und sprunghaft, sondern die Wasserstoff-Ionen-Konzentration steigt in kleinen Schritten an. Da zudem jeder Boden verschiedene Puffer-Systeme besitzt und die Bodenlösung im Idealfall zu 80 Prozent mit Calcium- und Magnesium-Ionen gesättigt ist, werden die rever- siblen Austausch-Reaktionen zum Teil wieder umgekehrt und die Bodensäure wird abgepuffert.

Säureschäden der Pflanzen – Säurezeiger

Erste Anzeichen einer Versauerung lassen sich durch einen Rückgang der Erträge erkennen, der selbst bei ansonsten optimaler Bearbeitung, Aussaat und Düngung nicht zu vermeiden ist. Trotz messbarer Ertragsrückgänge müssen jedoch noch keine Schädigungen an den Pflanzen sichtbar sein. Erst mit weiter absinkenden pH-Werten treten deutlich wahrnehmbare Schäden durch Kalkmangel und Säureüberschuss auf. Es können sich Fehlstellen bilden, auf denen kein Wachstum erkennbar ist, da die Pflan-

Saure Düngung kostet Kalk – Handelsübliche Stickstoffdünger und die bei ihrem Einsatz entstehenden Kalkverluste.

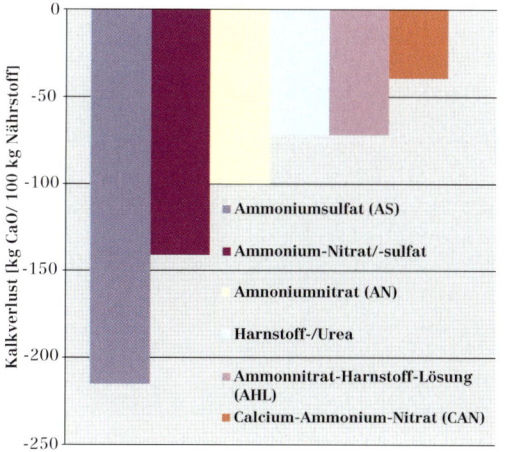

zen durch eine schlechte Bodenstruktur auswintern (Abriss des Feinwurzelsystems bei Frost). Kalkmangel führt durch die verstärkte Aufnahme von Aluminium-, Ammonium-, Wasserstoff- und Kalium-Ionen zu Säurestress. Es kommt zu äußerlich sichtbaren Schäden, die denen eines Stickstoffmangels ähneln.

Ob ein Boden sauer ist oder nicht, lässt sich auch an den sogenannten Zeigerpflanzen erkennen. So gibt es eine typische Sauerbodenflora, zu der Pflanzen wie Stiefmütterchen (*Viola tricolor*), Sauerampfer (*Rumex acetosella*), Ackerknäuel (*Scleranthus annuus*), Kamille (*Anthemis cotula*) und Ackerspörgel (*Spergula avensis*) zählen.

Bodenstruktur und Kalk

Die Bodenstruktur wird durch die Lagerungsdichte des Bodens, den Luftporenanteil, die nutzbare Wasserkapazität und durch die Stabilität der räumlichen Anordnung der festen Bodenbestandteile bestimmt. Nun ändert jeder Eingriff in dieses komplexe Gefüge auch alle davon abhängigen Eigenschaften, vornehmlich den Wasser-, Luft- und Wärmehaushalt.

Diese problematischen Eingriffe sind in der heutigen Landwirtschaft häufig unvermeidbar. Der Einsatz schwerer Maschinen und die aufgrund der Witterung oft schlechten Erntebedingungen zum Beispiel bei Zuckerrüben und Mais strapazieren die Böden stark und schädigen häufig deren Struktur. Um so mehr ist es notwendig, die Bodenstruktur durch geeignete Maßnahmen zu stabilisieren und notfalls auch zu regenerieren.

Dabei spielt eine ausreichende Kalkversorgung mit „freiem", nicht an Bodenpartikel gebundenem Calciumcarbonat eine bedeutende Rolle. So wird bei schweren Böden zusätzlich zum angestrebten Aufkalkungsziel von pH 6,4-7,2 der freie Kalk (Calcium- und Magnesiumcarbonat) mit bewertet. Für Marschböden gilt die Faustzahl: pH 7 + 1 Prozent freies $CaCO_3$ und zwar unabhängig von der Kalkform. Die Wirkung des freien Kalkes zeigt sich unter anderem in einer Erhöhung des Porenvolumens der Böden.

Das Gesamtporenvolumen eines Bodens soll insgesamt 50 Prozent betragen und sich zu etwa gleichen Teilen in wasser- und luftgefüllte Poren aufteilen. Die erhöhte Luftkapazität fördert einen besseren Gasaustausch und führt zu einer Verminderung des CO_2-Partialdruckes im Wurzelraum, das Wachstum des Feinwurzelsystems wird gefördert. Im Frühjahr findet zudem eine schnellere Erwärmung statt, was einen früheren Vegetationsbeginn zur Folge hat. Auch überschüssiges Wasser wird schneller abgeleitet und so die Dränwirkung deutlich verbessert. Der Totwasseranteil im Feinporenvolumen geht zurück, das Bodenwasser im Wurzelraum ist für die Pflanzen leichter verfügbar. Nicht zuletzt bleiben ausreichend gekalkte Böden auch bei längerer Trockenheit lockerer, sie haben geringere Scherwiderstände und lassen sich mit weniger Kraftaufwand bearbeiten.

Kleinlebewesen und Bodenmikroorganismen

Bei einem ausgeglichenen pH-Wert setzt eine intensive Entwicklung der Kleinlebewesen ein, was sich auch auf die Qualität eines Bodens auswirkt. Insbesondere Regen- würmer (Lumbricidae) tragen zu einer intensiven Stabilisierung und Lockerung des Bodengefüges bei.

Anzahl und Wirksamkeit der Bodenmikroorganismen sind pH-abhängig. So sind zum Beispiel in allen Böden mit pH-Werten > 6,6 Mikroorganismen sehr aktiv, welche die Stickstoff-Fixierung im Boden steuern. Unter pH 5,0 gehen Anzahl und Aktivität dieser Nitrat- und Nitritbildner im Boden stark zurück, erst oberhalb von pH 6 werden sie wieder aktiver. Das gleiche gilt für die Knöllchenbakterien der Leguminosen.

Da der pH-Wert eines Bodens vom Kalkzustand abhängt, lässt sich durch eine Kalkung auch der Anteil der mikrobiellen Biomasse und die Aktivität der Bodenmikroorganismen deutlich erhöhen. Mikrobiologische Untersuchungen über Zusammensetzung und antiphytopathogenes, also nicht pflanzenschädigendes Potenzial der Mikroflora des Bodens zeigen, dass sich ein neu-

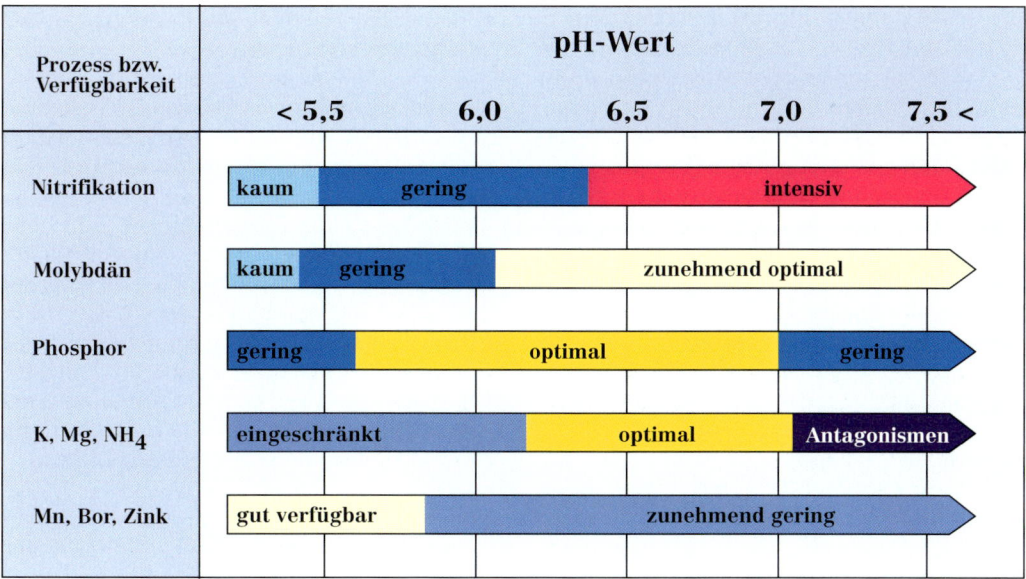

Prozess bzw. Verfügbarkeit	pH-Wert				
	< 5,5	6,0	6,5	7,0	7,5 <
Nitrifikation	kaum	gering		intensiv	
Molybdän	kaum	gering	zunehmend optimal		
Phosphor	gering	optimal		gering	
K, Mg, NH$_4$	eingeschränkt		optimal		Antagonismen
Mn, Bor, Zink	gut verfügbar	zunehmend gering			

Einfluss des pH-Wertes auf den Boden und die Nährstoffverfügbarkeit (Quelle: LMS, 1998).

traler pH-Wert positiv auf Bakterien und negativ auf die Pilzerreger auswirkt, die Pflanzenkrankheiten hervorrufen.

Nährstoffverfügbarkeit in Abhängigkeit vom pH-Wert

Die Verfügbarkeit der Pflanzennährstoffe ist abhängig vom pH-Wert des Bodens und damit auch von seinem Kalkzustand. Um genauere Aussagen zur pH-Wert-Abhängigkeit treffen zu können, muss man die Nährstoffe einzeln betrachten und dabei zwischen den Makronährstoffen Stickstoff (N), Phosphor (P), Kalium (K), Calcium (Ca)/ Magnesium (Mg) sowie den Mikronährstoffen (Spurenelementen) wie Bor, Kupfer, Mangan und Molybdän unterscheiden (siehe Abbildung).

Elementarer Stickstoff ist für die Pflanze nicht verfügbar. Zunächst müssen in der sogenannten Ammonifikation spezielle Bakterien das Gas in das Ammonium-Ion (NH_4^+) einbauen, das dann bei der Nitrifikation von anderen Bakterien in Nitrat (NO_3^-) umge-

wandelt wird. Das Nitrat ist ebenso wie das Ammonium wasserlöslich, sodass die Pflanze beide Stickstoff-Verbindungen aufnehmen kann; das Nitrat noch leichter als das Ammonium. Ammonifikation und Nitrifikation finden fortwährend statt, wobei bis zu 98 Prozent des Stickstoffs im Bodenvorrat in organisch gebundener Form vorliegen.

Die Nitrifikation ist stark pH-Wert abhängig. Das Gleichgewicht zwischen Speicherung (Nitrifikation) und Freisetzung (Denitrifikation) des Stickstoffs stellt sich oberhalb von pH 6,3 optimal ein. Unterhalb pH 5,5 kann der Boden nur wenig Stickstoff einlagern.

Bei Phosphaten erhöht sich der pflanzenverfügbare Anteil zwischen pH 6 und pH 7. Daher lassen sich auf versauerten Böden durch eine einfache Kalkung deutliche Ertragssteigerungen erzielen, denn durch die pH-Wert-Erhöhung kann der Boden wieder ausreichend Phosphat für die Pflanzen nachliefern.

Die Aufnahme von Kalium durch die Pflanzen wird durch den pH-Wert weniger beeinflusst. Sie ist ab einem Wert von 6,3 optimal. Ab pH 7,1 treten Antagonismen auf, wodurch es zu Kalium-Mangelerscheinungen kommen kann.

Bei den Spurenelementen spielt das Molybdän eine wichtige Rolle. Mangelt es an diesem Element, ist die Bildung des Chlorophylls in der Pflanze beeinträchtigt und damit die Photosyntheseleistung. Bei der Zuckerrübe kommt es dadurch zum Beispiel zu einer Verringerung des Zuckergehaltes. Molybdän können Pflanzen erst ab pH 6,1 zunehmend optimal aufnehmen.

Die Mikronährstoffe Mangan und Zink steuern die Enzymbildung, Bor stabilisiert die Zellmembran und Kupfer unterstützt die Kornbildung bei Getreide. Im Gegensatz zu den anderen Nährstoffen nimmt die Verfügbarkeit dieser Spurennährstoffe aber mit steigendem pH-Wert ab. Daher werden sie gelegentlich in Suspensionen versprüht und können dann von der Pflanze über das Blatt aufgenommen werden.

4.1.2 Einfluss der Kalkung auf die Pflanze

Kalkdünger werden häufig als Bodendünger bezeichnet. Zu Recht, wie die vielfältigen Wirkungen auf die Ertragsfähigkeit des Bodens insbesondere durch die Steuerung des pH-Wertes zeigen. Aber Calcium und Magnesium erfüllen darüber hinausgehende Aufgaben, denn beide sind elementare Bestandteile der Pflanzenernährung.

Calcium und Magnesium als Pflanzennährstoffe

Calcium und Magnesium werden über die Bodenlösung von den Pflanzenwurzeln aufgenommen und über das Plasma in die Gefäßbündel weitergeleitet. Wieviel Calcium oder Magnesium eine Pflanze aufnehmen kann, hängt nicht nur von der im Boden verfügbaren Menge, sondern auch von den konkurrierenden Kationen ab. Sind zum Beispiel viel Kalium und Natrium in der Bodenlösung vorhanden, sinkt die Calcium-Aufnahme; sind hingegen keine konkurrierenden Ionen in Lösung, steigt sie.

In der Pflanze dienen Calcium und Magnesium vor allem der Stabilisierung der Zellwände, in die sie inkrustiert werden. Sie erhöhen deren Elastizität und fördern die Zellteilung und -streckung.

Gemeinsam mit ihren Antagonisten Kalium und Natrium regulieren Calcium und Magnesium auch den Quellzustand des Plasmas. Das Plasma ist zuständig für alle Funktionen des Zellstoffwechsels wie Nährstoffaufnahme, Nährstofftransport und Transpiration. Fehlt pflanzenverfügbarer Kalk, ist die Quellfunktion des Plasmas gestört und die Permeabilität der Wurzelmembran wird stark erhöht. Dadurch kommt es unter anderem zu einer vermehrten Aufnahme von Aluminium und Schwermetallen, was dann zu Stoffwechselstörungen führen kann.

Daneben fördert das Calcium die Wurzelbildung stark. In den Wurzeln wird bei der Zellteilung die erste Zellwand aus sogenannten Pektinaten gebildet, die durch Neutralisation der Pektinsäure entstehen. Liegt Kalkmangel vor, verläuft diese Reaktion langsamer, das Wurzel- und Sprosswachstum wird gestört und die Ausbildung der Haarwurzeln sowie der Mykorrhiza beeinträchtigt.

Magnesium ist der wichtigste Bestandteil des Chlorophylls und besitzt damit eine Schlüsselfunktion bei der Photosynthese sowie beim Kohlenhydrat-, Fett- und Eiweißstoffwechsel der Pflanzen. Magnesium-Mangelsymptome sind zuerst an der Gelbfärbung der Blätter während der Vegetationsperiode erkennbar. Der Magnesiumbedarf der Kulturpflanzen kann durch den Einsatz von Dolomit $[CaMg(CO_3)_2]$ sichergestellt werden.

Kalkbedarf und Kalkentzug verschiedener Nutzpflanzen

Die einzelnen Nutzpflanzen haben einen sehr unterschiedlichen Kalkbedarf. Bezugsgröße ist auch hier das Calciumoxid (CaO). Der Kalkbedarf errechnet sich aus der durchschnittlich entzogenen Kalkmenge pro Hektar landwirtschaftlicher Nutzfläche und den von dieser Fläche erzielten durchschnittlichen Erträgen in Dezitonnen (dt).

Im Verlauf der Vegetation entziehen die Pflanzen dem Boden laufend Nährstoffe, die

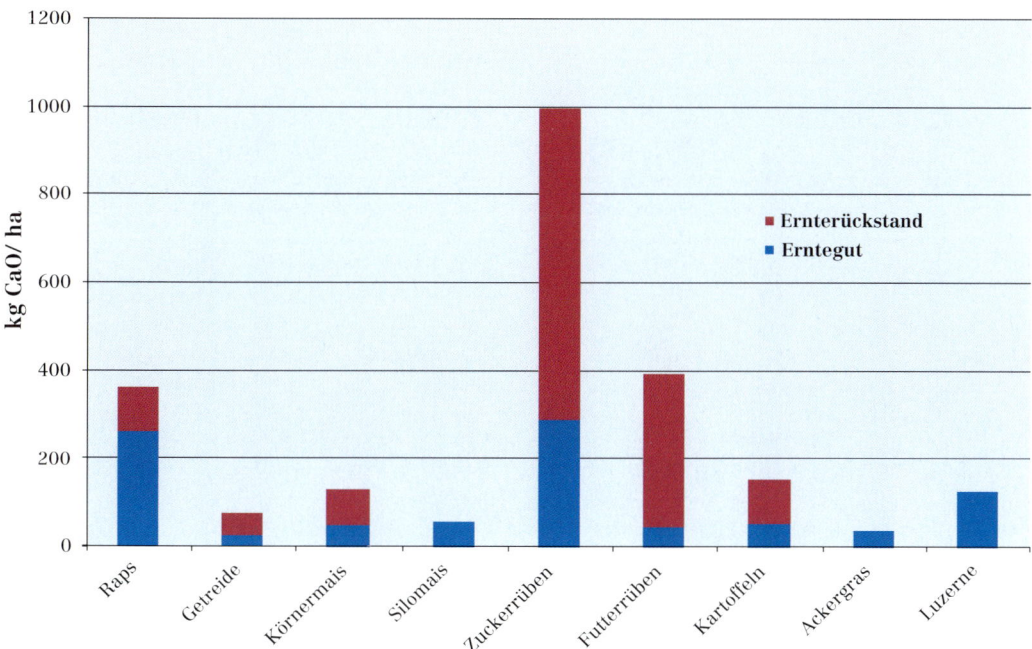

Kalk-Entzug einiger typischer Ackerpflanzen, bezogen auf die Anbau- fläche (Quelle: BAD, BML, 1998).

sie für ihr Wachstum verwerten. Da Nutz- pflanzen nicht auf dem Feld verrotten und die Nährstoffe wieder freigeben, verliert der Boden bei jeder Ernte einen Teil seiner Mi- nerale. Der Verlust kann über das Erntegut erfolgen wie bei Kartoffeln oder Getreide-, Raps- und Maiskörnern, über Ernterück- stände wie bei Stroh und Zuckerrübenblät- tern oder wie bei Gras und Silomais über die ganze Pflanze (ohne die Wurzelmasse). Auch dieser Ernteentzug ist bei der Bilan- zierung des CaO-Verbrauchs im Rahmen der Düngung zu berücksichtigen (siehe Ab- bildung).

Auswirkung der Kalkdüngung auf die Ertragsleistung

Der Einfluss einer Kalkung auf die Ertrags- leistung von Nutzpflanzen lässt sich nicht kurzfristig messen oder feststellen. Hierzu bedarf es langfristiger Untersuchungen. Ei-

ner der ältesten bekannten Versuche ist der „Statische Dauerversuch Dahlem" der Uni- versität Berlin, bei dem der Einfluss der Bo- dennutzung auf die langfristige Entwicklung der Fruchtbarkeit und die Ertragsfähigkeit leichter Böden untersucht wird (siehe Abbil- dung S. 288). Das Ergebnis ist eindeutig: Der Ertrag von Winterweizen im Jahr 1995 nach 64-jähriger Dauernutzung der Versuchsflä- che ist in all den Varianten am höchsten, in denen Kalkdünger zum Einsatz kamen.

Beachtenswert ist die Einschätzung der Er- gebnisse durch die Autoren:

„Die Kalkdüngung führt in den ersten vier Jahrzehnten zu keinen wesentlichen Er- tragsunterschieden. Seit 1963 vermindert sich der Ertrag [in dt/ha] in den nicht ge- kalkten Behandlungen [Versuchsvarianten] stetig auf nunmehr mittlere 40 % [der Ernte- mengen] der gekalkten Behandlungen. Da- bei scheint ein Ende dieser Entwicklung noch nicht absehbar zu sein. Die Ertragsre- aktion der Kulturarten auf fehlenden Kalk ist erheblich. Sie ist am deutlichsten bei der Futterrübe, dann folgen Winterweizen, Kar- toffeln und Hafer. Am geringsten ist sie bei

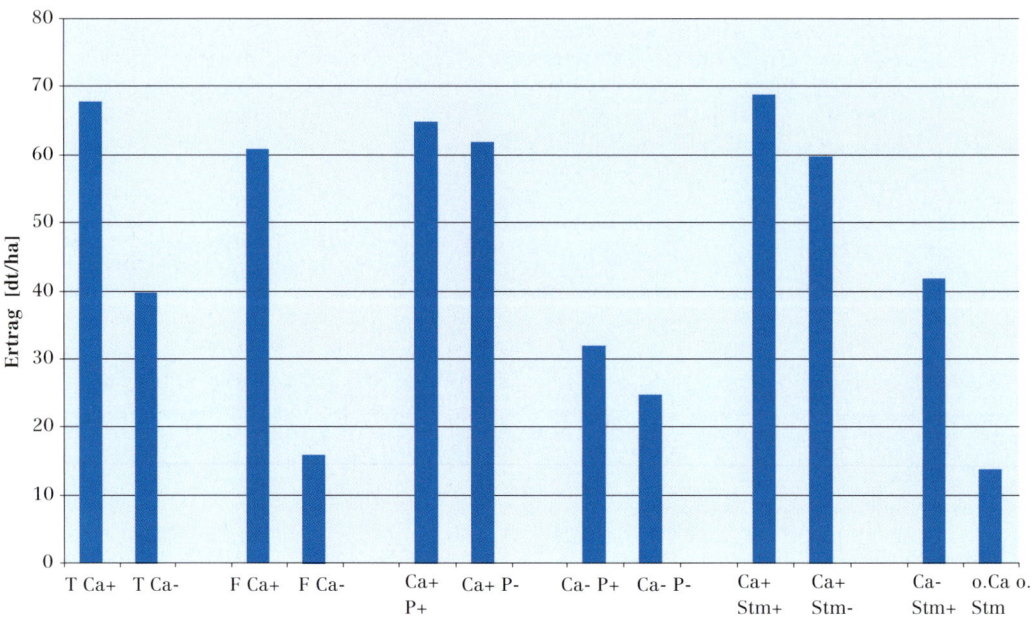

Statischer Dauerversuch Dahlem – Auswirkung langjähriger Kalkdüngung auf die Ertragsleistung (nach: Grimm, 1997).

Der Dahlemer Versuch zeigt eindrücklich, dass ein Verzicht auf Calcium mit einem deutlichen Rückgang bei den Erträgen einhergeht. Das gilt unabhängig von den angebauten Produkten sowohl für einen regelmäßigen Fruchtwechsel als auch für die hier abgebildeten reinen Getreidefruchtfolgen. Der Einfluss tiefer (T, 28 cm) und flacher (F, 17 cm) Bodenbearbeitung hat vor allem bei ungekalkten Böden einen großen Einfluss: Die in den tieferen Horizont verlagerten Calcium-Ionen werden regelmäßig wieder hochgepflügt, sodass der Calcium-Verlust relativ gering ist. Dementsprechend ist der Ertragsrückgang niedriger. Die Phosphatdüngung (P) hat nur wenig Einfluss auf die Höhe des Ertrages. Verzichtet man jedoch gleichzeitig auf die Kalkung, ergeben sich Ertragsrückgänge von 55 % bis 70 %. Eine Anreicherung des Bodens mit Stallmist (Stm) bringt in Verbindung mit einer Kalkung die höchsten Erträge, während bei der unbehandelten Vergleichsvariante die Ertragsleistung gegen Null geht.

Winterroggen. Ohne Kalk verschlechtern sich nahezu alle Daten der Bodenkennwerte. Besonders deutlich ist, dass selbst bei normaler Bodenbelastung mit Schwermetallen geringe pH-Werte die Löslichkeit der Schwermetalle drastisch erhöhen, die dann ausgewaschen bzw. durch die Pflanzen leichter aufgenommen werden können. Die Gefahren für das Grundwasser sind geringer, wenn die pH-Werte für leichte Böden nicht unter etwa pH 5,5 bis 6 abfallen."

Bestimmung des Kalkbedarfs in Abhängigkeit vom pH-Wert

Eine erste Orientierung über den Kalkbedarf des Bodens erhält man durch eine Bodenuntersuchung. In Deutschland ist diese gemäß der aktuellen Düngeverordnung regelmäßig im Abstand von höchstens sechs Jahren durchzuführen. Sie gibt Auskunft über den aktuellen Bodenzustand, die vorhandenen Nährstoffreserven sowie den pH-Wert. Die anzuwendenden Untersuchungsverfahren sind im Methodenbuch des Verbandes der landwirtschaftlichen Untersuchungs- und Forschungsanstalten (VDLUFA) verbindlich festgelegt. Das garantiert vergleichbare Kriterien bei der Bestimmung der Nährstoffe, der Spurenelemente, des pH-Wertes, der Kornfraktionen und so weiter. Andere Länder nutzen andere Methoden: So dient zum Beispiel in Frankreich das Methodenbuch des Institut National de la Recherche Agricole (INRA) als Basis der Untersuchungen.

Liegt der pH-Wert eines Bodens unterhalb des optimalen pH-Bereiches, ist die Zufuhr eines basischen Calcium-Düngers notwendig. Diese Notwendigkeit wird bis heute weltweit nicht genug beachtet. Die Calcium-Zufuhr ist seit Jahrzehnten zu gering.

Die Erhaltungskalkung (latenter Kalkbedarf) erfasst die Kalkmenge, die zur Aufrechterhaltung des optimalen pH-Bereiches notwendig ist. Der optimale pH-Wert eines Bodens ist abhängig von der Bodenartengruppe, der Zusammensetzung der Kornfraktionen und den Humusgehalten.

Bestimmung des Kalkbedarfs für unterschiedliche Bodenartengruppen (BG) mit einem Humusgehalt < 4 % (Quelle: VDLUFA, 1999). Zur Definition des Kalkbedarfs wird der pH-Wert in CaCl$_2$ gemessen. Daraus lässt sich mit hinreichender Genauigkeit der Kalkbedarf für die anzustrebenden Ziel-pH-Werte der Klasse C (optimal) ermitteln. Die Düngeempfehlung bezieht sich jeweils auf einen Zeitraum von 4-6 Jahren. Bei sehr hohen Mengen wird empfohlen, die Gabe auf mehrere Jahre zu verteilen. So sollten z.B. bei Sand maximal 15-20 dt CaO, bei Ton maximal 100 dt CaO pro Hektar und Jahr zugegeben werden.

Die Gesundungskalkung (akuter Kalkbedarf) hingegen entspricht der Aufwandmenge, die zur Regeneration eines Bodens nötig ist, dessen pH-Wert deutlich unter dem Optimum liegt. Um den akuten Bedarf zu ermitteln, muss daher zunächst der aktuelle pH-Wert eines Mineralbodens im Labor ermittelt werden, bevor anhand einer Tabelle die Kalkmenge bestimmt wird, die nötig ist, um den gewünschten pH-Wert zu erreichen (siehe Abbildung).

pH-Klasse[1]	Sand (BG 1) pH	DE[2]	schwach lehmiger Sand (BG 2) pH	DE	stark lehmiger Sand (BG 3) pH	DE	sandiger/schluffiger Lehm (BG 4) pH	DE	schwach toniger Lehm bis Ton (BG 5) pH	DE
A	<4,0	45	<4,0	77	<4,5	87	<4,5	117	<4,5	160
	4,1	42	4,1	73	4,6	82	4,6	111	4,6	152
	4,2	39	4,2	69	4,7	77	4,7	105	4,7	144
	4,3	36	4,3	65	4,8	73	4,8	100	4,8	136
	4,4	33	4,4	61	4,9	68	4,9	94	4,9	128
	4,5	30	4,5	57	5,0	63	5,0	88	5,0	121
			4,6	53			5,1	82	5,1	113
			4,7	49			5,2	76	5,2	105
			4,8	46					5,3	98
B	4,6	27	4,9	42	5,1	58	5,3	70	5,4	90
	4,7	24	5,0	38	5,2	53	5,4	65	5,5	82
	4,8	22	5,1	34	5,3	49	5,5	59	5,6	75
	4,9	19	5,2	30	5,4	44	5,6	53	5,7	67
	5,0	16	5,3	26	5,5	39	5,7	47	5,8	59
	5,1	13	5,4	22	5,6	34	5,8	41	5,9	52
	5,2	10	5,5	19	5,7	29	5,9	36	6,0	44
	5,3	7	5,6	15	5,8	25	6,0	30	6,1	36
			5,7	11	5,9	20	6,1	24	6,2	29
					6,0	15	6,2	18	6,3	21
C	5,4-5,8	6	5,8-6,3	10	6,1-6,7	14	6,3-7,0	17	6,4-7,2	20

[1] Die Kalkversorgung des Bodens wird üblicherweise in fünf pH-Klassen eingestuft. Da die pH-Klassen D und E bereits einen hohen beziehungsweise sehr hohen Kalkgehalt aufweisen und dementsprechend keiner Kalkdüngung bedürfen, wurden sie in dieser Tabelle nicht berücksichtigt.
[2] DE = Düngeempfehlung in dt/ ha CaO

Die Ermittlung des Kalkbedarfs unter Laborbedingungen ist umstritten, da die Ergebnisse oftmals Näherungswerte sind. Bei Untersuchungen an Marschböden zeigte sich, dass der wirkliche Kalkbedarf zum Teil deutlich höher liegt. Begründet wird diese Differenz damit, dass Laboruntersuchungen diejenige Protonenproduktion nicht ausreichend berücksichtigen, die unter dem Einfluss der Nutzung, Düngung, Bodenbearbeitung, mikrobiellen Umsetzung und sau- ren Deposition im Boden abläuft.

Anwendungszeiträume für Düngekalk

Grundsätzlich gilt das alte Sprichwort: „Kalkzeit ist jederzeit." Wenn möglich soll die Kalkung jedoch vor intensiven Bodenbearbeitungsmaßnahmen durchgeführt werden, um eine gründliche Vermischung und homogene Verteilung des Kalkes im Boden zu erreichen; dies erhöht die Anfangswirkung beträchtlich. Als günstig erwiesen haben sich die Stoppelkalkung im Herbst nach der Ernte und die Vorsaatkalkung im Früh-

jahr vor der Aussaat. Auf jeden Fall ist zu berücksichtigen, dass kein Branntkalk auf Feldern eingesetzt wird, auf denen anschließend Kulturen wie Hafer angebaut werden sollen, die auf hohe pH-Werte empfindlich reagieren.

Die Kalkausbringung auf Grünland wird bevorzugt im Frühjahr, wenn der Boden möglichst noch gefroren ist, nach jedem Schnitt oder am Ende der Weidesaison durchgeführt.

4.1.3 Kalkdünger und ihre Umsetzung

Kalkdünger werden aus Calciumcarbonat-Gesteinen hergestellt, die kein, wenig oder viel Magnesiumcarbonat enthalten können. Die Palette der Gesteine reicht dabei von der Kreide über den Kalkstein bis zum Dolomit. An Verunreinigungen treten häufig Spuren von Aluminium, Silikaten und Eisen auf, die jedoch für die Anwendung in der Landwirtschaft von unter- geordneter Bedeutung sind. Die Einteilung der Kalke erfolgt nach

Kalkdüngung.

Land	Nährstoffgehalt	Bezeichnung	Grobfraktion	Mittelfraktion	Feinfraktion
Dänemark	> 70% CaCO₃	Düngekalk als Pulver	100% < 4 mm/ 90% < 2 mm		70% < 0,25 mm 50% < 0,1 mm
Deutschland	> 75% CaCO₃	Kohlensaurer Kalk	97% < 3 mm	70% < 1 mm	–
England	Neutralisations- wert ist anzugeben	Kl.1 Kalkstein	100% < 5 mm	–	40% < 0,15 mm
		Kl.4 Dolomit	95% < 3,35 mm		
Frankreich	> 45% CaO zusätzl. Neutral.-wert	Kl.1 Kreide als Pulver	–	80% < 0,315 mm	–
	> 43% CaO	Kl.2 Dolomit als Pulver	–	80% < 0,315 mm	–
Italien	35% CaO	Kalkstein als Pulver	–	80% < 0,3 mm	
Norwegen	42% CaO	Kalkstein fein	–	98% < 1 mm/ 80% < 0,4 mm	–
	50% CaO	Dolomit fein	–	98% < 1 mm	80% < 0,2 mm
Österreich	> 90% CaCO₃	Kalkstein + Dolomit	–	80% < 0,3 mm	
Schweden	42% CaO	Kalkstein	–	98% < 1 mm/	70% < 0,25 mm 50% < 0,125 mm
	46% CaO	Dolomit	–	(siehe Kalkstein)	(siehe Kalkstein)
	42% CaO	Kreidekalk	95% < 3 mm	70% < 1 mm/ 40% < 0,5 mm	20% < 0,125 mm
Schweiz	90% CaCO₃	Calcium- carbonat	–	80% < 0,5 mm	–
	17% Ca	Dolomit	–	80% < 0,5 mm	–
USA	80% CaCO₃	CaMg- Carbonat	95% < 2,36 mm		35% < 0,25 mm

Normen für Kohlensaure
Kalke (Quelle: ILA, 1994).

physikalischen und/oder chemischen Gesichtspunkten.

Unterscheidung der Produkte

In der Regel wird zwischen weichen, harten und kristallinen Kalksteinen unterschieden, wobei die Kreide zu den weichen und porösen Kalkgesteinen gehört und eine hohe spezifische Reaktionsoberfläche aufweist.

Während in der Forstwirtschaft fast ausschließlich ungebrannte Kalke mit Magnesium eingesetzt werden, eignen sich für den landwirtschaftlichen Einsatz sowohl gebrannte wie ungebrannte Produkte. Gebrannte Düngekalke werden gemahlen und körnig oder in Mischung mit Calciumcarbonat als Mischkalke in den Verkehr gebracht.

Die Düngekalk-Produkte werden nach den jeweiligen Vorschriften der nationalen Gesetzgebungen definiert. Eine Abstufung erfolgt in der Regel nach dem Gesamtcarbonat- oder Gesamtoxid-Gehalt. Weitere Kriterien können die Mahlfeinheit, die basische

Wirksamkeit (BW), der Neutralisationswert (Neutralizing Value, NV) und die verschieden hohen Calcium- und Magnesiumgehalte sein. Die Bewertung erfolgt überwiegend auf der Basis der Oxide (CaO/MgO), zum Teil aber auch auf der Basis der Carbonate (Ca-CO$_3$/MgCO$_3$) oder der Elementform (Ca/Mg) (siehe Abbildung S. 291).

Mahlfeinheit als Maßstab für die Umsetzung der Produkte

Ungebrannte Düngekalk-Produkte werden durch Sieben oder Mahlen gewonnen. Der Zweck des Mahlens ist es, die spezifische Reaktionsoberfläche der Produkte gezielt auf die jeweilige Anwendung einzustellen: Je größer die Oberfläche, um so schneller setzt die Wirkung der Düngekalke ein.

Die größte spezifische Oberfläche im Ausgangsgestein weisen die weichen und porösen Kreiden auf; mit zunehmender Härte des Kalksteins nimmt die spezifische Oberfläche ab. Daher sind harte und magnesiumreiche Kalksteine feiner zu vermahlen, um eine den gröberen Kreiden vergleichbare Verfügbarkeit zu erreichen.

Die feingemahlenen Düngekalk-Produkte sind den Kalkdüngern grober Mahlfeinheit

Grobkörnige Kreidegranulate – eine handelsübliche Applikationsform für Kalkdünger.

überlegen. So lassen sich dolomitische Kalke zusätzlich als Dünger auf Magnesium-Mangel-Standorten einsetzen, wenn man sie auf eine Korngröße von 0-1 Millimeter aufmahlt. In dieser Feinheit zeigen die dolomitischen Kalke eine bessere Magnesium-Düngewirkung als die klassische Kombination aus Kieserit (MgSO$_4 \cdot 2$ H$_2$O) und Calciumcarbonat.

4.2 Calcium- und Magnesiumcarbonat in der Forstwirtschaft

Die Geschichte der Düngung von Waldbeständen reicht an den Anfang des 19. Jahrhunderts zurück, als man begann, organische Stoffe und Aschen auf Waldböden auszubringen. Seither hat sich die Zielsetzung der Walddüngung und -kalkung ständig geändert. Stand zunächst der systematische Einsatz von Düngern gemäß des Liebig'-schen Minimumgesetzes im Vordergrund, ging man bald zu einer standortkundlich fundierten Düngung mit unterschiedlichen Düngemitteln über, bis sich zur Mitte des 20. Jahrhunderts die heute immer noch aktuelle Boden- und Wasserschutzkalkung mit Calcium- und Magnesiumcarbonaten durchsetzte.

Ziel aller Düngemaßnahmen war in erster Linie eine Steigerung der Rentabilität. Wollte man in den Anfängen eine möglichst hohe Zuwachsrate der Bestände durch eine, wenn auch ungezielte, Nährstoffdüngung erreichen, so war es später das Ziel der Kalkung, die Nährstoffe im Boden zu mobilisieren. Ein ausreichender Kalkgehalt beschleunigt sowohl die Rohhumusumwandlung als auch die Zersetzung der Streuauflage.

Der erste verstärkte Einsatz der Kalkung begann um 1950, aber ihre große Bedeutung bei der Bekämpfung der Waldschäden erhielt die Waldkalkung erst zu Beginn der siebziger Jahre. Seit dieser Zeit beobachtete man ein ansteigendes, zum Teil großflächiges Waldsterben, das man sich zunächst nicht richtig erklären konnte. Rasch setzte eine intensive Erforschung dieser „neuarti-

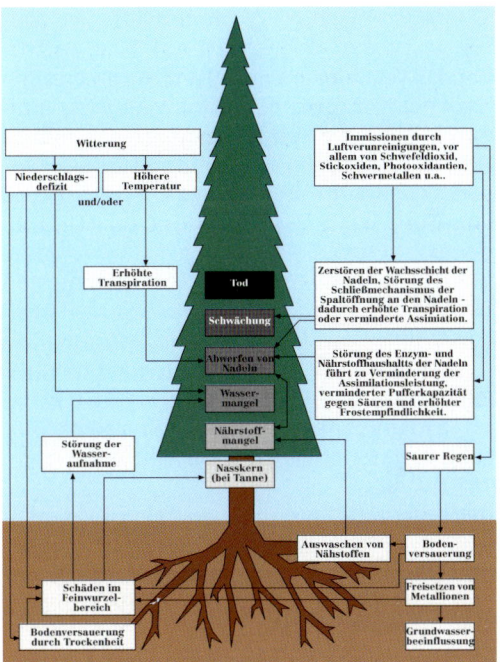

Witterung

Niederschlags-
defizit

Höhere
Temperatur

und/oder

Immissionen durch
Luftverunreinigungen, vor
allem von Schwefeldioxid,
Stickoxiden, Photooxidantien,
Schwermetallen u.a..

Erhöhte
Transpiration

Tod

Schwächung

Zerstören der Wachsschicht der
Nadeln, Störung des
Schließmechanismus der
Spaltöffnung an den Nadeln -
dadurch erhöhte Transpiration
oder verminderte Assimilation.

Abwerfen von
Nadeln

Störung des Enzym- und
Nährstoffhaushalts der Nadeln
führt zu Verminderung der
Assimilationsleistung,
verminderter Pufferkapazität
gegen Säuren und erhöhter
Frostempfindlichkeit.

Wasser-
mangel

Störung der
Wasser-
aufnahme

Nährstoff-
mangel

Saurer Regen

Nasskern
(bei Tanne)

Auswaschen von
Nährstoffen

Boden-
versauerung

Schäden im
Feinwurzel-
bereich

Freisetzen von
Metallionen

Bodenversauerung
durch Trockenheit

Grundwasser-
beeinflussung

Das vereinfachte Schema verdeutlicht die Kausalketten, die dem „Waldsterben" zugrunde liegen. Die einzelnen Einflüsse können unabhängig voneinander ablaufen oder sich gegenseitig in ihrer Wirkung verstärken.

den entstanden. Vor allem die Pufferwirkung der Waldböden ist nachhaltig gestört, da die Ionen-Austausch-Kapazität der Ton-Humus-Komplexe langfristig blockiert ist.

Waldbodenzustand

Von der zunehmenden Versauerung geht die Hauptschädigung der Waldböden und -bestände aus. Die Folgen dieser Versauerung gleichen denen auf Acker- oder Grünland. Sie machen sich auf Waldböden jedoch wesentlich stärker bemerkbar, da hier schon der gesunde Boden einen deutlich niedrigeren pH-Wert besitzt und die Versorgung mit den Basen Calcium und Magnesium dementsprechend gering ist.

Die Entwicklung der letzten Jahren bei der Verlagerung der „Versauerungsfront" in die tieferen Bodenhorizonte ist dramatisch (siehe Abbildung S. 294). Vom Auflagehorizont bis in eine Bodentiefe von 50-70 Zentimetern ist von einer langfristigen und anhaltend wirksamen, starken Versauerung der Waldböden auszugehen. Oberhalb der Versauerungsfront stellen Aluminium-Ionen und Protonen die dominierenden Kationen an den Austauschern dar, während unterhalb die Calcium- und Magnesium-Sättigung sprunghaft ansteigt.

gen Waldschäden" ein, bei der man sich intensiv mit den Zusammenhängen in dem ehemals geschlossenen Nährstoffkreislauf „Wald" auseinandersetzte. Gegenstand der Untersuchungen waren die Auswirkungen der trockenen und nassen Deposition auf die Waldbestände sowie die Qualität des Grund- und Oberflächenwassers. Rasch erkannte man im „Sauren Regen" eine der Hauptursachen für das Waldsterben (siehe Abbildung).

Daraufhin wurden im Rahmen der länderübergreifenden Emissionsschutzgesetzgebung in Europa zahlreiche Auflagen für den Betrieb von Verbrennungsanlagen erlassen, die zu einer Verringerung der Schadstoffemissionen führten. Ein weiterer Anstieg der Waldschäden ist trotzdem unvermeidbar, denn in den Waldböden sind durch die Säureeinträge zum Teil irreversible Schä-

Wald und Wasser

Die fortschreitende Versauerung hat die Ionen-Austausch-Funktion der Waldböden so in Mitleidenschaft gezogen, dass die Niederschläge zunehmend ungefiltert in das Grundwasser gelangen. Dies macht sich mittlerweile bei der Wasserqualität bemerkbar. Insbesondere die Aluminium-Gehalte im Grundwasser steigen durch die absinkenden pH-Werte weiter an und überschreiten mancherorts den Grenzwert der Trinkwasserverordnung von 200 Mikrogramm pro Liter (μg/l) Wasser um ein Vielfaches. So ergaben Analysen von Rohwässern aus versauerungsgefährdeten Stand- orten in Rheinland-Pfalz, dass bei 26 Prozent der untersuchten Proben die gültigen Grenzwerte für Aluminium in den Jahren 1991/92 überschritten waren.

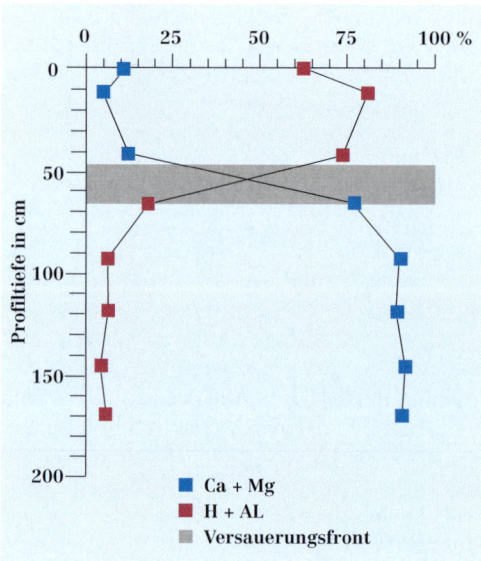

Versauerungsfront unter Waldböden (nach Veerhoff, 1996). Die Versauerungsfront hat sich durch den fortdauernden Säureeintrag in tiefere Bodenhorizonte verlagert. Lag das Gleichgewicht zwischen Wasserstoff- und Aluminium-Ionen auf der einen, sowie Calcium- und Magnesium-Ionen auf der anderen Seite ursprünglich in circa 20 Zentimetern Tiefe, so stellt es sich heute erst ab einer Profiltiefe von 60-70 Zentimetern wieder ein. Dadurch können die Bäume im Hauptwurzelbereich nur ein ungenügendes Feinwurzelsystem ausbilden, was zu Mängeln in der Pflanzenernährung führt. Zudem fehlen in den versauerten Bodenhorizonten die Mikroorganismen und Kleinlebewesen. Die Streuauflage kann nicht zersetzt werden, der Nährstoffkreislauf ist unterbrochen.

Waldbodenrestauration

Bei der Wiederherstellung stabiler und elastisch reagierender Waldökosysteme kommt der Waldbodenrestauration eine zentrale Bedeutung zu. Um das Puffersystem „Waldboden" zu erneuern, muss in das System langfristig unter Berücksichtigung der ökologischen Verträglichkeit eingegriffen werden: Chemisch durch wiederholte Boden- und Wasserschutzkalkungen, biologisch durch den Umbau der Waldbestände in laubbaumreiche Bestockungen und gegebenenfalls auch chemisch-technisch, indem man größere Kalkmengen bereits vor der Neupflanzung in den Boden einarbeitet.

In Deutschland werden seit 1984 jährlich etwa 100 000 - 150 000 Hektar Waldfläche gekalkt, weniger als ein Prozent der Gesamtwaldfläche. Auf jeden Hektar Wald kommen

Waldkalkung per Hubschrauber.

Der zunehmende Austrag an Schwermetall-Ionen und die zu niedrigen pH-Werte führen zu einer nachhaltigen Verschlechterung der Trinkwasserqualitäten. So verringert sich das Säurepufferungsvermögen des Grundwassers bei einem pH von 5,3 auf Null. Da das Pufferungssystem immer einem Fließgleichgewicht entgegenstrebt, nimmt mit abnehmender Pufferwirkung von Boden und Gestein zudem der Austrag an Schadstoffen zu. Dieser Wirkungsmechanismus kann langfristig nur mit einem „Konzept zur Waldbodenrestauration" durchbrochen werden.

dabei drei Tonnen Kohlensaurer Kalk mit möglichst hohem Magnesium-Gehalt. Mit diesen circa 400 000 Tonnen Calciumcarbonat will man

- die sauren Luftschadstoffe im Kronenraum der Bäume und am Waldboden neutralisieren,
- die Magnesiumversorgung der Bäume ebenso verbessern wie den pflanzenverfügbaren Magnesiumgehalt im Boden,
- die biologische Aktivität der organisch beeinflussten Bodenhorizonte steigern,
- zur Bildung neuer und stabiler Ton-Humus-Komplexe beitragen,
- die Nitrifizierungsprozesse in der Humusauflage erhöhen,
- metallorganische Komplexe stabilisieren, um eine Schwermetallbelastung der Sickerwässer zu verhindern,
- und die Bodenvegetation fördern.

Eine Herkulesaufgabe, für die eine einfache Kalkung nur unzureichend geeignet ist. Die Regeneration der Waldstandorte hat erst begonnen, ein Ende der Maßnahmen ist vorläufig nicht in Sicht und schon jetzt belaufen sich die Kosten der laufenden Programme allein in Deutschland auf jährlich 22,5 bis 25 Millionen Euro.

4.3 Kalkdünger und ihr Einsatz in Europa

Die Vermarktung von Kalkdüngern ist weltweit über die jeweiligen Ländergesetze geregelt. Einheitliche, rechtliche Vorgaben innerhalb der Europäischen Union (EU), wie sie für Stickstoff-, Kali- und Phosphatdüngemittel bestehen, gibt es für Düngekalke nicht.

Die folgenden Angaben beziehen sich daher auf die jeweiligen gesetzlichen Anforderungen der EU-Mitgliedsstaaten, die im Rahmen des Komitees der europäischen Normung (Committee for European Norming, CEN) zusammengefaßt wurden. Neben den gebrannten und ungebrannten Kalken aus Kreide, Kalkstein oder Dolomit, den „Naturkalken", sind auch die „Industriekalke" mit einbezogen, die als Rückstände bei der Eisen- und Stahlproduktion, der Zuckergewinnung sowie bei zahlreichen anderen Industrieprozessen anfallen.

Kreidekalke werden in Frankreich, Großbritannien und den skandinavischen Ländern aufgrund ihrer geogenen Besonderheiten gesondert eingestuft. Da sie schon im Rohstein eine hohe spezifische Reaktionsoberfläche besitzen, werden in diesen Ländern an die Mahlfeinheit von Kreide geringere Anforderungen gestellt als an diejenige kristalliner Kalkgesteine wie der devonischen Massenkalke.

Eine Differenzierung zwischen reinen Calciumcarbonaten und solchen mit hohem Magnesiumanteil kann man über den sogenannten Neutralisationswert (Neutralizing Value – NV) treffen, da der Neutralisationswert (bezogen auf CaO) mit steigendem Magnesiumanteil überproportional zunimmt. So hat ein Kohlensaurer Kalk mit 90 Prozent $CaCO_3$ einen NV von 50, während ein kohlensaurer Dolomit mit 50 Prozent $CaCO_3$ und 40 Prozent $MgCO_3$ einen NV von 55 hat. Bei gleichem Gesamtcarbonatgehalt besitzt der Dolomit also eine um 10 Prozent höhere Säure-Neutralisationskapazität.

Die Kreide besitzt aufgrund ihrer spezifischen Eigenschaften eine hohe Reaktivität und erlaubt es, den pH-Wert schneller in ein alkalisches Milieu zu verschieben.

Zur Vorbereitung einheitlicher Normen innerhalb der EU wurde das CEN gegründet, dessen Hauptaufgabe es ist, die länderspezifischen Anforderungen europaweit zu harmonisieren. Eine Umsetzung der erarbeiteten Normen für Kalkdünger wird für das Jahr 2005 erwartet.

In Deutschland gibt es neben dem Düngemittelgesetz noch ein RAL-Gütezeichen Düngekalk, bei dem sich die beteiligten Unternehmen freiwillig dazu verpflichten, ihre Produkte einer externen, unabhängigen und branchenspezifischen Überwachung zu unterziehen. Der so gewährleistete Standard liegt deutlich über den gesetzlich vorgeschriebenen Normen.

Kalkdüngerabsatz in Europa

In Europa werden Jahr für Jahr mehr als 10 Millionen Tonnen Kalkdünger auf land- und forstwirtschaftlichen Flächen ausgebracht. Auf den ersten Blick scheint die Menge hoch zu sein, aber die Zahlen relativieren sich schnell, wenn man den Verbrauch in Relation zur landwirtschaftlichen Nutzfläche der Länder stellt (siehe Abbildung).

Legt man einen jährlichen Entzug von 450 kg CaO/ha zugrunde, so entsteht in den Böden bei einem durchschnittlichen Einsatz von 70 bis 80 kg CaO/ha Jahr für Jahr ein Kalkdefizit von 370 kg CaO/ha. Wollte man dieses Defizit ausgleichen, müssten in den aufgezählten Ländern jedes Jahr zusätzliche 21,5 Millionen Tonnen CaO als Kalkdünger zum Einsatz kommen.

4.4 Calciumcarbonat in der Tierernährung

Calciumcarbonat ist ein wesentlicher Bestandteil des tierischen Körpers. Das Mineral regelt die Zelltätigkeit einschließlich des Ausgleichs von Kalkverlusten und ist am Aufbau der kalkhaltigen Körperbestandteile, insbesondere der Knochen und des Skeletts, beteiligt.

Das Calcium gehört zu den lebensnotwendigen Mineralstoffen und ist als wichtiger Baustein am Zellstoffwechsel beteiligt. Dort steuert es die Quellfunktion des Protoplasmas und damit die Aufnahme, Einlagerung und Umsetzung der Nährstoffe. Typische Calcium-Mangelerscheinungen sind Störungen des Zellstoffwechsels, schlechte Futterverwertung bis hin zur Knochenweiche und Knochenbrüchigkeit vor allem bei Jungtieren. Bei Muttertieren kann ein Calcium-Mangel zum Festliegen nach dem Milcheinschuss unmittelbar vor der Geburt führen (der Geburtsvorgang bei Kühen muss im Stehen erfolgen, da es sonst zum Verkalben kommen kann). Zwar kann in akuten Mangelsituationen kurzfristig Calcium aus den Knochen mobilisiert werden, aber das ist nur in begrenztem Umfang möglich und führt langfristig zu den typischen Aufweichungsschäden an Knochen und Skelett.

Da ein Tierkörper in den unterschiedlichen Entwicklungsphasen einen in der Menge wechselnden Bedarf an Calcium hat, wird diesem Bedarf durch die Zusammensetzung der jeweiligen Futterration Rechnung getragen. Das Angebot über das Futter errechnet sich aus dem Calcium-Ansatz in der Milch (Zuchttiere, Milchvieh), den unvermeidlichen Calcium-Verlusten über die Exkre-

Kalkdünger-Absatz in verschiedenen Ländern Europas (Quelle: CEN, 1993). Die Angaben beziehen sich auf das Jahr 1992, sie sind jedoch bis heute aktuell.

Land	Landwirtschaftliche Nutzfläche [1 000 ha]	Kalkabsatz [1 000 to CaO]	$\varnothing$-Verbrauch [kgCaO/ha]
Belgien	1 337	299	223
Dänemark	2 727	451	166
Deutschland	17 157	1 866	109
Frankreich	28 267	1 080	38
Niederlande	1 999	187	94
Finnland	2 192	330	150
Norwegen	1 031	170	165
Schweden	3 060	127	42
Gesamt	57 770	4 510	78

mente (Kot, Urin) und dem für die Leistung der Tiere notwendigen Nettobedarf (Wachstum, Fleisch, Eier). Dabei hat die chemische Bindungsform des Calciums nur einen untergeordneten Einfluss auf seine Bioverfügbarkeit.

Calcium gehört zu den Mengenelementen und ist in einer Vielzahl von handelsüblichen mineralischen Futterbestandteilen enthalten. Es wird unter anderem über den „Kohlensauren Futterkalk" aus Kalkstein oder Kreide mit einem Calcium-Anteil von mehr als 36 Prozent zugegeben. Der „Kohlensaure Futterkalk" wird in gemahlener oder körniger Form aufbereitet und nach den Vorschriften des jeweiligen Futtermittelgesetzes eingesetzt. Hier sind die chemische Zusammensetzung, die Reinheit und die zulässige Dosiermenge der Mengenelemente definiert. Dabei handelt es sich um ein natürliches Erzeugnis, das aus gemahlenem Kalkstein, aus gekörnter Kreide, Schlämmkreide oder gemahlenen Muscheln und Austernschalen bestehen kann. Kohlensaurer Futterkalk ist als Einzelfuttermittel ebenso zugelassen wie als Bestandteil von Mischfuttermitteln.

4.5 Calciumcarbonat im Umweltschutz

Es sind vor allem drei Bereiche des Umweltschutzes, in denen Calciumcarbonat als chemisches Reagens eine wichtige Rolle spielt. Da ist zum einen die Rauchgasentschwefelung in großen Kraftwerken, zum anderen die Aufbereitung von Trinkwässern in den Wasserwerken der Städte und Gemeinden und nicht zuletzt die Neutralisation übersauerter Seen oder Flüsse.

4.5.1 Rauchgasreinigung

Luftschadstoffe werden im wesentlichen für die jahrzehntelangen Belastungen von Wald, Boden sowie Grund- und Oberflächenwässern verantwortlich gemacht. Verursacher dieser Belastungen durch Schwe-

Kraftwerk Rostock – Rauchgasentschwefelung mit Rügener Kreide.

feldioxid (SO_2), Stickstoffoxide (NO_x) und Ozon (O_3) sind alle Betreiber von Verbrennungsanlagen; seien es Kraftwerke, Industrie- und andere Großfeuerungsanlagen, die Kleinfeuerungsanlagen der Haushalte und nicht zuletzt die Kraftfahrzeuge. Auf die Luftverunreinigungen reagierte der Gesetzgeber in Deutschland 1983 mit einer Änderung der Verwaltungsvorschrift zur Reinhaltung der Luft und einer eigenen Großfeuerungsanlagenverordnung. Letztere wurde 1994 zum 22tenmal in elf Jahren um eine Änderungsverordnung ergänzt, die Probleme jedoch sind bis heute nicht verschwunden.

Die Anlagen zur Rauchgasreinigung beruhen im wesentlichen auf nass-chemischen Verfahren. Da es unzählige Luftschadstoffe mit unterschiedlichen chemischen Eigenschaften gibt, laufen auch ganz unterschiedliche Reaktionen bei der Rauchgasreinigung ab. Das wohl wichtigste dieser Reinigungsverfahren ist die Rauchgasentschwefelung, die in der Regel mit Calcium-Verbindungen aus Kalk, Kalkstein oder Kreide durchgeführt wird. Hier gibt es verschiedene Verfahren: das Trockenverfahren mit Kalk, die Sprühabsorptionsverfahren mit Kalk oder Kalkhydrat und die Nassverfahren auf der Basis von Kalk, Kalkstein oder Kreide mit dem Endprodukt Gipsdihydrat. Wird Calciumcarbonat eingesetzt, laufen die folgenden Reaktionen ab:

$$CaCO_3 + \tfrac{1}{2} H_2O + SO_2 \rightleftharpoons CaSO_3 \cdot \tfrac{1}{2} H_2O + CO_2$$

$$CaCO_3 + 2 H_2O + SO_3 \rightleftharpoons CaSO_4 \cdot 2 H_2O + CO_2$$

Die Anforderungen an die Kalk- und Kalksteinprodukte sind vor allem durch die Anforderungen an das Endprodukt vorgegeben: Hoher Weißgrad, feine Aufmahlung (90 Prozent der Teilchen haben eine Korngröße von weniger als 90 Mikrometern) sowie eine geringe Restfeuchte, um sowohl Dosierung als auch Fließ- und Förderfähigkeit des Kalksteinmehls optimal regeln zu können.

Die pH-Werte in den Wäschern fallen bis auf pH 4 ab, was eine gute Gewähr für die Umsetzung des Schwefeldioxids zu Gipsdihydrat ist. Für die Oxidation des entstehenden Sulfits zum Sulfat wird in die Wäscher häufig Luft eingeblasen:

$$CaSO_3 \cdot \tfrac{1}{2} H_2O + \tfrac{1}{2} O_2 + 1\tfrac{1}{2} H_2O \rightarrow CaSO_4 \cdot 2 H_2O$$

Der Entschwefelungsgrad ist von einer Reihe verfahrenstechnischer Parameter wie Rohgaskonzentration, Flüssigkeitsverteilung, Ver-

weilzeit von Gas und Waschflüssigkeit im Wäscher, dem pH-Wert, insbesondere aber vom Flüssigkeits-Gas-Verhältnis (Liquid over Gas Ratio = L/G-Verhältnis) abhängig, das in Liter Waschflüssigkeit pro Kubikmeter Gas [l/m^3] gemessen wird.

Entschwefelungsgrade bis etwa 90 Prozent sind bei einem L/G-Verhältnis von 8 l/m^3 und einer SO$_2$-Rohgaskonzentration von 3 500 Milligramm pro Kubikmeter (mg/m^3) erreichbar. Um den Entschwefelungsgrad auf 95 Prozent zu erhöhen, muss das L/G-Verhältnis auf 14 l/m^3 erhöht werden; bei 97 % sogar auf 20 l/m^3.

Der als Reaktionsendprodukt in den Steinkohlekraftwerken entstehende Gips erfüllt heute die Qualitätskriterien der Gipsindustrie und ist als hochwertiger Baustoff absetzbar.

4.5.2 Trinkwasseraufbereitung

Trinkwasser ist schon heute knapp. Selbst in einem wasserreichen Land wie Deutschland sind bei weitem nicht alle Quellen und Reservoirs für die Trinkwassergewinnung geeignet und viele der jetzt noch genutzten Vorkommen sind von einer drastischen Verschlechterung der Wasserqualität bedroht. Eine Entwicklung, der man mit großem Aufwand entgegenwirken muss.

Da Korrekturen am Wasserspeicher „Boden" kaum möglich sind, muss das bereits gewonnene Trinkwasser nachträglich mit zweckmäßigen und umweltschonenden Verfahren so aufbereitet werden, dass es wieder uneingeschränkt zum Verzehr geeignet ist. Um das Auflösen von unerwünschten Stoffen aus dem Rohrleitungssystem zu verhindern und saures Rohwasser zu neutralisieren, ist die Einstellung des Kalk-Kohlensäure-Gleichgewichtes mit Calciumcarbonaten oder Kalkprodukten notwendig.

Die Trinkwasserverordnung regelt die Behandlung von Rohwasser mit Calciumcarbonaten und legt die Anforderungen an die Trinkwassererzeuger fest. Besondere Bedeutung hat der pH-Wert, der zwischen 6,5 und 9,5 liegen soll.

Filterstufe 2 der Trink-
wasseraufbereitungsanla-
ge Rieblich: Um die
Gesamthärte des Trink-
wassers optimal einstel-
len zu können, wird in das
Wasser Kohlendioxid ein-
geleitet, das mit dem
Jurakalk des Filters zu
Calciumhydrogen-
carbonat reagiert.

Bei den natürlichen Wasservorkommen wie
Moorwasser, Grundwasser, Quellen und
Uferfiltrat ist der pH-Wert durch anthropo-
gene Einflüsse deutlich abgesunken. Zudem
geht die Rohwasserqualität durch andere
Faktoren wie Denitrifikation und Kohlendi-
oxid-Anstieg im Boden, Nitratauswaschung
sowie den erhöhten Eintrag von Stickstoff-
und Schwefeloxiden mit dem Regenwasser
stetig weiter zurück.

Hier kann das Calciumcarbonat wirksam
eingreifen. In der Trinkwasserverordnung
und den europäischen Normen (EN) wird
Calciumcarbonat ausdrücklich als geeigneter Zusatzstoff für die Wasseraufbereitung
benannt. Die Qualität der einzelnen Zusatzstoffe richtet sich dabei nicht allein nach
dem tatsächlichen Wirkstoffgehalt, sondern
in erster Linie nach dem Gehalt an gesundheitlich bedenklichen Bestandteilen wie Blei
oder Cadmium. Für die pH-Wert-Korrektur
wird daher unter anderem Calciumcarbonat als Filtermaterial in offenen oder geschlossenen Schnellfiltern eingesetzt, da es
nicht mit Schwermetallen verunreinigt ist.

Auf europäischer Ebene werden die Anforderungen an die Produkte für die Trinkwasseraufbereitung durch das Committee for

Bestimmungsgröße	Dichtes Calciumcarbonat			Poröses Calciumcarbonat	
	Typ 1	Typ 2	Typ 3	Typ 1	Typ 2
$CaCO_3$	> 98 %	> 94 %	> 80 %	> 97 %	> 85 %
$CaCO_3 + MgCO_3$	> 98 %	> 94 %	> 90 %	> 99 %	> 95 %
HCl-unlösl. Rückstand	< 2 %	< 6 %	< 12 %	< 1%	< 5 %

Produkte zur Aufberei-
tung von Wasser für den
menschlichen Gebrauch
(EN 1018).

Europeen Norming (CEN) erarbeitet. Nationale Normen wie die Deutsche Industrie
Norm DIN werden dabei nach und nach
durch die Europäische Norm EN ersetzt. Die
EN 1018 „Produkte für die Aufbereitung von
Wasser für den menschlichen Gebrauch"
unterscheidet dabei zwischen dichten und
porösen Kalksteinarten und legt die Mindest-
carbonatgehalte fest (siehe Abbildung).

Für Kalk- und Dolomitprodukte gibt es in
der EN 1018 die Typen A und B, in denen die
zulässigen Grenzwerte von insgesamt acht
Schwermetallen definiert sind (siehe Abbildung). Das bedeutet eine erhebliche Ver-
schärfung der Richtlinien im Vergleich zu
den bisher geltenden Anforderungen, zumal
die Betreiber der Aufbereitungsanlagen
darüber hinaus niedrigere Gehalte an toxischen Stoffen einfordern, um einem möglichen Gefahrenpotenzial vorzubeugen.

Aufgrund seiner mineralogisch-kristallo-
graphischen Eigenschaften dient heute der
Jura-Calcit des Weißjura Epsilon (eine Formation des schwäbischen Jurakalkes) als
Beispiel für ein geeignetes Calciumcarbonat
hoher Reinheit und Dichte, das zum Einsatz
für die Trinkwasseraufbereitung gemäß der
neuen europäischen Anforderungen geeignet ist.

Grenzwerte für die Gehal-
te an toxischen
Substanzen in Calcium-
carbonaten für die Trink-
wasseraufbereitung
(EN 1018).

Parameter	Calciumcarbonat, Grenzwerte [mg/kg Produkt]	
	Typ A	Typ B
Antimon (Sb)	3	5
Arsen (As)	3	5
Blei (Pb)	10	20
Cadmium (Cd)	2	2
Chrom (Cr)	10	20
Nickel (Ni)	10	20
Quecksilber (Hg)	0,5	1
Selen (Se)	3	5

Lake-Liming in Kanada.

4.5.3 Neutralisation übersauerter Gewässer

Die Versauerung zahlreicher Gewässer ist ein Problem, das vor allem in den skandinavischen Ländern sowie in den USA und Kanada auftritt. Die Auswirkungen auf die ökologische Vielfalt im Lebensraum „Binnengewässer" sind dramatisch. Insbesondere Fische reagieren empfindlich auf die Veränderungen und zahlreiche Arten wie die kanadische Aurora-Forelle sind oder waren vom Aussterben bedroht.

Es gibt nur wenige Möglichkeiten, dieser Versauerung entgegenzuwirken. Die wirksamste und häufigste Form ist dabei die großflächige Kalkung der betroffenen Gewässer mit Calciumcarbonat. So wurden al-

lein in Schweden rund 7 500 Seen und über 10 000 Flusskilometer während der neunziger Jahre wiederholt gekalkt. Die Kosten dieses Programms beliefen sich allein im Jahr 1994 auf über 25 Millionen US-Dollar.

Die Applikation des Calciumcarbonats erfolgt entweder als Slurry oder als feingemahlenes Pulver. Calciumcarbonat-Slurrys werden zumeist von Booten aus auf die Seeoberfläche appliziert, während die Pulver durch Hubschrauber oder Flugzeuge über den Seen ausgebracht werden.

Wie wirksam eine Kalkung sein kann, zeigte sich am kanadischen Bowland Lake. Lag der pH-Wert des Sees vor der Kalkung bei pH 5,0, so erhöhte er sich nach Zugabe eines trockenen Calciumcarbonat-Pulvers auf pH 6,8. Gleichzeitig sank die Aluminium-Konzentration von 130-150 Mikrogramm pro Liter Seewasser auf einen Wert von etwa 65 Mikrogramm pro Liter – das Überleben der Aurora-Forelle war gesichert.

4.6 Calciumcarbonat – Produkte des alltäglichen Bedarfs

Calciumcarbonat ist ein mineralischer Rohstoff mit enormer wirtschaftlicher Bedeutung, allein die Papierindustrie verbraucht jährlich mehrere Millionen Tonnen des Minerals. Aber Calciumcarbonat ist auch Bestandteil von zahlreichen Haushaltsprodukten. Geht man allein von den verbrauchten Mengen aus, so fallen die paar hundert Tonnen Putz- und Tafelkreide, das bisschen Calciumcarbonat in Zahnpasten und Tabletten kaum ins Gewicht. Zumeist sind diese Märkte kleine Nischen oder letzte Relikte aus vergangenen Jahrzehnten und Jahrhunderten, aber trotzdem existieren sie, haben sie ihre Bedeutung.

Es war die natürliche Kreide, die früher in den Haushalten die Hauptrolle spielte – sei es die aus der Champagne oder die von Rügen. Aber nach und nach eroberte sich die „künstliche Kreide", präzipitiertes Calciumcarbonat (PCC), ihre Marktanteile; auf manchen Märkten verdrängte sie sogar die „natürliche" Konkurrenz. Denn als synthetisches Produkt ist PCC im Gegensatz zum

In den 50er Jahren war die natürliche Kreide in zahlreichen Produkten zu finden.

Naturprodukt Kreide frei von Verunreinigungen oder Schwankungen in der Zusammensetzung, eine gleichbleibende Qualität ist garantiert. Die Eigenschaften hingegen waren immer die gleichen, die Kreide und PCC als Produkte des täglichen Bedarfs auszeichneten: Beide waren weiß, fein zerteilt, hatten eine geringe Härte und ein großes Volumen.

Tafelkreide

„Kreide ist weiß, färbt ab, sie schreibt, das sind ihre allgemein bekannten Eigenschaften", hielt der Geologe Wilhelm Deecke vor gut hundert Jahren fest. Entsprechend verbreitet war die Nutzung von natürlicher Kreide als Tafelkreide in Schulen, Wirtshäusern und allen anderen Orten, in denen man anschrieb oder anschreiben ließ. Daran hat sich bis heute nichts geändert, sieht man einmal von der Herstellung einer Tafelkreide ab.

Wurden früher einzelne Stifte und Stangen direkt aus großen Blöcken trockener Rohkreide gesägt, so entwickelte man in Frankreich schon zur Mitte des 20. Jahrhunderts ein neues Verfahren: Ein feines, hochreines Kreidemehl wurde mit einem wässrigen Bindemittel zu einer teigigen Masse angerührt, diese durch eine fingerdicke Düse gepresst und der noch feuchte Kreidestrang in Stifte passender Größe zerschnitten. Erfolgte der Prozess anfänglich noch in Handarbeit, so läuft er heute vollautomatisch ab – einschließlich Trocknung und der Verpackung der einzelnen Stifte in Schachteln à 10 oder 100 Stück. Bis zu 1 Millionen Stück Kreide kann eine Maschine so Tag für Tag herstellen.

Der entscheidende Vorteil des Verfahrens war und ist, dass moderne Tafelkreide garantiert keine Steinchen oder Sandkörner enthält, die früher häufig die Tafeln beschädigten. Das gilt allerdings auch für die Sulfat-Kreide, die aus natürlichem Gips hergestellt wird und sich auf den ersten Blick nicht von der natürlichen Kreide unterscheidet. In Deutschland, Österreich und der Schweiz hat sich diese andere Kreide durchgesetzt, aber auch in den übrigen Ländern dieser Erde besitzt die natürliche Kreide nicht mehr

Eine grüne Kreidemasse wird angerührt.

Aus über 100 parallel stehenden Düsen strömen kontinuierlich neue Kreidestränge.

Mehr als 1,5 Millionen Kreidestifte verlassen die Fabrik jeden Tag.

das Monopol früherer Jahre; weltweit sind heute nur noch 20 Prozent aller Tafelkreiden aus Calciumcarbonat.

Kosmetik

Weiß, abfärbend und dabei gut haftend, diese Eigenschaften von Kreide sind eigentlich auch für Kosmetika wie Puder oder Schminke interessant. Dass Kreide in diesen Anwendungen trotzdem nie eine bedeutende Rolle gespielt hat, lag an ihrer geringen Deckkraft. Lieber griffen die Frauen der griechischen und römischen Antike zum giftigen Bleiweiß, als dass sie in Fragen der Schönheit Kompromisse eingingen. Und als Grundlage für farbige Schminke zogen sie den blättrigen, plättchenförmigen Talk der feinkörnigen Kreide vor, zumal zerriebener Talk sich angenehm fettig anfühlte. Ansonsten nutzten sie und die nachfolgenden Generationen vor allem pflanzliche Stoffe wie Reisstärke als Grundlage für ihren Puder.

Die industrielle Herstellung von PCC in den USA seit den dreißiger Jahren des 20. Jahrhunderts und die damit verbundene Suche nach geeigneten Märkten für das neue Produkt führten dazu, dass Fachzeitschriften wie „Modern Cosmetics" PCC als idealen Bestandteil von Pudern propagierten:

„Reispuder und andere Stärkearten bringen beim sachgemäßen Auftrag gute optische Wirkungen hervor. Gefälltes Calciumcarbonat hat aber denselben Erfolg und ist dabei nicht schädlich. Allein die weniger wertvollen Sorten lassen sich nicht so leicht auftragen und haften nicht so gut. Es gibt jedoch Kreidearten, die ein beträchtliches Maß an Gleitfähigkeit, Verteilungsvermögen und Zähigkeit besitzen, sodass sie in großen Mengen unbedenklich als Gesichtspuder verwendet werden können."

Und in „Perfumes, Cosmetics and Soaps" hieß es:

„Der leichte, gefällte kohlensaure Kalk ist ein ausgezeichneter Bestandteil des Gesichtspuders. Er ist leicht und zugleich voluminös, doch sollte man zweckmäßig nicht mehr als 30 % des Gesamtgewichtes zusetzen."

Ob die Bemühungen zumindest damals von Erfolg gekrönt waren, lässt sich rückblickend nicht mehr feststellen. Heute jedenfalls wird natürliche Kreide in der Kosmetik-Industrie nicht mehr verwendet, und auch das PCC ist wieder ein Pigment unter vielen, weit abgeschlagen hinter Titandioxid und Talk zurückliegend. Allein in Depilations- oder Enthaarungscremes finden sich noch größere Mengen an gefälltem Calciumcarbonat.

Wirklich bedeutsam hingegen war und ist PCC auf einem anderen Gebiet der Kosmetik: der Zahnpflege.

Zahnpflegemittel

Die erste Erwähnung von Zahnpflegemittel in indischen und chinesischen Schriften liegt mehr als viertausend Jahren zurück. Zahnpflege war in diesen Kulturen eher kultische Handlung denn Reinigungstechnik und dementsprechend ungewöhnlich waren die Pflegemittel: Mäusekot, Urin oder die Asche von Wolfs- und Hasenschädeln standen neben pflanzlichen Extrakten hoch im Kurs. Erst bei Plinius tauchten auch so profane Substanzen wie gemahlene Eier- und Austernschalen auf. Weiße und reine Zähne erlangten langsam einen über kultische Handlungen hinausgehenden Wert, sie wurden Ausdruck der Schönheit und Zeichen der Gesundheit.

Seit dem 18. Jahrhundert erweiterten Zahnpulver aus anorganischen Mineralen die Palette der Putzmittel und zur Mitte des 19. Jahrhunderts tauchten die ersten Zahnseifen aus Kreide, Bimsstein und Seife auf. Die von nun an ständig wachsenden Ansprüche an Hygiene und Sauberkeit sorgten für die Entwicklung und Verbreitung neuer Zahnpflegemittel, industrielle Herstellung und eine gezielte Werbung für die Produkte taten das Ihrige.

Zwischen 1860 und 1870 ergänzten flüssige Mundpflegemittel und Zahnpulver das Angebot, kurz darauf erschienen die ersten Zahnpasten und schon 1895 kam in den USA eine Zahnpasta in der Tube auf den Markt – Colgate. In Deutschland hießen die Zahnpasten

Chlorodont und Kalodont, ihre Zusammensetzung war jedoch überall gleich und hat
sich bis heute nicht wesentlich geändert.

Grundsubstanz einer Zahnpasta sind schwer-
lösliche, anorganische Minerale, die in Wasser suspendiert und mit Bindemitteln zu
einer stabilen Paste angedickt werden. Zusätze von Süß- und Aromastoffen wie Menth-
ol und Pfefferminzöl verbessern den Geschmack; Seifen oder Tenside sorgen dafür,
dass die Paste ordentlich schäumt. Während
der gute Geschmack und die Schaumbildung beim Putzen in erster Linie psychologi-
sche und damit verkaufsfördernde Wirkung
haben, erfüllen die anorganischen Minerale

die eigentlichen Putzaufgaben. Als feine Poliermittel sorgen sie dafür, dass der Zahnbe-
lag (Plaque) schneller und gründlicher entfernt wird, als es Bürste und Wasser allein
vermögen.

Aber nicht jedes Mineral ist als Putzkörper
geeignet, der Härtegrad muss unter dem des
Zahnschmelzes liegen, der die Härte 5 auf
der Mohs'schen Skala hat. Zudem sollte der
Putzkörper eine geringe Dichte besitzen und
dabei möglichst voluminös sein, um große
Mengen Wasser und Aromastoffe, aber auch
Keime und Geruchsstoffe des Mundes binden zu können. Diese Anforderung erfüllten
zu Beginn des 20. Jahrhunderts nur wenige
Stoffe, zumal aus verkaufspsychologischen
Gründen ausschließlich weiße Substanzen
zum Einsatz kommen durften. Die ebenso
geeignete, aber schwarze Aktivkohle ließ
sich mit den strahlendweißen Zähnen der
Werbung nur schwer in Verbindung bringen
und so blieb neben exotischen Stoffen wie
Marmorstaub, gemahlenen Austernschalen
und Korallenpulver fast nur die Kreide
übrig.

Das folgende Rezept für die Zahncreme Kalodont ist typisch für die damalige Zeit:

„Gleiche Teile Seifenpulver von guter, neutraler Seife, feinst geschlämmte Kreide und Glyzerin von 28° Bé werden sorgfältig gemischt und mit so viel Wasser versetzt, dass die Masse einen leichtflüssigen Brei bildet. Man färbt mit wasserlöslichem Seifenrot oder Karminlösung, parfümiert mit Pfefferminzöl, erwärmt die Mischung unter Umrühren in einer Porzellanschale im Wasserbade, lässt wieder erkalten und füllt schließlich die halbflüssige Masse in Tuben."

Allerdings war nicht jede Kreide geeignet. Verlangt wurde eine reinweiße, absolut sandfreie Kreide mit geringer Korngröße, die idealerweise in der aragonitischen Kristallmodifikation vorliegen sollte, da diese eine geringere Härte als die calcitische Modifikation aufweist. Aragonitische Kreide ist jedoch in der Natur äußerst selten. Also griff man auch bei den Zahnpasten schnell zum PCC, bei dem sich durch die Wahl der Fällungsbedingungen leicht die Kristallmodifikation des Produktes bestimmen ließ; zudem war bei der präzipitierten Kreide absolute Reinheit garantiert. Und so verdrängte das PCC seit den 1930er Jahren die natürliche Kreide und blieb bis in die sechziger Jahre einer der meist verwendeten Putzkörper in der Zahnpflege. Da allein in der Bundesrepublik jedes Jahr mehrere tausend bis zehntausend Tonnen Zahnpasta mit einem Putzkörper-Anteil von 35 bis 55 Prozent verbraucht wurden, war dieser Markt für die PCC-Hersteller äußerst lukrativ.

Doch als man in den 1960er Jahren begann, den Zahnpasten zur Kariesprophylaxe Fluor-Verbindungen zuzusetzen, sank der Stern des PCC. Denn PCC ist zwar schwerlöslich, nicht jedoch unlöslich. Immer gehen auch Spuren von Calcium-Ionen in Lösung und diese geringen Mengen reichen aus, um die Fluoride sofort als unlösliches Calciumfluorid auszufällen und so unwirksam zu machen.

In der Folgezeit traten weitere Nachteile hervor: Der Einsatz synthetischer Tenside blieb wegen der Bildung unlöslicher Kalkseifen ebenfalls unmöglich, der hohe pH-Wert

„Putzi" ist eine der Zahncremes, die heute noch PCC als Putzkörper enthalten; und selbst die natürliche Kreide ist nicht ganz vom Zahnpasta-Markt verschwunden.

einer Calciumcarbonat-Lösung von pH 9 und mehr ließ die billigen, unlackierten Aluminium-Tuben korrodieren und wirkte sich zudem nachteilig auf die Mundschleimhaut aus. Zwar konnten verschiedene Zusätze wie pyrogene Kieselsäuren einige der Nachteile ausgleichen, aber zumindest in Westeuropa und den USA ersetzten andere Putzkörper wie Di- und Tricalciumphosphat, Natriummetaphosphat, Magnesiumcarbonat und vor allem die synthetischen Kieselsäuren mehr und mehr das PCC.

Heute beherrschen die synthetischen, amorphen Kieselsäuren den Zahnpasta-Markt. Schon bei einem Gehalt von nur 10 bis maximal 20 Prozent erzielen sie die gleiche Putzleistung wie eine herkömmliche Zahnpasta mit einem Putzkörper-Anteil von 50 Prozent und verursachen dabei keinen gravierenden Abrieb der Zähne. Der vergleichsweise hohe Abrieb ist aber nur ein Grund, weshalb das kristalline PCC nur noch in wenigen Zahnpasten Verwendung findet. Auch ökonomische Faktoren sprechen dagegen.

Zwar ist PCC im Einkauf billiger als die amorphen Kieselsäuren, aber der Preisvorteil geht in Nordamerika und Europa beim Verkauf oft wieder verloren, da hier zwar die Rohstoffe nach Masse eingekauft werden, der Verkaufspreis von Zahnpasta hingegen an das Volumen gebunden ist. Die Hersteller bevorzugen daher Putzkörper mit geringer Dichte wie die amorphen Kieselsäuren. In zahlreichen Ländern Osteuropas, Afrikas, Asiens und Südamerika hingegen orientieren sich sowohl Ein- als auch Verkaufspreis an der Masse, weshalb hier das vergleichsweise schwere und vor allem billige PCC den Kieselsäuren immer noch vorgezogen wird. Der größere Abrieb fällt da nicht ins Gewicht, zumal sich in diesen Ländern nur wenige eine 4 bis 5,- DM teure Zahnpasta mit Kieselsäure leisten können.

Der gesamte deutsche Markt für Dentalprodukte verbraucht im Jahr schätzungsweise 1 800 Tonnen Calciumcarbonat und darin sind die Mengen schon enthalten, die in plastischen Massen für den Kieferabdruck zum Einsatz kommen.

Polier- und Putzmittel

Die gleichen Eigenschaften, die Kreide beziehungsweise PCC als Putzkörper in Zahnpasta auszeichneten, machten sie auch zu einem idealen Poliermittel für die unterschiedlichsten Anwendungen im gesamten Haushalt.

Anhaftende Schmutzpartikel oder durch chemische Prozesse entstandene Rost- und Oxidschichten lassen sich prinzipiell auf zwei Wegen entfernen: Chemisch oder mechanisch. Auch eine Kombination beider Verfahren ist möglich und in den meisten Putzmitteln üblich. Die meistverwendeten chemischen Reinigungsmittel sind Seifen und Tenside, gelegentlich auch organische Lösemittel wie Terpentin. Als mechanische

Putzkörper kommen die unterschiedlichsten Substanzen mit einer milden abrasiven Wirkung zum Einsatz.

Auch Kreide ist aufgrund ihrer Mohs'schen Härte von 2,8 als Poliermittel für Metalle, Fliesen, Kacheln und selbst Glasscheiben geeignet, da die Härte all dieser Materialien deutlich höher liegt. Einzige Voraussetzung für den Gebrauch ist die sorgfältige Aufbereitung der Rohkreide, wie schon Robert Scherer in seiner 1922 erschienenen Publikation „Die Kreide, deren Vorkommen, Gewinnung und Verwendung" festhielt:

„Gute Kreide muss sich wie das feinste Mehl anfühlen, es dürfen in derselben keine wie immer gearteten scharfen Teilchen, Sandkörnchen, und seien sie noch so klein, vorkommen. Es muss daher auf das Malen und Schlämmen größter Wert gelegt werden."

Die erste Erwähnung der Kreide als Putzmittel ist allerdings schon wesentlich älter, sie findet sich bei Plinius: „Eine andere Kreide wird Silberkreide (*creta argentaria*) genannt, weil sie dem Silber wieder Glanz verleiht." Auch in den folgenden Jahrhunderten war der Gebrauch von Kreide weit verbreitet. In seinem Malerhandbuch „Schedula diversarum artium" beschrieb der Mönch Theophilus Presbyter im 12. Jahrhundert die geschabte Kreide als gebräuchliches Putzmittel und 600 Jahre später hielt Johann Wolfgang von Goethe in seinen Erinnerungen an den Frankreich-Feldzug des Jahres 1792 folgende, in der Champagne spielende Begebenheit fest:

„Der Soldat durfte nur ein Kochloch aufhauen so traf er auf die klarste, weiße Kreide, die er zu seinem blanken und glatten Putz so nötig hatte. Da ging wirklich ein Armeebefehl aus: Der Soldat solle sich mit dieser hier umsonst zu habenden, notwendigen Ware soviel als möglich versehen. Dies gab nun freilich zu einigem Spott Gelegenheit; mitten in den furchtbarsten Kot versenkt, sollte man sich mit Reinlichkeits- und Putzmitteln beladen, wo man nach Brot seufzte, sich mit Staub zufrieden stellen."

Die Blütezeit der Kreide als Putz- und Poliermittel kam aber erst Ende des 19., Anfang des 20. Jahrhunderts, als die Hygiene-welle auch die Haushalte erreichte. Scherer erwähnt in seiner Publikation mehr als 50 verschiedene Putzpulver, Pasten, Seifen, flüssige Metallputzmittel, Putzsteine und an-dere „Reinigungskompositionen", die alle-samt Kreide in unterschiedlichen Anteilen enthalten. Selbst Gesichtsseifen mit Mar-morstaub wie „Schleichs Marmorseife" wa-ren in dieser Zeit gefragt.

Aber auch auf diesem Markt begann nach dem Zweiten Weltkrieg der unaufhaltsame Niedergang und wie bei der Zahnpasta wa-ren es wieder die synthetischen Kieselsäu-ren, die der Kreide den Rang abliefen. Heute sind neben den Kieselsäuren meist noch amorphe Aluminiumoxide in Putz- und Scheu-ermitteln enthalten, da auch deren Putzei-genschaften denen der Kreide überlegen sind beziehungsweise sich optimal auf die je-weiligen Bedürfnisse einstellen lassen – und nur ganz gelegentlich findet man in den Re-galen der Supermärkte und Drogerien Pro-dukte, die noch Kreide enthalten.

Medizin

Die wissenschaftliche Betrachtung des menschlichen Körpers und damit auch die Untersuchung der physiologischen Auswir-kungen einzelner Substanzen begann erst in der zweiten Hälfte des 19. Jahrhunderts. In den Jahrtausenden und Jahrhunderten da-vor ließen sich Ärzte und Heilkundige bei der Behandlung von Krankheiten oder Ver-letzungen allein von ihren Erfahrungen lei-ten und das Calciumcarbonat hatte wäh-rend der ganzen Zeit seinen festen Platz in der Heilkunde.

Schon in vorchristlicher Zeit nutzten Chine-sen und Japaner Calciumcarbonat, um mit dem feingemahlenen Mineral stark bluten-de Wunden zu stillen, und auch der griechi-sche Arzt Galen pries die blutstillende Wir-kung des kohlensauren (Calciumcarbonat) sowie des schwefelsauren Kalkes (Calcium-sulfat) und empfahl die beiden Minerale zu-dem bei Bluthusten in Folge einer Lungen-blutung (Haemoptoe). Paracelsus schließ-lich weitete die Anwendungsgebiete für Cal-ciumcarbonat auch auf Uterusblutungen

aus, bei denen er ein Präparat aus kalkhalti-gen Korallen verschrieb.

Den Wissensstand des 18. Jahrhunderts hielt Johann Georg Krünitz in seiner „Oeko-nomisch-technologische Encyklopädie" fest:

„Die Kreide empfiehlt sich als ein trocknen-des und die Säure dämpfendes Mittel, oder als eine alkalische und adsorbierende Erde. Sie ist geschickt, die saure Lymphe des Ma-gens zu verbessern, und ist daher in Krank-heiten, welche von diesem Fehler herkom-men, dienlich; z.B. in der brennenden Emp-findung, welche sich von dem Magenmunde erstreckt, und von einer verderbten Säure im Magen herrührt, oder den so genannten Sod-Brennen. Sie dient bey einem heftigen Hu-sten, der von einem scharfen Schleime her-kommt. Sie stillt das allzu häufige Bluten, und soll auch die Würmer tödten. Man rühmt sie auch wider den Stein."

Zur Einnahme der Kreide rührte man eine wässrige Suspension des Minerals an, aber auch „äusserlich dient sie wider die Rose und andere Entzündungen, zur Austrock-nung der Wunden, der Geschwüre, und der aufgesprungenen Brüste."

Zur Mitte des 19. Jahrhunderts erhielt das Calciumcarbonat – genauer das Calcium – dann seine wissenschaftlichen Weihen. Da-mals gewann die Medizin erste Einblicke in die Physiologie des Calcium-Stoffwechsels und nach und nach erkannte man, dass Cal-cium praktisch im gesamten Organismus vorkommt. Der Anteil des Elements am Kör-pergewicht beträgt gut 2 Prozent; davon sind allein 95 Prozent in das Skelett-System eingebaut und nur 5 Prozent befinden sich im Blut, das durchschnittlich 10 Milligramm Calcium je 100 Milliliter Flüssigkeit enthält. Physiologisch gesehen sind diese 5 Prozent allerdings bedeutsamer, denn sie regeln so-wohl die Zelltätigkeit als auch den Stoff-wechsel und sie beeinflussen die Geschwin-digkeit der Blutgerinnung, denn Calcium-Ionen sind verantwortlich für die Bildung des Fibrins, das die Wunde verklebt.

Besondere Bedeutung kommt dem Calcium jedoch in der Schwangerschaft zu, da Wachstum und Entwicklung des Fötus von einer ausreichenden Versorgung mit Calcium abhängen. Während einer Schwangerschaft steigt der Calcium-Bedarf der werdenden Mutter auf das Dreifache des normalen Wertes und wenn nicht ausreichend Calcium durch Nahrung oder Medikamente zugeführt wird, kann die massive Calcium-Abgabe an den Säugling zu einer Entkalkung des mütterlichen Skelettes und der Zähne führen, da bei erhöhtem Bedarf zuerst das Knochen-Calcium mobilisiert wird. Beim Säugling führt Calcium-Mangel ebenfalls zu Skelettveränderungen sowie Wachstumsstörungen der Zahnanlagen.

All diese Erkenntnisse flossen auch in die therapeutischen Maßnahmen mit Calcium-Präparaten ein und sorgten dafür, dass die erste, bereits 1896 von dem amerikanischen Mediziner Almroth Edward Wright aufgestellte, wissenschaftlich fundierte Calcium-Therapie im Laufe der Jahre immer weiter verfeinert werden konnte. Heute setzt man Calcium in der medizinischen Therapie vorwiegend zu zwei unterschiedlichen Zwecken ein: Zur *Remineralisation* bei gestörtem Calcium-Stoffwechsel infolge einer Rachitis oder Tetanie sowie bei einem erhöhten Bedarf während Schwangerschaft, Stillzeit (Laktation) oder Wachstum und zur *Transmineralisation* bei entzündlichen Prozessen, allergischen Erkrankungen, Blutungen oder Störungen des vegetativen Nervensystems.

Sind die Therapieziele über die Jahrzehnte weitgehend gleich geblieben, so entbrannten über die Frage nach der geeigneten Darbietungsform des Calciums fortlaufend intensive Diskussionen. Da der Organismus körpereigene Calcium-Verbindungen wie den Apatit der Knochen selbst synthetisiert, sind die entscheidenden Kriterien für ein Calcium-Präparat die leichte Resorption des Calciums und ein guter oder zumindest nicht unangenehmer Geschmack.

Nachdem die früher verwendeten Calciumcarbonate aus Austern- und Muschelschalen (*Calcarea Carbonica, Calcarea Ostrearum* oder *Testa Ostrya*), Krebsaugen (*Lapides Cancrorum* oder *Oculi Cancrorum*), Krebsscheren (*Chelae Cancrorum*) und Korallen (*Corallium Rubrum*) vom Markt verschwunden waren, standen zu Beginn des

20. Jahrhunderts als Carbonate noch die natürliche Kreide und das PCC zur Verfügung, die in der Pharmazie als *Creta Praeparata* beziehungsweise als *Calcis Carbonis Praeparatus* bezeichnet wurden.

Das bis dahin in der oralen Therapie dominierende Calciumchlorid stieß zu dieser Zeit vermehrt auf Ablehnung und scharfe Kritik, da seine wässrige Lösung einen salzig-bitteren, unangenehm kratzenden Geschmack hatte und zudem Verdauungsstörungen hervorrief.

Trotzdem gelang es nicht, diesen Markt für Calciumcarbonat zu erobern. Zwar war es geschmacksneutral und konnte als Bestandteil von Mineralwässern leicht resorbiert werden – im Österreich der 1920er Jahre gab es unter dem Namen „Biokalk" ein Mineralwasser, das 3,97 Gramm Calciumhydrogencarbonat pro Liter enthielt und ansonsten salzfrei war – aber den Durchbruch als Calcium-Präparat schaffte das Calciumgluconat, das der Schweizer Pharma-Konzern Sandoz 1927 entwickelte und das bis heute die am weitesten verbreitete Applikationsform des Calciums ist.

Nur bei Mitteln gegen die Übersäuerung des Magens hat Calciumcarbonat heute noch eine gewisse Bedeutung, aber selbst hier ist ein reines Calciumcarbonat-Präparat wie das Renocal die große Ausnahme; dafür

Kautabletten aus Calciumcarbonat.

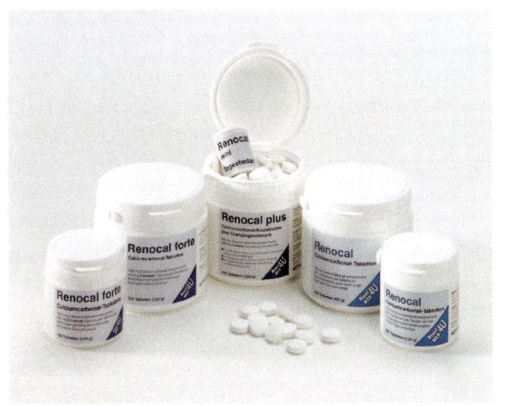

wirkt dieses Antacidum jedoch als Phosphat-binder und Calcium-Supplement in einem. Normalerweise jedoch findet das weiße Mineral in der pharmazeutischen Industrie nur mehr als Trägermaterial oder Tablettierhilfsstoff Verwendung.

Ernährung

Genauso gescheitert sind zumindest in Deutschland die Versuche, Calciumcarbonat auf Dauer der Nahrung zuzusetzen, um so klassischen Mangelerscheinungen wie Osteoporose, Entkalkung der Zähne und Wachstumsstörungen bei Säuglingen und Kleinkindern vorzubeugen. Da half es auch nicht, dass die deutsche Kalkindustrie vor allem in den 1920er Jahren die Bedeutung des Kalkes in der Ernährung propagierte und Hans Urbach in seiner vom Kalkverband unterstützten „Kulturgeschichte des Kalkes" 1923 den Kalkhunger entdeckte:

„Auch beim Menschen tritt er [der Kalkhunger] *bei erheblichem Kalkmangel in die Erscheinung, z.B. bei Schulkindern, die Kreide kauen."*

Was hingegen eine ausreichende Versorgung mit Calcium bewirken konnte, schildert er ebenso anschaulich:

„Aus dem kalkreichen Kentucky stammten nicht nur die kräftigsten und tüchtigsten Soldaten im amerikanischen Bürgerkrieg, sondern es lieferte auch die besten Rinder."

Aber es gab auch durchaus ernstzunehmende Argumente für einen Calciumcarbonat-Zusatz zur Nahrung. Zwar wird der tägliche Bedarf von knapp 1 Gramm Calcium bei normaler Ernährung spielend gedeckt, aber bei einer schlechten Ernährungslage kann es durchaus zu einer Unterversorgung kommen. So traten im Deutschland der Nachkriegszeit erste Anzeichen eines Kalkmangels auf, da die tägliche Calcium-Aufnahme gerade einmal 0,2 bis 0,4 Gramm betrug. Die Ursache für die schlechte Versorgung war die Kalkarmut der Äcker: Gerade einmal ein Viertel der gesamten Ackerfläche wies einen optimalen Kalkgehalt auf, die restlichen Flächen waren durch den Raub-

Lebensmittel	Calcium-Gehalt [mg/ 100 g]
Käse	860
Kondensmilch	285
Vollmilch (Kuh)	123
Hühnereigelb	141
Bohnen (trocken)	125
Orangen	86
Erbsen (trocken)	82
Haferflocken	53
Gerste	44
Brot	32
Fleisch (Kalb, Rind, Schwein)	12
Kartoffeln	6

Nährstoff-Tabelle.

bau der letzten Kriegsjahre völlig ausgelaugt. Dementsprechend kalkarm waren die auf diesen Böden wachsenden Nutzpflanzen und über die Nahrungskette erreichte der Kalkmangel schließlich auch die Bevölkerung.

Da sowohl in den USA als auch in Großbritannien langjährige, gute Erfahrungen mit dem Zusatz von Calciumcarbonat zum Brotteig vorlagen, wurde auch in der britischen Zone im Frühjahr 1947 ein Zusatz von 0,28 Prozent Kreide zum Mehl angeordnet. Dass man auf Kreide, also Calciumcarbonat zurückgriff, lag nahe: Als einziges Calciumsalz stand die Kreide billig und in großen Mengen zur Verfügung, sie beeinträchtigte weder den Geschmack des Brotes noch war sie in irgendeiner Weise gesundheitsschädlich, wie es noch Krünitz in seiner Encyclopädie angenommen hatte:

„Andere nehmen zu schlechtem Mehl [...] Kreide oder gelöschten Kalk, [...], um das Brod weißer zu machen. Aber alle diese Verfälschungen des Brodes sind unserer Gesundheit überaus nachtheilig, ja, sie sind ordentliche Vergiftungen."

In England ist der Zusatz von Kreide bei der Brotherstellung auch heute noch üblich, obwohl es längst bessere Möglichkeiten gibt, einen Calcium-Mangel zu therapieren. In Deutschland hingegen verschwand die Kreide aus dem Brot, sobald sich die Äcker erholt hatten. Heute spielen die natürliche Kreide ebenso wie das PCC als Bestandteil der Nahrung allenfalls eine Nebenrolle.

Laut Lebensmittel- und Bedarfsgegenstände-Gesetz (LMBG) ist die Nummer E 170 (Kreide, Calciumcarbonat) ein „Technischer Hilfsstoff", der als „Natürlicher Farbstoff (Weiß), Säuerungsmittel und Rieselhilfe" bei der Herstellung von Kaugummi und Quark sowie bei der Verzierung von Lebensmitteln zum Einsatz kommt, oder als Antiklumpmittel die Rieselfähigkeit von Tafelsalz und anderen pulvrigen oder kristallinen Substanzen erhält.

Da Calciumcarbonat beim Erhitzen Kohlendioxid freisetzt, findet es gelegentlich als Treibmittel in Backpulvern Verwendung und reine, gefällte Qualitäten werden auch zur Reduzierung des Säuregehaltes bei der Weinherstellung verwendet. Die Neutralisation der Weinsäure beruht auf einer einfachen Reaktion nach folgendem Schema:

$$CaCO_3 + C_4H_6O_6 \rightarrow CaC_4H_4O_6 + CO_2 + H_2O$$

Das entstehende Calciumtatrat fällt als schwerlösliches Salz aus und kann dann leicht abfiltriert werden.

Alles in allem wäre der Einsatz von Calciumcarbonat in der Lebensmittel-Herstellung jedoch zu vernachlässigen, wenn es nicht die Zuckerindustrie gäbe. Kommen in Backpulver, als Rieselhilfe oder beim Schälen von Reis gerade einmal 1 000 Tonnen pro Jahr in Deutschland zum Einsatz, so verbraucht die deutsche Zuckerindustrie jährlich rund 400 000 Tonnen Calciumcarbonat.

Calciumcarbonat wird seit mehr als 100 Jahren in der Zuckeraufbereitung verwendet, um den „Zucker-Rohsaft" von allen Nichtzuckerstoffen wie Eiweißen oder Oxalsäure zu reinigen. Genau genommen nutzt man jedoch nicht das Calciumcarbonat, sondern versetzt den „Rohsaft" zunächst mit

Calciumoxid (Branntkalk) und leitet anschließend Kohlendioxid ein, worauf die Nichtzuckerstoffe als unlöslicher Schlamm ausfallen. Dieser Schlamm wird abfiltriert und kann dann als hochwertiger Kalkdünger weiterverwertet werden; der gereinigte Zuckersaft wird in mehreren Schritten zum Endprodukt aufbereitet.

Da Branntkalk und Kohlendioxid beim Brennen von Calciumcarbonat entstehen, haben manche Zuckerfabriken eigene Brennöfen eingerichtet, mit denen sie ihren Bedarf selbst decken: Immerhin benötigt man für jede Tonne Zucker 230 bis 300 Kilogramm Calciumcarbonat und wie überall in der Lebensmittelindustrie sind die Anforderungen an die Reinheit der verwendeten Kalkgesteine hoch.

Gefälltes Calciumcarbonat zur Entsäuerung von Wein und Most.

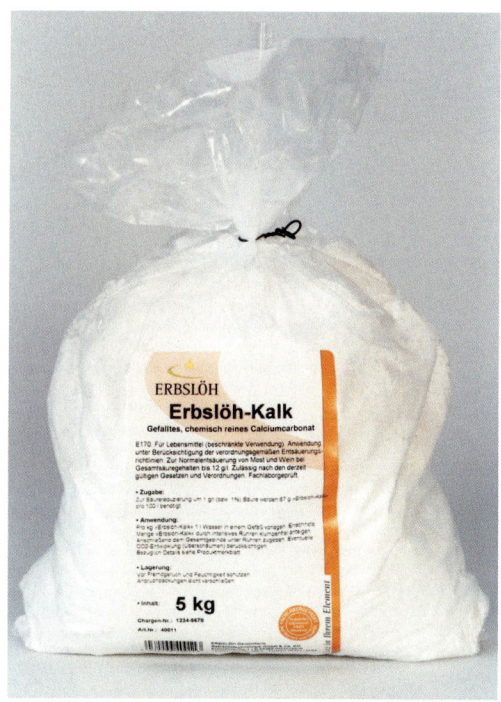

ANHANG

Bibliographie

Allgemeine Literatur

K. Werner Barthel: Solnhofen – Ein Blick in die Erdgeschichte, Thun 1978.

Robert S. Boynton: Chemistry and Technology of Lime and Limestone, 2. Aufl., New York, Chichester, Brisbane, Toronto 1980.

DIN-Taschenbuch 49, Farbmittel 1 (Pigmente, Füllstoffe, Farbstoffe), enthält: DIN 5033-1 bis DIN 55929, 4. Aufl., Berlin 1993.

DIN-Taschenbuch 157, Farbmittel 2 (Pigmente, Füllstoffe, Farbstoffe), enthält: DIN 55943 bis DIN 66131, DIN-EN- und DIN-EN-ISO-Normen, 3. Aufl., Berlin 1997.

Walter Döbling: Chemisches vom Kalk, Berlin 1924.

Gmelins Handbuch der Anorganischen Chemie – Calcium, 8. Aufl., Weinheim 1956/57.

Rudolf Gotthardt und Werner Kasig: Karbonatgesteine in Deutschland – Rohstoff, Nutzung, Umwelt, Düsseldorf 1996.

Anton Herbeck: Der Marmor – Entstehung, Arten, Gewinnung, Vorkommen, München 1953.

ISO-Handbücher, Volume 2, Raw materials (pigments, extenders, binders, solvents), Berlin 1994.

Johann Georg Krünitz: Oekonomisch-technologische Encyklopädie, oder allgemeines System der Staats-, Stadt-, Haus- und Land-Wirthschaft, und der Kunstgeschichte, 242 Bände, Berlin 1782-1856.

Olaf Lückert: Pigment + Füllstoff: Tabellen, 5. Aufl., Laatzen 1994.

Joseph A. H. Oates: Lime and Limestone – Chemistry and Technology, Production and Uses, Weinheim 1998.

Plinius C. Secundus der Ältere: Naturalis Historiae Libri XXXVII (Naturkunde, 37 Bücher), herausgegeben und übersetzt von Roderich König, Darmstadt 1978 (35), 1984 (33), 1992 (36), 1994 (17).

Plüss-Staufer AG Oftringen (Hg.): OMYA Kontakte.

Eberhart Schiele und Leo W. Berens: Kalk – Herstellung, Eigenschaften, Verwendung, Düsseldorf 1972.

Egon Trümperer: Mineralogisches vom Kalk, Berlin 1927.

Ullmanns Encyklopädie der technischen Chemie, 4. Aufl., Weinheim, New York 1977 (13, 14), 1978 (15), 1979 (18).

Hans Urbach: Der Kalk in Kulturgeschichte und Sprache, Berlin 1923.

Ders.: Die Verwendung des Kalkes, Berlin 1931.

Hans Vogel: Der Kalk und seine Bedeutung für die Volkswirtschaft, Stuttgart 1941.

Winnacker, Karl (Begr.): Chemische Technologie, 6 Bände, München 1981-86.

Karl M. Zittel: Die Kreide, Berlin 1876.

I. Geologie des Calciumcarbonats

Anthony E. Adams u.a: Atlas der Sedimentgesteine in Dünnschliffen, Stuttgart 1986.

Calcit, Lapis extra, Nr. 14, München 1998.

Peter W. Harben: The Industrial Minerals Handy Book, 2. Aufl., London 1995.

Peter W. Harben und Milos Kuzvart: Industrial Minerals – A global geology, London 1997.

Jean Jung: Precis de pétrographie, Paris 1963.

Rolf Langbein u.a.: Karbonat- und Sulfatgesteine. Kalkstein – Dolomit – Magnesit – Gips – Anhydrit, Leipzig 1982.

Werner Lieber: Calcit – Baustein des Lebens, München 1990.

Maurice Mattauer: Ce que disent les pierres, Paris 1998.

Paolo Orlandi und Marco Franzini: Minerali del marmo di Carrara, Mailand 1994.

P. W. Scott und A. C. Dunham: Problems in the evaluation of limestone for diverse markets, in: Proceedings of the Sixth Industrial Minerals International Congress, PWS 1-21, Toronto 1984.

Helmut G. F. Winkler: Petrogenesis of metamorphic rocks, 5. Aufl., Berlin, New York, Heidelberg 1979.

Bruce W. D. Yardley u.a.: Atlas metamorpher Gesteine und ihrer Gefüge in Dünnschliffen, Stuttgart 1992.

Fachzeitschriften

Industrial Minerals, UK-London.

Mines & Carrières – revue de l'industrie minérale, F-Paris.

Zeitschrift für Angewandte Geologie, D-Hannover.

II. Kulturgeschichte der Kalkgesteine

Anonym: il marmo … ieri e oggi, Carrara 1970.

Robert Bedon: Les Carrieres et les Carrieres de la Gaule Romaine, Paris 1984.

Friedrich Behn: Steinindustrie des Altertums, Mainz 1926.

Norman Davey: A History of Building Materials, London 1961.

Deutscher Naturwerkstein-Verband DNV (Hg.): Naturstein und Architektur. Materialkunde – Anwendung – Steintechnik, München 1992.

Hazel Dodge und Bryan Ward-Perkins (Hg.): Marble in Antiquity. Collected Papers of J. B. Ward-Perkins (= Archaelogical Monographs of the British School at Rome, No. 6), London 1992.

J. Clayton Fant (Hg.): Ancient Marble Quarrying and Trade, British Archaeological Reports International Series 453, Oxford 1988.

Jan Gympel: Geschichte der Architektur von der Antike bis heute, Köln 1996.

Norman Herz und Marc Waelkens (Hg.): Classical Marble – Geochemistry, Technology, Trade, NATO Advanced Science Institute, Series E: Applied Sciences - Vol. 153, Dordrecht, Boston, London 1988.

Werner Kasig und Benno Weiskorn: Zur Geschichte der deutschen Kalkindustrie und ihrer Organisationen, Forschungsbericht, Düsseldorf 1992.

Luciana Mannoni: Marmor – Material und Kultur, München 1980.

Reclams Handbuch der künstlerischen Techniken, 3 Bände, Stuttgart 1984-90.

Giorgio Vasari: Künstler der Renaissance, Berlin 1948.

Marcus Pollio Vitruvius: De architectura libri Decem (Zehn Bücher über Architektur), übersetzt von Dr. Curt Fensterbusch, Darmstadt 1964.

III. Calciumcarbonat – Pigment und Füllstoff

Carl Breuer: Kitte und Klebstoffe, in: Bibliothek der gesamten Technik, Band 33, Hannover 1907.

Walter H. Duda: Cement Data Book, 3 Bände, Wiesbaden, Berlin 1985.

Karl Höffl: Zerkleinerungs- und Klassiermaschinen, 2. Aufl., Hannover 1993.

Hans Kellerwessel: Aufbereitung disperser Feststoffe, Düsseldorf 1991.

Otto Labahn: Ratgeber für Zementingenieure, Wiesbaden, Berlin 1982.

André Moussy: La craie et l'industrie du blanc dans le département de la Marne, Chalôns-en-Champagne 1928.

Paul Ney: Zetapotentiale und Flotierbarkeit von Mineralen, Wien, New York 1973.

Rheinische Kalkwerke (Hg.): Wülfrather Taschenbuch für Kalk und Dolomit, Wülfrath 1974.

Robert Scherer: Die Kreide – Deren Vorkommen, Gewinnung und Verwertung, in: Chemisch-technische Bibliothek, Band 372, Wien, Leipzig 1922.

Heinrich Schubert: Aufbereitung fester Stoffe, 3 Bände, Leipzig 1989.

Ders.: Mechanische Verfahrenstechnik, Leipzig 1990.

Alfred Peter Wilson: Precipitated chalk. History, Manufacture and Standardization, 2. Aufl., Birmingham 1935.

Fachzeitschriften

Aufbereitungstechnik, D-Wiesbaden.

Industrial Minerals, UK-London.

Mines & Carrières - revue de l'industrie minérale, F-Paris.

ZKG-International, D-Walluf.

IV. Calciumcarbonat und seine industrielle Anwendung

4.1 Papier

Autorenkollektiv: Lehrbuch der Papier- und Kartonerzeugung, Leipzig 1987.

Werner Baumann und Bettina Herberg-Liedtke: Papierchemikalien, Berlin 1993.

Dan Eklund und Tom Lindström: Paper Chemistry – an Introduction, Grankulla 1991.

Lothar Göttsching und Casimir Katz: Papier-Lexikon, Gernsbach 1999.

Robert W. Hagemeyer: Pigments for Paper, Atlanta 1997.

Hans Kotte: Welches Papier ist das?, Heusenstamm 1972.

Wilhelm Sandermann: Papier – Eine Kulturgeschichte, Berlin 1997.

William E. Scott und James C. Abbott: Properties of Paper – an Introduction, Atlanta 1995.

Wolfgang Walenski: Das PapierBuch. Herstellung, Verwendung, Bedruckbarkeit, Itzehoe 1999.

Jan C. Walter: Coating Processes, Atlanta 1995.

Fachzeitschriften

American Papermaker Magazin, USA-Chicago.

Das Papier, D-Heidelberg.

Demand – Supply Report Newsprint and Magazine Paper Grades, CH-Zürich.

European Papermaker Magazin, UK-Surrey.

JPPS – Journal of Pulp and Paper Science, CDN-Ontario.

ipw Internationale Papierwirtschaft – International Paperworld, D-Heusenstamm.

Papermaker Asia Pacific, AUS-Bondi Junction.

PIMA's North American Papermaker, USA-Mount-Prospect.

PPI Fact & Price Book, USA-San Francisco.

Pulp and Paper International, B-Brussels.

TAPPI Journal, USA-Atlanta.

Wochenblatt für Papierfabrikation, D-Frankfurt.

4.2 Kunststoff

Gerhard W. Becker u.a. (Hg.): Kunststoff-Handbuch, 2. Aufl., München 1986-1998.

Fine Carbonate Fillers, in: Industrial Minerals, April 1995, S.11.

Reinhard Gächter und Helmut Müller: Plastics additives handbook, 4. Aufl., München 1993.

Harry S. Katz und John V. Milewski: Handbook of Fillers for Plastics, New York 1987.

Georg Menges: Werkstoffkunde Kunststoffe, München, Wien 1990.

Minerals and Polymers – High performance, high value, in: Industrial Minerals, June 1998, S. 73 ff.

Hansjürgen Saechtling: Kunststoff Taschenbuch, München, Wien 1996.

George Wypych: Handbook of Fillers, Toronto, New York 1995.

Fachzeitschriften

Adhäsion – Fachzeitschrift für Kleben und Dichten, D-München.

GAK – Gummi, Fasern, Kunststoffe, D-Ratingen.

European Plastics News, UK-Croydon.

Modern Plastics International, CH-Lausanne.

Kunststoffe, D-München.

Plaste und Kautschuk, D-Leipzig, Stuttgart.

Plastverarbeiter, D-Heidelberg.

4.3 Farben und Lacke

Thomas Brock u.a.: Lehrbuch der Lacktechnologie, Hannover 1998.

Heinz Dörr und Franz Holzinger: Kronos Titandioxid in Dispersionsfarben, Kronos Titan GmbH.

Artur Goldschmidt u.a.: Glasurit-Handbuch der Lacke und Farben, 11. Aufl., Hannover 1984.

Hans Kittel (Hg.): Lehrbuch der Lacke und Beschichtungen, Band II: Pigmente, Füllstoffe, Farbstoffe, Berlin 1974.

Wilfried Morley Morgans: Outlines of paint technology, 3. Aufl., London 1990.

Paolo Nanetti: Lackrohstoffkunde, Hannover 1997.

Gerald Patrick Anthony Turner: Introduction to Paint Chemistry and Principles of Paint Technology, 3. Aufl., London 1988.

Ulrich Zorll (Hg.), Römpp Lexikon Lacke und Druckfarben, Stuttgart, New York 1998.

Fachzeitschriften

American paint & coatings journal, USA-St. Louis.

Applica, CH-Wallisellen.

European Coatings Journal, D-Hannover.

Farbe und Lack, D-Hannover.

Journal of Coating Technology, USA-Blue Bell.

Modern paints and coatings, USA-New York.

Phänomen Farbe, D-Düsseldorf.

Pigment and Resin Technology, GB-London.

Surface coatings international, GB-London.

Welt der Farben, D-Köln.

4.4 Calciumcarbonat – ein vielseitiges Mineral

Rüdiger Bartels u.a.: Kalkbedarf von Marschböden, in: VDLUFA (Hg.), Schriftenreihe, Bd. 16, S. 295-311, Darmstadt 1985.

Bundesarbeitskreis Düngung (BAD) im Industrieverband Agrar e.V. (Hg.): Grundlagen der Düngung, Frankfurt 1998.

Franz Greiter: Aktuelle Technologie in der Kosmetik, Heidelberg 1987.

Johannes Grimm und Knut Caesar: Einfluß der Bodennutzung auf die langfristige Entwicklung von Fruchtbarkeit und Ertragsfähigkeit sandiger Böden, in: Ökologische Hefte 7, 1997, S. 35 ff.

Reinhold Gutser u.a.: Kalk- und Magnesiumwirkung kohlensaurer Kalke mit unterschiedlichem Vermahlungsgrad, in: VDLUFA (Hg.), Schriftenreihe, Band 33, S. 323-328, Darmstadt 1991.

International Lime Association (ILA): Comparison of Different Liming Materials for Agricultural Use, Köln 1994.

Kalkdienst (Hg.): Der Wald braucht Kalk, 3. Aufl., Köln 1959.

Ders. (Hg.): Düngekalk – Leitfaden für Wirtschaftsberater, 4. Aufl., Efferen 1965.

Manfred Kerschberger u.a.: Beziehungen zwischen Kalkdüngung, Pflanzenertrag und Pflanzenqualität, in: VDLUFA (Hg.), Schriftenreihe 37, Kongreßband 1993, S. 591 ff.

Arno Mönkemeyer: Der Markt für Kalkdüngemittel, Emsteten 1928.

Albert Orth: Kalk- und Mergeldüngung, in: Deutsche Landwirtschaftsgesellschaft (Hg.), Anleitungen für den praktischen Landwirt, S. 1-50, Berlin 1896.

Norbert Peschen: Reaktive Kalkprodukte für die Trinkwasseraufbereitung – Herstellung und Qualitätskriterien, in: bbr Wasser und Rohrbau, Heft 2, 1998, S. 3 ff.

Karlheinz Schrader: Grundlagen und Rezepturen der Kosmetika, Heidelberg 1979.

Gebhard Schüler: Bodenschutzkalkung und deren Auswirkung auf Sickerwasser, Boden und Bodenbiozönose, in: Ministerium für Landwirtschaft, Weinbau und Forsten und

Ministerium für Umwelt, Rheinland-Pfalz (Hg.), Waldschäden, Boden- und Wasserversauerung durch Luftschadstoffe in Rheinland Pfalz, S. 117-131, Mainz 1993.

Ders.: Stabilitätserhöhung im Ökosystem Wald durch Bodenschutz, Kompensation von Nährstoffverlusten und naturnahe Waldbewirtschaftung, in: Ministerium für Umwelt und Forsten, Rheinland-Pfalz (Hg.), Waldschäden, Boden- und Wasserversauerung durch Luftschadstoffe in Rheinland Pfalz, Ökosystemschäden und Gegenmaßnahmen, S. 74-96, Mainz 1997.

Manfred Schütz: Stand der Rauchgasentschwefelungstechnik, in: VGB Kraftwerkstechnik 77, 1997, S. 943 ff.

Wilfried Umbach: Kosmetik – Entwicklung, Herstellung und Anwendung kosmetischer Mittel, Stuttgart 1988.

Wilhelm Windisch u.a.: Calcium - Bioverfügbarkeit verschiedener organischer und anorganischer Calcium-Quellen, in: Journal of Animal Physiologie and Animal Nutrition 77, 1997, S. 189 ff.

Wissenschaftlicher Beirat der Sandoz AG (Hg.): Calcium – Physiologie, Pharmakologie, Klinik, Basel 1952.

Definitionen und Messmethoden

Kennzeichnung des Aufbereitungserfolges

Nicht immer können die Trennverfahren Klassierung und Sortierung sauber unterschieden werden. So kann es beispielsweise vorkommen, dass das Zerkleinerungsverhalten zweier Minerale, die in einem Rohstoff vorkommen, unterschiedlich ist. Betrachten wir einen spröden, verwitterten Kalkstein, in dem auch Quarz enthalten ist. Wird dieser gemahlen, so wird das weichere Mineral Kalkstein besser zerkleinert als der harte Quarz. Bei einer anschließenden Siebung reichert sich der weniger zerkleinerte Quarz in der groben Fraktion auf dem Sieb an, während der feinere Siebdurchgang an Quarz verarmt ist.

Während der Klassierung hat also auch eine Sortierung stattgefunden. Analog kann auch eine Sortierung eine Klassierung hervorrufen. Solche Auswirkungen sind unerwünscht, wenn eine reine Klassierung angestrebt wird. Man kann sie jedoch auch gezielt ausnutzen, um eine Sortierung durch eine Klassierung zu unterstützen.

Der Erfolg einer Trennung, sei es Klassierung oder Sortierung, wird durch das Ausbringen beschrieben. Dabei unterscheidet man zwei Arten des Ausbringens:

- das Masseausbringen
- das Wertstoffausbringen

Das Masseausbringen sagt aus, wie groß der relative Teilstrom ist, der bei einer Trennung erzeugt wird. So entstehen aus dem Aufgabemassenstrom m_a bei einer Siebung zwei Produkte: der grobe Siebüberlauf m_g und der feine Siebdurchgang m_f. Es gilt:

$$\overset{o}{m}_a = \overset{o}{m}_g + \overset{o}{m}_f \qquad (1)$$

oder, wenn die Produkte zur Aufgabe ins Verhältnis gesetzt werden

$$\frac{\overset{o}{m}_g + \overset{o}{m}_f}{\overset{o}{m}_a} = 1 \qquad (2)$$

oder $\qquad v_g + v_f = 1 \qquad (3)$

wobei v_g das Masseausbringen im Grobgut und v_f dasjenige im Feingut bedeuten.

Dies sagt noch nichts über die Qualität der Trennung aus, sondern nur etwas über die Mengenverhältnisse. Die Qualität der Trennung beschreibt, welcher Anteil des gewünschten Wertstoffes in die beiden Produktströme gelangt. Anhand einer Siebung soll dies erläutert werden.

Nach einer Zerkleinerung eines Kalksteines auf 0-10 Millimeter soll dieser durch eine Siebung bei 4 Millimetern getrennt werden, um den Siebdurchgang < 4 mm auf eine Kugelmühle aufgeben zu können. Um die Siebung zu optimieren, also einen großen Durchsatz auf einer möglichst kleinen Siebfläche zu erreichen, wird ein Siebdeck gewählt, dessen Maschenweite etwas größer ist als 4 Millimeter. Es wird nicht gelingen, dass der Siebüberlauf > 4 mm gänzlich frei ist von Gut < 4 mm, ebenso ist auch der Siebdurchgang < 4 mm nicht gänzlich frei von Gut > 4 mm. Bezeichnet man den Anteil der Fraktion 0-4 mm in der Aufgabe mit „a", den im Grobgut mit „b" und im Feingut mit „c", so gilt analog zu Gleichung (1)

$$\overset{o}{m}_a * a = \overset{o}{m}_g * b + \overset{o}{m}_f * c \qquad (4)$$

oder $\qquad a = \dfrac{\overset{o}{m}_g * b}{\overset{o}{m}_a} + \dfrac{\overset{o}{m}_f * c}{\overset{o}{m}_a} \qquad (5)$

bzw. $\qquad a = v_g * b + v_f * c \qquad (6)$

und $\qquad 1 = v_g * b/a + v_f * c/a \qquad (7)$

oder $\qquad 1 = f_g + f_f \qquad (8)$

mit f_g dem Wertstoffausbringen im Grobgut und f_f dem im Feingut.

Aus Gleichung 3 und 6 lässt sich das Masseausbringen berechnen zu

$$v_g = \frac{a - c}{b - c} \qquad (9)$$

bzw.

$$v_f = \frac{a-b}{c-b} \qquad (10)$$

und daraus noch (7) das Wertstoffausbringen in den Teilströmen zu

$$f_g = v_g * b/a \qquad (11)$$

in dem angeführten Beispiel der Anteil 0-4 mm, der im Grobgut verblieben ist, sowie

$$f_f = v_f * c/a \qquad (12)$$

der Anteil der Fraktion 0-4 mm, der wie gewünscht ins Feingut gelangt ist.

Diese Gleichungen können sowohl für die Klassierung als auch die Sortierung verwendet werden, da es einerlei ist, ob man als „Wertstoff" eine Körnung in bestimmten Grenzen oder ein zu gewinnendes Mineral bezeichnet.

Die Begriffe Masseausbringen und Wertstoffausbringen sowie die Gehalte des Wertstoffes in den Produktströmen kennzeichnen eine Trennung noch nicht ausreichend. Die hier betrachteten Produkte bestehen immer aus einer Korngrößenverteilung (siehe „Kornverteilung"). Nun zeigt sich, dass sich bei einer Klassierung auf einem Sieb nicht alle Kornklassen gleich verhalten. So werden, um bei dem oben angeführten Beispiel zu bleiben, bei einer Siebung die Partikel, die nur etwas kleiner sind als die Maschenweite, sehr viel leichter im Grobgut ausgetragen werden als die gegenüber der Maschenweite sehr kleinen Partikel. Das heißt, die einzelnen Fraktionen eines Körnerkollektives verhalten sich bei einer Trennung unterschiedlich.

Um die Güte einer Trennung besser zu kennzeichnen, berechnet man das Masseausbringen in den einzelnen Fraktionen und trägt dies über der Korngröße auf. Diese Darstellung zeigt, mit welcher Wahrscheinlichkeit eine bestimmte Kornklasse der Aufgabekörnung in das gewünschte Produkt gelangt (siehe Abbildung). Man definiert dann die Trennkorngröße dieser Klassierung als diejenige Kornklasse, die zu gleichen Teilen in beide Produktströme gelangt. Diese Trennkurve kann naturgemäß nicht nur für eine Trennung nach der Korngröße, sondern für jedes andere Trennmerkmal wie die Dichte

Typischer Verlauf für eine reelle Trennkurve. Eine Trennung erfolgt bei X3.

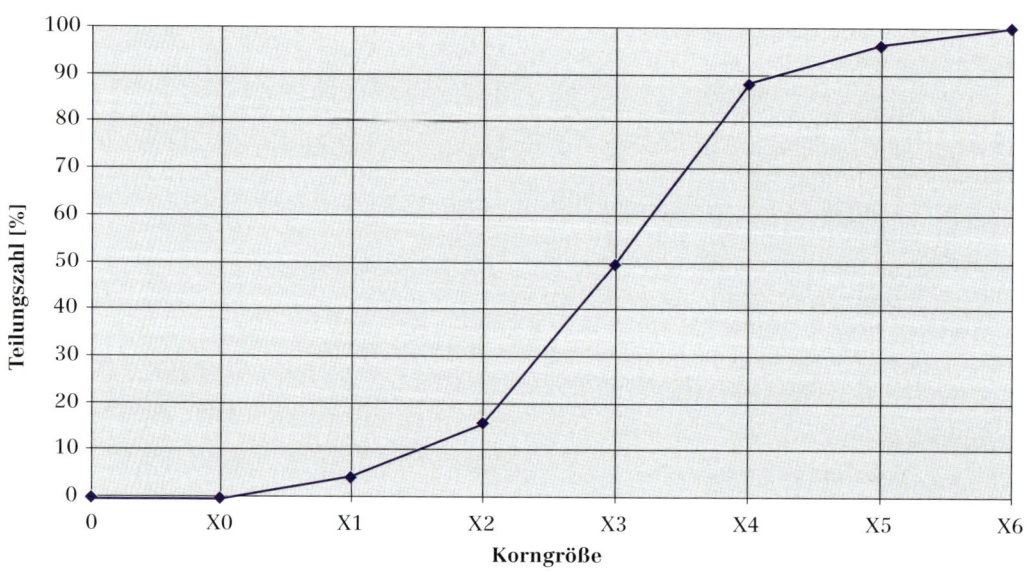

Bestimmung der Kornverteilung:
Schema Siebung (a)
Dichtekurve (b) und
Summenkurve (c).

Siebturm	Sieb Nr.
OO	X n
OOOO	...
OOOOO	X i+1
OOOOOO	X i
OOOOOOO	...
OOOOOO	X 1
:::::::::::::	X 0

a)

errechnet werden. Eine ideale Trennung ist durch eine senkrechte Linie bei der Trennkorngröße gekennzeichnet, da sämtliche Partikel, die größer sind als die Trennkorngröße, in das Grobgut gelangen und alle die kleiner sind in das Feingut. Zur Beurteilung einer Trennung wird die Steilheit der Trennkurve und ihre Form herangezogen.

Messmethoden

Um die Eigenschaften der Füllstoffe beschreiben zu können, sollten die wichtigsten Methoden beschrieben werden, mit denen diese Eigenschaften gekennzeichnet werden können.

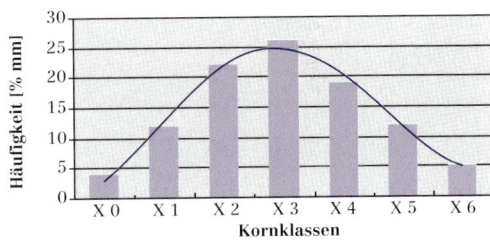

b)

Kornverteilung

Ein Körnerkollektiv wird durch seine Verteilung der Korngrößen beschrieben. Dazu teilt man den Korngrößenbereich in verschiedene Klassen auf. Das lässt sich am einfachsten beschreiben, wenn man sich eine Reihe von Sieben vorstellt, auf der ein Stoff abgesiebt wird. Auf dem Sieb mit der jeweils kleineren Öffnung bleiben die Körner liegen, die das darüber liegende Sieb passiert haben und das Sieb mit der kleineren Öffnung nicht mehr passieren können. Diese Masse, die zwischen den beiden Sieben aufgefangen wird, wird gewogen und registriert. Der Durchgang durch das kleinere Sieb wird auf dem nächstfeineren Sieb abgesiebt und so fort (siehe Abbildung a).

Zum Schluss erhält man für die Verteilung die Masse, die auf jedem Sieb liegen bleibt, sowie die, die durch das kleinste Sieb x hindurchfällt und im Boden (x_0) aufgefangen wird. Für jede Siebklasse zwischen $x = x_{i+1}$

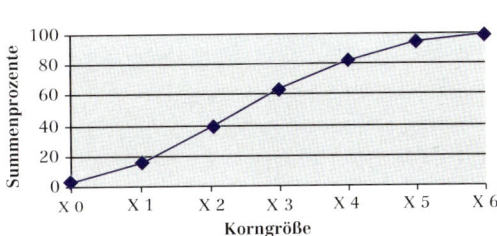

c)

und $x = x_i$ von $x_0 < x < x_n$, wird ein Wert von m_0 bis m_n erhalten. Da es nicht sinnvoll ist, die absoluten Gewichtswerte aufzutragen, eine Vergleichbarkeit der Ergebnisse wäre nicht möglich, werden die relativen Massen $q_i = m_i / \sum m_i$ gebildet.

Da man sich andere Messgrößen als die Masse vorstellen kann (Anzahl, Länge, Fläche oder Volumen), werden die Messgrößen mit unterschiedlichen Indizes belegt, um so die Dimensionen der Messgrößen zu kennzeichnen:

$q_{0,i}$ = Anzahlverteilung
$q_{1,i}$ = Längenverteilung
$q_{2,i}$ = Flächenverteilung
$q_{3,i}$ = Massenverteilung (Volumen oder Dichte eingerechnet)

Trägt man in unserem Beispiel die relativen Massen $q_{3,i}$ über der jeweiligen Klassenmitte $(x_i - 1 + x_i)/2$ auf, so erhält man ein Säulendiagramm, dessen Ausgleichskurve die Dichteverteilung der Korngrößen darstellt (siehe Abbildung b).

Eine weitere Darstellung ist die Summenkurve einer Verteilung. Dabei werden die Mengenanteile aufsummiert und über den jeweiligen Korngrößenwert aufgetragen: $Q_{3,i} = \sum q_{3,i}$. Damit erhält man die Summen- oder Durchgangsverteilung (siehe Abbildung c).

Die Darstellung in der Durchgangsverteilung ist die gebräuchlichste Form. Um einen weiten Korngrößenbereich sinnvoll darstellen zu können, werden die Korngrößen häufig logarithmisch dargestellt. Andere Darstellungsarten gibt es auch für die Ordinaten.

Eine Verteilung wird zumeist anhand einiger Werte beschrieben. So ist der X_{50}- oder d_{50}-Wert die mittlere Korngröße, das heißt, 50 Prozent aller Körner sind größer, beziehungsweise kleiner als diese Korngröße. Der d_{98}-Wert oder TopCut ist die Korngröße, bei der 98 Prozent aller Körner kleiner sind als der angegebene Durchmesser.

Die Ermittlung der Kornverteilung wurde hier anhand einer Siebanalyse dargestellt. Diese kann sinnvoll nur bis zu Korngröße von rund 20 Mikrometern eingesetzt werden. Füllstoffe weisen häufig sehr viel kleinere Korngrößen auf, sodass man zu anderen Messverfahren greifen muss. Das sind Sedimentationsverfahren wie Sedigraph oder aber Laserbeugungsverfahren. Mit diesen Verfahren kann bis zu Korngrößen von circa 0,5 Mikrometern gemessen werden. Noch feinere Korngrößen erfordern Rasterelektronenmikroskopie oder andere Verfahren.

Weißgrad

Neben der Korngrößenverteilung ist der Weißgrad eines Produktes entscheidend für den Einsatz (siehe Abbildung). Zur Bestimmung wird eine Tablette des entsprechenden Materials auf einer eigens dafür kon-

Weißgrad von Füllstoffen.

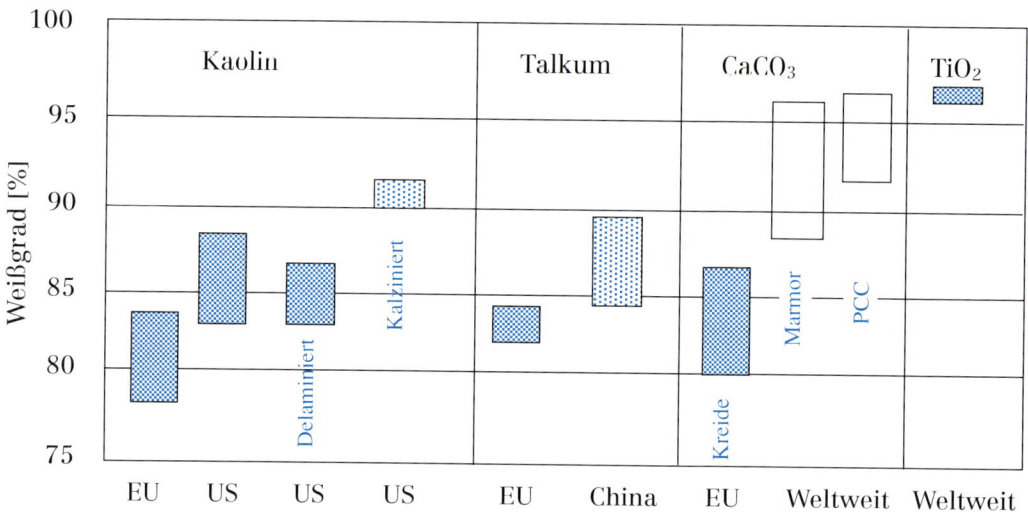

Produktart	Rohstoff	Feinheit [% < 2 µm]	Weißgrad	
			[% Tappi]	[% Ry]
Slurry	Kreide	60	89 - 91	
	Kalkstein	60	90 - 93	
	Marmor	60	93 - 96	
	Marmor	90	93 - 96	
	Marmor	95	93 - 96	
	Marmor	90 % < 1 µm	93 - 96	
Mehle	Kreide	70		85 - 87
	Kreide	40		82 - 84
	Kalkstein	40		88 - 90
	Kalkstein	20		83 - 85
	Kalkstein	15		84 - 86
	Marmor	80		90 - 92
	Marmor	60		91 - 93
	Marmor	40		93 - 95
	Marmor	25		92 - 94
	Marmor	15		90 - 92

Rohstoffe, Korngrößen und Weißgrade verschiedener Calciumcarbonat-Produkte.

struierten Presse hergestellt und dann in einem Messgerät die Intensität der Reflexion des roten, grünen und blauen Lichtes genau definierter Wellenlängen gemessen (Elrepho). Das Ergebnis wird im Verhältnis zu einem Standardwert (der sogenannte $BaSO_4$-Normal) in Prozent angegeben.

Für die trockenen Füllstoffe wird der Grünwert R_y und für die nassen der Blauwert R_z oder Tappiwert R457 angegeben. Zur Definition eines Gelbstiches des Produktes wird der Gelbwert bestimmt:

$$W = \frac{R_x - R_z}{R_y} \cdot 100$$

Je größer dieser Wert ist, desto gelbstichiger ist das Material.

Opazität

Wird ein kristalliner Körper wie das Calciumcarbonat vom Licht beschienen, treten drei Phänomene auf:

- **Reflexion** – ist der Anteil des Lichtes, der von dem Kristall zur Lichtquelle zurückgeworfen wird. Eine vollständige Reflexion entspricht einem Spiegel.
- **Absorption** – ist der Anteil des Lichtes, der in einen Kristall eindringt und in Wärme umgewandelt wird. Vollständige Absorption lässt einen Körper schwarz erscheinen.
- **Transmission** – ist der Anteil des Lichtes, der durch den Kristall gegebenenfalls gebrochen hindurchtritt, aber sonst nicht beeinflusst wird. Vollständige Transmission lässt den Körper unsichtbar erscheinen.

Die Summe der drei Phänomene ist 1, da von einem Lichtstrahl weder etwas verloren gehen, noch etwas hinzugefügt werden kann:

$$r + a + t = 1$$

Das transmittierte Licht kann von einem Gegenstand hinter dem Kristall reflektiert werden und wieder durch den Kristall hindurchtreten. So sehen wir, was hinter dem Kristall liegt. Von einem Füllstoff, sei es in Papier, sei es in Farbe, wird verlangt, dass er eine hohe Deckkraft aufweist. Das heißt, er soll möglichst einen großen Anteil des auffallenden Lichtes reflektieren und nur wenig absorbieren, aber möglichst nichts transmittieren, da dieser Anteil die Deckkraft verringert (siehe Abbildung).

Zur Bestimmung der Deckkraft wird die Opazität gemessen. Dazu wird auf eine schwarze und eine weiße Oberfläche eine Schicht des Füllstoffes in bestimmter Dicke aufgetragen. Sodann wird der Weißgrad dieser beiden Proben verglichen. Da diese Messung leicht durch subjektive Einflüsse bei der Herstellung der Probekörper und der Auswertung beeinflusst werden kann, ist eine sehr sorgfältige Probenvorbereitung notwendig, um eine möglichst objektive Aussage zu erhalten.

Sonstige

In der Papier-Industrie von Bedeutung ist die Abrasivität des Füllstoffes. Dies ist eine nur indirekt zu bestimmende Größe, die sowohl von der Korngröße als auch von der chemischen Zusammensetzung und der Herkunft des Calciumcarbonats abhängt. So

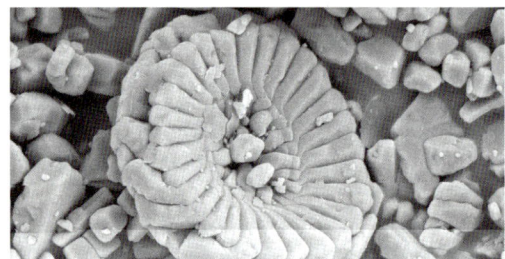

Kreide (a), GCC (b) und PCC (c) unter dem REM.

ist eine Kreide weniger abrasiv als ein Kalkstein und der wiederum weniger als ein Marmor; immer gleiche Korngröße und chemische Reinheit vorausgesetzt. Des Weiteren erhöhen Quarz- oder auch Dolomit-Anteile die Abrasivität aufgrund der hohen Härte dieser Stoffe.

Aufschluss über die Ursachen des unterschiedlichen Verhaltens der verschiedenen Calciumcarbonat-Varietäten erhält man durch REM-Aufnahmen der einzelnen Produktpartikel. Mit diesem Mikroskop lassen sich die Kornformen und auch die Korngrößenunterschiede in den einzelnen Produkten sichtbar machen.

Wechselwirkungen zwischen Licht und Papier.

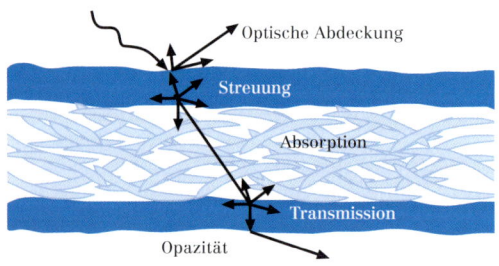

324

Glossar

Abrasion
Mechanischer Abrieb an Druckformen, Maschinenteilen etc. durch Pigmente und Füllstoffe.

Agglomerate
Zusammenballung feinkörniger Bestandteile zu körnigen Stücken.

amorph
Feste Körper, deren Moleküle nicht regelmäßig im Kristallgitter angeordnet sind.

Anisotropie
(vom griechischen *anisos* = ungleich und *tropos* = Richtung) Abhängigkeit der Eigenschaften eines Mediums von der Richtung, in der sie bestimmt werden.

Aspect Ratio
(Formfaktor) Verhältnis von maximaler Länge eines einzelnen Teilchen zu seiner Dicke.

atro
(absolut trocken) Material ohne Restfeuchte.

Attrition
Reibende Beanspruchung eines Teilchens, bei der nur an der Oberfläche anhaftendes Material abgerieben wird, ohne dass eine Zerkleinerung des Teilchens selbst eintritt.

Brechzahl/Brechungsindex
Maß für die Richtungsänderung eines Lichtstrahles beim Übergang von einem nichtabsorbierenden Medium in ein anderes.

Calcination
Zersetzung einer chemischen Verbindung oder Austreiben von Kristallwasser aus Mineralen durch Erhitzen.

Calcrete
Kalk- oder Dolomitkruste, die sich durch die Verdampfung des Wassers in trockenen Gebieten auf der Oberfläche bildet.

Corona-Behandlung
Wichtiges Verfahren zur Oberflächenbehandlung von Folien. Die C. ist häufig Voraussetzung für das Beschichten, Kaschieren oder Bedrucken einer Folie. Die Oberflächenaktivierung erfolgt dabei meist durch Beschuss der Oberfläche mit energiereichen Ionen im Hochspannungsfeld.

Dadmac
(Diallyldimethylammoniumchlorid) Monomer-Einheit zur Herstellung von Polydadmac. Polydadmac ist ein häufig verwendetes, handelsübliches kationisches Polymer bei der Papierherstellung.

Deckvermögen
Fähigkeit eines Beschichtungsstoffes, die Farbe oder Farbunterschiede eines Untergrundes zu verdecken.

delaminieren
Mahlvorgang für schichtweise gewachsene Minerale wie Kaolin und Talkum mit dem Ziel, einzelne Plättchen oder dünne Schichten auszulösen.

Diagenese
Gesamtheit der physikalischen und chemischen Prozesse, die auf eine Sedimentablagerung einwirken und diese nach und nach in ein festes Sedimentgestein umwandeln.

Diaklase
(vom griechischen *diaklasis* = entzweigeschnitten) Gesteinsfuge ohne Verschiebung der getrennten Teile (Kluft), die bei nahezu allen Gesteinen vorkommen kann.

Diapir
(vom griechischen *diapeirein* = durchstoßen) Pilzförmige, antiklinale Falte, deren (aus Salz bestehender) Kern die darüber liegenden Schichten durchstoßen hat.

dilatant
Suspensionen, die auf verstärktes Umrühren (=Erhöhung der Schubspannung) mit einem überproportionalen Anstieg der Viskosität reagieren. Beispiele dilatanter Suspensionen sind: Stärke in Wasser, nasser Sand, Bodensatz von Ölfarben.

dispergieren
Feinverteilen von Feststoffen (Pigmente

oder Füllstoffe) in einer Flüssigkeit, ohne dass Agglomerate bestehen bleiben.

Dolomit

(nach Déodat de Dolomieu, französischer Mineraloge, 1750-1801)
1) Karbonat-Sedimentgestein
2) Mineral des orthorhombischen Systems, Calcium-Magnesium-Doppelcarbonat $CaMg(CO_3)_2$.

Dryblend

Mischung der einzelnen Rezepturbestandteile eines Kunststoffes (PVC-Pulver, Calciumcarbonat, Stabilisator, Pigmente etc.), die vor der Verarbeitung im Extruder hergestellt wird.

Elrepho

Spektralphotometer zur Bestimmung des Weißgrades. Die Messung erfolgt im Vergleich zu einem Normal aus Bariumsulfat. Gemessen werden der rote (R_x) der grüne (R_y) und der blaue (R_z) Anteil des reflektierten Lichtes. Die Wellenlängen der Filter sind genau definiert.

E-Modul

(Elastizitäts-Modul) Maß für die Festigkeit eines Kunststoffes. Je höher der E-Modul ist, umso weniger dehnt sich ein Material bei gleicher Belastung, umso höher ist seine Steifigkeit.

Fazies

Gesamtheit der Merkmale eines geologischen Körpers, die Aussagen über dessen Entstehungsbedingungen ermöglichen.

Flint

Aus Siliciumdioxid (SiO_2) biochemischen Ursprungs gebildetes Kieselgestein, das als Störungen in Kalkschichten vorkommt, vor allem in Kreide. Meist tritt Flint in Form von Knollen auf, selten auch in langgestreckten Bändern.

Füller

Klasse von Beschichtungsstoffen, die hauptsächlich Unebenheiten des Untergrundes ausgleichen und für Steinschlagfestigkeit sorgen.

Füllgrad

Gewichtsverhältnis der Summe aus Pigment + Füllstoff zu Bindemittel (in Lackrezepturen).

GCC (Ground Calcium Carbonate)

Gemahlenes, natürliches Calciumcarbonat.

Gelbwert

(DIN 6167) Maß für das gelbe Aussehen eines Füllstoffes oder Pigmentes. Der Gelbwert wird heute immer mehr durch die Bestimmung des Farbortes im dreidimensionalen Farbraum abgelöst (siehe Anhang, „Definitionen und Messmethoden").

Geode

Eine innen hohle Bildung in Gesteinen, die zwischen einigen Millimetern bis zu einigen Zentimetern groß ist. Ihre inneren Wandungen sind mit nach innen gerichteten Kristallen (zumeist Quarz- und Calcit-Kristallen) besetzt.

Glanz

Optische Eigenschaft einer Oberfläche, die gekennzeichnet ist durch das Vermögen, Licht zu reflektieren.

Granulate

Bezeichnung für grobe Feststoffe (z.B. Füllstoffe, Kunststoffe) mit einer Korngröße im Millimeterbereich.

Grid

Korn, das beim Schlämmen von Kreide nicht suspendiert wird und zu Boden sinkt.

Grundierung

Erste, direkt auf das Substrat aufgetragene Schicht eines Beschichtungssystemes. Wichtigste Aufgabe einer G. ist die Haftungsvermittlung für den gesamten Anstrichaufbau; daneben dient sie auch dem Korrosionsschutz.

Heat-Set-Offset-Drucktechnik

Offset-Drucktechnik mit heißtrocknenden Druckfarben. Dieses Druckverfahren wird vorwiegend bei Rollen-Drucken angewandt. Im Bogen-Offset werden oxidativ- oder UV-trocknende Druckfarben eingesetzt.

HGMS-Scheider

(High Gradient Magetic Separator) Scheider, die Magnetfelder mit hohen Gradienten und damit hohen Feldstärkeänderungen erzeugen.

Immobilisierungspunkt

Grenzwert für den Anstieg des Feststoffgehaltes einer Streichfarbe, bei welchem die frisch gestrichene, noch feuchte Papieroberfläche von glänzend nach matt wechselt.

Karst

(von *Karst*, eine Region in Jugoslawien) Morphologietyp der im allgemeinen tafelförmigen Kalkgebiete (Kalkplateaus). Ein Karst bildet sich, wenn das Gestein durch Wasser mit einem hohen Kohlendioxidgehalt aufgelöst wird.

Kieselgu(h)r

(oder Diatomeenerde) Erdiges Sediment aus Kieselsäuregerüsten abgestorbener Kieselalgen. K. wird als Füllstoff zur Mattierung und Thixotropierung verwendet.

Kokkolithen

(vom griechischen *kokkos* = Kern und *lithos* = Stein) Scheibenförmige Kalkplatten, welche die kugelförmige Hülle (Kokkosphäre) der Coccolithophoriden (einzellige Meeresalgen) bedecken. Durch Akkumulation bilden sie Kalkgesteine wie Kreide.

Kontrastverhältnis

Verhältnis der Helligkeit einer Farbe über einem schwarzen und einem weißen Teil eines standardisierten Untergrundes.

Kreidung

Abbauerscheinung des Anstrichfilmes, bei der freigelegte Pigmentteilchen eine weiße Schicht auf der Oberfläche bilden.

Kunstharzputze

Leicht zu verarbeitende pastöse Massen zur dekorativen Beschichtung von Fassaden und Wandflächen.

Lagerstätte

Natürliche Anhäufung nutzbarer Mineralien oder Gesteine, die auf Grund ihrer Größe für eine wirtschaftliche Gewinnung in Betracht kommen. Sind die Anhäufungen zu klein, werden sie als Vorkommen bezeichnet.

Magmatit

Durch Auskristallisation (Erstarrung) aus Magma entstandenes Gestein.

Metamorphit

Gestein, das sich durch Veränderungen der Temperatur und des Druckes aus einem anderen Gestein gebildet hat.

Muschelkalk

Mittlere Abteilung der Germanischen Trias (Sekundär), im Allgemeinen vertreten durch Kalk- und Dolomitgesteine.

Muschelsand/-kalkstein

Nicht verfestigtes, aus zahlreichen Überresten von Schalen und einer Sand- oder Tonsand-Matrix bestehendes Sedimentgestein.

Ölzahl

(DIN-ISO 785-5) Die Menge Lackleinöl, die von einer Pigment- oder Füllstoffprobe absorbiert wird.

Opazität

(DIN 53 146) Grad der Lichtundurchlässigkeit (eines Papieres). Das Gegenteil von Opazität ist Transparenz (siehe Anhang, „Definitionen und Messmethoden").

Orogenese

(vom griechischen *oros* = Gebirge und *gennan* = erzeugen) Prozess der Gebirgsbildung.

Packungsdichte

In Beschichtungen bezeichnet die P. den von den Feststoffen (Füllstoffe, Pigmente etc.) eingenommenen Volumenanteil.

PCC (Precipitated Calcium Carbonate)

Feines, künstlich gefälltes Calciumcarbonat.

Petrogenese

Aussage über die Entstehung eines Gesteins.

Petrographie

Gesteinskunde.

Pigmentverträglichkeit

Maximale Volumenkonzentration von Pigmenten und Füllstoffen in einem Bindemittel. Wird die P. überschritten, ballen sich Pigmente und Füllstoffe zu Flockulaten zusammen.

Primer

Sammelbezeichnung für dünne Schichten, die unmittelbar auf das Metall aufgebracht werden. Als Shop-Primer bezeichnet man eine Grundierung, die ab Werk auf das Metall aufgebracht wird; ein Wash-Primer ist ein korrosionsschützender Erstanstrich mit passivierenden Eigenschaften.

Rheologie
Lehre vom Fließ- und Verformungsverhalten von Stoffen.

Runability
Qualitative Aussage zu den Laufeigenschaften einer Papiermaschine.

Schlagzähigkeit/Kerbschlagzähigkeit
Als Schlagzähigkeit bezeichnet man die Arbeit, die man zum Bruch oder zur deformierten Schädigung benötigt. Sie wird auf den kritischen Querschnitt bezogen und in mJ/mm^2 angegeben. Bei gekerbten Probekörpern spricht man von Kerbschlagzähigkeit. Die Schlagarbeit wird hier bezogen auf den Restquerschnitt im Kerbgrund.

SC-Papier
(super calandered paper) Klasse von Papieren, die mit einem Superkalander geglättet wurden.

Sedigraphie
Methode zur Bestimmung von Teilchengrößenverteilungen, bei der mittels Röntgenlicht die unterschiedliche Sedimentationsgeschwindigkeit von Teilchen in Wasser gemessen wird.

Sediment
Durch Ablagerung von Verwitterungs- und Abbauprodukten entstandenes Gestein.

Serum
Flüssigkeit nach Abtrennen aller Feststoffe durch z.B. Filtrieren oder Zentrifugieren.

Silicose
(Steinstaublunge) Durch eingeatmete, kieselsäurehaltige Stäube verursachte Lungenerkrankung.

Simplexbildung
Zusammenlagerung von Makromolekülen aufgrund z.B. gegensinniger Ladungen.

SMC/BMC
Sheet Moulding Compounds (Harzmatten) sind mit härtbaren Kunststoffen vorimprägnierte Textilglasmatten, die auf kontinuierlich arbeitenden Anlagen hergestellt werden.
Bulk Moulding Compounds hingegen sind teigförmige, meist Polyesterharz-Formmassen mit einer langfaserigen Glasfaserverstärkung, die ähnlich wie härtbare Formmassen in Mischern hergestellt werden.

Spachtel
Sammelbezeichnung für hochgefüllte Beschichtungsstoffe, die zum Ausgleich von Unebenheiten eingesetzt werden, die für Füller oder Grundierungen zu groß sind.

Stoffmodell
Der Papiermacher spricht bei einer Labor-Stoffrezeptur auch von einem Stoffmodell, da die Laborbedingungen wegen der spezifischen Kreislaufbedingungen in einer Papiermaschine nur modellhaft in die Praxis übertragbar sind.

TopCut
Die obere Korngrösse eines Produktes wird durch den TopCut (Oberer Schnitt) oder d_{98} definiert: 98% der Teilchen sind kleiner als diese Korngröße.

Trochiten
Versteinerte Überreste der Stengel oder Arme von Crinoiden (Seelilien), erkennbar an ihrer Symmetrie 5. Ordnung und ihrer glänzenden Bruchfläche, die der kristallinen Spaltung eines Calcit-Monokristalls entspricht. Bestimmte Kalkgesteine bestehen ausschließlich aus Trochiten (Trochitenkalk).

Überkorn
(DIN 66 160) der Anteil des Feingutes, der oberhalb einer festgelegten Trenngrenze, des TopCuts, liegt.

Verseifungsbeständigkeit
Beständigkeit des Bindemittels gegen hydrolytische Spaltung durch Einwirkung von Alkalien.

Volltonfarbe
Beschichtung, die eine hohe Konzentration eines Buntpigments enthält.

Weißgrad
Maß für die Helligkeit eines Pigments, Füllstoffs oder Lackes (siehe Anhang, „Definitionen und Messmethoden").

White Pitches
Klebriger, weißer Ablagerungstyp an Papiermaschinen, der auch in das Papier übertreten kann. Der Erweichungs- bzw. Schmelzpunkt liegt häufig zwischen 40-120° C.

Whiskers
Bezeichnung für sehr feine, haarförmige, anorganische (z. B. SiC oder Bornitrid) oder organische Einkristalle, die zum Verstärken von Kunststoffkörpern verwendet werden. Die mechanischen und physikalischen Eigenschaften sind gegenüber den normalen Kristallen wesentlich günstiger; einem breiten Einsatz von Whiskers stehen jedoch Verarbeitungsprobleme entgegen.

Auswahl wichtiger Normen

DIN EN ISO 3262-1: 1998-08
Füllstoffe für Beschichtungsstoffe – Anforderungen und Prüfverfahren – Teil 1: Einleitung und allgemeine Prüfverfahren

DIN EN ISO 3262-4: 1998-09
Füllstoffe für Beschichtungsstoffe – Anforderungen und Prüfverfahren – Teil 4: Kreide

DIN EN ISO 3262-5: 1998-09
Füllstoffe für Beschichtungsstoffe – Anforderungen und Prüfverfahren – Teil 5: Natürliches kristallines Calciumcarbonat

DIN EN ISO 3262-6: 1998-09
Füllstoffe für Beschichtungsstoffe – Anforderungen und Prüfverfahren – Teil 6: Gefälltes Calciumcarbonat

DIN 55625-4: 1996-11 (Entwurf)
Füllstoffe für Kunststoffe – Anforderungen und Prüfung – Teil 4: Kreide

DIN 55625-5: 1997-01 (Entwurf)
Füllstoffe für Kunststoffe – Anforderungen und Prüfung – Teil 5: Natürliches kristallines Calciumcarbonat

DIN 55625-6: 1996-11
Füllstoffe für Kunststoffe – Anforderungen und Prüfung – Teil 6: Gefälltes Calciumcarbonat

DIN 55943: 1993-11
Farbmittel – Begriffe

DIN EN 971-1: 1996-09
Lacke und Anstrichstoffe – Fachausdrücke und Definitionen für Beschichtungsstoffe – Teil 1: Allgemeine Begriffe

Register

Geographie

Akropolis 82, 102, 105f., 135
Alba Pompeia 277
Avezzano 46
Bahamas 23
Berlin 41, 122, 126, 128, 138, 142, 287
  -Dahlem 287f.
Blumau 5
Bodö-Fauske 48
Bowland Lake 301
Byzanz 93
Carrara/Luna 27f., 31, 48, 77ff., 83, 85, 91,
  93ff., 115, 117f., 121, 125ff., 135, 161, 181
Cambridge 44
Chaîne des Puys 5
Champagne 31, 44, 55, 64ff., 138, 140f.,
  147, 152, 154, 156, 180, 302, 307
    Chalôns-sur-Marne 44
Chatam 141
Crestmore 14
Danby 48, 77
Fakse 45
Gravesand 141
Greifswald 138, 141
Gummern 49
Herculaneum 124
Humberside 44
Hymettos 83
Java 45, 51
Jülich 277
Kaiserstuhl 30
Kephalonia 45
Kreta 55, 69, 73
Kykladen 69
  Naxos 104f.
  Paros 73f., 83, 104f.
Laas 49
Lägerdorf 50, 150, 156
Lappeenranta 50
London 44, 93, 157
Lille 44
Ludwigshafen 151
Macael 48
Malta 69
Mareiterstein 49
Middlebury 48
Molde 50
Molina 14
Mons 44
Nil 81f.
Nocera-Umbra 46
Orgon 18, 45
Pamukkale 22

Pargas 50
Pompeji 59, 124
Portfleet 141
Ravenna 93, 117
Rhein-Marne-Kanal 142
Rom 46, 54, 59ff., 72ff., 79, 83ff., 89, 91,
  93, 98, 110ff., 123, 126f., 135
Rüdersdorf 41
Rügen 45, 55, 64f.
Schlesien 278
Saint-Omer 44
Sézanne 6
Siilinjärvi 30
Simitthus/Chemtou 85, 89
Shergotty 2
Söhlde 138, 141, 150, 156f.
Solnhofen 40f., 133
Spitzbergen 19
St. Alyre 5
Staryj Oskol 45
Sterns 45
Stettin 138, 141f.
Syrakus 83, 114
Tatlock 14
Tautavel 46
Tororo 30
Trier 74, 277
Troyes 44
Venedig 45, 119
Venetien 74
Versailles 32, 123
Villeau 22, 45
Voronež 45
Welwyn 157
Zakynthos 45

Personen und Unternehmen

Alexander der Große 83
Auburtin, Victor 126
Augustus 83, 85, 110
Ausonias 74
Baekeland, Leo 238, 240
BASF 151, 211
Bleibtreu, Hermann 142
Boussingault, Jean Baptiste 278
Branca, Giovanni 75
Chevalier, Eugène 76
Cato der Ältere 276
Cicero 57, 110
Continental Gummi-Werke 157
Dante Alighieri 118
Davy, Humphry 2

Diokletian 90
Domitian 85, 111f.
Goethe, Johann Wolfgang von 65, 110, 307
Goodyear, Charles 149
Haber, Fritz 151
Hadrian 85, 89, 116
Hagenow, Friedrich von 138
Hancock, Thomas 148
Hannibal 4
Haüy, René Juste 10f.
Huchtinson, William 76
ICI (Imperial Chemical Industries) 239
IG Farben 157
J. M. Lehmann Maschinenfabrik 145
Juvenal 85, 114
Karl der Große 93
Kindscher, Erich 156
Kolumbus, Christoph 148
Liebig, Justus von 278f., 292
Malraux, André 108
Michelangelo Buonarroti 116, **120f.**, 128ff.
Moussy, André 152, 155
Mussolini, Benito 126f.
Napoleon Bonaparte 125
Natta, Giulio 239
Nernst, Walter 151
Nicol, William 11
d'Orbigny, Alcide 45
Orth, Albert 280
Ostwald, Wilhelm 151
Otto I. 93
Palladio, Andrea 121f.
Penther, Johann Friedrich 143
Phidias 115
Phoenix Gummiwerke 157
Pisano, Nicoló 94
Plinius (der Ältere) 53, 57, 59, 62, 64, 73f., 110, 114, 116, 135, 277, 304, 307
Plinius der Jüngere 73
Prechtl, Johann Josef 143
Pryce, William 10
Ramelli, Agostino 74
Seeber, Ludwig 11
Semper, Gottfried 124
Seneca 113, 132
Sevilla, Isidor von 54f.
Sprengel, Christian Konrad 278
Statius 112f.
Staudinger, Hermann 159, 239
Stifter, Adalbert 98
Strabo 84
Textil- und Gummiwerke Vorwerk 157
Theophilus Presbyter 143, 307
Tiberius 85, 91
Torell, Otto 41
Trajan 85, 111
Vater, Heinrich 15

Vinci, Leonardo da 64
Vitruv 59, 61, 66f., 73f., 83
Weiss, Peter 91
Werner & Pfleiderer A.-G. 145
Wiegand, William B. 151
Winckelmann, Johann Joachim 124f.
Ziegler, Karl 239

Sachbegriffe

Abbautechniken 70, 77, 93
 Stufenabbau 70, 79
 Terassenabbau 71
 tiefliegender Tagebau 79
 über Tageabbau 70ff., 152, 172, 174
 unterirdischer Abbau/unter Tageabbau 77, 79, 93
Abbauwürdigkeit 70
Abrasion 203, 229, 245, 248, **325**
Abrasivität, abrasiv 168, 181, 248ff., 258, 269, 275, 324
Agglomerate 185, 191, 232, 245, 255, **325**
Aktinolith 28
Alabaster 102, 131
Aluminium 97, 207ff., 215, 283f., 286, 290, 293, 301, 306
 -oxid 308
 -sulfat 207ff., 215
 -trihydrat (ATH) 254, 257
Ammoniten 18
Amphibol(it) 28, 49, 181
Anisotropie 11, **325**
Apatit 26, 30, 309
Aragonit 8f., **14f.**, 17f., 33f., 45, 51, 54, 306
Archäopteryx 41, 133
Asbest 164, 240
Aspect Ratio (Formfaktor) 203, 243, 256, **325**
Austernschalen 297, 304f.
Bagger 15, 154, 173, 175
 Löffel- 172
 Schaufelrad- 172
Bakelit 238, 240
Bariumsulfat (Baryt, Schwerspat, Blanc fixe) 9, 150f., 200f., 250, 254, 265f., 273, 326
Basalt 11, 16, 22, 36, 42f., 100
Belemniten 18, 41
Bentblade 231
Bimsstein 69
Biogenese 167
Blattbildung 198ff.
Bleiweiß (basisches Bleicarbonat, *cerrussa*) 56ff., 143, 304
Blistering (Blasenbildung) 222, 224
Boundstone 24
Bremsberge 95, 97

Brecher 153, 158, 175, 179
  Backen- 152, **176f.**
  Kegel- **176f.**
  Prall- **176ff.**
  Walzen- 177, **181**
Brechungsindex 11, 60, 150, 164, 203, 249, 265f., **325**
Brekzie 46
Bulk 213f., 257, 328
Bulk Moulding Compound (BMC) 257, **328**
Büro-, Kopierpapier 204, 205, 213, 226
Calcination 2, **325**
Calcit 7f., 9ff., 15, 17ff., 28ff., 33f., 40, 44ff., 49ff., 54, 159, 268, 281, 300, 306, 326, 328
Calcium 2, 8f., 13, 15, 24, 28, 33, 39, 42f., 49, 51, 54, 278, 280, 285f., 289, 292f., 296, 298, 309f.
  -fluorid 306
  -gluconat 309
  -chlorid 2, 309
  -hydroxid (Kalkhydrat, Löschkalk) 2, 191, 204, 207
  -oxid (Branntkalk) 2f., 54, 282, 286, 311
  -pektat 5
  -silikat (Wollastonit) 5, 28, 42, 49
  -sulfat, Gips, schwefelsaurer Kalk 2, 15, 55ff, 63, 122f., 132, 165, 167, 260, 298, 303, 308
  -tartrat 311
Calcrete 9, **325**
Calx 9
Carbonate Compensation Depth (CCD) **34ff.**
Celluloid 238
Chalcedon 22
Chalkopyrit 28, 50
Chamosit 31
Chemiefaser 241
Cheops-Pyramide 80, 83
Chlorit 47
Cipollino 28
Cobaltnitrat 14
Coccolithoporiden 20f., 39, 327
Cold-Set-Offset 225
Compound 251ff., 257, 259f., 328
Corona-Behandlung 255, **325**
Dadmac 209, **325**
Deckschicht 70, 73, 172ff.
Deckvermögen 264, 270ff., **325**
Dendrit 32
Denitrifikation 285, 299
Diagenese 17, 22f., 26, 36, **325**
Diaklase 5, **325**
Diapir 45, **325**
Dichtmasse 241, 250
Diopside 5
Diorit 71, 100
Dispergierung 184, 223, 231, 233f., 246,
259
  -barkeit 194f., 250, 267, 270, 274
  -mittel 190, 195, 225, 233
Dispersion 242, 254, 268, 270ff.
Dividendenpulver 240, 266
Dolomit 23ff., 30, 33, 44f., 48, 50, 55, 63, 131, 160, 257, 265, 269, 272, 281, 286, 290, 292, 295, 300, 324, **326**, 327
Doppelbrechung 11, 14
Dryblend 251, **326**
Duroplast 238, **239**, 241f., 249f., 256f.
Eierschalen 304
Eisenblüte 15
Eklogit 50
Elastomer 239, 241f., 249f., 258
Elrepho 323, **326**
E-Modul 244f., 252, **326**
Erosion 4, 16, 27, 36, 38f.
Extruder 244, 249f., 253, 260, 326
Extrusion 248, 254, 260
Farbort 225ff.
Fazies 17f., 35, 45, **326**
Feuchtwasser 221, 233
Flachwinkel-Streichtechnik 231
Flint (Feuerstein) 25, 39, 44, 173, 180, **326**
Flotation 30, 44, 50, **182ff.**, 208
Fluorit 9
Foraminiferen 19, 34ff.
Fresko(malerei) 60ff., 120
Füller 262, **326**
Füllgrad 164f., 198, 201, 204, 206f., 213ff., 243ff., 271, **326**
Galenit 50
GCC (Ground Calcium Carbonate) 169, 191f., 205, 326
Gelbwert 44, 193, 323, **326**
Geode 22, 326
Gesteinswäsche (Läutern) 182
Glanz 219, 245, 262, 264, 270, 272ff., **326**
Glasfaser 244, 246, 256f., 328
Glaukonit 31
Gleichgewicht 4, 6f., 15, 109, 209, 211, 233, 285, 294
Glimmer 28, 30, 47ff., 246, 256, 265
Goethit 31
Grainstone 24
Granit 14, 16, 19, 28, 35, 39, 47, 50, 54, 97, 100, 145
Granulat 251, 255, 275f., **326**
Graphit 26, 28, 31, 49f., 181, 183, 204
Grid 180, **326**
Grundierung 55ff., 60, 62f., 262, 273, **326**, 328
Gummi 149, 151, 157f., 175, 192, 233, 242, 256, 311
Haber-Bosch-Verfahren 151
Hämatit 31

Heat-Set-Off-Set 199, 224, **326**
Herkunftsbestimmung von Marmoren 90
HGMS-Scheider 184, **326**
Hohlkörperblasen 256
Hornblende 181
Humanismus 119
Humus 280ff., 289, 292ff.
Huntit 9
Hydromagnesit 9
Hydrothermalismus 42, 51f.
Ichthyosaurier 41
Idokras 28
Immobilisierungspunkt 234, **327**
Ingenieurwerkstoffe 250, 256
Inkrustationen 113, 122
Ionenfänger 254, 262
Islandspat (Doppelspat) 10
Kalk-Soda-Prozess 191
Kalkmilch 191
Kalksalpeter-Dünger 282
Kalkstickstoff-Dünger 282
Kanal-/Kalksinter (Sinterkalk) 56, 94, 102
Kaolin 64, 198ff., 203f., 206, 209f., 213ff., 218, 220ff., 236, 254, 260, 325
Karst 7, 22, 50, **327**
Kautschuk 142, 148ff., 155, 157f., 238ff., 250, 254, 259
Keilsprengung 71
Kesselstein 7
Kieselgu(h)r 150, 272, 327
Kieselsäure 201, 254, 259, **306ff.**
Kieserit 292
Kitt (Glaser-) 11, 142ff., 159, 167, 259
Klassierung/ klassieren 44, 139, 154, 165, 168, 178f., 184ff., 191, 319f.
Klassizismus 95, 114, 122, 124ff.
Klebstoff 167, **239**, 241, 257
Kohlendioxid 3ff., 16, 29, 33ff., 42f., 51, 59, 191, 204, 207f., 232, 281f., 299, 311, 327
Kokkolithen 17, 21, 35, 167f., **327**
Kollergang 139, 147, 181
Kontrastverhältnis 219, **327**
Korallen(-pulver) 15, 18, 29, 34, 305, 308f.
Korngröße 28, 154, 159, 168, 176, 178, 181ff., 203, 223ff., 230, 257, 259, 268ff., 292, 298, 306, 320ff., 326, 328
Kornverteilung/-größenverteilung 159, 164f., 168f., 180, 184f., 189, 192f., 223ff., 230, 243ff., 253, 257, 265, 268ff., 320, **321**
Kornverteilungskurve 164, 185, 243ff., 253
Korrosion 240, 248, 264, 267, 272f., 326, 328
Korund 69
Krebsaugen, -scheren 309
Kreidebauern 64
Kreidung 272, **327**
Kristallmodifikation 9

Kunstharz 241, 268, 274f., 327
Kunstharzputz 274f., **327**
Kunstmarmor 257
Kutnahorit 13
Ladungszustand 211
Lagerstätte 30f., 37, 40, 43ff., 55, 155f., 165, 171ff., 180, 193, 249, **327**
Leinöl 60, 63, 99, 142ff., 150, 156, **327**
Lithographie 36, **133**
lithoi 82, 100
Lithopone 58, 60, 150
lizzatura 95, 97
Logistik 171f., **193ff.**
Löslichkeit 4ff., 34, 39, 198, 202, 207, 221, 267, 288
Lumachelle 17
lychnites 73, 83, 87
Magmatit 99, **327**
Magnesiumcarbonat 17, 25, 165, 276, 279, 281, 284, 290, 292, 306
Magnetit 50
Magnetscheidung 182ff., 278
Mahl-/Mühlenkreislauf 185, 187, 189f.
Mahlresistenz 215
Malachit 13
Markasit 28
Marmor-Chronik, Marmor Parium 108
marmáreos 98
Masterbatch 251ff., 260
Mastikation 148
melinum 59
Mergel 14, 25, 41, 45f., 54ff., 139, 176, 277ff.
Metallocene 260
Metamorphit 29, 99, **327**
Metamorphose 46ff., 167, 169
Mikrit 23f.
Mikroorganismen 209f., 284, 294
Minimumtonne 278
Mischbütte 200f., 207
Mohs'sche Härteskala 12f.
Mondmilch 8f.
Mudstone 24
Mühlen 67, 134, 138, 147, 152ff., 157, 179f., 185
    Autogen- 180
    Kugel- 152f., 180, **185f.**, 189f., 228
    Rührwerkskugel- **190**, 265
    Trommel- **186**
    Wälz- **181**
Muschel 15, 17f., 59, 297
    -kalk 17, 38, 41, **327**
    -sand 17, **327**
    -schale 57, 309
Muskovit 28
Nährstoffe 278, 286f., 289, 292, 296
    Haupt- 278, 280

Makro- 285
Mikro- 285f.
Neben- 278
Spuren- 278, 286
Naturpapier 201, 204ff., 213, 237
Neoklassizismus 95, 127
Neutralisation 138, 281f., 286, 297, 301, 311
Neutralisationswert 292, 295
Nicolsches Prisma 11
Nitrifikation 285
Nummuliten 19f., 38, 81
Nylon 159, 239
Oberfläche(n) 21, 32ff., 39, 41ff., 56f., 60, 66, 73, 132, 156, 159, 171f., 182f., 191f., 204, 208, 210, 215ff., 243ff., 262, 266ff., 279, 291ff., 301, 324ff.
  spezifische 168, 184, 242, 245, 256, 259, 292
  -behandlung/-beschichtung 223, 245f., 250ff.
  -energie 202f., 242, 246
  -spannung 243, 246
Obsidian 69
Ofenstabilität 247
Offset-Druck 199, 221, 224, 226, 233, 326
Off-site-Anlage 191
Ölzahl 147, 150, 257, 267, **327**
On-site-Anlage 191
Onyx 22, 112, 131f.
Oolith 14, 22, 36, 46
Opazität 164, 168f., 201, 203, 207, 213ff., 219f., 224, 227f., 323f., **327**
Opokas 45
Orogenese 46ff., **327**
Packstone 24
Packungsdichte 222, 243, 247, 257, 268, 273, **327**
Papierherstellung 198ff., 211, 213, 223, 227, 229f., 236, 325
  alkalische 207f.
  (pseudo-)neutrale 206ff.
  saure 201, 203
Papierveredelung 217, 222f., 229ff.
paraetonium 59
Pastellmalerei 63f.
pax romana 85, 91
PCC (Precipitated Calcium Carbonate) 45, 155f., 167ff., **191f.**, 199, 205, 250, 253, 269, 302ff., 309, 311, **327**
Perlen 8, 12, 15
Perlon 239
Petrogenese 31, 169, **327**
Phlogopit 28, 30, 49
Pigmentverträglichkeit 271, **327**
Pigment-Volumen-Konzentration (PVK) **267f.**, 271

Kritische (KPVK) 267f.
Polarisations
  -farbe 12
  -filter 11
  -mikroskop 11, 14
Poly
  -addukt 241
  -amid 210, 241, 243, 251, 256
  -esterharze 159, 239, 247, 256f., 328
  -ethylen (PE) 151, 243, 249, 251, 255
  -kondensat 241
  -olefin 251ff., 260
  -propylen (PP) 243, 246, 249, 251, 256, 260
  -urethan (PU) 239, 256f.
  -vinylchlorid (PVC) 159, 239, 251
Polymerbeton 257
Polymerisat 231, 241
poros 73, 82, 103
Porphyr 54
Primärzerkleinerung 181
Primer 273, **327f.**
Prinzip der Bodenständigkeit **80**, 82, 117
Puffer 215, 221, 267, 281, 293
  -kapazität 193, 281
  -system 283, 294
Pyrit 26, 28, 31, 37, 47, 50, 167, 181
Quartär 7, 9, 39, 45, 66
Quarz(-sand) 9, 26, 28, 45, 54, 76, 132, 164, 167, 248, 257, 260, 265, 275, 319, 324, 326
Raster-Elektronen-Mikroskop (REM) 20, 168, 199, 322, 324
Rauchgasentschwefelung 159, 161, **297f.**
Rauhaugit 30
Rekultivierung 172, 174
Retention 201, 203, 208, 210f.
Retentionsmittel 203, 230, 260
Rheologie 223, **328**
Rhodochrosit 13
Rhomboeder 10f., 223
Rostschutz(-wirkung) 164, 269, 272f.
Rudisten 17
Sägen 55, 74ff., 86, 97
  (Draht-)Seilsägen 75
  Steinsägen 74f.
Säurezerfall 215
Schaumspat, -kalk 15, 25
Schlagzähigkeit 250, 257, **328**
  Kerb- 244f., **328**
Schlämmverfahren/-prozess 139f., 154, 167
Schleimbekämpfung 210
Schrotgang 71
Schürfgräben 73, 172
Schwermetall 221, 249, 286, 288, 294f., 299f.
SC-Papier 206f, **328**

Sedigraph(ie) 322, **328**
Sediment/Sedimentation 7, 17ff., 32ff., 50f., 133, 322, **328**
Sekundärzerkleinerung 181
Serpentin 28, 42
Sheet Moulding Compound (SMC) 257, **328**
Sichter (Wind-) 138, 152, 154, 160, **188ff.**
Siderit 13
Siebung 176, 182, 187, 319f.
Silberkreide 55
Siliciumdioxid 39, 44, 167, 272, 326
Silikose 164, 272, 275, **328**
Skalenoeder 10
Skarn 28
skyblue marble 14
Slurry 190ff., 210, 230ff., 301
Smithsonit 13
Soda-Solvay-Prozeß 191
Sortierung 179, 181, 319f.
  magnetische 184
  optische 182
Sövit 30
Spachtel 262, **328**
Sparit 23f.
Sphalerit 50
Sphärokobaltin 13
Sphinx 80f.
Spitzfläche 73
Spritzguss 248
Stalagmit 7f.
Stalaktit 7f.
statuario 83, 94, 115, 117, 121, 129f.
Steinbruch 70ff., 84, 86, 89ff., 116f., 126, 138, 155, 172, 175, 181
Steinmetz 72f., 79, 87, 113, 120f., 125, 129
Stiffblade 230
Stilpnosiderit 31
Störstoffe 211
Streichrohpapier 201, 207, 219
Strichegalisierung 218, 234f.
Stromatolith 21, 37
Stuckmarmor 114, 117, **122ff.**
Stylolith 6f.
Suspension 139, 180, 185, 190ff., 249, 286, 308, 325
Tafelmalerei 60, 63
Talk/Talkum 39, 55, 59, 150, 165, 198, 201ff., 215, 218, 220f., 229, 243f., 249, 256, 259, 264f., 269, 272f., 304, 325
technites 73
Tempera
  -Malerei 62
  -Technik 62
Terrakotta 69
Thermooxidative Stabilität 249
Thermoplast **239**, 241f., 245, 249, 251
Tiefdruck 133

Titandioxid (Titanweiß) 58, 60, 165, 169, 201, 220, 227, 246ff., 255, 264, 266, 304
Thetys 40
Ton 6f., 25ff., 38f., 42, 44, 54f., 57ff., 62, 85, 133, 200, 277, 281ff., 289
Ton-Humus-Komplex 293, 295
TopCut 181, 185, 189, 229f., 243ff., 252, 258f., 265, 322, **328**
Travertin 87, 111, 131, 135,
Tremolit 12, 28
Trinkwasser-Aufbereitung 298
Trochiten 19, **328**
Trockenwäsche 182
Tropfstein 7f., 22
Überkorn 275, **328**
Van der Waals Kraft 245f.
Vaterit 9, 15, 54
Venus von Willendorf 69
Veredelungsverfahren 217f., 223
Verseifungsbeständigkeit 271, **328**
Verstärkungsmittel 150, 239f., 242ff., 249, 256, 258
Vielling 10, 12, 14
Viskosität 195, 233, 246ff., 257
Volltonfarbe 272, **328**
Vorkommen 6, 14ff., 22, 24, 27, 37, 40, 43f., 49f., 55, 63, 66, 70, 73, 75, 82, 104, 117, 127f., 134, 140, 150ff., 159, 167, 171ff., 184, 272, 279, 298f., 306, 319, 327
Vulkanisation 149f., 259,
Wackestone 24
Walddüngung 292
Waldsterben 292f.
Wandmalerei 60ff.
Wärmeleitfähigkeit 247, 254, 257
Warve 7
Wasserhärte 4
Wasserrückhaltevermögen 233f.
Weißgrad 164, 167ff., 180ff., 185, 190ff., 203, 205, 228, 249f., 256, 267, 269, 271f., 275f., 298, 322, 324, **329**
Weißpigment 60, 169, 249, 255, 265f., 275
Wetterbeständigkeit 164, 264, 272, 274
Whiskers 240, 243, 329
whiting 140, 155
Wollastonit 28, 49f.
Zahnpasta 304ff.
Zeitungsdruckpapier 237
Zellstoff 164, 201, 204
Zeta-Potenzial 234
Zinkweiß 60, 147
Zwickelmischung 254

Verzeichnis wichtiger Adressen und Institutionen

Universitäten und Forschungsinstitute

Abo Akademi University
Domkyrkotorget 3, FIN-20500 Abo (Turku), Finland
Tel.: +358-2-215 31, Internet: www.abo.fi

CTP Grenoble, Centre Technique du Papier,
B.P. 251, F-38044 Grenoble Cedex 9, France
Tel.: +33-4-76 15 25 40 15, Fax: +33-4-76 25 15 40 16
E-mail: ctpdoc@ctp.inpg.fr, Internet: www.ctp.inpg.fr

Deutsches Kunststoffinstitut, TU Darmstadt
Schlossgartenstr. 6, 64289 Darmstadt, Germany
Tel.: +49-61 51-16 21 04; Fax: +49-61 51-29 28 55

Fachhochschule Esslingen, Studiengang Farben, Lacke, Umwelt
Kanalstrasse 33, 73728 Esslingen, Germany
Tel.: +49-711-397 30 11, Fax: +49-711-397 30 12, Internet: www.fht-esslingen.de

Forschungsinstitut für Pigmente und Lacke (FPL)
Allmandring 37, 70569 Stuttgart, Germany
Tel.: +49-711-687 80-0, Fax: +49-711-68 80 79

Institut für Kunststoffverarbeitung, RWTH Aachen
Pontstr. 49, 52062 Aachen, Germany
Tel.: +49-241-80 38 06, Fax: +49-241-888 82 62, E-mail: zentrale@ikv.rwth-aachen.de

Institut für Papierfabrikation, Technische Universität Darmstadt
Alexanderstraße 8, 64283 Darmstadt, Germany
Tel.: +49-61 51-16 21 54, Fax: +49-61 51-16 24 54, E-mail: ifp@papier.tu-darmstadt.de

Institut für Verfahrenstechnik Papier e.V. (IVP), Fachhochschule München
Lothstr. 34, 80323 München, Germany
Tel.: +49-89-12 65-15 01, Fax: +49-89-12 65-15 02

KCL The Finnish Pulp and Paper Research Institute
P.O. Box 70, FIN-02151 Espoo, Finland
Tel.: +358-9-437 11, Fax: +358-9-46 43 05, Internet: www.kcl.fi

LULEÅ University of Technology, Division of Mineral Processing,
S-97187 Luleå, Sweden
Tel.: +46-920-910 00, Fax +46-920-973 64, Internet: www.km.luth.se

Montanuniversität Leoben
Peter-Tunner-Strasse 5, A-8700 Leoben, Austria
Tel.: +43-384-24 02 (03), Internet: www.unileoben.ac.at

Papiermacherzentrum Gernsbach
Scheffelstr. 29a, 76593 Gernsbach, Germany
Tel.: +49-72 24-64 01-0, Fax: +49-72 24-64 01-114

Papiertechnische Stiftung (PTS)
Heßstr. 134, 80797 München, Germany
Tel.: +49-89-121 46-0, Fax: +49-89-123 65 92

PTS, Institut für Zellstoff und Papier
Pirnaer Straße 37, 01809 Heidenau, Germany
Tel.: +49-35 29-54 35-00, Fax: +49-35 29-54 35 74

STFi, Swedish Pulp and Paper Research Institute
Tel.: +46-8-676 70 00, Fax: +46-8-411 55 18, E-mail: info@stfi.se, Internet: www.stfi.se

Süddeusches Kunststoff-Zentrum (SKZ)
Frankfurter Str. 15-17, 97082 Würzburg, Germany
Tel.: +49-931-41 04 164 (184), Fax: +49-931-41 04 2 74 (227), E-mail: info@skz.de

Technische Universität Braunschweig, Institut für mechanische Verfahrenstechnik
Volkmaroder Straße 4/5, 38104 Braunschweig, Germany
Tel.: +49-531-391 96 11, Fax: +49-531-391 96 33
E-mail fb-mb@tu-bs.de, Internet: www.tu-bs.de

Technische Universität Clausthal, Institut für Aufbereitung und Deponietechnik
Walther-Nernst-Str. 9, 38678 Clausthal-Zellerfeld, Germany
Tel.: +49-53 23-72 20 37 (38), Fax: +49-53 23-72 23 53
E-mail: info@tu-clausthal.de, Internet: www.tu-clausthal.de

Technische Universität Bergakademie Freiberg
Institut für Mechanische Verfahrenstechnik und Aufbereitungstechnik
Agricolastraße 1, 09599 Freiberg, Germany
Tel.: +49-37 31-39 27 95, Fax: +49-37 31-39 29 47
E-mail: hoeschle@mvtat.tu-freiberg.de, Internet: www.tu-freiberg.de

Technische Universität Graz
Rechbauerstrasse 12, A-8010 Graz, Austria
Tel.: +43-316-873 0, Fax: +43-316-873 65 62
E-mail: info@tu-graz.ac.at, Internet: www.tu-graz.ac.at

University of Turku
FIN-20014 Turku, Finland
Tel.: +358-2-333 51, Internet: www.utu.fi

Verbände, Institutionen

American Forest & Paper Association
1111 19th. Street, NW, Suite 800, Washington, DC 20036, USA
Tel.: +1-202-46 27 00, Fax: +1-202-463 24 71

APME - Association of Plastics Manufacturers in Europe
Avenue E van Nieuwenhuyse 4, Box 3, B-1160 Brussels, Belgium
Tel.: +32-2-676 82 59, Fax: +32-2-675 39 35, E-mail: info.apme@apme.org

ASC – The Adhesive and Sealant Council, Inc.
7979 Old Georgetown Road, Suite 500, Bethesda, MD 20814, USA
Tel.: +1-301-968 97 00, Fax: +1-301-968 97 95, E-mail: alies.muskin@ascouncil.org

British Lime Association
156 Buckingham Palace Road, London SW1W9TR, UK
Tel.: +44-171-730 81 94, Fax +44-171-730 43 55,
E-mail: quarry_products.association@virgin.net

Bundesverband der deutschen Kalkindustrie e.V.
Annastr. 67-71; 50968 Köln, Germany
Tel.: +49-221-93 46 74-0, Fax: +49-221-93 46 74 10 (14)
E-mail: info@kalk.de, Internet: www.kalk.de

CEN – European Committee for Standardization, (für 2000 vergleiche DIN)

CEPE – European Council of the Paint, Printing Inks and Artists' Colours Industry
Avenue E Van Nieuwenhuyse 4, B-1160 Brussels, Belgium
Tel.: +32-2-676 74 80, Fax: +32-2-676 74 90, E-mail: secretariat@cepe.org

CEPI – Confederation of European Paper Industries
250, Avenue Louise, 1050 Brussels, B-Belgium
Tel.: +32-2-627 49 11, Fax: +32-2-646 81 37

Chambre Nationale Syndicale des Fabricants des Chaux Grasses et Magnésiennes
30, avenue de Messine, F-75008 Paris, France
Tel.: +33-1-45 63 02 66, Fax: +33-1-53 75 02 13

Deutsche Landwirtschafts-Gesellschaft e.V. (DLG)
Eschborner Landstr. 122; 60489 Frankfurt am Main, Germany
Tel.: +49-69-2 47 88-0, Fax: +49-69-247 88 10, E-mail: info@dlg-frankfurt.de

Deutsche Kautschuk-Gesellschaft e.V.
Zeppelinallee 69, 60487 Frankfurt am Main, Germany
Tel.: +49-69-79 36-153, Fax: +49-69-79 36-155

Deutsches Institut für Normung e.V. (DIN)
Burggrafenstraße 6, 10787 Berlin
Tel.: +49-30-26 01-0, Internet: www.din.de

European Agricultural Societies' Partnership (EASP)
c/o Deutsche Landwirtschafts-Gesellschaft

European Fertilizer Manufacturers' Association (EFMA)
Avenue E. Van Nieuwenhuyse 4; B-1160 Brussels, Belgium
Tel.: +32-2-675 35 50, Fax: +32-2-675 39 61, E-mail: main@efma.be

European Lime Association (EuLA)
c/o Bundesverband der Deutschen Kalkindustrie
E-mail: eula@kalk.de

Fédération d'Associations de Techniciens des Industries des Peintures, Vernis, Emaux et
Encres d'Inprimerie de l'Europe Continentale (FATIPEC), Secretariat General,
Maison de la Chimie, 28 rue St. Dominique, F-75007 Paris, France

Federation of Societies for Coatings Technology
492 Norristown Road, Blue Bell, PA 19422-2350, USA
Tel.: +1-610-940 07 77, Fax: +1-610-940 02 92, E-mail: fsct@coatingstech.org

FEICA - Association of European Adhesives Manufacturers, Sekretariat Düsseldorf
P.O. Box 230169, 40087 Düsseldorf, Germany
Tel.: +49-211-679 31 10, E-mail: mats.hagwall@feica.com

GKV – Gesamtverband Kunststoffverarbeitende Industrie e.V.
Am Hauptbahnhof 12, 60329 Frankfurt am Main, Germany
Tel.: +49-69-271 05-0, Fax: +49-69-23 27 99

IK - Industrieverband Kunststoffverpackungen e.V.
Kaiser-Friedrich-Promenade 89, 61348 Bad Homburg, Germany
Tel.: +49-61 72-92 66 67, Fax: +49-61 72-92 66 69

International Lime Association (ILA)
c/o National Lime Association

International Paint and Printing Ink Council (IPPIC)
c/o Steve Sides, NPCA, 1500 Rhode Island Avenue, NW, Washington, DC 20005-5503, USA
Tel.: +1-202-462 62 72, Fax: +1-202-462 85 49, E-mail: ippic@paint.org

ISO – International Organization for Standardization, Central Secretariat
1 rue de Varembé, Case postale 56, CH-1211 Genève 20, Switzerland
Tel.: +41-22-749 01 11, Fax: +41-22-733 34 30, E-mail: central@iso.ch

KRV – Kunststoffrohrverband e.V.
Dyroffstr. 2, 53113 Bonn, Germany
Tel.: +49-228-22 35 71, Fax: +49-228-2113 09

National Lime Association (NLA)
200 North Glebe Road, Suite 800; Arlington, VA 22203-3728, USA
Tel.: +1-703-243 54 63, Fax: +1-703-243 54 89, E-mail: natlime@aol.com

Normenausschuss Pigmente und Füllstoffe (NPF) im DIN,
10772 Berlin,
Tel.: +49-30-26 01 29 30, Fax +49-30-26 01 12 31, E-mail: fritzsche@fa.din.de

PRA – Paint Research Association
8 Waldegrave Road, Teddington, Middlesex, TW11 8LD, UK
Tel.: +44-181-614 48 00, Fax: +44-181-943 47 05, E-mail: coatings@pra.org.uk

Technical Association of the Pulp and Paper Industry (TAPPI),
P.O. Box 10 51 13, Atlanta, GA 303 48-51 13, USA
Tel.: +1-800-333 86 86, Internet: www.tappi.org

Verband der Chemischen Industrie (VCI)
Karlstr. 21, 60329 Frankfurt am Main, Germany
 VdL – Verband der Lackindustrie, Tel.: +49-69-25 56-14 11
 VKE – Verband Kunststofferzeugende Industrie, Tel.: +49-69-25 56-13 00
 Industrieverband Klebstoffindustrie, P.O Box 230169, 40087 Düsseldorf, Germany
 Tel.: +49-211-679 31 10, Fax: +49-211-679 31 88
 E-mail: ansgar.v.halteren@klebstoffe.com

Verband Deutscher Papierfabriken e.V.,
Adenauerallee 55, 53113 Bonn, Germany;
Tel.: +49-228-267 05-0, Fax: +49-228-267 05-62, E-mail: info@vdp-online.de

Verband der landwirtschaftlichen Untersuchungs- und Forschungsanstalten (VDLUFA)
Bismarckstr. 41 A, 64289 Darmstadt, Germany
Tel.: +49-61 51-264 85, Fax: +49-61 51-933 70, E-mail: info@vdlufa.de

Verein der Zellstoff- und Papier-Chemiker und -Ingenieure (ZELLCHEMING)
Berliner Allee 56, 64295 Darmstadt, Germany
Tel.: +49-61 51-332 64

Wirtschaftsverband der deutschen Kautschukindustrie (WdK)
Zeppelinallee 69, 60487 Frankfurt am Main, Germany
Tel.: +49-69-79 36-0

Interessante Web-Sites

www.apme.org

www.coatings.de

www.coatings.site.de

www.coatingsworld.com

www.kunststoffweb.de

www.paintsandcoatings.com

www.paperonline.org

www.rubberstudy.com

Hervorragende Links zum Thema Papier gibt es auf der Seite des Instituts für Papierfabrikation: http://pix.ifp.maschinenbau.tu-darmstadt.de/ifp.html

Abbildungsnachweis

Jacques Angelier, Enseigner la geologie Collège-Lycée, © Nathan, Paris 1992: 35, 36

Archiv für Kunst und Geschichte, Berlin: 61 und 101 oben (Ernst Lessing), 109 oben, 116 unten und 162 (1. v.l.) (Hilbich), 305

Bavaria, Düsseldorf: 56 oben (Rihse-Menck), 81 (Picture Finders), 111 (PP), 113 (Janicek), 118 (Koji Yamashita), 125 (Interfoto), 130 (TCL)

Archiv Dieter Brandes, Söhlde: 140 Mitte, 141 oben

bpK, Berlin: 133 unten

Buss AG, Basel: 252

Dental-Kosmetik, Dresden: 306

Dinglers Polytechnisches Journal, Band 140 (1856): 76 oben

Erwin Döring, Dresden: 126

Oskar Emmenegger, Zizers (Schweiz): 56 unten, 62, 119 unten

ENIT, Frankfurt am Main: 76 unten, 116 oben, 119 oben, 120, 122, 123

Erbslöh Getränketechnologie, Geisenheim: 311

Wilhelm Evers, Der Landkreis Hildesheim-Marienburg (Die Landkreise in Niedersachsen, Band 21), Bremen-Horn 1964: 157, 158

Fernwasserversorgung Oberfranken, Kronach: 299

Frankfurter Allgemeine Magazin/Anselm Spring: 128

G.L.M., Zürich: 163 (2. v.l.), 216 oben

Klaus Grewe, Rhein. Amt für Bodendenkmalpflege, Bonn: 94 beide

Griechisches Fremdenverkehrsamt, Frankfurt am Main: 54, 102 beide, 103, 104, 105 beide, 107

Hanse Management GmbH, Hamburg: 149 unten

Historisches Archiv Krupp, Essen: 140 oben und unten, 147, 149 oben, 153

Christoph Hug-Fleck, Winden: 29, 30

Indisches Fremdenverkehrsamt, Frankfurt am Main: 98

Institut für Tropen-Pflanzenbau, Göttingen: 238

Francois Jacquemin, Omey (Frankreich): 66

Jagenberg, Neuss: 230

Jean Jung, Precis de petrographie, © Masson, Paris 1969: 18 unten, 19 beide, 21

KNG, Rostock: 162 (3. v.l.), 297 beide

Kreidewerk Rügen, Sassnitz: 139, 141 Mitte

Ralf Kreuels/Bilderberg: 65

Hermann Kühn, München: 57

Helmut Nils Loose, Bad Krotzingen: 115

Luciana Mannoni, Marmor – Material und Kultur, München 1980: 95, 96, 106, 127 oben, 132

Maurice Mattauer, Ce que disent les pierres, © Pour la Science, Paris 1998 : 6

Medienhistorisches Forum der Universität Würzburg im ZSM: 148

André Meyer, Luzern (Schweiz): 112 beide, 117

Museum für Lackkunst, Münster: 63

Naturhistorisches Museum Wien (Österreich), Photo: Alice Schumacher: 69

Naturkunde-Museum Coburg, Coburger Landesstiftung: 134

Anna Neumann/laif: 135

Friedrich Rakob, Rom (Italien): 88

Rausche, BML: 293

Reifenhäuser GmbH, Troisdorf: 261

RenaCare, Hüttenberg: 163 (3. v.l.), 309

Friedrich Rinne, Gesteinskunde, Leipzig 1928: 41 oben

Robert Scherer, Die Kreide, Wien und Leipzig 1922: 145

SLUB, Dresden: 75, 92

SMPK, Berlin: 82 (Kupferstichkabinett), 101 unten, 109 unten

SPSG, Berlin-Brandenburg: 124

Staatliche Museen Kassel: 108

Staatliches Mexikanisches Verkehrsamt, Frankfurt am Main: 100

Taittinger, Reims (Frankreich): 68

Tierpark & Fossilium Bochum, Sammlung Helmut Leich: 133 oben

Philippe Tourtebatte, Courville (Frankreich): 67

Türkisches Fremdenverkehrsamt, Frankfurt am Main: 7, 22

Ulmer Weißkalk GmbH: 280

Vinnolit, Ismaning: 241 unten, 253 beide

Gerd Weisgerber, Bochum: 84, 131

F. Zanetti/laif: 114, 127 unten

Stefan Zenzmaier, Krastal (Österreich): 129